高等职业教育“十四五”规划畜牧兽医宠物大类新形态纸数融合教材

动物生物化学

DONGWU SHENGWU HUAXUE

主　编　张书汁　张朝辉　黎　婷

副主编　关立增　张　静　郭　园　范素菊　黄通灵

编　者　（按姓氏笔画排序）

王唯薇　贵州农业职业学院
关立增　临沂大学
李伟娟　河南省驻马店农业学校
张　静　黑龙江农业经济职业学院
张书汁　河南农业职业学院
张朝辉　湖南生物机电职业技术学院
范素菊　周口职业技术学院
郭　飞　大理农林职业技术学院
郭　园　内蒙古农业大学职业技术学院
黄通灵　湖南环境生物职业技术学院
黎　婷　芜湖职业技术学院

華中科技大學出版社
http://press.hust.edu.cn
中国·武汉

内容简介

本书是高等职业教育“十四五”规划畜牧兽医宠物大类新形态纸数融合教材。

本书除绪论外，分上、下两篇，共计12个模块。上篇是静态生物化学，包括蛋白质、核酸、糖和脂类、酶与维生素、水和无机盐与酸碱平衡五个模块；下篇是动态生物化学，包括生物氧化、糖的代谢、脂类代谢、氨基酸代谢、遗传信息的传递与表达、物质代谢的相互关系与代谢的调节、生物化学实验技术七个模块。

本书可供畜牧兽医类专业的学生和教师使用，也可作为其他相关专业的教师参考用书。

图书在版编目(CIP)数据

动物生物化学/张书汁，张朝辉，黎婷主编. —武汉：华中科技大学出版社，2022.8(2024.8重印)
ISBN 978-7-5680-8480-2

Ⅰ. ①动… Ⅱ. ①张… ②张… ③黎… Ⅲ. ①动物学-生物化学 Ⅳ. ①Q5

中国版本图书馆CIP数据核字(2022)第129794号

动物生物化学 张书汁 张朝辉 黎 婷 主编
Dongwu Shengwu Huaxue

策划编辑：罗 伟
责任编辑：曾奇峰 李艳艳
封面设计：廖亚萍
责任校对：刘 竣
责任监印：周治超
出版发行：华中科技大学出版社(中国·武汉) 电话：(027)81321913
武汉市东湖新技术开发区华工科技园 邮编：430223
录 排：华中科技大学惠友文印中心
印 刷：武汉科源印刷设计有限公司
开 本：889mm×1194mm 1/16
印 张：18.5
字 数：556千字
版 次：2024年8月第1版第3次印刷
定 价：59.80元

高等职业教育“十四五”规划
畜牧兽医宠物大类新形态纸数融合教材

编审委员会

网络增值服务

使用说明

欢迎使用华中科技大学出版社医学资源网 yixue.hustp.com

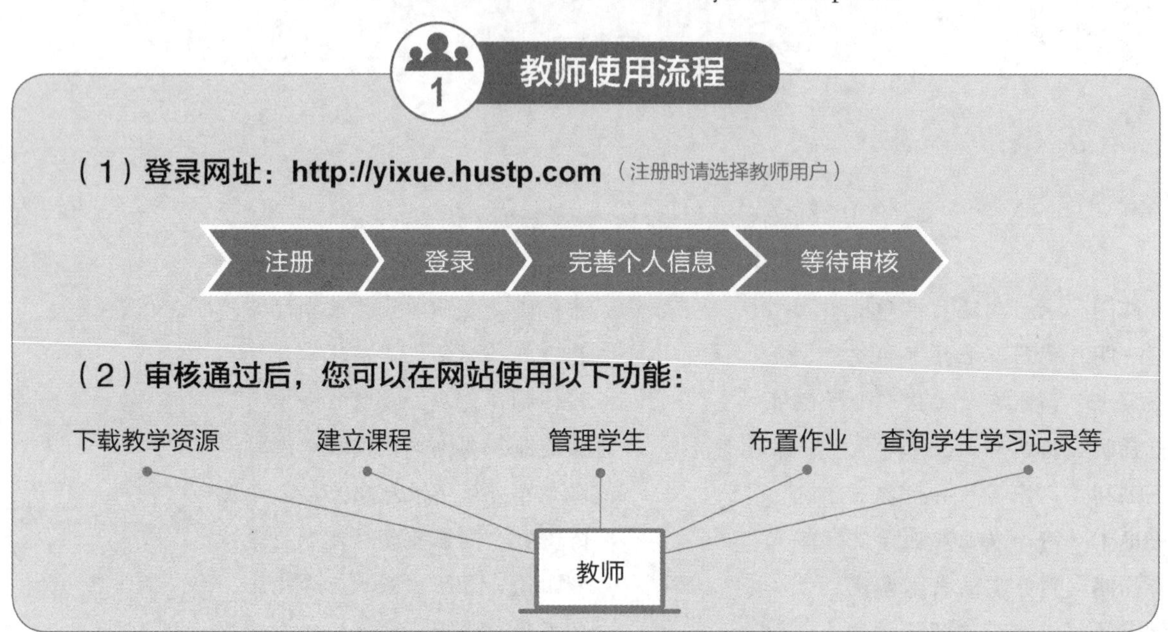

2

学员使用流程

（建议学员在PC端完成注册、登录、完善个人信息的操作）

（1）PC 端操作步骤

①登录网址：http://yixue.hustp.com（注册时请选择普通用户）

②查看课程资源：（如有学习码，请在个人中心－学习码验证中先验证，再进行操作）

（2）手机端扫码操作步骤

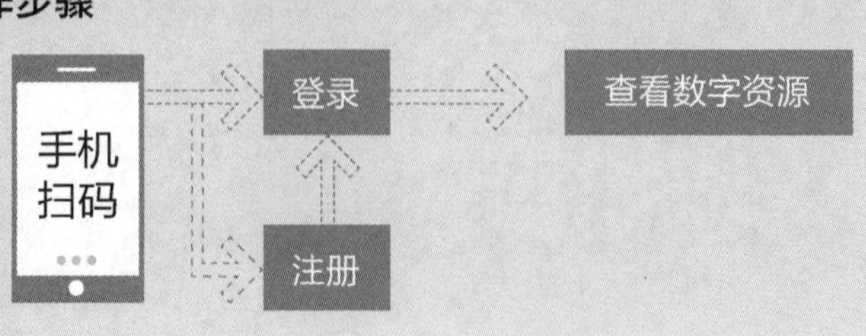

随着我国经济的持续发展和教育体系、结构的重大调整，尤其是2022年4月20日新修订的《中华人民共和国职业教育法》出台，高等职业教育成为与普通高等教育具有同等重要地位的教育类型，人们对职业教育的认识发生了本质性转变。作为高等职业教育重要组成部分的农林牧渔类高等职业教育也取得了长足的发展，为国家输送了大批"三农"发展所需要的高素质技术技能型人才。

为了贯彻落实《国家职业教育改革实施方案》《"十四五"职业教育规划教材建设实施方案》《高等学校课程思政建设指导纲要》和新修订的《中华人民共和国职业教育法》等文件精神，深化职业教育"三教"改革，培养适应行业企业需求的"知识、素养、能力、技术技能等级标准"四位一体的发展型实用人才，实践"双证融合、理实一体"的人才培养模式，切实做到专业设置与行业需求对接、课程内容与职业标准对接、教学过程与生产过程对接、毕业证书与职业资格证书对接、职业教育与终身学习对接，特组织全国多所高等职业院校教师编写了这套高等职业教育"十四五"规划畜牧兽医宠物大类新形态纸数融合教材。

本套教材充分体现新一轮数字化专业建设的特色，强调以就业为导向、以能力为本位、以岗位需求为标准的原则，本着高等职业教育培养学生职业技术技能这一重要核心，以满足对高层次技术技能型人才培养的需求，坚持"五性"和"三基"，同时以"符合人才培养需求，体现教育改革成果，确保教材质量，形式新颖创新"为指导思想，努力打造具有时代特色的多媒体纸数融合创新型教材。本教材具有以下特点。

(1)紧扣最新专业目录、专业简介、专业教学标准，科学、规范，具有鲜明的高等职业教育特色，体现教材的先进性，实施统编精品战略。

(2)密切结合最新高等职业教育畜牧兽医宠物大类专业课程标准，内容体系整体优化，注重相关教材内容的联系，紧密围绕执业资格标准和工作岗位需要，与执业资格考试相衔接。

(3)突出体现"理实一体"的人才培养模式，探索案例式教学方法，倡导主动学习，紧密联系教学标准、职业标准及职业技能等级标准的要求，展示课程建设与教学改革的最新成果。

(4)在教材内容上以工作过程为导向，以真实工作项目、典型工作任务、具体工作案例等为载体组织教学单元，注重吸收行业新技术、新工艺、新规范，突出实践性，重点体现"双证融合、理实一体"的教材编写模式，同时加强课程思政元素的深度挖掘，教材中有机融入思政教育内容，对学生进行价值引导与人文精神滋养。

(5)采用"互联网+"思维的教材编写理念，增加大量数字资源，构建信息量丰富、学习手段灵活、学习方式多元的新形态一体化教材，实现纸媒教材与富媒体资源的融合。

(6)编写团队权威，汇集了一线骨干专业教师、行业企业专家，打造一批内容设计科学严谨、深入浅出、图文并茂、生动活泼且多维、立体的新型活页式、工作手册式、"岗课赛证融通"的新形态纸数融合教材，以满足日新月异的教与学的需求。

本套教材得到了各相关院校、企业的大力支持和高度关注，它将为新时期农林牧渔类高等职业教育的发展做出贡献。我们衷心希望这套教材能在相关课程的教学中发挥积极作用，并得到读者的青睐。我们也相信这套教材在使用过程中，通过教学实践的检验和实践问题的解决，能不断得到改进、完善和提高。

高等职业教育“十四五”规划畜牧兽医宠物大类
新形态纸数融合教材编审委员会

现代科学技术的发展使教学技术和手段也相应得到一定的发展。为了适应这种变化，我们编写了集课件 PPT、在线答题、小动画于一体的新形态纸数融合教材。针对动物生物化学知识较为抽象、理解困难的特点，利用模拟动画技术、短视频等将微观世界较清晰地呈现出来，增加了学习的趣味性，降低了学习难度。本教材分为上、下两篇，上篇是静态生物化学，包括蛋白质、核酸、糖和脂类、酶与维生素、水和无机盐与酸碱平衡五个模块；下篇是动态生物化学，包括生物氧化、糖的代谢、脂类代谢、氨基酸代谢、遗传信息的传递与表达、物质代谢的相互关系与代谢的调节、生物化学实验技术七个模块。每个模块都在开篇前提出一连串的问题来导入新知识，这些问题引起学生兴趣，贴近生产生活，与生产一线、临床病例相关联，提高教材的趣味性和实用性。另外，本教材特别突出课程思政内容，把思政教育内容蕴含在知识的学习中。本教材每个模块后面都有复习思考题并附有答案，帮助学生复习和巩固知识。

本教材编写分工如下：模块一由王唯薇编写，模块二由范素菊编写，模块三由郭园编写，模块四由黎婷编写，模块五和模块十一由张朝辉编写，模块六由关立增、郭飞编写，模块七由张静编写，模块九和模块十由李伟娟编写，模块十二由黄通灵编写；张书汁编写绪论和模块八，同时负责全书的统稿工作。

在本教材编写过程中参阅了大量相关书籍，并得到了各编者学校及有关行业专家的大力支持，在此一并表示感谢。由于编者水平有限，书中难免有错误和不妥之处，敬请广大读者提出宝贵意见。

编　者

绪论 /1

一、生物化学概述 /1

二、动物生物化学研究的主要内容 /1

三、生物化学发展简史 /2

四、生物化学的发展动态 /3

五、生物化学与畜牧兽医专业的关系 /4

上篇　静态生物化学

模块一　蛋白质 /7

一、概述 /7

二、蛋白质的元素组成及基本结构单位 /9

三、蛋白质的分子结构 /13

四、蛋白质的性质 /22

实训 1　氨基酸的纸层析 /30

实训 2　双缩脲法测定蛋白质含量 /32

实训 3　蛋白质的沉淀反应 /32

实训 4　蛋白质等电点的测定 /33

实训 5　醋酸纤维素薄膜电泳法测定血清蛋白含量 /34

实训 6　分子筛凝胶层析法分离血清 γ-球蛋白 /36

模块二　核酸 /39

一、概述 /39

二、核酸的化学组成 /40

三、核酸的分子结构 /44

四、核酸的性质 /55

实训　动物组织核酸的提取与鉴定 /62

模块三　糖和脂类 /64

一、糖的生理功能及分类 /64

二、脂类的生理功能及分类 /76

实训 1　福-吴法测定血糖含量　/83
实训 2　血清总脂的测定　/84
模块四　酶与维生素　/86
一、酶的概念与特点　/87
二、酶的分类和命名　/88
三、酶的结构与功能　/89
四、酶催化反应的机制　/92
五、影响酶促反应的因素　/93
六、维生素与辅酶　/99
实训 1　唾液淀粉酶的特性实验　/109
实训 2　血清乳酸脱氢酶活性的测定　/110
模块五　水和无机盐与酸碱平衡　/113
一、体液　/114
二、水平衡　/116
三、无机盐代谢及调节　/117
四、体液的酸碱平衡　/124

下篇　动态生物化学

模块六　生物氧化　/133
一、生物氧化概述　/133
二、生物氧化中二氧化碳的生成　/135
三、生物氧化中水的生成　/135
四、生物氧化中能量的生成与利用　/142
模块七　糖的代谢　/151
一、糖的分解代谢　/151
二、糖异生作用　/164
三、糖原及其代谢　/166
实训 1　血糖浓度的测定　/171
实训 2　琥珀酸脱氢酶的定性实验及其竞争性抑制　/173
模块八　脂类代谢　/175
一、脂肪的分解代谢　/175
二、脂肪的合成代谢　/181
三、类脂代谢　/186
实训 1　酮体的测定　/194
实训 2　胆固醇的提取及鉴定　/196

模块九　氨基酸代谢 /198
一、概述 /198
二、氨基酸的一般分解代谢 /200
三、个别氨基酸的代谢 /208
实训　血清转氨酶活性的测定 /215
模块十　遗传信息的传递与表达 /218
一、DNA 的生物合成 /219
二、RNA 的生物合成 /229
三、蛋白质的生物合成 /235
四、分子生物技术简介 /243
实训　聚合酶链反应(PCR)实验 /251
模块十一　物质代谢的相互关系与代谢的调节 /253
一、物质代谢的相互联系 /253
二、物质代谢的调节 /255
模块十二　生物化学实验技术 /265
一、移液技术 /265
二、分光光度分析技术 /268
三、离心技术 /269
四、电泳技术 /272
五、色谱技术 /275
六、试剂盒与生化分析仪 /280
参考文献 /283

绪　论

一、生物化学概述

生物化学即生命的化学，是运用化学的原理、实验方法研究生物体的物质组成、生物大分子结构与功能的关系及其在生命活动中的变化规律，从而揭示生物的生长、发育、繁殖、运动、衰老、免疫等复杂生命现象化学本质的一门科学。

生物化学是介于生物学和化学之间的一门边缘学科，有机化学和物理化学的很多研究内容为生物化学的研究提供理论基础。在分子水平上弄清楚生物大分子的生理功能是生物化学与生理学的共同目的，阐明 DNA 的结构和复制过程及基因表达的机制是生物化学和分子遗传学的共同任务，另外，生物化学与微生物学、病理学、免疫学及医药卫生等都有交叉。所以根据研究对象及侧重点不同，生物化学又分出许多分支，如普通生物化学、动物生物化学、植物生物化学、微生物生物化学，还有食品生物化学、医学生物化学、农业生物化学、环境生物化学及工业生物化学等。因此，生物化学是生命科学相关专业的一门核心基础课程。动物生物化学是以动物体为研究对象的生命的化学。

二、动物生物化学研究的主要内容

生物和非生物的组成元素没有本质的区别，大多为 C、H、O、N、P、S、Ca、Mg、Fe 以及其他元素，其区别是在化学层面。在化学层面上，组成生物体的物质主要有蛋白质、核酸、脂类和糖等大分子。所以，蛋白质、核酸、脂类和糖这四大类物质又称为生物物质。动物生物化学研究的主要内容包括动物体的化学组成，生物大分子的结构与功能，物质代谢、能量代谢、代谢调控、遗传信息传递和表达等生命现象的化学本质，现代生物化学实验技术等。

（一）动物体的化学组成

生物体都是由核酸、蛋白质、糖、脂类、维生素、水和无机盐等组成的。水是生命之源，动物体的各种生命活动都是在水环境中进行的。核酸和蛋白质是生命活动的物质基础。生物在生长发育的过程中需要特定的蛋白质，不同的蛋白质执行不同的生命任务，表现不同的生命现象。而核酸则是生物遗传信息的储存、传递物质。生物通过繁殖作用在上下代之间传递遗传信息，通过表达遗传信息，指导合成各种各样的蛋白质，从而产生下一代个体。糖和脂类在动物体内最主要的功能是提供能量，葡萄糖是能量的直接利用形式，脂肪是能量的储存形式，当糖供应不足时也能动员脂肪分解来提供能量。

蛋白质、核酸、糖和脂类都是生物大分子，它们分别由不同的有机小分子基本组成单位组成。组成蛋白质的基本组成单位是 20 种基本氨基酸，这 20 种基本氨基酸由遗传密码编码。它们也衍生出一些其他的氨基酸，参与许多其他结构物质和活性物质的组成。核酸由核苷酸组成，核苷酸由磷酸、戊糖（脱氧核糖、核糖）和 5 种碱基（2 种嘌呤碱、3 种嘧啶碱）组成，核苷酸除了组成 DNA 和 RNA 外，也是高能磷酸化合物三磷酸核苷酸（如 ATP 等）及某些辅酶的前体物质。糖的基本组成单位主要是葡萄糖和果糖，它们是六碳糖。葡萄糖在分解时可以产生三碳糖、四碳糖、五碳糖（戊糖）及七碳糖，它们还可以为体内的合成代谢提供碳骨架。脂肪酸、甘油和胆碱是构成脂类的基本组成单位，脂类包括脂肪和类脂，类脂又包括磷脂、糖脂等，而磷脂是组成生物膜的基本物质。

另外，生物体内还有一些钾、钠、钙、镁、铁等无机盐离子，它们可维持体液的渗透压或者作为酶的辅助因子参与代谢调节。酶、维生素和激素是机体调节代谢的活性物质。

（二）新陈代谢及其调控

生物体最明显的特征就是能够进行新陈代谢。新陈代谢是指生物体每时每刻都和环境进行物质和能量的交换，从环境中摄入各种营养物质，同时不断地向周围环境排出各种代谢废物，如动物不停地吸入氧气呼出二氧化碳。

新陈代谢可以分为三个阶段：

第一阶段是消化吸收，指在消化酶的作用下动物体把从外界摄入的营养物质，由大分子变成小分子，并吸收进入血液循环的过程。如饲料中的蛋白质在消化道内分解成寡肽和氨基酸而被吸收。

第二阶段是中间代谢，机体利用吸收来的氨基酸等营养物质合成自身结构蛋白、功能蛋白等，转变成自身的结构物质，进行组织的建造和更新；同时分解葡萄糖、脂肪等能量物质提供能量。机体也会把自身老化的结构物质分解成小分子，和吸收的外来物质一样进入代谢循环，“精华”回收利用，“糟粕”排出体外。

第三阶段是排泄废物，中间代谢产生的许多终产物（如尿素、二氧化碳等）会随着尿、粪、胆汁、汗液和呼出的气体等排出体外，同时会散发一部分热量。

生物化学主要研究的是中间代谢过程，也是细胞内的代谢过程。构成动物体的细胞种类繁多、形态各异，它们有相似的代谢过程，又有不同的功能表现。各种细胞之间、各代谢途径之间并不是孤立的，它们既有联系又相互制约。细胞的功能及各个代谢途径既要满足生存需要，又要适应环境变化。环境变化包括两个方面，一是外环境变化（如温度、湿度、疾病、饥饿及各种应激情况等），二是内环境的变化（如生长、发育、繁殖、衰老及情绪的变化等）。所以新陈代谢是受机体严格调控的，生物体为了维持生命活动，必须有精确灵敏的调节机制来调节各个代谢途径的速度，以应对各种变化。机体的调控包括神经调节、体液调节、免疫调节等，非常复杂，这些还是生物化学努力研究的方向，有太多未解之谜。自 20 世纪 60 年代以来，生物化学的研究正在逐渐揭开生物体代谢调节机制的秘密。

（三）生物遗传信息的传递、表达与调控

生物能精确地自我复制，通过繁殖产生下一代，能感知环境的变化，做出精准的反应，表现出丰富多彩的生物类型。生物在个体死亡前就已经把自己的遗传信息传递给下一代，繁殖是生物的本能。核酸是生物储存遗传信息、传递遗传信息的物质基础。基因是 DNA 分子中有功能的碱基序列，DNA 通过复制完成遗传信息由亲代向子代的传递；子代得到遗传信息后，要把它准确地表达出来，RNA 的转录是表达的第一步；mRNA、tRNA、rRNA 协同作用，最终把遗传信息翻译成蛋白质。

我们知道，一个成年的动物机体细胞的数量有几十万亿个，但是最初却只是一个受精卵。这个受精卵经过多次有丝分裂以及细胞分化，逐渐出现不同的组织、器官、系统，最后长成一个全新的生命。这个过程中哪些基因先表达？哪些基因后表达？机体是如何调控基因表达的？虽然人类已经破解了生物的遗传密码，但是关于基因表达的调控，人类的研究还在路上。原核生物因为结构简单，人类对其基因表达的调控机制研究得最多，已经有很多成果。1961 年法国的 Jacob 和 Monod 提出原核生物基因调控的乳糖操纵元结构模型。1996 年 Lewis 等人通过实验进一步补充和证实了乳糖操纵元结构模型，后来又提出色氨酸操纵元和阿拉伯糖操纵元模型。真核生物基因的表达调控远比原核生物复杂，可分为 DNA 水平调控、转录水平调控、翻译水平调控和蛋白质加工修饰调控。

三、生物化学发展简史

认识生命现象，揭示生命本质，人类一直在努力。早期人类虽然不知道什么是“生物化学”，但在长期的生产实践中早就应用了生物化学的知识。例如：酿酒、制醋，用海藻治疗瘿病（甲状腺肿），用猪肝（富含维生素 A）治疗雀目（夜盲症）等。近代生物化学是随着化学和生理学的发展而诞生的，直到 1877 年德国的霍佩塞勒（E. F. Hoppe-Seyler）提出“生物化学”这一名词，使其成为一门独立的学科。纵观生物化学的发展史，可以将其分成三个阶段。

（一）静态生物化学阶段

这个阶段是指从 18 世纪到 20 世纪初。18 世纪主要是对生物体气体交换作用本质的认识及对柠檬酸、苹果酸、乳酸、甘油、尿酸等有机物的揭示。19 世纪的主要贡献是发现了组成生物体的化学

成分，它们主要是糖、脂类、蛋白质和核酸。这一时期人类揭示了蛋白质是生命的表现形式，成功制备了血红蛋白晶体，提纯了麦芽糖酶，而且能由无机物合成尿素，从肝中分离出糖原并证明它可转化为血糖等。

（二）动态生物化学阶段

这个阶段是指从20世纪初到20世纪50年代。生物化学的发展进入了新时代，取得了丰硕的成果，揭示了糖的有氧分解、无氧分解，脂肪酸的氧化及蛋白质、氨基酸代谢的循环途径。1926年，萨姆纳(J. B. Sumner)首次从刀豆中获得了脲酶的结晶，其他人又制得了胃蛋白酶、胰蛋白酶等，证明了酶的化学本质是蛋白质。1932年英国科学家Krebs发现了合成尿素的鸟氨酸循环，1937年他又提出物质氧化分解的中心环节——三羧酸循环。1940年恩伯顿(G. G. Embden)和迈耶霍夫(O. F. Meyerhof)等发现了糖酵解途径，这个时期还发现了维生素，同时发现了不同蛋白质的营养价值取决于它所含必需氨基酸的种类和数量。

（三）现代生物化学阶段

这个阶段从20世纪50年代至今。20世纪50年代核酸研究的开展把生物化学又推向新高度。1944年艾弗里(Avery)等人证明了肺炎双球菌转化实验里的"转化因子"是DNA，首次明确DNA是遗传物质。于是，DNA成为生物化学的研究中心。1950年，Chargaff证明DNA分子中腺嘌呤与胸腺嘧啶、鸟嘌呤与胞嘧啶之比接近于1，这就是Chargaff法则。1953年Watson和Crick提出DNA双螺旋的结构模型，DNA分子中碱基互补配对规则成为DNA复制，RNA转录、逆转录及蛋白质翻译的分子基础。根据这个模型，Crick随后提出了DNA半保留复制的理论，并很快得到实验验证。从此生物化学的发展进入分子生物学时代。

1961年，F. Jacob和J. Monod指出在基因与蛋白质之间存在一个中间物(mRNA)，同时S. Spiegelman建立了分子杂交技术，并用这项技术证明了mRNA的存在，其碱基顺序与DNA模板是互补关系。后来证明mRNA、tRNA和rRNA都是基因的产物。随后J. Hurwith和S. Weiss分别发现了RNA聚合酶，人类很快就弄明白转录的机制。但是，DNA分子中4种碱基的排列顺序怎样决定蛋白质分子中氨基酸的排列顺序？这个问题直到1966年才得到解决。1966年，人们破译了全部的遗传密码子，发现DNA分子中3个相邻的碱基决定1个氨基酸，又称"三联体密码"。至此，遗传信息在生物体内由DNA到RNA再到蛋白质的传递过程全部弄清楚了。20世纪70年代，人们对病毒的研究发现RNA病毒的遗传信息就储存在RNA中，而不是DNA中，而且，RNA可以自我复制，自带反转录酶，能将病毒RNA反转录成DNA分子，插入宿主DNA序列中成为前病毒。这些发现揭示了整个生物界遗传信息传递和表达所遵循的原则，即中心法则。中心法则清楚地表述了生物遗传信息的传递方向及相互关系。

1962年，人们发现了限制性内切酶，紧接着Southern、Northern等分子杂交方法诞生，伯格1973年首次重组DNA成功，从而开创了基因工程。基因工程是应用生物基因遗传规律，按预先设计的蓝图，通过体外DNA的重组，将外源基因转入生物体并使其正常表达，使生物获得新的遗传性状。目前利用基因工程技术已经人工生产出胰岛素、干扰素、生长激素等生物药剂。20世纪80年代，DNA体外快速扩增的聚合酶链反应(PCR)技术出现，发现了具有催化作用的RNA，即核酶。1990年，美、英、德、法、日五国联合启动了人类基因组全序列的测定工程，中国后来加入并完成其中1%的工作。这项工程在2003年宣布完成，得到了由30亿个碱基组成的人类染色体全部基因序列。研究发现人类基因有3万个左右，比预想的少。

四、生物化学的发展动态

当今生命科学的发展进入了一个全新的时期，在生物大分子结构、膜结构、细胞器、细胞、组织、器官及个体生化过程多水平、全方位进行研究，微观与宏观相结合，综合全面地认识生命现象。特别是近30年，许多高精尖分析仪器应用到生物化学研究工作中，建立了许多研究生物化学的先进技术和方法，使生物化学研究工作突飞猛进，这些高精尖分析仪器包括电子显微镜、DNA合成仪、DNA

Note

序列分析仪、液体闪烁仪、氨基酸分析仪、气相色谱仪、液相色谱仪、原子发射光谱-质谱联用仪等。以基因工程技术为核心，与发酵工程、细胞工程、胚胎工程、酶工程、蛋白质工程、基因芯片工程等集合而成的生物工程学，正在展现出其推动生产力发展的巨大潜力。转基因的昆虫、鱼、猪、兔、羊、牛等相继问世，在动物繁殖、改善动物品质、提高动物抗病力、筛选新药、乳腺生物反应器、动物血液生物反应器、3D生物打印技术等方面取得不少成果。目前通过转基因家畜血液可以得到人免疫球蛋白、胰蛋白酶、干扰素和生长激素等。此外，基因表达的调控一直是人们研究的重点，最新研究发现，在细胞核内的三维空间中，染色质以精确的空间折叠，形成了不同层次的三维基因组空间结构，使得互不相邻的两个基因位点得以相互接触，从而实现了DNA调控元件对相关基因的表达调控。营养与遗传互作对代谢通路的影响已成为家禽科学的研究热点。

五、生物化学与畜牧兽医专业的关系

生物化学是生命科学的基础，生物化学课程是畜牧兽医专业的主要基础课程。畜牧兽医是农业的重要领域，也是重要的生命学科。学好生物化学的基本原理是学好畜牧兽医专业课程的基础。

学好生物化学中糖代谢、脂代谢和蛋白质的分解代谢及它们之间的相互关系，才能在饲养畜禽中深刻理解畜禽机体内物质和能量代谢的状况，掌握营养物质代谢间相互转变及相互影响的规律，从而在畜禽的不同生长阶段给予不同的营养。这样既能满足畜禽生长需要，又可以节约成本，提高经济效益。现在研制的许多微生物制剂、酶制剂、生长调节剂等都是基于对动物体内代谢过程的合理调控，使机体内营养成分更加合理、有效地转化，提高饲料的利用率，促进畜禽的生产。同样，通过学习生物化学，我们能够认识畜禽在不同生理时期（哺乳期、断奶、初配、妊娠、泌乳、产蛋等）的代谢特点，可避免因营养配比不当，饲养不合理而引起各种代谢疾病（如酮病、产蛋疲劳综合征等）。

掌握正常畜禽的物质和能量代谢规律，对临床上畜禽疾病的诊断与治疗具有重要的指导作用。许多疾病（如痛风）是嘌呤正常代谢的产物——尿酸过多，进而形成尿酸盐结晶沉积在关节处造成的；一碳基团是合成核酸的原料，一碳基团代谢障碍会引起巨幼细胞贫血，某些药物如甲氨蝶呤（抗癌药）和磺胺类药物的作用就是干扰一碳基团的正常转运来抑制核酸的合成，从而达到抑制细菌和肿瘤细胞生长的目的。

总之，生物化学及生物学技术在畜牧兽医工作中显示出强大的作用。随着生物化学技术的不断发展，生物化学已成为每个生命科学工作者必备的知识与技能。畜牧兽医工作者应该运用这些知识为我国畜牧兽医事业的发展做出贡献。

（张书汁）

上篇
静态生物化学

主要讲述组成生物体的化学物质——蛋白质、核酸、糖、脂类、无机盐和水等，以及这些物质各自的组成、结构和功能。

模块一　蛋　白　质

课件 PPT

模块导入

蛋白质是生命活动的体现者，是生命体内必需的营养物质，当有机体发生疾病时，也会通过蛋白质的异常而表现出来，例如人体或动物体出现感染、创伤及炎症时，会产生C反应蛋白（急性期蛋白的一种），其浓度会迅速成百倍地增长，因此C反应蛋白是炎症反应的良好指标；又如镰状细胞贫血是一种遗传性的血红蛋白病，其原因是血红蛋白中β-肽链第6位的氨基酸——谷氨酸被缬氨酸代替，形成了异常的血红蛋白，从而使红细胞扭曲成镰刀状，继而出现溶血性贫血等症状。那么，蛋白质有多少种？它们的功能是什么？不同的蛋白质都有着相同的结构吗？它们是如何体现生命活动的？让我们带着好奇一起开始学习吧！

模块目标

▲知识目标

掌握蛋白质的功能与分类、元素组成、一级结构和高级结构的特点、理化性质；掌握蛋白质的基本结构单位氨基酸的结构、分类及性质。

▲能力目标

能根据蛋白质的一般物理性质进行蛋白质的分离，了解动物体内相关蛋白质的结构与其功能的关系。

▲素质与思政目标

培养学生严谨的逻辑分析能力，激发学生技术强国的热情和责任感。

一、概述

蛋白质(protein)是生命体中最重要的大分子物质之一，细胞内最为丰富的有机物就是蛋白质，约占人体干重的45%，某些组织中含量更高，如脾、肺及横纹肌等组织或器官中蛋白质含量高达80%。蛋白质是各种生命现象的物质基础，其基本组成单位是氨基酸。蛋白质存在于所有生物体内，分布在细胞的各个部位，具有广泛的功能，几乎参与了生命活动的每一个过程。近年来，针对蛋白质发展起来的结构生物学、蛋白质组学、蛋白质工程等都是科学领域中新的前沿学科。

（一）蛋白质的功能

视频：蛋白质的生物学功能

蛋白质是生命活动的主要承担者，实际上每种生命活动都依赖于一种或几种蛋白质。蛋白质的生物学功能主要有以下几个方面。

1. 催化功能

活细胞中几乎每个化学反应都是依靠酶来完成的，而绝大多数酶的化学本质是蛋白质，例如食物中的许多营养物质被生物体消化吸收就是通过消化道内的各种酶来实现的。

Note

2. 调节功能

生命活动,如代谢、生长、发育、分化、生殖等过程,需要依赖激素等物质进行调节,许多激素的化学本质也是蛋白质,例如调节糖代谢的胰岛素,调节生长和生殖相关的促甲状腺激素、促性腺激素等。

3. 运动功能

动物利用肌肉进行运动,而完成肌肉收缩的主要成分是肌球蛋白和肌动蛋白。

4. 营养功能

氮素通常是生物体生长的限制性养分,而蛋白质正是一种提供充足氮素的物质,可为动物体生长发育提供营养,例如,乳汁中的酪蛋白是哺乳类幼崽的主要氮源,植物种子中储存的蛋白质为种子的萌发提供充足的氮素。

5. 储存及运输功能

某些蛋白质能够结合其他物质并对这些物质进行运载,例如:血红蛋白可以结合氧分子,并将氧从肺部转运到其他组织;血清蛋白可以结合脂肪酸并将其从脂肪组织转运到各器官。

6. 结构成分

构成生物体的结构蛋白,大多是不溶性的纤维状蛋白质,能给细胞和组织提供一定的强度和保护,例如构成毛发、甲、蹄、角的 α-角蛋白,构成肌腱、皮肤、软骨的胶原蛋白等。

7. 构成膜成分

生物膜起着分隔细胞及细胞器的作用,蛋白质是构成生物膜的主要成分之一,直接参与细胞的识别、跨膜运输、信息传递等生理过程,例如某些膜转运蛋白可以转运营养物质和代谢物,从而控制物质进出细胞。

8. 参与遗传

生物的遗传过程中,遗传信息的组成、复制、传递,基因的表达与调控等都离不开蛋白质的参与,例如:核小体作为染色质的基本结构单位,是由 DNA 和组蛋白构成的;DNA 的复制离不开聚合酶、拓扑异构酶、解旋酶等蛋白质的参与。

9. 防御与进攻

某些蛋白质能够主动抵抗外界不利因素的影响,从而具有一定程度的防御与进攻的作用,例如:免疫球蛋白是在抗原的刺激下,由淋巴细胞产生的能与相应的抗原结合、抵御外来物质干扰的蛋白质;毒蛇、毒蜂的溶血蛋白和神经毒蛋白,以及植物毒蛋白等。

由此可见,生物的各种生命现象都是通过蛋白质实现的,蛋白质是生命活动的物质基础。一切生命活动都离不开蛋白质,可以毫不夸张地说,没有蛋白质就没有生命。

(二)蛋白质的分类

生物界蛋白质的种类有上千亿之多,按照不同的依据,分类也不相同,主要的分类方式有以下几种。

1. 根据物理特性不同分类

(1)球状蛋白质:分子大多为球形或近球形,见图 1-1,水溶性较好,种类较多,生物学功能多种多样,常见的有免疫球蛋白、转运蛋白等。

(2)纤维状蛋白质:外形为纤维状或细棒状,见图 1-2,广泛分布于动物体内,为细胞和机体提供机械支持和保护。纤维状蛋白质大多不溶于水,如角蛋白、胶原蛋白、弹性蛋白等;少部分可溶于水,如肌球蛋白和血纤维蛋白原。

2. 根据化学组成不同分类

(1)简单蛋白质:又称单纯蛋白质,是指经水解后只产生氨基酸的蛋白质。根据溶解度的不同,简单蛋白质又可分为清蛋白、球蛋白、谷蛋白、醇溶蛋白、组蛋白、精蛋白及硬蛋白 7 类,见表 1-1。

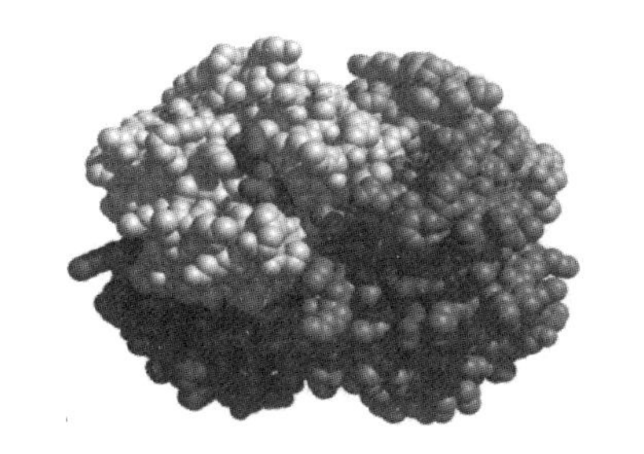

图 1-1 球状蛋白质

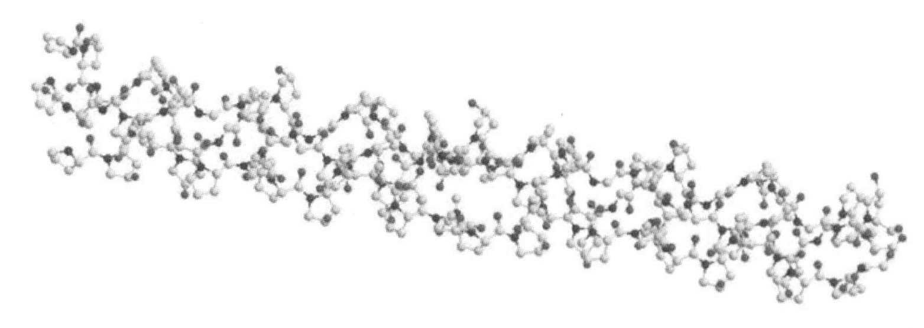

图 1-2 纤维状蛋白质

表 1-1 简单蛋白质的分类

分类	溶解度		举例
	可溶	不溶或沉淀	
清蛋白	水、稀盐、稀酸、稀碱	饱和硫酸铵	血清白蛋白、乳清蛋白
球蛋白	稀盐、稀酸、稀碱	水、饱和硫酸铵	免疫球蛋白
谷蛋白	稀酸、稀碱	水、稀盐	麦谷蛋白
醇溶蛋白	70%～90%乙醇	水	小麦醇溶谷蛋白
组蛋白	水、稀酸	氨水	染色体中的组蛋白
精蛋白	水、稀酸	氨水	鱼精蛋白
硬蛋白	—	水、稀盐、稀酸、稀碱	角蛋白、胶原蛋白

(2)结合蛋白质：又称缀合蛋白质，由蛋白质和非蛋白质两部分构成。水解后除了产生氨基酸外，还产生其他非蛋白质的部分，非蛋白质部分称为辅基。根据辅基种类的不同，结合蛋白质又可分为核蛋白、糖蛋白、脂蛋白、磷蛋白、黄素蛋白、色蛋白及金属蛋白 7 类，见表 1-2。

表 1-2 结合蛋白质的分类

分类	辅基	举例
核蛋白	DNA 或 RNA	脱氧核糖核蛋白
糖蛋白	糖	免疫球蛋白、血型糖蛋白
脂蛋白	脂类	血浆脂蛋白
磷蛋白	磷酸基团	酪蛋白
黄素蛋白	黄素腺嘌呤二核苷酸	琥珀酸脱氢酶
色蛋白	铁卟啉	血红蛋白、细胞色素 c
金属蛋白	Fe、Cu、Zn 等	铁氧化还原蛋白

3. 根据功能不同分类

根据功能不同，蛋白质可分为酶、调节蛋白、转运蛋白、储存蛋白、运动蛋白、膜蛋白、结构蛋白和防御蛋白。

4. 根据来源不同分类

根据来源不同，蛋白质可分为动物性蛋白质(乳类蛋白、肉类蛋白等)和植物性蛋白质(谷类蛋白、种子蛋白等)。

二、蛋白质的元素组成及基本结构单位

(一)蛋白质的元素组成

1. 元素组成及粗蛋白的测定

蛋白质的元素分析表明，其一般都含有碳、氢、氧、氮四种主要元素，大多数蛋白质还含有少量硫

元素，某些蛋白质还含有微量的铁、磷、铜、碘、钼、锌等元素。

2. 蛋白质是生物体内主要的含氮化合物

各种蛋白质的氮含量较为接近且相对恒定，平均含氮量约为16%，因此可利用经典的凯氏定氮法，通过测定生物样品蛋白质中氮的含量，计算出生物样品中粗蛋白的含量：

$$粗蛋白含量=蛋白氮\times 6.25$$

式中6.25为16%的倒数，即1 g氮所代表的蛋白质含量(g)。

视频：蛋白质的基本单位——氨基酸

（二）蛋白质的基本结构单位——氨基酸

蛋白质经过酸、碱或蛋白酶的彻底水解后，可以产生各种氨基酸，因此，氨基酸是蛋白质的基本组成单位。所有的生物体都有相同的20种氨基酸，由于这些氨基酸都是由基因编码，又称编码氨基酸。这20种氨基酸按照不同的数量、排列顺序，可以形成无数种功能多样的蛋白质。另外，在原核生物和真核生物的少数蛋白质中发现了第21种编码氨基酸——硒代半胱氨酸，即半胱氨酸中的硫被硒取代。在微生物中发现了第22种编码氨基酸——吡咯赖氨酸。

1. 氨基酸的基本结构

20种编码氨基酸中，除脯氨酸以外，其余氨基酸的化学结构都可以用图1-3结构通式表示，脯氨酸的结构式见图1-4。

由氨基酸的结构通式可以看出，氨基酸的氨基($—NH_2$)和羧基(—COOH)都连接在α-碳原子上(用C^α表示)，故称为α-氨基酸(脯氨酸为α-亚氨基酸)。另外，α-碳原子上还连接有一个氢原子和一个侧链(又称R侧链或R基团)。不同氨基酸之间的区别就在于R侧链的不同。除甘氨酸外，α-碳原子上所连接的4个基团都不相同，此时4个基团的空间排列方式有两种，这两种方式互为镜面对称，但不可重叠，被称为立体异构体，按Fischer投影式：羧基在上方，氨基在左侧的是L型，在右侧的是D型，如图1-5所示。除甘氨酸无立体异构外，天然蛋白质中的氨基酸都是L型的，而D型基本是人工合成的。

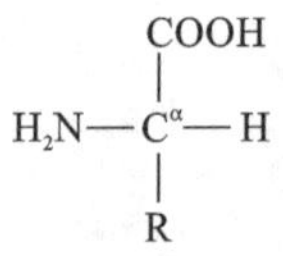

图1-3 氨基酸的结构通式 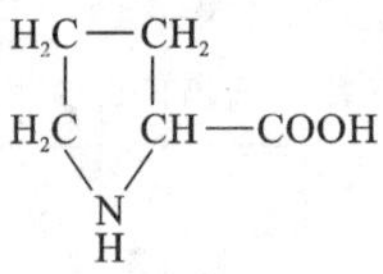　　图1-4 脯氨酸的结构式

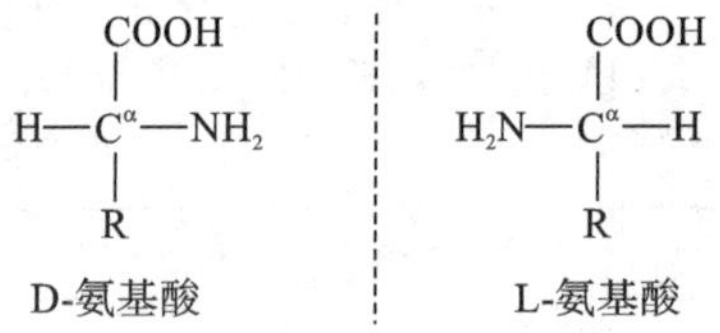

COOH | COOH
$H—C^\alpha—NH_2$ | $H_2N—C^\alpha—H$
R | R
D-氨基酸 | L-氨基酸

图1-5 氨基酸的同分异构体

2. 氨基酸的分类

20种编码氨基酸的R侧链在大小、形状、电荷、形成氢键能力和化学反应等方面都存在着差异，因而不同的氨基酸表现出不同的理化特性。按照不同的依据，氨基酸的分类主要有以下几种。

(1)根据R侧链的极性和电荷分类：根据R侧链的极性和电荷的不同，20种氨基酸可分成四大类，见表1-3。氨基酸的这种分类方法有助于理解它们在蛋白质结构中的作用。氨基酸通常用其英文名称前3个字母，或大写的英文单字母来表示，如Ala(A)代表丙氨酸。

表1-3 常见氨基酸的名称、分类及结构

分类	氨基酸名称	三字母符号	单字母符号	结构式	等电点
非极性氨基酸	丙氨酸	Ala	A	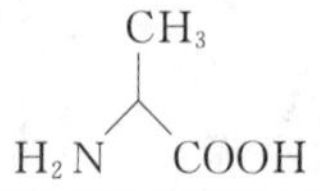 CH_3 H_2N COOH	6.00
	缬氨酸	Val	V	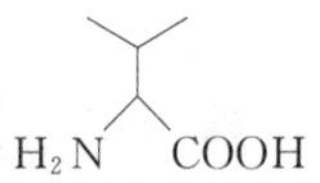 H_2N COOH	5.97
	亮氨酸	Leu	L	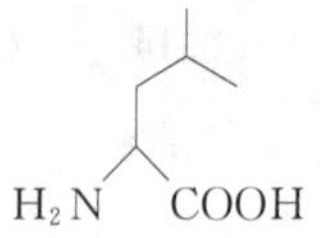 H_2N COOH	5.98

续表

分类	氨基酸名称	三字母符号	单字母符号	结构式	等电点
非极性氨基酸	异亮氨酸	Ile	I	H_2N COOH	6.02
	苯丙氨酸	Phe	F	H_2N COOH	5.48
	色氨酸	Trp	W	H N H_2N COOH	5.89
	甲硫氨酸(蛋氨酸)	Met	M	S H_2N COOH	5.75
	脯氨酸	Pro	P	N H COOH	6.30
不带电荷极性氨基酸	甘氨酸	Gly	G	H H H_2N COOH	5.97
	丝氨酸	Ser	S	OH H_2N COOH	5.68
	苏氨酸	Thr	T	OH H_2N COOH	6.16
	半胱氨酸	Cys	C	SH H_2N COOH	5.05
	酪氨酸	Tyr	Y	OH H_2N COOH	5.66
	天冬酰胺	Asn	N	O NH_2 H_2N COOH	5.41
	谷氨酰胺	Gln	Q	O NH_2 H_2N COOH	5.65

续表

分类	氨基酸名称	三字母符号	单字母符号	结构式	等电点
带负电荷极性氨基酸	天冬氨酸	Asp	D	(O、OH、H_2N、COOH)	2.77
	谷氨酸	Glu	E	(O、OH、H_2N、COOH)	3.22
带正电荷极性氨基酸	组氨酸	His	H	(HN、$\overset{+}{N}H$、H_2N、COOH)	7.59
	赖氨酸	Lys	K	(NH_3^+、H_2N、COOH)	9.74
	精氨酸	Arg	R	(H_2N、NH_2^+、NH、H_2N、COOH)	10.76

(2)根据 R 侧链的结构分类:根据氨基酸 R 侧链结构的差异,20 种氨基酸可分为以下七类。

①含脂肪族侧链的氨基酸:包括甘氨酸、丙氨酸、缬氨酸、亮氨酸、异亮氨酸和脯氨酸。这些氨基酸都是疏水性的,其中甘氨酸是 20 种氨基酸中结构最为简单的,此特性使其常常存在于蛋白质立体结构中比较"拥挤"的部位。脯氨酸与其他编码氨基酸在结构上有较大差异,由于具有环化的侧链,因此被称为 α-亚氨基酸(即环状氨基酸),该侧链对蛋白质的立体结构制约性较大。

②含芳香族侧链的氨基酸:分子结构中带有苯环结构的氨基酸,包括苯丙氨酸、酪氨酸和色氨酸。其中苯丙氨酸侧链具有一个高度疏水的苯环结构,酪氨酸和色氨酸的侧链中都含有极性基团,它们的疏水性小于苯丙氨酸。苯丙氨酸和酪氨酸结构相似,苯丙氨酸在体内经过酶的催化生成酪氨酸。

③含硫侧链的氨基酸:包括甲硫氨酸和半胱氨酸,其中甲硫氨酸是疏水性较强的氨基酸,半胱氨酸结构类似于丙氨酸(由—SH 代替—H),其侧链也有一定的疏水性,但十分活泼,能与 O 和 N 形成较弱的氢键。

④含醇基侧链的氨基酸:包括丝氨酸和苏氨酸。侧链(β-羟基)有极性但不带电荷,具有亲水性。

⑤含酰胺基侧链的氨基酸:包括天冬酰胺和谷氨酰胺。这两种氨基酸的侧链不带电荷,但极性较强。谷氨酰胺是肌肉组织中丰富的游离氨基酸。

⑥碱性氨基酸:包括组氨酸、赖氨酸、精氨酸。在中性条件下侧链带正电荷,具有亲水性。精氨酸是 20 种编码氨基酸中碱性最强的一种。

⑦酸性氨基酸:包含天冬氨酸和谷氨酸。这两种氨基酸的侧链中均含有羧基,在中性条件下侧链带负电荷。谷氨酸的钠盐就是生活中的食用味精的主要成分。

(3)必需氨基酸与蛋白质的生物学价值:某些氨基酸是动物体必不可少,但自身不能合成或合成

量远不能适应机体需要，必须由食物蛋白质供给，这些氨基酸称为必需氨基酸。机体的必需氨基酸共有 8 种，分别是苯丙氨酸、甲硫氨酸、赖氨酸、苏氨酸、色氨酸、亮氨酸、异亮氨酸、缬氨酸。组氨酸和精氨酸在幼龄动物体内的合成量不能满足机体需要，因此幼龄动物的必需氨基酸有 10 种。其余的氨基酸为非必需氨基酸，可以通过食物获取，也可以在体内由其他物质合成。

机体内一旦缺乏必需氨基酸，就不能顺利合成所需的蛋白质。缺乏任何一种必需氨基酸都将导致生长发育不良，严重时还会引起相应的缺乏症。另外，必需氨基酸还可作为蛋白质营养价值划分的依据，食物中蛋白质营养价值的高低，主要取决于所含必需氨基酸的种类、含量及其比例是否与动物体所需要的相近。

(4)非蛋白质氨基酸：除了 20 种编码氨基酸以外，在某些组织和细胞中还发现了许多其他氨基酸，它们不参与构成蛋白质，而是以游离或结合的形式存在于生物体内，具有特定的生理功能。如 L-鸟氨酸、L-瓜氨酸是合成精氨酸的前体物质，γ-氨基丁酸是一种神经递质。

3. 氨基酸的性质

氨基酸具有许多重要的物理化学性质，其中比较典型的有以下几种。

(1)紫外吸收性质：在可见光区，各种氨基酸都没有光吸收特性；在紫外光区，色氨酸、酪氨酸和苯丙氨酸均可吸收光，其最大吸收波长分别是 279 nm、278 nm、259 nm。由于动物体内各种蛋白质中都含有色氨酸和酪氨酸，因此可以通过测定蛋白质在 280 nm 波长处的吸光度，简便、迅速地估算待测样品中蛋白质的含量。

(2)两性性质及等电点：由氨基酸的结构通式可以发现，氨基酸分子既含有酸性的羧基(—COOH)，又含有碱性的氨基($—NH_2$)。羧基能提供质子变成$—COO^-$，氨基能接受质子变成$—NH_3^+$。这就是氨基酸的两性性质，其两性解离见图 1-6。

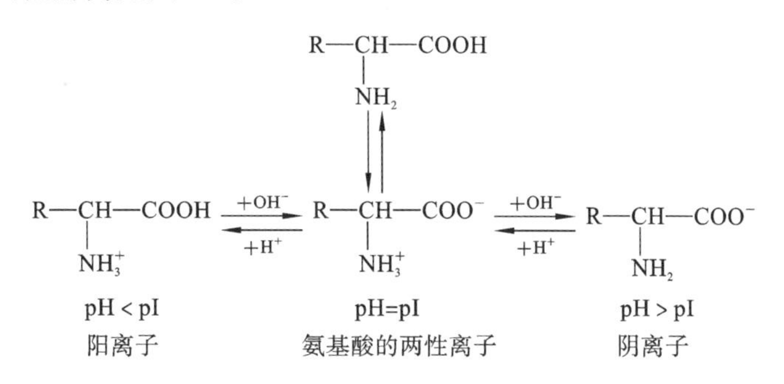

图 1-6　氨基酸的两性解离

溶液在某一特定的 pH 时，氨基酸将以两性离子(又称兼性离子)的形式存在，其所带的正、负电荷数相等，净电荷为零，在电场中既不向正极移动，也不向负极移动。此时，溶液的 pH 称为该氨基酸的等电点(pI)。当氨基酸处于等电点时，溶解度最小，可利用这一性质分离氨基酸。不同氨基酸由于 R 侧链的结构不同而具有不同的等电点。当溶液 pH＞pI 时，氨基酸带净负电荷；当溶液 pH＜pI 时，氨基酸带净正电荷。

(3)化学性质：氨基酸能与某些化学试剂发生反应。常见的有以下几种。

①茚三酮反应：在弱酸性环境下，α-氨基酸及具有游离 α-氨基的肽都可与茚三酮反应生成蓝紫色化合物，其中脯氨酸和羟脯氨酸产生黄色化合物。此反应灵敏，可以用于氨基酸的定性和定量分析。

②桑格反应：在弱碱性条件下，氨基酸的 α-氨基与 2,4-二硝基氟苯(DNFB)反应生成黄色的化合物。该方法可用于鉴定多肽或蛋白质的 N-末端氨基酸。

三、蛋白质的分子结构

蛋白质的化学结构包括氨基酸的组成与连接、氨基酸的排列顺序、二硫键位置以及空间结构等。对蛋白质结构的分析是研究蛋白质功能的必要基础。

视频：
肽和肽键

（一）肽

1. 肽键与肽

蛋白质的基本结构单位是氨基酸，蛋白质中不同的氨基酸是以相同的化学键按照一定的排列顺序进行连接的，即由相邻氨基酸分子的 α-羧基与另一个氨基酸分子的 α-氨基缩合，失去一个水分子形成肽，此 C—N 键称为肽键，见图 1-7。

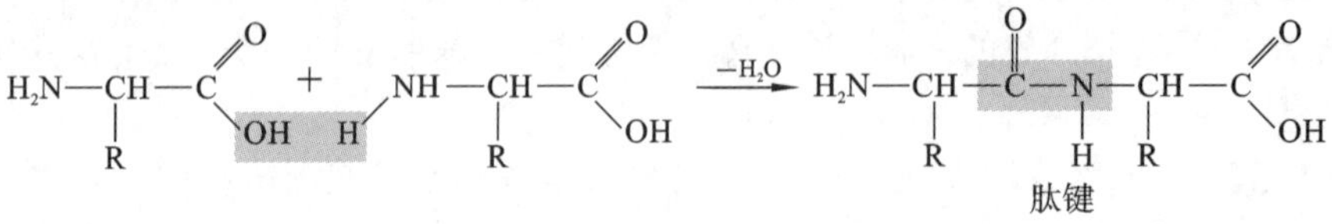

图 1-7　两个氨基酸脱水缩合形成肽键

肽键又称酰胺键，是蛋白质分子中氨基酸之间的主要连接方式。由两个氨基酸分子脱水缩合而成的肽称为二肽；由三个氨基酸形成的肽，称为三肽，以此类推。由 2～10 个氨基酸组成的肽称为寡肽，20 个以上的氨基酸组成的肽称为多肽。多肽与蛋白质之间并无明显界限，有些蛋白质可能只含几十个氨基酸，有的可能包含几百甚至上千个氨基酸。蛋白质中的氨基酸不再是完整的氨基酸分子，被称为氨基酸残基。蛋白质的结构实际上就是多肽链的结构，多肽链中含有自由氨基的一端，称为氨基端或 N-末端；含有羧基的一端称为羧基端或 C-末端，见图 1-8。在书写时，常常将 N-末端写在多肽链的左边，将 C-末端写在多肽链的右边。

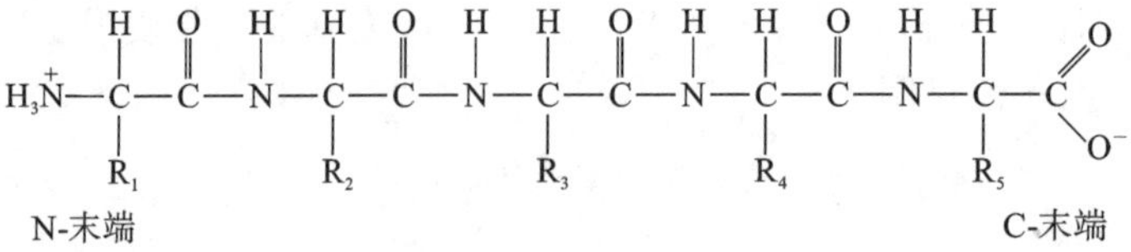

图 1-8　多肽链的组成

2. 重要的活性肽

除了蛋白质水解可以产生各种简单的多肽外，生物体中还广泛存在着许多长短不同的游离肽，这些游离肽通常具有特殊的生物学功能。

（1）谷胱甘肽（GSH）：这是一种动植物和微生物细胞中重要的三肽，由谷氨酸、甘氨酸和半胱氨酸构成，结构见图 1-9。

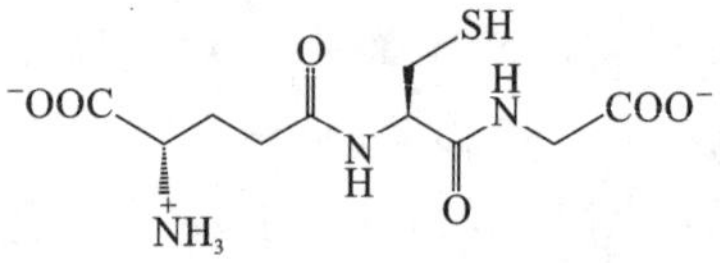

图 1-9　谷胱甘肽的化学结构

谷胱甘肽中含有一个活泼的巯基，很容易被氧化，因此常参与细胞内的氧化还原反应，是一种抗氧化剂，对许多酶具有保护作用。

（2）脑啡肽：脑啡肽是五肽，在中枢神经系统中形成，是生物体内产生的一类阿片样物质。目前已发现几十种脑啡肽，以下两种具有镇痛作用。

甲硫-脑啡肽：酪氨酸-甘氨酸-甘氨酸-苯丙氨酸-甲硫氨酸

亮氨酸-脑啡肽：酪氨酸-甘氨酸-甘氨酸-苯丙氨酸-亮氨酸

（3）其他：生物体内还有很多具有重要生理意义的活性肽，如催产素、舒缓激肽等都是具有激素作用的活性肽，甜味剂阿斯巴甜可以作为食品添加剂等。

（二）蛋白质的一级结构

蛋白质的一级结构是指多肽链上氨基酸残基的排列顺序。蛋白质一级结构研究的内容：蛋白质

的氨基酸组成、氨基酸的排列顺序、多肽链数目、二硫键的位置以及末端氨基酸种类等。维持蛋白质一级结构的作用力主要是肽键和二硫键。一级结构是蛋白质的结构基础，包含了决定蛋白质所有结构层次构象的信息，也是各种蛋白质的区别所在，不同蛋白质具有不同的一级结构。

视频：蛋白质的一般结构

蛋白质的一级结构从 N-末端开始，按照氨基酸残基的排列顺序表示。其中氨基酸残基可采用中文或英文缩写，用“-”表示肽键，例如，甲硫-脑啡肽的命名如下：

中文单个字表示法：酪-甘-甘-苯丙-甲硫

三字母符号表示法：Tyr-Gly-Gly-Phe-Met

另外，可以用阿拉伯数字表示各个氨基酸残基在一级结构中的位置。例如，在上述甲硫-脑啡肽中，Phe4 表示在甲硫-脑啡肽中的第 4 个氨基酸是苯丙氨酸。

蛋白质的一级结构并不总是由一条简单的多肽链组成，往往由 2 条或多条多肽链组成。多肽链之间通过二硫键连接起来，二硫键在蛋白质分子中起着稳定空间结构的作用。二硫键有时也存在于单条多肽链内部。通常二硫键越多，蛋白质的结构越稳定。

胰岛素在代谢中有着重要的生理功能，其本质是蛋白质。例如，牛胰岛素分子是由 2 条多肽链共 51 个氨基酸残基构成的，A、B 两条多肽链通过两个二硫键连接，另外，A 链中第 6 位和第 11 位上的两个半胱氨酸也通过二硫键相连，排列顺序见图 1-10。胰岛素能促进糖原的生成、加速葡萄糖的氧化，因此可以降低体内的血糖含量。若胰岛素不足，肝脏中的糖原分解加速导致血糖升高，并随尿液排出，则导致糖尿病。

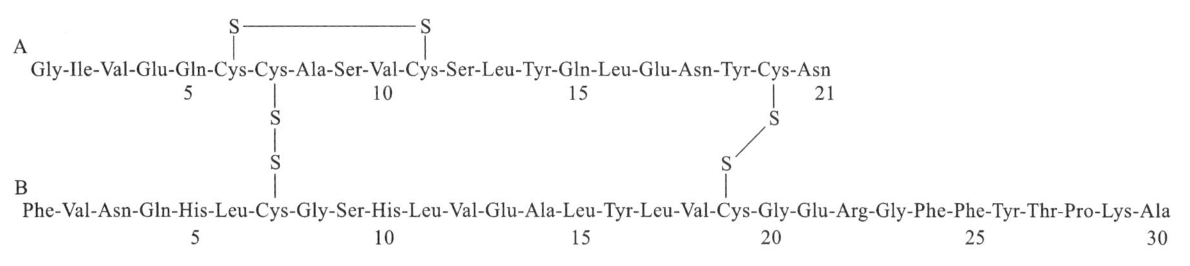

图 1-10 牛胰岛素的氨基酸排列顺序

（三）蛋白质的空间结构

视频：蛋白质的高级结构

蛋白质是结构极其复杂的生物大分子，它所体现的各种生物学功能建立在一级结构基础上，通过折叠成特定的具有生物学功能的空间立体三维结构来实现。此空间立体三维结构称为蛋白质的构象。蛋白质的空间结构又被称为蛋白质的高级结构，主要包括二级结构、三级结构和四级结构，见图 1-11。

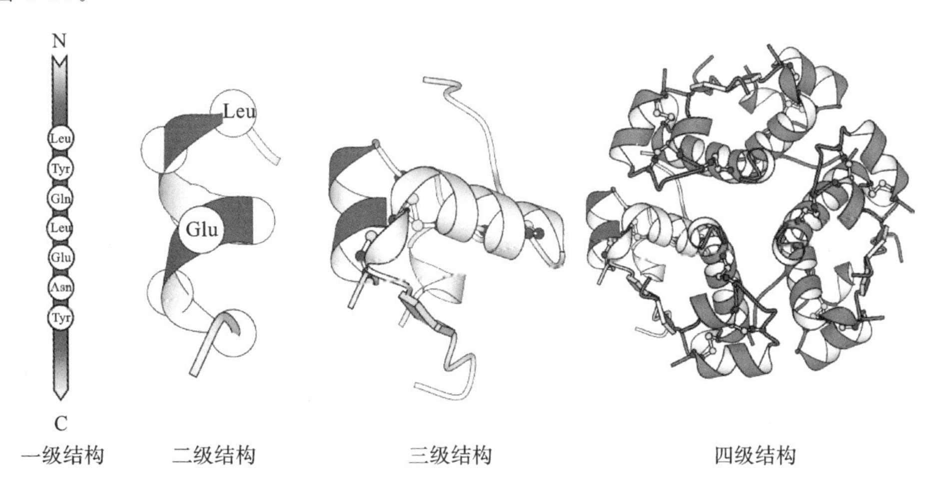

图 1-11 蛋白质的结构层次示意图

1. 蛋白质的二级结构

蛋白质的二级结构是指多肽链的主链骨架在一级结构的基础上进一步折叠盘旋形成有规则的空间构象，主要有α-螺旋、β-折叠、β-转角以及无规则卷曲。维系蛋白质二级结构的作用力主要是氢键，二级结构通常不涉及氨基酸残基的侧链构象。

(1)α-螺旋:Pauling 和 Corey 根据研究发现，多肽链最简单的排列方式是螺旋结构，于是在 1951 年提出了α-螺旋，例如皮肤、毛发中α-角蛋白的棒状结构，头发的主要成分见图 1-12。

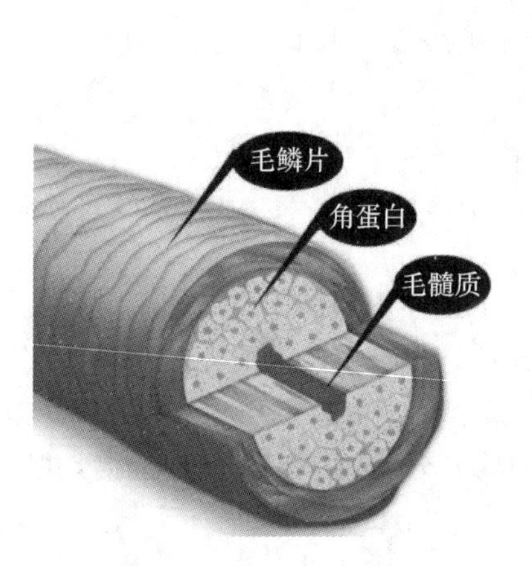

图 1-12　头发的主要成分

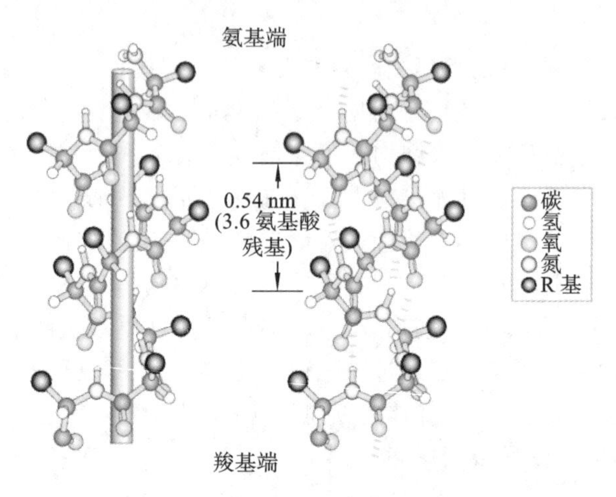

图 1-13　右手α-螺旋示意图

典型的α-螺旋见图 1-13，具有以下主要特征。

①α-螺旋中多肽链主链骨架围绕同一中心轴呈螺旋式上升，形成棒状的右手螺旋结构。每圈螺旋包含 3.6 个氨基酸残基，螺距为 0.54 nm，因此，每个氨基酸残基围绕螺旋中心轴旋转 100°，上升 0.15 nm。

②氨基酸残基中的所有侧链均指向α-螺旋的外侧，以减少空间位阻效应，但α-螺旋的稳定性仍然受到 R 侧链的大小、形状等影响，因此，不同的氨基酸在α-螺旋中的倾向性不同，例如，丙氨酸易存在于α-螺旋中，而脯氨酸和甘氨酸的存在则是破坏α-螺旋的。

③α-螺旋结构的稳定主要依靠链内的氢键来维持。氢键的方向与α-螺旋轴的方向几乎平行。α-螺旋中每个羰基氧原子与朝向羰基 C-末端的第 4 个氨基酸残基的α-氨基 N 原子上的 H 形成氢键。由氢键封闭的环共包含 13 个原子，因此典型的α-螺旋又称为 3.6_{13} 螺旋，几乎每个肽键均参与氢键的形成。因此，尽管单个氢键的键能不大，但大量氢键的累加效应使得α-螺旋成为最稳定的二级结构。

α-螺旋能否形成，以及形成后是否稳定，与蛋白质一级结构有着极大的关系。α-螺旋靠氢键维持，凡是不利于氢键形成及稳定的因素对α-螺旋的形成都有一定的影响。通常侧链小且不带电荷，较易形成α-螺旋。但甘氨酸由于侧链太小，构象不稳定，是α-螺旋的破坏者；另外，脯氨酸由于其亚氨基缺少一个氢原子，无法形成氢键，而且 C_α—N 键不能旋转，所以也是α-螺旋的破坏者，多肽链中若出现脯氨酸就会发生中断，形成一个“结节”。此外，相邻氨基酸中的侧链若带有相同电荷，会发生同电荷互斥现象，也不利于α-螺旋的形成和稳定。

α-螺旋在某些蛋白质中具有重要的生物学功能。例如，生活在两极地区的鱼，理论上低温会导致大多数鱼的血液冻结，然而事实并非如此，因为这些鱼的血液中含有抗冻蛋白，该蛋白质分子中包含简单的α-螺旋，α-螺旋的一侧含有许多疏水的丙氨酸残基，另一侧有亲水的侧链，能与冰晶表面通过氢键结合，从而限制冰晶的生长，显著降低体液的冰点。因此，赋予了这些鱼特殊的抗寒能力。

(2)β-折叠：又称β-片层，是 Pauling 和 Corey 继提出α-螺旋结构后在同一年又发现的另一种二级结构，也是蛋白质结构中常见的一种主链构象。β-折叠结构中主多肽链几乎完全伸展，呈现周期性锯齿状折叠，见图 1-14。具有以下主要特征。

①β-折叠中主多肽链几乎完全伸展，相邻两个氨基酸残基的垂直距离为 0.32～0.34 nm。相邻两

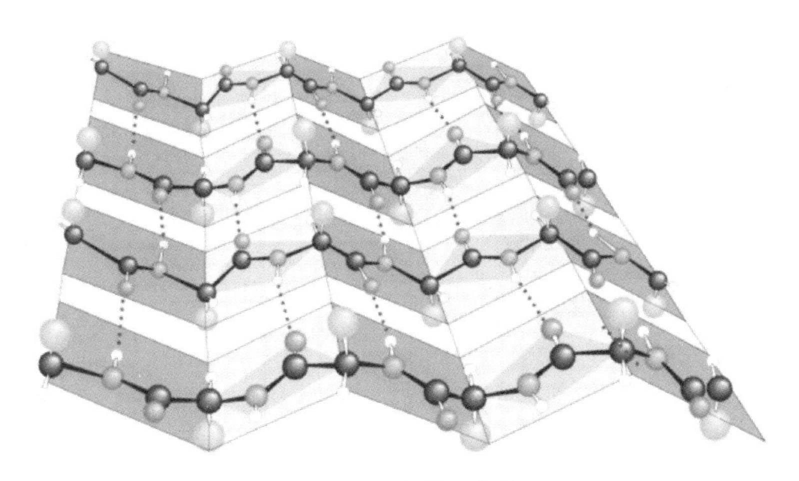

图 1-14 β-折叠示意图

条多肽链或同一条多肽链内的肽段平行排列，借助肽键中的羰基 O 原子与亚氨基 H 原子形成氢键，氢键与伸展的多肽链接近垂直。由于几乎所有肽键均参与形成氢键，因此，β-折叠构象相当稳定。

②β-折叠有两种形式：平行式和反平行式，见图 1-15、图 1-16。平行式中两条多肽链走向相同，反平行式中两条多肽链走向相反。两条多肽链借助氢键连接的 β-折叠链形成片层，氨基酸的 R 侧链则交替出现在片层的两侧。

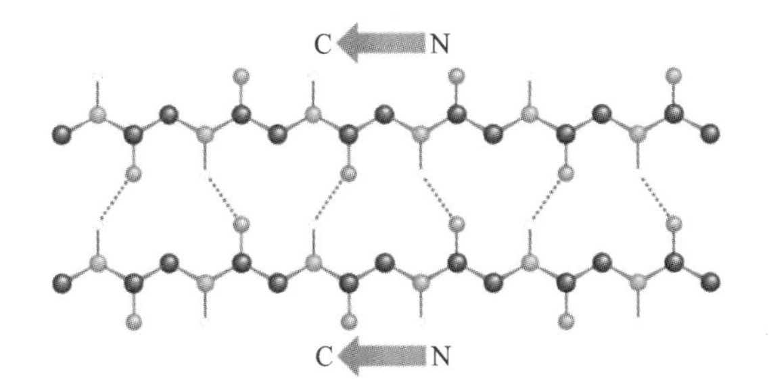

图 1-15 平行式 β-折叠

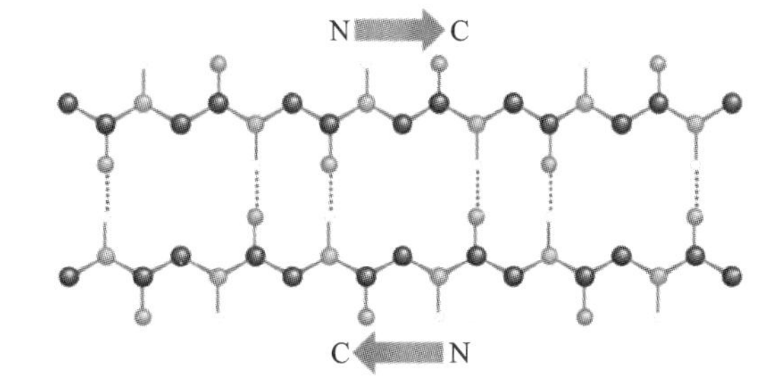

图 1-16 反平行式 β-折叠

已有研究表明，α-螺旋与 β-折叠在某些情况下可以发生结构间的相互转换，导致疾病发生，例如疯牛病的病因可能与这种转换有直接的关系。因此，蛋白质结构与功能有着十分密切的关系，研究蛋白质的结构对认识蛋白质功能、防治疾病等具有重要意义。

(3)β-转角：又称为 β-弯曲、β-回折、发夹结构等，是指蛋白质多肽链在形成三维空间结构时常出现 180°的 U 形回折结构。β-转角往往存在于球状蛋白质表面，通常由 4 个连续的氨基酸组成，第一个氨基酸残基的羰基 O 原子与第 4 个氨基酸残基的亚氨基 H 原子之间形成氢键，见图 1-17。甘氨酸和脯氨酸常出现在这种结构中。

(4)无规则卷曲：在某些球状蛋白质分子中，主链上除了有规则的二级结构外，还常常存在大量没有规则的卷曲，称为无规则卷曲。这些区域也是蛋白质中稳定有序的二级结构，对维持蛋白质的生物学功能起着重要的作用。

2. 蛋白质的三级结构

蛋白质的三级结构是指多肽链在二级结构的基础上，主链和侧链之间相互影响，进一步形成具有一定规则的三维空间，包括蛋白质分子中所有原子和基团，是具有生物学功能的构象，也是蛋白质发挥功能所必需的结构，因此被称为蛋白质的天然构象。三级结构的稳定主要依靠各侧链基团相互作用生成的非共价键，如氢键、疏水键、离子键等。

肌红蛋白是一种能结合氧分子并能在肌肉中扩散的蛋白质，其蛋白质多肽链的空间结构见图 1-18，由 153 个氨基酸残基和一个血红素组成。多肽链骨架由长短不等的 8 个右手 α-螺旋不对称地盘曲而成，分子中 75%～80%的氨基酸残基位于 α-螺旋结构中。α-螺旋之间的拐弯处(AB、CD、EF、

Note

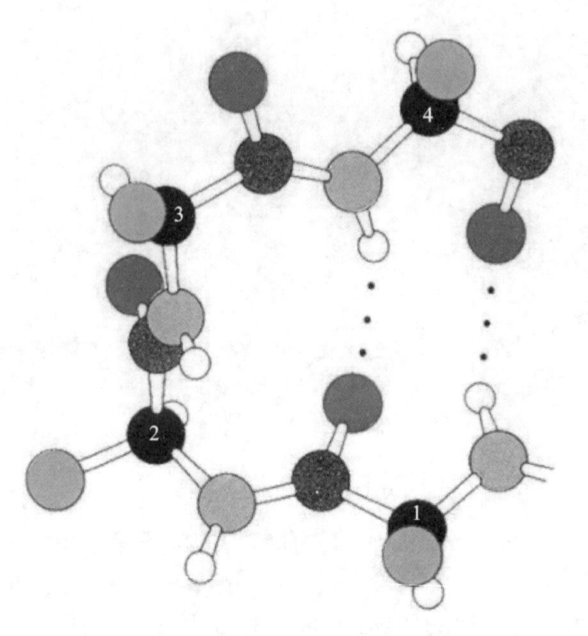

图 1-17 β-转角示意图

FG、GH)均是无规则卷曲。分子内部几乎都是疏水性 R 侧链,分子外表面则包括疏水性和亲水性氨基酸残基,绝大多数亲水性 R 侧链在分子的外表面,使肌红蛋白可溶于水溶液中。肌红蛋白分子表面有一个深陷的疏水性洞穴,由 C、E、F、G 4 个螺旋段构成,周围均是疏水的 R 侧链,含 Fe^{2+} 的血红素分子就位于疏水性洞穴内,此疏水性洞穴对肌红蛋白与氧的可逆结合具有至关重要的作用,Fe^{2+} 通过两个配位键分别结合 1 个氧分子和螺旋中的组氨酸。

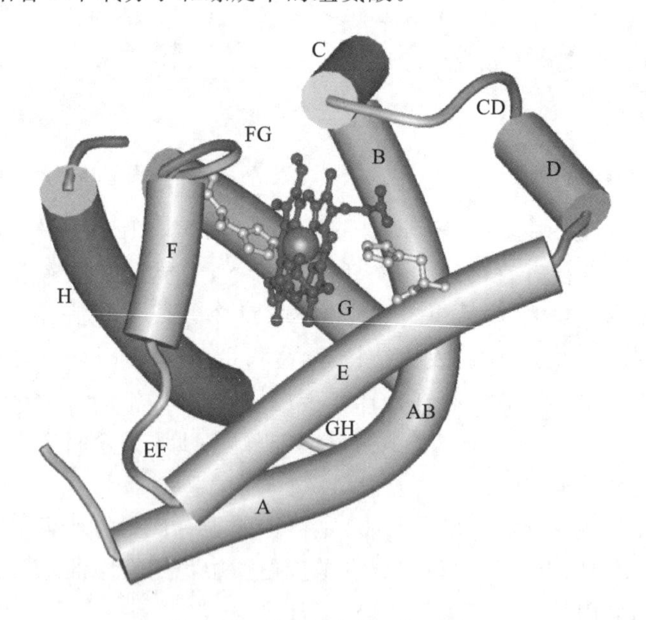

图 1-18 肌红蛋白的三级结构

3. 蛋白质的四级结构

许多蛋白质是由两条或多条多肽链组成的,这些多肽链本身具有特定的三级结构,被称为亚基(subunit)。亚基之间通过非共价键相互作用而形成复杂的空间构象称为蛋白质的四级结构。四级结构包含亚基的数量、种类、空间排布以及相互作用,但不涉及亚基本身的结构。维持四级结构稳定的作用力主要有氢键、离子键、疏水键、范德华力等。

由 2～10 个亚基构成的蛋白质被称为寡聚体,超过 10 个亚基构成的蛋白质被称为多聚体。亚基单独存在时不具备生物学功能,只有当它们构成完整四级结构的蛋白质时,才具有相应的生物学

功能。

血红蛋白是红细胞内运输氧的特殊蛋白质，其四级结构见图 1-19，是由两对不同的珠蛋白链（α_1、α_2和 β_1、β_2）组成的四聚体。每个亚基都具有与肌红蛋白相似的三级结构，都呈外圆中空的球形，且都在向内凹陷的区域与含 Fe^{2+} 的血红素相连。血红素中的 Fe^{2+} 是结合氧的部位。

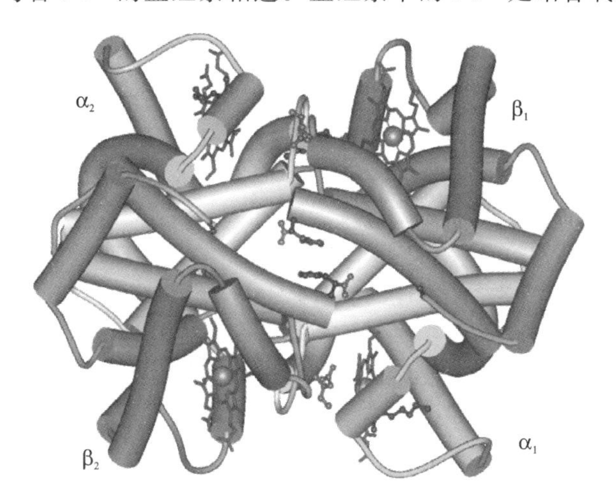

图 1-19　血红蛋白的四级结构

（四）蛋白质结构与功能的关系

蛋白质之所以能实现各种生物学功能，是与蛋白质的结构密切相关的，对蛋白质结构与功能的研究，正是蛋白质化学的重要研究领域。

1. 活性肽的结构与功能

生物体内有许多活性肽，能够调节体内新陈代谢的过程，功能与其一级结构密不可分。例如催产素和加压素，前者的主要作用是促进分娩和排乳，后者的主要作用是升高血压和抗利尿。两者在一级结构上非常相似，见图 1-20，都是含有一个二硫键的 9 肽，区别在于第 3 位和第 8 位的氨基酸残基不同。因此，加压素有微弱的催产素生物活性，而催产素也有微弱的加压素生物学活性。

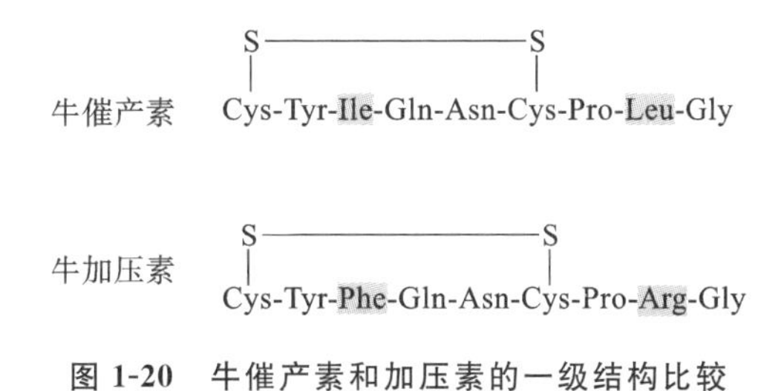

图 1-20　牛催产素和加压素的一级结构比较

2. 同源蛋白质的差异与生物进化

在不同生物体中行使相同或相似功能的蛋白质称为同源蛋白质。同源蛋白质的氨基酸序列中有许多位置的氨基酸残基对所有已经研究过的物种来说都是相同的，被称为不变残基，具有保守性；其他位置的氨基酸残基根据物种的不同变化较大，被称为可变残基。例如细胞色素 c，广泛存在于所有需氧生物中，是含一个血红素辅基的单链蛋白质，在呼吸链中起着传递电子的作用。对 80 多种不同真核生物的细胞色素 c 的一级结构进行比较后发现，有 26 个氨基酸是不变残基，其种类及位置保持不变，不允许被其他氨基酸残基替代，如半胱氨酸 14、半胱氨酸 17、组氨酸 18 和甲硫氨酸 80 等，这些不变残基是保证细胞色素 c 发挥电子传递功能的关键部位，不能改变，一旦被改变则会丧失传递电子的功能。至于其他的可变残基，在不同物种之间，变化程度不同，属于种属差异性，对蛋白质的功能不起决定性作用。通过比较不同生物细胞色素 c 的一级结构发现，与人类亲缘关系越远的生物，其细胞色素 c 的氨基酸顺序与人的差异越大，见表 1-4。生物进化表现在生物体各种形态和功能上的差异，其本质是蛋白质的进化，同源蛋白质具有共同的进化起源，因此利用细胞色素 c 的种属差异性可以为生物进化提供分子水平的依据。

表 1-4 细胞色素 c 的种属差异(以人为标准)

物种	残基差异数/个	物种	残基差异数/个
人	0	马	12
黑猩猩	0	鸡	13
恒河猴	1	响尾蛇	14
兔	9	乌龟	15
袋鼠	10	金枪鱼	20
鲸	10	蛾	31
牛、羊、猪	10	小麦	35
狗	11	面包酵母	45
骡	11	红色面包霉	48

3. 蛋白质前体的激活

在生物体内，胰岛素与胰高血糖素是一对调节血糖的激素，胰岛素是机体内唯一降低血糖的激素；与胰岛素的作用相反，胰高血糖素具有很强的促进糖原分解和糖异生作用，使血糖明显升高。这对作用相反的激素不可能同时起作用，生物体解决这个矛盾的方法是让这些蛋白质以无活性的前体形式存在。当机体需要时，经过某种蛋白酶的水解，切去部分肽段后变成有活性的蛋白质，这一过程称为蛋白质前体的激活。

以胰岛素为例，从胰岛细胞中合成的胰岛素原是胰岛素的前体，包含 80 多个氨基酸残基，氨基酸残基数量因种属而异，猪胰岛素原的一级结构见图 1-21，胰岛素原没有生理活性，其结构是通过一个 C-肽链将 A、B 两条多肽链首尾相连。若从胰岛素原的多肽链上切除 C-肽链，即变成具有生物活性的胰岛素。除胰岛素原外，参与蛋白质消化的胃蛋白酶原、参与血液凝固的凝血酶原都是通过类似的方式被激活的。

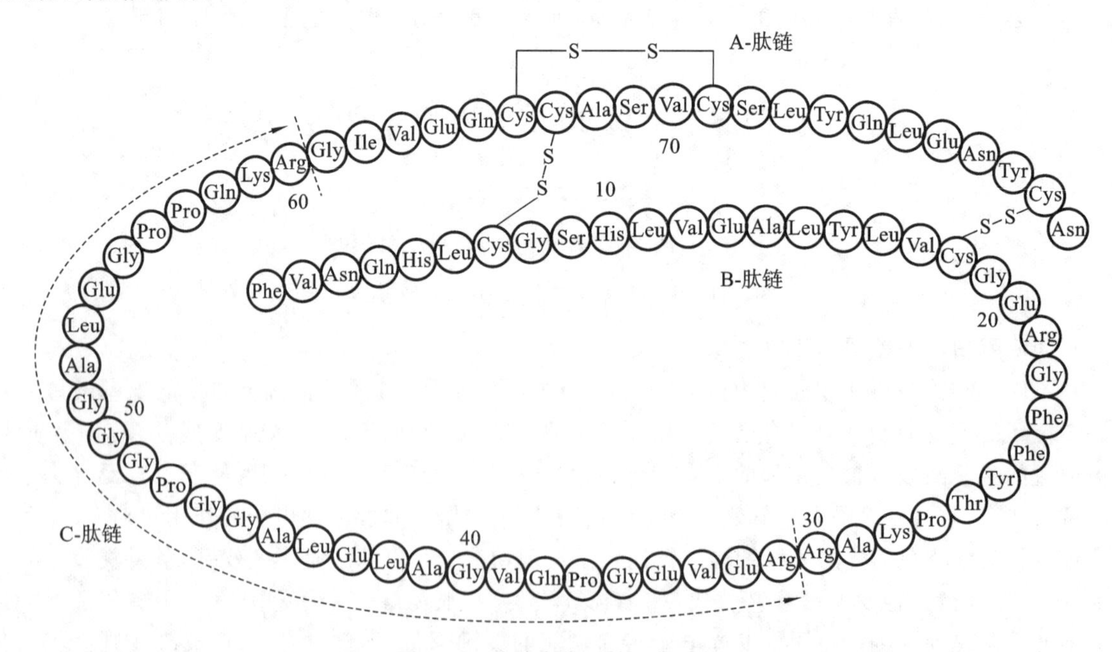

图 1-21 猪胰岛素原的一级结构

蛋白质前体激活的本质是蛋白质生物活性的空间构象形成的过程。在激活过程中被切除的肽段并不是多余的，它可能对蛋白质前体构象的形成起重要作用，比如帮助蛋白质前体由细胞分泌到胞外等。

4. 一级结构变异与分子病

在生物体内，基因的突变往往导致蛋白质一级结构的改变，导致蛋白质生物学功能下降或丧失，由此产生疾病，这种病称为分子病。例如在非洲普遍流行的镰状细胞贫血，就是由于 DNA 在复制过程中发生碱基突变，最终导致血红蛋白一级结构的改变而产生的一种分子病。患者的异常血红蛋白与正常人的血红蛋白相比，仅仅是 β-链第 6 位氨基酸残基不同：正常人为谷氨酸，而患者为缬氨酸，见图 1-22。由于谷氨酸的 R 侧链是带负电荷的亲水基团，而缬氨酸的 R 侧链是不带电荷的疏水基团，所以当谷氨酸被缬氨酸取代后，血红蛋白分子表面的电荷发生了改变，导致血红蛋白的等电点改变、溶解度降低，产生细长的聚合体，从而使扁圆形的红细胞变成镰刀形，见图 1-23，造成运输氧的功能下降，细胞脆弱而溶血，甚至导致死亡。

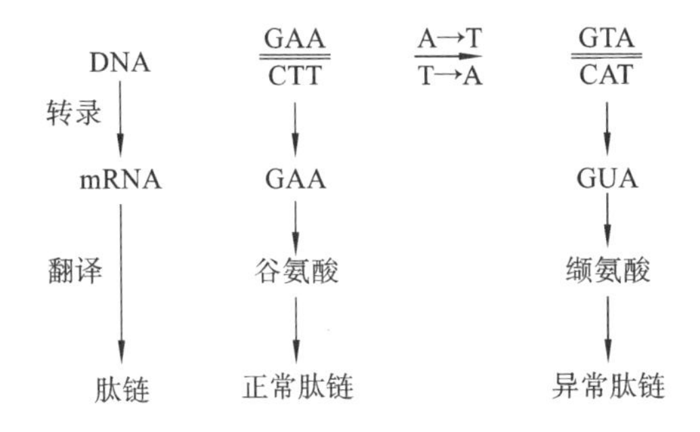

图 1-22 镰状细胞贫血的病因示意图

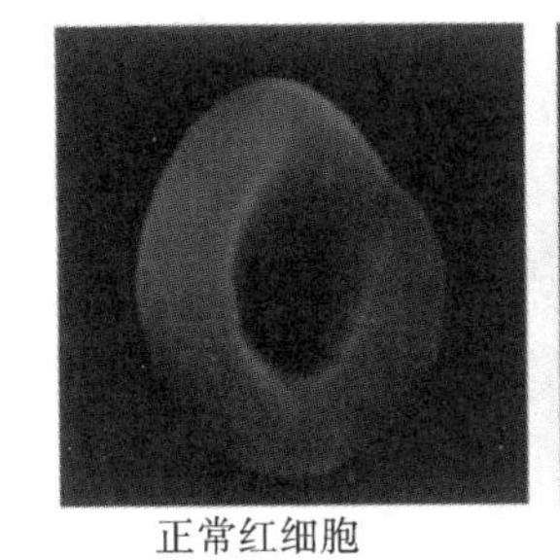

图 1-23 正常红细胞与镰刀形红细胞的形态

5. 血红蛋白的变构作用与运输氧的功能

光合作用产生氧气对自然界具有重要意义，生物进化到以氧为基础的代谢是生物高度适应性的表现，在进化过程中出现了两个重要的能结合氧的蛋白质——肌红蛋白和血红蛋白。这两种蛋白质也是研究得最为透彻的蛋白质，是蛋白质结构与功能的典范。

肌红蛋白由一条多肽链和一个血红素辅基构成，含 153 个氨基酸残基，由于只有一条多肽链，所以只具有三级结构。血红蛋白分子是由两个 α-亚基和两个 β-亚基构成的四聚体（$\alpha_2\beta_2$），见图1-24，其中 α-亚基含 141 个氨基酸，β-亚基含 146 个氨基酸，每个亚基都包括一条多肽链和一个血红素。人血红蛋白的 α-亚基、β-亚基以及肌红蛋白的一级结构有很大差别，但它们的三级结构却十分相似，见图 1-25。血红素位于每条多肽链空间构象的空穴中，血红素中央的 Fe^{2+} 是氧结合部位，可以结合一个氧分子。因此作为四聚体的血红蛋白分子能与 4 个 O_2 进行可逆结合。

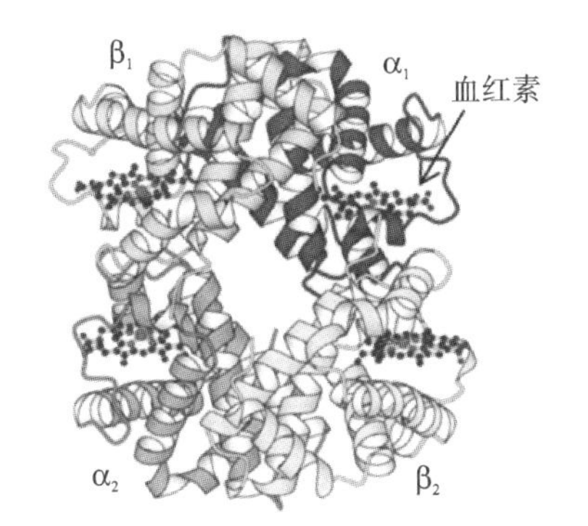

图 1-24 血红蛋白的四级结构

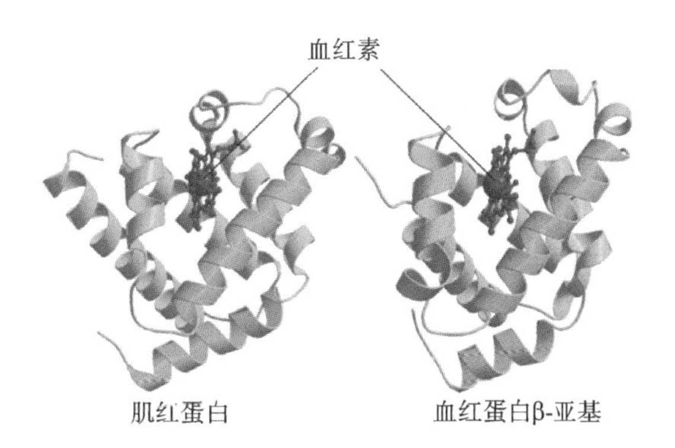

图 1-25 肌红蛋白与血红蛋白 β-亚基的三级结构

肌红蛋白没有四级结构，不存在亚基之间的相互作用，因此，它与氧的亲和力大，能在氧分压低的情况下迅速与氧结合成近饱和状态。血红蛋白拥有四级结构，其与氧结合并发生构象的改变是变构效应的一个范例。变构效应是指在寡聚蛋白分子中，一个亚基由于与其他分子结合而发生构象变化，并引起相邻其他亚基构象和功能的改变，是机体调节蛋白质活性的一种方式。血红蛋白在开始与氧结合时，与氧结合的能力很小，这是因为在去氧血红蛋白分子构象中，四个亚基之间是通过许多盐键相连接的。这些盐键使得去氧血红蛋白分子的三级结构和四级结构受到较大的约束，成为紧密型构象，从而使其氧亲和力小于单独的 α-亚基或 β-亚基。现已知 α-亚基的氧结合部位没有空间位阻，与氧的亲和力较大，能首先与氧结合。α-亚基与氧结合后，三级结构发生了变化，此变化引起相邻的 β-亚基三级结构也发生变化，消除了 β-亚基氧结合部位的空间位阻，此时，β-亚基才能与氧结合，并逐步引起其余亚基三级结构的改变。这种变构效应导致维持和约束四级结构的盐键全部断裂，整个分子的构象由紧密型变成松弛型，从而提高了其余亚基与氧的亲和力；同理，当一个氧气分子与血红蛋白亚基分离后，能降低其余亚基与氧的亲和力，有助于氧的释放。

在生物体中，由于肺部氧分压高，去氧血红蛋白能和较多的氧结合；肌肉中氧分压低，氧合血红蛋白与肌红蛋白相比能释放更多的氧，以满足肌肉运动和代谢对氧的需求。因此，血红蛋白比肌红蛋白更适合运输氧。由于变构效应，肌红蛋白与氧的亲和力总高于血红蛋白，它可接受氧合血红蛋白中的氧，储存在肌肉中以供利用。血红蛋白还可结合组织产生的二氧化碳，并在肺部通过气体交换将其排出体外。另外，血红蛋白与 CO 有很高的亲和力，一旦结合便不能运输氧而导致人或动物中毒。

视频：
蛋白质的理化性质

四、蛋白质的性质

蛋白质是由氨基酸组成的生物大分子，因此蛋白质的理化性质与氨基酸有相似之处，如两性解离、等电点、侧链基团反应等，但也有不同之处。由于蛋白质相对分子质量更大，因此还具有胶体的性质，能发生沉淀、变性、复性等现象。

（一）蛋白质的两性解离和等电点

蛋白质分子中有许多可以解离的基团，除了多肽链末端的 α-氨基和 α-羧基以外，还有各种侧链基团，因此蛋白质与氨基酸类似，是两性电解质，见图 1-26。蛋白质的解离取决于溶液的 pH：在酸性溶液中，各种碱性基团与质子结合，使蛋白质分子带正电荷，在电场中向阴极移动；在碱性溶液中，各种酸性基团释放质子，使蛋白质带负电荷，在电场中向阳极移动。当溶液在某个 pH 时，蛋白质分子所带的正电荷数与负电荷数恰好相等，净电荷为零，在电场中既不向阳极移动，也不向阴极移动，此时溶液的 pH 就是该蛋白质的等电点。等电点大小由蛋白质分子中可解离基团的种类和数量决定。

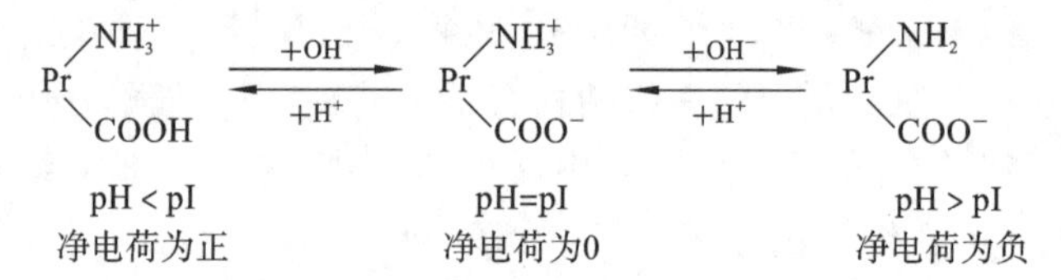

图 1-26　蛋白质两性解离性质

不同的蛋白质具有不同的等电点，表 1-5 是几种常见蛋白质的等电点。蛋白质分子在等电点时不带电荷，因此容易碰撞而聚集、沉淀，可以利用等电点沉淀法来分离不同的蛋白质。

表 1-5　几种常见蛋白质的等电点

蛋白质名称	等电点
胃蛋白酶	1.0～2.5
丝蛋白	2.0～2.4
卵清蛋白	4.6
胰岛素	5.3
血红蛋白	6.7
细胞色素 c	9.8～10.3
溶菌酶	11.0～11.2
鱼精蛋白	12.0～12.4

（二）蛋白质的电泳

带电颗粒在电场作用下，向着与其电性相反的电极移动的现象称为电泳。蛋白质分子带有电荷，因此也会发生电泳现象。蛋白质电泳的速度与其分子大小、形状和净电荷数量有关，主要取决于蛋白质电荷与质量的比值：净电荷数量越大，则电泳速度越大；分子越大，则电泳速度越小。在一定的电泳条件下，不同蛋白质分子由于净电荷数量、分子大小和形状存在差异，具有不同的电泳速度，因此，可以利用电泳分离蛋白质混合物，并可进一步检测、分析。常见的蛋白质电泳包括聚丙烯酰胺凝胶电泳（PAGE）、等电聚焦电泳（IEF）等。

（三）蛋白质的胶体性质

蛋白质分子相对较大，一般直径在 1～100 nm 之间，处于胶体溶液颗粒的直径范围，因此具有胶体性质，例如丁铎尔现象、布朗运动、电泳现象等。由于蛋白质分子较大，因此不能通过半透膜，但无机盐等小分子化合物能自由通过半透膜。利用这一特性，将蛋白质与小分子化合物的混合溶液装入用半透膜制成的透析袋中并密封，然后将透析袋放入流水或缓冲液中，则小分子化合物穿过半透膜，而蛋白质仍留在透析袋中，这就是常用的透析法，可用于蛋白质溶液的脱盐。

球蛋白分子中绝大多数亲水基团分布在其表面，能够结合水分子形成水化膜，从而使蛋白质分子均匀地分散在水溶液中，形成较为稳定的亲水性胶体溶液。胶体溶液稳定的原因有两个：一是蛋白质分子表面水化膜的分隔作用，二是蛋白质分子带有的同种电荷之间相互排斥，使蛋白质分子不能聚集成为较大的颗粒。蛋白质胶体与水的亲和性较高，在一定条件下蛋白质溶液可以变为凝胶状态，例如豆腐、乳酪就是利用此性质，将蛋白质溶液变成凝胶状态而制成的。

（四）蛋白质的沉淀

蛋白质溶液的稳定性取决于蛋白质分子表面的水化膜和电荷，当这两个因素受到影响或遭到破坏时，蛋白质溶液就失去稳定性而易发生凝聚形成沉淀，常见的蛋白质沉淀方法有以下几种。

1. 盐析

在蛋白质溶液中加入中性盐（如溴酸铵、硫酸钠、氯化钠等）时，若浓度较低，由于蛋白质分子吸附无机盐离子后带有同种电荷而相互排斥，因此增强了与水的亲和力而使溶解度增加，这种现象称为盐溶；若加入的中性盐浓度较高，高浓度的中性盐破坏蛋白质分子表面的水化膜，并中和蛋白质分子带有的电荷，从而使蛋白质发生沉淀而从溶液中析出，这种现象称为盐析。由于不同蛋白质分子的水化膜厚度和所带电量不同，因此，使不同蛋白质盐析所需要的中性盐浓度也不同。逐步加大中性盐浓度，可以使不同的蛋白质从溶液中分阶段沉淀，这种方法称为分阶盐析法，常用来分离纯化蛋白质。

视频：
蛋白质的分离鉴定

2. 有机溶剂沉淀

高浓度的乙醇、丙酮等有机溶剂能够破坏蛋白质分子表面的水化膜，同时降低蛋白质的溶解度而使蛋白质从溶液中沉淀。不同蛋白质沉淀所需要的有机溶剂浓度一般是不同的。另外有机溶剂沉淀蛋白质时，温度是重要的控制指标，如果低温下操作并且尽量缩短处理时间，则可以减慢变性速度。例如常温时用有机溶剂沉淀蛋白质，会很快使蛋白质变性而沉淀，低温时则变性减慢，因此可以用于蛋白质的分离提纯。

3. 重金属盐沉淀

蛋白质分子在碱性条件下，其阴离子基团（如—COO^-）可以与重金属盐（如乙酸铅、氯化汞、硝酸银等）的阳离子结合成不溶解的蛋白质重金属盐，从溶液中沉淀。临床上可利用蛋白质的这种特性进行消毒（如低浓度的汞试剂水溶液可用于微生物的消毒灭菌），或抢救重金属盐中毒的患者和动物（如可给予大量的牛乳或蛋清抢救误食重金属盐的患者）。

4. 生物碱试剂沉淀

生物碱是植物中具有生物学功能的一类含氮的碱性物质，如苦味酸、单宁酸、三氯乙酸、钨酸等。在 pH 小于蛋白质的等电点时，其酸根阴离子能与蛋白质阳离子相结合，成为溶解度很小的蛋白质

Note

盐,从溶液中沉淀下来。生物碱试剂能沉淀蛋白质,临床化验时,常用生物碱试剂去除血浆中的蛋白质,以减少干扰。

5. 热变性沉淀

在低温时,蛋白质的溶解度随温度的升高而增加,但当温度超过 50 ℃之后,大部分蛋白质会因为发生变性而沉淀。生活中加热灭菌正是利用加热使得微生物蛋白质变性凝固而失去活性的原理。

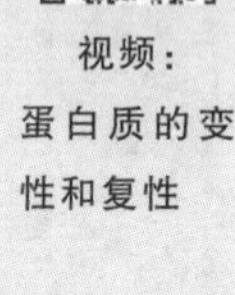

视频:
蛋白质的变性和复性

(五)蛋白质的变性和复性

1. 蛋白质的变性

在某些理化因素的作用下,蛋白质的空间结构被破坏,由天然的折叠状态变成伸展的多肽链,从而导致物理、化学性质的改变以及生物学功能的丧失,这种现象被称为变性(denaturation),见图1-27。变性后蛋白质的一级结构保持不变,空间结构发生改变。

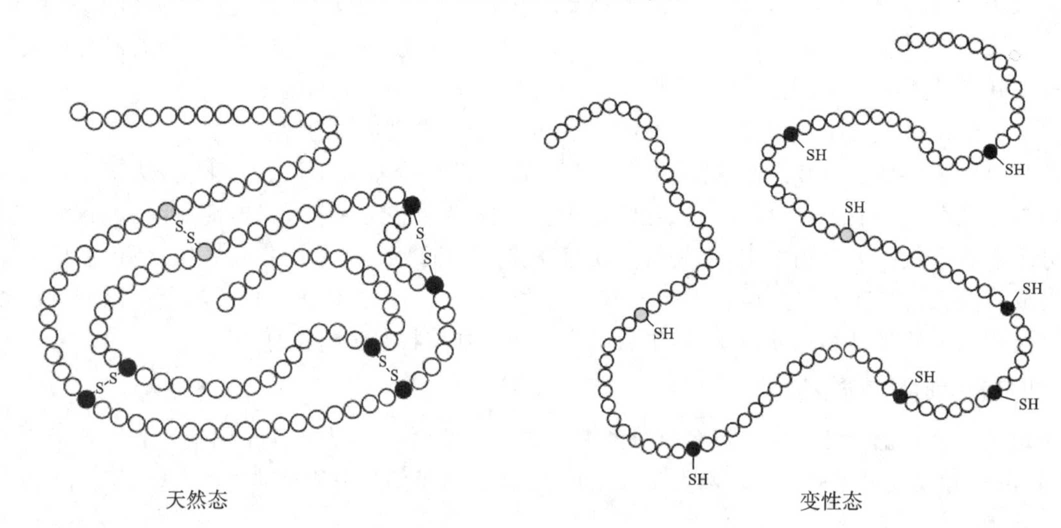

图 1-27　核糖核酸酶 A 的天然态与变性态

导致蛋白质变性的因素很多:高温(60～100 ℃)、紫外线、X 射线、超声波、高压、表面张力,以及剧烈的振荡、研磨、搅拌等物理因素,酸、碱、有机溶剂(如乙醇、丙酮等)、尿素、盐酸胍、重金属盐、三氯乙酸、苦味酸、磷钨酸以及去污剂等化学因素。不同的蛋白质对变性因素的敏感程度不同。对于含有二硫键的蛋白质,还需要破坏其二硫键。若要使二硫键还原,可加入巯基试剂,例如 β-巯基乙醇、二硫苏糖醇(DTT)等。

2. 变性蛋白质的表现

变性蛋白质最显著的改变就是生物活性丧失,例如酶丧失其催化活性,蛋白质类激素丧失其生理调节作用,抗体失去与抗原专一结合的能力等。另外,物理性质和化学性质也发生相应改变,例如容易被蛋白酶水解,溶解度明显降低,易凝固沉淀,失去结晶能力,电泳迁移率改变,黏度增加,紫外光谱和分子荧光光谱发生改变等。

3. 蛋白质的复性

变性程度较低的蛋白质在适当条件下,除去变性因素后仍可以恢复空间折叠状态,并恢复全部生物活性和理化性质,这种现象称为复性。但热变性后的蛋白质通常很难复性。

4. 蛋白质变性的利用

蛋白质变性在生产生活中有许多实际应用,例如在医疗上利用高温高压消毒手术器械、用紫外线照射手术室、用75%乙醇消毒皮肤等。这些变性因素都可以使细菌、病毒的蛋白质发生变性,从而失去致病作用,防止伤口感染。

(六)蛋白质的紫外吸收性质

蛋白质分子普遍含有色氨酸和酪氨酸,因此在 280 nm 波长处具有特征性吸收峰。在此波长处,蛋白质的吸光度与其浓度呈正比例关系,可作为蛋白质定量检测的指标。

（七）蛋白质的呈色反应

蛋白质分子中所含的肽键、苯环、酚以及某些氨基酸都能与一些化学试剂发生颜色反应，从而对蛋白质进行定性分析，常见的呈色反应有以下几种。

1. 双缩脲反应

蛋白质在碱性溶液中与硫酸铜作用呈现紫红色，称为双缩脲反应。凡是分子中含有两个及两个以上酰胺键（—CO—NH—）的化合物都有此反应，蛋白质分子中氨基酸是以肽键（酰胺键的一种形成方式）相连，因此，蛋白质一般都能与双缩脲试剂发生此反应。

2. 酚试剂反应

酚试剂反应又称为福林-酚法、Lowry 法。酪氨酸中的酚羟基可将酚试剂中的磷钼酸及磷钨酸还原成蓝色化合物。蛋白质分子中通常都有酪氨酸，因此可用此法鉴定蛋白质。

3. 黄色反应

含有苯环结构的氨基酸，特别是酪氨酸和色氨酸，遇硝酸后被硝化为黄色物质。多数蛋白质含有酪氨酸和色氨酸，因此可发生黄色反应。

4. 乙醛酸反应

色氨酸含有吲哚基，在浓硫酸中可与乙醛酸反应生成紫红色物质。因此含有色氨酸的蛋白质都能发生乙醛酸反应。

5. 乙酸铅反应

半胱氨酸和胱氨酸含有—S—S—或—SH，能与乙酸铅反应生成黑色的硫化铅沉淀。含有半胱氨酸和胱氨酸的蛋白质都能发生此反应。

6. Bradford 反应

Bradford 反应又称为染料结合分析法。蛋白质还能与染料考马斯亮蓝 G_{250} 结合生成蓝色化合物，在 595 nm 波长处有特征性吸收峰，此法也是目前测定蛋白质溶液浓度常用的方法。

模块小结

蛋白质作为生物体内重要的功能性大分子之一，种类及数量繁多，结构复杂，功能多样。根据不同的分类方式，蛋白质可分为不同的种类。蛋白质是生物体内主要的含氮化合物，氮元素的平均含量约为 16%，因此可以用凯氏定氮法计算生物样品中粗蛋白的含量。

蛋白质的基本组成单位是氨基酸，氨基酸具有结构通式。生物都具有相同的 20 种编码氨基酸，氨基酸根据不同的理化性质有不同的分类。氨基酸是两性电解质，能与某些化学试剂发生颜色反应，色氨酸、酪氨酸和苯丙氨酸还具有紫外吸收特性。

蛋白质分子是由各种氨基酸以肽键相连形成的多肽链，氨基酸序列被称为蛋白质的一级结构，是由编码蛋白质的基因决定的。不同的蛋白质具有不同的一级结构。在一级结构的基础上，多肽链进一步盘绕折叠形成二级、三级和四级结构等主要的空间构象。二级结构是指主链局部有规则的构象，维持二级结构的作用力主要是氢键，α-螺旋和 β-折叠是最主要的二级结构。三级结构是指整个多肽链折叠形成的紧密的球形结构，表面亲水，内部疏水。三级结构涉及分子中所有原子和基团的空间排布，是蛋白质发挥功能所必需的构象。四级结构是指含有两条或两条以上多肽链的蛋白质中亚基的排布，亚基之间通过离子键、疏水键等非共价键相互作用。亚基没有生物活性。

蛋白质的构象对其生物学功能至关重要。一级结构是蛋白质天然构象形成的基础，一级结构相似的蛋白质，其构象往往也相似。另外，功能相同或相似的蛋白质往往也具有类似的构象，若构象发生较大的变化，则会导致蛋白质功能的显著改变。

与氨基酸类似，蛋白质也是两性电解质，且不同的蛋白质具有不同的等电点；能发生电泳现象；具有紫外吸收特性；能与某些化学试剂发生颜色反应等。此外，蛋白质还具有胶体性质，在一定的条件下能发生沉淀现象，因此可以采用不同的方法对蛋白质进行分离纯化。

Note

链接与拓展

一、甲胎蛋白与肝癌

甲胎蛋白(AFP)是一种糖蛋白，主要由胎儿肝细胞及卵黄囊合成。甲胎蛋白具有很多重要的生物学功能，包括运输功能、作为生长调节因子的双向调节功能、免疫抑制、T淋巴细胞诱导凋亡等。甲胎蛋白在胎儿血清中含量丰富，从胎儿出生2～3个月开始被白蛋白替代，含量逐渐下降，因此在成人血清中含量极低，主要是由于成人肝细胞合成甲胎蛋白的能力丧失。但是当受到相应刺激时，例如发生肝癌时，肝脏可重新获得合成甲胎蛋白的能力，这也是多数肝癌患者体内甲胎蛋白含量升高的原因。目前临床上将甲胎蛋白作为原发性肝癌的血清标志物，作为原发性肝癌的诊断及疗效监测指标。除肝癌外，胃、胰腺及生殖系统等恶性肿瘤也常伴有甲胎蛋白的升高。

二、血液中的蛋白质

血液是生物体内环境的重要组成部分。它是机体与外界环境联系的媒介，运输养分并带走代谢废物，能维持组织细胞正常生命活动所需的最适温度、pH、渗透压及各种离子浓度的最适比例，并具有一定的防御机能。血液各成分可反映机体代谢的情况。当家畜患病时，代谢情况发生变化，常常反映到血液的成分变化。因此，临床上常以血液成分作为诊断和治疗疾病的参考和依据。

(一)血液的成分

血液，又称为全血，其成分比较复杂。血液在加入抗凝剂后，用离心方法将其中的有形成分分离后，剩下的液体称为血浆。血液中的有形成分包括红细胞、白细胞和血小板等。

(二)血液各成分中的蛋白质

(1)红细胞中最主要的蛋白质是血红蛋白，血红蛋白的辅基为血红素，血红蛋白具有运输 O_2 和 CO_2 的功能，另外还含有少量糖蛋白、脂蛋白等。

(2)白细胞中含有较丰富的溶酶体。溶酶体中含有多种水解酶类，如组织蛋白酶、溶菌酶、磷酸酶等，这些酶具有吞噬、消化细菌的功能。

(3)血小板内富含具有收缩性能的蛋白质，它与血小板的黏着、聚集和释放反应以及血块回缩等功能有密切关系。

(4)血浆中除了大量的水分外，其主要的固形成分是大量的血浆蛋白，其中包括清蛋白、球蛋白、纤维蛋白原、脂蛋白等，用盐析法、电泳法或其他方法均可将它们分离出来。这些蛋白质具有维持渗透压、防御和运输物质等多种生物学功能。此外还含有转氨酶等多种酶。

①清蛋白与球蛋白：血浆中含量最多的是清蛋白和球蛋白。清蛋白是由肝脏合成的，球蛋白中的α-球蛋白也是由肝脏合成的，而β-球蛋白和γ-球蛋白则是由浆细胞合成的。血清中清蛋白与球蛋白的比值是一定的，这个比值(清/球或A/G)被称为血清蛋白系数。对人体而言，这一比值大于1，除个别动物外，多数畜禽小于1，见表1-6。

表1-6 主要家畜血清蛋白质含量 单位：g/100 mL

动物	总蛋白	清蛋白	球蛋白	血清蛋白系数(A/G)
哺乳仔猪	7.06	3.46	3.60	0.96
后备小猪	7.18	3.09	4.09	0.76
奶牛(北京黑白花)	9.14	4.05	5.19	0.78
蒙古马	8.03	2.64	5.39	0.49

续表

动物	总蛋白	清蛋白	球蛋白	血清蛋白系数(A/G)
骡	8.65	3.11	5.52	0.56
母驴	7.96	4.23	3.66	1.16
怀孕母驴	7.22	5.22	2.72	1.92
绵羊	5.38	3.07	2.31	1.33
山羊	6.67	3.96	2.71	1.46

血浆清蛋白和球蛋白的主要生理功能如下：

a. 维持正常血浆胶体渗透压(简称胶渗压)：在正常情况下，血浆蛋白浓度高于细胞间液，因此血浆的胶渗压高于细胞间液，从而使细胞间液进入血浆，进行正常代谢。由于某些病理原因，血浆蛋白含量减少，胶渗压下降，细胞间液的水分不能进入血浆，因此引起组织水肿。由于清蛋白的相对分子质量小于球蛋白，因此相同质量的清蛋白对胶渗压的影响大于球蛋白。虽然有时球蛋白含量稍高，但只要清蛋白含量减少，也可以引起组织水肿。

b. 运输功能：许多物质通过血液进行运输时，都是同血浆蛋白结合成为某种复合体进行运输的。例如，清蛋白与脂肪酸、胆红素及一些药物结合成为复合体，β-球蛋白和γ-球蛋白中的一些蛋白质结合脂肪、磷脂、胆固醇及胡萝卜素，β-球蛋白中的金属结合蛋白结合铁、铜、锌等。

c. 免疫功能：人和动物体内的抗体大部分是γ-球蛋白，也有少部分是β-球蛋白。抗体能够与外源蛋白质(抗原)特异性地结合发生抗原-抗体反应，从而使外源蛋白质失活，起到保护机体的作用。

d. 修补功能：在人和动物体内，血浆蛋白参与组织蛋白质的代谢，并保持组织蛋白质的平衡。例如，用不含蛋白质的饲料喂养动物，同时以同种动物的血浆蛋白进行静脉注射，动物可以长期保持氮平衡。可见，血浆蛋白具有修补组织的功能。

e. 缓冲功能：血浆蛋白与其对应的盐组成缓冲物质对，具有维持血浆 pH 恒定的作用。

②纤维蛋白原：纤维蛋白原是一种细长的纤维状蛋白质，相对分子质量为 340000，由 6 条多肽链组成，即具有 A_α、B_β和 γ 链各 2 条，彼此间以二硫键相连，见图 1-28。血浆中的纤维蛋白原在肝脏中合成，含量虽然只占血浆总蛋白的 4%～6%，但具有很重要的生理功能。当血管损伤而出血时，在凝血因子的作用下，处于溶解状态的纤维蛋白原转变为不溶性的纤维蛋白而使受损伤处局部凝血，防止机体大量失血，起到保护机体的作用。

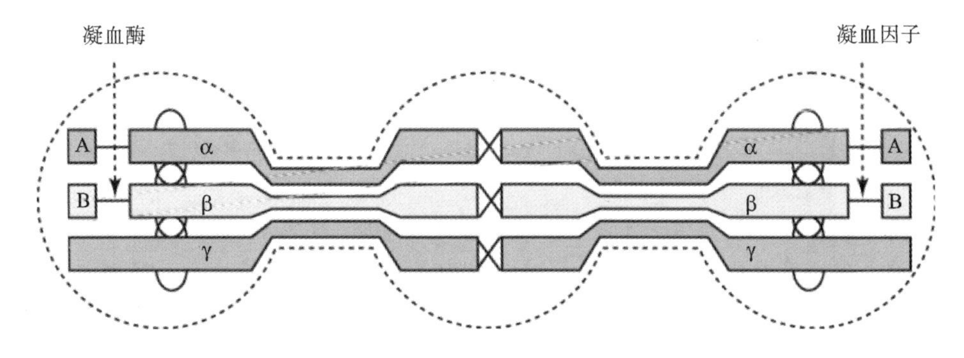

图 1-28　纤维蛋白原的分子模型

（三）血红蛋白的氧化及其恢复

血红蛋白可被铁氰化钾、亚硝酸盐、盐酸盐、大剂量的甲烯蓝及过氧化氢等氧化剂氧化为高铁血红蛋白（MHb）。在高铁血红蛋白中，Fe^{2+}被氧化为Fe^{3+}，失去了运输氧的能力。正常的红细胞中也有少量氧化剂能把血红蛋白氧化为高铁血红蛋白，但红细胞有使高铁血红蛋白缓慢地还原为亚铁血红蛋白的能力，所以正常血液中只有少量的高铁血红蛋白。如果摄入较多的氧化剂，使产生高铁血红蛋白的速度超过红细胞本身还原它的速度，则会出现高铁血红蛋白血症。若高铁血红蛋白占总血红蛋白的10%～20%，只引起中度发绀，无其他症状；若高铁血红蛋白占总血红蛋白的20%～60%，会出现一系列轻重不同的症状；高铁血红蛋白占总血红蛋白的60%以上时可引起死亡。萝卜、白菜等的叶子中含有较多硝酸盐，如果保存或加工不善，在微生物的作用下，硝酸盐可被还原为亚硝酸盐。如给动物大量饲喂这种饲料，则可引起中毒。

（四）血红蛋白与CO的作用

血红蛋白与CO作用能生成碳氧血红蛋白（HbCO），CO与Fe^{2+}也是通过配位键结合。同一铁卟啉分子上不能同时结合O_2和CO，而血红蛋白与CO结合的能力比与O_2结合的能力强200～300倍，如空气中有1份CO和250份O_2，则血液中的氧合血红蛋白与碳氧血红蛋白数量大致相等，亦即血红蛋白运氧的能力降低50%，因此氧的运输就发生障碍，这就是CO中毒作用的实质。

（五）血红蛋白与CO_2的作用

血红蛋白与CO_2作用时，其蛋白质部分的游离氨基与CO_2结合成为碳酸血红蛋白（$HbCO_2$）。体内新陈代谢产生的CO_2，约18%是以碳酸血红蛋白的形式运送至肺部排出体外的，约74%以碳酸氢盐形式运输。

（六）血红素与黄疸

黄疸（icterus）是由于血液中胆红素含量过多而使可视黏膜被染黄的现象。正常血液中胆红素含量很少。一般情况下胆红素进入血液后很快被肝脏代谢而排入肠道，因此血液中含量很低。例如马血清中胆红素正常范围为0.5～4.5 mg，牛为0～1.4 mg，绵羊为0～0.5 mg，猪为0～0.8 mg。在异常情况下，胆红素来源增多，如红细胞大量破坏引起的溶血性黄疸；胆红素去路不畅，胆道阻塞导致的阻塞性黄疸；肝脏处理胆红素能力降低发生的实质性黄疸等，都可引起血中的胆红素增加使可视黏膜被染黄。

（七）血浆蛋白及与其异常相关的疾病诊断

血浆蛋白同其他蛋白质一样，不断地进行新陈代谢，以保证其足够的含量和活性。血浆蛋白的合成主要是在肝脏和浆细胞中进行的。血浆蛋白的去路目前尚不完全清楚，在正常情况下，蛋白质进入血浆和离开血浆的速度大致上是相等的，因此，其含量一般都稳定在一定范围内。血浆蛋白中以纤维蛋白原的再生速度最快，球蛋白次之，清蛋白最慢。在某些病理状态下，血浆蛋白的含量，特别是A/G值会发生相应的变化，在临床上可作为疾病诊断的依据。例如清蛋白的含量在一般情况下是不会有明显改变的，除了脱水引起血浆清蛋白浓缩外，其含量一般不会增加。而一旦血浆清蛋白含量降低，则可能是由下列原因造成的。

(1)清蛋白合成速度下降：肝脏是合成清蛋白的主要器官，当肝脏在某些病理状态下，或磷或氯仿中毒的情况下，会影响肝脏合成清蛋白的能力，使其含量下降。

(2)蛋白质的长期大量流失：某些肾脏疾病会引起肾小球通透性增强，造成蛋白质随尿液大量流失，因而导致血浆蛋白含量下降。

(3)血浆球蛋白的增加引起清蛋白减少：在机体受细菌或病毒感染的情况下，由于机体免疫作用的结果，血浆球蛋白含量增加。机体为了保持血浆渗透压的恒定，因而使血

浆清蛋白含量下降。

(4)长期营养不足:在球蛋白中,在一般疾病中 α-球蛋白的含量不会降低,而在感冒和创伤等情况下会升高;β-球蛋白的改变往往与脂蛋白代谢不正常有关;γ-球蛋白在感染时会升高,特别是被细菌、肠道寄生虫等感染时,这是由于体内抗体合成增多。而清蛋白在大多数疾病状态下,含量变化则很小,甚至没有变化。

在以上病理情况下,清蛋白含量下降的同时球蛋白含量往往上升,所以清蛋白/球蛋白(A/G)值明显下降。

(八)C 反应蛋白

C 反应蛋白(Creactive protein,CRP)是指当机体受到感染或组织损伤时,血浆中一些急剧上升的急性期蛋白质。CRP 可以激活补体和加强吞噬细胞的吞噬而起调理作用,从而清除入侵机体的病原微生物以及损伤、坏死、凋亡的组织细胞,在机体的天然免疫过程中发挥重要的保护作用,在临床上应用较多。当炎症刺激后,CRP 在血清中的浓度可迅速成百倍地升高,因此血清 CRP 浓度是炎症反应的良好指标,在细菌感染时会明显上升,而病毒感染则正常或呈现低值,因此也可作为细菌或病毒感染的判断依据,而且对 CRP 的检测也被认为在急性细菌感染及判定抗生素疗效时比白细胞检测更准确。

复习思考题

参考答案

选择题

1. 动物不能自身合成、必须从饲料中摄取的氨基酸是(　　)。

A. 赖氨酸　B. 甘氨酸　C. 脯氨酸　D. 丙氨酸　E. 谷氨酸

2. 不属于蛋白质二级结构的是(　　)。

A. β-折叠　B. 无规则卷曲　C. β-转角　D. α-螺旋　E. 二面角

3. 蛋白质具有特征性吸收的波长是(　　)。

A. 220 nm　B. 230 nm　C. 260 nm　D. 270 nm　E. 280 nm

4. 在临床化验中,常用于去除血浆蛋白的化学试剂为(　　)。

A. 丙酮　B. 硫酸铵　C. 乙酸铅　D. 稀盐酸　E. 三氯乙酸

5. 具有四级结构的蛋白质通常有(　　)。

A. 一个 α 亚基　B. 一个 β 亚基　C. 两个或两个以上的亚基

D. 辅酶　E. 二硫键

6. 不影响蛋白质 α-螺旋形成的因素是(　　)。

A. 碱性氨基酸相近排列　B. 酸性氨基酸相近排列　C. 赖氨酸的存在

D. 丙氨酸的存在　E. 谷氨酸的存在

7. 用于测定蛋白质相对分子质量的方法是(　　)。

A. 260 nm 与 280 nm 紫外吸收比值　B. SDS-聚丙烯酰胺凝胶电泳

C. 凯氏定氮法　D. 荧光分光光度法

E. 福林-酚法

8. 蛋白质变性不包括(　　)。

A. 氢键断裂　B. 肽键断裂　C. 疏水键断裂

D. 盐键断裂　E. 范德华力破坏

9. 1 分子血红蛋白可结合氧的分子数为(　　)。

A. 1　B. 2　C. 3　D. 4　E. 6

10. 具有较强的降低血糖的活性蛋白是(　　)。

Note

A. 胰高血糖素　B. 胰岛素原　C. 多肽
D. 胰岛素　E. 胰岛素样生长因子

11. 怀疑一个患者是否患肝癌，可根据下列哪种物质超标进行判断？(　　)
A. 胆固醇　B. 甲胎蛋白　C. 磷脂　D. 球蛋白　E. 转氨酶

12. 含有胍基的氨基酸是(　　)。
A. 甘氨酸　B. 谷氨酸　C. 异亮氨酸　D. 苯丙氨酸　E. 精氨酸

13. 血浆中含量最多的蛋白质是(　　)。
A. 清蛋白　B. 脂蛋白　C. 糖蛋白
D. 补体系统蛋白质　E. 免疫球蛋白

14. 单胃动物胃蛋白酶的最适 pH 范围是(　　)。
A. 1.0～2.5　B. 3.6～5.4　C. 6.6～7.4　D. 7.6～8.4　E. 8.6～9.4

15. 属于非极性氨基酸的是(　　)。
A. 甘氨酸　B. 谷氨酸　C. 天冬氨酸　D. 组氨酸　E. 精氨酸

16. 属于碱性氨基酸的是(　　)。
A. 甘氨酸　B. 谷氨酸　C. 异亮氨酸　D. 苯丙氨酸　E. 精氨酸

17. 用下列方法测定蛋白质含量，需要完整肽键的是(　　)。
A. 福林-酚法　B. 双缩脲反应　C. 紫外吸收法
D. 茚三酮反应　E. 凯氏定氮法

18. 氨基酸和蛋白质所共有的性质是(　　)。
A. 胶体性质　B. 两性解离　C. 变性　D. 复性　E. 沉淀

19. 变性蛋白质的主要特征是(　　)。
A. 溶解度增加　B. 黏度下降　C. 生物活性丧失
D. 易被盐溶　E. 不易被水解

20. 蛋白质分子中含量相对稳定的元素是(　　)。
A. C 元素　B. H 元素　C. O 元素　D. N 元素　E. S 元素

实训 1　氨基酸的纸层析

【实训目的】 了解纸层析的原理，掌握纸层析的操作方法。

【实训原理】 纸层析是用滤纸作为惰性支持物，用水和有机溶剂作为展开剂，将目标混合物进行分离的分配层析法。其中水是固定相，展开用的有机溶剂是流动相。在层析时，将混合物点在距滤纸一端 2～3 cm处，称为原点；然后放置在密闭容器中，有机溶剂沿滤纸从下往上进行展开，这样混合物在两相中不断分配，由于不同物质的分子大小和性质不同，因此在两相中的溶解度即分配系数(K_d)不同，从而将混合物分离。

物质被分离后在纸层析图谱上的位置用迁移率 R_f 来表示。相同条件下，每种物质有其固定的迁移率。影响迁移率的因素很多，如物质的分子结构与特性、展开剂的比例与 pH 系统、滤纸特性、环境等。

R_f＝原点到物质斑点中心的距离/原点到溶剂前沿的距离

氨基酸是典型的两性电解质，在纸层析过程中，由于 R 侧链的差异，在两相中的溶解度不同，因此可以被分离。另外氨基酸和水合茚三酮有颜色反应，大多数天然氨基酸与水合茚三酮反应呈紫红色，脯氨酸为黄色。所以本方法能快速灵敏地将氨基酸进行分离。

【器材与试剂】

1. 试剂

(1)样品混合液：分别用纯水配制浓度为 4 mg/mL 的丙氨酸、组氨酸、脯氨酸、苯丙氨酸溶液，另

将4种氨基酸溶液按1∶1∶1∶1制成混合液。

(2)展开剂:正丁醇∶水∶冰醋酸=4∶3∶5(质量分数),混合后充分摇匀,静置10 min后用分液漏斗取上层液作展开剂。

(3)显色剂:0.1%水合茚三酮正丁醇溶液。

2. 器材

电子天平、层析缸、培养皿、层析滤纸(新华1号)、毛细吸管、铅笔、针线或订书机、喷雾器、电吹风、直尺、镊子或手套、烧杯、分液漏斗、容量瓶等。

【方法与步骤】

(1)将盛有适量展开剂的培养皿置于密闭的层析缸中5 min,使层析缸中的展开剂充分挥发至近饱和状态。

(2)准备滤纸:取层析滤纸一张,大小约为15 cm×10 cm,用铅笔在距离底边2 cm处轻轻画一条与底边平行的线,在直线上每隔2 cm做1个标记,标出5个原点,见图1-29。

(3)点样:用毛细管将各氨基酸样品点在5个原点上。点样需要反复多次,每次点样后需待样品干燥或用吹风机冷风挡吹干后再点下一次,通常需点样3~5次,扩散直径不超过3 mm。

图1-29 氨基酸层析点样示意图

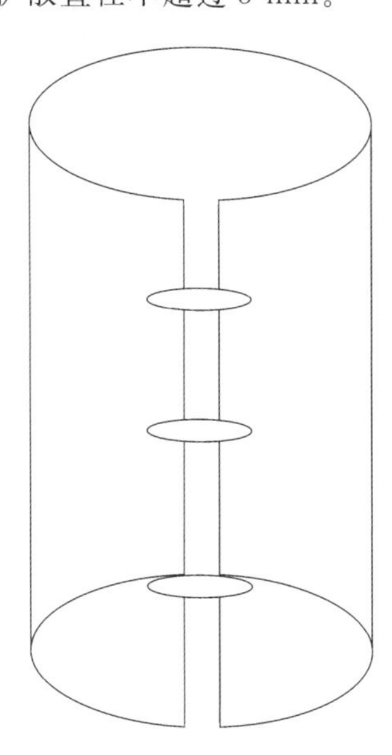

图1-30 层析滤纸圈示意图

(4)层析:用订书机或针将点好样的滤纸进行连接成纸圈(图1-30),滤纸两侧不能接触。然后将滤纸直立于培养皿内(原点朝下,并确保展开剂低于原点1 cm),在封闭的层析缸内进行层析。待溶剂前沿线上升到离滤纸顶端1~2 cm时取出滤纸,用铅笔描出前沿线,自然干燥或用电吹风冷风挡吹干。

(5)显色:用喷雾器均匀喷上0.1%水合茚三酮正丁醇溶液,然后用吹风机热风挡吹干,即可显示出各样品的斑点图。

(6)计算:用直尺量出样品斑点中心到原点中心、溶剂前沿到原点中心的直线距离,并根据公式计算出各种氨基酸的迁移率。

【注意事项】

(1)点样时要求样品液扩散范围越小越好。

(2)显色时需要在通风橱进行,因为正丁醇易挥发,对人体刺激性较强。

(3)操作过程中不宜用手指拿捏滤纸,可用镊子操作或戴手套进行,以防手上汗水污染滤纸。

【思考题】

(1)展开剂液面为什么要低于样品原点位置?

(2)层析时滤纸的两侧面为什么不能接触?

(3)实验中可能产生误差的步骤有哪些?

实训 2　双缩脲法测定蛋白质含量

【实训目的】 掌握双缩脲法测定蛋白质含量的原理和方法。

【实训原理】 双缩脲试剂是一种碱性的含铜试剂，呈蓝色，当底物中含有肽键（—CO—NH—）时，试剂中的铜与肽键发生反应生成紫红色络合物。双缩脲法的灵敏度为 5～160 mg/mL，测定蛋白质的浓度范围是 1～10 mg/L。蛋白质含有大量的肽键，发生双缩脲反应后，呈色强度在一定范围内与蛋白质的含量成正比，因此可以通过比色法，测定标准蛋白质和待测蛋白质在 540 nm 波长处的吸光度，以已知标准蛋白质的吸光度为纵坐标，标准蛋白质的浓度为横坐标绘制标准曲线图，再利用标准曲线求出待测蛋白质的含量。

【器材与试剂】

1. 试剂

（1）双缩脲试剂：称取 1.5 g 五水硫酸铜（$CuSO_4 \cdot 5H_2O$）和 6.0 g 四水酒石酸钾钠（$KNaC_4H_4O_6 \cdot 4H_2O$），用 500 mL 水溶解，在搅拌下加入 300 mL 10% NaOH 溶液，用水稀释至1000 mL，棕色瓶中避光保存。长期储存后若有黑色沉淀出现，则需要重新配制。

（2）标准蛋白质溶液：精确称取 0.5 g 酪蛋白溶于 0.05 mol/L 的 NaOH 溶液中，并定容至 100 mL，即为 5 mg/mL 的标准蛋白质溶液。

（3）待测蛋白质样品：未知浓度的蛋白质溶液，浓度在 1～10 mg/mL 范围内。

（4）其他：双蒸水等。

2. 器材

电子天平、容量瓶、试管、移液管、分光光度计、烧杯等。

【方法与步骤】

（1）取 7 支试管，按表 1-7 加入试剂。

表 1-7　双缩脲法测定蛋白质含量　单位：mL

试剂名称	空白管	1 号管	2 号管	3 号管	4 号管	5 号管	测定管
标准蛋白质溶液	0	0.1	0.2	0.3	0.4	0.5	0
双蒸水	0.5	0.4	0.3	0.2	0.1	0	0.4
待测蛋白质样品	0	0	0	0	0	0	0.1
双缩脲试剂	3.0	3.0	3.0	3.0	3.0	3.0	3.0

（2）将各试管混匀后置于 37 ℃水浴 20 min，冷却至室温，用空白管调零后，在 540 nm 处分别读取各管吸光度。然后以吸光度为纵坐标，蛋白质浓度为横坐标绘制标准曲线。

（3）根据测定管的吸光度，在标准曲线上求得未知蛋白质浓度。

【注意事项】

（1）双缩脲试剂需要密封储存，以防止吸收空气中的二氧化碳。

（2）本方法需在显色后 30 min 内完成吸光度测定。

【思考题】

（1）干扰本实验的因素有哪些？

（2）双缩脲法测定蛋白质含量的优缺点是什么？

实训 3　蛋白质的沉淀反应

【实训目的】

（1）理解引起蛋白质沉淀的因素。

（2）掌握蛋白质沉淀的方法及意义。

【实训原理】 蛋白质分子表面的水化膜和电荷是稳定其亲水胶体性质的重要因素，一旦水化膜

和表面电荷遭到破坏，蛋白质往往会出现沉淀现象。引起蛋白质沉淀的因素很多，如中性盐、有机溶剂、重金属、温度、生物碱试剂等。如果这些因素导致蛋白质分子内部结构发生重大变化（尤其是破坏了蛋白质的空间结构），那么此时的蛋白质将发生不可逆的变性，除去引起沉淀的因素后蛋白质也不再溶解，且生物活性丧失；如果这些因素的影响并未导致蛋白质的空间结构发生显著改变，那么除去引起沉淀的因素后，沉淀的蛋白质能够复性，仍然可以溶于原来的溶剂中，并恢复生物活性。

有时，由于维持蛋白质稳定的因素仍然存在，比如电荷，蛋白质变性后并不析出，因此变性的蛋白质不一定都表现为沉淀。

【器材与试剂】

1. 试剂

(1)卵清蛋白溶液：取一个鸡蛋用蛋清分离器分离出蛋清，加入蒸馏水 200 mL（可加入少量 NaCl 促进蛋白质溶解），沿同一个方向轻轻搅匀后，用两层纱布过滤，取上清液备用。

(2)其他试剂：硫酸铵结晶粉末、饱和硫酸铵溶液、95%乙醇、2%硝酸银溶液、0.5%乙酸铅溶液、1%硫酸铜溶液、10%三氯乙酸溶液、5%磺基水杨酸溶液。

2. 器材

离心机、蛋清分离器、烧杯、纱布、试管、滴管、移液管、量筒等。

【方法与步骤】

1. 硫酸铵沉淀蛋白质

准备 3 支干净的试管，在试管 1 中加入 3 mL 卵清蛋白溶液，再加入 3 mL 饱和硫酸铵溶液，混匀后静置数分钟，观察是否有沉淀产生。若产生沉淀，倒出上清液于试管 2 中，另从试管 1 中取少量沉淀转入试管 3 中。向试管 3 中加入少量水，观察沉淀是否溶解；向试管 2 中添加硫酸铵结晶粉末直至不再溶解，此时析出的沉淀为清蛋白，若沉淀现象不明显，可用离心机 10000g 离心 10 min，获得清蛋白后，弃去上清液，加入少量蒸馏水观察沉淀是否溶解。

2. 乙醇沉淀蛋白质

准备 1 支试管，取卵清蛋白溶液 1 mL，加入 95%乙醇 2 mL，混匀后静置观察沉淀产生的情况。

3. 重金属盐沉淀蛋白质

准备 3 支试管，均加入 1 mL 卵清蛋白溶液，再分别向 3 支试管中逐滴加入 2%硝酸银溶液、0.5%乙酸铅溶液、1%硫酸铜溶液，混匀后观察沉淀产生及再溶解情况。

4. 生物碱和有机酸沉淀蛋白质

准备 2 支试管，均加入 1 mL 卵清蛋白溶液，再分别向 2 支试管中逐滴加入 3 滴 10%三氯乙酸溶液、5%磺基水杨酸溶液，观察沉淀的析出；摇匀后放置片刻，弃去上清液，向沉淀中加入少量蒸馏水，观察沉淀是否溶解。此方法可检验尿液中是否有蛋白质存在。

【注意事项】 观察沉淀的产生和再溶解过程需要耐心、仔细。

【思考题】 为什么中性盐既可以使蛋白质盐溶，又可以使之发生盐析？

实训 4　蛋白质等电点的测定

【实训目的】

(1)理解蛋白质的两性性质。

(2)掌握测定蛋白质等电点的方法。

【实训原理】 蛋白质是典型的两性电解质，不同的蛋白质等电点不同。在等电点时，蛋白质的溶解度最小，容易发生沉淀而析出。配制不同 pH 的缓冲液，观察蛋白质在这些缓冲液中的溶解情况便可确定蛋白质的等电点。

【器材与试剂】

1. 试剂

(1)1 mol/L 乙酸溶液：量取 99.5%、相对密度为 1.05 的乙酸 2.875 mL，蒸馏水定容至 50 mL。

(2)0.1 mol/L 乙酸溶液、0.01 mol/L 乙酸溶液。

Note

(3)0.2 mol/L 氢氧化钠溶液:称取氢氧化钠 2 g,蒸馏水定容至 250 mL。1 mol/L 氢氧化钠溶液:称取氢氧化钠 2 g,蒸馏水定容至 50 mL。

(4)0.2 mol/L 盐酸:量取 36.5%、密度为 1.18 g/mL 的盐酸 0.85 mL,蒸馏水定容至 50 mL。

(5)0.01%溴甲酚绿指示剂:称取 0.015 g 溴甲酚绿,加入 1 mol/L 氢氧化钠溶液 0.87 mL,溶解后加蒸馏水定容至 150 mL。

(6)0.5%酪蛋白溶液:称取 0.25 g 酪蛋白,加入 1 mol/L 氢氧化钠溶液 5 mL,溶解后加入 1 mol/L 乙酸溶液 5 mL,最后加蒸馏水定容至 50 mL。

2. 器材

试管、移液管、吸管、烧杯、玻璃棒、容量瓶等。

【方法与步骤】

1. 蛋白质的两性反应

(1)取 1 支试管,加入酪蛋白溶液 1 mL,溴甲酚绿指示剂 4 滴,摇匀后观察溶液的颜色以及有无沉淀,记录并解释原因。

(2)在试管中继续缓慢滴加 0.2 mol/L 盐酸,边加边摇,直至出现大量絮状沉淀,此时溶液的 pH 接近酪蛋白的等电点,观察溶液颜色的变化。

(3)继续滴加 0.2 mol/L 盐酸,观察沉淀是否消失,此时溶液的颜色有何变化?

(4)滴加 0.2 mol/L 氢氧化钠溶液,观察是否有沉淀出现,解释此现象出现的原因;继续滴加 0.2 mol/L 氢氧化钠溶液,观察沉淀是否消失,并观察溶液颜色变化。

2. 蛋白质等电点的测定

准备 5 支试管,按表 1-8 加各种试剂,一边加一边轻轻振荡混匀,静置 5 min,观察各试管中沉淀生成的情况(溶液浑浊程度),以符号－、＋、＋＋、＋＋＋表示沉淀量的多少,根据结果指出酪蛋白的等电点。

表 1-8　蛋白质等电点测定加样表　　单位:mL

试剂名称	1 号管	2 号管	3 号管	4 号管	5 号管
蒸馏水	8.4	8.8	8.0	5.0	7.4
0.01 mol/L 乙酸	0.6	0	0	0	0
0.1 mol/L 乙酸	0	0.2	1.0	4.0	0
1 mol/L 乙酸	0	0	0	0	1.6
0.5%酪蛋白溶液	1.0	1.0	1.0	1.0	1.0
溶液的最终 pH	5.9	5.3	4.7	4.1	3.5
沉淀出现情况					

【注意事项】

溴甲酚绿指示剂的变色范围为 pH 3.8～5.4,其酸性色为黄色,碱性色为蓝色。

【思考题】

(1)蛋白质的两性反应中,颜色和沉淀变化的原因是什么?

(2)等电点时,为什么蛋白质溶解度最低?

实训 5　醋酸纤维素薄膜电泳法测定血清蛋白含量

【实训目的】

(1)学习醋酸纤维素薄膜电泳法测定血清蛋白含量的原理及意义。

(2)掌握醋酸纤维素薄膜电泳法的方法。

【实训原理】 在相同的 pH 条件下,不同的蛋白质分子大小不同,所带电荷的数目和性质也不相同,因此在电场中移动的速度也不相同,可据此利用电泳法分离蛋白质。醋酸纤维素薄膜电泳是

用醋酸纤维素薄膜作为支持物的电泳方法。醋酸纤维素薄膜由二乙酸纤维素制成，它具有均一的泡沫样结构，厚度仅120 μm，具有强渗透性，对分子移动无阻力，作为区带电泳的支持物进行蛋白质电泳时具有简便、快速、样品用量少、应用范围广、分离清晰、没有吸附现象等优点。目前已广泛用于血清蛋白、脂蛋白、血红蛋白和同工酶的分离及免疫电泳中。

本实验中溶液的pH为8.6，此时血清中各蛋白质（血清蛋白、α_1-球蛋白、α_2-球蛋白、β-球蛋白、γ-球蛋白）都带负电荷，电泳时均向正极移动。由于所带电荷不同，电泳速度不同而被分离，经染色后，可通过比色法或扫描法测定各蛋白质的含量。

【器材与试剂】

1. 试剂

(1)动物血清：取动物全血，经自然凝固后析出的淡黄色清亮的液体即为血清。

(2)巴比妥缓冲液(pH 8.6)：称取巴比妥1.6 g、巴比妥钠12.76 g，加水定容至1000 mL。

(3)染色液：称取氨基黑10B 0.5 g，量取甲醇50 mL、冰醋酸10 mL、蒸馏水40 mL，混匀后储存于试剂瓶中。

(4)漂洗液：量取乙醇45 mL、冰醋酸5 mL、蒸馏水50 mL，混匀后保存于试剂瓶中。

(5)洗脱液：0.4 mol/L NaOH溶液。

(6)透明液：95%乙醇80 mL、冰醋酸20 mL，混匀后保存于试剂瓶中。

2. 器材

醋酸纤维素薄膜(2 cm×8 cm)、常压电泳仪、水平板电泳槽、剪刀、铅笔、点样器、培养皿、滤纸、镊子、分光光度计或自动扫描光密度仪等。

【方法与步骤】

1. 浸泡

用镊子取醋酸纤维素薄膜1张，识别出光面与粗糙面，并在粗糙面的一角上用铅笔做一记号，然后放在巴比妥缓冲液中浸泡20 min以上。

2. 点样

把醋酸纤维素薄膜取出，夹在两层滤纸中吸干液体，然后粗糙面朝上置于玻璃板上，用铅笔在距离短边一侧2 cm处画一条直线，直线与边缘平行，作为点样线。将微量血清(3～5 μL)均匀地加到点样器上，点样器宽度应小于薄膜，再把点样器竖直轻贴到薄膜的点样线上，注意应使血清在点样处成为粗细一致的直线状。

3. 电泳

安装电泳槽，连接电泳仪，装填缓冲液，并在电泳槽两侧的支撑板上分别用4层滤纸搭桥，使滤纸一端搭到支撑板上，另一端浸入缓冲液中。将醋酸纤维素薄膜粗糙面朝下放入电泳槽，两端紧贴两侧支撑板的滤纸，且点样端朝向负极侧，见图1-31。确认电泳槽电极连接正确无误后通电，调节电流为0.5～1 mA，通电45～60 min后关闭电源。

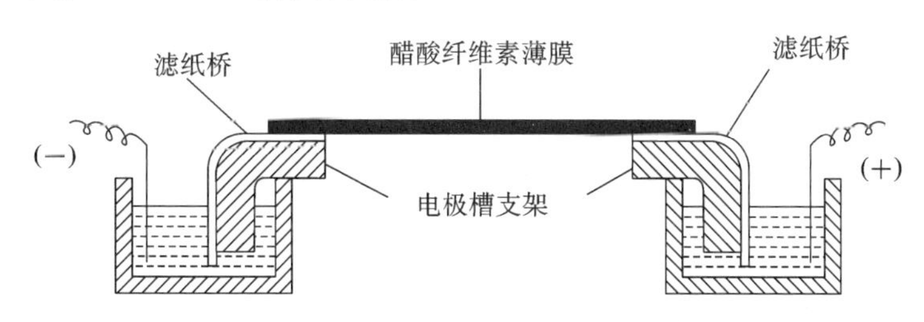

图1-31　醋酸纤维素薄膜电泳装置示意图

4. 染色

电泳结束后迅速取出醋酸纤维素薄膜，放入染色液中浸泡10 min后取出。

5. 漂洗

将染色后的醋酸纤维素薄膜放入漂洗液中，漂洗至背景无色为止，取出薄膜并用滤纸吸干。

Note

6. 电泳结果判断

在醋酸纤维素薄膜上可观察到清晰的蛋白质电泳图谱，如图 1-32 所示，从负极至正极依次为 γ-球蛋白、β-球蛋白、α_2-球蛋白、α_1-球蛋白、清蛋白。

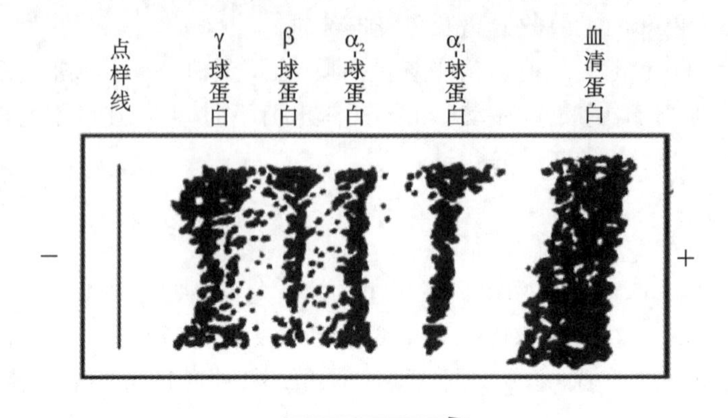

图 1-32　血清中蛋白质的醋酸纤维素薄膜电泳图谱

7. 定量分析

(1)比色法：将漂洗后的醋酸纤维素薄膜用滤纸吸干后，剪下各种蛋白质的色带，分别浸于 4 mL 洗脱液中 5～10 min，色泽浸出后用分光光度计在波长 590 nm 处比色，测定各种蛋白质的吸光度(OD)。吸光度总和：

$$OD_{总}=OD_{清}+OD_{\alpha_1}+OD_{\alpha_2}+OD_{\beta}+OD_{\gamma}$$

血清中各种蛋白质的百分含量：

清蛋白含量$=OD_{清}/OD_{总}\times100\%$

α_1-球蛋白含量$=OD_{\alpha_1}/OD_{总}\times100\%$

α_2-球蛋白含量$=OD_{\alpha_2}/OD_{总}\times100\%$

β-球蛋白含量$=OD_{\beta}/OD_{总}\times100\%$

γ-球蛋白含量$=OD_{\gamma}/OD_{总}\times100\%$

(2)扫描法：将漂洗干燥后的醋酸纤维素薄膜放入透明液中 10 min 后取出，贴于清洁的玻璃片上驱除气泡，干燥透明后放入自动扫描光密度仪进行扫描，自动绘出血清中各蛋白质组分曲线图。然后用求积仪测出各峰的面积，计算每个峰的面积与总面积的百分比，即可求出血清中各蛋白质组分的百分含量。

【注意事项】

(1)点样前应将醋酸纤维素薄膜用缓冲液浸泡 20 min 以上，确保薄膜完全浸透。

(2)加样需要适量，不能太多也不能太少；点样时动作要轻、稳。

【思考题】

(1)电泳图谱清晰的关键是什么？观察分析你的电泳图谱，讨论可以从哪些方面改进实验？

(2)若点样量过多或过少，会对结果产生什么影响？

实训 6　分子筛凝胶层析法分离血清 γ-球蛋白

【实训目的】

(1)学习和掌握分子筛凝胶层析法的原理及基本操作技术。

(2)学习血清球蛋白的盐脱过程，掌握该方法分离纯化蛋白质的原理。

【实训原理】　血清中的蛋白质按电泳法一般分为 5 类：清蛋白、α_1-球蛋白、α_2-球蛋白、β-球蛋白、γ-球蛋白，其中 γ-球蛋白含量约为 16%。清蛋白和其他球蛋白在高浓度中性盐(常用硫酸铵)溶液中的溶解度不同，因此可以利用盐析法进行沉淀分离，使球蛋白沉淀析出而清蛋白仍溶解在溶液中，经离心分离后，沉淀即为含有 γ-球蛋白的粗制品。但是该粗制品中含有大量中性盐，妨碍了蛋白质的

进一步纯化，因此需要除去，常用的方法有透析法、凝胶层析法等。

分子筛凝胶层析法是利用蛋白质与无机盐类之间相对分子质量的差异。当溶液通过葡聚糖凝胶 G-25 凝胶柱时，溶液中分子直径大的蛋白质不能进入凝胶颗粒的网孔，而分子直径小的无机盐能进入凝胶颗粒的网孔之中。因此在洗脱过程中，小分子的无机盐会被阻滞而后洗脱出来，从而达到去盐的目的，这种作用被称为“分子筛效应”，见图 1-33。

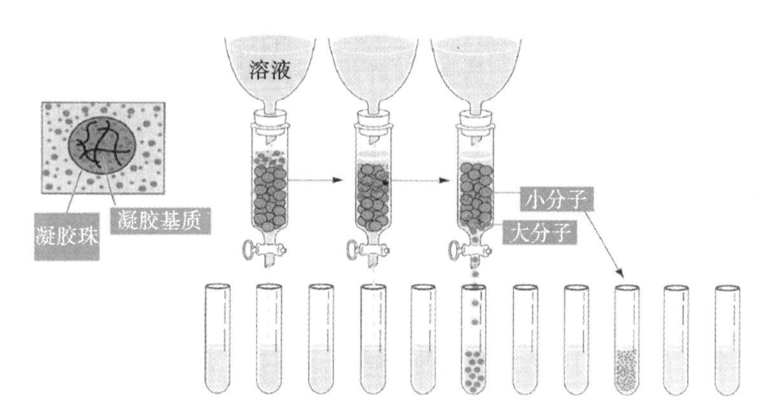

图 1-33 分子筛凝胶层析法示意图

血清中的球蛋白等电点不同：α-球蛋白、β-球蛋白的等电点小于 6.0，γ-球蛋白的等电点为 7.2 左右。在完成清蛋白的盐析后，可利用等电点法沉淀分离出 γ-球蛋白的盐溶液，再经分子筛凝胶层析法即可分离出 γ-球蛋白。

【器材与试剂】

1. 试剂

(1)饱和硫酸铵溶液(pH 7.0)：称取硫酸铵 760 g，用蒸馏水定容至 1000 mL，加热至 50 ℃使绝大部分硫酸铵溶解，室温下过夜，取上清液用氨水调 pH 至 7.0。

(2)0.01 mol/L 磷酸缓冲液(pH 7.0)：取 0.2 mol/L 磷酸氢二钠溶液 30.5 mL、0.2 mol/L 磷酸氢二钠溶液 19.4 mL、氯化钠 8.5 g，混匀后用蒸馏水定容至 1000 mL。

(3)葡聚糖凝胶 G-25。

(4)洗脱液：0.9%氯化钠溶液。

(5)1%硫酸铜溶液。

(6)1%氯化钡溶液。

(7)10%氢氧化钠溶液。

(8)动物血清：取动物全血，经自然凝固后析出的淡黄色清亮的液体即为血清。

2. 器材

层析柱(φ1 cm×30 cm)、铁架台、恒压瓶、离心机、离心管、长滴管、烧杯、试管等。

【方法与步骤】

(1)取 5 mL 动物血清，加入 0.01 mol/L 磷酸缓冲液 5 mL，混匀后滴加饱和硫酸铵溶液 4 mL(边加边搅拌，此时硫酸铵溶液的浓度约为 20%)，静置 20 min，3000 r/min 离心 15 min，弃去沉淀。

(2)向保留的上清液中(含清蛋白和球蛋白)滴加饱和硫酸铵溶液 6 mL(边加边搅拌，此时硫酸铵溶液的浓度约为 50%)，静置 20 min，3000 r/min 离心 15 min，保留沉淀(含球蛋白)，弃去上清液(含清蛋白)。

(3)将沉淀溶于 5 mL 0.01 mol/L 磷酸缓冲液中，再加入饱和硫酸铵溶液 3.2 mL(边加边搅拌，此时溶液硫酸铵饱和度约为 33%)，静置 20 min，3000 r/min 离心 15 min，除去上清液，沉淀即为 γ-球蛋白。

(4)向沉淀中加入蒸馏水 3 mL，使沉淀溶解，即为 γ-球蛋白的盐溶液。

(5)凝胶预处理。称取 3～4 g 葡聚糖凝胶 G-25，加入 50 mL 水，沸水浴中溶胀 2 h，倒去上层多

余的水及细小颗粒，如此反复 2～3 次，置于抽气瓶中抽气后备用。

(6)装柱。将洗净的层析柱垂直固定在铁架台上，有磁芯端向下，在层析柱下端出水口装一可调水阀，关闭下口水阀。柱内装入 1/3 体积的洗脱液，注意排出管内的气泡。打开下口水阀，加入已溶胀好的葡聚糖凝胶 G-25，加入凝胶时一定要边加边搅拌，使液体不断流出而让凝胶均匀地沉降到柱底，直至加到柱高的 1/2～2/3，关闭下口水阀。接通洗脱瓶，打开下口水阀，使洗脱液流过凝胶柱约 0.5 h，平衡凝胶柱，关闭下口水阀。

(7)上样。打开洗脱瓶与凝胶柱的连接塞，然后打开下口水阀，让洗脱液流出，当柱内只有一层薄薄的洗脱液时关闭下口水阀，注意液面不要低于柱床面。用长吸管吸取 γ-球蛋白的盐溶液 0.5 mL(约 10 滴)，缓慢加入凝胶柱的表面，打开下口水阀，并控制流速使 γ-球蛋白的盐溶液缓慢进入凝胶柱，再吸取少量洗脱液加入凝胶柱。以上操作重复 2 次，待 γ-球蛋白的盐溶液全部进入凝胶柱后，再加一定量洗脱液(高于床面 3～5 cm)，接上洗脱瓶进行分离洗脱。整个过程应避免空气进入。

(8)收集洗液。洗脱液流速控制在 10 滴/分左右，用试管收集洗脱液，每管收集 2 mL，共收集 12 管。

(9)鉴定。另外准备 12 支试管，将收集的每管液体一分为二，一组每管中加入 10 滴 10%氢氧化钠溶液和 1～2 滴 1%硫酸铜溶液，显蓝紫色的含有 γ-球蛋白；另一组每管加入 2 滴 1%氯化钡溶液，产生含有硫酸盐的沉淀。

【注意事项】

(1)装柱是层析操作中的关键步骤，为使柱床装得均匀，应尽可能做到凝胶混悬液不薄不厚，进样及洗脱时勿使床面暴露在空气中而混入空气，导致柱床产生气泡或出现分层。加样时务必均匀，切勿搅动床面，否则影响分离效果。

(2)凝胶价格昂贵且可以反复利用，因此实验结束后不应丢弃凝胶。

【思考题】 除了本实验的方法外，还可以用什么方法去除蛋白质中的无机盐类物质？

(王唯薇)

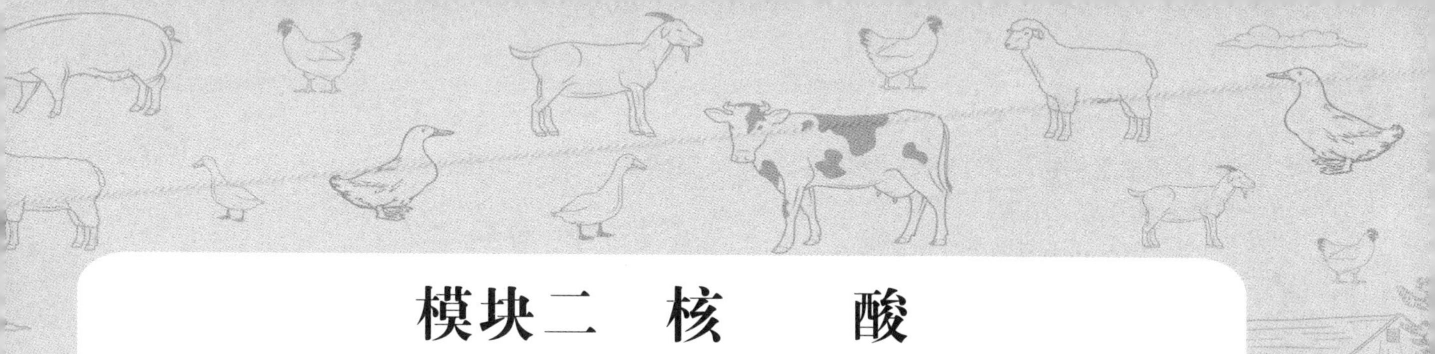

模块二　核　　酸

模块导入

自 2019 年底至今，新型冠状病毒在全球大流行，世界各国都在积极应对这场疫情的考验。值得骄傲的是，中国在这次大考中交出一份优秀的答卷。中国率先控制住疫情，并成功扑灭一轮又一轮疫情。我们抗击新冠肺炎疫情过程中有一个环节——核酸检测。新型冠状病毒像一个狡猾的"幽灵"，它潜伏期长，传播途径广。为什么核酸检测能让它无处遁形？为什么不进行蛋白质检测？核酸分为几种类型？新型冠状病毒的核酸属于哪一种？核酸在生物体内有哪些功能？它有什么样的结构？什么样的性质？它在细胞的哪些部位？带着这些疑问，让我们开启这个模块的知识之旅！

模块目标

▲知识目标

掌握核酸的化学组成、基本结构及重要的理化性质；掌握 DNA、RNA 一级结构、二级结构及空间结构的特点和意义；了解核酸的变性、复性和分子杂交。

▲能力目标

能进行核酸的提取和定量分析，了解 PCR 技术的原理和 DNA 体外扩增技术。

▲素质与思政目标

培养学生热爱科学、崇尚科学及团结协作的精神。

一、概述

核酸是生物体重要的生物大分子，是生物体的基本组成物质，是遗传信息的携带者。从高等动、植物到简单的病毒都含有核酸，而且核酸在生物的生长、发育、繁殖、遗传和变异等生命过程中起着极为重要的作用。核酸是当前分子生物学、分子遗传学和生物工程学研究的核心问题。近年来，核酸和蛋白质结构与功能的研究进展，使人们可以在分子水平上认识生命现象的本质，为控制和改造生命以及保证动物健康和提高生产性能开辟了广阔的道路，同时在解决病毒的感染，防治肿瘤、治疗辐射损伤、分子病和动物选种育种等实际问题上具有重要的指导作用。

核酸最早是在 1868—1869 年间由 F. Miescher(1844—1895)发现的。他从附着在外科绷带上的脓细胞核中分离出含磷很高的酸性化合物，由于它来源于细胞核，当时称之为"核素"。核素所指即现今的脱氧核糖核蛋白。当时它的重要性并不为人们所认识，直到 1953 年 Watson 和 Crick 揭示了 DNA 双螺旋结构模型，核酸的研究才成为生命科学研究中最活跃的领域之一。

（一）核酸的功能

核酸是生物遗传信息的载体，分为脱氧核糖核酸(DNA)和核糖核酸(RNA)两大类。核酸的生物学功能多种多样，它在生物的生长、发育、繁殖、遗传和变异等过程中都占有极其重要的地位，但最为重要的是在生物遗传中的作用，已经阐明，生物的遗传信息储存于 DNA 的脱氧核苷酸排列顺序之

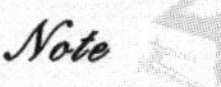

中(对非细胞生物的RNA病毒来说,遗传信息则储存于RNA的核苷酸排列顺序之中)。某些小分子核酸具有酶的功能。

1. DNA分子有两个突出的特点

第一个是DNA分子能够自我复制,即一个DNA分子复制成两个与原来完全相同的分子,通过DNA的复制,生物将全部遗传信息传递给子代;第二个是转录,即以DNA的某些片段为模板,通过转录合成与之对应的各种RNA,然后以这些RNA为模板,指导合成相应的蛋白质,这个过程称为翻译。这样就把DNA上的遗传信息经RNA传递到蛋白质上。指导合成一种蛋白质的DNA片段,即为一个基因。由此可见,生物体所具有的种类繁多、功能各异的蛋白质,其结构归根结底都是由DNA上所携带的遗传信息控制的,这表明核酸具有重要的生物学意义。

基因是染色体上的具有特定功能的一段DNA序列,是一种相对独立的遗传信息基本单位,它编码蛋白质、tRNA或rRNA等分子,或调节转录。

基因组是一种生物结构建成和生命活动所需遗传信息的总和,即生物体的全套DNA序列。这些信息编码于细胞内的DNA分子中。对真核生物,例如人类来说,细胞核内全部染色体分子的总和就是人类的基因组。

2. RNA参与蛋白质的生物合成

实验表明,由3类RNA共同控制着蛋白质的生物合成,核糖体是蛋白质合成的场所。过去以为蛋白质肽键的合成是由核糖体的蛋白质所催化,称为转肽酶。1992年H. F. Noller等证明23S rRNA具有核酶活性,能够催化肽键形成。rRNA占细胞内总RNA的约80%,它是装配者并起催化作用。tRNA占细胞内总RNA的约15%,它是转运器,携带氨基酸并起解译作用。mRNA占细胞内总RNA的3%~5%,它是信使,携带DNA的遗传信息并作为蛋白质合成的模板。

3. RNA功能的多样性

20世纪80年代RNA的研究揭示了RNA功能的多样性,它不仅仅是遗传信息由DNA到蛋白质的中间传递体,虽然这是它的核心功能。归纳起来,RNA有5类功能:①控制蛋白质合成;②作用于DNA转录后产物的加工与修饰;③基因表达与细胞功能的调节;④生物催化与其他的生理功能;⑤遗传信息的加工与进化。病毒RNA是上述功能RNA的游离成分。

生物机体通过DNA复制,使遗传信息由亲代传递给子代;通过转录和翻译使遗传信息在子代得到表达。RNA具有诸多功能,无不关系着生物体的生长和发育,其核心作用是基因表达的信息加工和调节。

(二)核酸的分类与分布

研究表明,核酸是由核苷酸组成的,具有复杂的三维空间结构,是生物遗传的物质基础。核酸可分为脱氧核糖核酸(DNA)和核糖核酸(RNA)两大类。所有的细胞都同时含有这两类核酸,并且一般都与蛋白质相结合以核蛋白的形式存在。

在真核细胞中,DNA主要集中在细胞核内,占细胞干重的5%~15%,在线粒体、叶绿体中也有少量DNA。RNA主要分布于细胞质中,微粒体含量最多,线粒体含有少量,在细胞核中也含有少量的RNA,集中于核仁。而对病毒来说,要么只含DNA,要么只含RNA,不可能既含DNA又含RNA,据此将病毒分为DNA病毒和RNA病毒。

二、核酸的化学组成

(一)核酸的元素组成

核酸的基本组成元素为碳(C)、氢(H)、氧(O)、氮(N)、磷(P),其中磷在各种核酸中的含量比较恒定,占9%~10%,DNA分子的平均含磷量为9.2%,RNA分子的平均含磷量为9.0%。因此可以通过测定样品的含磷量来推算核酸的含量(定磷法)。

核酸在酸、碱或核酸酶作用下水解成核苷酸,因此核苷酸是核酸的基本组成单位。核苷酸继续水解生成核苷和磷酸,核苷进一步水解生成碱基和戊糖(图2-1)。

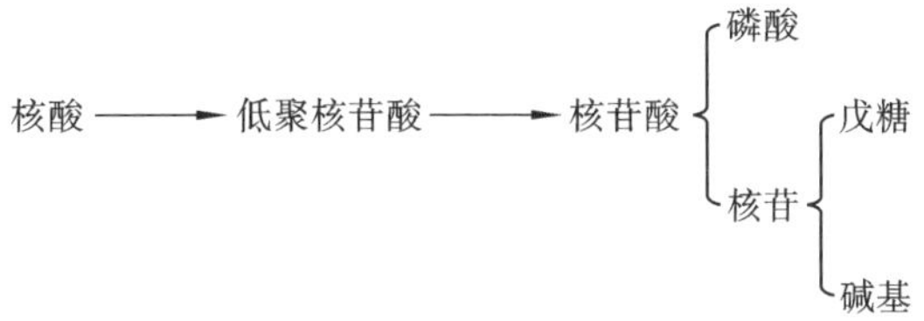

核酸 ——→ 低聚核苷酸 ——→ 核苷酸 { 磷酸；核苷 { 戊糖；碱基 } }

图 2-1　核酸水解产物示意图

DNA 的基本组成单位是脱氧核苷酸，RNA 的基本组成单位是核苷酸，两者的基本化学结构相同，只是所含戊糖和碱基的种类不同。

1. 碱基

碱基是构成核苷酸的基本组分之一。碱基是含氮的杂环化合物，可分为嘌呤碱基和嘧啶碱基两类。核酸中的嘌呤碱基主要有腺嘌呤和鸟嘌呤 2 种。此外，也包括一些修饰碱基，如次黄嘌呤、黄嘌呤等。嘌呤碱基结构见图 2-2。

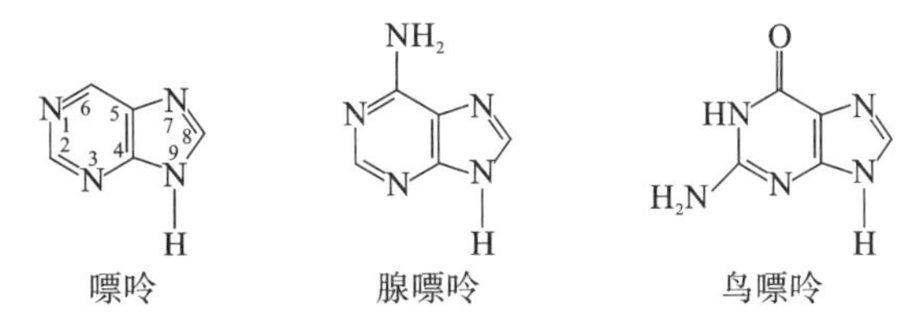

图 2-2　嘌呤碱基结构

嘧啶碱基主要有胞嘧啶、尿嘧啶和胸腺嘧啶 3 种，也包括一些重要的修饰碱基，如二氢尿嘧啶、5-甲基胞嘧啶等多种碱基。嘧啶碱基结构如图 2-3 所示。

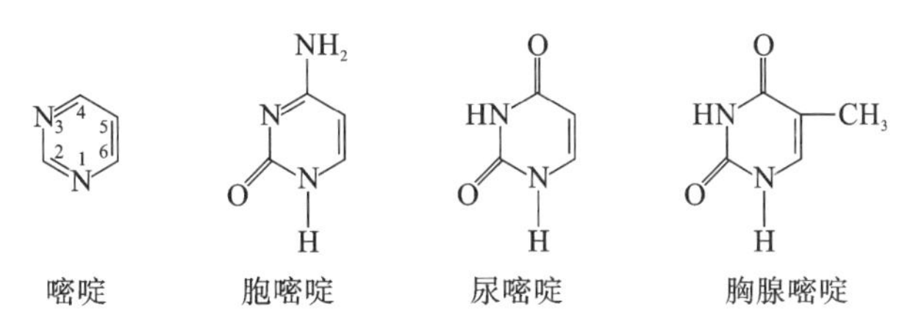

图 2-3　嘧啶碱基结构

碱基常用英文名称首字母大写表示，如腺嘌呤（adenine）为 A，鸟嘌呤（guanine）为 G，胞嘧啶（cytosine）为 C，尿嘧啶（uracil）为 U，胸腺嘧啶（thymine）为 T。

2. 戊糖

戊糖是构成核苷酸的另一基本组分。戊糖有 β-D-核糖和 β-D-2′-脱氧核糖。核糖存在于 RNA 中，脱氧核糖存在于 DNA 中。为了有别于碱基的碳原子，戊糖的碳原子用 1′、2′、3′…标号（图 2-4）。

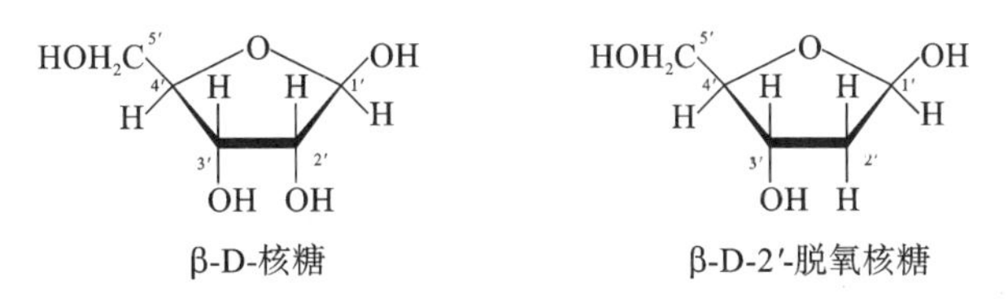

图 2-4　戊糖的结构

3. 磷酸

核酸分子中磷元素是以磷酸（H_3PO_4）的形式存在，磷酸分子的羟基与戊糖分子 5′或 3′位羟基脱水缩合通过磷酸酯键相连形成核苷酸。

4. DNA 与 RNA 化学物质组成的区别

根据核酸所含戊糖的种类，其可分为 DNA 与 RNA。DNA 与 RNA 所含的碱基也有所不同：DNA 主要含有腺嘌呤、鸟嘌呤、胞嘧啶和胸腺嘧啶 4 种碱基，RNA 主要含有腺嘌呤、鸟嘌呤、胞嘧啶

和尿嘧啶 4 种碱基(表 2-1)。

表 2-1 DNA 与 RNA 基本组成成分

组成成分		DNA	RNA
碱基	嘌呤碱基	腺嘌呤(A)、鸟嘌呤(G)	腺嘌呤(A)、鸟嘌呤(G)
	嘧啶碱基	胞嘧啶(C)、胸腺嘧啶(T)	胞嘧啶(C)、尿嘧啶(U)
戊糖		β-D-2′-脱氧核糖	β-D-核糖
酸		磷酸	磷酸

视频：核苷酸的结构

(二)核酸的基本组成单位——核苷酸

核酸是由许多核苷酸通过磷酸酯键缩合而成的生物大分子，核苷酸是核酸的基本组成单位。DNA 的基本组成单位是脱氧核苷酸，RNA 的基本组成单位是核苷酸，两者的基本化学结构相同，只是所含戊糖不同。核苷酸是由核苷与磷酸通过磷酸酯键缩合而成的。

1. 核苷

核苷是由一个戊糖(核糖或脱氧核糖)和一个碱基(嘌呤碱基或嘧啶碱基)缩合而成的。RNA 中的核苷称为核糖核苷(或核苷)，包括由腺嘌呤、鸟嘌呤、胞嘧啶和尿嘧啶与核糖构成的腺嘌呤核苷(简称腺苷)、鸟嘌呤核苷(简称鸟苷)、胞嘧啶核苷(简称胞苷)和尿嘧啶核苷(简称尿苷)，分别用 A、G、C、U 符号表示。

由脱氧核糖形成的核苷称为脱氧核糖核苷。在 DNA 中主要有腺嘌呤脱氧核苷(简称脱氧腺苷)、鸟嘌呤脱氧核苷(简称脱氧鸟苷)、胞嘧啶脱氧核苷(简称脱氧胞苷)、胸腺嘧啶脱氧核苷(简称脱氧胸苷)，分别用 dA、dG、dC、dT 符号表示，d 表示脱氧。

核苷的形成方式：戊糖 1′位碳原子上的羟基和嘌呤碱基 9 位氮原子或嘧啶碱基 1 位氮原子上的氢原子通过脱水缩合形成了 N—C 糖苷键。脱氧核糖与碱基缩合形成的化合物称为脱氧核糖核苷，核糖与碱基缩合形成的化合物称为核糖核苷。腺嘌呤核苷、胞嘧啶脱氧核苷的结构式如图 2-5 所示。

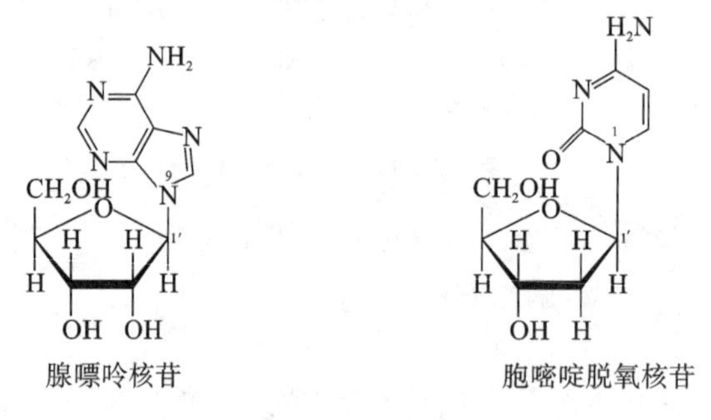

图 2-5 核苷的结构

2. 核苷酸

核苷酸是由核苷中戊糖的羟基与磷酸缩合而成的磷酸酯，是构成核酸的基本单位。根据核苷酸中戊糖的不同将核苷酸分成两大类：含核糖的核苷酸称为核糖核苷酸，是构成 RNA 的基本单位；含脱氧核糖的核苷酸称为脱氧核苷酸，是构成 DNA 的基本单位。天然核酸中 DNA 主要是由腺嘌呤脱氧核苷酸、鸟嘌呤脱氧核苷酸、胞嘧啶脱氧核苷酸、胸腺嘧啶脱氧核苷酸 4 种脱氧核苷酸组成。RNA 主要由腺嘌呤核苷酸、鸟嘌呤核苷酸、尿嘧啶核苷酸、胞嘧啶核苷酸 4 种核糖核苷酸组成，常见的核苷酸名称及符号见表 2-2。

表 2-2 常见的核苷酸名称及符号

核苷酸(RNA)			脱氧核苷酸(DNA)		
全称	简称	代号	全称	简称	代号
腺嘌呤核苷酸	腺苷酸	AMP	腺嘌呤脱氧核苷酸	脱氧腺苷酸	dAMP

续表

核苷酸(RNA)			脱氧核苷酸(DNA)		
鸟嘌呤核苷酸	鸟苷酸	GMP	鸟嘌呤脱氧核苷酸	脱氧鸟苷酸	dGMP
胞嘧啶核苷酸	胞苷酸	CMP	胞嘧啶脱氧核苷酸	脱氧胞苷酸	dCMP
尿嘧啶核苷酸	尿苷酸	UMP	胸腺嘧啶脱氧核苷酸	脱氧胸苷酸	dTMP

由于核苷的糖环上有三个游离羟基(5′、3′、2′)，故能形成三种核苷酸，例如腺苷酸可以有5′-腺苷酸、3′-腺苷酸和2′-腺苷酸。而脱氧核苷的糖环上只有两个游离羟基(5′、3′)，故只能形成两种脱氧核苷酸，即5′-脱氧核苷酸及3′-脱氧核苷酸。但天然核酸中只发现5′-核苷酸。核苷酸结构如图2-6所示。

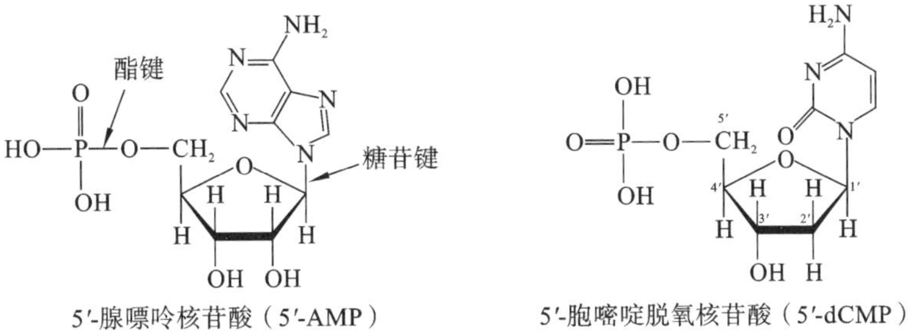

5′-腺嘌呤核苷酸（5′-AMP）　　5′-胞嘧啶脱氧核苷酸（5′-dCMP）

图 2-6　核苷酸的结构

3. 多磷酸核苷酸

含有1个磷酸基团的核苷酸统称为一磷酸核苷或核苷酸(NMP)，5′-核苷酸的磷酰基还可以进一步磷酸化形成相应的二磷酸核苷(NDP)和三磷酸核苷(NTP)，例如5′-腺苷酸(AMP)进一步磷酸化生成二磷酸腺苷(ADP)和三磷酸腺苷(ATP)。三磷酸腺苷的结构式如图2-7所示。

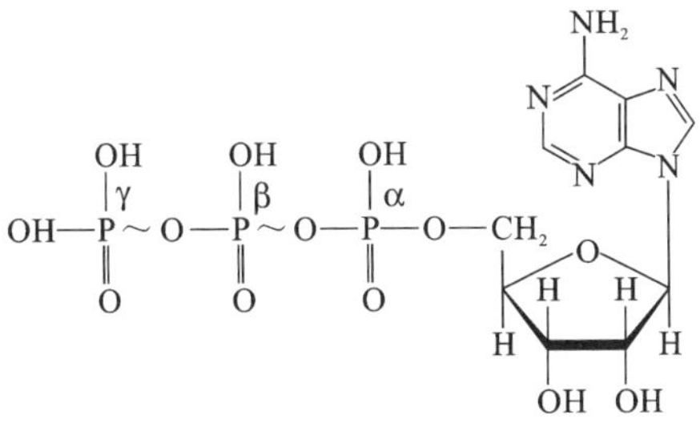

图 2-7　三磷酸腺苷(ATP)的结构式

ATP上的磷酸残基用α、β、γ来编号。这类化合物中磷酸之间的焦磷酸键在水解时释放很多能量，称为高能磷酸键，用"～"表示。高能磷酸键水解时放出的能量大于30.5 kJ/mol，而一般磷酸键水解时放出的能量为8.37～12.56 kJ/mol。ATP是生物体内主要的直接供能物质，在能量代谢中起着极其重要的作用。

其他5′-核苷酸及5′-脱氧核苷酸也可进一步磷酸化生成相应的二磷酸核苷(NDP)和三磷酸核苷(NTP)或二磷酸脱氧核苷(dNDP)和三磷酸脱氧核苷(dNTP)，它们在生物体细胞内也具有重要的生理功能。例如，UTP参与糖原合成，CTP参与磷脂合成，GTP参与蛋白质的生物合成，ADP是构成辅酶(如NAD^+、FAD、CoA)的重要组成成分。此外，某些细菌中还含有四磷酸鸟苷(ppGpp)和五磷酸鸟苷(pppGpp)，它们参与rRNA合成的调控作用。

4. 环化核苷酸

在生物体细胞中还普遍存在一类环化核苷酸，例如3′,5′-环腺苷酸(cAMP)、3′,5′-环鸟苷酸(cGMP)等，其中以cAMP研究得最多，其结构式如图2-8所示。

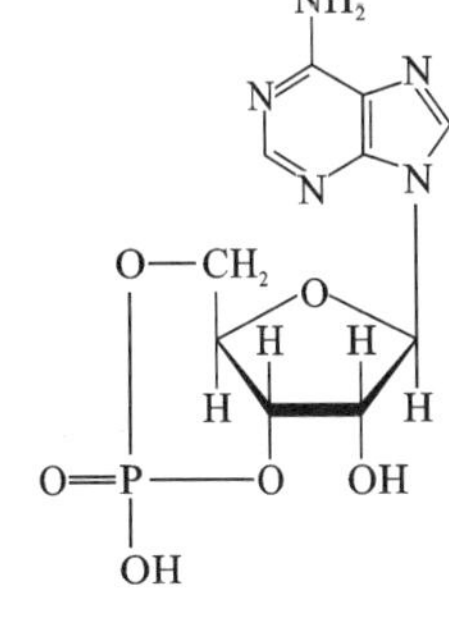

图 2-8　环腺苷酸的结构式

在细胞内 cAMP 的含量很低，其合成和分解过程如下：

$$\text{ATP} \xrightarrow[\searrow \text{PPi}]{\text{腺苷酸环化酶}} \text{cAMP} \xrightarrow{\text{磷酸二酯酶}} 5'\text{-AMP}$$

所以细胞内 cAMP 的浓度取决于这两种酶活性的相对高低。

目前已知，许多激素是通过 cAMP 发挥其功能的，所以 cAMP 被称为激素（第一信使）作用中的第二信使，cGMP 也是第二信使。另外，cAMP 也参与大肠杆菌中 DNA 转录的调控。

三、核酸的分子结构

（一）核酸的一级结构

1. 形成方式

核酸是由许多核苷酸通过 3′,5′-磷酸二酯键连接而成的多聚核苷酸链，由前一个核苷酸的 3′-碳原子的羟基与后一个核苷酸 5′-碳原子的磷酸基团缩合而成的化学键称为 3′,5′-磷酸二酯键。多聚核苷酸链是没有分支的线性分子，通常 DNA 分子链很长，相对分子质量很大，而 RNA 分子链相对较短，有的只由几十个核苷酸组成。

2. 表示方法

核酸的一级结构是指构成核酸的多聚核苷酸链（或多聚脱氧核苷酸链）从 5′-末端到 3′-末端的排列顺序，也就是核苷酸序列。在多聚核苷酸链中一末端有一个游离 5′-磷酸基团，称为 5′-末端，另一末端有未结合的游离 3′-羟基，称为 3′-末端，多聚核苷酸链书写时通常将 5′-末端写在最左侧，3′-末端写在最右侧，即由 5′-末端向 3′-末端方向书写。在多聚核苷酸链（DNA 或 RNA）中，核苷酸之间的差异只是碱基的不同，戊糖和磷酸基团是相同的，所以核酸的一级结构也就是多聚核苷酸链中各个核苷酸对应的碱基排列顺序。生物的遗传信息储存在核酸分子的碱基序列之中。

构成 DNA 的脱氧核苷酸为腺嘌呤脱氧核苷酸（dAMP）、鸟嘌呤脱氧核苷酸（dGMP）、胞嘧啶脱氧核苷酸（dCMP）和胸腺嘧啶脱氧核苷酸（dTMP）4 种，多聚脱氧核苷酸链结构式如图 2-9 所示，其书写方法有线条式缩写、文字式缩写等（图 2-10），图 2-9 中多聚脱氧核苷酸链可以缩写成 5′dAGTC3′，d 表示脱氧。构成 RNA 的核苷酸为 AMP、GMP、CMP 和 UMP 4 种，书写方式与 DNA 相同。

3. DNA 的一级结构

DNA 的一级结构是由数量极其庞大的 4 种脱氧核苷酸（dAMP、dGMP、dCMP 和 dTMP），通过 3′,5′-磷酸二酯键连接起来的直线形或环形多聚体。由于 DNA 的脱氧核糖中 C-2′上不含羟基，C-1′又与碱基相连接，唯一可以形成的键是 3′,5′-磷酸二酯键，所以 DNA 没有支链。图 2-10 只表示了 DNA 多聚核苷酸链的一个小片段。

DNA 的相对分子质量非常大，通常一条染色体就是一个 DNA 分子，最大的染色体 DNA 可超过 10^8 bp，也即 M_r 大于 1×10^{11}。如此大的分子能够编码的信息量是十分巨大的。为了阐明生物的遗传信息，首先要测定生物基因组的序列。迄今已经测定基因组序列的生物数以百计，包括病毒、大肠杆菌、酵母、线虫、果蝇、拟南芥、玉米、水稻和人类。病毒基因组较小，但十分紧凑，有些基因是重叠的。细菌的基因是连续的，无内含子，功能相关的基因组成操纵子，有共同的调节和控制序列，调控序列所占比例较小，很少有重复序列。真核生物的基因是断裂的，有内含子，功能相关的基因不组成操纵子，调控序列所占比例大，有大量重复序列。重复序列可分为低拷贝重复、中等程度重复和高度重复，回文结构即反向重复。越是高等的生物，其调控序列和重复序列的比例越大。

人类基因组的大小为 3.2 Gb(gigabases，10^9 bp)，其中 2.95 Gb 为常染色质（染色较弱，富含基因），真正用于编码蛋白质的序列仅占基因组的 1.1%～1.4%。基因组中超过一半是各种类型的重复序列，其中 45%为各种寄生的 DNA（包括转座子和逆转座子等），3%为少数碱基的高度重复序列，5%为近期进化中倍增的 DNA 片段。编码蛋白质的基因大约为 31000 个。与人类基因组相比，酵母细胞的编码基因为 6000，果蝇为 13000，蠕虫 18000。

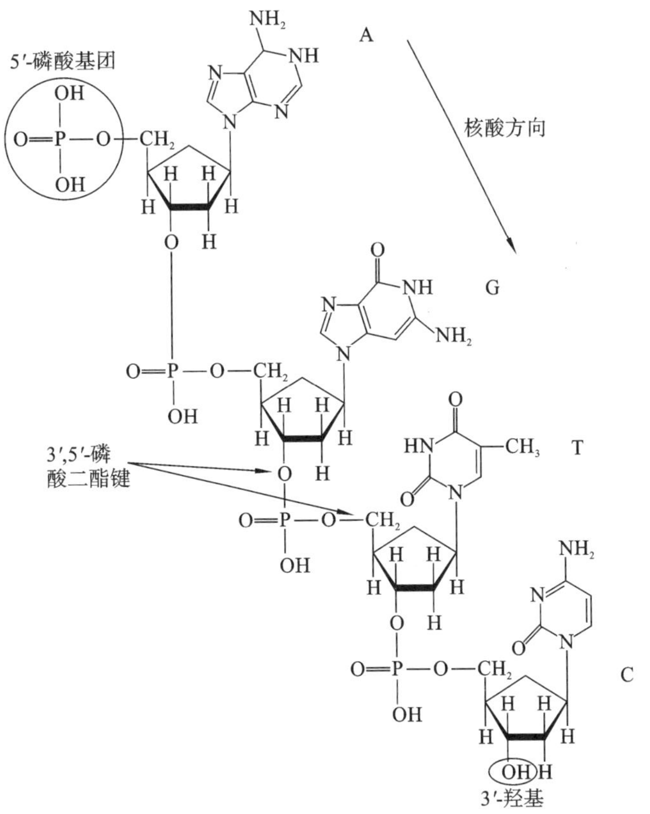
5′-磷酸基团
A
核酸方向
G
T
C
3′,5′-磷
酸二酯键
3′-羟基

图 2-9　多聚脱氧核苷酸链结构式

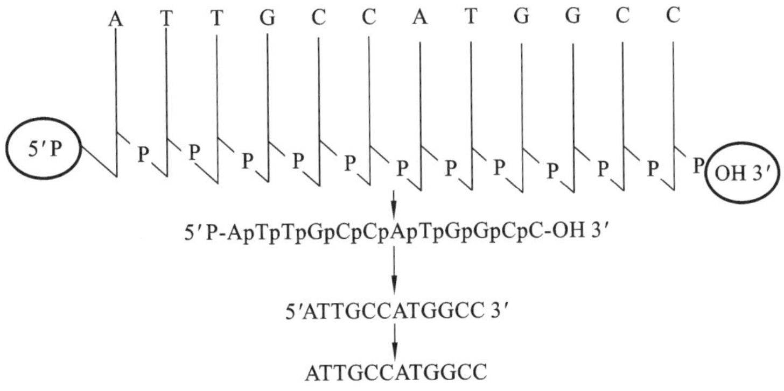
A T T G C C A T G G C C
5′P
P P P P P P P P P P P
OH 3′
5′P-ApTpTpGpCpCpApTpGpGpCpC-OH 3′
5′ATTGCCATGGCC 3′
ATTGCCATGGCC

图 2-10　多聚脱氧核苷酸链的书写方式

（线条式缩写：垂直竖线表示脱氧核糖，竖线的顶端为 C-1′与碱基相连，A、C、T、G 表示相应的碱基，故两条平行竖线中间的斜线及 P 表示磷酸二酯键。线条式缩写下为文字式缩写，A、C、T、G 分别代表相应的核苷，P 代表磷酸残基，P 右连 C-5′，左连 C-3′。有时两个核苷间的 P 也可省略或用一短横线代替。通常缩写多聚核苷酸链时，一般是由左到右，从 C-5′开始，以 C-3′结尾，即 C-5′→C-3′的方向顺序。）

4. RNA 的一级结构

RNA 也是无分支的线型多聚核苷酸链，主要由 4 种核苷酸组成，即腺嘌呤核苷酸、鸟嘌呤核苷酸、胞嘧啶核苷酸和尿嘧啶核苷酸。可由几十个至几千个核苷酸彼此连接起来，各个核苷酸之间的连接方式与 DNA 相同，也是通过 3′,5′-磷酸二酯键（尽管 RNA 分子中核糖中 C′-2 上有一羟基，但并不形成 2′,5′-磷酸二酯键。用牛脾磷酸二酯酶降解天然 RNA 时，降解产物中只有 3′-核苷酸，并无 2′-核苷酸，支持了上述结论）。这些核苷酸中的戊糖不是脱氧核糖，而是核糖。RNA 分子中还有某些稀有碱基。图 2-11 为 RNA 分子中的一小段，展示了 RNA 的结构，RNA 的缩写方式也与 DNA 相同，通常从 5′-末端向 3′-末端延伸。

Note

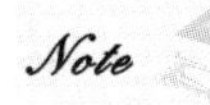

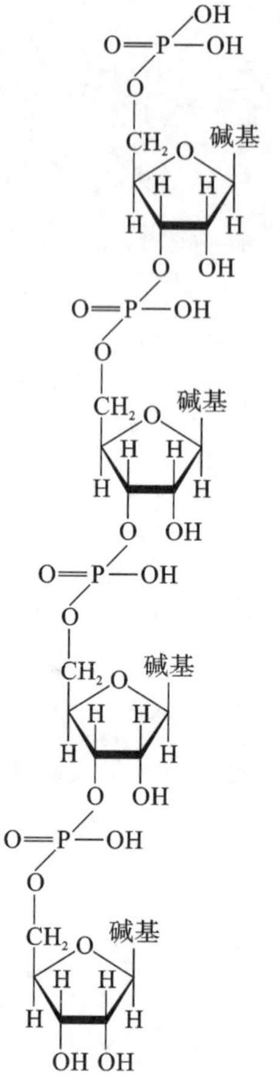

RNA 的种类甚多，结构各不相同。酵母丙氨酸 tRNA 是第一个被测定核苷酸序列的 RNA，由 76 个核苷酸组成。tRNA 通常由 73～93个核苷酸组成，相对分子质量都在 25000 左右，沉降常数为 4*s*。它含有较多稀有碱基，可达碱基总数的 10%～15%，因而增强了识别和疏水作用。3′-末端皆为 CpCpAOH；5′-末端多数为 pG，也有为 pC 的。tRNA 的一级结构中有一些保守序列，与其特殊的结构与功能有关。

细菌的 rRNA 有 5S、16S 和 23S 三种，它们都由 30S rRNA 前体(pre-rRNA)切割而来。哺乳动物的 rRNA 有 5S、5. 8S、18S 和 28S 四种，5S rRNA 单独合成，18S、5. 8S、28S rRNA 由 45S rRNA 前体切割而来。5S rRNA 由 120 个核苷酸组成，无稀有碱基，可与 tRNA、大亚基的 rRNA 和蛋白质相识别。5. 8S rRNA 由 160 个核苷酸组成，含有修饰核苷，如假尿嘧啶核苷(Ψ)和核糖被甲基化的核苷(Gm、Um)，它与细菌 5S rRNA 存在共同序列，表明它可能起着某些与细菌 5S rRNA 相似的功能。细菌的 16S rRNA 和 23S rRNA 分别有 10 个和 20 个甲基化核苷。真核生物 18S rRNA 和 28S rRNA 分别有 43 和 74 个甲基化核苷。此外，还有不少假尿嘧啶核苷和修饰的假尿嘧啶核苷。与 tRNA 不同，rRNA 的甲基化较多发生在核糖上，而且真核生物 rRNA 的修饰核苷比原核生物的要多。rRNA 除作为核糖体的骨架外，还分别与 mRNA 和 tRNA 作用，催化肽键的形成，促使蛋白质合成的正确进行。

图 2-11　多聚核苷酸链的结构式

原核生物以操纵子为转录单位，产生多顺反子 mRNA，即一条 mRNA 链上有多个编码区，5′端和 3′端各有一段非翻译区。原核生物 mRNA，包括噬菌体 RNA，都无修饰碱基。

真核生物的 mRNA 都是单顺反子，其一级结构的通式如图 2-12 所示。真核生物 mRNA 的 5′端有帽子(cap)结构，然后依次是 5′非编码区、编码区、3′非编码区，3′端为聚腺苷酸(polyA)尾巴，分子内有时还有极少甲基化的碱基。

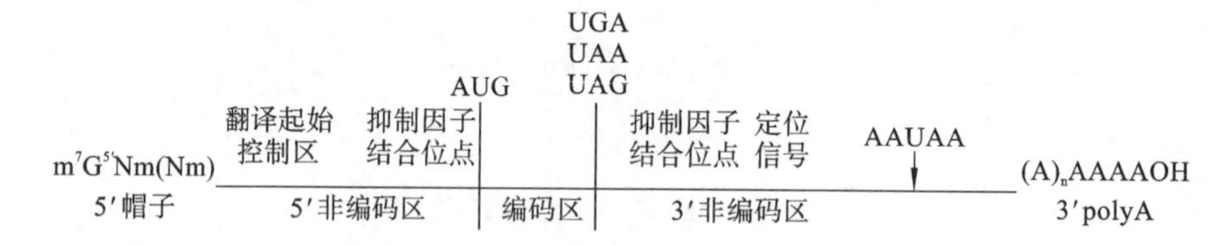

图 2-12　真核生物 mRNA 的一级结构

真核细胞 mRNA 3′端有一段长 20～250 的聚腺苷酸(polyA)。polyA 是在转录后经 polyA 聚合酶的作用添加上去的。polyA 聚合酶专一作用于 mRNA，对 rRNA 和 tRNA 无作用。polyA 尾可能与 mRNA 从细胞核到细胞质的运输有关。它还可能与 mRNA 的半衰期有关，新生 mRNA 的 polyA 较长，而衰老的 mRNA polyA 较短。

5′端帽子是一个特殊的结构。它由甲基化鸟苷酸经焦磷酸与 mRNA 的 5′-末端核苷酸相连，形成 5′,5′-三磷酸连接。帽子结构通常有三种类型($m^7G^{5'}ppp^{5'}Nmp$、$m^7G^{5'}ppp^{5'}NmpNp$ 和 $m^7G^{5'}ppp^{5'}NmpNmpNp$)，分别称为 O 型、Ⅰ型和Ⅱ型。O 型是指末端核苷酸的核糖未甲基化，Ⅰ型指末端一个核苷酸的核糖甲基化，Ⅱ型指末端两个核苷酸的核糖均甲基化。在这里 G 代表鸟苷，N 代表任意核苷，m 在字母左侧表示碱基被甲基化，右上角数字表示甲基化位置，右下角数字表示甲基数目，m 在字母右侧表示核糖被甲基化。这种结构有抗 5′-核酸外切酶降解的作用。在蛋白质合成过程中，它有助于核糖体对 mRNA 的识别和结合，使翻译得以正确起始。Ⅰ型帽子的结构如下：

U 系列的核内小 RNA(snRNA)，如 U_1 至 U_5 snRNA，也有 5′帽子结构，但它们的帽子是三甲基鸟苷三磷酸($m_3^{2,2,7}G^{5'}ppp^{5'}AmpNp$)，而不是 mRNA 的甲基鸟苷三磷酸($m^7G^{5'}ppp^{5'}Np$)。此外，动植物病毒 RNA 也有 5′-帽子结构和 3′-聚腺苷酸，但有的没有，一些植物病毒 RNA 有类似 tRNA 的 3′端结构，可以接受氨基酸。

视频：DNA 的双螺旋结构

（二）DNA 的空间结构

1953 年 Watson 和 Crick 根据 Franklin 和 Wilkins 对 DNA 纤维的 X-射线衍射分析以及 Chargaff 的碱基当量定律，提出了 DNA 的双螺旋结构模型，揭示了生物界遗传性状得以世代相传的分子机制，标志着现代分子生物学的开始。

1. DNA 分子的双螺旋结构模型特征

(1)DNA 分子由两条平行的多核苷酸链，以相反的方向，即一条由 3′→5′，另一条由 5′→3′，围绕着同一个中心轴(想象的)，以右手旋转方式构成一个双螺旋形状(图 2-13)。

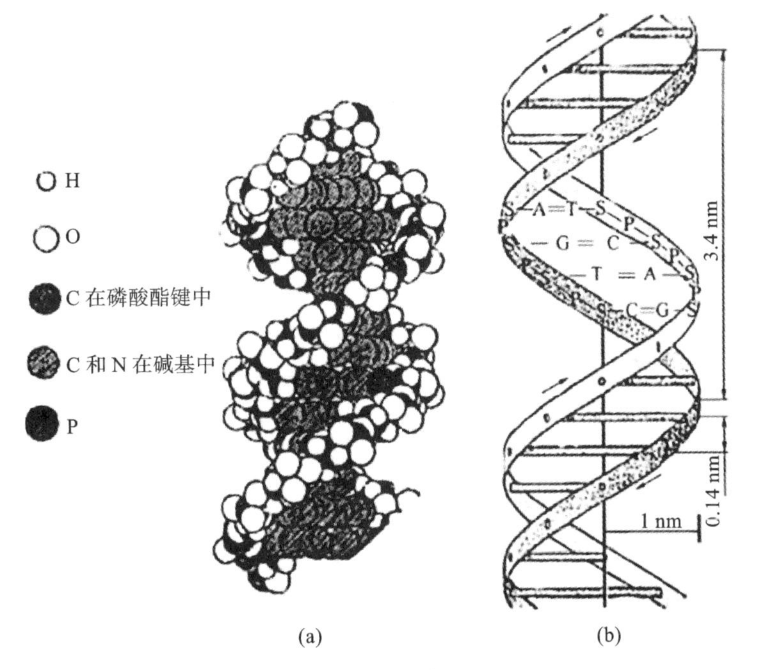

图 2-13　DNA 双螺旋结构模型

(2)疏水的嘌呤与嘧啶碱基位于双螺旋的内侧。亲水的磷酸基团与核糖在外侧，彼此通过 3′,5′-磷酸二酯键相连，形成 DNA 分子的骨架。内侧碱基呈平面状，每个平面上有两个碱基(每条各一个)形成碱基对。碱基平面与纵轴垂直，糖环的平面则与纵轴平行。

(3)相邻碱基平面在螺旋轴之间的距离为 0.34 nm，旋转夹角为 36°，因此每 10 对核苷酸绕中心

Note

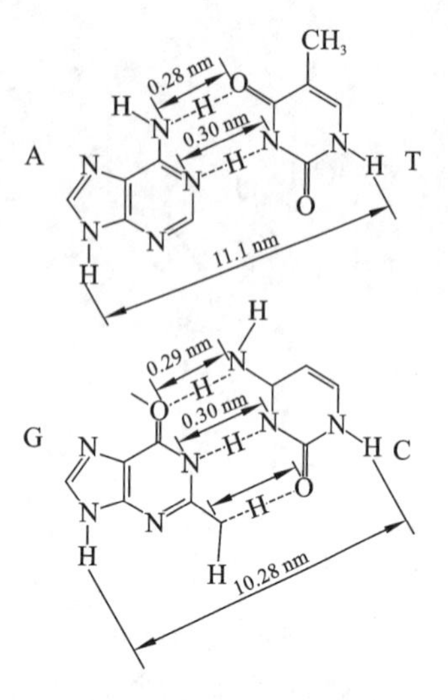

图 2-14 DNA 分子中的 A═T、G≡C 配对

轴旋转一圈，故螺旋的螺距为 3.4 nm。

(4)双螺旋的直径为 2.0 nm，沿螺旋的中心轴形成的大沟和小沟交替出现。

(5)两条核苷酸链被碱基对之间形成的氢键稳定地维系在一起。在 DNA 中，碱基总是由腺嘌呤与胸腺嘧啶配对(用 A-T 表示)，A 和 T 之间形成 2 个氢键；鸟嘌呤与胞嘧啶配对(用 G-C 表示)，G 和 C 之间形成 3 个氢键(图 2-14)，所以 G-C 之间的连接更稳定。

根据分子模型计算，两条链之间的空间距离为 10.85 nm，它刚好容纳一个嘌呤与一个嘧啶。如果是两个嘌呤，则所占空间太大，容纳不下，若是两个嘧啶，则距离太远，不能形成氢键。此外，嘌呤与嘧啶也不能任意配对。腺嘌呤不能与胞嘧啶配对，因为它们配对时，在该形成氢键处，不是两个氢相遇，就是没有氢，因此不能形成氢键。同理，鸟嘌呤也不能与胸腺嘧啶配对。因此，只有腺嘌呤与胸腺嘧啶配对，形成 2 个氢键，即 A═T；鸟嘌呤与胞嘧啶配对，形成 3 个氢键，即 G≡C，这种碱基配对又称碱基互补。因此，按照碱基互补的原则，当一条多核苷酸链的碱基顺序确定以后，即可推知另一条互补链的碱基顺序。碱基互补原则是 DNA 双螺旋最重要的特性，其重要的生物学意义在于，它是 DNA 的复制、转录以及 RNA 逆转录的分子基础。双螺旋结构是近代核酸的结构及功能研究和发展的理论基础，是生命科学史上的杰出贡献。

DNA 双螺旋的稳定因素：DNA 双螺旋结构是稳定的，主要有 3 种因素维持 DNA 双螺旋结构的稳定。

a. 互补碱基之间的氢键：氢键不仅赋予碱基间相互结构的专一性，而且两链之间的氢键也是维持双螺旋结构稳定的主要作用力之一。虽然氢键本身为稳定双螺旋结构所提供的自由能极少，但氢键有高度的方向性，为选择正确的碱基进行配对提供了分辨能力，所以两条链之间的氢键对维持双螺旋的稳定具有重要作用。

b. 碱基堆积力：纵向从上到下，碱基平面之间的力，包括范德华力和疏水作用，是稳定 DNA 构象的重要因素。碱基堆积力从总能量方面来说，可能比氢键能量大，但其中一部分用于抵消骨架上磷酸基团之间的电荷排斥力。由于堆积碱基环的大小及几何形状不同，堆积作用的强度及稳定性亦不一样。一般情况下，堆积作用强度与碱基环的大小成正比，嘌呤碱基比嘧啶碱基之间的堆积强度大。

c. 离子键：双螺旋外侧磷酸基团上的负电荷与介质中的阳离子之间形成的离子键，可降低双链间的静电斥力，因而对 DNA 双螺旋结构也有一定的稳定作用。与 DNA 结合的阳离子有 Na^+、K^+、Mg^{2+} 等，这些阳离子在细胞内是大量存在的。此外，原核细胞 DNA 常与精胺及亚精胺结合，真核细胞 DNA 则与组蛋白结合，有利于维持稳定。

2. DNA 分子的结构特点

(1)DNA 分子的大小：天然存在的 DNA 分子最显著的特点是很长，相对分子质量很大，一般为 10^6～10^{10}。例如，大肠杆菌染色体是由 400 万碱基对(base pair，bp)组成的双螺旋 DNA 单分子，其相对分子质量为 2.6×10^6，外形很不对称，长度为 1.4×10^6 nm，相当于 1.4 mm，而直径为 20 nm，相当于原子的大小；黑腹果蝇最大的染色体由 6.2×10^7 bp 组成，长 2.1 cm；多瘤病毒的 DNA 由 5100 bp 组成，长 1.7 μm(1700 nm)，而最长的蛋白质胶原蛋白，长度只有 3000 nm，足见 DNA 之长，所以 DNA 称为生物大分子。DNA 有的呈双股线型分子，有些为环状，也有少数呈单股环状。

(2)DNA 的碱基组成：DNA 分子中的碱基主要是由腺嘌呤(A)、鸟嘌呤(G)、胞嘧啶(C)和胸腺嘧啶(T)四种碱基组成，但在某些个别来源的 DNA 分子中也含有少量的稀有碱基，如 5-甲基胞嘧啶(m^5C)和 5-羟甲基胞嘧啶(hm^5C)等。

Note

Chargaff 等人分析了多种生物的 DNA 碱基组成后，发现 DNA 的 A、T、G、C 四种碱基在 DNA

分子中的物质的量比例都接近1的规律，这称为碱基当量定律（表2-3）。

表2-3 列出了不同来源DNA的碱基摩尔比例

DNA来源	A	G	C	T	mC	(A+T)/(G+C+mC)不对称比	A/T	G/(C+mC)	(A+G)/(G+T+mC)
人胸腺	30.9	19.9	19.8	29.4	—	60.3/39.7	1.05	1.01	1.03
人肝	30.3	19.5	19.9	30.3	—	60.6/39.4	1.00	0.98	0.99
牛胸腺	28.2	21.5	21.2	29.4	1.3	57.6/44	1.01	0.96	0.99
牛精子	28.7	22.2	27.2	30.3	1.3	59/50.7	1.06	1.01	1.03
大鼠骨髓	28.6	21.4	20.4	28.4	1.1	57/42.9	1.01	1.00	1.00
鲱睾丸	27.9	19.5	21.5	28.2	2.8	56.1/43.8	0.99	0.80	0.90
海胆	32.8	17.7	17.3	32.1	1.1	64.9/36.1	1.01	0.96	1.00
麦胚	27.3	22.7	16.8	27.1	6.0	54.4/45.5	1.01	1.00	1.00
酵母	31.3	18.7	17.1	32.9	—	64.2/35.8	0.95	1.00	1.00
大肠杆菌	26.0	24.9	25.2	23.9	—	49.9/50.1	1.09	0.99	1.04
结核杆菌	15.1	34.9	35.4	14.6	—	29.7/70.3	1.03	0.99	1.00
φX174	24.3	24.5	18.2	32.3	—	56.6/42.7	0.75	1.35	0.97

从表中可以看出，DNA的碱基组成有如下特点：

①具有种的特异性：来自不同种生物的DNA其碱基组成不同，而且种系发生越接近的生物，其碱基组成也越接近。

②没有器官和组织的特异性：同一生物体内的各种不同器官和组织的DNA碱基组成基本相似。

③在各种DNA中，腺嘌呤和胸腺嘧啶的物质的量相等，即A=T；鸟嘌呤与胞嘧啶（包括5-甲基胞嘧啶等）的物质的量相等，即G=C+mC。因此嘌呤碱基的总物质的量等于嘧啶碱基的总物质的量，即A+G=T+C+mC，此比例规律称为DNA的碱基当量定律。

④此外，年龄、营养状况、环境的改变不影响DNA的碱基组成。

绝大多数生物中DNA的碱基组成符合碱基当量定律，这是Watson和Crick提出DNA双螺旋结构的依据之一。但也有些例外，如噬菌体中φX174的DNA是单链的，其A和T的物质的量不相等，G和C的物质的量也不相等。

3. DNA双螺旋结构的多态性

Watson和Crick所提出的DNA双螺旋模型（称为B-DNA）是以DNA纤维的X-射线衍射图谱为依据的，这个模型里每圈螺旋约含10对碱基，在此右手螺旋中碱基对平面垂直于螺旋轴。此后K. Dickerson及其同事用脱水结晶的DNA的十二聚体所作的X-射线衍射图谱分析得出一种A-DNA。这种DNA结构是每圈螺旋约含11对碱基，呈右手螺旋，只是碱基对平面与螺旋轴的垂直线有19°偏离。B-DNA脱水即成A-DNA。

DNA的结构会受环境条件的影响而改变。Watson和Crick所建议的结构代表DNA钠盐在较高湿度下（92%）制得的纤维的结构，该结构称为B型（B form）。由于它的水分含量较高，可能比较接近大部分DNA在细胞中的构象。在相对湿度75%以下所获得的DNA纤维的X-射线衍射图谱资料表明，这种DNA纤维具有不同于B型（B-DNA）的结构特点，称为A型（A-DNA）。A-DNA也是由两条反向的多核苷酸链组成的双螺旋，右手螺旋，但是螺体较宽而短，碱基对与中心轴的垂直线呈19°。RNA分子的双螺旋区以及RNA-DNA杂交双链具有与A-DNA相似的结构。

DNA能以多种不同的构象存在，除A型、B型外，通常还有C型、D型、E型和左手双螺旋的Z型，这里包括天然的和人工合成的各种双螺旋DNA。其中A型和B型是DNA的两种基本构象，Z型则比较特殊。

Note

自然界双螺旋 DNA 大多为右手螺旋,但也有左手螺旋。A. Rich 在研究人工合成的 d(CGCGCG)寡核苷酸结构时发现这种左手螺旋的构象。每转 12 个碱基对为一圈,螺距 4.56 nm,磷酸和糖的骨架呈现 Z 字形走向,Z 型名称即源于此,Z-DNA 只有一个深的螺旋槽,如图 2-15 所示。随后发现天然 DNA 局部也有 Z 型结构。

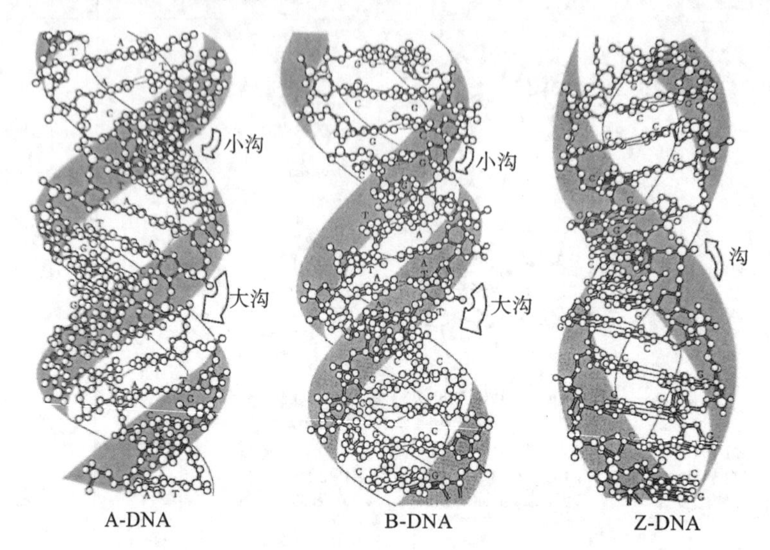

图 2-15　A 型、B 型、Z 型 DNA 双螺旋结构比较

总的来说,A 型螺旋比较粗短,碱基倾角大一些,大沟深度明显超过小沟;B 型比较适中;Z 型细长,大沟平坦,核苷酸构象顺反相间,使磷酸和糖骨架呈 Z 字形;其余各型 DNA(C 型、D 型和 E 型以及有关亚型)均接近 B 型,可看作与 B 型同一族。

DNA 的各型构象在一定条件下可以相互转变。除上述相对湿度能影响 DNA 纤维的构象外,溶液的盐浓度、离子种类、有机溶剂等都能引起 DNA 构象的改变。增加 NaCl 浓度可使 B 型转变为 A 型。当 DNA 是钠盐时,A 型、B 型、C 型三种形态都能出现,改成锂盐时,只有 B 型和 C 型可能出现。Z 型 DNA 的序列必须含鸟嘌呤,并且嘌呤碱基与嘧啶碱基交替出现,在此条件下存在盐和有机溶剂有利于 Z 型的形成。DNA 的甲基化,使大沟表面暴露的胞嘧啶形成 5-甲基胞嘧啶,即可导致 DNA 由 B 型向 Z 型的转化。DNA 的变构效应可能与基因表达的调节有关。

实验证明,即使在室温下,处于溶液中的 DNA 分子内也有一部分氢键被打开,而且打开的部位处于不断变化之中。此外,碱基对氢键上的质子也不断地与介质中的质子发生交换。所有这些现象都说明 DNA 的结构处于动态变化之中。溶液中及细胞内的天然状态的 DNA 几乎都是 B 型的,虽然 DNA 双螺旋二级结构是很稳定的,但不是绝对的。

表 2-4 列出了 A 型、B 型和 Z 型 DNA 的主要特征数据。由于各实验室测定样品的方法和条件各不相同,所得数据有较大出入,所列数据可作为了解各类构象特性的比较。

表 2-4　A 型、B 型和 Z 型 DNA 双螺旋结构比较

螺旋类型	A 型	B 型	Z 型
外形	粗短	适中	细长
螺旋方向	右手	右手	左手
螺旋直径	2.55 mm	2.37 nm	1.84 nm
碱基轴升	0.23 nm	0.34 mm	0.38 nm
每圈碱基数	11	10.4	12
螺距	2.53 nm	3.54 nm	4.56 nm

续表

螺旋类型	A 型	B 型	Z 型
碱基倾角	19°	1°	9°
大沟	很狭、很深	很宽、较深	平坦
小沟	很宽、浅	狭、深	较狭、很深

4. DNA 的超螺旋结构

在 DNA 双螺旋链结构的基础上进一步扭曲形成的高级结构，称为 DNA 的超螺旋。有些生物，如某些病毒，细菌质粒，真核生物的线粒体、叶绿体及某些细菌染色体 DNA，是首尾两端连接后再扭曲形成的麻花状双股闭链环状 DNA。这些 DNA 双螺旋链可在扭曲张力作用下，再次螺旋化形成超螺旋，如图 2-16 所示。

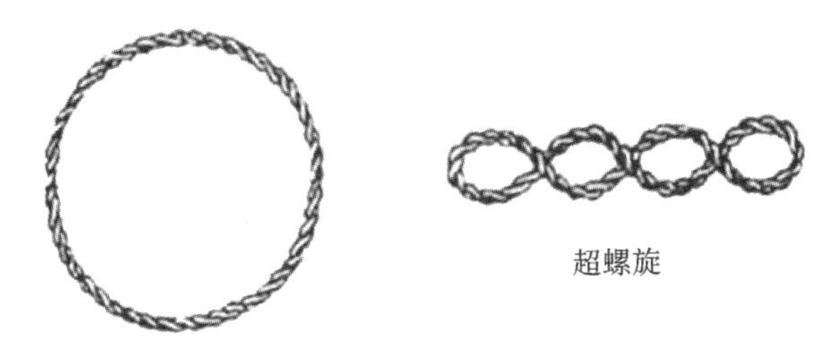

图 2-16　瘤病毒环状分子和超螺旋结构

5. DNA 与蛋白质复合物的结构

视频：真核生物染色体的组装 1

视频：真核生物染色体的组装 2

真核细胞的 DNA 和蛋白质结合在一起，以染色质的形式存在于细胞核中，染色质的结构极为复杂。已知染色质的基本构成单位为核小体，核小体由组蛋白和盘绕其上的 DNA 构成。核心由组蛋白八聚体（H_2A、H_2B、H_3、H_4 各 2 分子）组成，DNA 以左手螺旋在组蛋白核心上盘绕 1.8 圈，共 146 个碱基对，核小体之间连接 DNA 的长度随核小体不同而略有不同，平均每个核小体重复单位约占 DNA 200 个碱基对，如图 2-17 所示。DNA 组装成核小体，其长度缩短为原来的 1/7。组蛋白 H_1 结合于连接 DNA 上，使核小体一个挨一个彼此靠拢。

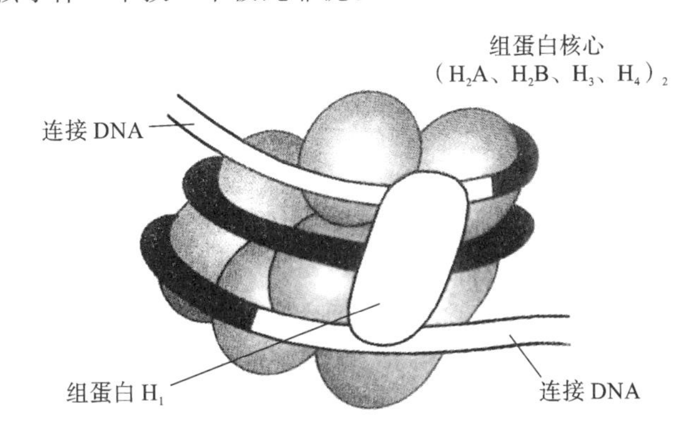

图 2-17　真核生物的核小体结构模型

核小体由连接 DNA 相连，犹如一串念珠。核小体链可进一步盘绕成 30 nm 的染色质纤丝，每圈 6 个核小体。组蛋白 H_1 是维系这种高级结构的重要成分。30 nm 纤丝是染色质第二级组织，它使 DNA 压缩为原来的 1/100。更高级的组织目前还不清楚。可能是某些序列特异的 DNA 结合蛋白（非组蛋白）使 DNA 一定区域联结到核骨架上，DNA 被分成 20000 至 100000 碱基对的突环（平均 75000 碱基对）。每一个突环含有若干功能相关的基因。例如，果蝇编码整套组蛋白的基因成簇分布在突环上，突环两侧为骨架附着位点。骨架含有多种蛋白质，其中包括拓扑异构酶Ⅱ，可见 DNA 的拓扑结构与染色质组装关系密切。

真核生物染色体还存在更高层次的组织，使DNA进一步被压缩。图2-18为目前比较广泛被接受的一种组装模型：由染色质纤丝组成突环，再由突环形成玫瑰花结形状的结构，进而组装成螺旋圈，由螺旋圈再组装成染色体。简而言之，染色体是由DNA和蛋白质以及RNA构成的不同层次缠绕线和螺线管结构。很可能不同物种的染色体，或是同一物种不同状态下的染色体，或是同一染色体的不同区域，其高级结构均有所不同。不能用一个简单的模型来描述染色体的结构。然而，在真核生物染色体中，DNA压缩的基本原则看来是在螺旋上形成螺旋，再形成超螺旋，使DNA的长度压缩到近$\frac{1}{10000}$（$\frac{1}{8400}$）。

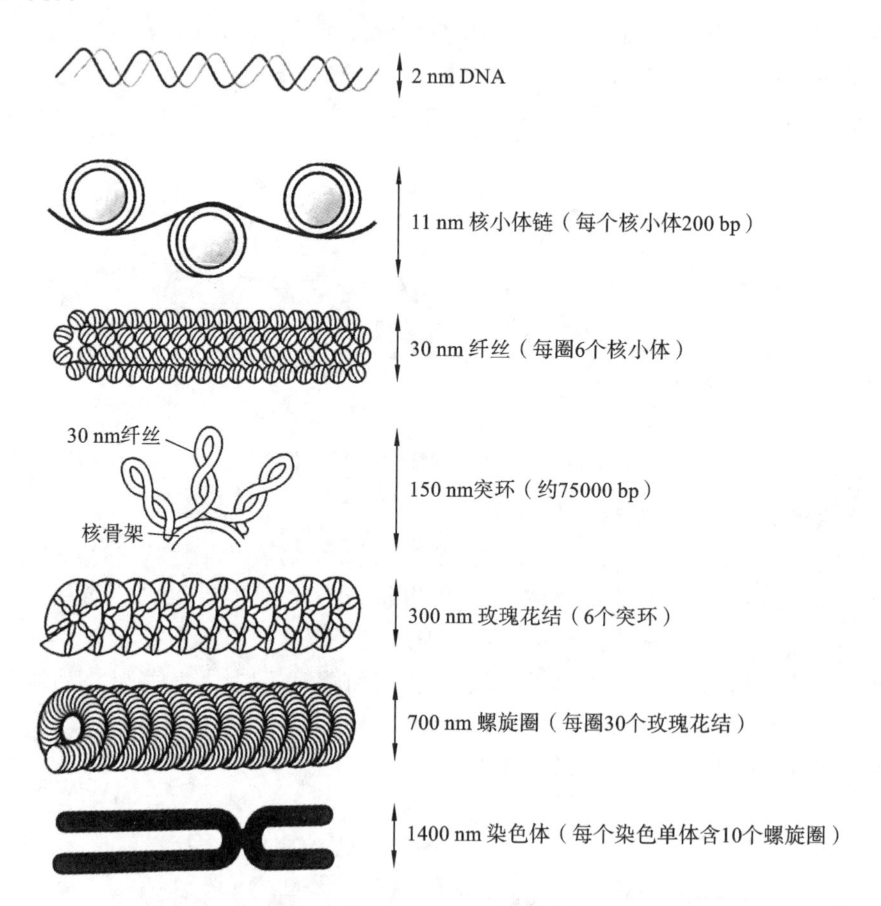

图2-18　真核生物染色体DNA组装不同层次的结构

（三）RNA的空间结构

1. RNA的类型

无论动物、植物还是微生物细胞内都含有三种主要的RNA：信使RNA（mRNA）、核糖体RNA（rRNA）和转移RNA（tRNA）。它们都参与蛋白质的生物合成。

（1）mRNA：占细胞中RNA总量的3%～5%，分子量极不均一，一般为$(0.5\sim2)\times10^6$。mRNA是合成蛋白质的模板，传递DNA的遗传信息，决定着每一种蛋白质多肽链中氨基酸的排列顺序，所以细胞内mRNA的种类是很多的。mRNA代谢活跃、更新迅速，是三类RNA中最不稳定的。原核生物（如大肠杆菌）mRNA的半衰期只有几分钟，真核生物mRNA的寿命则较长，可达几小时。

绝大多数真核生物mRNA在3′-末端有一段长约200个残基的多聚腺苷酸（polyA），这一段polyA是转录后逐个添加上去的，原核生物的mRNA一般无polyA。polyA的结构与mRNA从核转移至胞质的过程有关，也与mRNA的半衰期有关。真核细胞mRNA 5′-末端还有个极为特殊的"帽子"结构：$m^7G^{5'}ppp^{5'}Nmp$，即5′-末端的鸟嘌呤N-7被甲基化，具有抗核酸酶水解的作用，也与蛋白质合成的起始有关。

(2)rRNA：是蛋白质合成的主要场所，是细胞中含量最多的一类 RNA，占细胞中 RNA 总量的 80%左右，是细胞中核糖体的组成成分，是核糖体的骨架。核糖体又称核蛋白体，是一种亚细胞结构，直径为 10～20 nm 的微小颗粒。原核生物核糖体中的 rRNA 按其大小依次为 23S、16S、5S。真核生物核糖体中的 rRNA 有四类：28S、18S、5S 和 5.8S。

(3)tRNA：约占 RNA 总量的 15%，通常以游离的状态存在于细胞质中。tRNA 由 75～90 个核苷酸组成，分子量为 25000 左右，在三类 RNA 中，它的分子量最小，它的功能主要是携带活化了的氨基酸，并将其转运到与核糖体结合的 mRNA 上，用于合成蛋白质。

细胞内 tRNA 种类很多，每一种氨基酸都有特异转运它的一种或几种 tRNA。在 tRNA 中除四种基本碱基外，还含有稀有碱基，其中以各种甲基化的碱基和假尿嘧啶尤为丰富。这些稀有成分可能与 tRNA 的生物学功能有一定的关系。

除了这三类主要的 RNA 外，细胞内还有一些其他类型的 RNA，如核内小分子 RNA 等。

2. RNA 的空间结构

生物体内绝大多数天然 RNA 分子(不像 DNA 那样都是双螺旋)是呈线状的多核苷酸单链，然而某些 RNA 分子可形成自身回折，使一些碱基彼此靠近，于是在折叠区域中按碱基配对原则，A 与 U、G 与 C 之间通过氢键连接形成互补碱基对，从而使回折部位构成所谓“发夹”结构，进而再扭曲形成局部性的双螺旋区(二级结构)。当然，这些双螺旋区可能并非完全互补，未能配对的碱基区可形成突环，被排斥在双螺旋区之外。在局部双螺旋基础上进一步折叠形成三级结构，除 tRNA 外，细胞中几乎全部的 RNA 都与蛋白质形成核蛋白复合物(四级结构)。RNA 复合物承担着重要的细胞功能，如核糖体、信息体、拼接体、编辑体等。RNA 病毒是具有感染性的 RNA 复合物。

(1)tRNA 的二级结构。tRNA 的二级结构呈“三叶草”形，双螺旋区构成了叶柄，突环区好像是三叶草的三片小叶。由于双螺旋结构所占比例甚高，tRNA 的二级结构十分稳定。三叶草形结构由氨基酸臂、二氢尿嘧啶环、反密码子环、额外环和 TΨC 环等五个部分组成，又称四臂三环一叉。tRNA 的二级结构如图 2-19 所示。

氨基酸臂：由 7 对碱基组成；富含鸟嘌呤；末端为 CCA-OH，接受活化的氨基酸。

二氢尿嘧啶环(臂)：由 8～12 个核苷酸组成；含有二氢尿嘧啶(DHU)，故得名二氢尿嘧啶环。通过由 3～4 对碱基组成的双螺旋区(反密码臂)与 tRNA 的其余部分相连。

反密码子环(臂)：由 7 个核苷酸组成，环的中间为反密码子，由 3 个相邻的碱基组成。(次黄嘌呤核苷酸也称肌苷酸，缩写成 I，常出现于反密码子中)。反密码子环通过碱基对组成的双螺旋区(反密码臂)与 tRNA 的其余部分相连。

额外环(又称可变环)：由 3～18 个核苷酸组成。不同的 tRNA 具有不同大小的额外环，所以它是 RNA 分类的重要指标。

TΨC 环(臂)：假尿嘧啶核苷-胸腺嘧啶核糖核苷环(臂)因含有假尿苷(Ψ)及核糖胸苷(rT)而得名。除个别例外，几乎所有 tRNA 在此环中都含有假尿苷及核糖胸苷。

X-射线衍射图谱分析表明：tRNA 在二级结构的基础上可以形成三维空间结构，呈倒“L”形，如图 2-20 所示。这种倒“L”形结构中有两支双股螺旋，每支长约 6 nm，并相互垂直。一支由氨基酸臂和 TΨC 环组成，另一支由 DHU 环和反密码子环组成。氨基酸臂末端在“L”形分子一端，反密码子环在另一端，氨基酸臂和反密码子间相距大约 8 nm。TΨC 环位于“L”形分子的拐角上，目前认为它能与核糖体 RNA 作用，它与氨基酸臂及反密码子环离得最远。

(2)rRNA 的空间结构。在细胞内，单独的 rRNA 不能执行其功能，它与多种蛋白质结合组成核蛋白体，在蛋白质生物合成中作为蛋白质的合成场所。所有生物的核糖体都是由大小不同的两个亚基组成，核糖体及其亚基都用它们的沉降系数命名。原核生物和真核生物的核糖体组成见表 2-5。

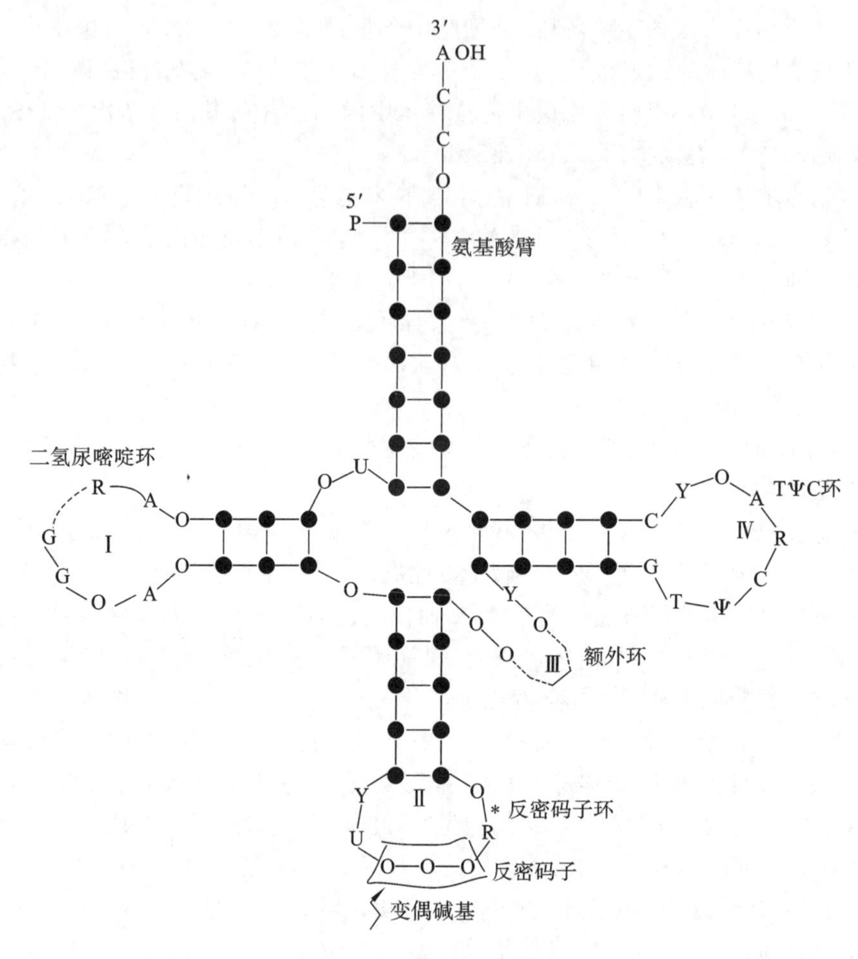

图 2-19　tRNA 的二级结构

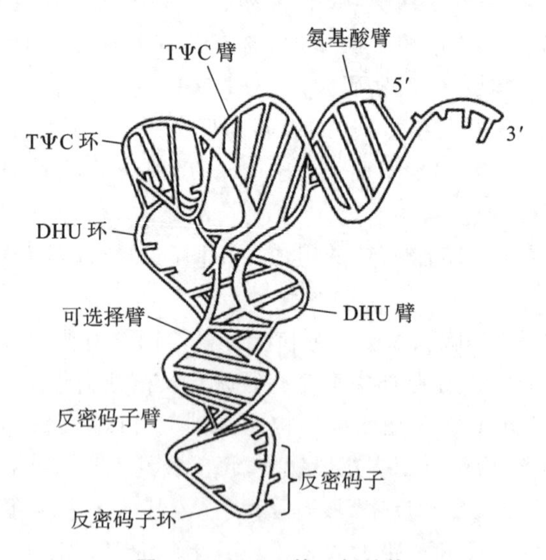

图 2-20　tRNA 的三级结构

表 2-5　原核生物和真核生物的核糖体组成

生物类型	亚基	rRNA 种类	蛋白质种类
原核生物	大　50S	5S、23S	33
	小　30S	16S	21
真核生物	大　60S	5S、5.8S、28S	约 50
	小　40S	18S	约 30

原核生物完整的核糖体为 70 S,由一个 30 S 和一个 50 S 亚基组成。它是蛋白质合成时的活化形式。Mg^{2+} 的浓度影响它的稳定性,在 0.0005 mol/L Mg^{2+} 浓度下,70S 核糖体完全解离成两个亚基,0.005 mol/L Mg^{2+} 浓度下(细菌细胞内的大致浓度)则几乎不解离。生理状态的 Mg^{2+} 浓度下完整的 70S 占优势。

原核生物核糖体每个亚基由蛋白质和 RNA 组成,30 S 亚基由一个 16S rRNA 分子及 21 种不同的蛋白质组成,50S 亚基由一个 5S rRNA、一个 23S rRNA 及 30 余种不同的蛋白质组成。核糖体中的 RNA 分子的核苷酸数量已经测定,5S rRNA 为 120 个核苷酸,16S rRNA 为 1542 个核苷酸,23S rRNA 为 2904 个核苷酸。各 RNA 分子中大约有 70%的碱基在内部配对形成一种带有多臂和环的高度复杂的结构(图 2-21)。这些分子的三维结构尚未完全阐明。

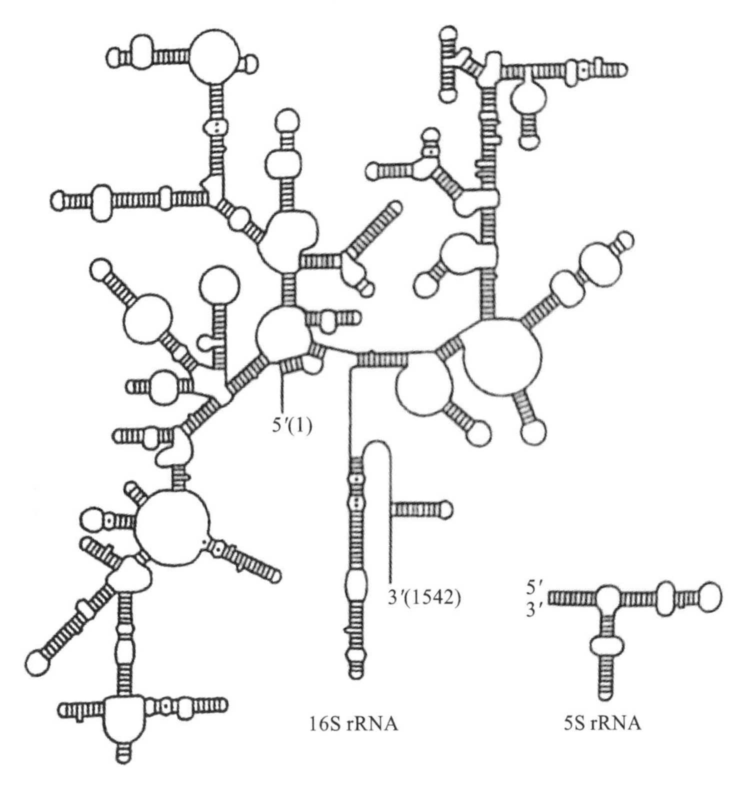

图 2-21　大肠杆菌 16S rRNA 和 5S rRNA 的二级结构

真核生物的核糖体约为 80S,由一个 40S 和一个 60S 亚基组成。40S 亚基含有一个 18S rRNA 及约 30 种蛋白质,60S 亚基含一个 5S rRNA、一个 5.8S rRNA 和一个 28S rRNA 分子及约 50 种蛋白质。核糖体内精确的蛋白质种类目前还未完全确定,rRNA 的核苷酸数量也有待测定。

(3)mRNA 的空间结构。RNA 一般都与蛋白质形成复合物,而且总是以 RNA-蛋白质复合物的形式执行功能。游离的 mRNA 可以形成高级结构,但在核糖体上翻译时必须解开。mRNA 产生高级结构的倾向将影响其翻译效率。

四、核酸的性质

(一)核酸的一般性质

1. 分子大小、形状和黏度

天然存在的 DNA 分子最显著的特点是很长,相对分子质量很大,一般为 10^6～10^{10},其长度可达几厘米,DNA 分子形成溶液后呈黏稠状,可以用玻璃棒将黏稠的 DNA 搅缠起来,DNA 越长,黏度越大;而 RNA 分子比 DNA 分子小得多,相对分子质量在数百至数百万之间,RNA 溶液的黏度也要小得多。

DNA 的溶液呈黏稠状,但实际上 DNA 的双螺旋结构则僵直具有刚性,经不起剪切力的作用,易断裂成碎片。这也是目前难以获得完整 DNA 大分子的原因。

2. 溶解度

DNA 多数为白色纤维状固体，RNA 为白色粉末状固体，DNA 和 RNA 均微溶于水，它们的钠盐在水中的溶解度较大。DNA 和 RNA 均能溶于2-甲氧乙醇，但不溶于乙醇、乙醚等有机溶剂，所以在分离核酸时，常用有机溶剂乙醇沉淀 DNA。

3. 酸碱度

核酸分子中有酸性的磷酸基团和含氮碱基上的碱性基团，故为两性电解质，因磷酸基团酸性较强，所以核酸分子通常表现为酸性。

4. 核酸的紫外吸收

由于嘌呤碱基和嘧啶碱基对 250～280 nm 的紫外光有较强的吸收作用，使核酸在 260 nm 波长附近有最大吸收峰，根据 DNA 的紫外吸收特性可定性和定量检测核酸和核苷酸，也可以作为核酸变性和复性的指标。

蛋白质是在 280 nm 处有最大吸收峰，利用 A_{260}/A_{280} 可判断核酸样品的纯度和粗略测定核酸溶液的浓度。用紫外分光光度计测定样品在 260 nm 和 280 nm 波长处的吸光度，当 $A_{260}/A_{280}=1.8$～2.0，则 DNA 纯度符合要求；$A_{260}/A_{280}>2.0$，表示 DNA 样品中含有 RNA；如果 $A_{260}/A_{280}<1.8$，DNA 样品中有蛋白质或酚污染。通过紫外吸收性质，也可以对 DNA、RNA 定量分析。$A_{260}=1$，相当于 50 μg/mL 双链 DNA，40 μg/mL 单链 DNA 或 2.0 μg/mL 单链寡核苷酸，按照这些结果判断和计算样品中 DNA/RNA 含量。

（二）核酸的变性与复性

1. 核酸的变性

核酸和蛋白质一样具有变性现象。DNA 的变性指氢键断裂（不涉及共价键的断裂），双螺旋解开，形成无规则线团，即改变了 DNA 的二级结构，不涉及一级结构的改变（图 2-22）。变性的核酸最显著的特征是生物活性的丧失。引起核酸变性的因素很多，如加热、强酸、强碱或有机溶剂、变性剂、射线、机械力等因素的影响，均能使 DNA 变性。变性的核酸同时发生一系列理化性质的改变，包括紫外吸光度增加、沉降系数增加、黏度下降等特点。

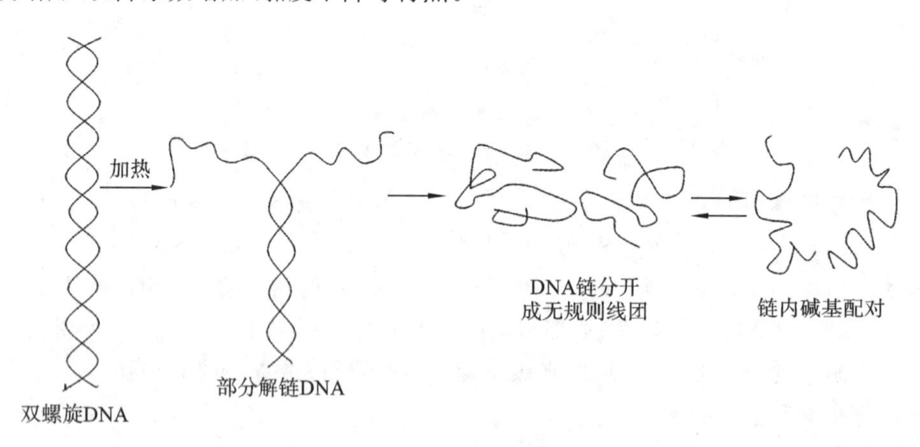

图 2-22　DNA 的变性

由温度升高而引起的 DNA 的变性称为热变性。DNA 热变性时，先是局部双螺旋解开成为双螺旋的单链，然后整个双螺旋的两条链分开形成不规则的卷曲单链，在链内可形成局部的氢键结合区，其产物是无规则的线团。变性后的 DNA 由于碱基堆积破坏，共轭双键的暴露，在 260 nm 处的紫外吸光度有明显升高，这种现象称为增色效应。

DNA 热变性过程是在一个狭窄的温度范围内呈“暴发式”发生的，类似于晶体的熔融。通常将50%的 DNA 分子发生变性时的温度称为解链温度，一般用 T_m 符号表示。DNA 的 T_m 值一般在 70～85 ℃之间（图 2-23）。不同的 DNA，其 T_m 值不同，T_m 值与下列因素有关。

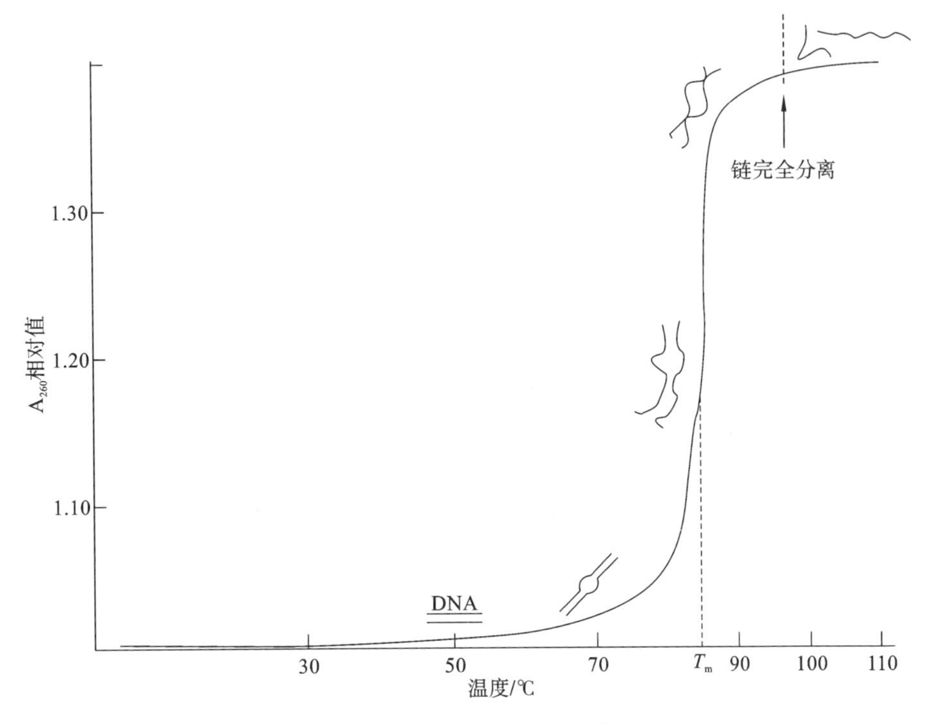

图 2-23　DNA 的解螺旋曲线

(1)DNA 的性质和组成：均一的 DNA(如病毒 DNA)，T_m 值范围较小；非均一的 DNA，T_m 值在一个较宽的温度范围内，所以 T_m 值可作为衡量 DNA 样品均一性的指标。碱基组成中，由于 G-C 碱基对含有 3 个氢键，A-T 碱基对只有 2 个氢键，故 G-C 碱基对比 A-T 碱基对牢固，因此 G-C 碱基对含量越高的 DNA 分子，则越不易变性，T_m 值也越大。

(2)溶液的性质：一般离子强度低时，T_m 值较低，熔点越低，熔解温度的范围越宽；反之，离子强度高时，T_m 值较高，熔解温度范围也较窄(图 2-24)。所以 DNA 制品不应保存在极稀的电解质溶液中，一般在 1 mol/L KCl 溶液中保存较为稳定。

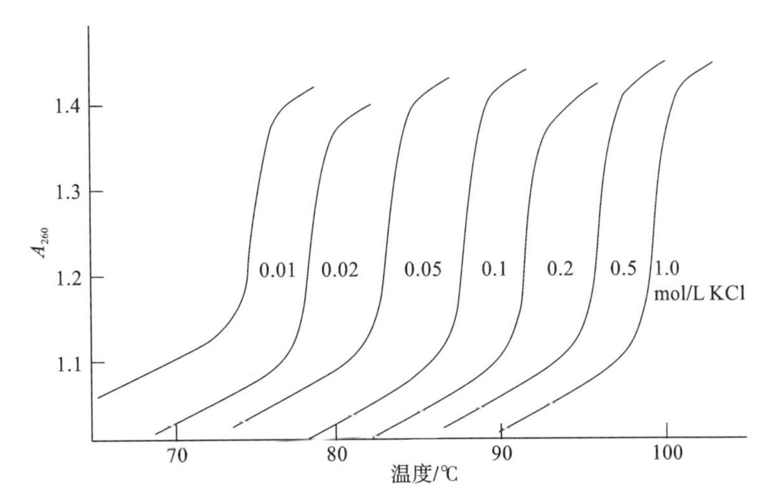

图 2-24　大肠杆菌 DNA 在不同浓度 KCl 溶液下的熔融温度曲线

2. 核酸的复性

DNA 的变性是可逆过程，在适当的条件下，变性 DNA 分开的两条链又重新配对而恢复成双螺旋结构，这个过程称为复性。完全变性的 DNA 的复性过程需分两步进行，首先是分开的两条链相互碰撞，在互补序列间先形成双链核心片段，然后以此核心片段为基础，迅速配对，完成其复性过程。

当温度高于 T_m 值约 5 ℃时，DNA 的两条链由于布朗运动而完全分开。如果将此热溶液迅速冷

却，则两条链继续保持分开，称为淬火；若将此溶液缓慢冷却（称为退火）到适当的低温，则两条链可发生特异性的重新组合而恢复原来的双螺旋结构。温度过低也不利于复性，比 T_m 值低 25 ℃是复性的理想温度。

DNA 的复性一般只适用于均一的病毒和细菌的 DNA，至于哺乳动物细胞中的非均一 DNA，很难恢复到原来的结构状态。这是因为各片段之间只要有一定数量的碱基彼此互补，就可以重新组合成双螺旋结构，碱基不互补的区域则形成突环。

复性速度受很多因素的影响：结构简单的 DNA 分子比复杂的 DNA 分子复性要快；DNA 浓度越高，越易复性；此外，DNA 片段大小、溶液的离子强度等对复性速度都有影响，复性后 DNA 的一系列物理化学性质都能得到恢复，如吸光度下降、黏度增高等，生物活性也得到部分恢复。

DNA 的变性和复性都是以碱基互补为基础的，因此可以进行分子杂交，即不同来源的多核苷酸链间，经变性分离、退火处理后，若有互补的碱基顺序，就能发生杂交形成 DNA-DNA 杂合体，甚至可以在 DNA 和 RNA 间进行杂交，形成 DNA-RNA 杂合体。如果杂交的一条链是特定（已知核苷酸顺序）的 DNA 或 RNA 序列，并经放射性同位素或其他方法标记，称为探针（probe）。利用杂交方法，使探针与特定未知的序列发生"退火"形成杂合体，即可达到寻找和鉴定特定序列的目的。用探针来寻找某些 DNA 或 RNA 片段，已成为目前基因克隆、鉴定分析中十分重要的手段。

模块小结

核酸分两大类：DNA 和 RNA。生物细胞都含有这两类核酸，但病毒则不同，DNA 病毒只含 DNA，RNA 病毒只含 RNA。核酸的研究是生物化学与分子生物学研究的重要领域。

核酸是一种多聚核苷酸，其基本结构单位是核苷酸。DNA 主要由四种脱氧核苷酸（dAMP、dGMP、dCMP 和 dTMP）组成。RNA 主要由四种核苷酸（AMP、GMP、CMP 和 UMP）组成。核苷酸由含氮碱基、戊糖（核糖或脱氧核糖）及磷酸组成。核酸中还有少量稀有碱基。核酸的一级结构通常是指其核苷酸序列。核苷酸之间通过 3′，5′-磷酸二酯键连接。DNA 无 2′-OH，它的核苷酸之间的连接只能是 3′→5′走向。生物的遗传信息储存在核酸分子的碱基序列之中。

原核生物基因序列是连续的，常组成操纵子，很少有重复序列。真核生物基因序列是断裂的，不组成操纵子，含有较高比例的重复序列。RNA 有多种类型，常含有修饰核苷，tRNA 含有较多修饰碱基，rRNA 含有较多甲基化的核糖，两者均含有假尿嘧啶核苷，真核生物 mRNA 5′端有甲基化鸟嘌呤核苷酸形成的帽子，3′端有 polyA 尾。

DNA 的空间结构模型是在 1953 年由 Watson 和 Crick 两人提出的。DNA 分子由两条平行的多核苷酸链，以相反的方向，即一条由 3′→5′，另一条由 5′→3′，围绕着同一个中心轴（想象的），以右手螺旋方向构成一个双螺旋结构。碱基位于双螺旋内侧，磷酸与戊糖在外侧，通过磷酸二酯键相连，形成双螺旋结构的骨架。碱基平面与轴垂直，糖环平面则与轴平行。双螺旋的直径为 2 nm，碱基堆积距离为 0.34 nm，每一圈螺旋由 10 对碱基组成。碱基按 A-T、G-C 配对互补，彼此以氢键相连。维持 DNA 结构稳定的力量主要是氢键和碱基堆积力。双螺旋结构表面有两条螺形凹沟，一大一小。

Watson 和 Crick 所阐明的是 B 型 DNA，此外还有 A 型 DNA 及 Z 型 DNA（左旋 DNA）。它们在结构上有明显不同。这些现象说明 DNA 的结构处于动态变化中。溶液中及细胞内的天然状态的 DNA 几乎都是 B 型的，虽然 DNA 双螺旋的二级结构很稳定，但不是绝对的。

在 DNA 双螺旋链结构的基础上进一步扭曲形成的高级结构，称为 DNA 的超螺旋。有些生物，如某些病毒，细菌质粒，真核生物的线粒体、叶绿体及某些细菌的 DNA，是首尾两端连接后再扭曲形成的麻花状双股闭链环状 DNA。这些 DNA 双螺旋链可在扭曲张力作用下，再次螺旋化形成超螺旋。DNA 超螺旋是 DNA 三级结构的一种形式。

DNA 与蛋白质复合物的结构是其四级结构。病毒、细菌拟核和真核生物的染色体都存在 DNA

的组装和一定程度的压缩。核小体是真核生物染色质的基本结构单位，它由 8 个组蛋白(H_2A、H_2B、H_3、H_4)$_2$ 核心和外绕 1.8 圈的 DNA 所组成。由核小体链形成纤丝，进而折叠、螺旋化，组装成不同结构层次的染色质和染色体。

不同类型 RNA 分子可自身回折形成局部双螺旋，并折叠产生三级结构，RNA 与蛋白质复合物则是四级结构。tRNA 的二级结构呈"三叶草"形，三级结构呈倒"L"形。rRNA 组装成核糖体，其结构已获得解析。核酶的催化功能与空间结构有密切关系。

核酸研究对生命科学的发展具有极其重要的意义。首先随核酸研究发展起来的各种实验手段是科学家们多角度研究生命活动的必备工具。核酸研究建立起诸如基因工程、DNA 测序、DNA 芯片、反义 RNA 及 RNA 干扰等技术，为疾病诊断、药物筛选、基因发现及其功能的研究等奠定了坚实的基础。总之，人类对生命科学的最终理解离不开核酸研究。

链接与拓展

变性与复性的应用——PCR 技术

聚合酶链反应(polymerase chain reaction)，简称 PCR，是一种体外快速扩增 DNA 片段的技术。在 PCR 系统内，只要有一个待扩增的 DNA 片段的拷贝，在短时间内就能扩增出大量拷贝数的特异性 DNA 片段，可用于常规方法的 DNA 检测和重组。PCR 技术被广泛运用于医学和生物学领域，例如用于判断检体是否会表现某遗传疾病的图谱、亲子鉴定、基因复制以及传染病的诊断。

PCR 是一种分子生物学技术，用于扩增特定的 DNA 片段。可看作生物体外的特殊 DNA 复制。PCR 一般过程如图 2-25 所示。

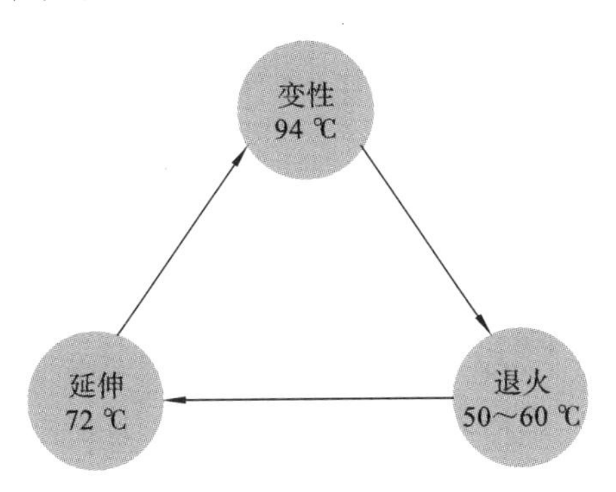

图 2-25 PCR 的一般过程

每 3 步为 1 个循环，每循环 1 次，使模板 DNA 拷贝数增加 1 倍，理论上讲，30 个循环后，扩增产物为 2^{30} 拷贝。

变性：反应体系加热至 94 ℃，模板双链 DNA 完全变性为单链，作为 PCR 反应的模板。

退火(复性)：降温至适宜温度(50～60 ℃)，使引物与模板 DNA 链的 3′-侧的互补序列杂交。

延伸：升温至 72 ℃，DNA 聚合酶以 dNTP 为底物，催化 DNA 的合成反应生成互补链。

重复以上变性—退火—延伸的过程，经过 3 次循环，就可以出现待扩增的特异性 DNA 片段。

PCR 技术的主要用途有以下几种。

(1) 目的基因的克隆：PCR 技术为在重组 DNA 过程中获得的目的基因片段提供了简便快速的扩增方法。

Note

(2)基因的体外突变:利用 PCR 技术可以随意设计引物,在体外对目的基因片段进行嵌合、缺失、点突变等改造。

(3)DNA 和 RNA 微量分析:PCR 技术高度敏感,对模板 DNA 的含量要求很低,是 DNA 和 RNA(RNA 一般需要先反转录成 cDNA)微量分析的好方法。从理论上讲,只要存在 1 分子模板,就可以获得目的片段。在实际工作中,一滴血、一根毛发或一个细胞就足以满足 PCR 的检测需要。因此,PCR 在基因诊断方面具有极广阔的应用价值。

(4)DNA 序列测定:将 PCR 技术引入 DNA 序列测定,可使测序工作大为简化,也提高了测序的速度。待测 DNA 片段既可以克隆到特定的载体后进行序列测定,也可直接测定。

(5)基因突变分析:基因突变可引起许多遗传病、免疫性疾病和肿瘤等,故分析基因突变可以为这些疾病的诊断、治疗和研究提供重要的依据。利用 PCR 与一些技术的结合可以大大提高基因突变检测的灵敏度。

复习思考题

参考答案

一、选择题

1. 热变性的 DNA 分子在适当条件下可以复性,条件之一是(　　)。

A. 骤然冷却　　B. 缓慢冷却　　C. 浓缩　　D. 加入浓度较大的无机盐

2. 在适宜条件下,核酸分子两条链通过杂交作用可自行形成双螺旋,取决于(　　)。

A. DNA 的 T_m 值　　B. 序列的重复程度

C. 核酸链的长短　　D. 碱基序列的互补

3. 核酸中核苷酸之间的连接方式是(　　)。

A. 2′,5′-磷酸二酯键　　B. 氢键

C. 3′,5′-磷酸二酯键　　D. 糖苷键

4. tRNA 的分子结构特征是(　　)。

A. 有反密码子环和 3′端有-CCA 序列　　B. 有密码子环

C. 有反密码子环和 5′端有-CCA 序列　　D. 5′端有-CCA 序列

5. 下列关于 DNA 分子中的碱基组成的定量关系,哪项是不正确的?(　　)

A. C+A=G+T　　B. C=G

C. A=T　　D. C+G=A+T

6. 下面关于 Watson 和 Crick DNA 双螺旋结构模型的叙述中,哪一项是正确的?(　　)

A. 两条单链的走向是反向平行的　　B. 碱基 A 和 G 配对

C. 碱基之间共价结合　　D. 磷酸戊糖主链位于双螺旋内侧

7. 具 5′-CpGpGpTpAp-3′顺序的单链 DNA 能与下列哪种 RNA 杂交?(　　)

A. 5′-GpCpCpAp-3′　　B. 5′-GpCpCpApUp-3′

C. 5′-UpApCpCpGp-3′　　D. 5′-TpApCpCpGp-3′

8. RNA 和 DNA 彻底水解后的产物(　　)。

A. 核糖相同,部分碱基不同　　B. 碱基相同,核糖不同

C. 碱基不同,核糖不同　　D. 碱基不同,核糖相同

9. 下列关于 mRNA 的描述,哪一项是错误的?(　　)

A. 原核细胞的 mRNA 在翻译开始前需加 polyA 尾

B. 真核细胞 mRNA 在 3′端有特殊的"尾"结构

C. 真核细胞 mRNA 在 5′端有特殊的"帽子"结构

Note

D. 原核细胞 mRNA 在转录后无需任何加工

10. tRNA 的三级结构是(　　)。

A. "三叶草"形结构　　B. 倒"L"形结构

C. 双螺旋结构　　D. 发夹结构

11. 维系 DNA 双螺旋稳定结构的主要作用力是(　　)。

A. 共价键　　B. 离子键

C. 氢键和碱基堆积力　　D. 范德华力

12. T_m 是指(　　)的温度。

A. 双螺旋 DNA 达到完全变性时　　B. 双螺旋 DNA 开始变性时

C. 双螺旋 DNA 结构失去 1/2 时　　D. 双螺旋结构失去 1/4 时

13. 稀有核苷酸碱基主要见于(　　)。

A. DNA　　B. mRNA　　C. tRNA　　D. rRNA

14. 双链 DNA 解链温度的增加，提示其中碱基含量高的是(　　)。

A. A 和 G　　B. C 和 T　　C. A 和 T　　D. C 和 G

15. 核酸变性后，可发生哪种效应？(　　)

A. 减色效应　　B. 增色效应

C. 失去对紫外线的吸收能力　　D. 最大吸收峰波长发生转移

16. 某双链 DNA 纯样品含 15%的 A，该样品中 G 的含量为(　　)。

A. 35%　　B. 15%　　C. 30%　　D. 20%

17. G+C 含量越高，T_m 值越高的原因是(　　)。

A. G-C 之间形成了 1 个共价键　　B. G-C 之间形成了 1 个氢键

C. G-C 之间形成了离子键　　D. G-C 之间形成了 3 个氢键

18. pA-G-T-G 中第一个 pA 代表的是核酸链的(　　)。

A. 2′端　　B. 3′端　　C. 5′端　　D. 1′端

19. 关于 RNA 的叙述，不正确的是(　　)。

A. 主要有 mRNA、tRNA 和 rRNA　　B. 原核生物没有 hnRNA 和 snRNA

C. tRNA 是最小的一种 RNA　　D. 胞质中只有 mRNA 一种

20. 分离出某病毒核酸的碱基组成为 $\omega_A=27\%$，$\omega_G=30\%$，$\omega_C=22\%$，$\omega_T=21\%$，该病毒为(　　)。

A. 单链 DNA　　B. 双链 DNA　　C. 单链 RNA　　D. 双链 RNA

二、判断题

1. 真核细胞内 DNA 主要分布于细胞质中，RNA 主要分存在细胞核中。(　　)

2. 核酸变性或降解时，出现减色效应。(　　)

3. 双螺旋 DNA 分子由两条序列相同的 DNA 链组成。(　　)

4. RNA 的局部螺旋区中两条链之间的方向是反向平行的。(　　)

5. 若双链 DNA 中的一条链碱基顺序为 pCpTpGpGpApC，则另一条链的碱基顺序为 pGpApCpCpTpG。(　　)

6. 病毒分子中，只含有一种核酸。(　　)

7. 如果一种核酸分子里含有 T，那么它一定是 DNA。(　　)

8. 具有切割底物分子功能的都是蛋白质。(　　)

9. tRNA 的二级结构呈倒"L"形。(　　)

10. 如果 DNA 一条链的碱基顺序是 CTGGAC，则互补链的碱基序列为 GACCTG。(　　)

三、简答题

1. DNA 和 RNA 在化学组成、分子结构、细胞内分布和生理功能方面的主要区别是什么？

Note

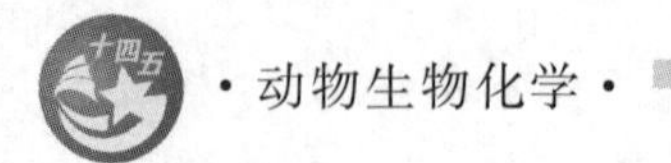

2. DNA 双螺旋结构的基本特点有哪些？这些特点能解释哪些重要的生命现象？

3. 比较 tRNA、rRNA 和 mRNA 的结构和功能。

4. 从两种不同细菌提取的 DNA 样品，其腺嘌呤脱氧核糖核苷酸分别占其核苷酸总数的 32%和 17%，计算这两种不同来源 DNA 样品中四种核苷酸的相对百分比组成。两种细菌中哪一种是从温泉(64 ℃)中分离出来的？为什么？

实训　动物组织核酸的提取与鉴定

【实训目的】 掌握动物组织中核酸的提取与鉴定的原理和方法。

【实训原理】 核酸是广泛存在于生物细胞内的一类大分子物质。在细胞核内，核酸通常与某些组织蛋白质结合成复合物，即以脱氧核糖核蛋白(DNP)和核糖核蛋白(RNP)的形式存在，在提取过程中这两种核蛋白会混在一起。提取 DNA 的方法很多，其中盐溶法较常用，其原理是在不同浓度的盐溶液中，两种核蛋白的溶解度有很大差别。DNP 在 0.14 mol/L NaCl 溶液中溶解度很低，仅为纯水中的 1%左右，而 RNP 的溶解度却非常大，因此用 0.14 mol/L NaCl 溶液洗涤组织匀浆，可得到 DNP，再用高浓度盐与 SDS 破坏细胞膜，使 DNA 释放出来，然后用蛋白质变性剂如苯酚、氯仿等处理除去蛋白质，从而使核酸与蛋白质分离，将核酸提取出来。最后利用 DNA 微溶于水而不溶于有机溶剂的性质，用预冷的 95%乙醇从溶液中把 DNA 沉淀出来。

组成核酸分子的碱基具有一定的紫外吸收特性，其紫外吸收峰在 260 nm 波长处，吸收谷在 230 nm波长处。在 260 nm 紫外线下，A_{260} 为 1 时相当于双链 DNA 浓度为 50 μg/mL，可据此来计算核酸样品的浓度。而蛋白质的紫外吸收峰在 280 nm 处，依据二者的紫外吸收峰不同，可以通过 A_{260}/A_{280} 估计核酸纯度。纯 DNA A_{260}/A_{280} 的值约为 1.8，当样品中 RNA 含量增高，比值上升，纯 RNA 的 A_{260}/A_{280} 的值约为 2.0。

【器材和试剂】

1. 器材

紫外分光光度计、玻璃匀浆器、离心机、恒温水浴锅、玻璃棒、量筒、吸管、三角瓶、烧杯等。

2. 试剂

(1)0.14 mol/L NaCl-0.01 mol/L EDTA 溶液(pH 7.0)：称取 NaCl 8.18 g、乙二胺四乙酸二钠盐 3.27 g，加蒸馏水溶解，调 pH 至 7.0，定容至 1000 mL。

(2)250 g/L SDS 溶液：称取十二烷基硫酸钠 25 g，溶于 50%乙醇中，定容至 100 mL。

(3)2 mol/L NaCl 溶液：称取 11.7 g NaCl，用蒸馏水定容至 100 mL。

(4)氯仿-异戊醇：氯仿 24 份与异戊醇 1 份混合。

(5)95%乙醇。

(6)动物肝脏。

【操作步骤】

1. 提取 DNA

(1)选取鸡或兔肝脏作为实验材料，实验动物应在实验前饥饿 1～2 d，使肝糖原含量降低以免干扰实验。

(2)将实验动物放血处死，取其肝脏或肾脏(约 2 g)，浸于预冷至 0 ℃的 0.14 mol/L NaCl-0.01 mol/L EDTA 中，除去脂肪、血块等杂物，反复洗几次，用滤纸吸干水分。

(3)低温下将组织剪碎，加入 7 mL 0.14 mol/L NaCl-0.01 mol/L EDTA 溶液混匀，在玻璃匀浆器中捣至大部分细胞破碎为止。

(4)2500 r/min 离心 15 min，弃上层液体，向沉淀中再加入 0.14 mol/L NaCl-0.01 mol/L EDTA

溶液混匀，再次离心洗涤。

(5)经洗涤后的沉淀，加入 3 mL 0.14 mol/L NaCl-0.01 mol/L EDTA 溶液，边搅拌边缓缓滴入 250 g/L SDS 0.4 mL，转入匀浆器内匀浆，使沉淀悬浮均匀，再加入 2 mol/L NaCl 4 mL，此时由于大分子 DNP 的溶解，溶液由黏稠变为稀薄。

(6)转入三角瓶，加入等容积的氯仿-异戊醇 8 mL，剧烈振荡 15 min。将混合液以 3000 r/min 离心 10 min。上层为水溶液，下层为氯仿，中间层为变性蛋白，吸出上层水溶液，加入等体积的氯仿-异戊醇，剧烈振荡 15 min，以 3000 r/min 离心 10 min，如此重复，直至中间蛋白层消失。

(7)取上层水溶液，加入 2 倍体积 95%乙醇，边加边用玻璃棒搅拌，此时可不断见到有黏稠状物质(DNA)逐渐缠于玻璃棒上，尽量将水分在玻璃壁上挤干，然后溶于 1 mL 2 mol/L NaCl 溶液中，留作定量、电泳用。

2. 测定 DNA

(1)吸取 5 μL DNA 样品，加水至 1 mL(稀释 200 倍)，混匀后用石英比色杯进行吸光度的测定。

(2)紫外分光光度计先用 1 mL 蒸馏水校正零点，在 260 nm 处读出样品吸光度。若大于 1.8，说明存在 RNA，可以考虑用 RNA 酶处理样品；若 A_{260}/A_{280} 的值小于 1.6，说明样品中存在蛋白质，应再次抽提，之后用 95%乙醇沉淀纯化 DNA。

【实验结果】 把实验结果代入下面公式中：

$$\text{样品中 DNA 的浓度} = A_{260} \times \text{核酸稀释倍数} \times \frac{50}{1000}$$

【注意事项】

(1)由于组织中广泛存在 DNA 核酸酶，因此全部提取过程应在低温下(4 ℃以下)操作，并加入柠檬酸盐、EDTA 等核酸酶的抑制剂，以防止其降解。

(2)由于核酸极不稳定，在较剧烈的物理、化学因素和酶的作用下很容易被降解，因此在制备过程中应尽量避免这些因素的影响。

(3)由于 DNA 分子大而长，为了获得大的不被破坏的 DNA 分子，在实验中应尽量避免剧烈振荡、用力过猛。不可用口径小的滴管、吸头吸取转移 DNA 溶液。

(4)酚有腐蚀性，操作时应小心，若沾在皮肤上应立即用水或 70%乙醇擦洗。

【思考题】

(1)如何防止大分子核酸在提取过程中被降解？

(2)氯仿-异戊醇的作用是什么？

(3)在提取 DNA 的过程中，应该注意哪些问题？

(范素菊)

模块三　糖和脂类

课件 PPT

模块导入

糖和脂类是生物体重要的大分子，其中糖在动物体内发挥重要作用，不仅是细胞能量的主要来源，而且在细胞构建、细胞生物合成和细胞生命活动的调控中都有重要作用；脂类在储存能量、构成细胞结构以及细胞膜信息传导方面具有不可替代的作用。

模块目标

▲知识目标

了解糖、脂类作为营养物质的生理功能，掌握糖在动物体内的消化、吸收以及血糖的来源与去路；掌握葡萄糖、果糖、甘油醛、淀粉、蔗糖的结构特点；掌握脂类的概念；认识脂类物质的种类、结构及分布；了解脂类物质的命名。

▲能力目标

掌握动物血糖的测定原理和方法；掌握血液生化样品的制备方法；运用脂类的相关知识，解决生产和生活中的实际问题。

▲素质与思政目标

培养学生热爱专业、追求真理的精神；培养学生的创新意识，实现培养高素质的畜牧兽医专业人才的目标。

一、糖的生理功能及分类

糖从化学结构看，是一类多羟醛、多羟酮或其衍生物，或其水解产生这些化合物的一类物质。多数糖类物质由碳、氢、氧三种元素组成，可以用通式 $C(H_2O)_n$ 或 $C_n(H_2O)_m$ 表示，通式中氢原子和氧原子的比例是 2∶1，因此糖类物质曾被称为碳水化合物，后来发现有些糖，如鼠李糖($C_6H_{12}O_5$)、脱氧核糖($C_5H_{10}O_4$)等分子中氢原子和氧原子的比例不是 2∶1，所以碳水化合物这一名称不恰当。

视频：糖的生理功能和分类

（一）糖的生理功能

糖是细胞中非常重要的一类有机物，与蛋白质、核酸和脂类是动物体内的四大具有生物学活性的物质。糖广泛存在于动物体内，动物体内糖的来源有两种，一是外源性糖，是由食物和饲料中的糖经消化道吸收获得的；二是内源性糖，是由动物体内非糖物质经糖异生途径转化而来的。动物体内的糖具有多种重要的生物学功能。

1. 动物体组织细胞的结构成分

糖广泛存在于动物组织中，是细胞的构成成分。核糖和脱氧核糖是细胞内核酸的组成成分，杂多糖和结合糖是构成细胞膜、神经组织和结缔组织的主要成分，黏多糖是结缔组织基质的组成成分。

2. 氧化分解供能

糖通过动物体细胞内生物氧化的方式释放能量，供动物体所需。糖是动物体内最重要的供能物

质，动物体 50%～80%的能量来自糖的氧化分解，释放的能量一部分形成高能化合物（如 ATP）被动物体生命活动利用，还有一部分以热的形式散失。

3. 转变为其他物质

有些糖作为重要的中间代谢物，可以合成其他生物分子，如在动物体内可以转变为脂肪、某些氨基酸、核苷酸等。

4. 细胞识别

糖参与构成动物体内一些具有生物学功能的物质，如糖蛋白是一类结合糖，其糖链是很重要的信息分子，血型、细胞识别、机体免疫、代谢调控等重要的生物学功能都与糖蛋白的糖链有关。

（二）糖的分类

糖根据其聚合度，可以分为单糖、寡糖和多糖。

1. 单糖

单糖是不能水解成更小分子的糖，如葡萄糖、果糖、核糖等。单糖及其衍生物有数百种，多数生成寡糖、多糖和结合糖，少数以游离状态存在。有些单糖及其衍生物是重要的代谢中间物，如葡萄糖、6-磷酸葡萄糖、6-磷酸果糖等。

（1）单糖的结构。

①单糖的链状结构。不同单糖从丙醛糖及丁酮糖开始，各种醛糖和酮糖分子中都有手性碳原子，因此都有旋光异构体。单糖的旋光异构体的数目和分子中手性碳原子的数目相关，若糖分子含有 n 个手性碳原子，则旋光异构体的数目是 2^n 个。例如葡萄糖有 4 个手性碳原子，就有 $2^4=16$ 个旋光异构体。

不同的单糖，都有特定的构型。单糖的构型通常采用 D-L 命名体系表示。最简单的醛糖是丙醛糖（甘油醛）和丙酮糖（二羟丙酮）。甘油醛含有一个不对称碳原子，其羟基既可以在不对称碳原子左侧，也可以在右侧，使甘油醛的构型不同，而具有 2 个旋光异构体。不对称碳原子上的羟基在右侧的为 D 型，在左侧的为 L 型。

将连接在不对称碳原子上的 4 个原子或基团投射到一个平面，水平键看作垂直在纸平面之前，而垂直键看作处于纸平面之后，这种表示方式称为 Fischer 投影式。甘油醛的 Fischer 投影式及构型名称如图 3-1 所示。

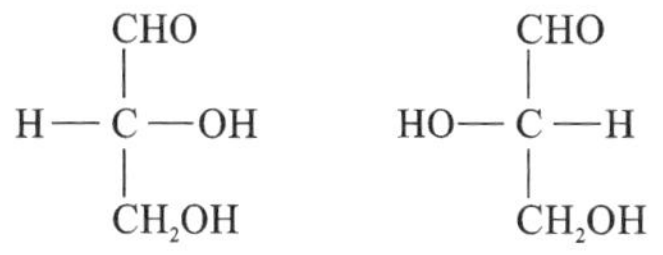

```
      CHO                  CHO
       |                    |
  H — C — OH          HO — C — H
       |                    |
     CH2OH                CH2OH
 D-(+)-甘油醛          L-(−)-甘油醛
```

图 3-1　甘油醛的 Fischer 投影式

一束光照射到旋光物质时，使光的偏振面发生旋转，顺时针方向或正向是右旋，用“+”表示；逆时针方向或负向是左旋，用“−”表示。图 3-1 中“+”和“−”表示甘油醛的旋光方向。

从甘油醛的构型出发，其他所有的单糖可以看作其同系物，其他单糖也有手性碳原子，具有一定的构型。从 D-甘油醛衍生出的一系列醛糖都是 D 型，称为 D 系醛糖（旋光方向可能会有变化）。自然界存在的单糖，大多数是 D 型，这也说明自然界存在着立体化学选择性。如果单糖名称前未注明是 D 型或 L 型，一般指的是 D 型（图 3-2）。

D 系醛糖构型都有一个共同特征，其分子中编号最大的手性碳原子上的羟基都在右侧，因此把编号最大的手性碳原子称为决定构型的手征性碳原子。同样，从 L-甘油醛衍生出的一系列醛糖都是 L 型，称为 L 系醛糖。它们结构中决定构型的手征性碳原子上的羟基都在左侧。每个 D 型醛糖都有其对应的 L 型醛糖，D 型醛糖与其相对应的 L 型醛糖互为一对对映异构体，它们在结构上不是同一物质，而是实物与镜像的关系，对映而不重合，如 D-葡萄糖与 L-葡萄糖互为对映异构体。糖分子之间，两种非对映异构体只有一个手性碳原子的构型不同的异构体称为差向异构体，如 D-葡萄糖和 D-甘露糖只有 2 号碳原子上构型不同，其他碳原子的构型完全相同，两者互为差向异构体。

二羟丙酮没有不对称碳原子，是非手性分子（图 3-3）。由二羟丙酮衍生出的酮糖（直至六碳酮糖）的结构式见图 3-4。酮糖含有的手性碳原子比同一经验公式的醛糖少，如丁醛糖有 4 个立体异构体，二丁酮糖只有 2 个立体异构体。

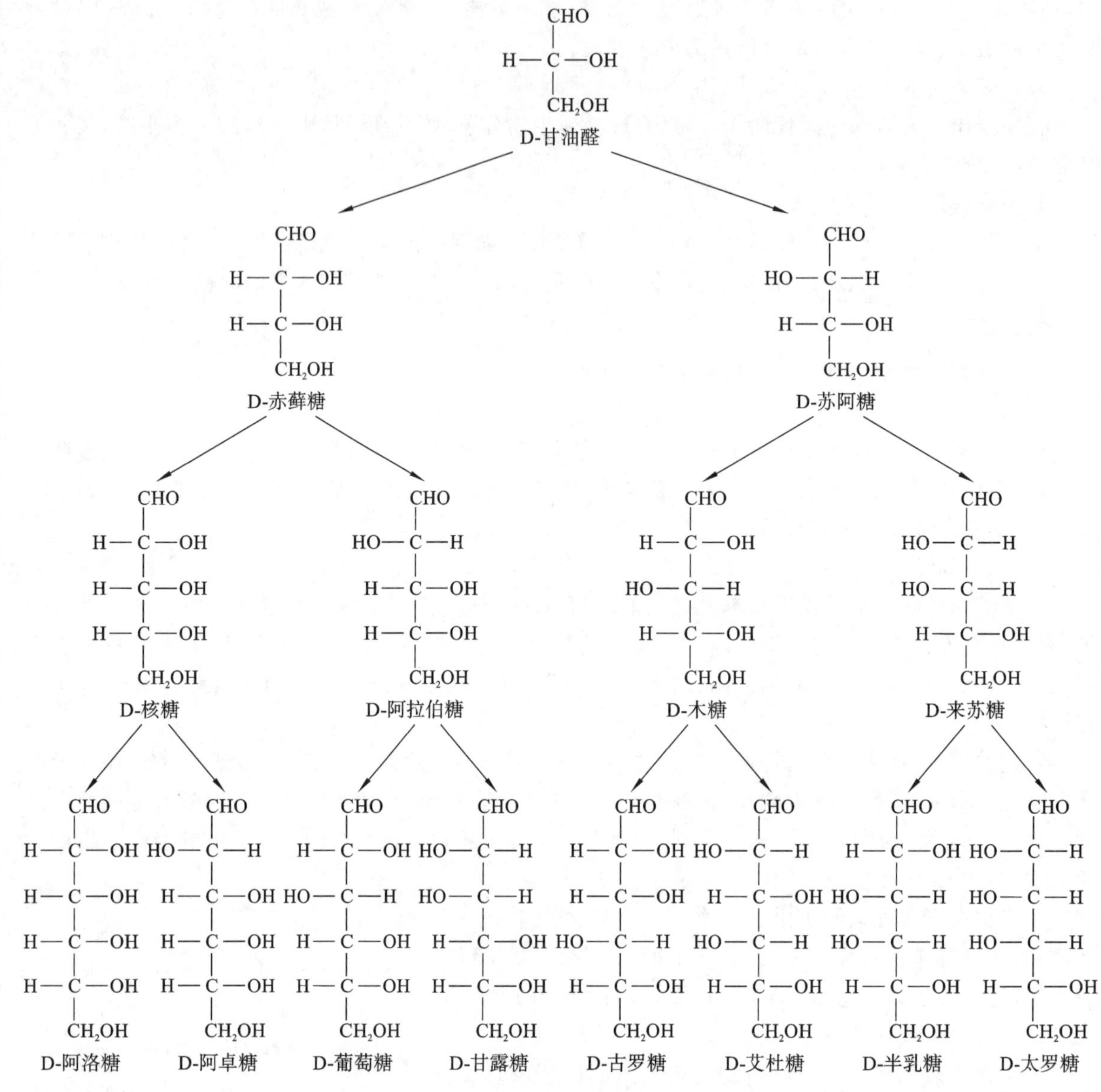

图 3-2 D 系醛糖

CH_2OH
|
$C{=}O$
|
CH_2OH

图 3-3 二羟丙酮的 Fischer 投影式

②单糖的环状结构。在不同条件下分离出的 D-葡萄糖性质不同，比旋光度不同。如 D-葡萄糖从 30 ℃以下或从乙醇溶液中获得结晶，配制的水溶液的比旋光度为＋112°，D-葡萄糖从 98 ℃以上或从吡啶溶液中获得结晶，配制的水溶液的比旋光度为＋19°，两种溶液放置一段时间后，比旋光度都逐渐转变为统一恒定值＋52.7°。这种比旋光度发生变化的现象称为变旋。D-葡萄糖与许多单糖分子都存在变旋现象，用它们的开链结构无法解释。

葡萄糖是多羟基醛，开链式结构中含有醛基和羟基，变旋现象的产生是单糖分子中羰基与羟基进行加成反应生成了半缩醛结构。所以糖分子的结构既有开链式的醛基形式，也有环状的半缩醛形式。

以 D-葡萄糖为例，其分子中有五个羟基，醛基会与哪一个羟基进行加成反应？事实上，D-葡萄糖最容易形成五元环和六元环，而六元环比五元环更稳定，所以，D-葡萄糖分子中醛基与自身分子上的 C_5 上的羟基发生反应，在分子内形成六元环状半缩醛。因此原来的 C_1 变成了手性碳原子，醛基变成了半缩醛羟基，也就产生两种构型，分别是 α-构型和 β-构型，如图 3-5 所示。

在(Ⅰ)式中，半缩醛羟基与 C_5（决定构型的手征性碳原子）上的羟基在同侧，称为 α-构型；在

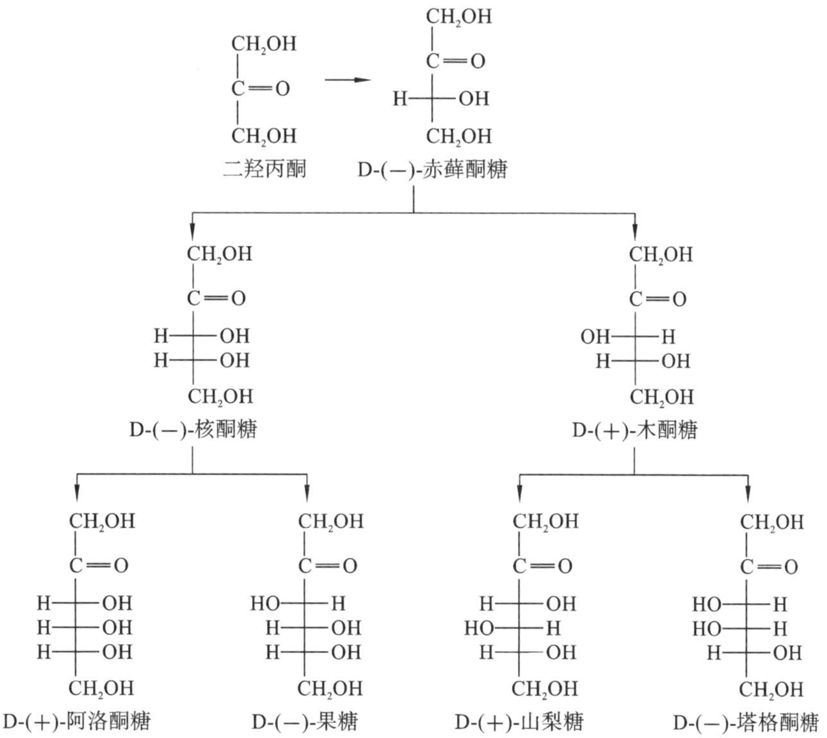

二羟丙酮 D-(−)-赤藓酮糖

D-(−)-核酮糖 D-(+)-木酮糖

D-(+)-阿洛酮糖 D-(−)-果糖 D-(+)-山梨糖 D-(−)-塔格酮糖

图 3-4 D 系酮糖

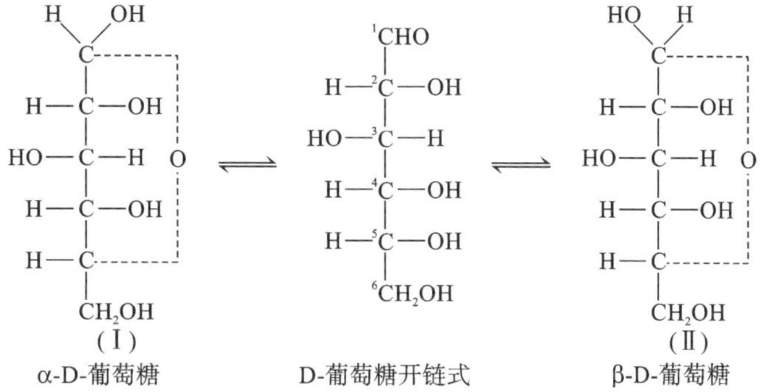

(Ⅰ) α-D-葡萄糖 D-葡萄糖开链式 (Ⅱ) β-D-葡萄糖

图 3-5 葡萄糖的开链式及环状结构

(Ⅱ)式中，半缩醛羟基与 C_5 上的羟基在异侧，称为 β-构型。醛糖分子中 C_5 上的羟基是决定构型的羟基，即半缩醛羟基在右侧的是 α-构型，在左侧的是 β-构型。α-构型与 β-构型是非对映异构体，可互称异构体。

现在可将变旋现象解释为：由于单糖溶于水后，产生环式与开链式异构体间的互变，所以新配成的单糖溶液在放置的过程中其比旋光度会逐渐改变，但经过一段时间，几种异构体达成平衡后，比旋光度就不再变化。

D-葡萄糖产生旋光现象，由于 α-D-葡萄糖与开链式结构形成互变平衡，还可通过开链式转化为 β-D-葡萄糖，反之同样，β-D-葡萄糖亦可通过开链式结构逐渐转变为 α-D-葡萄糖，最终 α-构型、β-构型及开链式三种异构体达到一种动态平衡。在平衡体系中，三种异构体存在比例不同，α-D-葡萄糖的比旋光度为＋112°，约占 37％，β-D-葡萄糖的比旋光度为＋19°，约占 63％，链式结构较少，仅占 0.1％，最后平衡混合物的比旋光度为＋52.7°，如图 3-6 所示。

其他单糖与 D 型葡萄糖一样，同样也是由一种环状半缩醛结构经过开链式向另一种环状半缩醛结构转变，直到建立平衡而发生变旋现象。具有半缩醛结构的糖，即含有半缩醛羟基的糖，都有变旋现象。

Note

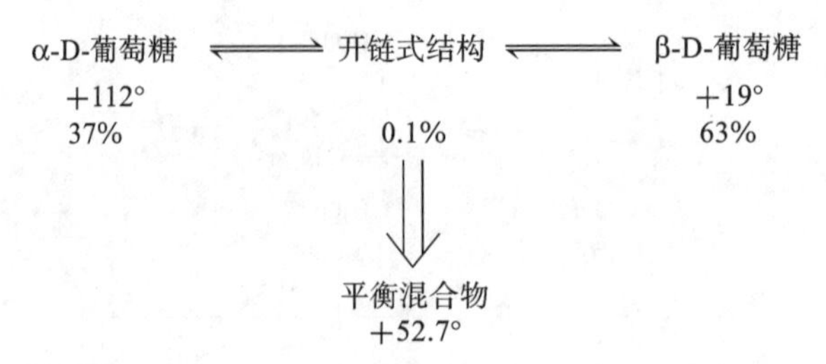

图 3-6　葡萄糖 α-构型、β-构型及开链式三种异构体的动态平衡体系

Haworth 透视式是一种能够更加形象真实表示单糖的氧环式结构的一种常用方法，能够反映出氧环式结构中各个基团的相对空间位置。采用此透视式表示单糖的半缩醛环状结构，首先是由 N. Haworth（英国化学家）在 1925 年提出的，所以称为 Haworth 透视式。

α-D-葡萄糖和 β-D-葡萄糖的 Haworth 透视式如图 3-7 所示。

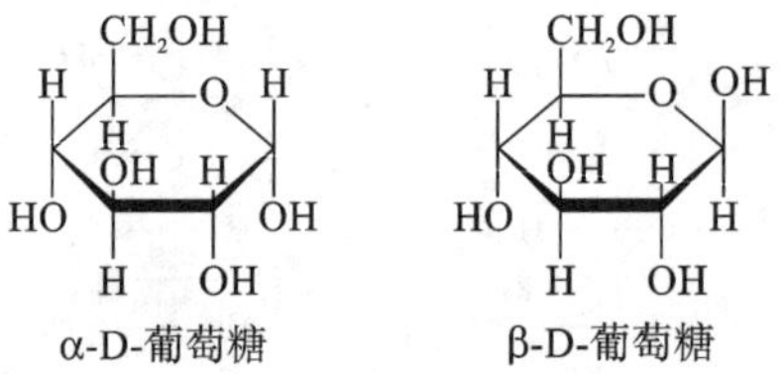

图 3-7　葡萄糖 α-构型、β-构型的 Haworth 透视式

糖环透视式中碳原子略去。糖环整体上垂直于纸面，前面较粗的线表示三个碳碳键指向前面，表示环的前部，细线所代表的键表示环的后部。

将糖的氧环式转变为 Haworth 透视式应该遵循以下 5 点规则：①碳原子按照顺时针方向排列；②氧环式中的氧原子，一般习惯是六元环写在右上方，五元环写在正上方；③氧环式左边的基团或原子写在环平面的上方，右边的写在环平面的下方；④环式型糖的 D 型末端羟甲基写在环的上方，L 型末端羟甲基写在环的下方；⑤半缩醛羟基与末端羟甲基异侧的为 α-构型，在同侧的为 β-构型。

如果环上碳原子按照逆时针方向排列，则氧环式左边的基团或原子写在环平面的下方，右边的写在环平面的上方。D 型糖的末端羟甲基写在环的下方，L 型的末端羟甲基写在环的上方。有时 Haworth 透视式需要在平面内旋转，旋转后，环上碳原子仍按照顺时针方向排列，环上碳原子所连接的基团或原子的上下位置不变。

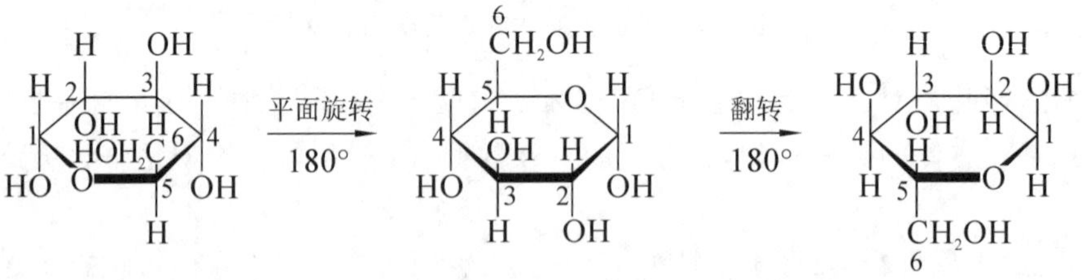

单糖的环状结构可以看作一种饱和杂环。五元环的糖与呋喃环相似，称为呋喃型单糖；六元环的糖与吡喃环结构相似，称为吡喃型糖，六元环葡萄糖也称为吡喃葡萄糖。一般自然界中存在的己醛糖都是吡喃型糖，而戊醛糖和某些己酮糖则多形成呋喃型糖。自然界中化合态的果糖，是由 C_2 上的羰基与 C_5 上的羟基加成而形成的五元环，即呋喃型果糖，而结晶态的果糖，是由 C_2 上的羰基与 C_6 上的羟基加成而形成的六元环，形成吡喃型果糖。

开链式单糖分子有多种构象，但成环后构象减少。糖的透视式不能真实反映出环状半缩醛式的空间结构，经 X-射线衍射分析、红外光谱等方法研究证明，晶体状态的单糖分子具有优势构象，称为椅式构象，如 D-葡萄糖的椅式构象（图 3-8）。

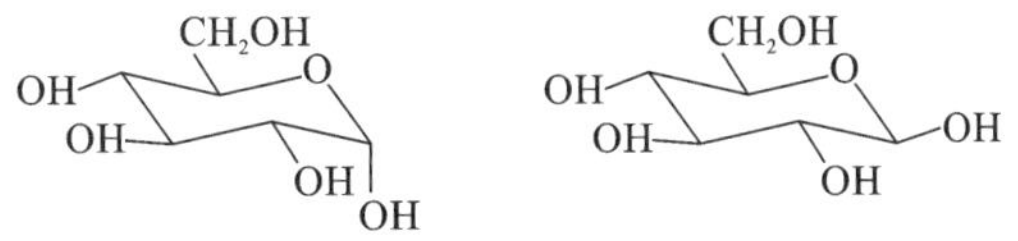

α-D-葡萄糖　　β-D-葡萄糖

图 3-8　D-葡萄糖的椅式构象

(2)单糖的性质。

①单糖的物理性质。单糖是无色晶体,有多个羟基,除甘油醛微溶于水外,其余单糖均易溶于水,有吸湿性,微溶于乙醇,难溶于乙醚、丙酮、苯等有机溶剂。单糖除丙酮糖外都具有旋光性,多数都有变旋现象。

许多糖类化合物都有甜味,但它们的相对甜度不同。通常用蔗糖作为参考物,以蔗糖的甜度为100计算,果糖的甜度能达到173,葡萄糖甜度为74,麦芽糖甜度是46。已知的单糖和二糖中,果糖的甜度最大。

几乎所有的单糖及其衍生物都具有旋光性,天然存在的单糖多是右旋,前面已经讲到关于单糖的旋光性和变旋现象。重要单糖的比旋光度见表 3-1。

表 3-1　重要单糖的比旋光度

名称	$[\alpha]_D^{20}$	名称	$[\alpha]_D^{20}$
D-甘油醛	+9.4°	β-D-吡喃葡萄糖	+18.7°→+52.6°
D-赤藓糖	−9.3°	α-D-吡喃甘露糖	+29.3°→+14.5°
D-赤藓酮糖	−11°	β-D-吡喃甘露糖	−17°→+14.5°
D-核糖	−19.7°	α-D-吡喃半乳糖	+150°→+80.2°
2-脱氧-D-核糖	−59°	β-D-吡喃半乳糖	+52.8°→+80.2°
D-核酮糖	−16.3°	D-果糖	−92°
D-木糖	+18.8°	L-山梨糖	−43.1°
D-木酮糖	−26°	L-岩藻糖	−75°
L-阿拉伯糖	+104.5°	L-鼠李糖	+8.2°
α-D-吡喃葡萄糖	+112.2°→+52.6°	D-景天庚酮糖	+2.5°
		D-甘露庚酮糖	+29.7°

②单糖的化学性质。单糖是多羟基醛或多羟基酮,因此,它具有醇、醛和酮的某些性质,常见反应有成酯、成醚、还原、氧化等。同时,由于分子中羟基和羰基的互相影响,又产生糖的特殊性质。单糖在水溶液中以开链式和环状的形式存在,两种形式的转化处于动态平衡。单糖的反应有些是以开链式异构体参与,环状异构体就不断地转变为开链式异构体;有些反应则是以环状异构体参与。

(3)重要的单糖。

①D-甘油醛。D-甘油醛是具有光学活性的最简单的单糖,它的磷酸酯是糖酵解途经中的重要代谢中间物,常被用作确定生物分子 D/L 型的标准物。D-甘油醛结构式见图 3-1。

②D-赤藓糖和 D-赤藓酮糖。D-赤藓糖和 D-赤藓酮糖是丁糖的代表,D-赤藓糖的 4-磷酸酯是磷酸戊糖途径的重要代谢中间物,D-赤藓酮糖是 D 系酮糖立体化学中的重要物质。D-赤藓糖和 D-赤藓酮糖结构式见图 3-2 和图3-4。

③D-核糖和 D-2-脱氧核糖。D-核糖和 D-2-脱氧核糖是动物体细胞中极其重要的戊醛糖,常与磷酸及其某些含氮杂环化合物(碱基)结合构成体内的重要物质-核苷酸,是核糖核酸(RNA)和脱氧核糖核酸(DNA)分子的重要组成成分。脱氧核糖核酸是重要的遗传物质,是遗传信息的储存和携带者。核糖核酸主要分布在细胞质中,传递遗传信息,参与遗传信息的表达,与蛋白质的生成有关。具体结构式见图 3-9。

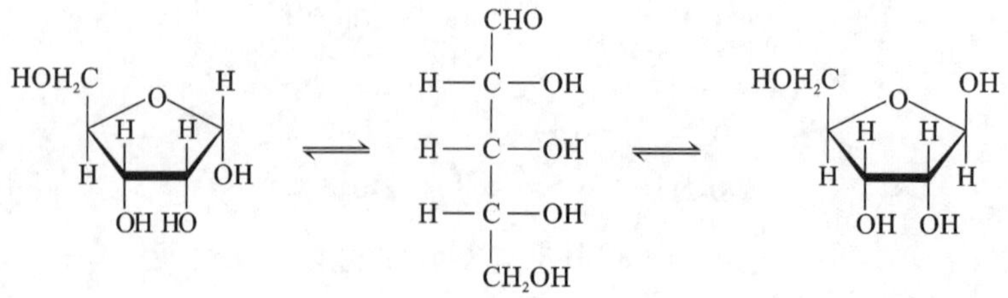

α-D-核糖　　D-核糖　　β-D-核糖

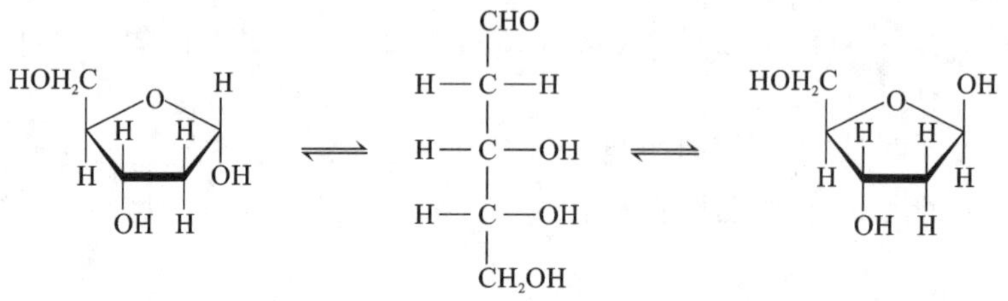

α-D-2-脱氧核糖　　D-2-脱氧核糖　　β-D-2-脱氧核糖

图 3-9　D-核糖和 D-2-脱氧核糖

④D-葡萄糖、D-半乳糖和 D-果糖。D-葡萄糖是自然界中分布最广的一种重要的己醛糖，存在于水果、蜂蜜、动物体淋巴液及血液中，为无色晶体，易溶于水。D-葡萄糖在动植物体内常以二糖、多糖或糖苷的形式存在，纤维素和淀粉水解可以得到 D-葡萄糖。

D-葡萄糖是人和动物体内发生物质代谢等一系列生物化学反应的重要能源物质，D-葡萄糖在生物体内进行代谢，可以为机体提供能源及碳源。D-葡萄糖结构式见图 3-2。

D-半乳糖是无色晶体，能溶于乙醇和乙醚。它是部分糖苷以及脑苷脂和神经节苷脂的组成成分，并且 D-半乳糖的衍生物形成的高聚体是组成琼脂的主要结构，具体结构式见图 3-10。

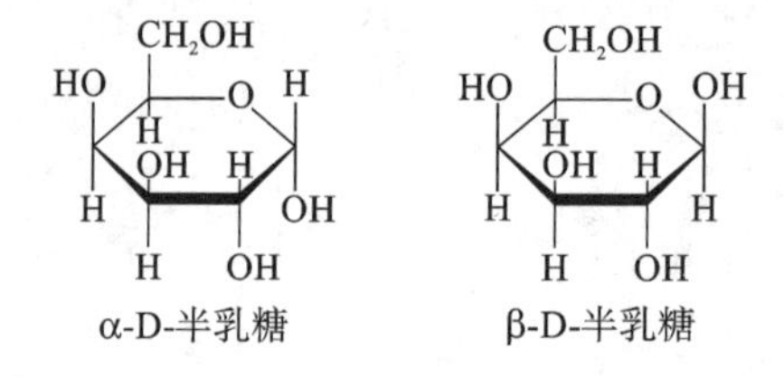

α-D-半乳糖　　β-D-半乳糖

图 3-10　半乳糖

D-果糖是所有糖中最甜的糖，主要存在于水果和蜂蜜中。它是无色晶体，易溶于水，可溶于乙醇及乙醚。D-果糖结构式见图 3-2。

(4)单糖的衍生物。

①单糖磷酸酯。单糖磷酸酯又称磷酸化单糖，广泛存在于各种细胞中，它们是很多代谢途径的主要参与者，例如 D-葡萄糖-1-磷酸、D-葡萄糖-6-磷酸、D-葡萄糖-1、6-二磷酸、D-甘油醛-3-磷酸和 D-二羟丙酮磷酸都是参与糖代谢的中间物，D-赤藓糖-4-磷酸、D-核糖-5-磷酸、D-木酮糖-5-磷酸、D-核酮糖-5-磷酸等是磷酸戊糖途径的中间物。部分结构式见图 3-11。

②糖醇。单糖的羰基被还原生成醇羟基，广泛存在的己糖醇有山梨醇、D-甘露醇、半乳糖醇和肌醇，还有其他糖醇，如丙三醇、赤藓糖醇、木糖醇等。部分结构式见图 3-12。

③糖酸。糖酸据氧化条件不同，可以被氧化成三类糖酸，即醛糖酸、糖二酸、糖醛酸。醛糖酸和糖醛酸可形成稳定的分子内的酯，称为内酯。D-葡萄糖酸及其两种内酯具体结构式见图 3-13。

④脱氧糖。脱氧糖是指分子的一个或多个羟基被氢原子取代的单糖，它们广泛分布于细菌和动物体内。脱氧戊糖中的 2-脱氧核糖前面已经讲过。几种主要的脱氧己糖有 L-鼠李糖、L-岩藻糖、D-毛地黄毒素糖、泊雷糖、阿比可糖、泰威糖等，具体结构式见图 3-14。

⑤氨基糖。氨基糖是分子中一个羟基被氨基取代的单糖。氨基糖的氨基是游离的，但多数是以

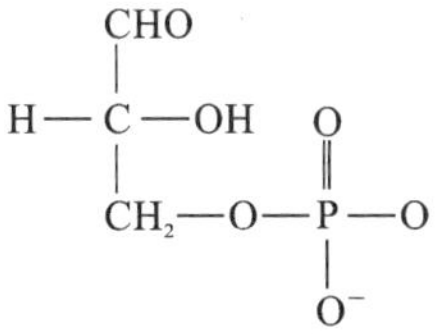

D-甘油醛-3-磷酸 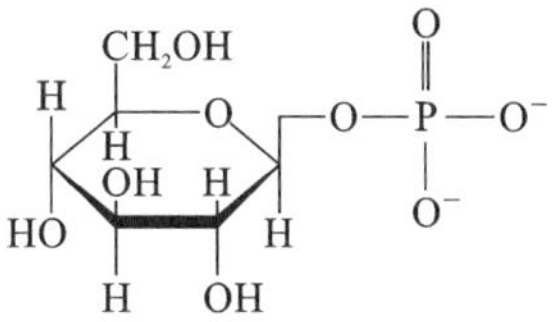　　β-D-葡萄糖-1-磷酸

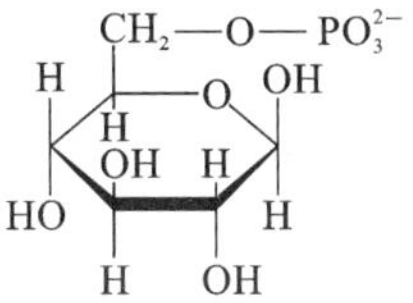

β-D-葡萄糖-6-磷酸 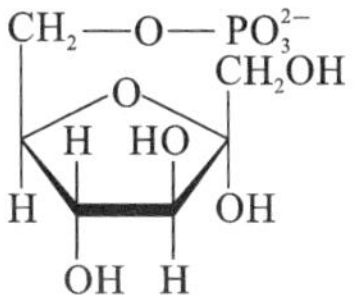　　α-D-果糖-6-磷酸

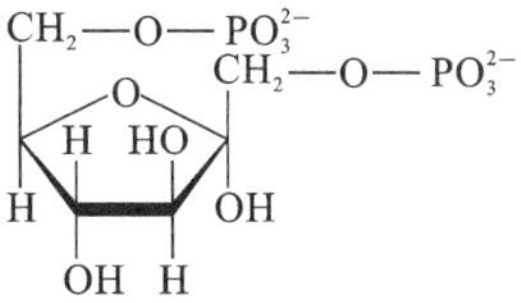

α-D-果糖-1,6-二磷酸

图 3-11　常见单糖磷酸酯的结构

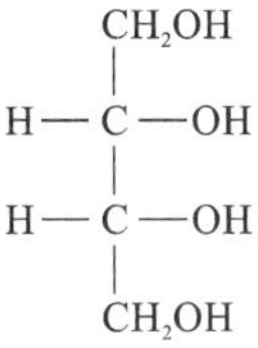

赤藓糖醇 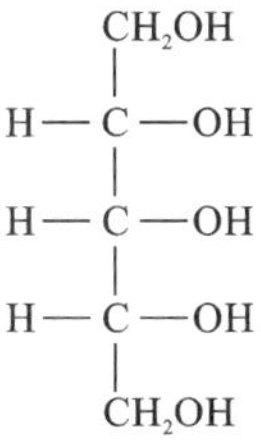　　核糖醇 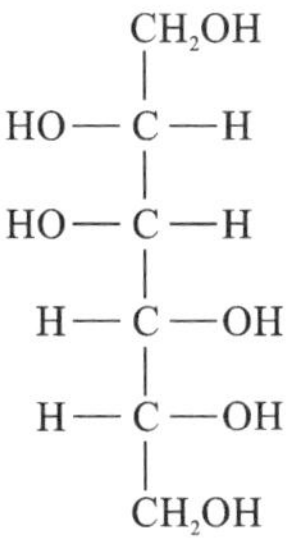　　D-甘露醇 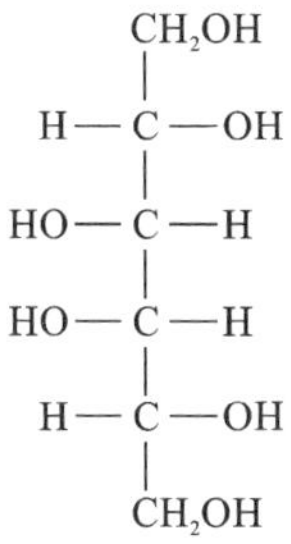　　半乳糖醇（卫矛醇）

图 3-12　几种糖醇的结构

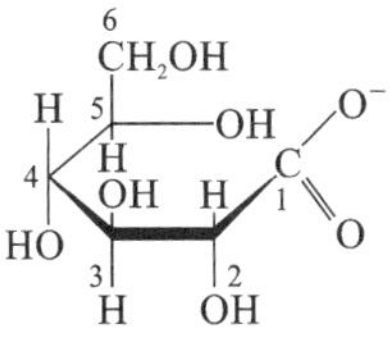

D-葡糖酸（开链式） 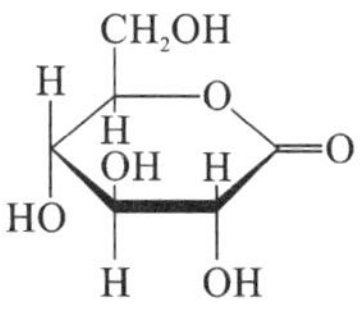　　D-葡糖酸-δ-内酯 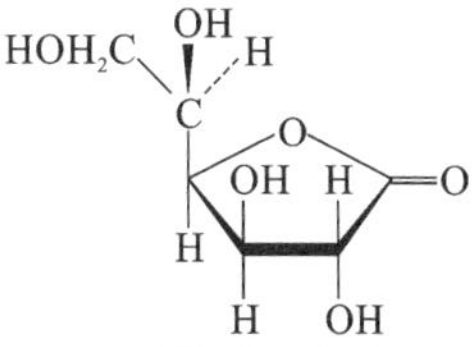　　D-葡糖酸-γ-内酯

图 3-13　D-葡萄糖及内酯的结构

乙酰氨基的形式存在。氨基糖及其衍生物主要有葡萄糖胺、N-乙酰葡萄糖胺、半乳糖胺、N-乙酰半乳糖胺，具体结构式见图 3-15。

⑥糖苷。糖苷是单糖半缩醛羟基与另一分子（如醇、糖、嘌呤、嘧啶）的羟基、氨基或巯基缩合形成的含糖衍生物，所形成的化学键称为糖苷键。这些糖苷多数都有苦味或特殊香气，有些还有剧毒，但微量可用作药物。

2. 寡糖

寡糖是由 2～20 个单糖通过糖苷键连接而成的糖类物质，有些结构非常复杂。寡糖在动物体内存在较多，常见的寡糖有以下几种。

（1）蔗糖：蔗糖是重要的二糖，它是由一分子 α-D-葡萄糖 C_1 上的半缩醛羟基与一分子 β-D-果糖 C_2 上的半缩醛羟基脱水后，通过 α-1,2-糖苷键相连形成，是一种非还原性二糖，不能形成糖脎，没有

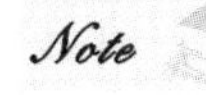

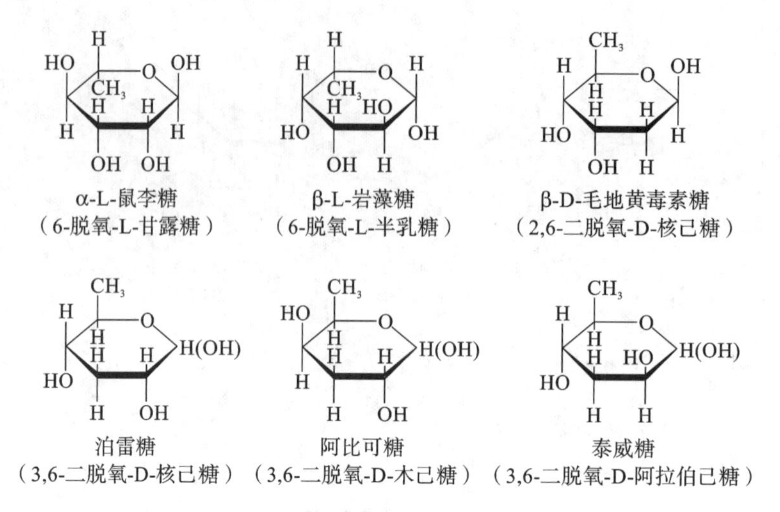

图 3-14 常见脱氧己糖的结构

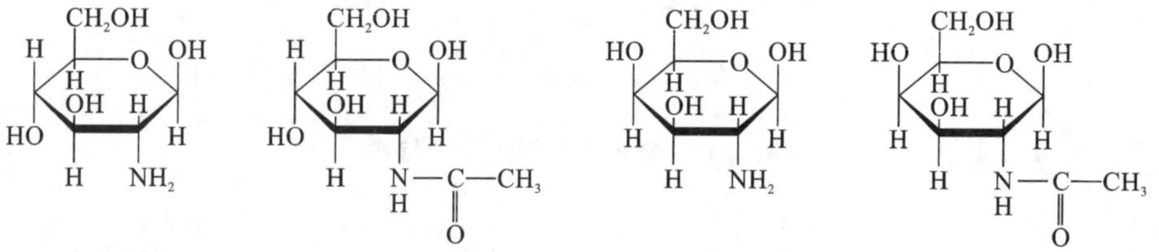

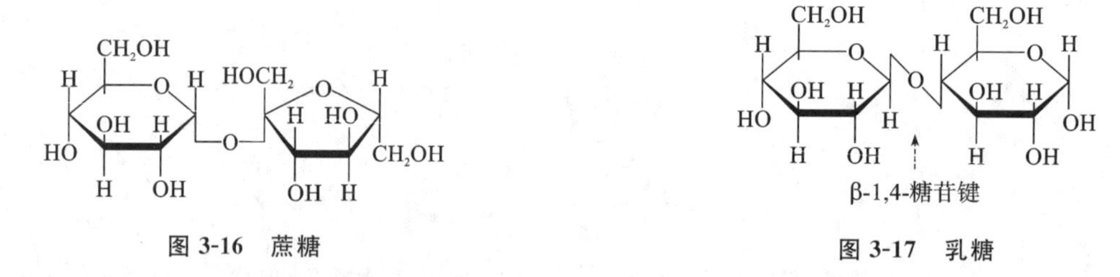

图 3-15 常见氨基糖的结构

变旋现象。蔗糖是糖的一种储存形式和主要运输形式，蔗糖较易发生水解，在 60～70 ℃下或少量酸作用下都可以发生水解，水解后可以得到等量的 D-葡萄糖和 D-果糖。蔗糖广泛存在于各种植物的叶、茎、根及果实中，具体结构式见图 3-16。

（2）乳糖：乳糖是由 β-D-半乳糖和 D-葡萄糖以 β-1，4-糖苷键连接形成，是一种还原性二糖，能形成糖脎，没有变旋现象。乳糖主要存在于哺乳动物的乳汁中，具体结构式见图 3-17。

图 3-16 蔗糖

β-1,4-糖苷键

图 3-17 乳糖

（3）麦芽糖：麦芽糖是由一分子 α-D-葡萄糖 C_1 上的半缩醛羟基与另一分子 D-葡萄糖 C_4 上的醇羟基脱水，通过 α-1，4-糖苷键连接形成，是一种还原性糖，在自然界中不以游离状态存在。淀粉在小肠内由 α-淀粉酶水解可以得到麦芽糖。麦芽糖可被麦芽糖酶水解，生成 2 分子 D-葡萄糖。麦芽糖存在于发芽的谷类种子中，尤其在麦芽中较多，具体结构式见图 3-18。

（4）纤维二糖：纤维二糖由一分子 β-D-葡萄糖和另一分子的 D-葡萄糖以 β-1，4-糖苷键连接而成，是纤维素的二糖组成单位。在反刍动物体内，纤维素进入动物体瘤胃内，瘤胃内大量微生物对纤维素进行发酵分解作用，产生对动物体有营养价值的物质纤维二糖，具体结构式见图 3-19。

（5）棉子糖：棉子糖是一种重要的三糖，水解产生葡萄糖、果糖和半乳糖各 1 分子，是一种非还原性糖，具体结构式见图 3-20。

3. 多糖

多糖是由许多单糖分子通过糖苷键连接在一起而形成的高分子化合物。多糖没有变旋现象，没有甜味，而且大多数不溶于水。

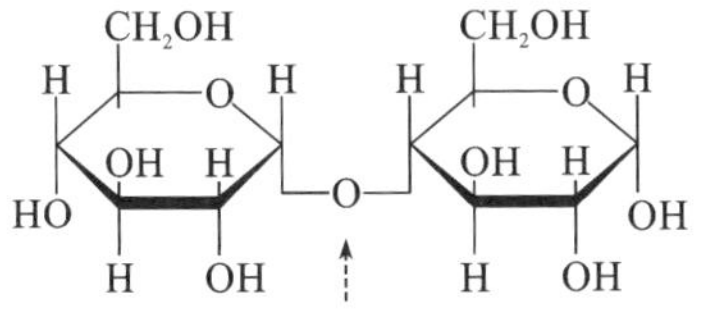

α-1,4-糖苷键

图 3-18　麦芽糖

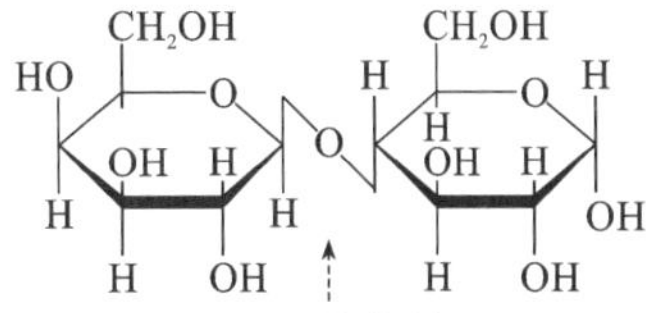

β-1,4-糖苷键

图 3-19　纤维二糖

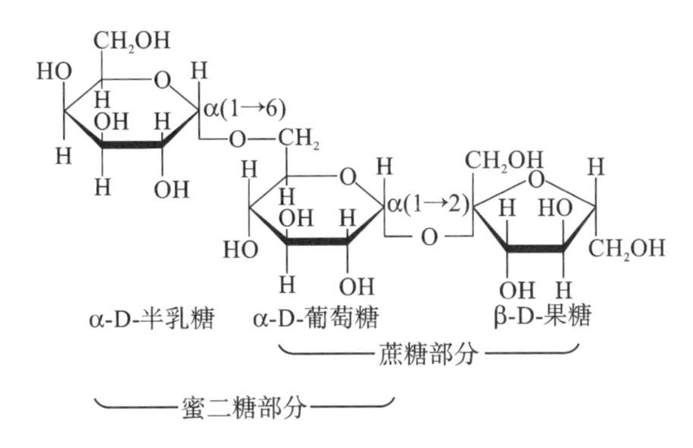

图 3-20　棉子糖

淀粉和纤维素是自然界中常见的多糖，用无机酸完全水解后可以得到 D-葡萄糖，所以淀粉和纤维素是 D-葡萄糖的高聚体，这样由同种单糖组成的多糖，称为同多糖。自然界中还存在一些由戊糖、己糖或单糖的衍生物如葡萄糖醛酸、葡萄糖胺组成的多糖，这类多糖由不同单糖及其衍生物组成，称为杂多糖，如胶质、琼脂、半纤维素等。

视频：糖类的消化吸收

（1）淀粉：主要存在于植物的根、块茎、种子中，是植物体中储存的营养成分，可作为粮食及饲料。淀粉是自然界中含量仅次于纤维素的多糖。植物中的淀粉以微小的淀粉粒存在，是最重要的储存同多糖。淀粉根据溶解性的不同分为两类，分别为直链淀粉和支链淀粉。

①直链淀粉。直链淀粉是由许多个葡萄糖以 α-1,4-糖苷键结合而形成的不分支的链。直链淀粉在稀酸中水解，最终得到 D-葡萄糖，遇碘呈深蓝色，溶于热水，具体结构式见图 3-21。

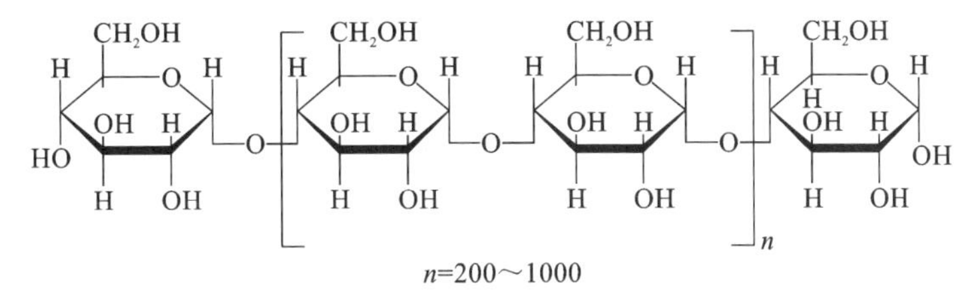

图 3-21　直链淀粉

直链淀粉并不是简单的线性长链分子，其二级结构卷曲盘旋成螺旋状，每一螺圈约含 6 个葡萄糖单位，各螺圈之间通过氢键维持构型，具体结构式见图 3-22。

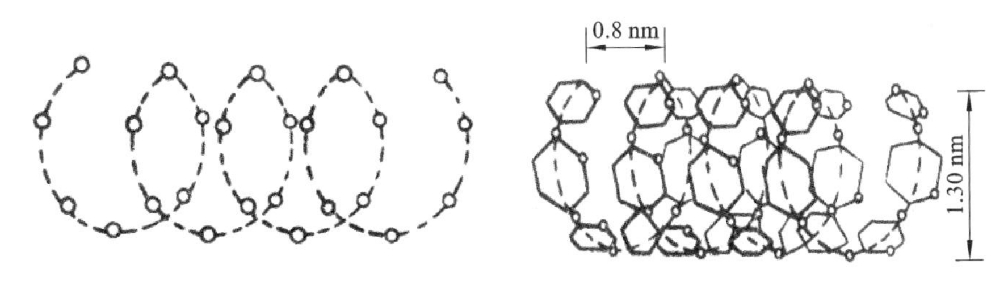

图 3-22　直链淀粉螺旋状管道结构示意图

②支链淀粉。支链淀粉含有 300～6000 个葡萄糖单位，其分子比直链淀粉大得多。支链淀粉含有分支。支链淀粉中葡萄糖之间除 α-1,4-糖苷键外，支链连接点为 α-1,6-糖苷键。支链淀粉遇碘形

Note

成紫红色络合物。支链淀粉的结构式及结构示意图见图 3-23。

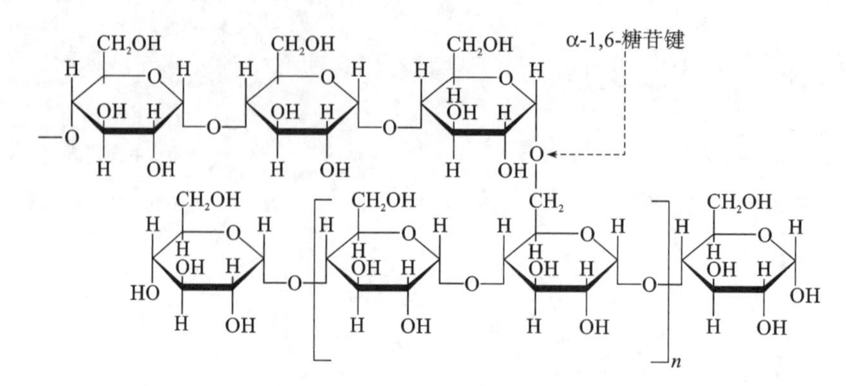

图 3-23 支链淀粉

(2)糖原:由葡萄糖残基构成的含有许多分支的大分子高聚物,是动物和细菌体内的储存多糖,又称为动物淀粉。糖原结构与支链淀粉相似,只是分支程度比支链淀粉大。糖原干燥状态下为白色无定形粉末,遇碘显棕红色。糖原主要存在于动物肝脏和骨骼肌中,动物血液中葡萄糖含量较高时,就会结合成糖原储存于肝脏和骨骼肌中;葡萄糖含量降低时,肝糖原就分解成葡萄糖供给机体能量,具体结构式见图 3-24。

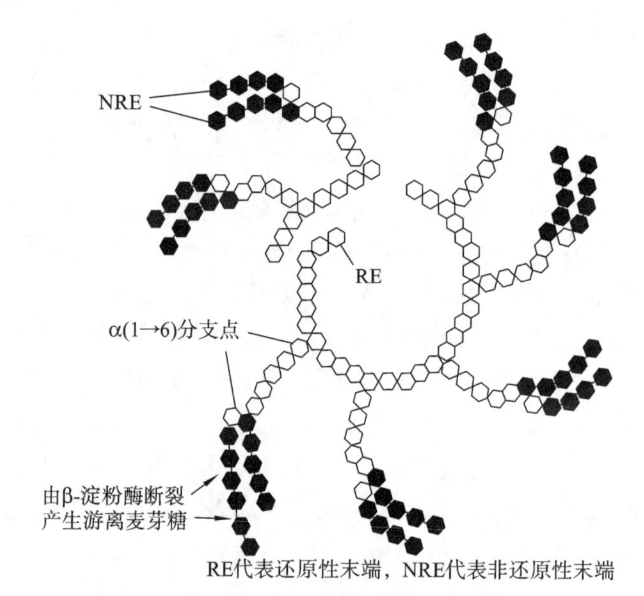

图 3-24 糖原分子部分示意图

(3)纤维素:自然界中存在最广泛的有机物,占植物界含碳素的 50%以上。纤维素不盘绕形成螺旋形,而是形成扁平、伸展的螺条形,由多个这样的结构彼此因氢键的作用平行排列,扭结成纤维素胶束,这些纤维素胶束彼此叠加在一起形成绳索网状结构,一层一层交错堆叠起来。

纤维素经浓硫酸水解,其产物有纤维四糖、纤维三糖、纤维二糖,最终彻底水解为 D-葡萄糖,纤维素可以认为是以纤维二糖为基本单位组成的高聚物。

纤维素是白色纤维状固体,没有还原性和变旋现象,不溶于水和有机溶剂,纤维素分子只能吸水膨胀而不能溶解,具体结构式见图 3-25。

(4)甲壳素:又称几丁质或壳多糖,是 N-乙酰-β-D-葡萄糖胺的同聚物。甲壳素分布广泛,是自然界中非常丰富的多糖,具体结构式见图 3-26。

(5)半纤维素:多缩己糖及多缩戊糖的混合物,多缩己糖中有多缩甘露醇和多缩半乳糖,多缩戊糖中有多缩木糖和多缩阿拉伯糖。多缩己糖及多缩戊糖都是以 β-1,4-糖苷键相连的。半纤维素大量存在于植物木质化结构。木聚糖是半纤维素中含量最丰富的一类,具体结构式见图 3-27。

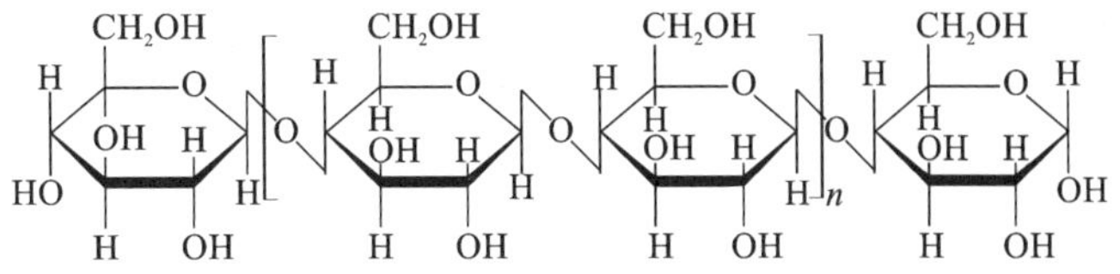

图 3-25　纤维素

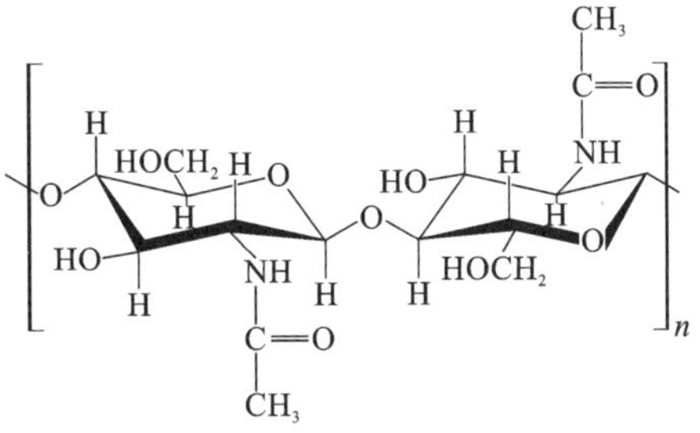

图 3-26　甲壳素

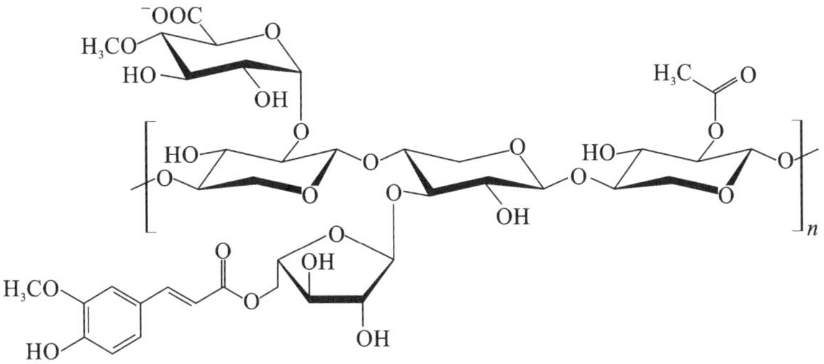

图 3-27　木聚糖

(6)果胶质：主要含有多聚半乳糖醛酸，可分为果胶酸、果胶酯酸、原果胶 3 类。

(7)琼脂：从红藻类植物石花菜中提取的一种多糖混合物，是目前世界上用途广泛的海藻胶之一。琼脂是混合物，主要成分是天然的多糖衍生物，由琼脂糖和琼脂胶两部分组成，琼脂糖是不含硫酸酯(盐)的非离子型多糖，由 β-D-吡喃半乳糖残基和 3,6-α-L-吡喃半乳糖残基交替相连而成。而琼脂胶是琼脂糖的衍生物，是非凝胶部分，是一种复杂的酸性多糖。

琼脂不溶于冷水，易溶于沸水。1%～2%的琼脂水溶液冷却后形成凝胶，常作为微生物培养基的介质，也可用于免疫扩散及血清免疫电泳的介质。不同的琼脂糖构成的凝胶可用于高分子化合物的分离，具体结构式见图 3-28。

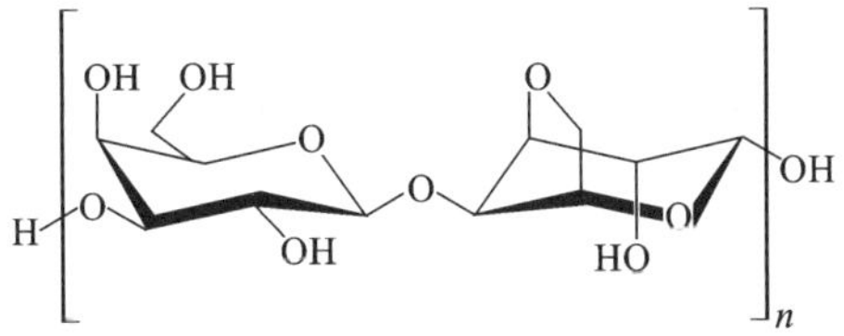

图 3-28　琼脂糖

4. 结合糖

(1)糖蛋白：一类结合糖，是由一或多个寡糖和蛋白质通过共价键相连的结合蛋白。寡糖链与多肽链中氨基酸残基以多种形式共价连接，构成糖蛋白的糖肽键。糖链是糖蛋白的辅基，不同的糖蛋白含糖量不同，糖成分占糖蛋白质量的 1%～80%。

许多膜蛋白和分泌蛋白都是糖蛋白，如血型抗原、组织相容性抗原、免疫球蛋白、病毒和激素的膜受体蛋白等。

（2）蛋白聚糖：一类特殊的糖蛋白，由一或多条糖胺聚糖和一个核心蛋白共价相连而成。蛋白聚糖不同于一般的糖蛋白，其糖的含量高于蛋白质，可达95%甚至更高。蛋白聚糖分布于细胞外基质、细胞表面及细胞内的分泌颗粒中。

（3）糖脂：糖通过半缩醛羟基以糖苷键与脂质相连的复合物。脂质部分多是甘油或鞘氨醇，从而构成甘油糖脂和鞘糖脂。

（三）血糖及其调节

动物血液中的糖大部分是葡萄糖，只有微量的半乳糖、果糖及磷酸酯。血糖是指血液中所含的葡萄糖。血糖的来源主要有4种途径，分别是：通过消化道吸收，肝糖原分解，非糖物质经糖异生途径生成，由其他单糖转变而来。

动物体血糖稳定是糖、脂肪、氨基酸代谢协调的结果，血糖浓度主要受激素调控，胰岛素使血糖浓度降低，肾上腺素、胰高血糖素等可以使血糖浓度升高。恒定的血糖浓度对动物体具有重要的生理意义。动物体内各组织器官生命活动所需的能量大多来自葡萄糖的分解代谢，血糖浓度保持恒定才能维持体内各组织和器官的需要，如果血糖浓度过低，各组织和器官不能利用葡萄糖代谢供能，则会出现机能障碍，尤其脑组织主要利用的产能物质除酮体外，最重要的就是葡萄糖，所以，需要一定的血糖浓度维持动物体的正常功能。动物体细胞缺乏糖的供应，细胞功能就会受到影响，反之，如果血糖浓度超过正常范围，葡萄糖不能被机体利用，则随尿液排出。

二、脂类的生理功能及分类

脂类是由脂肪酸和醇作用生成的酯及其衍生物，不溶于水，易溶于脂溶性溶剂，统称为脂质或脂类。脂类在自然界广泛分布，它们的化学结构、理化性质和生物学特性有很大的差异，主要包括脂肪和类脂，类脂又可以分为磷脂、糖脂、胆固醇及其酯等。

（一）脂类的生理功能

脂类是动物体必需的基本营养素之一，与蛋白质、糖称为三大产能营养素，在动物体内具有重要的生理功能，主要包括以下几方面。

1. 能量储存

脂类和糖都是动物体内重要的能源物质，通常糖作为供能物质，而脂类作为储能物质。糖更易氧化分解，快速代谢释放能量。动物体以脂类作为贮能物质可以较大地提高能量储存效率，单位质量的糖和脂类，脂类含有的能量更高，1 g 脂肪完全氧化约释放出38 kJ 能量，而同等质量的糖氧化约释放出17 kJ 能量，为同等质量糖释放能量的2倍多，而所占体积仅为糖的1/4。所以脂类是动物体内重要的贮能物质。

2. 构成组织和细胞成分

脂类在动物体皮下结缔组织、腹腔、脏器周围存在形成储存脂肪，这些储存脂肪的组织被称为脂库。脂库的含量占动物体重的10%～20%，并随机体的营养状况而变动。类脂（磷脂和胆固醇等）是多种组织和细胞的构成成分，因此被称为结构脂肪，这部分脂类的含量一般相对固定。有些类脂（胆固醇）可以转变为胆汁酸盐、肾上腺素、性激素、维生素 D_3 等多种类固醇化合物。

3. 保护作用

脂肪为机体提供物理保护作用。由于脂肪导热性差，可防止动物体体温散失过快，皮下脂肪可以保持体温，内脏周围的脂肪组织有固定脏器和缓解机械冲击的作用，同时对肌肉和关节也具有一定的保护作用。

4. 提供必需脂肪酸

有些不饱和脂肪酸动物体不能自行合成，但对生理活动十分重要，必须从食物或饲料中获得，这类不饱和脂肪酸称为必需脂肪酸，主要有亚油酸（$18:2,\Delta^{9,12}$）、亚麻酸（$18:3,\Delta^{9,12,15}$）、花生四烯酸（$20:4,\Delta^{5,8,11,14}$）。必需脂肪酸参与磷脂、胆固醇代谢，参与细胞代谢，并与炎症、过敏反应、免疫等病理变化有关。

5. 促进脂溶性维生素吸收

脂溶性维生素A、维生素D、维生素E、维生素K只有溶于脂肪中才能被机体吸收和利用，脂肪是脂溶性维生素的溶剂，促进其吸收和利用。

（二）动物体内的脂类

脂类是脂肪和类脂及其衍生物的总称。脂肪是由脂肪酸和甘油作用生成的，包括油和脂。熔点低、室温下呈液体的称为油，如豆油、花生油等；熔点高、室温下常呈固体的称为脂，如猪油、牛油等。类脂是指在结构和性质上与脂肪类似的物质，如磷脂、糖脂、蜡和类固醇等。

生物体内脂类由于化学组成、结构、理化性质、生物学功能存在差异，目前有多种分类方法，按照是否含有脂肪酸和甘油可以分为真脂和类脂。真脂是指甘油三酯，类脂指磷脂、糖脂和固醇等。也有人把脂类分为两类的，一类是能被碱水解产生皂（脂肪酸盐）的，称为可皂化脂；另一类是被碱水解不能生成皂的，称为非皂化脂类，萜类和类固醇是主要的非皂化脂类。按照化学组成的不同，脂类可大体分为三类，即单纯脂类、复合脂类和其他脂类，单纯脂类是指脂肪酸和醇类形成的脂，包括甘油三酯和蜡；复合脂类是指分子中除含有脂肪酸和醇外，还含有其他非脂成分（磷酸、糖、硫酸），包括磷脂、糖脂、硫脂；其他脂类是指不含脂肪酸、非皂化脂类，包括萜类、类固醇和前列腺素。

1. 单纯脂类

（1）脂肪酸：生物体内大部分的脂肪酸是以结合形式存在的，少量以游离状态存在。脂肪酸都有一条长的碳链，碳原子数目为4～36个，最常见的碳原子数是10～26个，其一端都有一个羧基，脂肪酸多数是偶数碳原子，通常为直链，支链含奇数碳原子的脂肪酸很少存在。

根据脂肪酸碳链长度不同分为三类：短链脂肪酸是指碳链上的碳原子数目小于6个，也称为挥发性脂肪酸；中链脂肪酸是指碳链上的碳原子数目为6～12个；长链脂肪酸是指碳链上的碳原子数目大于12个。

脂肪酸根据其碳链中是否含有双键，可以分为饱和脂肪酸和不饱和脂肪酸。碳链上不含有双键，称为饱和脂肪酸（表3-2）；不饱和脂肪酸含有的双键可能有1、2或2个以上，单不饱和脂肪酸只含有1个双键，其位置一般在第9和第10个碳原子之间，如棕榈酸；多不饱和脂肪酸含有2或2个以上双键，其双键中1个双键位置也是在第9和第10个碳原子之间，且较少存在共轭双键结构，如二烯酸：亚油酸（18：2，$\Delta^{9,12}$）；三烯酸：亚麻酸（18：3，$\Delta^{9,12,15}$）；多烯酸：花生四烯酸（20：4，$\Delta^{5,8,11,14}$），DHA（22：6，$\Delta^{4,7,10,13,16,19}$）（表3-3）。

表3-2　常见的饱和脂肪酸

名称	系统命名	结构简式	熔点/℃	存在物质
酪酸	丁酸	$CH_3(CH_2)_2COOH$	−7.9	奶油
羊油酸	己酸	$CH_3(CH_2)_4COOH$	−3.4	羊脂、可可脂
羊脂酸	辛酸	$CH_3(CH_2)_6COOH$	16.7	奶油、羊脂、可可脂
羊蜡酸	癸酸	$CH_3(CH_2)_8COOH$	32	椰子油、奶油
月桂酸	十二烷酸	$CH_3(CH_2)_{10}COOH$	44	蜂蜡、椰子油
豆蔻酸	十四烷酸	$CH_3(CH_2)_{12}COOH$	54	肉豆脂、椰子油
软脂酸	十六烷酸	$CH_3(CH_2)_{14}COOH$	63	动植物油
硬脂酸	十八烷酸	$CH_3(CH_2)_{16}COOH$	70	动植物油
花生酸	二十烷酸	$CH_3(CH_2)_{18}COOH$	75	花生油
山萮酸	二十二烷酸	$CH_3(CH_2)_{20}COOH$	80	山萮、花生油
木蜡酸	二十四烷酸	$CH_3(CH_2)_{22}COOH$	84	花生油
蜡酸	二十六烷酸	$CH_3(CH_2)_{24}COOH$	87.7	蜂蜡、羊油
褐煤酸	二十八烷酸	$CH_3(CH_2)_{26}COOH$	—	蜂蜡

表 3-3　常见的不饱和脂肪酸

名称	系统命名	结构简式	熔点/℃	存在物质
棕榈油酸	9-十六碳烯酸	$C_6H_{13}CH=CH(CH_2)_7COOH$	0.5	—
油酸	9-十八碳烯酸	$C_8H_{17}CH=CH(CH_2)_7COOH$	16.3	动植物油
亚油酸	9,12-十八碳二烯酸	$C_5H_{11}(CH=CHCH_2)_2(CH_2)_6COOH$	−5	植物油
亚麻酸	9,12,15-十八碳三烯酸	$C_2H_5(CH=CHCH_2)_2(CH_2)_6COOH$	−11.3	亚麻仁油
桐油酸	9,11,13-十八碳三烯酸	$C_4H_9(CH=CH)_3(CH_2)_7COOH$	49	桐油
蓖麻醇酸	12-羟基-9-十八碳烯酸	$C_6H_{13}CH_2(OH)CH_2CH=CH(CH_2)_7COOH$	5.5	蓖麻油
花生四烯酸	5,8,11,14-二十碳四烯酸	$C_5H_{11}(CH=CHCH_2)_4(CH_2)_2COOH$	−49.5	卵磷脂
芥酸	13-二十二碳烯酸	$C_8H_{17}CH=CH(CH_2)_{11}COOH$	33.5	菜油

区别不同的脂肪酸，主要根据脂肪酸碳链的长短和饱和程度。脂肪酸碳链越长，含有双键越少，则越不易溶于水。不饱和脂肪酸的熔点低于相同链长的饱和脂肪酸。

(2)脂酰甘油：又称为脂酰甘油酯，是脂肪酸和甘油形成的酯。根据参与脂肪酸的分子数不同，脂酰甘油分为单酰甘油、二酰甘油、三酰甘油 3 类，其中三酰甘油又称甘油三酯，是动物体内最丰富的脂类，即通常所说的脂肪或中性脂，其结构见图 3-29，图中 R_1、R_2、R_3 可以相同，也可以不全相同或完全不同。

甘油三酯中不饱和脂肪酸较多时，一般在室温下为液态，称为油；若甘油三酯中饱和脂肪酸较多时，一般在室温下为固态，称为脂。甘油三酯是动物细胞贮脂的主要成分，也具有隔热防寒等功能。

(3)蜡：是由长链的(14～36 个碳原子)饱和或不饱和脂肪酸与长链的(16～30 个碳原子)一元醇或高级脂肪酸甾醇形成的酯。常见的蜡有真蜡、固酯蜡等，真蜡是长链一元醇的脂肪酸酯；固酯蜡是固醇的脂肪酸酯，如维生素 A 酯等。蜡不溶于水，常温下为固体，温度升高时，蜡是柔软的固体，当温度降低时则变硬，蜡的熔点高于甘油三酯，因此常用于动物体抵御外界环境影响的保护物质。

2. 复合脂类

(1)磷脂：磷脂是指分子中含有磷酸的单脂衍生物，又称磷脂质或磷脂类。由于所含的醇不同，可以分为甘油磷脂和鞘氨醇磷脂两类，所结合的醇分别是甘油和鞘氨醇。

①甘油磷脂。甘油磷脂又称磷酸甘油酯，是生物体内含量丰富的具有甘油结构的酯类，由甘油、脂肪酸、磷酸、氨基醇组成，氨基醇是指胆碱、乙醇胺、丝氨酸或肌醇。甘油磷脂共同的结构是以磷脂酸为基础，其磷酸再与氨基醇结合而形成，结构通式见图 3-30。

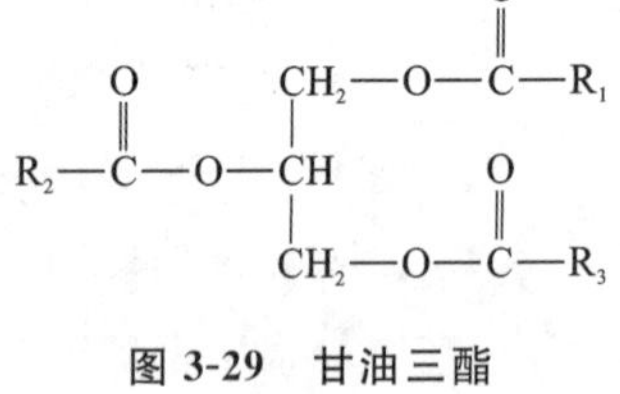

图 3-29　甘油三酯

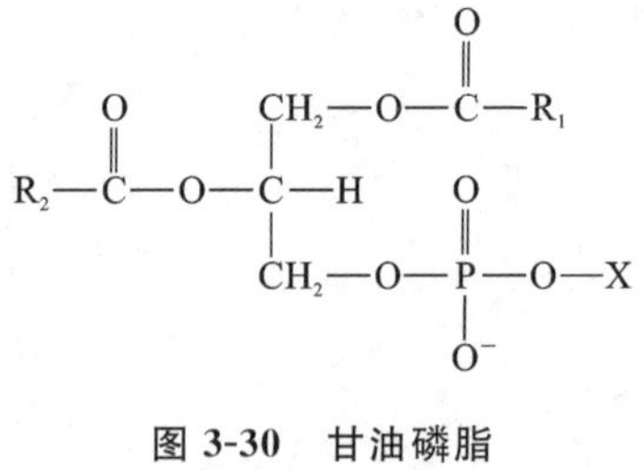

图 3-30　甘油磷脂

甘油磷脂中，甘油 C_1 上羟基通常与饱和脂肪酸结合成酯，C_2 上羟基通常与不饱和脂肪酸结合成酯，C_3 上羟基与磷酸形成酯，所以 C_3 成为一个手性碳原子，于是有 2 个异构体，分别是 L 型和 D 型。天然存在的甘油磷脂都属于 L 型。

主要的甘油磷脂有磷脂酰胆碱、磷脂酰乙醇胺、磷脂酰丝氨酸、磷脂酰肌醇等，其中磷脂酰胆碱和磷脂酰乙醇胺在细胞中含量最丰富。磷脂酰胆碱又称卵磷脂，是由磷脂酸和胆碱的羟基酯化形成的。卵磷脂广泛存在于细胞生物膜中，尤其在脑组织中及禽类卵黄中，具有调控动物机体代谢和防止脂肪肝形成的重要作用。磷脂酰乙醇胺又称脑磷脂，是由磷脂酸和乙醇胺的羟基酯化形成的。脑磷脂是细胞膜骨架的组成成分，存在于脑组织和神经组织中，多与卵磷脂共存。脑磷脂还与血液的

凝固有关。

②鞘氨醇磷脂。鞘氨醇磷脂简称鞘磷脂，由鞘氨醇、脂肪酸、磷酸和胆碱等组成，鞘氨醇的氨基与脂肪酸以酰胺键连接，其羟基与磷酸、胆碱以酯键连接，结构式见图 3-31。

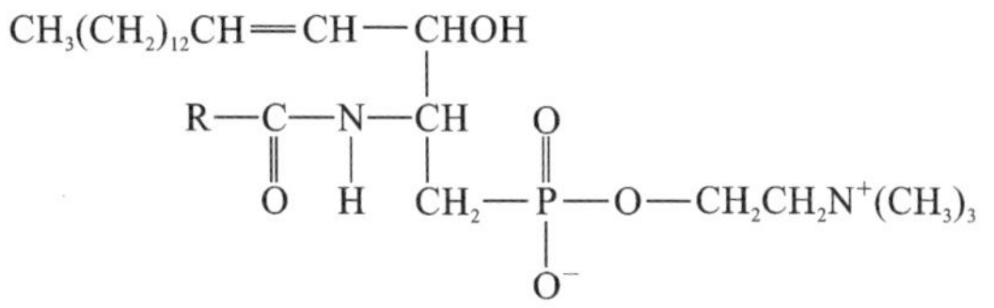

$$
\begin{array}{l}
CH_3(CH_2)_{12}CH{=}CH{-}CHOH \\
R{-}C(=O){-}NH{-}CH \\
\quad CH_2{-}P(=O)(O^-){-}O{-}CH_2CH_2N^+(CH_3)_3
\end{array}
$$

图 3-31 鞘氨醇磷脂

鞘磷脂是非甘油衍生物，它有 1 个极性头部，是磷脂酰胆碱或磷脂酰乙醇胺，还有 2 个疏水的尾部，是鞘氨醇和脂肪酸。鞘磷脂是鞘脂的典型代表，是动物细胞膜的重要组成成分，在神经组织和脑组织中含量丰富，与神经传导等有关。

(2)糖脂和硫脂。

①糖脂。糖脂是糖与脂类以糖苷键连接形成的化合物。在动物体内分布较广，但含量较少。糖脂主要分为两大类，一类是鞘糖脂，另一类是甘油糖脂。

鞘糖脂是指不含有磷酸的鞘氨醇衍生物，是单糖或寡糖残基或其衍生物和脂酰鞘氨醇通过糖苷键连接形成的化合物，是细胞膜的组成成分，与细胞识别、组织的免疫相关，神经细胞的鞘糖脂与神经信息的传递有关。鞘糖脂可以分为中性和酸性两类。中性鞘糖脂是指含有一或多个中性糖残基，糖基中不含唾液酸的糖脂，最早从脑中获得，称为脑苷脂。中性鞘糖脂主要分布在脑中，占脑干重的 11%，肺、肾次之。酸性鞘糖脂是指糖基上带有硫酸或唾液酸等酸性基团的鞘糖脂，如神经节苷脂，在各组织细胞的细胞膜上广泛分布，脑组织中最丰富，胸腺次之。神经节苷脂与神经传导有关，有些也是激素、毒素和干扰素等的受体。

甘油糖脂与磷脂结构类似，不含磷酸和胆碱等化合物，由一个或多个单糖残基和单酰甘油或二酰甘油通过糖苷键连接而形成，主要有单半乳糖基二酰甘油和双半乳糖基二酰甘油，它们存在于动物的睾丸、精子和神经系统中，对稳定膜结构具有重要作用。

②硫脂。硫脂是含有硫酸的脂类，多数是糖脂的糖基发生磺化而形成，如脑苷脂的己糖或其衍生物的羟基硫酸化生成的酯，称为脑硫脂。

3. 其他脂类

(1)萜类：可以看作由两个或更多的异戊二烯单位聚合形成的聚合物及饱和度不同的含氧衍生物。异戊二烯单位一般都是头尾相连，形成的萜类有直链的，也有环状的。根据所含异戊二烯单位的数目，萜分为单萜、倍半萜、二萜、三萜和多萜等，由 2 个异戊二烯单位构成的称为单萜，由 3 个异戊二烯单位构成的为倍半萜，以此类推。

萜类在自然界中广泛存在，在生命活动中具有重要作用，如类胡萝卜素和叶绿素是重要的光合色素，泛醌和质体醌是重要的电子传递体。

(2)类固醇：又称甾类，是环戊烷多氢菲的衍生物，根据其羟基数目及位置不同，分为固醇及固醇衍生物。

固醇是环状高分子一元醇，也称甾醇，结构特点是在甾核第 3 位有一个羟基，在第 17 位有一个分支的碳链。固醇可以游离态存在，也可与脂肪酸生成酯。胆固醇因其最早在胆结石中发现而得名。胆固醇主要在肝脏中合成，是动物生物膜的重要成分，对调节生物膜的流动性有重要作用；可以转化成一些激素，如性激素和肾上腺激素；储存于动物皮下，紫外线作用下还可以转化为维生素 D_3，用于佝偻病的防治。

固醇衍生物中非常重要的一种是胆汁酸，胆汁酸在肝内由胆固醇转化而来。胆汁酸的主要存在形式是以牛磺结合物和甘氨结合物存在，如牛磺胆碱和甘氨胆碱，是通过胆汁酸的羧基与牛磺酸或甘氨酸以酰胺键连接形成。胆汁盐是牛磺结合物和甘氨结合物的钠盐或钾盐，它们能促进肠道中脂类及脂溶性维生素的消化和吸收。

（三）脂类的消化、吸收

动物体从外界摄取的脂类中，主要是甘油三酯，还有少量的磷脂、胆固醇及其酯和一些游离脂肪酸。脂肪是非极性化合物，以无水形式储存，而糖原是极性化合物，以水合形式储存。按同等质量计算，脂肪的代谢能力高达糖原的6倍。

（1）脂类的消化。脂类的消化和吸收主要在小肠进行，在摄入的脂类物质被吸收之前，需要胰液中的消化酶及胆汁对其进行消化，脂类的消化和吸收首先在小肠上段进行，通过蠕动，胆汁中的胆汁酸盐使脂肪乳化，形成分散的水包油的小胶体颗粒，提高脂类的溶解度及与酶的接触面，有利于消化和吸收。胆汁酸盐在肝脏中合成，首先储存在胆囊中，机体摄入油脂性食物后就释放进入小肠中。胆汁酸盐是强有力的乳化剂，有利于脂类物质的消化和吸收。

脂类不溶于水，而消化酶是水溶性的，因此脂类的消化是在脂质-水的界面上进行的。消化脂类的酶有胰脂酶、磷脂酶、胆固醇酯酶、辅脂酶，它们是由胰腺分泌进入小肠中。胰脂酶存在于脂质-水的界面上，作用于微团内的甘油三酯，使之转化为2-单酰甘油和2分子脂肪酸。辅脂酶是一种相对分子质量较小的蛋白质，具有与脂肪和胰脂酶结合的结构域，是胰脂酶活性所必需的。辅脂酶能与胰脂酶和脂肪结合，将微团吸附到脂质-水的界面上，并防止胰脂酶在脂质-水的界面上变性，因而能增加胰脂酶活性，促进脂肪分解。胰磷脂酶 A_2 与胰脂酶相似，在脂质-水的界面上优先进行催化，它催化磷脂分解为脂肪酸和溶血磷脂。胆固醇酯酶能催化胆固醇酯分解为游离胆固醇和脂肪酸。

脂类物质的消化产物主要有单酰甘油、脂肪酸、胆固醇和溶血磷脂等，可以与胆汁酸盐乳化成较小的混合微粒，从而易于被肠黏膜细胞吸收。

（2）脂类的吸收。脂类经消化后的产物主要在十二指肠下段及空肠上段吸收。脂肪消化产生脂肪酸和2-单酰甘油。短链和中链脂肪酸由于水溶性高，它们由毛细血管经门静脉进入肝脏以游离酸形式被吸收，短链和中链脂肪酸不经过淋巴系统，即绕过了形成脂蛋白的途径。长链脂肪酸和2-单酰甘油由肠黏膜细胞吸收后，随后由光面内质网内的脂酰CoA转移酶催化，合成甘油三酯，由单酰甘油合成甘油三酯的途径称为甘油一酯途径。合成的甘油三酯再与载脂蛋白以及磷脂、胆固醇一起包装成乳糜颗粒，然后从细胞外液进入淋巴系统，释放到血液，运送到脂肪和肌肉等组织。胆固醇的吸收需要载脂蛋白，胆固醇也可以与脂肪酸结合为胆固醇酯被吸收。

（四）血脂及其调节

1. 血脂

脂类物质可以进入血液中在各种组织之间运输，其中血浆所含脂类称为血脂，它的组成包括甘油三酯、磷脂、胆固醇及其酯和游离脂肪酸等。血脂来源有两种，外源性脂类和内源性脂类。从食物中摄取，经消化道吸收进入血液的脂类称为外源性脂类，由肝脏、脂肪细胞和其他组织合成释放到血液中的脂类称为内源性脂类。血脂含量受动物种类、年龄和营养条件等因素的影响，波动性较大，但总体保持在一定范围内。

2. 血浆脂蛋白

脂类不溶于水，不能以游离形式运输，而要与血浆中的蛋白质结合，以脂蛋白的形式运输。

（1）血浆脂蛋白的结构。脂蛋白是由脂类和载脂蛋白结合而形成的类似球状的颗粒，疏水的脂肪和胆固醇酯位于核心，外层是亲水性的载脂蛋白和胆固醇磷脂等极性基团，因而脂蛋白是较强水溶性颗粒。血浆脂蛋白中的蛋白质称为载脂蛋白，目前发现的载脂蛋白有几十种。

（2）血浆脂蛋白的分类。血浆脂蛋白种类很多，各类脂蛋白由于所含脂类和蛋白质的不同，其密度、颗粒大小、表面电荷、体积及免疫性均不同。各类血浆脂蛋白都含有甘油三酯、胆固醇、磷脂和载脂蛋白，但组成比例相差较大，其中乳糜微粒中脂类和载脂蛋白含量分别是98%和2%，脂类中甘油三酯的含量达80%以上，载脂蛋白中 A_1 含量占7%。一般用电泳法和超速离心法分离血浆脂蛋白。

①电泳法。电泳法是根据不同脂蛋白表面电荷不同，在电场中迁移速度不同，从而可将脂蛋白分为4类，分别是α-脂蛋白、前β-脂蛋白、β-脂蛋白和乳糜微粒(CM)。电泳法一般包括醋酸纤维素薄膜电泳法、滤纸电泳法、琼脂糖凝胶电泳法和聚丙烯酰胺凝胶电泳法，其中α-脂蛋白迁移率最大，其次是前β-脂蛋白和β-脂蛋白，乳糜微粒停留在原点(图3-32)。

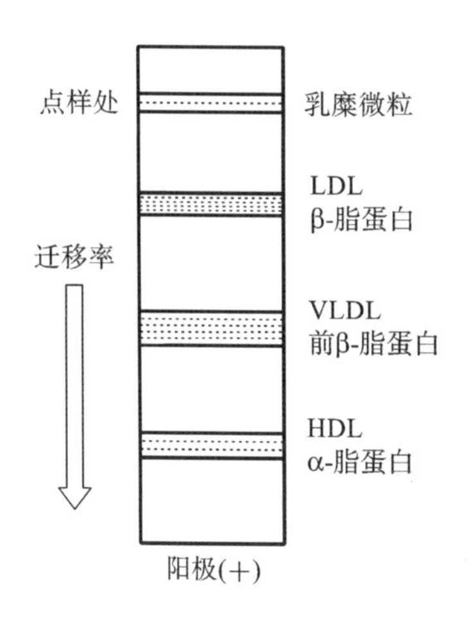

图3-32　脂蛋白电泳图谱

②超速离心法。超速离心法是根据各类脂蛋白密度不同，利用超速离心法将脂蛋白分为4类，按照其密度由小到大依次为乳糜微粒、极低密度脂蛋白(VLDL)、低密度脂蛋白(LDL)、高密度脂蛋白(HDL)。乳糜微粒颗粒最大，含脂类最多，密度小于0.95 g/mL，而高密度脂蛋白颗粒最小，载脂蛋白含量最高，密度最大，为1.063～1.210 g/mL。

(3)血浆脂蛋白的功能。血浆脂蛋白是脂类的运输形式，其代谢情况与心脑血管疾病密切相关，不同血浆脂蛋白的代谢情况和生物学功能不同。

乳糜微粒由甘油三酯、磷脂、蛋白质、胆固醇组成，是由小肠黏膜上皮细胞消化外源性脂类而合成。乳糜微粒的主要代谢功能是将外源性甘油三酯转运至心脏、肌肉等肝外组织而利用，同时将外源性胆固醇转运至肝脏。

极低密度脂蛋白(VLDL)的主要成分是甘油三酯、磷脂、胆固醇、载脂蛋白，但磷脂和胆固醇含量较乳糜微粒多，由肝细胞合成，小肠黏膜细胞也能合成少量。VLDL的主要功能是转运肝脏内合成的内源性甘油三酯。VLDL在运输过程中，脂肪不断水解，产生的脂肪酸被各组织利用；VLDL合成障碍，使脂肪堆积在肝脏内，进而形成脂肪肝。

低密度脂蛋白(LDL)的主要成分是胆固醇及其酯、载脂蛋白，LDL由VLDL转变而成。LDL主要功能是将肝脏合成的胆固醇运输到肝外组织，保证肝外组织细胞对胆固醇的需求。

高密度脂蛋白(HDL)主要成分是磷脂、胆固醇、载脂蛋白。HDL由肝脏和小肠细胞合成，也可由CM和VLDL分解而来，主要含有蛋白质，其次是胆固醇和磷脂。HDL的主要功能是将肝外组织中的衰老细胞及死亡细胞释放的胆固醇运送至肝脏，肝脏将过量的胆固醇转变为胆汁酸盐排泄出去，可以防止胆固醇在血浆中聚集。由于HDL能减少血浆中胆固醇的含量，因此可防止动脉粥样硬化(表3-4)。

表3-4　血浆脂蛋白的分类、性质、组成、合成部位及主要功能

分类	密度分类法	乳糜微粒(CM)	极低密度脂蛋白(VLDL)	低密度脂蛋白(LDL)	高密度脂蛋白(HDL)
	电泳分离法	乳糜微粒	前β-脂蛋白	β-脂蛋白	α-脂蛋白
性质	密度/(g/mL)	<0.95	0.95～<1.006	1.006～<1.063	1.063～1.210
	颗粒直径/nm	80～500	25～<80	20～<25	7.5～10
组成	蛋白质/(%)	0.5～2	5～10	20～25	50
	甘油三酯/(%)	80～95	50～70	10	5
	磷脂/(%)	5～7	12	20	25
	胆固醇/(%)	1～4	15	45～50	20
合成部位		小肠黏膜细胞	肝细胞	血浆	肝、小肠
功能		转运外源性甘油三酯及胆固醇	转运内源性甘油三酯及胆固醇	转运内源性胆固醇	逆向转运胆固醇

模块小结

糖和脂类是组成动物体的重要成分。糖是动物体重要的能源物质，在细胞识别、机体免疫方面都具有重要的生物学功能。糖按照聚合度不同，可以分为单糖、寡糖和多糖。单糖除二羟丙酮外，都因含有手性碳原子而具有旋光性，糖分子若含有 n 个手性碳原子，则旋光异构体的数目是 2^n 个。从甘油醛的构型出发，其他单糖都有手性碳原子，都具有一定的构型。从 D-甘油醛衍生出的一系列醛糖都是 D 型，称为 D 系醛糖，反之，则为 L 系醛糖。自然界存在的单糖大多数都是 D 型。许多单糖在水溶液中都有变旋现象。单糖可以发生很多化学反应。单糖衍生物主要有单糖磷酸酯、糖醇、糖酸、脱氧糖和氨基糖等，参与结合糖聚糖链组成。寡糖根据所含的单糖数分为二糖、三糖和四糖等，最常见的二糖是蔗糖、乳糖、麦芽糖。多糖根据聚合的残基是否相同，分为同多糖和杂多糖。淀粉、糖原、纤维素是重要的同多糖，完全由 D-葡萄糖组成。杂多糖由不同单糖及其衍生物组成，其中果胶质、琼脂、半纤维素最常见。动物的血糖浓度都是恒定的，稳定的血糖浓度对维持动物体正常的生命活动具有重要意义。

动物体内的脂类包括脂肪和类脂，类脂包括磷脂、糖脂、胆固醇及其酯，其中磷脂是构成生物膜骨架的主要成分。脂肪又称甘油三酯，是由甘油和 3 个脂肪酸形成的，主要作用是贮能和供能。不同种类的脂肪酸取决于碳链的长短、不饱和程度和双键的位置。只含有一个双键的不饱和脂肪酸是单不饱和脂肪酸，含有 2 个及以上的脂肪酸是多不饱和脂肪酸。

复习思考题

参考答案

一、选择题

1. 下列哪种糖不是寡糖？（　　）

A. 果糖　　B. 麦芽糖　　C. 蔗糖　　D. 乳糖

2. 下列哪种物质是杂多糖？（　　）

A. 淀粉　　B. 琼脂　　C. 糖原　　D. 蛋白多糖

3. 下列哪种物质不是糖胺聚糖？（　　）

A. 果胶　　B. 硫酸软骨素　　C. 透明质酸　　D. 肝素

4. 下列哪种物质是单纯脂？（　　）

A. 磷脂　　B. 糖脂　　C. 甘油三酯　　D. 前列腺素

5. 乳糜微粒、高密度脂蛋白、低密度脂蛋白、极低密度脂蛋白都是血清脂蛋白，这些颗粒按照密度从低到高排列，依次是（　　）。

A. 乳糜微粒、高密度脂蛋白、低密度脂蛋白、极低密度脂蛋白

B. 乳糜微粒、极低密度脂蛋白、低密度脂蛋白、高密度脂蛋白

C. 极低密度脂蛋白、低密度脂蛋白、高密度脂蛋白、乳糜微粒

D. 低密度脂蛋白、极低密度脂蛋白、高密度脂蛋白、乳糜微粒

二、判断题

1. 麦芽糖的糖苷键为 α-1,6-糖苷键。（　　）

2. 结构最简单的单糖是甘油醛。（　　）

3. 糖苷是指糖的半缩醛羟基和醇、酚等化合物失水而形成的含糖衍生物。（　　）

4. D-甘露糖和 D-半乳糖是 D-葡萄糖的差向异构体。（　　）

5. 萜类和类固醇是主要的皂化脂类。（　　）

6. 生物膜上的脂质主要是磷脂。（　　）

7. 脂肪酸碳链越长，含有双键越少，则越易溶于水。（　　）

8. 天然存在的甘油磷脂都属于 L 型。 (　　)

9. 在室温下，甘油三酯可以是固体，也可以是液体。 (　　)

10. 甘油三酯是由 1 分子甘油与 3 分子脂肪酸形成的酯。 (　　)

实验实训

实训 1　福-吴法测定血糖含量

【实训目的】 理解葡萄糖的还原性及测定血糖的原理；掌握血糖含量的测定。

【实训原理】 血液中的葡萄糖由于具有还原性，可与碱性铜试剂反应，葡萄糖中的醛基被氧化成羰基，试剂中的铜离子(Cu^{2+})被还原为砖红色沉淀(Cu_2O)，磷钼酸与 Cu_2O 反应生成蓝绿色的钼蓝。在620 nm波长处测定吸光度，血糖含量与吸光度呈正相关，据此可计算出血糖含量。

【器材与试剂】

1. 器材

可见光分光光度计、试管及试管架、烧杯、奥氏吸量管、容量瓶等。

2. 试剂

(1)碱性铜试剂：分别称取无水硫酸铜 4.5 g、酒石酸 7.5 g、无水硫酸钠 40 g，分别加热溶解于 200 mL、300 mL、400 mL 蒸馏水中，将冷却的酒石酸加入硫酸钠溶液中混匀，再转移至 1000 mL 容量瓶中，用蒸馏水定容后储存于棕色瓶中。

(2)磷钼酸试剂：分别称取钼酸 35 g、钨酸钠 10 g，加入 400 mL 10%氢氧化钠溶液中，再加入蒸馏水 400 mL，混匀后煮沸 20～40 min，冷却后加入 80%的磷酸 25 mL，混匀，用蒸馏水定容至 1000 mL。

(3)0.25%苯甲酸溶液：称取苯甲酸 2.5 g 加蒸馏水煮沸溶解，定容至 1000 mL。

(4)葡萄糖标准液：①葡萄糖储存标准液(10 mg/mL)：称取置于硫酸干燥器内过夜的无水葡萄糖 1 g，用 0.25%的苯甲酸溶解，转移至 100 mL 容量瓶中，用 0.25%的苯甲酸定容至刻度，可长期保存；②葡萄糖应用标准液(0.1 mg/mL)：量取葡萄糖储存标准液 1 mL，置于 100 mL 容量瓶中，用 0.25%的苯甲酸定容至刻度。

(5)硫酸溶液(0.04 mol/L)：量取浓硫酸 2.3 mL 加入 50 mL 蒸馏水中，再转至 1000 mL 容量瓶，用蒸馏水定容。

(6)钨酸钠溶液(10%)：称取钨酸钠 10 g，用蒸馏水溶解并定容至 100 mL。

【方法与步骤】

(1)用邬酸法制备 1∶10 的无蛋白血滤液。

(2)测定血糖，取 3 支试管按照表 3-5 操作。

表 3-5　测定血糖含量　　单位：mL

试剂及操作	空白管	标准管	测定管
无蛋白血滤液	—	—	1.0
水	2.0	1.0	1.0
葡萄糖应用标准液	—	1.0	—
碱性铜试剂	2.0	2.0	2.0
葡萄糖含量	0	0.1	待测
磷钼酸试剂	2.0	2.0	2.0
混匀，置于沸水浴中 8 min			
1∶4 磷钼酸溶液定容至 25 mL	21	21	21

各试管加塞，充分混匀，用空白管调零，测定各管在 620 nm 波长处的吸光度。

(3)计算。

葡萄糖含量(mg/100 mL)=(测定管吸光度/标准管吸光度)×标准管吸光度×(0.1/100)

=(测定管吸光度/标准管吸光度)×准管吸光度×10^{-3}

【注意事项】

(1)采集血液后立即进行血糖测定,血液制备成无蛋白血滤液可以保存于冰箱中备用。

(2)血液中由于还含有少量其他还原性物质,血糖测定含量可能比实际含量偏高。

(3)采集饲喂前动物的血液,测定结果更具有实际意义。

【思考题】

(1)血糖浓度保持恒定对动物具有什么作用?

(2)血糖浓度主要受哪些激素调控?

实训 2　血清总脂的测定

【实训目的】 掌握香草醛法测定血清总脂的原理及测定方法。

【实训原理】 血清中脂类(主要是不饱和脂类)和硫酸作用,水解后生成碳正离子。试剂中浓磷酸的羟基和香草醛作用,生成芳香族的磷酸酯,使醛基变成较活泼的羰基,羰基与碳正离子发生反应,生成红色的醌类化合物。

【器材与试剂】

1. 器材

可见光分光光度计、移液枪、试管及试管架、电炉等。

2. 试剂

(1)总脂标准液(6 mg/mL):称取纯胆固醇 600 mg,置于烧杯中,用冰醋酸溶解,定容至 100 mL。

(2)0.6%香草醛溶液:称取香草醛 0.6 g,用蒸馏水溶解并稀释定容至 100 mL,储存在棕色瓶中,可保存 2~3 个月。

(3)浓磷酸。

(4)浓硫酸。

3. 实训材料

动物血清。

【方法与步骤】

1. 脂类反应

(1)取 3 支试管,按照表 3-6 进行操作。

表 3-6　脂类反应的操作　　单位:mL

试剂	空白管	标准管	测定管
血清	0	0	0.05
总脂标准液	0	0.05	0
浓硫酸	0	1.2	—

(2)各试管充分混匀,置于沸水浴中 10 min,使脂类水解,再取出试管用冷水冷却至室温,再按照表 3-7 进行操作。

表 3-7　脂类水解后的操作　　单位:mL

试剂	空白管	标准管	测定管
吸取上述水解液于试管中	0	0.2	0.2
浓磷酸	3.0	2.8	2.8
0.6%香草醛溶液	1.0	1.0	1.0

各试管用玻璃棒充分搅匀，放置 20 min，用空白管调零，在 525 nm 波长处分别读取各管的吸光度。

2. 计算

血清总脂含量(mg/mL)=(测定管吸光度/标准管吸光度)×总脂标准液浓度×稀释倍数

【注意事项】

(1)血清中脂类含量过高时，可用生理盐水稀释后，再进行测定，计算结果时再乘稀释倍数。

(2)使用浓酸时注意安全，移取试剂时尽量慢，避免试剂过多附着于管壁。移取浓酸的枪头不应直接置于实验台面。

【思考题】 什么是血清总脂？测定血清总脂含量的意义是什么？

(郭　园)

模块四　酶与维生素

课件 PPT

模块导入

动物体内至少含有5000种酶。它们或是溶解于细胞质中，或是与各种膜结构结合在一起，或是位于细胞内其他结构的特定位置上，只有在被需要时才被激活，这些酶统称胞内酶；另外，还有一些在细胞内合成后再分泌至细胞外的酶——胞外酶。

酿酒业中使用的酶，就是有关的微生物产生的，酶将淀粉等水解、氧化，最后使其转变为乙醇；酱油、食醋的生产也是在酶的作用下完成的；用淀粉酶和纤维素酶处理过的饲料，营养价值提高；洗衣粉中加入酶，可以使洗衣效率提高，使原来不易除去的污渍等容易除去。

由于酶的广泛应用，酶的合成和提取成了重要的研究课题。酶可以从生物体内提取，如从菠萝皮中可提取菠萝蛋白酶。由于酶在生物体内的含量很低，因此，工业上大量使用的酶是利用微生物发酵来制取的。一般需要在适宜的条件下，选育出所需的菌种，让其繁殖，获得大量的酶制剂。另外，人们正在研究酶的人工合成。总之，随着科学水平的提高，酶将具有非常广阔的应用前景。

模块目标

▲知识目标

掌握酶的一般概念、酶的分子组成和结构以及酶结构与功能的关系；掌握影响酶促反应速率的因素，以及酶原、酶原激活及其生理意义；了解酶的分类和命名、酶催化作用的机制、核酶和抗体酶；了解与辅酶有关的维生素，及维生素的结构、性质、生理功能及缺乏症。

▲能力目标

掌握唾液淀粉酶的特性实验；学会准确记录实验过程，并对实验结果进行分析总结。

▲素质与思政目标

培养学生善于发现、勤于思考、热爱科学、崇尚科学的精神；培养学生的团结协作精神。

生命活动最基本的特征是进行新陈代谢。新陈代谢过程是由无数复杂的化学反应组成的，生物体内进行的这些化学反应都是在常温、常压、酸碱适中的温和条件下，有条不紊并且迅速完成的，而一些同样的化学反应，在体外却进行得很缓慢，有的只能在高温、高压、强酸、强碱等条件下才能进行，有的甚至无法进行。新陈代谢之所以能在这样温和的环境下有规律地快速进行，原因是生物体内存在着加速化学反应进程的生物催化剂——酶，机体对代谢的调节要通过酶来实现。动物的很多疾病与酶的异常有密切关系，许多药物也是通过对酶的影响来达到治疗疾病的目的。

几千年来，酶一直参与人类的生产、生活，我们的祖先早就知道粮食在一定条件下可以酿酒、酿醋、制酱。人类对酶的科学认识始于19世纪，而对酶的深入研究却始于20世纪。现已发现和鉴定的蛋白酶有8000多种，其中近1000种已得到结晶，很多酶的化学结构和三维结构也已被彻底阐明。

研究发现，多数维生素参与酶的化学组成，并与酶的作用密切相关。

Note

一、酶的概念与特点

视频：
酶的化学
本质

（一）酶的概念

酶是由生物体活细胞产生的一类具有生物催化作用的有机物，也称为生物催化剂。1926 年美国生化学家桑格尔首次从刀豆中提取出脲酶结晶，并证明它是蛋白质。此后，确证了酶的化学本质主要是蛋白质。酶是由氨基酸组成的具有复杂结构的大分子化合物，具有两性电离及等电点、变性作用、沉淀现象、颜色反应、光谱吸收等蛋白质所具有的理化性质，还具有特定的免疫原性等。

近年来，随着对酶的深入研究，除蛋白质可作为生物催化剂外，人们还发现了具有催化活性的其他物质，如核糖核酸（RNA）、脱氧核糖核酸（DNA）、抗体等，前两者常被称为核酶，后者被称为抗体酶。现代科学认为，酶是由生物活细胞产生的，能在体内和体外起同样催化作用的一类具有活性中心和特殊构象的生物大分子，包括蛋白质和核酸。本模块主要学习蛋白质类的酶。

（二）酶促反应的特点

视频：
酶的催化
特点

酶所催化的化学反应称为酶促反应。在酶促反应中，被酶催化的物质称为底物（S），也称为基质或作用物；催化反应所生成的物质称为产物（P）；酶所具有的催化能力称为酶的活性，如果酶丧失催化能力称为酶失活。

酶是生物催化剂，具有一般催化剂的特征，如能加快化学反应速率，反应前后没有质、量的改变；仅能催化热力学上允许发生的化学反应；能缩短可逆反应的进程和时间，但不改变反应的平衡点；作用的原理是降低反应的活化能。同时，酶作为生物催化剂，与一般催化剂相比具有以下不同特点。

1. 酶具有高度的专一性

与其他催化剂不同，酶对其催化的底物具有严格的选择性，即一种酶只作用于一种或一类底物，或一种化学键，这种特性称为酶的专一性。根据酶对底物选择严格程度的差异，酶的专一性可大致分为以下 3 种类型。

（1）绝对专一性：一种酶只能催化一种底物发生一定类型的化学反应。例如，脲酶只能催化尿素水解成 CO_2 和 NH_3，但是对尿素的衍生物，如甲基尿素，无此作用。

（2）相对专一性：一种酶可以催化一类底物或一种化学键，对底物要求不太严格。例如，磷酸酶对一般的磷酸酯键皆有水解作用。

（3）立体异构专一性：几乎所有的酶对立体异构体都具有高度专一性，即具有同分异构体的底物，酶只能催化立体异构体中的一种，而对其他异构体无催化作用。例如，L-乳酸脱氢酶只对 L-乳酸发挥催化作用，而对 D-乳酸没有催化作用。

2. 酶具有极高的催化效率

酶催化的反应速率比无酶催化的反应高 $10^8 \sim 10^9$ 倍，比其他催化剂催化的反应速率高 $10^6 \sim 10^{12}$ 倍。例如，1 mol 过氧化氢酶 1 min 内能催化 5×10^6 mol 的过氧化氢水解，而相同条件下，1 mol 亚铁离子（Fe^{2+}）只能催化 6×10^{-4} mol 的过氧化氢水解。

3. 酶具有高度不稳定性

大多数酶是蛋白质，凡是能使蛋白质变性的理化因素，如高温、高压、强酸、强碱、重金属盐、有机溶剂等均影响酶的活性，甚至使酶变性失活。故而在保存酶制剂和测定酶活性时，都应避免上述因素的影响。

4. 酶活性的可调控性

生物体内的许多机制可以改变酶的催化能力，如酶的含量受到酶蛋白生物合成的诱导、阻遏及降解的调控，酶的催化能力还受底物浓度和产物浓度的变化及激素和神经系统的调控。生物体通过多种机制和途径对酶的活性进行调控，从而使极端复杂的代谢活动能够持续而有条不紊地进行。

5. 反应条件温和

酶作为蛋白质，对环境的变化极为敏感，如高温、高压、强酸、强碱、有机溶剂、重金属盐、紫外线

Note

等任何可使蛋白质变性的理化因素均可使酶变性,从而使酶失去催化活性。甚至温度、酸碱度的细微变化,少量抑制剂的存在,也会使酶的催化活性发生显著变化。所以酶一般需要在生物体的体温、常压、近中性 pH 等温和条件下发挥催化作用,否则酶的活性就会降低,甚至丧失。

二、酶的分类和命名

(一)酶的分类

国际酶学委员会提出酶的系统分类法是,根据酶促反应的类型,将酶分为六大类,分别用 1、2、3、4、5、6 编号来表示。

1. 氧化还原酶类

催化底物进行氧化还原反应的酶类,如乳酸脱氢酶、琥珀酸脱氢酶、细胞色素氧化酶等。该类酶的辅酶是 NAD^+ 或 $NADP^+$、FMN 或 FAD。生物体内的氧化还原反应以脱氢加氧为主,还有得失电子及直接与氧化合的反应。反应通式:

$$AH_2 + B \rightleftharpoons A + BH_2$$

2. 转移酶类

催化底物之间进行某种基团转移或交换的酶类。反应通式:

$$AB + C \rightleftharpoons A + CB$$

3. 水解酶类

催化底物发生水解反应的酶类,如淀粉酶、蛋白酶、脂肪酶、磷酸酶等。常见被水解的键有酯键、糖苷键、肽键。

反应通式:

$$AB + H_2O \rightleftharpoons AH + BOH$$

4. 裂合酶类或裂解酶类

催化非水解地除去底物分子中基团的反应及其逆反应的酶类。反应通式:

$$AB \rightleftharpoons A + B$$

5. 异构酶类

催化各种同分异构体间相互转化的酶类。反应通式:

$$A \rightleftharpoons B$$

6. 合成酶类或连接酶类

催化两分子底物合成为一分子化合物,同时偶联 ATP 的磷酸键断裂释放能量的酶类,如羧化酶、谷氨酰胺合成酶、谷胱甘肽合成酶等。反应通式:

$$A + B + ATP \rightleftharpoons AB + ADP + Pi$$

(二)酶的命名

酶的命名方法可分为习惯命名法和系统命名法。

1. 习惯命名法

通常以酶催化的底物、反应的类型以及酶的来源进行命名。

(1)依据酶所催化的底物命名,如淀粉酶、脂肪酶、蛋白酶等。

(2)依据催化反应的类型命名,如脱氢酶、转氨酶等。

(3)综合上述两项原则命名,如乳酸脱氢酶、氨基酸氧化酶等。

(4)在这些命名的基础上有时还加上酶的来源或酶的其他特点,如唾液淀粉酶、胰蛋白酶等。

习惯命名法简单、易懂,应用历史较长,但缺乏系统的规则,因此国际生物化学联合酶学专业委员会于 1961 年提出了一个新的命名方法,即系统命名法。

2. 系统命名法

系统命名法规定每一个酶都有一个系统名称,它标明酶的所有底物与反应性质,并附一个 4 位数字的分类编号。底物名称之间用“:”隔开,若底物之一是水可以省略不写。例如葡萄糖激酶催化的下列反应:

$$ATP + D\text{-葡萄糖} \longrightarrow ADP + D\text{-葡萄糖-6-磷酸}$$

该酶的系统命名及分类编号分别是 ATP:葡萄糖磷酸基转移酶,EC 2.7.1.1,明确表示该酶催化从 ATP 转移一个磷酸基到葡萄糖分子上的化学反应。系统命名法虽然合理,但比较烦琐,使用不方便。为了应用方便,国际酶学委员会又从每种酶的数个习惯名称中选定一个简便实用的推荐名称。

三、酶的结构与功能

酶作为生物催化剂,用量少,但催化效率高、具有专一性、反应条件温和,具有可调节性。

(一)酶的化学组成

视频:酶的化学结构

根据其化学组成,酶可分为单纯酶和结合酶两类。

1. 单纯酶

单纯酶仅由氨基酸残基构成,通常只有一条多肽链,其催化活性主要由蛋白质的结构决定。一般催化水解反应的酶,如淀粉酶、脂肪酶、蛋白酶、脲酶、核糖核酸酶等均属于单纯酶。

2. 结合酶

结合酶由蛋白质部分和非蛋白质部分组成。此类酶水解后得到氨基酸及非蛋白质类物质。蛋白质部分称为酶蛋白,非蛋白质部分称为辅助因子,生物体内多数酶是结合酶。酶蛋白和辅助因子结合形成的复合物称为全酶,即全酶=酶蛋白+辅助因子。

辅助因子是对热稳定的金属离子或非蛋白质的有机小分子。常见的金属离子有 K^+、Na^+、Mg^{2+}、Zn^{2+}、Fe^{2+}(Fe^{3+})、Cu^{2+}(Cu^+)、Mn^{2+} 等,有机小分子的结构中常包含维生素或维生素类物质,它们的主要作用为参与酶的催化过程,在酶促反应中起传递电子、质子或转移基团(如酰基、氨基、甲基等)的作用。

酶的辅助因子按其与酶蛋白结合的紧密程度及作用特点可分为辅酶和辅基。与酶蛋白结合疏松、用透析或超滤的方法可将其与酶蛋白分开的为辅酶,与酶蛋白结合紧密、不能用透析或超滤的方法将其除去的为辅基。辅酶和辅基仅仅在于它们与酶蛋白结合的牢固程度不同,并无严格的界限和化学本质的区别。

酶发挥催化作用基于酶的完整性,酶蛋白和辅助因子分别单独存在时,均没有催化活性,只有结合后构成的全酶才有催化活性。一种酶蛋白只能与一种辅助因子结合成一种全酶,而一种辅助因子可与不同的酶蛋白结合构成多种不同的全酶。在酶促反应过程中,酶蛋白起识别和结合底物的作用,决定该酶的专一性,而辅助因子决定反应的类型。

(二)酶的活性中心

1. 酶的活性中心的概念

酶蛋白分子的结构特点是具有活性中心。酶分子很大,结构也很复杂,存在许多氨基酸侧链基团,如—NH_2、—COOH、—SH、—OH 等,但在发挥催化作用时并不是全部氨基酸侧链基团都参加,只有少数起作用。酶分子中,与酶的催化活性与专一性直接有关的基团称为酶的必需基团或活性基团,常见的必需基团有组氨酸残基上的咪唑基、丝氨酸和苏氨酸残基上的羟基、半胱氨酸残基上的巯基、某些酸性氨基酸残基上的自由羧基和碱性氨基酸残基上的氨基等。这些必需基团虽然在一级结构上可能相距甚远,但在酶的空间结构中位置比较靠近,集中在一起形成一定的空间部位,该部位与底物结合并催化底物转化为产物。酶分子中,由必需基团相互靠近所构成的能直接结合底物并催化底物转变为产物的空间部位,称为酶的活性中心或活性部位。

视频:酶的活性部位

2. 酶的活性中心的组成

酶的活性中心一般由酶分子中几个氨基酸残基的侧链基团组成。组成酶的活性中心的这几个基团,可能一级结构上在同一条多肽链上相距甚远,甚至不在同一条多肽链上,但是通过多肽链的盘曲折叠,使它们在空间结构上相互靠近,组成酶的活性中心。例如,与胰凝乳蛋白酶催化活性有关的化学基团在第 57 位(组氨酸残基)、102 位(天冬氨酸残基)、195 位(丝氨酸残基)上,它们在酶蛋白的

一级结构中相距很远，但是在空间结构上相互靠近，参与和底物结合、催化底物生成产物。单纯酶的活性中心只包括几个氨基酸侧链基团；结合酶的活性中心除包括几个氨基酸侧链基团外，辅酶或辅基上的某一部分结构往往也是组成部分。

酶的活性中心内的一些化学基团，是酶发挥作用及与底物直接接触的基团，称为活性中心内的必需基团。按照功能不同，酶的活性中心的必需基团分为两种：一种是直接与底物结合的结合基团，构成结合部位，它决定酶的专一性；另一种是催化底物打开旧化学键，形成新化学键并迅速生成产物的催化基团，构成催化部位，决定酶促反应的类型，即酶的催化性质。但是，结合基团和催化基团并不是各自独立的，而是相互联系的整体，活性中心内的有些必需基团可同时具备这两方面的功能（图4-1）。

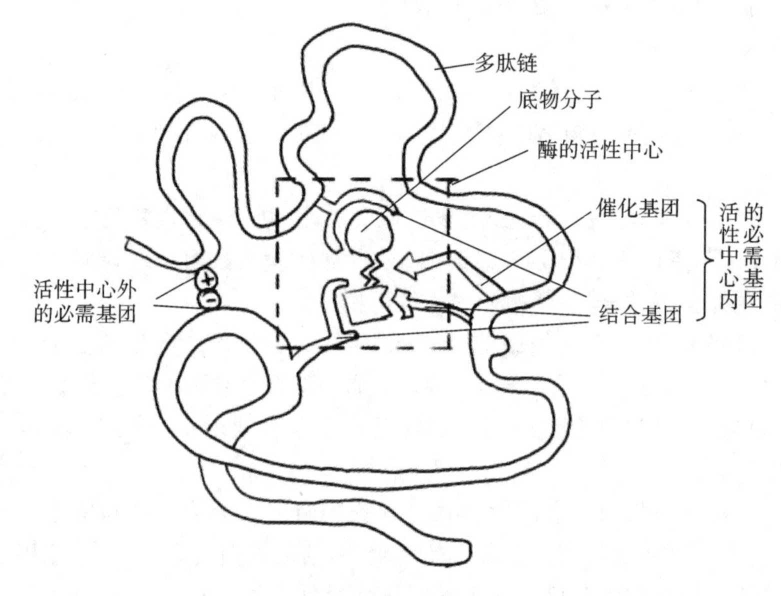

图 4-1　酶的活性中心

酶的活性中心是酶表现催化活性的关键部位，活性中心的结构一旦被破坏，酶立即丧失催化活性。酶的活性中心并不是孤立存在的，它与酶蛋白的整体结构之间是辩证统一的，活性中心的形成要求酶蛋白具有一定的空间结构。在活性中心外也有一些基团，它们虽然不与底物直接作用，但对维持活性中心的空间结构是必需的，称为活性中心外的必需基团。因此，酶分子中除活性中心外的其他部分结构，对于酶的催化作用可能是次要的，但绝不是毫无意义的，它们至少为活性中心的形成提供了必要的结构基础。

酶之所以具有高度的专一性，是因为不同的酶具有不同的活性中心，导致酶分子空间结构（构象）不同，催化作用也就不尽相同。相反，具有相同或相近活性中心的酶，尽管其分子组成和理化性质不同，其催化作用可能相同或极相似。

3. 活性中心的特点

（1）酶的活性中心仅占酶分子总体积的一小部分。

（2）酶的活性中心往往位于酶分子表面的凹陷处，形成一个非极性环境，利于酶和底物结合，并发挥催化作用。

（3）酶的活性中心具有精确的三维空间结构，如果空间结构（构象）被破坏，酶就会丧失催化活性。

（4）酶的活性中心的空间结构不是刚性的，当它与底物结合时，可以发生某些变化，使之更适合和底物结合。

（5）酶的活性中心与底物结合的作用力相当弱，这有利于产物的生成。

（三）酶原与酶原的激活

1. 概念

有些酶在细胞内最初合成或最初分泌时，并没有催化活性，这种无活性的酶的前体称为酶原。酶原是体内某些酶暂不表现催化活性的一种特殊存在形式。

2. 酶原激活的本质

在一定条件下，酶原受某种因素作用后，释放出一些氨基酸和小肽，暴露出或形成活性中心，转变成具有活性的酶，这一过程称为酶原的激活。胃蛋白酶、胰蛋白酶、纤维蛋白酶等在它们最初分泌时均以无活性的酶原形式存在，在一定的条件下酶原才能转化成具有催化活性的酶。例如，胰蛋白酶原在胰腺细胞内合成和初分泌时，以无活性的胰蛋白酶原形式存在，当它随胰液进入肠道后，可被肠液中的肠激酶激活（也可被胰蛋白酶本身所激活），在肠激酶的作用下，从 N-端水解掉一个六肽片段，促使酶分子的空间构象发生某些改变，使组氨酸、丝氨酸、缬氨酸、异亮氨酸等残基互相靠近，形成活性中心，胰蛋白酶原转变成具有催化活性的胰蛋白酶（图 4-2）。

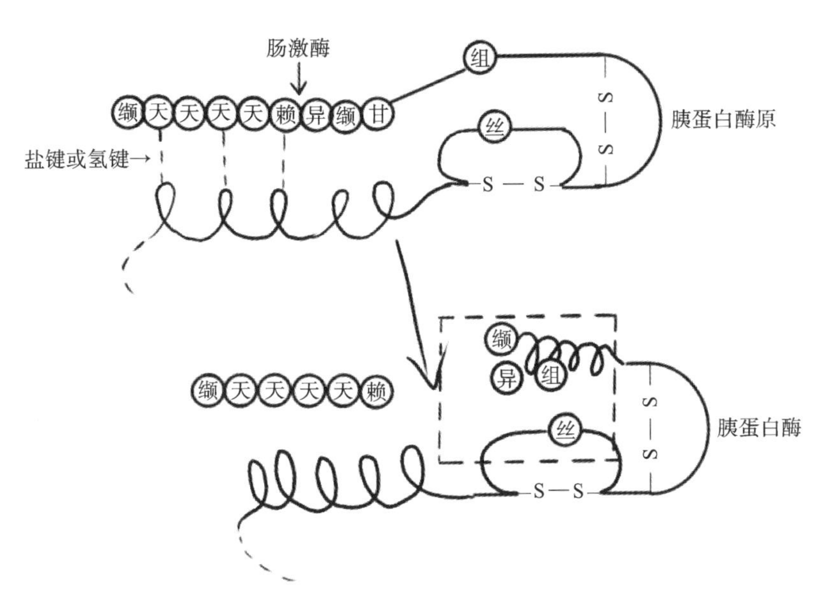

图 4-2 胰蛋白酶原的激活

3. 酶原激活的生理意义

酶原激活的生理意义在于既可避免细胞产生的酶对细胞自身进行消化，又可使酶原到达特定部位发挥催化作用。例如胰腺分泌的胰蛋白酶原，必须在肠道内激活后才能水解蛋白质，这样就保护了胰腺细胞免受胰蛋白酶的破坏；又如血液中参与凝血过程的酶类，在正常情况下均以酶原形式存在，从而保证血流畅通，而在出血时，凝血酶被激活，使血液凝固，以防止出血过多。

（四）同工酶

同工酶是存在于同一种属生物或同一个体中，能催化同一种化学反应，但酶蛋白分子的结构及理化性质、生化特性（K_m、电泳行为等）存在明显差异的一组酶。

乳酸脱氢酶（lactate dehydrogenase，LDH）是一种首先被深入研究的同工酶。存在于哺乳动物中的 LDH 是由 H（心肌型）和 M（骨骼肌型）两种类型的亚基，按不同的组合方式装配成的四聚体。H 亚基和 M 亚基由两种不同结构基因编码。两种亚基可装配成 H_4（LDH_1）、H_3M（LDH_2）、H_2M_2（LDH_3）、HM_3（LDH_4）、M_4（LDH_5）5 种四聚体。此外，在动物睾丸及精子中还发现由另一种基因编码的 X 亚基组成的四聚体 C_4（LDH-X）。

同工酶广泛存在于生物界，具有多种多样的生物学功能。同工酶的存在既能满足某些组织或某一发育阶段代谢转换的特殊需要，也提供了对不同组织和不同发育阶段代谢转换的独特的调节方式。在临床检验中，检测血清中的LDH同工酶的电泳图谱，可以作为辅助疾病诊断的手段，例如心肌受损时血清LDH_1含量上升，肝细胞受损时LDH_5含量增高。同种动物的不同品种，其同工酶的电泳图谱不同，因此同工酶的电泳图谱可以作为品种鉴定的指标，对于遗传育种研究有一定的指导意义。

（五）变构酶

变构酶是一类重要的调节酶，其分子中除含有结合部位和催化部位外，还有调节部位（也称调节中心或变构部位）。调节部位可与调节物结合，改变酶分子的构象，并引起酶催化活性的改变。调节物又称效应物或别构剂，变构酶又称别构酶。

如果效应物的结合使酶与底物的亲和力或催化效率提高，则称为别构激活剂；反之，如果使酶与底物的亲和力或催化效率降低，则称为别构抑制剂。

一般而言，变构酶的效应物是小分子有机物，有的是底物。当效应物与酶分子的相应部位结合后，引起酶构象的改变而影响酶的催化活性，这种作用称为变构效应或别构调节作用。

变构酶一般位于反应途径的关键位置，控制整个反应途径的反应速率。很多反应的底物是变构酶的激活剂，通过变构调节可以避免底物过多的积累。另外，细胞可通过别构抑制的方式，及早调节整个反应途径的速率，减少不必要的底物消耗，这种调控对于维持细胞内的代谢平衡具有重要作用。

四、酶催化反应的机制

视频：酶的催化机理

（一）酶催化与分子活化能

酶和一般催化剂加速反应的机制都是降低反应的活化能。根据化学反应原理，一个化学反应能够进行，首先参与反应的分子要相互碰撞，但是仅有碰撞还不能保证反应的进行，只有那些处于活化状态的分子才能发生反应，就是反应分子必须具备足够的能量，即所具有的能量超过该反应所需的能阈的分子才能进行反应。底物分子由常态变成可反应的活化态所需要的能量称为活化能。显然，活化分子越多，反应速率越快。在酶促反应中，由于酶能够短暂地与反应物结合形成过渡态，从而降低了化学反应的活化能，这样只需要较少的能量就能使反应物进入活化态（图4-3）。所以与非酶促反应相比，活化态分子的数量大大增加，从而加快了反应速率。例如H_2O_2的分解，当没有催化剂时活化能为75.24 kJ/mol，用铂作为催化剂时，活化能仅为48.9 kJ/mol，而当有过氧化氢酶催化时，活化能下降到8.36 kJ/mol或以下。

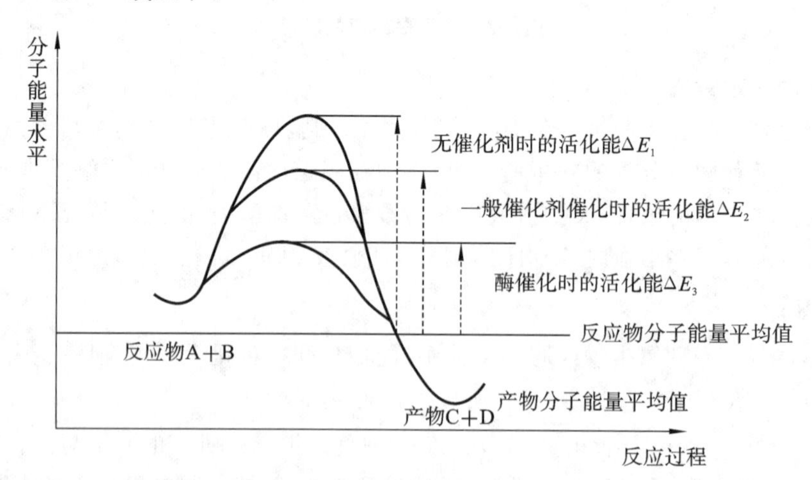

图4-3 酶和一般化学催化剂降低反应的活化能

由此可见，酶比一般催化剂降低活化能的幅度更大，即酶可以使更多的底物分子转变为活化态分子，因而酶促反应的效率更高。

（二）中间产物学说

酶如何降低反应的活化能？目前比较圆满的解释是"中间产物学说"。

设一反应 $\underset{\text{底物}}{S} \longrightarrow \underset{\text{产物}}{P}$ (1)

酶在催化此反应时，首先与底物结合成一个不稳定的中间产物(也称中间络合物)，然后中间产物再分解成产物和原来的酶。

$$E+S \rightleftharpoons ES \longrightarrow E+P \quad (2)$$

由于酶催化的反应(2)的能阈比没有酶催化的反应(1)要低，反应(2)所需的活化能也比反应(1)低，所以反应速率加快。

中间产物是客观存在的，但由于中间产物很不稳定，易迅速分解成产物，因此不易把它从反应体系中分离出来。随着分离技术的提高，有些中间产物已经成功分离得到，如D-氨基酸氧化酶与D-氨基酸结合而成的复合物已经被分离并结晶出来。

(三)诱导契合学说

我们已经知道，酶在催化化学反应时要和底物形成中间产物，但是酶和底物如何结合成中间产物？又如何完成其催化作用？关于这些问题有很多的假设。酶对它所作用的底物具有严格的选择性，它只能催化一定结构或一些结构相似的化合物发生反应。

Fisher认为酶和底物结合时，底物的结构必须与酶的活性中心的结构极为吻合，如同锁和钥匙一样紧密结合，形成中间产物，这就是"锁钥学说"(图4-4)。但是后来的研究发现，当底物与酶结合时，酶分子上的某些基团常发生明显的变化，此外无法解释可逆反应及酶对底物的相对专一性。因此，"锁钥学说"认为酶的结构固定不变是不切实际的。近年来，大量研究表明，酶和底物游离存在时，其形状并不精确互补，即酶的活性中心并不是僵硬的，而是具有一定柔性的结构。当底物与酶相遇时，可诱导酶蛋白的构象发生相应的变化，使酶的活性中心上相关的各个基团正确地排列和定向，这种适应性的变化更有利于酶和底物契合成中间产物，并引起底物发生反应，这就是"诱导契合学说"。应当说诱导是双向的，既有底物对酶的诱导，又有酶对底物的诱导，因此在酶与底物结合时两者结构都发生了变化。酶的契合学说是由D. E. Koshland于1958年提出的，成功解释了酶的各种特异性，现被大多数人接受(图4-4)。

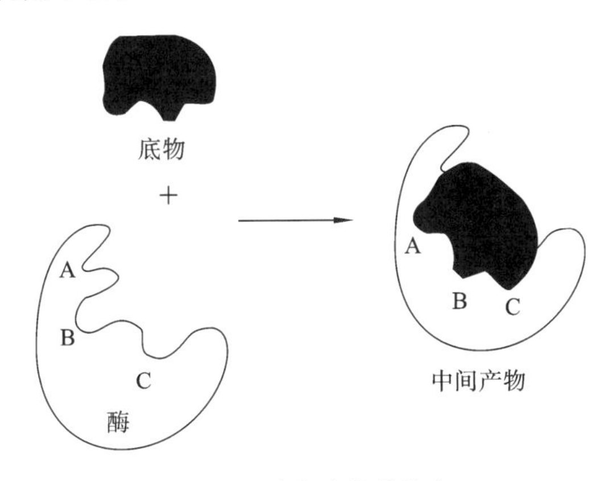

图4-4 酶和底物的结合

五、影响酶促反应的因素

由于酶多为蛋白质，凡能使蛋白质理化性质发生改变的理化因素都会影响酶的结构和功能。酶的活性中心是酶发挥催化作用的关键部位，凡是影响活性中心发挥作用的因素都会影响酶的催化活性，进而影响酶促反应速度。酶促反应速度受许多因素的影响，这些因素主要包括底物浓度、酶浓度、pH、温度、激活剂和抑制剂等。

(一)底物浓度对酶促反应速率的影响

在酶浓度及其他条件不变的情况下，底物浓度的变化对酶促反应速率的影响呈矩形双曲线。在底物浓度较低时，反应速率随底物浓度的增加而增加，两者成正比例关系，反应为一级反应；当底物

浓度较高时，反应速率虽然也随底物的增加而增加，但反应速率不再成正比增加，反应速率增加的幅度不断下降；当底物浓度增加到一定程度时，反应速率趋于恒定，继续增加底物浓度，反应速率不再增加，达到极限，此时的反应速率称为最大反应速率，表现为零级反应，说明酶的活性中心已被底物饱和。所有的酶都有饱和现象，只是达到饱和时所需的底物浓度不相同而已。

酶促反应速率与底物浓度之间的变化关系，反映了酶-底物中间产物的形成与生成产物的过程，$E+S \rightleftharpoons ES \longrightarrow E+P$，即中间产物学说。在底物浓度很低时，酶的活性中心没有全部与底物结合，增加底物浓度，中间产物的形成与产物的生成均成正比地增加；当底物增加至一定浓度时，酶全部形成中间产物，此时再增加底物浓度，中间产物也不会增加，反应速率趋于恒定。

1. 米-曼氏方程式

为了解释底物浓度与反应速率的关系，1913 年 L. Michaelis 与 M. L. Menten 将图 4-5 归纳为反应速率与底物浓度的数学表达式——米-曼氏方程式：

$$v=\frac{v_{max}[S]}{K_m+[S]}$$

式中，v 表示反应初速率；[S]表示底物浓度；v_{max} 表示反应的最大速率；K_m 表示米氏常数。

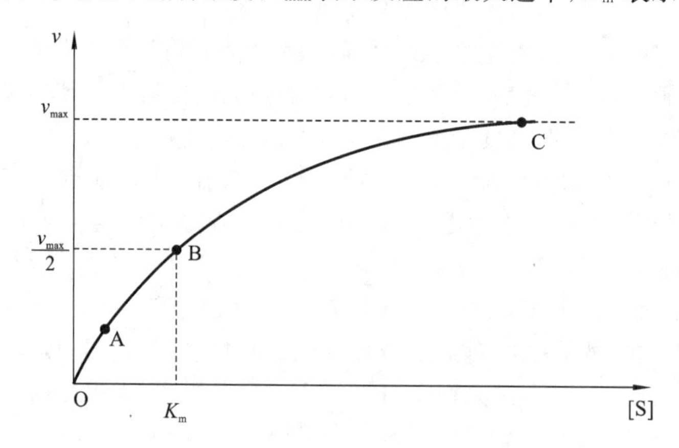

图 4-5　底物浓度对酶促反应速率的影响

2. K_m 的意义

(1)当酶促反应速率为最大反应速率一半时，即 $v=\frac{1}{2}v_{max}$，米氏常数与底物浓度相等。

$$\frac{1}{2}v_{max}=\frac{v_{max}[S]}{K_m+[S]}$$

即

$$K_m=[S]$$

K_m 为酶促反应速率是最大反应速率一半时的底物浓度(单位为 mol/L)，是酶的特征性常数之一，通常只与酶的性质、酶所催化的底物和反应环境(如温度、离子强度、pH 等)有关，而与酶的浓度无关。每一种酶都有其特定的 K_m，测定酶的 K_m 可作为鉴别酶的一种手段，但必须在指定的实验条件下进行。

(2)K_m 可用来近似地表示酶与底物的亲和力。K_m 越小，表明达到最大速率一半时所需要的底物浓度越小，即酶对底物的亲和力越大，反之，亲和力越小。因此，对于具有相对专一性的酶，作用于多个底物时，具有最小 K_m 的底物，为该酶的最适底物或天然底物。

(3)催化可逆反应的酶，当正反应和逆反应 K_m 不同时，可以大致推测该酶正逆两方向反应的效率，K_m 小的反应方向为该酶催化的优势方向。

(4)在有多个酶催化的系列反应中，确定各种酶的 K_m 及相应底物浓度，有助于判断代谢过程中的限速步骤。在多个底物浓度相当时，K_m 大的酶就是限速酶，相应的步骤就是限速步骤。

(5)测定不同的抑制剂对某一酶 K_m 及 v_{max} 的影响，可帮助判断该抑制剂是此酶的竞争性抑制剂还是非竞争性抑制剂。

3. v_{max} 的含义

v_{max} 是酶完全被底物饱和时的反应速率，与酶浓度成正比。

（二）酶浓度对酶促反应速率的影响

酶促反应体系中，在底物浓度足以使酶饱和的情况下，酶促反应速率与酶浓度成正比例关系，即酶的浓度越高，反应的速率越快（图 4-6）。但是，该正比关系是有条件的，一是底物浓度足够大；二是使用的必须是纯酶制剂，或不含抑制剂、激活剂或失活剂的粗酶制剂。

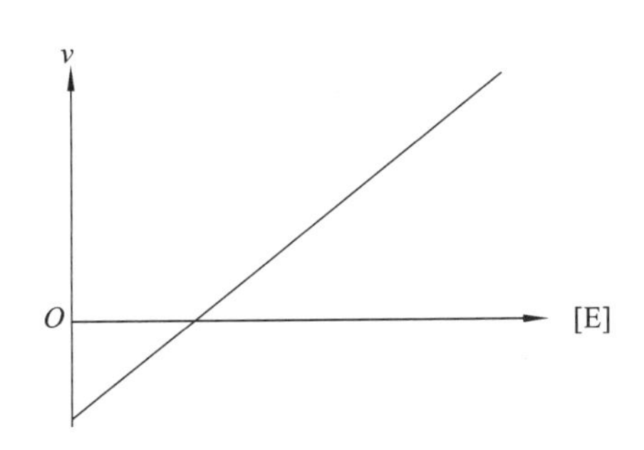

图 4-6　酶的浓度与反应速率的关系

（三）温度对酶促反应速率的影响

化学反应速率受温度变化的影响，温度过低会抑制酶的活性，温度过高可引起酶蛋白变性失活，因此，温度对酶促反应速率具有双重影响。在较低温度范围内，随着温度的升高，酶的活性逐渐增加，直至达到最大反应速率。温度升高到 60 ℃以上时，大多数酶开始变性；升高到 80 ℃时，多数酶的变性不可逆转，反应速率因酶的变性而降低，高温灭菌就是利用这一原理。综合以上两种因素，将酶促反应速率达到最快时的环境温度称为酶促反应的最适温度。动物组织中酶的最适温度一般为 35～40 ℃，环境温度低于最适温度时，升温加快反应速率这一效应发挥主导作用，温度每升高 10 ℃，反应速率可加快 2～4 倍（图 4-7）。

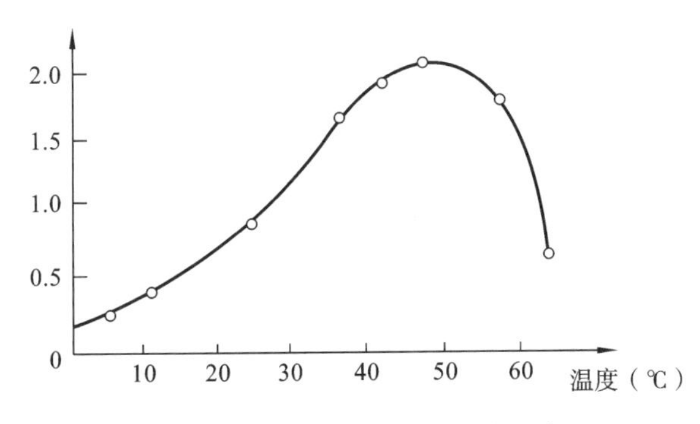

图 4-7　温度对淀粉酶活性的影响

低温条件下，由于分子碰撞的机会少，酶难以发挥催化作用，酶活性处于抑制状态，但是低温一般不破坏酶的空间结构，一旦温度回升，酶即可恢复活性，所以酶制剂和酶检测标本（如血清、血浆等）应低温保存。另外，低温麻醉主要是通过低温降低酶活性，以减慢组织细胞代谢速率，提高机体在手术过程中对氧和营养物质缺乏的耐受性。酶的最适温度不是酶的特征常数，常受到其他条件，如底物、作用时间、pH、抑制剂等的影响。酶可以在短时间内耐受较高的温度，若延长反应时间，酶的最适温度就会降低。据此，在生化检验中，可以采取升温并缩短反应时间的方法，进行酶的快速检测诊断。

（四）pH 对酶促反应速率的影响

酶促反应介质的 pH 会影响酶分子的结构，特别是影响酶的活性中心上必需基团的解离状态，同时也会影响底物和辅酶（如 NAD^+、HSCoA、氨基酸等）的解离程度，从而影响酶与底物的结合。

Note

只有在一定 pH 范围内,酶、底物和辅酶的解离状态适宜它们之间互相结合,酶促反应速率才能达到最大值,因此,pH 的改变对酶的催化作用影响很大(图 4-8),酶催化活性最大时的环境 pH 称为酶促反应的最适 pH。最适 pH 不是酶的特征常数,它受底物浓度、缓冲液的种类与浓度以及酶的纯度等因素的影响。溶液 pH 值高于或低于最适 pH,酶的活性都降低,酶促反应速率均减慢,过酸或过碱甚至会导致酶的变性失活,每一种酶都有其最适 pH。生物体内大多数酶的最适 pH 接近中性,但也有例外,例如胃蛋白酶的最适 pH 约为 1.8,肝细胞内的精氨酸酶的最适 pH 约为 9.8。实践中用酸性溶液配制胃蛋白酶合剂,就是依据这一特点。此外,同一种酶催化不同的底物时,最适 pH 也会稍有变化。pH 影响酶活力的原因可能为:①过酸或过碱会影响酶蛋白的构象,甚至会使酶变性失活;②pH 改变不剧烈时,酶虽不变性,但其活力受影响,因为 pH 会影响底物分子和酶分子的解离状态,也可能影响中间产物的解离状态;③pH 影响反应体系中另一些基团的解离,而这些基团的离子化状态与酶的专一性及酶的活性中心的构象有关。

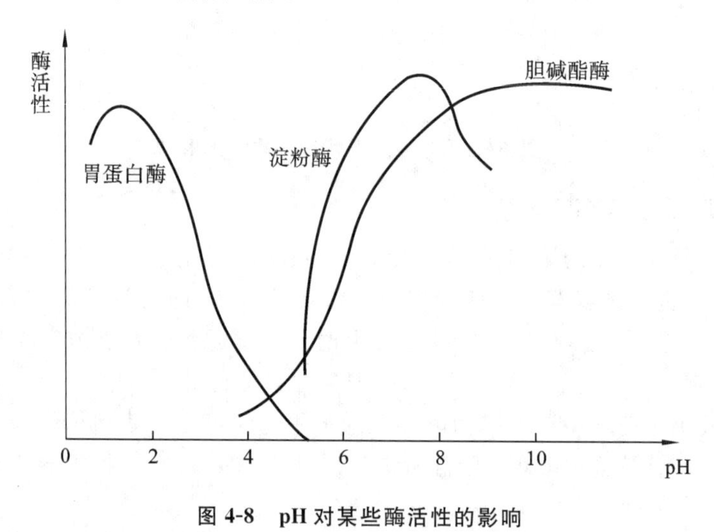

图 4-8　pH 对某些酶活性的影响

(五)激活剂对酶促反应速率的影响

使酶由无活性变为有活性或使酶活性增加的物质称为酶的激活剂。激活剂对酶促反应速率的影响,主要通过对酶的激活或对酶原的激活来实现。酶的激活是使已具有活性的酶的活性增加,酶原的激活是使无活性的酶原变成有活性的酶。激活剂包括无机离子、简单的有机物和蛋白质类物质。最常见的激活剂 Cl^- 是唾液淀粉酶最强的激活剂。金属离子如 Na^+、Mg^{2+}、K^+、Cu^{2+}、Zn^{2+}、Fe^{2+} 等,既是许多酶的辅助因子,也是酶的激活剂。还原剂能激活某些酶,使酶分子中的二硫键还原成有活性的巯基,从而提高酶的活性,如抗坏血酸、半胱氨酸、还原型谷胱甘肽等。螯合剂如 EDTA(乙二胺四乙酸)等可螯合金属,解除重金属对酶的抑制作用。蛋白质类激活剂使无活性的酶原变成有活性的酶(酶原激活)。

激活剂对酶的作用是相对的,即一种激活剂对某种酶起激活作用,而对另一种酶可能起抑制作用;另外,激活剂的浓度对其作用也有影响,即同一种激活剂若浓度过高,可以从激活作用转为抑制作用。

(六)抑制剂对酶促反应速率的影响

在酶促反应中,凡是能有选择性地使酶活性降低或丧失,但是不能使酶蛋白变性的物质统称为酶的抑制剂。无选择性地引起酶蛋白变性,使酶活性丧失的理化因素,不属于抑制剂。抑制剂的种类也很多,如有机磷及有机汞化合物、重金属离子、氰化物、磺胺类药物等。抑制剂会降低酶活性,但不引起酶蛋白变性的作用称为抑制作用。根据抑制剂与酶的作用是否可逆,酶的抑制作用可分为不可逆性抑制作用和可逆性抑制作用两类。

1. 不可逆性抑制作用

抑制剂通常以共价键与酶的活性中心上的必需基团结合，使酶活性丧失，而且不能用透析、超滤等物理方法使酶恢复活性，这种抑制作用称为不可逆性抑制作用。这种抑制作用只能靠某些药物才能解除，从而使酶恢复活性。不可逆性抑制剂有以下种类。

(1)有机磷化合物：农药敌百虫(美曲膦酯)、敌敌畏(DDVP)、内吸磷等，它们都能专一性地与胆碱酯酶的活性中心丝氨酸残基的羟基(—OH)结合，抑制胆碱酯酶的活性。通常把这些能够与酶的活性中心的必需基团共价结合，从而抑制酶活性的抑制剂称为专一性抑制剂。

$$(RO)(R'O)P(=O)X + HO{-}E \longrightarrow (RO)(R'O)P(=O)OE + HX$$

有机磷化合物　羟基酶　　失活的酶　　酸

胆碱酯酶催化乙酰胆碱水解，它是一种羟基酶，有机磷化合物中毒时，使酶的羟基磷酰化，从而使酶活性受到抑制，造成神经末梢分泌的乙酰胆碱不能及时水解而造成堆积，使迷走神经兴奋而出现中毒症状，甚至造成动物死亡。临床上常采用解磷定治疗有机磷化合物中毒。解磷定与磷酰化羟基酶的磷酰基结合，使羟基酶游离，从而解除有机磷化合物对酶的抑制作用，使酶恢复活性。

(2)有机汞、有机砷化合物：这类化合物与酶分子中半胱氨酸残基的巯基作用，抑制含巯基的酶。由于这些抑制剂所结合的巯基并不局限于酶的活性中心的必需基团，所以此类抑制剂又称为非专一性抑制剂。化学毒剂路易氏气是一种含砷的化合物，它能抑制体内的巯基酶的活性而使人畜中毒。这类抑制剂可以通过加入过量巯基类化合物如半胱氨酸、还原型谷胱甘肽(GSH)或二巯基丙醇而解除。

$$Cl_2As{-}CH{=}CHCl + E(SH)_2 \longrightarrow E(S)_2As{-}CH{=}CHCl + 2HCl$$

路易氏气　　巯基酶　　失活的酶　　酸

(3)重金属盐：含 Pb^{2+}、Hg^{2+}、Cu^{2+}、Fe^{2+}、Ag^{+} 的重金属盐在高浓度时会使酶蛋白变性失活，而在低浓度时会对某些酶的活性产生抑制作用，通常选用金属螯合剂，如利用 EDTA 螯合剂除去有害的金属离子，恢复酶的活性。

(4)氰化物、硫化物和 CO：这类化合物能与酶分子中金属离子(辅助因子)形成较为稳定的络合物，使酶的活性受到抑制。如氰化物(CN^{-})作为剧毒物质与细胞色素氧化酶等含铁卟啉的酶中 Fe^{2+} 络合，阻断了电子传递，阻止细胞进行内呼吸。

(5)烷化试剂：这类试剂往往含有一个活泼的卤素原子，如碘乙酸、2,4-二硝基氟苯等，能与巯基、氨基、羧基、咪唑基等基团作用。常用碘乙酸等作为鉴定酶中是否存在巯基的特殊试剂。

2. 可逆性抑制作用

这类抑制剂通常以非共价键与酶可逆性结合，使酶活性降低或丧失，用透析或超滤等物理方法可将抑制剂除去，从而恢复酶的活性。根据抑制剂与底物的关系，可逆性抑制作用可分为以下三种类型。

(1)竞争性抑制作用。竞争性抑制剂(I)与酶(E)的正常底物(S)有相似的结构，因此它与底物分子竞争性地结合到酶的活性中心，从而阻碍了酶与底物结合形成中间产物，这种抑制作用称为竞争性抑制作用。竞争性抑制作用具有以下特点：①抑制剂在化学结构上与底物分子相似，两者竞争同一酶的活性中心；②抑制剂与酶的活性中心结合后，酶分子失去催化作用；③竞争性抑制作用的强弱，取决于抑制剂与底物的相对浓度，抑制剂浓度不变时，通过增加底物浓度可以减弱，甚至解除竞争性抑制作用；④酶既可以结合底物分子也可以结合抑制剂，但不能与两者同时结合。E、S、I 及其

Note

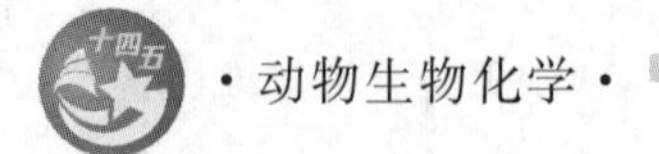

催化反应的关系如下式。

$$
\begin{array}{l}
E+S \rightleftharpoons ES \longrightarrow E+P \\
+ \\
I \\
\Updownarrow \\
EI
\end{array}
$$

应用竞争性抑制作用的原理可阐明某些药物的作用机制。如磺胺类药物和磺胺增效剂，便是通过竞争性抑制作用抑制细菌生长的。对磺胺类药物敏感的细菌在生长繁殖时，不能利用环境中的叶酸，而是在菌体内二氢叶酸合成酶的作用下，利用对氨基苯甲酸（PABA）、二氢蝶呤及谷氨酸，合成二氢叶酸（FH_2），后者在二氢叶酸还原酶的作用下，进一步还原成四氢叶酸（FH_4），四氢叶酸是细菌合成核酸过程中不可缺少的辅酶。磺胺类药物与对氨基苯甲酸结构相似，是二氢叶酸合成酶的竞争性抑制剂，可以抑制二氢叶酸的合成；磺胺增效剂（甲氧苄啶，TMP）与二氢叶酸结构相似，是二氢叶酸还原酶的竞争性抑制剂，可以抑制四氢叶酸的合成。

$$
\left.\begin{array}{r}\text{对氨基苯甲酸}\\ \text{二氢蝶呤}\\ \text{谷氨酸}\end{array}\right\}\xrightarrow[\text{磺胺类药物}(-)]{\text{二氢叶酸合成酶}}\text{二氢叶酸}\xrightarrow[\text{TMP}(-)]{\text{二氢叶酸还原酶}}\text{四氢叶酸}
$$

对氨基苯甲酸与磺胺类药物的化学结构式如下。

NH_2—⟨苯环⟩—COOH　　　　NH_2—⟨苯环⟩—SO_2NHR

对氨基苯甲酸　　　　磺胺类药物

磺胺类药物和磺胺增效剂分别在两个作用点，竞争性抑制细菌体内二氢叶酸的合成及四氢叶酸的合成，影响一碳单位的代谢，从而有效抑制了细菌体内核酸及蛋白质的生物合成，导致细菌死亡。人体能从食物中直接获取叶酸，所以人体内四氢叶酸的合成不受磺胺类药物和磺胺增效剂的影响。

许多抗癌药物，如氨甲蝶呤（MTX）、5-氟尿嘧啶（5-FU）、6-巯基嘌呤（6-MP）等，几乎都是酶的竞争性抑制剂，它们分别抑制四氢叶酸、脱氧嘧啶核苷酸及嘌呤核苷酸的合成，可以抑制肿瘤细胞的生长。

（2）非竞争性抑制作用。非竞争性抑制剂与酶的活性中心外的其他位点可逆性地结合，它使酶的空间结构改变，导致酶的催化活性降低，此种结合不影响酶与底物分子的结合，酶与底物分子的结合也不会影响酶与抑制剂的结合，即底物与抑制剂之间无竞争关系，但酶-底物-抑制剂复合物（ESI）不能进一步释放产物，这种抑制作用称为非竞争性抑制作用。典型的非竞争性抑制作用的反应过程如下。

$$
\begin{array}{ccc}
E+S & \rightleftharpoons ES & \longrightarrow E+P \\
+ & + & \\
I & I & \\
\Updownarrow & \Updownarrow & \\
EI+S & ESI &
\end{array}
$$

抑制作用的强弱取决于抑制剂的浓度，此种抑制作用不能通过增加底物浓度来减弱或消除。图4-9可说明竞争性抑制与非竞争性抑制的区别。例如，毒毛花苷G抑制细胞膜上Na^+-K^+-ATP酶活性就是以非竞争性抑制方式进行的。

Note

（3）反竞争性抑制作用。抑制剂不与酶结合，仅与酶和底物分子形成的中间产物结合，使中间产

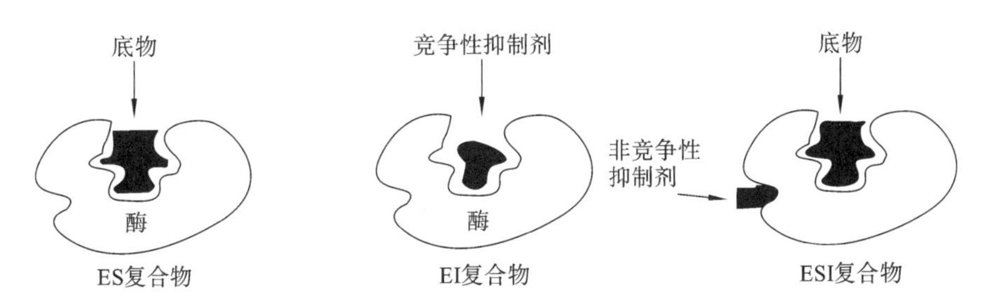

图 4-9　竞争性抑制与非竞争性抑制的作用机制

物 ES 的量下降，即 $ES+I \longrightarrow ESI$。当 ES 与 I 结合后，ESI 不能分解成产物，酶的催化活性被抑制。在反应体系中存在反竞争性抑制剂时，不仅不排斥 E 和 S 的结合，反而会增加二者的亲和力，这与竞争性抑制作用相反，故称为反竞争性抑制作用。例如，肼类化合物抑制胃蛋白酶就是反竞争性抑制，其抑制作用的反应过程如下。

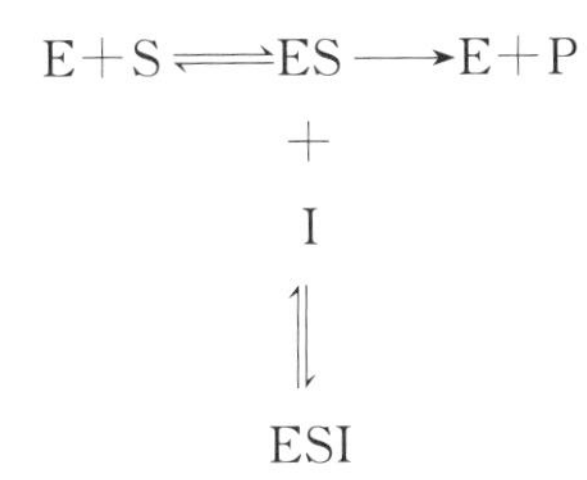

六、维生素与辅酶

（一）维生素的概念

维生素是一类小分子有机物，动物体内不能合成或只能少量合成，它既不是生物体的能源物质，也不是结构物质，但却是维持细胞正常功能所必需的，尽管需要量极少，但缺乏时会引起相应的疾病，每天必须通过食物摄取。

维生素的生理功能：主要是对新陈代谢过程起调节作用。多数维生素是辅酶或辅基的组分，参与相应的生化反应，所以机体一旦缺少某种维生素时，会造成新陈代谢过程发生障碍，继而生物不能正常生长发育，就会出现相应的维生素缺乏症。例如，动物患维生素 A 缺乏症的表现是精神不振、生长停滞和食欲减退、步态不稳、夜盲、眼角膜干。但是，过量或不恰当地食用维生素，对身体也是有害的。

（二）维生素的分类

维生素通常按溶解性不同分为水溶性维生素和脂溶性维生素两大类。

（1）脂溶性维生素：不溶于水而溶于脂类的称为脂溶性维生素，包括维生素 A、维生素 D、维生素 E、维生素 K 等。脂溶性维生素的共同特点：①分子中仅含有碳、氢、氧三种元素；②不溶于水，而溶于脂肪及脂溶剂；③脂溶性维生素的吸收与脂肪有关，在肠道吸收时随脂肪经淋巴系统吸收，任何增加脂肪吸收的措施，均可增加脂溶性维生素的吸收，若饮食中缺乏脂肪，脂溶性维生素的吸收率下降；④脂溶性维生素有相当数量储存在动物机体的脂肪组织中；⑤动物缺乏时，有特异的缺乏症，但短期缺乏不易表现出临床症状；⑥未被消化吸收的脂溶性维生素，经胆汁作用后随粪便排出体外，但排泄较慢，过多会出现中毒症状或妨碍与其有关养分的代谢，尤其是维生素 A 和维生素 D_3；⑦易受光、热、湿、酸、碱、氧化剂等影响而失效；⑧维生素 K 可在肠道经微生物合成，动物皮肤中的 7-脱氢胆固醇可经紫外线照射转变为维生素 D_3，动物体不能合成维生素 A 和维生素 E，故均需从外界摄入。

（2）水溶性维生素：溶于水的维生素称为水溶性维生素，包括 B 族维生素和维生素 C。水溶性维生素的共同特点：①溶于水，而不溶于脂肪及脂溶剂；②不易在体内贮存，摄入过量时，将随尿液排出；③摄入过多时，一般无明显中毒表现，但可干扰其他营养素的代谢；④绝大多数水溶性维生素缺乏时症状出现较快，故必须每天经膳食摄入；⑤当组织中维生素耗竭时，摄入的维生素被组织利用，从尿液中排出减少，故可利用尿负荷试验鉴定其营养水平。

还有一种维生素称为硫辛酸，其氧化型是脂溶性的，而还原型为水溶性的。

1. 维生素 A

（1）化学本质。维生素 A 又称抗干眼病维生素，为脂溶性维生素，包括维生素 A_1（视黄醇）和维生素 A_2（3-脱氢视黄醇），两者均为二十碳含白芷酮环的多烯烃一元醇。维生素 A_1 和维生素 A_2 的差别仅为后者在 3′与 4′碳原子之间多了一个双键。它们的化学结构式如下。

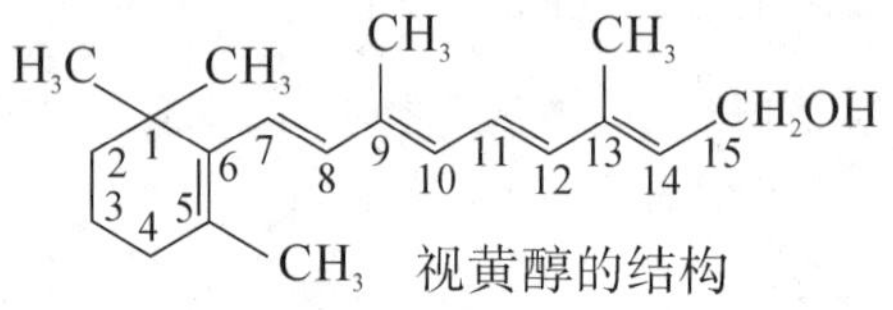

视黄醇的结构

维生素A_1（视黄醇）

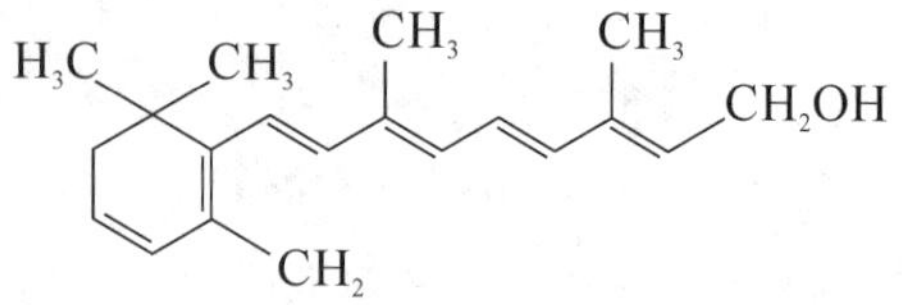

维生素A_2（3-脱氢视黄醇）

植物（如胡萝卜、菠菜、甘薯）中所含的胡萝卜素，在人体内经肠壁或肝中的胡萝卜素酶的作用，可以转化为维生素 A。转化过程如下。

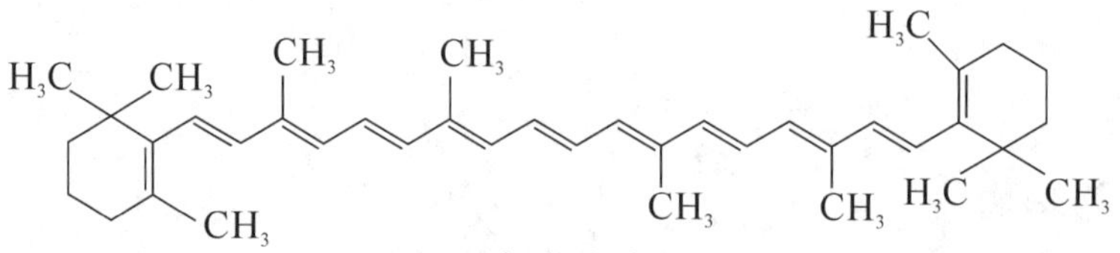

β-胡萝卜素

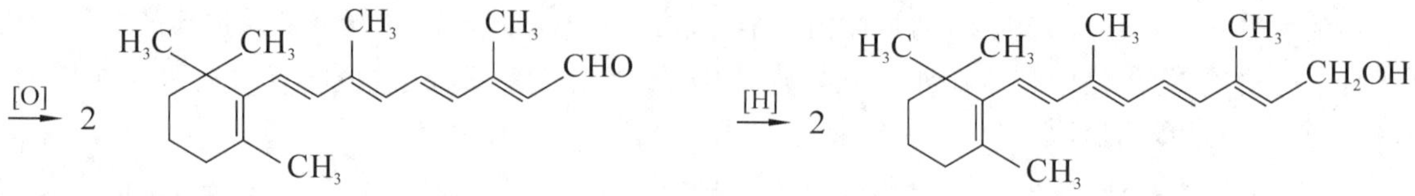

维生素A醛

维生素A

（2）生理功能。维生素 A 影响许多细胞内的新陈代谢过程，在视网膜的视觉反应中有特殊的作用，而维生素 A 醛（视黄醛）在视觉过程中起重要作用。视网膜中有感强光和感弱光的两种细胞，感弱光的细胞中含有一种色素称为视紫红质，它是在黑暗的环境中由顺视黄醛和视蛋白结合而成的，在遇光时则会分解成反视黄醛和视蛋白，并引起神经冲动，传入中枢产生视觉。视黄醛在体内不断被消耗，需要维生素 A 加以补充。

（3）缺乏症。动物体内缺少维生素 A 的典型症状是上皮细胞发生角化作用，使动物在弱光情况下视力减退，这就是夜盲症产生的原因。幼小动物生长期维生素 A 供应不足时会延缓生长，骨骼发育不正常。

（4）存在范围。维生素 A 主要存在于动物肝、未脱脂乳及其制品、蛋类等食物。植物性食物中的类胡萝卜素在肠壁内能转变为维生素 A，因此含 β-胡萝卜素的植物性食物如菠菜、青椒、韭菜、胡萝卜、南瓜等也是动物体补充维生素 A 的来源。

2. 维生素 D

（1）化学本质。维生素 D 又称抗佝偻病维生素，是类固醇衍生物，有 4 种有效成分，其中维生素 D_2（麦角钙化醇）和维生素 D_3（胆钙化醇）的生物活性较高，二者的结构十分类似，维生素 D_2 在侧链上比维生素 D_3 多一个甲基和一个双键。维生素 D 为无色晶体，不溶于水，但溶于油脂及脂溶性溶剂，相当稳定，不易被酸、碱或氧化所破坏。它的化学结构式如下。

维生素D_2　　维生素D_3

(2)生理功能。主要是调节钙、磷代谢，但现已清楚维生素 D 本身并不具有调节钙、磷代谢的作用，需在体内代谢成 $1,25\text{-}(OH)_2\text{-}D_3$ 后，才能对钙、磷代谢起调节作用。$1,25\text{-}(OH)_2\text{-}D_3$ 是维生素 D 的活性形式。维生素 D 第一次羟化生成 $25\text{-}OH\text{-}D_3$，在肝中进行，然后再在肾中进行第二次羟化，生成 $1,25\text{-}(OH)_2\text{-}D_3$。后者由血液中维生素 D 结合蛋白运送到靶器官，如小肠黏膜、骨、肾细胞，与这些细胞的核内特异受体结合，激活钙结合蛋白基因，所以 $1,25\text{-}(OH)_2\text{-}D_3$ 已被认为是一种激素，对钙、磷代谢起调节作用。酵母的麦角固醇和人、脊椎动物皮肤的 7-脱氢胆固醇经紫外光照射，可分别生成维生素 D_2 和维生素 D_3，两者有相同的生理功能，但维生素 D_3 的生物学活性强于维生素 D_2。

(3)缺乏症。维生素 D 缺乏会导致钙、磷代谢失常，影响骨质形成，导致佝偻病。

(4)存在范围。鱼肝油、肝、蛋黄中富含维生素 D，日光照射皮肤可制造维生素 D_3。

3. 维生素 E

(1)化学本质。维生素 E 又称生育酚(抗不育维生素)，其化学结构为异戊二烯的 6-羟基苯并二氢吡喃环的衍生物。天然存在的维生素 E 有 7 种，其中生物活性最强的是 α-生育酚，为淡黄色无臭无味的油状物，不溶于水，溶于油脂，耐热、耐酸并耐碱，极易被氧化，可作抗氧化剂。它的化学结构式如下。

维生素E（α-生育酚）

(2)生理功能。主要表现在两个方面：第一，与动物生育有关；第二，维生素 E 具抗氧化作用，它是动物体内一类重要的过氧化自由基的清除剂，保护生物膜磷脂和血浆脂蛋白中的多不饱和脂肪酸免遭过氧化自由基的破坏。维生素 E 是一种断链抗氧化剂，阻断酯类过氧化链式反应的产生与扩展，从而保护细胞膜的完整性。

(3)缺乏症。在缺乏维生素 E 时，过氧化自由基(ROO·)可与多不饱和脂肪酸(RH)反应，生成有机过氧化物(ROOH)与新的有机自由基(R·)。R·经氧化又生成新的过氧化自由基，于是形成一条过氧化自由基生成的锁链，使自由基的损伤作用进一步放大。维生素 E 缺乏时，雌性鼠胚胎胎盘萎缩，易流产，雄性鼠出现睾丸萎缩、精子活动能力减退，小鸡的脉管出现异常。

(4)存在范围。1938 年卡勒等成功人工合成 α-生育酚。在自然界，维生素 E 广泛分布于动植物油脂、蛋黄、牛奶、水果、莴苣叶等食物中，在麦胚油、玉米油、花生油、棉籽油中含量丰富。

动物体内不能合成维生素 E，所需的维生素 E 都从食物中获得。维生素 E 主要用于防治不育症和习惯性流产。维生素 E 作为一种抗衰老药物，对延缓衰老有一定作用。由于维生素 E 是一种抗氧化剂，在浓缩鱼肝油中略加维生素 E，可保护鱼肝油中的维生素 A 不被氧化破坏，以延长维生素 A 的储存期。

4. 维生素 K

(1)化学本质。维生素 K 又称凝血维生素，是具有异戊烯类侧链的萘醌化合物，自然界存在维生素 K_1 和维生素 K_2 两种。维生素 K_3 为人工合成的化合物，可作为维生素 K_1 和维生素 K_2 的代用品，它们的结构式如下。

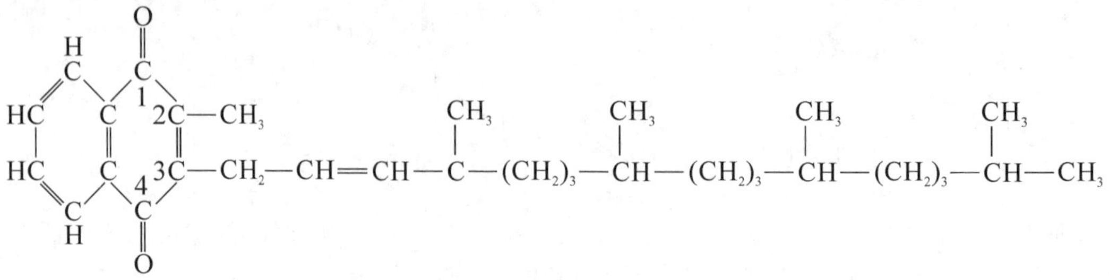

维生素K_1

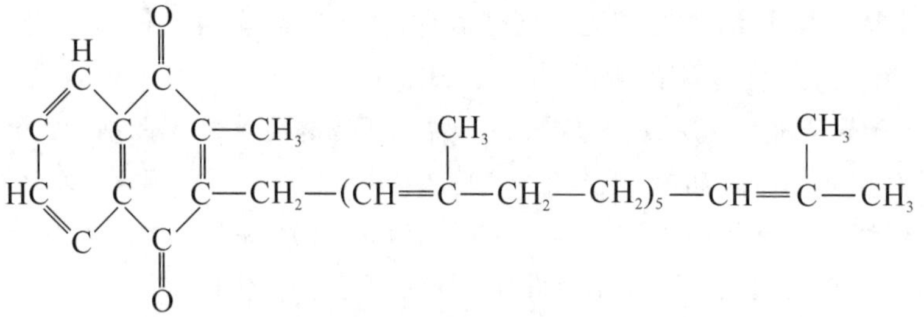

维生素K_2

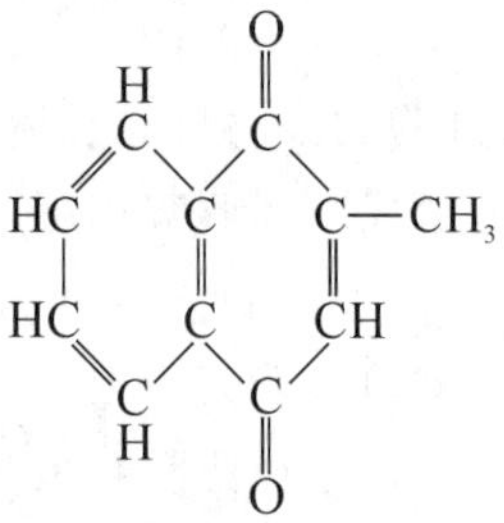

维生素K_3

(2)生理功能。维生素 K 是谷氨酸 γ-羧化酶的辅酶，可参与骨钙素中谷氨酸的 γ 位羧化，从而促进骨矿盐沉积，促进骨的形成。

(3)缺乏症。当口服抗生素造成肠道菌谱紊乱或胆汁分泌障碍(如阻塞性黄疸)使脂肪吸收不良的情况下，可发生维生素 K 缺乏，维生素 K 缺乏表现为凝血过程出现障碍，凝血时间延长。

(4)存在范围。由于绿叶蔬菜含有丰富的维生素 K_1，所以植物性食物是维生素 K_1 的主要来源。

5. 维生素 B_1 与辅酶

(1)化学本质。维生素 B_1 由含硫的噻唑环和含氨基的嘧啶环组成，故称为硫胺素。维生素 B_1 为无色结晶，溶于水，在酸性溶液中很稳定，在碱性溶液中不稳定，易被氧化，不受热。一般使用的维生素 B_1 都是化学合成的硫胺素盐酸盐。维生素 B_1 在体内经硫胺素激酶催化，可与 ATP 作用转变成焦磷酸硫胺素(TPP)。

化学结构式如下：

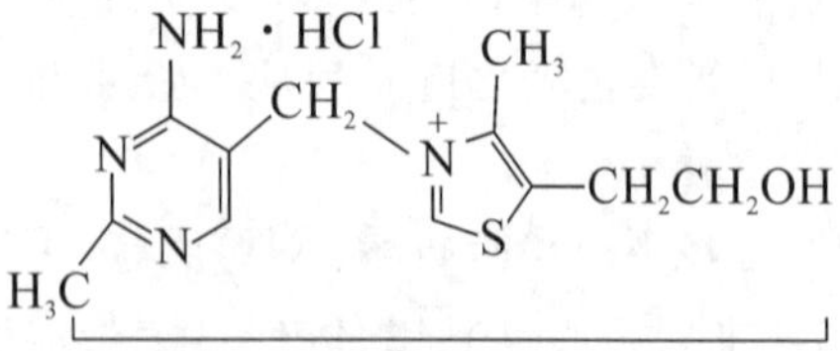

维生素B_1(硫胺素)盐酸盐

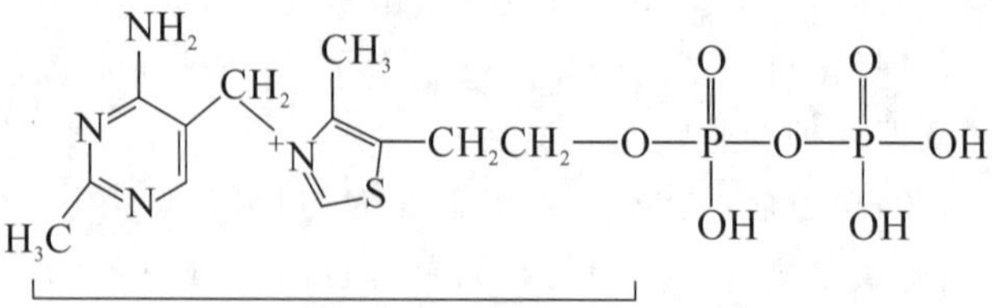

硫胺素(维生素B_1)

焦磷酸硫胺素(TPP)

(2)辅酶(TPP)。TPP 是催化丙酮酸或 α-酮戊二酸氧化脱羧反应的辅酶，所以又称羧化辅酶。在反应中，丙酮酸在丙酮酸脱氢酶系的催化下，经过脱羧、脱氢而生成乙酰辅酶 A 进入三羧酸循环。整个反应中除 TPP 外还需要硫辛酸、CoA、NAD 和 FAD 等多种辅酶参与(详见糖代谢模块)。

(3)缺乏症。人类缺乏维生素 B_1 会表现多发性神经炎，典型的缺乏症为脚气病。动物一般很少出现维生素 B_1 缺乏症，缺乏后会导致猪心肌坏死、公鸡发育障碍、母鸡卵巢萎缩等。

6. 维生素 B_2 与辅酶

(1)化学本质。维生素 B_2 是一种含有核糖醇基的黄色物质，故又称核黄素，其化学本质为核糖醇与7,8-二甲基异咯嗪的缩合物。维生素 B_2 为黄色针状晶体，味苦，微溶于水，极易溶于碱性溶液。水溶液呈黄绿色荧光，对光不稳定。化学结构式如下。

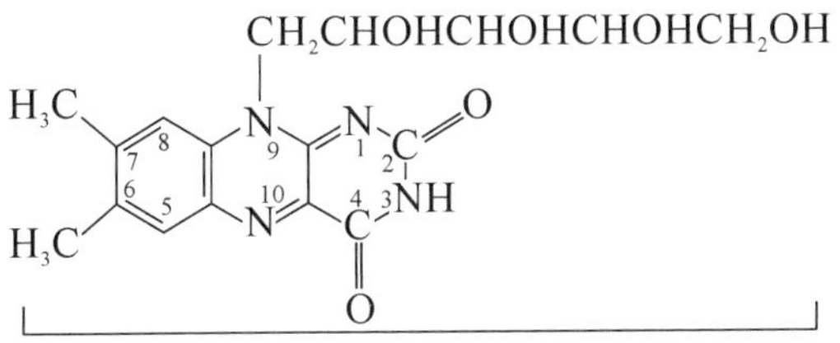

核黄素（维生素 B_2）

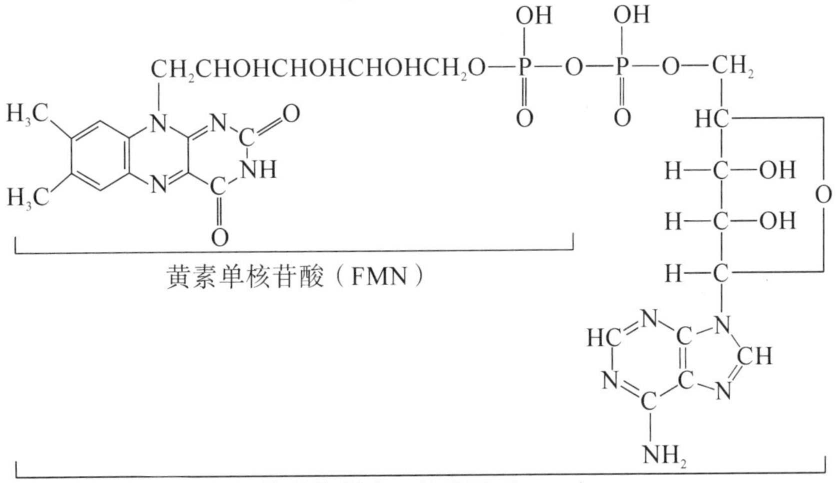

黄素单核苷酸（FMN）

黄素腺嘌呤二核苷酸（FAD）

(2)辅基(FMN/FAD)。在生物体内维生素 B_2 以黄素单核苷酸(FMN)和黄素腺嘌呤二核苷酸(FAD)的形式存在，它们是多种氧化还原酶(黄素酶)的辅基，一般与酶蛋白结合较紧，不易分开，可参与氧化过程中氢的传递作用。

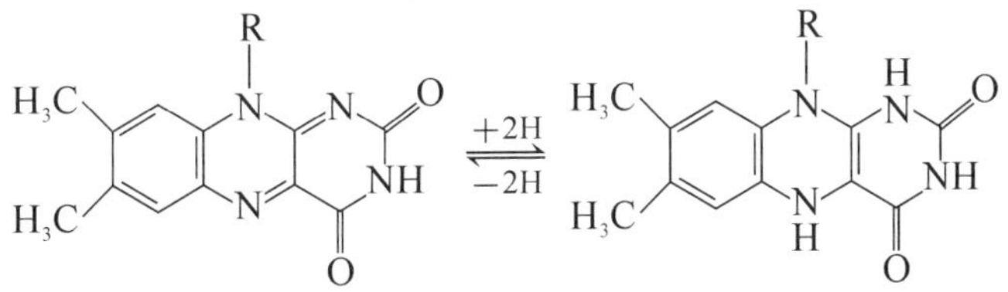

不同的R可分别表示FMN或FAD　　$FMNH_2$ 或 $FADH_2$

简化式如下：

$$FMN \underset{2H}{\overset{+2H}{\rightleftharpoons}} FMNH_2$$

$$FAD \underset{-2H}{\overset{+2H}{\rightleftharpoons}} FADH_2$$

(3)缺乏症。缺乏维生素 B_2 主要体现在皮肤、黏膜和神经系统的变化方面，不同种类动物表现不同，主要引发口角炎、眼睑炎等。

7. 泛酸与辅酶

(1)化学本质。维生素 B_3 又称为泛酸，是由 β-丙氨酸与 α，γ-二羟-β-β-二甲基丁酸缩合而构成的有机酸，因其广泛存在于动植物组织，故称为泛酸或遍多酸，其结构式如下。

Note

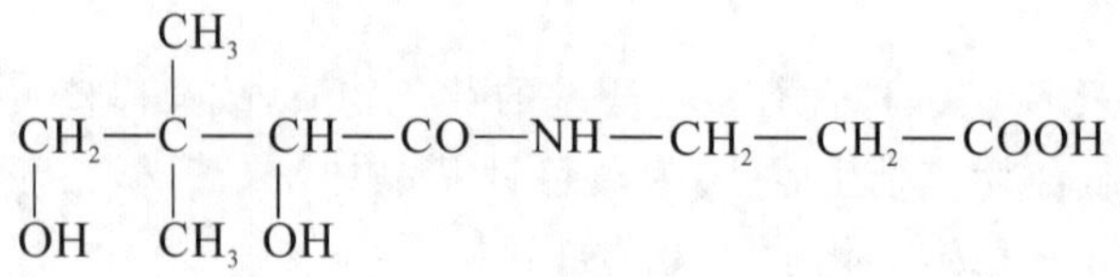

$$\begin{array}{c} \qquad\quad CH_3 \\ \qquad\quad | \\ CH_2—C—CH—CO—NH—CH_2—CH_2—COOH \\ |\qquad\ \ |\qquad\ \ | \\ OH\quad\ CH_3\ \ OH \end{array}$$

泛酸

(2)辅酶。泛酸进入机体内与巯基乙胺和3′-磷酸腺苷和5′-焦磷酸结合，组成辅酶A(CoASH)。辅酶A参与物质代谢，在糖、脂类等物质的代谢过程中作为酰基的载体，是生物体内代谢反应中乙酰化酶的辅酶。

(3)缺乏症。缺乏维生素B_3影响糖、脂类和蛋白质的代谢，动物一般不易缺乏，但猪、鸡等对泛酸的缺乏较为敏感，例如猪缺乏泛酸的典型症状是运动失调，表现为“鹅步症”，家禽表现为产蛋量、孵化率下降，胚胎皮下出血、水肿等。

8. 维生素PP与辅酶

(1)化学本质。维生素B_5又称维生素PP，是烟酸和烟酰胺两种化合物的总称(PP是防癞皮病的缩写)，它们都是吡啶的衍生物，在体内主要由色氨酸生成。它们为无色晶体，比较稳定，不被光和热破坏，对碱很稳定，溶于水及乙醇，化学结构式如下。

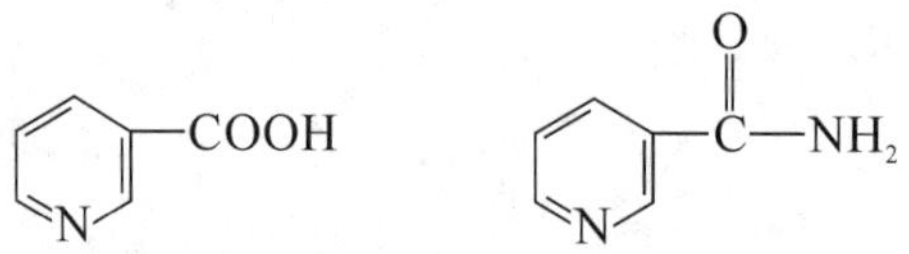

烟酸　　烟酰胺

(2)辅酶。烟酰胺是构成烟酰胺腺嘌呤二核苷酸(NAD^+、辅酶Ⅰ)和烟酰胺腺嘌呤二核苷酸磷酸($NADP^+$、辅酶Ⅱ)的成分。NAD^+和$NADP^+$在体内是多种不需氧脱氢酶的辅酶，在氧化还原反应中起到传递氢的作用，并且反应可逆，过程如下。

$$NAD^+ \underset{-2H}{\overset{+2H}{\rightleftharpoons}} NADH + H^+$$

$$NADP^+ \underset{-2H}{\overset{+2H}{\rightleftharpoons}} NADPH + H^+$$

化学结构式如下。

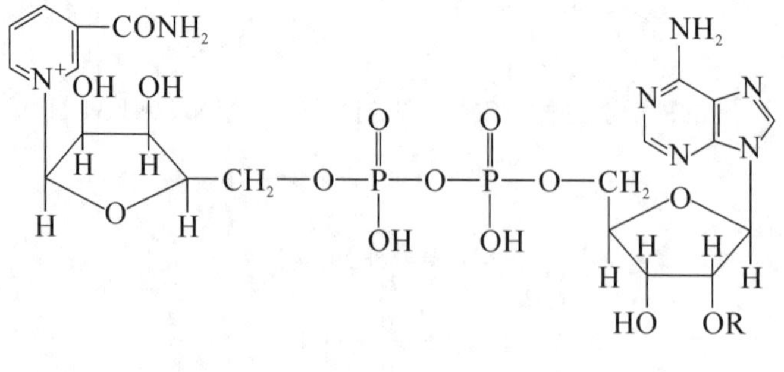

(R=—H为NAD^+，R=—PO_3H_2为$NADP^+$)

(3)缺乏症。缺乏维生素PP主要引起癞皮病、消化道和黏膜损伤，以及神经系统受损等。

9. 维生素B_6与辅酶

(1)化学本质。维生素B_6是吡啶的衍生物，包括吡哆醇、吡哆醛和吡哆胺三种化合物，在体内它们可以相互转变。维生素B_6实际上是吡哆醇、吡哆醛、吡哆胺的集合，它们以共价键与转氨酶中赖氨酸残基的氨基连接，形成分子之间的内键，即生成分子内部间的醛亚胺，组成转氨酶的辅基。它们的相互转变过程如下。

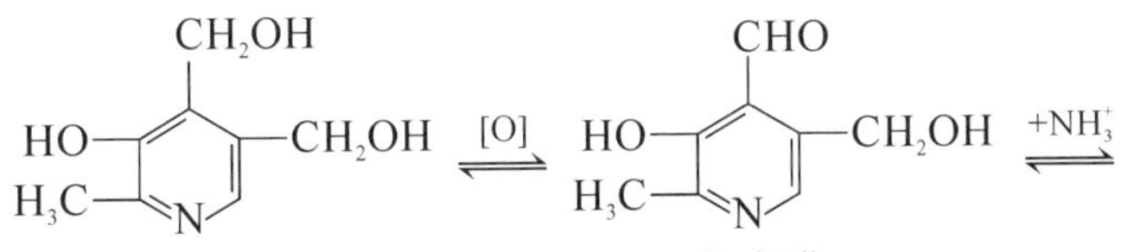

吡哆醇 ⇌[O] 吡哆醛 ⇌$+NH_3^+$ 吡哆胺

(2)辅酶。维生素 B_6 的活性形式是磷酸吡哆醛、磷酸吡哆胺和吡哆醇，它们是氨基酸代谢中多种转氨酶和脱羧酶的辅酶，它能增加氨基酸及 K^+ 逆浓度进入细胞的转运速度。

(3)缺乏症。缺乏维生素 B_6 导致小动物生长缓慢或停止，血红蛋白缺乏性贫血，并伴有血浆铁浓度增加以及肝脏、脾脏和骨髓的血铁黄素沉积，周围神经脱髓鞘等症状。

10. 生物素与辅酶

(1)化学本质。生物素又称维生素 B_7、维生素 H，具有噻吩与尿素相结合的骈环，并带有戊酸侧链。生物素是一种无色、针状物质，微溶于水，较易溶解于乙醇，但不溶于其他有机溶剂。生物素对热较稳定，并不被酸或碱破坏，化学结构式如下。

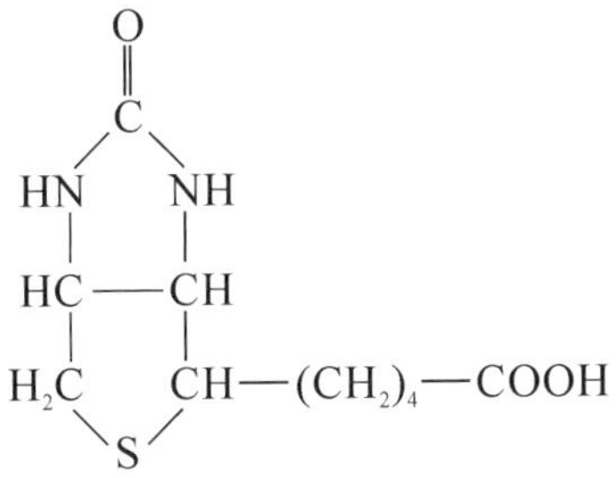

$CH-(CH_2)_4-COOH$

(2)辅酶。生物素侧链上的羧基，与羧化酶蛋白分子的赖氨酸残基的 ε-氨基以酰胺键相连，并起羧基传递体的作用。传递的羧基结合在生物素的氮原子上，因此生物素是羧化酶的辅基。

(3)缺乏症。缺乏生物素导致皮炎、湿疹、倦怠、厌食和轻度贫血、脱毛。

11. 叶酸与辅酶

(1)化学本质。叶酸由于最早从植物叶子中提取而得名，别名维生素 M、维生素 B_{11} 或蝶酰谷氨酸等。叶酸是由蝶啶、对氨基苯甲酸和谷氨酸 3 种分子缩聚而成。叶酸的化学名称是蝶酰谷氨酸，结构式如下。

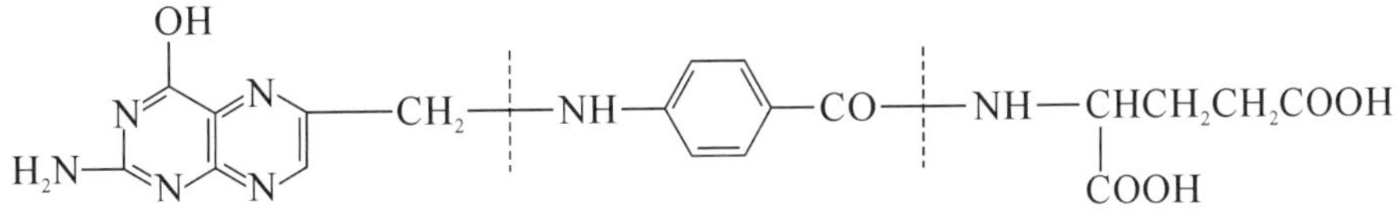

蝶啶　对氨基苯甲酸　谷氨酸

叶酸在食物中，大多以蝶酰多聚谷氨酸的形式存在，即分子中含有 2 分子、3 分子，甚至 7 分子的谷氨酸，相互连接在一起。这些具有蝶酰谷氨酸生物活性的一类物质，称为叶酸盐。叶酸在体内必须转变成四氢叶酸(FH_4 或 THFA)才具有生物学活性。小肠黏膜、肝及骨髓等组织含有叶酸还原酶，在 NADPH 和维生素 C 的参与下，可催化此种转变。

(2)辅酶。叶酸经肠道吸收，在肝中略有储存。叶酸在肝中受叶酸还原酶、二氢叶酸还原酶及 NADPH 的作用，转变为四氢叶酸，四氢叶酸是一碳单位转移酶的辅酶。

(3)缺乏症。叶酸广泛存在于自然界的动物、植物及微生物中，家禽对叶酸的缺乏最敏感。叶酸缺乏导致巨幼细胞贫血、种母猪繁殖及泌乳功能障碍等。

12. 维生素 B_{12} 与辅酶

(1)化学本质。维生素 B_{12} 因其分子中含有金属钴和许多酰氨基，又称钴胺素或氰钴素，是一种由含钴的卟啉类化合物组成的 B 族维生素。维生素 B_{12} 为深红色晶体，溶于水、乙醇和丙酮，水溶液

Note

相当稳定,但酸、碱和日光可使其破坏。

维生素 B_{12} 结构复杂,分子中的钴(可以是+1 价、+2 价或+3 价的)能与—CN、—OH、$—CH_3$ 或 5′-脱氧腺苷等基团相连,分别称作氰钴胺、羟钴胺、甲基钴胺素和 5′-脱氧腺苷钴胺素,后者又称辅酶 B_{12},甲基钴胺素也是维生素 B_{12} 的辅酶形式。

(2)辅酶。维生素 B_{12} 的两种辅酶形式为甲基钴胺素和 5′-脱氧腺苷钴胺素,它们在代谢中的作用各不相同。甲基钴胺素参与体内甲基转移反应和叶酸代谢,是 N_5-甲基四氢叶酸甲基转移酶的辅酶,此酶催化 N_5-甲基四氢叶酸和同型半胱氨酸之间不可逆的甲基转移反应,产生四氢叶酸和甲硫氨酸。

(3)缺乏症。缺乏维生素 B_{12} 会出现小细胞性贫血,雏鸡生长停止、死亡率增高,蛋鸡产蛋率下降,种蛋孵化率下降,母猪产仔数减少,仔猪活力下降。

13. 维生素 C

(1)化学本质。维生素 C 又称抗坏血酸,是一种己糖内酯,分子中 2′和 3′位碳原子上两个相邻的烯醇式羟基极易解离出 H^+,故维生素 C 具有酸性。这两个位置上的羟基也很容易被氧化成羰基,所以维生素 C 又是很强的还原剂。可用下列图解表示。

```
  O=C──┐                        O=C──┐
    │   │                         │   │
 HO─C   │                       O=C   │
    ‖   O        −2H              │   O
 HO─C   │      ⇌                O=C   │
    │   │        +2H              │   │
  H─C───┘                        H─C───┘
    │                             │
 HO─C─H                        HO─C─H
    │                             │
   CH2OH                         CH2OH
 维生素C                       氧化型维生素C
```

维生素 C 为无色晶体,味酸,溶于水及乙醇,不耐热,在碱性溶液中极不稳定,日光照射后易被氧化破坏,有微量铜、铁等重金属离子存在时更易氧化分解,干燥条件下较为稳定,故维生素 C 制剂应放在干燥、低温和避光处保存。

(2)辅酶。维生素 C 是脯氨酸羟化酶的辅酶。此外,细胞中许多含—SH 的酶需要游离的—SH 才能发挥作用,维生素 C 可以维持这些酶的—SH 处于还原状态。

(3)生理功能。维生素 C 在体内能维持毛细血管正常渗透压和结缔组织的正常代谢;调节脂肪代谢,促使胆固醇转化;有抗氧化作用,能保护不饱和脂肪酸,使之不被氧化成为过氧化物,因此,维生素 C 还有保护细胞和抗衰老作用。现在已知维生素 C 缺乏会造成羟化损害,使合成的胶原缺少稳定性(胶原是结缔组织、骨、毛细血管的重要组成成分),而羟化的脯氨酸残基能在三股胶原螺旋间生成氢键,使胶原分子得以稳定。由于维生素 C 的氧化还原作用,可促进免疫球蛋白的合成,增强机体的抵抗力。维生素 C 还能使氧化型谷胱甘肽转化为还原型谷胱甘肽(GSH),而 GSH 可与重金属结合而排出体外,因此维生素 C 常用于重金属的解毒。维生素 C 是重要的水溶性抗氧化剂,它的抗氧化功能是多方面的。维生素 E 在抗膜脂质不饱和脂肪酸过氧化作用中,生成生育酚自由基,它的再还原主要依赖维生素 C,它与脂溶性抗氧化剂维生素 E、胡萝卜素等偶联协同作用,在清除过氧化自由基方面和参与体内其他的氧化还原反应方面起着重要的作用。

(4)缺乏症。缺乏维生素 C 导致坏血症。

链接与拓展

(一)酶制剂在动物生产中的应用

近年来,酶制剂作为饲料添加剂,引起了世界畜牧业的普遍重视,并被广泛应用,其

应用范围从最初的鸡、猪等单胃动物，推广到反刍动物和水产养殖生物中。美国、芬兰、瑞典等欧美国家目前90%以上的饲料中都添加了酶制剂，且利用的酶制剂种类已经从单一的酶制剂向复合酶制剂发展，酶制剂已经成为当今甚至将来的畜牧业生产中不可缺少的一类饲料添加剂。

酶制剂的作用主要体现在以下几个方面：①补充内源性酶的不足，并刺激内源性酶的分泌；②溶解植物细胞壁和分解可溶性非淀粉多糖，提高营养物质的利用率；③改善动物的健康水平，提高代谢水平。

酶制剂作为一类无毒、无残留的新型、高效、绿色饲料添加剂，通过调节动物消化道的营养生理、微生态平衡和食糜的理化性能，从而改善动物的生产性能，在饲料工业和养殖业广泛应用，展现出良好的经济效益和生态效益以及广阔的发展前景。

（二）抗体酶

1946年，鲍林(Pauling)用过渡态理论阐明了酶催化的实质，即酶之所以具有催化活力是因为它能特异性结合并稳定化学反应的过渡态(底物激态)，从而降低反应能级。1969年，杰奈克斯(Jencks)在过渡态理论的基础上猜想：若抗体能结合反应的过渡态，理论上它则能够获得催化性质。1984年，列那(Lerner)进一步推测：以过渡态类似物作为半抗原，则其诱发出的抗体即与该类似物有着互补的构象，这种抗体与底物结合后，即可诱导底物进入过渡态构象，从而引起催化作用。根据这个猜想列那和苏尔滋(P. C. Schultz)分别领导各自的研究小组独立地证明了：针对羧酸酯水解的过渡态类似物产生的抗体，能催化相应的羧酸酯和碳酸酯的水解反应。1986年，*Science*杂志同时发表了他们的发现，并将这类具催化能力的免疫球蛋白称为抗体酶或催化抗体。

抗体酶具有典型的酶反应特性：与底物结合的专一性，包括立体专一性，抗体酶催化反应的专一性可以达到甚至超过天然酶的专一性；具有高效催化性，一般抗体酶催化反应速度比非催化反应快10^4～10^8倍，有的反应速度已接近天然酶促反应的速度；抗体酶还具有与天然酶相近的米氏方程动力学及pH依赖性等。

抗体酶的研究，为人们提供了一条合理途径去设计适合市场需要的蛋白质，即人为地设计制作酶，它是酶工程的一个全新领域。利用动物免疫系统产生抗体的高度专一性，可以得到一系列高度专一性的抗体酶，使抗体酶不断丰富。随之出现大量针对性强、药效高的药物。立体专一性抗体酶的研究，使生产高纯度立体专一性的药物成为现实。以某个生化反应的过渡态类似物来诱导免疫反应，产生特定抗体酶，以治疗某种酶先天性缺陷的遗传病。抗体酶可有选择地使病毒外壳蛋白的肽键裂解，从而防止病毒与靶细胞结合。抗体酶的固定化已获得成功，将大大地推进工业化进程。

复习思考题

参考答案

一、选择题

1. 下面有关酶的描述，哪项是正确的？(　　)

A. 所有的酶都含有辅基或辅酶　　B. 只能在体内起催化作用

C. 大多数酶的化学本质是蛋白质　　D. 能改变化学反应的平衡点加速反应的进行

2. 酶原是没有活性的，这是因为(　　)。

A. 酶蛋白多肽链合成不完全　　B. 活性中心未形成或未暴露

C. 缺乏辅酶或辅基　　D. 是已经变性的蛋白质

3. 关于酶的活性中心的叙述不正确的是(　　)。

A. 酶与底物接触只限于酶分子上与酶活性密切相关的较小区域

B. 必需基团可位于活性中心之内，也可位于活性中心之外

C. 一般来说，总是多肽链一级结构上相邻的几个氨基酸残基相对集中，形成酶的活性中心

D. 当底物分子与酶分子相接触时，可引起酶活性中心的构象改变

4. 下列关于酶蛋白和辅助因子的叙述，哪一点不正确？(　　)

A. 酶蛋白或辅助因子单独存在时均无催化作用

B. 一种酶蛋白只与一种辅助因子结合成一种全酶

C. 一种辅助因子只能与一种酶蛋白结合成一种全酶

D. 酶蛋白决定结合酶蛋白反应的专一性

5. 有机磷杀虫剂对胆碱酯酶的抑制作用属于(　　)。

A. 可逆性抑制作用　　B. 非竞争性抑制作用

C. 反竞争性抑制作用　　D. 不可逆性抑制作用

6. 关于 pH 对酶活性的影响，不正确的是(　　)。

A. 影响必需基团解离状态　　B. 也能影响底物的解离状态

C. 酶在一定的 pH 范围内发挥最高活性　　D. 破坏酶蛋白的一级结构

7. 用酶促反应速度对底物浓度作图，当底物浓度达一定程度时，得到的是零级反应，对此最恰当的解释是(　　)。

A. 形变底物与酶产生不可逆结合　　B. 酶与未形变底物形成复合物

C. 酶的活性部位为底物所饱和　　D. 过多底物不利于酶的催化反应的结合

8. 米氏常数 K_m 是一个用来度量(　　)。

A. 酶和底物亲和力大小的常数　　B. 酶促反应速度大小的常数

C. 酶被底物饱和程度的常数　　D. 酶的稳定性常数

二、填空题

1. 结合蛋白酶类必须由________和________相结合后才具有活性，前者的作用是________，后者的作用是________。

2. ________抑制剂不改变酶促反应的 v_{max}。________抑制剂不改变酶促反应的 K_m 值。

3. 乳酸脱氢酶(LDH)是________聚体，它由________和________亚基组成，有________种同工酶，其中 LDH_1 含量最丰富的是________组织。

4. L-精氨酸酶只能催化 L-精氨酸的水解反应，对 D-精氨酸则无作用，这是因为该酶具有________专一性。

5. 激酶是一类催化________反应的酶。

三、判断题

1. 酶促反应的初速度与底物浓度无关。(　　)

2. 当底物处于饱和水平时，酶促反应的速度与酶浓度成正比。(　　)

3. 某些酶的 K_m 值由于代谢产物存在而发生改变，而这些代谢产物在结构上与底物无关。(　　)

4. 某些调节酶的 S 形曲线表明，酶与少量底物结合可增加其对后续底物分子的亲和力。(　　)

5. 测定酶活力时，底物浓度不必大于酶浓度。(　　)

6. 对于可逆反应而言，酶既可以改变正反应速率，又可以改变逆反应速率。(　　)

7. 酶只能改变化学反应的活化能而不能改变化学反应的平衡常数。(　　)

8. 酶活力的测定实际上就是酶的定量测定。(　　)

9. 某己糖激酶作用于葡萄糖和果糖的 K_m 值分别为 6×10^{-6} mol/L 和 2×10^{-3} mol/L，由此可以看出其对果糖的亲和力更高。(　　)

10. K_m 值是酶的特征常数，只与酶的性质有关，与酶浓度无关。(　　)

Note

实训1　唾液淀粉酶的特性实验

【实训目的】 观察淀粉在水解过程中遇碘后溶液颜色的变化。观察温度、pH、激活剂与抑制剂对唾液淀粉酶活性的影响。

【实训原理】 人唾液中淀粉酶为 α-淀粉酶，在唾液腺细胞内合成。在唾液淀粉酶的作用下，淀粉水解，经过一系列的中间产物，最后生成麦芽糖和葡萄糖。变化过程如下。

淀粉→紫色糊精→红色糊精→麦芽糖、葡萄糖

淀粉、紫色糊精、红色糊精遇碘后分别呈蓝色、紫色与红色。麦芽糖和葡萄糖遇碘不变色。

淀粉与糊精无还原性或还原性很弱，对班氏试剂呈阴性反应。麦芽糖、葡萄糖是还原糖，与班氏试剂共热后生成红棕色氧化亚铜沉淀。

唾液淀粉酶的最适温度为 37～40 ℃，最适 pH 为 6.8。偏离此最适环境时，酶的活性减弱。

低浓度的 Cl^- 能增强淀粉酶的活性，是淀粉酶的激活剂；Cu^{2+} 等金属离子能降低该酶的活性，是该酶的抑制剂。

【器材与试剂】

1. 器材

试管、烧杯、量筒、玻璃棒、白瓷板、铁三脚架、酒精灯、恒温水浴锅等。

2. 试剂

0.4% HCl 溶液、0.1%乳酸溶液、1% Na_2CO_3溶液、1% NaCl 溶液、1% $CuSO_4$溶液、0.1%淀粉溶液。

(1)1%淀粉溶液(含 0.3% NaCl)：将 1 g 可溶性淀粉与 0.3 g NaCl 混合于 5 mL 蒸馏水中，搅动后缓慢倒入 95 mL 沸腾的蒸馏水中，煮沸 1 min，冷却后倒入试剂瓶中。

(2)碘液：称取 2 g 碘化钾溶于 5 mL 蒸馏水中，再加 1 g 碘，待碘完全溶解后，加蒸馏水 295 mL，混合均匀后贮于棕色瓶内。

(3)班氏试剂：将 17.3 g 硫酸铜晶体溶入 100 mL 蒸馏水中，然后再加入 100 mL 蒸馏水。取柠檬酸钠 173 g 及碳酸钠 100 g，加蒸馏水 600 mL，加热使之溶解。冷却后，再加蒸馏水 200 mL，最后，把硫酸铜溶液缓慢地倾入柠檬酸钠-碳酸钠溶液中，边加边搅拌，如有沉淀可过滤除去或自然沉降一段时间取上清液。此试剂可长期保存。

(4)唾液淀粉酶液：实验者先用蒸馏水漱口，然后含一口蒸馏水于口中，轻嗽 1～2 min，吐入小烧杯中，用脱脂棉过滤，除去稀释液中可能含有的食物残渣，并将该滤液稀释 1 倍。

【方法与步骤】

1. 淀粉酶活性的检测

取 1 支试管，注入 1%淀粉溶液 5 mL 与稀释的唾液 0.5～2 mL。混匀后插入 1 根玻璃棒，将试管连同玻璃棒置于 37 ℃水浴中。不时地用玻璃棒从试管中取出 1 滴溶液，滴加在白瓷板上，随即加 1 滴碘液，观察溶液呈现的颜色。此实验延续至溶液呈微黄色为止。记录淀粉在水解过程中遇碘后溶液颜色的变化。

向上面试管的剩余溶液中加 2 mL 班氏试剂，放入沸水中加热 10 min 左右，观察有何现象，并说明出现这种现象的原因。

2. pH 对酶活性的影响

取 4 支试管，分别加入 0.4%盐酸(pH≈1)、0.1%乳酸(pH≈5)、蒸馏水(pH≈7)与 1%碳酸钠(pH≈9)各 2 mL，再向以上 4 支试管中各加 2 mL 1%淀粉溶液及 2 mL 淀粉酶液。混合摇匀后置于 37 ℃水浴中，保温 15 min。向 4 支试管中各加 2 mL 班氏试剂，在沸水浴中加热，根据生成红棕色沉

Note

淀的量,说明淀粉酶水解能力的强弱。综合以上结果,说明 pH 对酶活性的影响。

3. 温度对酶活性的影响

取 3 支试管,各加 3 mL 1%淀粉溶液;另取 3 支试管,各加 1 mL 淀粉酶液。将此 6 支试管分为三组,每组盛淀粉溶液与盛淀粉酶液的试管各 1 支,三组试管分别置入 0 ℃、37 ℃与 70 ℃的水浴中。5 min 后,将各组中的淀粉溶液倒入淀粉酶液中,继续维持原温度条件,5 min 后,立即滴加 2 滴碘液,观察溶液颜色的变化。根据实验结果,说明温度对酶活性的影响。

4. 激活剂与抑制剂对酶活性的影响

取 3 支试管,按表 4-1 所示加入各种试剂。混匀后,置于 37 ℃水浴中保温。从 1 号试管中用玻璃棒取出 1 滴溶液,置于白瓷板上用碘液检查淀粉的水解程度。待 1 号试管内的溶液遇碘不再变色后,立即取出所有的试管,各加碘液 2 滴,观察溶液颜色的变化,并解释原因。

表 4-1　激活剂与抑制剂对酶活性的影响　　单位:mL

试管号	1	2	3
1% NaCl 溶液	1	—	—
1% $CuSO_4$ 溶液	—	1	—
蒸馏水	—	—	1
淀粉酶液	1	1	1
0.1%淀粉溶液	3	3	3

【思考题】

通过本实验,结合理论课的学习,总结哪些因素影响唾液淀粉酶的活性?如何影响?

实训 2　血清乳酸脱氢酶活性的测定

【实训目的】 掌握乳酸脱氢酶(LDH)活性测定的原理;学习测定酶活性的方法。

【实训原理】 LDH 广泛存在于生物细胞内,是糖酵解和糖异生中的重要酶,可催化下列可逆反应:

LDH 催化乳酸脱氢生成丙酮酸,同时氧化型辅酶Ⅰ(NAD^+)作为氢受体被还原为还原型辅酶Ⅰ($NADH+H^+$),丙酮酸与 2,4-二硝基苯肼作用生成丙酮酸二硝基苯腙,后者在碱性溶液中显棕红色,其颜色深浅与丙酮酸浓度成正比,由此可推算 LDH 活性单位。

【器材与试剂】

1. 器材

722 分光光度计等。

2. 试剂

(1)底物缓冲液(pH 8,含 0.3 mol/L 乳酸锂):称取乳酸锂 2.9 g、二乙醇胺 2.1 g,加蒸馏水约 80 mL,用 1 mol/L HCl 调 pH 至 8,加水定容至 100 mL。

(2)11.3 mmol/L NAD^+ 溶液:称取 NAD^+ 15 mg(若含量为 70%,则称取 21.4 mg)溶于 2 mL 蒸馏水中,4 ℃可保存至少两周。

(3)0.5 mmol/L 丙酮酸标准溶液(临用前配制):准确称取丙酮酸钠(分析纯)11 mg,用底物缓冲液溶解后,移入 200 mL 容量瓶中,用底物缓冲液定容至刻度。

(4)1 mmol/L 2,4-二硝基苯肼溶液:称取 2,4-二硝基苯肼 198 mg,加 10 mol/L 盐酸 100 mL,溶解后加蒸馏水定容至 1000 mL,置于棕色瓶中室温保存。

(5)0.4 mmol/L NaOH 溶液。

(6)新鲜血清。

【方法与步骤】

1. 标准曲线的制作(表 4-2)

表 4-2 标准曲线的制作 单位:mL

试剂	空白管	1	2	3	4	5
丙酮酸标准溶液	0	0.025	0.05	0.10	0.15	0.20
底物缓冲液	0.50	0.475	0.45	0.40	0.35	0.30
蒸馏水	0.11	0.11	0.11	0.11	0.11	0.11
2,4-二硝基苯肼溶液	0.50	0.50	0.50	0.50	0.50	0.50
37 ℃水浴 15 min						
0.4 mmol/L NaOH 溶液	5.0	5.0	5.0	5.0	5.0	5.0
相当于 LDH 活性单位	0	125	250	500	750	1000

混匀各管后,室温放置 5 min,将管内溶液加入 1.0 cm 光径比色杯并在 440 nm 波长下读取各管吸光度(使用 722 分光光度计,用空白管调零)。以吸光度为纵坐标,相应的酶活力单位为横坐标绘制标准曲线。

2. 血清酶活性测定(表 4-3)

表 4-3 血清酶活性测定 单位:mL

试剂	测定管	对照管
血清	0.01	0.01
底物缓冲液	0.50	0.50
37 ℃水浴 5 min		
NAD^+ 溶液	0.10	—
37 ℃水浴 15 min		
2,4-二硝基苯肼溶液	0.50	0.50
NAD^+ 溶液	—	0.10
37 ℃水浴 15 min		
0.4 mmol/L NaOH 溶液	5.0	5.0

混匀各管后,室温放置 5 min,将管内溶液加入 1.0 cm 光径比色杯,并在 440 nm 波长下读取各管吸光度(使用 722 分光光度计,用蒸馏水调零)。以测定管和对照管的吸光度之差对照标准曲线,求得酶活性单位。

【注意事项】

1. 实验注意事项

(1)红细胞内 LDH 活性较血清内 LDH 活性高约 100 倍,故标本若有轻微的溶血就会导致测定结果比实际结果高数倍。由于 LDH_4、LDH_5 对低温不稳定,故不应储存于冰箱,不能及时检测的血清标本可室温放置 2～3 d。

(2)乙二酸盐可抑制 LDH 活性,故不能用乙二酸盐抗凝血清进行测定。

(3)测定结果超过 2500 U 时,应将样品稀释后重新测定。

(4)比色应在 5～15 min 内完成,否则吸光度会下降。

(5)乳酸锂、乳酸钠、乳酸钾都可作为 LDH 的底物,但后两者为水溶液,保存不当容易产生丙酮酸类物质从而抑制酶促反应,且含量不够准确,因此较少使用。乳酸锂为固体,性质稳定且较易称取。

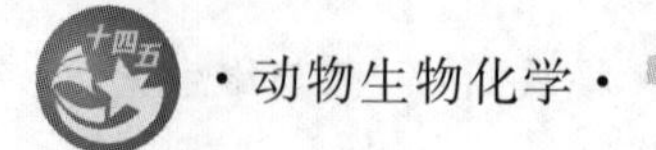

2. 参考范围

190～437 金氏单位(LDH 活性单位定义:以 100 mL 血清,37 ℃反应 15 min,产生 1 μmol 丙酮酸为 1 金氏单位)。

(黎　婷)

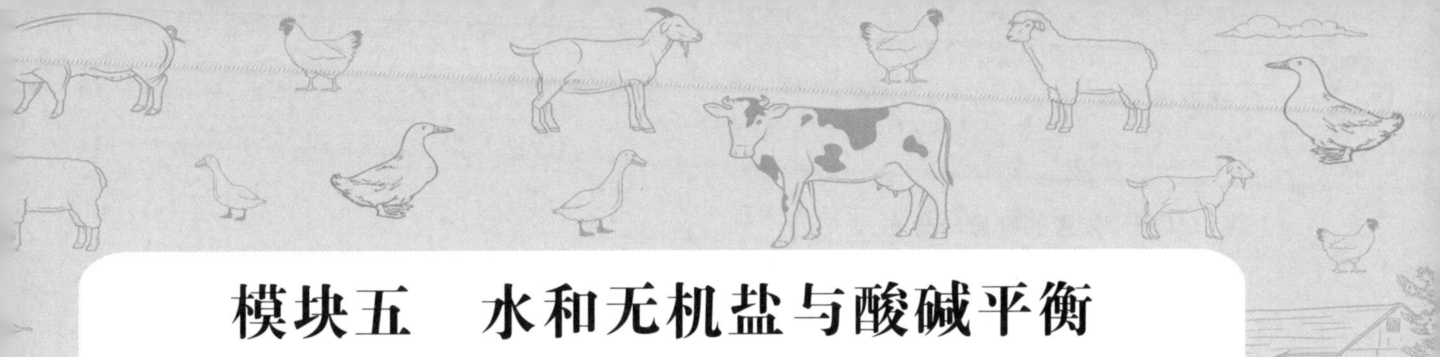

模块五　水和无机盐与酸碱平衡

课件 PPT

模块导入

水是生命之源，对我们至关重要，对动物也同样如此。水是动物所必需的营养成分，也是其重要的生存条件之一，动物失去全部脂肪、一半以上的蛋白质仍能存活，但失去 1/10 的水就会有死亡的危险。水是动物体内含量最多的物质，动物体重的绝大部分来自水。在动物体内，水是一切生命活动、生化过程的基本保证，动物的呼吸、排泄等生理活动都离不开水。

无机盐（矿物质）是动物体内重要的营养素之一。它在动物体内含量很少，占动物干重的 3%～4%。它溶于水，在动物体内主要沉积在骨骼中，和蛋白质一起维持细胞内外渗透压平衡，它对酶的活性也有着重要作用。现已知一切生命活动都与水和无机盐的存在及其作用密切相关。

模块目标

▲知识目标

掌握体液的含量与分布及体液的交换；了解水的来源和去路及维持动物体内水平衡的重要性；熟悉各种无机盐在动物体内的生理功能，熟悉水和无机盐的代谢及其调节；了解机体内酸碱物质的来源，理解机体内酸碱平衡的意义和调节。

▲能力目标

能利用体液交换的知识解释由水盐代谢紊乱引起的常见症状，如水肿等发生的机制；能说出动物体内水及无机盐代谢异常对动物产生的影响；能正确说出动物体内酸碱平衡失调后导致的酸中毒和碱中毒种类。

▲素质与思政目标

明确水的生理功能，让学生意识到水在生物体内的重要性，养成爱喝水的习惯，增强爱惜水资源的意识；自然环境的污染会导致生物内稳态的破坏，动物的内稳态受动物体内外环境的共同调节。通过水盐代谢平衡和酸碱平衡，了解环境保护的相关内容，让学生通过学习，认识到爱护环境的重要性，地球是我们共同的家。培养学生树立辩证唯物主义的方法论和世界观。

动物体内的水和溶解于水中的无机盐、小分子有机物、蛋白质共同构成体液。体液是机体物质代谢所必需的环境。无机盐和一些有机物在体液中以离子形式存在，又称为电解质。因此水盐代谢的内容就是水、电解质平衡。

水和无机盐是机体维持体液平衡的重要物质。机体需要通过一定的调节机制来维持体液的容量、电解质浓度和酸碱度的相对恒定，才能保证细胞的正常代谢和维持各组织器官的正常功能。很多疾病如胃肠道疾病会引起水、电解质代谢紊乱，进而影响全身各系统器官，特别是循环系统和肾、脑的机能，甚至导致死亡。

一、体液

（一）体液的容量与分布

体液中，水作为特殊溶剂，在体内含量最大。正常成年动物体内的含水量是相当恒定的，但可因品种、性别、年龄和个体的营养状况不同而有所不同。一般来说，成年动物体内总含水量相当于体重的55%～65%，早期发育的胎儿含水量可超过90%，初生幼畜在80%左右。肥胖的动物由于脂肪含量较多，比瘦的动物含水量少（脂肪具疏水性）。动物体内的含水量一般随年龄和体重的增加而减少。

以细胞膜为界，体液大体可划分为两部分，即细胞内液和细胞外液。正常成年动物体液总量约占体重的60%，其中，细胞内液是指存在于细胞内的液体，约占体重的40%；细胞外液是指存在于细胞外的液体，约占体重的20%。细胞外液又可分为两个主要的部分，即存在于血管内的血浆和血管外的组织间液，它们是通过血管壁分开的。血浆约占体重的5%，组织间液约为体重的15%。细胞外液是组织细胞直接生存的内环境，是沟通组织细胞和机体与外界环境之间的重要介质。

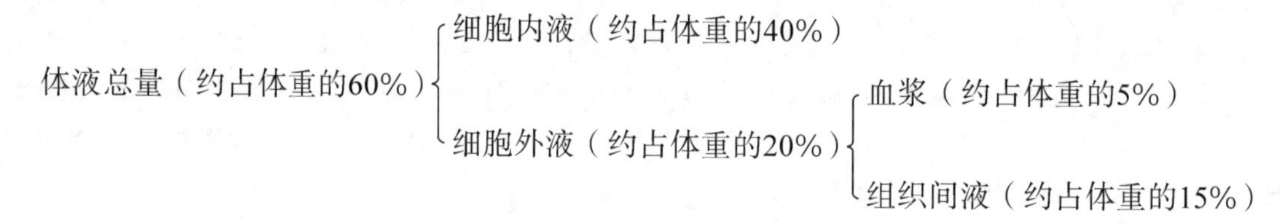

（二）体液的电解质分布

体液中除了作为重要溶剂的水之外，还含有多种电解质和非电解质。电解质在细胞内液和细胞外液中的含量差别很大，存在典型的不平衡，其具体分布见表5-1。

表5-1　电解质在血浆、组织间液、细胞内液中的含量分布

电解质		细胞外液		细胞内液/(mmol/L)
		血浆/(mmol/L)	组织间液/(mmol/L)	
阳离子	Na^+	142	147	15
	K^+	5	4	150
	Ca^{2+}	2.5	1.25	1
	Mg^{2+}	1	0.5	13.5
	总量	150.5	152.75	179.5
阴离子	HCO_3^-	27	30	10
	Cl^-	103	114	1
	HPO_4^{2-}	1	1	50
	SO_4^{2-}	0.5	0.5	10
	有机酸	5	7.5	—
	蛋白质	16	微量	63
	总量	152.5	153	134

体液中电解质的组成有如下特点。

①细胞内液和细胞外液均呈电中性。

②细胞外液主要是指血浆和组织间液，它们的电解质分布及含量都比较接近，其主要差异是蛋白质含量，血浆的蛋白质含量比组织间液高很多。

③正常动物细胞外液的化学组成和物理化学性状是相当恒定的，细胞内液的组成相对要复杂得多。

④细胞外液与细胞内液中电解质的分布差异很大。细胞外液的阳离子以 Na^+ 为主,阴离子以 Cl^- 及 HCO_3^- 为主;细胞内液的阳离子以 K^+ 为主,其次是 Mg^{2+},而 Na^+ 很少,阴离子以蛋白质和 PO_4^{3-} 为主。细胞外液的阳、阴离子总量大于细胞内液的阳、阴离子总量。

(三)体液的渗透压

微课:
渗透压讲解

渗透压是溶液的一种性质,不同溶液表现出不同的渗透压。体液的渗透压在体液平衡中具有重要的作用。体液渗透压的大小是由体液内所含溶质有效粒子数目的多少决定的,与溶液的浓度密切相关,与溶质粒子(分子、离子)的大小和价数等性质无关。渗透压的单位用 Pa 或 kPa 表示。1 mol 的任何溶质含 6.022×10^{23} 个微粒,溶于 1 L 水中,可产生 2267007 Pa 的渗透压,血浆的总渗透压约为 770 kPa。溶液中能产生渗透效应的溶质粒子称为渗量(Osm)或毫渗量(mOsm)。医学上,常用渗透浓度来比较溶液中总渗透压的大小。渗透浓度表示溶液中所含有的能产生渗透作用的各种溶质粒子(分子、离子)的总浓度,其单位是 mol/L 或 mmol/L,医学上常用毫渗量/升(mOsmol/L)表示,1 mOsmol/L=1 mmol/L。

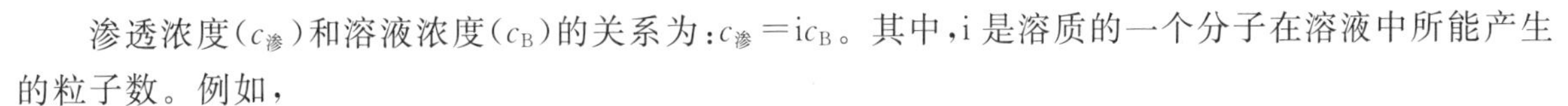
渗透浓度($c_{渗}$)和溶液浓度(c_B)的关系为:$c_{渗}=ic_B$。其中,i 是溶质的一个分子在溶液中所能产生的粒子数。例如,

50 g/L 葡萄糖溶液的渗透浓度为:

$$c_{渗}=1\times\frac{50\ \text{g}}{180\ \frac{\text{g}}{\text{mol}}\times1\ \text{L}}\times1000=278\ \text{mmol/L}=278\ \text{mOsmol/L}$$

9 g/L 氯化钠溶液的渗透浓度为:

$$c_{渗}=2\times\frac{9\ \text{g}}{58.5\ \frac{\text{g}}{\text{mol}}\times1\ \text{L}}\times1000=308\ \text{mmol/L}=308\ \text{mOsmol/L}$$

在一定温度下,渗透压和渗透浓度呈正比,所以常用渗透浓度来衡量或比较溶液渗透压的大小。对于相同 c_B 的非电解质溶液,在一定温度下,因为单位体积溶液中所含溶质的粒子(分子)数目相等,所以渗透压是相同的。如0.1 mol/L葡萄糖溶液与 0.1 mol/L 蔗糖溶液的渗透压相同。但是,相同 c_B 的电解质溶液和非电解质溶液的渗透压则不相同。例如,0.1 mol/L NaCl 溶液的渗透压约为 0.1 mol/L葡萄糖溶液渗透压的 2 倍。这是由于在 NaCl 溶液中,每个 NaCl 粒子可以解离成 1 个 Na^+ 和 1 个 Cl^-,而葡萄糖溶液是非电解质溶液。

相同温度下,渗透压相等的两种溶液称为等渗溶液。临床上给患者大量输液,必须使用等渗溶液。常用的等渗溶液有 0.154 mol/L(9 g/L)氯化钠溶液、0.278 mol/L(50 g/L)葡萄糖溶液、0.149 mol/L(12.5 g/L)碳酸氢钠溶液、1/6 mol/L(18.7 g/L)乳酸钠溶液等。对于渗透压不相等的两种溶液,把渗透压相对高的溶液称为高渗溶液,把渗透压相对低的溶液称为低渗溶液。正常畜体渗透压范围为 280~310 mOsmol/L。血浆渗透浓度在 280~310 mOsmol/L 范围或附近的溶液是等渗溶液,低于这个范围的称为低渗溶液,高于这个范围的称为高渗溶液。

血浆渗透压由两部分组成。一部分是由体液中小分子晶体物质产生的渗透压,称为晶体渗透压。晶体物质多为电解质,电离后其质点数较多,故渗透压作用较大。体液中的水可在渗透压的作用下被动地自由通过细胞膜,而 Na^+、K^+ 等离子则不易自由通过。因此,水在细胞内、外的流通主要是受无机盐产生的晶体渗透压的影响。另一部分是由蛋白质等大分子胶态物质产生的渗透压,称为胶体渗透压。体液中蛋白质的浓度虽然高,但分子大,故渗透压作用也相对小。毛细血管壁的通透性不同于细胞膜,除不允许大分子蛋白质自由通过外,水及 Na^+、K^+ 等无机离子可自由通过。因此,血浆中的蛋白质在渗透压的形成中虽然只占很小的部分,但在维持血浆与组织间液之间的水平衡中起着重要作用。

由于细胞膜不允许绝大多数物质自由通过,细胞内液和细胞外液的化学成分很不相同,但细胞内液与细胞外液的渗透压基本相等。这是由于细胞内液中多价离子,例如蛋白质阴离子和 Ca^{2+} 含量较多,使细胞内、外液产生渗透压的粒子浓度相当。

(四)体液的交流

在动物的生命过程中,各种营养物质不断地通过血浆到组织间液,再进入细胞。细胞代谢的产物以及多余的物质也不断地进入组织间液,再经过血液运输进入体内其他细胞或排出体外。这说明为了维持生命活动,体液中的成分必须不断地穿过毛细血管壁和细胞膜进行交流。

1. 血浆和组织间液的交流

物质在血浆和组织间液之间的交流需要穿过毛细血管壁。水和其他溶质在血浆和组织间液之间的交流主要靠自由扩散,即溶质由高浓度一方向低浓度一方扩散,水由低渗一方向高渗一方扩散,直至平衡为止。由于蛋白质不易透过毛细血管壁,而其他电解质和较小的非电解质可自由通过,因此血浆胶体渗透压高于组织间液胶体渗透压,这对于血浆和组织间液间的液体交换有重要意义。若由于某种原因,使血浆蛋白含量明显降低,则血浆的胶体渗透压降低,组织间液的水分就不能回流进入血液,导致潴留,引起组织水肿。

2. 组织间液和细胞内液的交流

物质在组织间液和细胞内液的交流需要通过细胞膜。细胞膜只允许水、气体和某些不带电荷的小分子自由通过;蛋白质则只能少量通过,有时甚至完全不能通过;无机离子,尤其是阳离子一般不能自由通过,这是造成细胞内液和细胞外液中的成分差异很大的原因。完成生命活动过程需要各种物质不断地在细胞内液与细胞外液之间进行交流。当细胞内、外液的渗透压出现差异时,主要依靠水的被动转运来维持细胞内、外液渗透压的平衡。此外,细胞膜有主动转运物质的功能,它能使一些物质由低浓度一方向高浓度一方转运。

二、水平衡

正常生理状况下,动物体内的总含水量保持相对恒定。正常成年动物每天摄入的水量和排出的水量相等,保持动态平衡,称为水平衡。

(一)水的生理功能

水是机体含量最多的成分,也是维持机体正常生理活动的必需物质,动物生命活动过程中,许多特殊的生理功能都有赖于水的存在。水的生理功能有如下几种。

1. 促进和参与物质代谢

水是良好的溶剂,能溶解多种物质,是机体代谢反应的介质;水流动性好,通过血液循环可完成对各种营养物质和代谢产物的运输;水还可以直接参与代谢反应,如水解反应等。

2. 调节体温

水的比热容大,能吸收较多的热量而本身温度升高不多;通过体液交换和血液循环,体液中的水可将代谢所产生的热运送到体表散发,也有使全身各处温度均匀的作用。另外水的蒸发热高,蒸发少量的汗,就能散发大量的热,这在高温环境时尤为重要。

3. 有润滑作用

例如唾液可润滑食团,协助吞咽;关节腔液能减少关节活动产生的摩擦。

(二)水的来源与去路

1. 水的摄入

动物体内水的来源有饮水、食物中的水和代谢水 3 种。饮水及食物所含的水是体内水的主要来源。体内由脂肪、糖、蛋白质氧化所产生的代谢水不多,但比较恒定,在水源缺乏时,代谢水对机体水的供应起着重要作用。

2. 水的排出

体内水的排出途径主要有以下几种。

(1)呼吸蒸发。机体在肺呼吸时以水蒸气形式排出部分水分,排出水量多少取决于呼吸速度和深度,快而深的呼吸排出的水较多,这对汗腺不发达的狗、鸡极为重要。

(2)皮肤蒸发。排汗有两种方式,一种是非显性汗,是机体由皮肤表面蒸发而排出水分。另一种

是显性汗，为汗腺分泌的汗。出汗量多少与环境温度及运动强度等有关，大家畜排汗多时可达数升。非显性汗丢失的基本是纯水，显性汗中除水外还有无机盐。所以，大量出汗后，除应及时补充水分外，还应注意补充一部分电解质。

(3)随粪便排出。动物种类不同，随粪便排出的水量也不同。绵羊、狗、猫等的粪便较干，由粪便中排出的水量很少。马、牛粪便量大，含水也多。在正常情况下，任何动物由粪便排出的水量是不受体内水含量影响的。

(4)随尿液排出。肾脏是排出体内水分的重要器官。排尿量的多少受饮食、环境、运动强度等因素影响。

(5)泌乳动物由乳汁中排出。泌乳动物经乳腺可排出大量水分，在泌乳期间，体内水分平均3%～6%经由乳汁排出。这时，肾脏重吸收水分的活动明显增强。

三、无机盐代谢及调节

(一)无机盐的生理功能

(1)维持体液渗透压和酸碱平衡。Na^+和Cl^-是维持细胞外液渗透压的主要离子，K^+和HPO_4^{2-}是维持细胞内液渗透压的主要离子，所以含量适当的离子对保持组织与体液间的渗透压平衡有调节作用，并有保持细胞和各组织正常结构和容量的作用。生理盐水就是根据血浆中各种无机盐离子浓度的比例和渗透压等生理要求配制而成。Na^+、K^+、HCO_3^-、HPO_4^{2-}等构成了体液中的缓冲系统，起调节和维持体内酸碱平衡的作用。

(2)维持神经肌肉的正常兴奋性。神经肌肉的兴奋性与体液中Na^+、K^+、Ca^{2+}、Mg^{2+}、H^+有关，当体液中Na^+、K^+的离子浓度增大时，神经肌肉的兴奋性增强；当体液中Ca^{2+}、Mg^{2+}、H^+的离子浓度增大时，神经肌肉的兴奋性降低。神经肌肉的正常兴奋性依赖这些离子的相互作用。例如，正常血钙的一半与血浆蛋白结合形成蛋白结合钙，后者和钙离子构成平衡，这种平衡受pH影响，当体液pH增高时，钙离子降低，神经肌肉接头兴奋性过高，可引起手足抽搐。

(3)维持心肌的正常兴奋性。血浆K^+浓度对心肌的收缩运动有密切关系。血浆K^+浓度高时对心肌收缩有抑制作用，当血浆K^+浓度高到一定程度时，可使心脏在舒张期停搏。相反，当血浆K^+浓度过低时，可使心脏在收缩期停搏。Na^+、Ca^{2+}对K^+有拮抗作用。血浆Na^+升高，心肌兴奋性增强；血浆Ca^{2+}升高，心肌收缩力增强。

(4)维持或影响酶的活性。有些无机离子是酶的辅助因子的组成成分。例如糖原磷酸化酶需要Mg^{2+}，碳酸酐酶需要Zn^{2+}，细胞色素氧化酶需要Fe^{2+}和Cu^{2+}等。此外，有些无机离子是一些酶的激活剂或抑制剂，如Cl^-是唾液淀粉酶的激活剂，在体内参与胃酸的合成。

(5)构成骨骼、牙齿和其他组织。骨组织主要含有无机盐，其中阳离子主要为Ca^{2+}，其次为Mg^{2+}、Na^+等，阴离子主要为PO_4^{3-}，其次为CO_3^{2-}、OH^-以及少量的Cl^-和F^-。

(6)参与构成体内有特殊功能的化合物等其他功能。例如血红蛋白和细胞色素中的铁、维生素B_1中的钴、甲状腺素中的碘以及磷脂和核酸中的磷等。

(二)钠、钾、氯的代谢

1. 钠代谢

(1)含量与分布。成畜体内钠含量一般是每千克体重约为1 g，其中约有50%存在于细胞外液，40%～45%存在于骨骼，其余存在于细胞内液。不同动物血浆中钠含量的正常范围为110～130 mmol/L。

(2)吸收与排泄。动物体内Na^+的来源主要由饲料摄入，并易被吸收。草食动物的饲料含K^+多，含Na^+少，所以常需添加食盐；肉食兽食入的动物性饲料含Na^+多，故不需补充食盐。Na^+的排泄主要经肾脏随尿液排出。肾脏对钠的排出具有高效的调节功能，其排出规律是多食多排、少食少排、不食不排。正常情况下，尿中钠的排泄与其摄入量大致相等。当血浆中的钠浓度低于正常范围下限时，则尿中不再排钠。钠也可由汗液排出一部分。排粪量很大、粪中含水量较多的草食动物，例

如牛、马等，也可由粪中排出相当数量的钠。

2. 钾代谢

(1)含量与分布。成畜体内钾含量一般是每千克体重约为 2 g，其中约 98%存在于细胞内液，细胞外液仅含约 2%。钾在细胞内外分布虽然极不均匀，但却缓慢地进行交换，维持动态平衡。

(2)吸收与排泄。K^+是动物和植物细胞内液中含量最多的阳离子。体内的K^+主要来自饲料，也易被吸收。饲料中钾的浓度都很高，因此只要正常进食，家畜一般都不会缺钾。肾脏是排钾和调节钾平衡的主要器官。体内的钾主要经肾脏随尿液排出，但肾脏对排钾的控制能力没有对钠那么强。一般情况下，尿中钾排出的规律是多食多排、少食少排、不食也排。当机体钾摄入量很低时，尿中仍有一定量的钾排出，甚至在钾的摄入断绝而体内缺钾时，钾的排出还要持续几天才停止，所以临床上对禁食或大量输液的动物要注意补钾。此外，汗液和消化液也能排出一些钾，牛、马等动物不定期可由粪便排出显著量的钾。

3. 氯代谢

(1)含量与分布。动物体内氯的总量与钠的总量大致相等。氯在体内主要以离子状态存在，主要存在于细胞外液，占细胞外液总负离子浓度的 67%左右。Cl^-在各种组织细胞内的分布极不均匀，例如在红细胞中的浓度为 45～54 mmol/L，而在其他组织细胞内的浓度则仅为 1 mmol/L。

(2)吸收与排泄。氯一般以氯化钠的形式与钠共同摄入，摄入体内的氯在肠道内几乎全部被吸收。氯的排出主要是通过肾脏，氯伴随钠而排出。正常时，它的排出量与摄入量大致相等。

(三)水和无机盐代谢的调节

水和Na^+、K^+、Cl^-的代谢过程与体液组成及分布密切相关。机体通过各种途径对水和Na^+、K^+、Cl^-等在各部分体液中的分布进行调节，在维持水和电解质在体内动态平衡的同时，又保持了体液的等渗性和等容性，即保持细胞各部分体液的渗透浓度和容量处于正常范围内。

水和Na^+、K^+、Cl^-等电解质动态平衡的调节是在中枢神经系统的控制下，通过神经-内分泌调节途径实现的。神经-内分泌系统对水和Na^+、K^+、Cl^-的调节中，主要的调节因素有抗利尿激素、醛固酮、心钠素和其他多种利尿因子。各种内分泌调节因素作用的主要靶器官为肾。肾在维持机体水和电解质平衡、保持机体内环境的相对恒定中占极重要地位。肾主要通过肾小球的滤过作用、肾小管的重吸收及肾远曲小管的离子交换作用等来实现其对水和电解质平衡的调节。水和电解质代谢调节的示意图见图 5-1。

微课：
抗利尿激素
讲解

1. 抗利尿激素的调节作用

抗利尿激素(ADH)又称为血管升压素，是下丘脑视上核和室旁核分泌的一种肽类激素，主要作用是提高肾远曲小管和集合管对水的通透性，促进水的吸收，是尿液浓缩和稀释的关键性调节激素。此激素被分泌后即沿下丘脑-神经束进入神经垂体储存，由神经垂体释放入血液，随血液循环至肾起调节作用。当细胞外液因失水(如腹泻、呕吐或大出汗等)而导致渗透压升高时，下丘脑视上核前区的渗透压感受器受到刺激，作用于垂体后叶而加速抗利尿激素的释放，从而加强肾远曲小管和集合管对水的重吸收，尿量减少，使细胞外液的渗透压恢复正常。反之，当饮水过多或盐类丢失过多时，使细胞外液的渗透压降低时，就会减少对渗透压感受器的刺激，抗利尿激素的释放随之减少，肾脏排出的水分就会增加，从而使细胞外液的渗透压趋向正常。

ADH 对肾的作用是促进肾小管等细胞中 cAMP(环腺苷酸，是由三磷酸腺苷 ATP 脱掉两个磷酸分子缩合而成的，具有调节神经递质合成、促进激素分泌的作用，被称为细胞内的“第二信使”)水平升高，经蛋白激酶系统使膜蛋白磷酸化，从而提高肾远曲小管和集合管管壁对水的通透性，促使水从管腔中透至渗透压较高的管外组织间隙，增加肾对水的重吸收，降低排尿量。当细胞外液的渗透压高于细胞内液时，ADH 的分泌、释放增多，肾小管对水的重吸收也增加；反之，当细胞外液的渗透压低于细胞内液时，ADH 的分泌和释放受到抑制，肾小管对水的重吸收减少，排尿量增多。机体通过对 ADH 的调节作用，以维持体液的等渗性。抗利尿激素的作用原理见图 5-2。

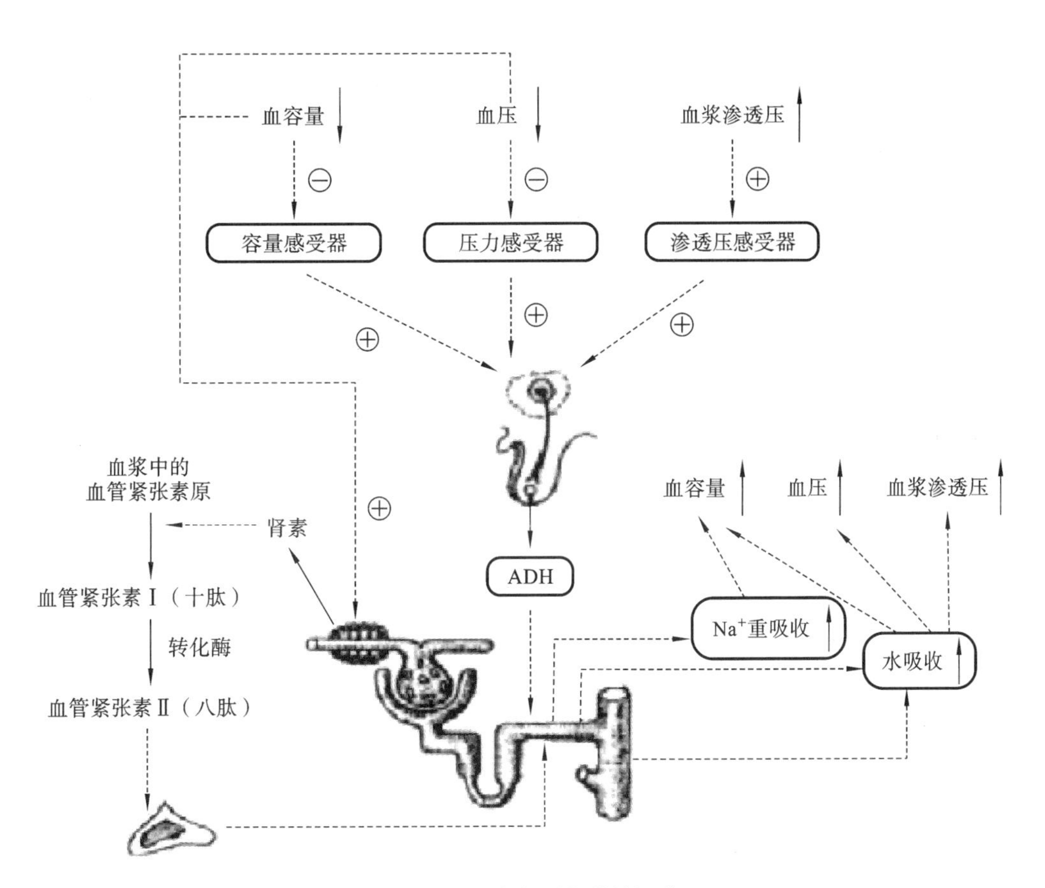

图 5-1 水和电解质代谢的调节

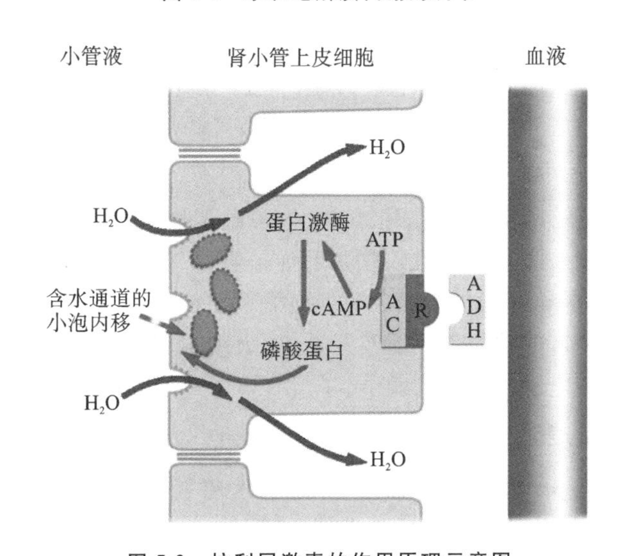

图 5-2 抗利尿激素的作用原理示意图

（ADH 为抗利尿激素；R 为 ADH 受体；AC 为腺苷酸环化酶）

2. 肾素-血管紧张素-醛固酮系统的调节作用

微课：

醛固酮讲解

肾上腺皮质分泌的多种类固醇激素与水和无机盐代谢的调节有关，其中，将调节水和无机盐平衡作用较强的皮质激素合称为盐皮质激素。醛固酮是肾上腺皮质分泌的一种重要的盐皮质激素，具有调节钠、钾代谢和细胞外液容量的生理作用，由于其分泌、释放主要受肾素-血管紧张素系统的调节，故将这一调节途径称为肾素-血管紧张素-醛固酮系统。因为醛固酮的作用主要通过肾对钠的重吸收来调节细胞外液的容量，所以通常将此种调节称为细胞外液等容量的调节。

当肾血液供应不足或血浆中 Na^+ 浓度不足时，由肾脏的近球细胞合成和分泌的肾素经肾静脉进入血液循环，催化血浆中的血管紧张素原转变为血管紧张素Ⅰ。血管紧张素Ⅰ在正常血浆浓度下没

微课：
钠钾泵

有生物学活性，经过肺、肾等脏器时，在血浆紧张素转化酶的作用下转变为血管紧张素Ⅱ。血管紧张素Ⅱ具有很强的促进醛固酮分泌及引起小动脉收缩的作用。醛固酮的作用是促进肾远曲小管和集合管上皮细胞分泌 H^+ 及重吸收 Na^+（即 H^+-Na^+ 交换），同时也增加 Cl^- 和水的重吸收，使体内保持一定量的水分；醛固酮同时也促进肾远曲小管上皮细胞排 K^+ 及重吸收 Na^+（即 K^+-Na^+ 交换），减少尿液中 Na^+ 的排出量，其总结果是排 H^+、K^+ 而保留 Na^+。醛固酮属于类固醇激素，其调节肾远曲小管和集合管上皮细胞对离子的通透性是通过与其胞内受体结合后，进入核内，影响特定基因的表达实现的（图 5-3）。

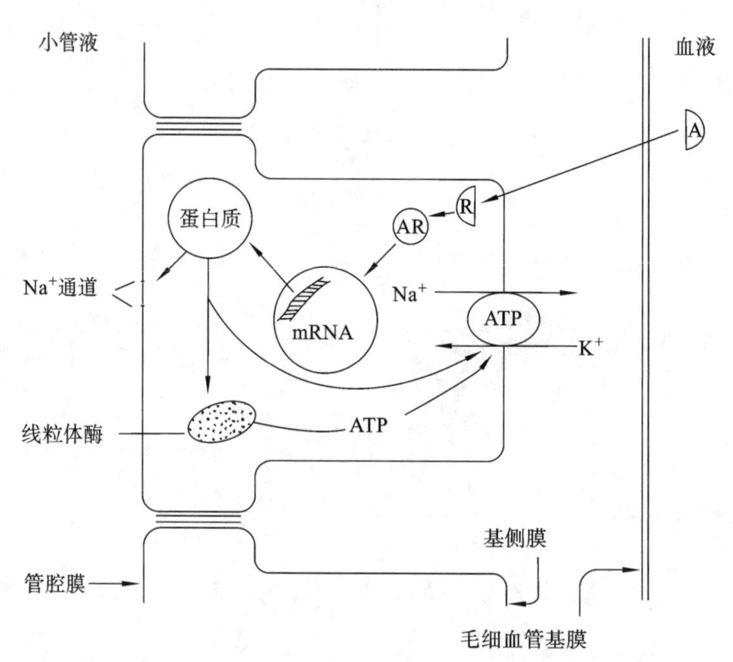

图 5-3　醛固酮的作用机制示意图

（A 为醛固酮，R 为醛固酮受体）

3. 心钠素对水和钠、钾、氯等代谢的调节

心钠素是一种由心房分泌的具有强利尿、利钠、扩张血管和降血压等作用的肽类激素，又称为心房钠尿肽（ANP）。心钠素的主要作用是在不增加肾血流量的基础上增加肾小球的滤过率，从而增加尿的排出量；并减少醛固酮介导的 Na^+ 重吸收，在利钠、利尿的同时，K^+ 和 Cl^- 的排出量也增加。心钠素还能抑制血管紧张素Ⅱ造成的血管收缩及肾血管、大动脉等的收缩。心钠素与 ADH 激素从相反的方向参与对体液容量和电解质浓度的调节。

（四）水和钠、钾代谢的紊乱

正常的机体需要维持水、钠、钾等的平衡，一旦出现失衡，机体就会出现相应的功能紊乱。当体内水过多或过少时，称为水的代谢紊乱或平衡失常。钠过多或过少时，称为钠的代谢紊乱或平衡失常。但在兽医临床上常见的体液平衡失常一般是混合型的，即水、钠、钾以及其他多种电解质的平衡失常，结果引起体液容量、渗透压、pH 以及重要电解质的浓度和分布发生改变。

1. 水、钠代谢的紊乱

临床上水、电解质代谢紊乱中最常见的是水、钠代谢紊乱。水、钠代谢紊乱往往可同时引起体液容量和渗透压变化。因此，水钠代谢紊乱可根据体液渗透压和容量的变化进行分类，也可按血钠浓度的变化进行分类。机体丢失的水量超过其摄入量而引起体内水量缺乏，称为脱水。根据水和电解质丢失的比例不同，脱水可分为 3 种。

（1）低渗性脱水。低渗性脱水又称为低容量性低钠血症，其基本特征为失钠多于失水，细胞外液容量减少，且细胞外液的渗透压低于正常值，血液浓缩、黏度增加，常发生于剧烈呕吐、腹泻以及大量出汗等情况，治疗时必须在补充水分的同时补充适量的盐类。

(2)高渗性脱水。高渗性脱水又称为低容量性高钠血症,其基本特征为失水多于失钠,致使血清钠浓度增高,血浆渗透压增高,细胞内水分被析出,细胞外液、细胞内液容量均减少,常发生于高烧、昏迷不能饮水的病畜,补充水分后可得到治疗。

(3)等渗性脱水。等渗性脱水的基本特征为丢失的水和电解质基本平衡,体液总量减少,但血钠和渗透压仍保持正常。

三种脱水的比较见表5-2。

表5-2 高渗性脱水、低渗性脱水和等渗性脱水的比较

主要特征	高渗性脱水	低渗性脱水	等渗性脱水
失水部位	细胞内为主	细胞外为主	内外均丢失
丢失比例	失水>失钠	失钠>失水	成比例丢失
血清钠浓度	过高	过低	正常
血浆渗透压	过高	过低	正常

2. 钾代谢紊乱

动物体内钾的含量过多或过少而引起细胞内液或细胞外液中钾的含量不正常称为钾代谢紊乱。钾代谢紊乱包括两个方面:细胞内钾的不足(缺钾)或过多,细胞外钾的不足或过多,即低钾血症或高钾血症。低钾血症与缺钾常合并发生,多有重叠。

(1)低钾血症。血清钾浓度低于正常范围时称为低钾血症。它可因钾摄入不足(正常饮食不会引起低钾,临床上常见于禁食不当)、钾丢失过多(经胃肠道丢失、经肾丢失或因大量出汗经皮肤丢失等)等造成。对机体的影响主要有神经症状、肌肉无力和心律失常等。

(2)高钾血症。血清钾浓度高于正常范围时称为高钾血症。它可因钾摄入过多、肾排钾障碍(高钾血症最常见的原因)等造成。对机体的影响主要有神经症状、肌肉无力和心律失常等,主要危险是心脏突然停止跳动而死亡。

(五)钙、磷代谢

钙、磷是体内含量最高的无机元素。它们在体内主要参与骨骼和牙齿的构成。游离于体液中的钙、磷虽然只占其总量的极少部分,但是在机体内具有许多重要的生理功能。血浆 Ca^{2+} 具有降低毛细血管及细胞膜的通透性和神经、肌肉的兴奋性的作用,参与肌肉收缩、细胞分泌及血液凝固过程。此外 Ca^{2+} 有利于心肌收缩,能和有利于心肌舒张的 K^{+} 相拮抗,从而维持心肌的正常收缩与舒张。骨骼外的磷主要以磷酸根的形式参与糖、脂类、蛋白质等物质的代谢过程及氧化硫酸化过程,磷还是DNA、RNA和磷脂的重要组成成分,并参与酶的组成、酶活性的调节和体液平衡调节等。

1. 含量与分布

体内无机盐以钙、磷含量最高,它们约占机体总灰分的70%以上。总钙量的99%和总磷量的80%~85%存在于骨骼和牙齿中,其余部分分布于体液和其他组织中。

2. 吸收和排泄

(1)钙、磷的吸收。动物体内的钙、磷靠饲料供给,饲料中的钙和无机磷在酸度较大的小肠前段吸收,而饲料中的有机磷需经消化酶水解成无机磷后,才能在小肠后段吸收。钙的吸收是主动耗能性吸收,磷是伴随钙的吸收而被动吸收。钙、磷的吸收可受多种因素影响。

①维生素D是影响钙吸收的主要因素,它可促进钙、磷的吸收。

②钙、磷吸收与机体的需要量相一致。当机体对钙的需要量增加时(例如妊娠期和泌乳期等),母畜可增加钙、磷的吸收率,幼畜生长期吸收钙、磷也多。

③肠道pH的影响。钙与磷的盐类在酸性溶液中容易溶解,在碱性溶液中容易沉淀。因此,如果饲料中含有增加肠道酸性的物质,如乳酸、柠檬酸等,则有助于钙、磷的吸收。

④凡能与钙、磷结合生成难溶或不溶性盐的物质,均可影响钙、磷的吸收。例如饲料中的草酸和植酸等在单胃动物肠道中能与 Ca^{2+} 结合生成不溶性化合物,从而影响对钙的吸收,而反刍动物瘤胃

Note

内微生物可分解草酸和植酸，所以不影响钙的吸收。

⑤饲料中钙、磷的比值对钙、磷的吸收也有一定影响。饲料中的钙过多时，多余的钙在小肠后段与磷结合，生成不溶性的磷酸钙，影响磷的吸收；同样过多的磷也可与钙结合，影响钙的吸收。因此在家畜饲养中，必须注意调整饲料中钙、磷含量的比值，一般来说，饲料中的钙、磷以（1.5～2）：1为宜。

（2）钙、磷的排泄。动物主要通过粪便和尿液排出钙和磷。由粪便中排出的钙大部分是饲料中未被吸收的钙，称为外源性钙；小部分是随消化液分泌出来而未被吸收的钙，称为内源性粪钙。钙、磷由尿液排出是受到调节的，肾小管对钙、磷有重吸收作用，尿液中排出的钙、磷量受血浆中钙、磷浓度的影响。当血液中钙、磷浓度低时排出较少，血液中钙、磷浓度高时则排出增加。需要说明的是，磷大部分由尿液排出，但牛排出的尿磷要比粪磷少得多，这是由于牛排碱性尿，碱性环境严重限制由尿液同时排出钙和磷的可能性。此外，泌乳动物和产蛋母鸡也可由乳汁及产蛋排出钙和磷。

3. 血钙和血磷

血钙是指血浆中的钙，以离子钙和结合钙两种形式存在。动物血浆钙浓度的平均值约为10 mg/100 mL。其中，结合钙绝大部分与血浆蛋白结合，少部分与柠檬酸、HPO_4^{2-}结合。蛋白结合钙不易透过毛细血管壁，称为非扩散性钙。离子钙和柠檬酸钙均可透过毛细血管壁，称为扩散性钙。血浆中扩散性钙与非扩散性钙的含量各占一半。

蛋白结合钙与离子钙之间可以互相转变，处于动态平衡，并受血液pH的影响。当血液pH增高（碱中毒）时，蛋白结合钙增多，Ca^{2+}减少，神经肌肉应激性增强，易发生痉挛。反之，当血液pH减小（酸中毒）时，蛋白结合钙的解离加强，Ca^{2+}浓度增高。

$$\text{血浆蛋白结合钙} \underset{HCO_3^-}{\overset{H^+}{\rightleftharpoons}} \text{血浆蛋白} + Ca^{2+}$$

血磷主要是指血浆中的无机磷。血液中的磷主要以无机磷酸盐、有机磷酸酯和磷脂三种形式存在，其中无机磷酸盐主要存在于血浆中，有机磷酸酯和磷脂主要存在于红细胞内。成年动物的血磷含量为每100 mL血浆4～7 mg。

正常情况下，血浆中的钙与磷的浓度保持着一定数量关系，其比值为（2.5～3.0）：1。正常成畜每100 mL血浆中钙、磷浓度以毫克数表示时，其乘积范围为35～40。当血磷浓度升高时，血钙浓度则降低；当血磷浓度降低时，血钙浓度则升高，以维持乘积的相对恒定。当钙、磷浓度的乘积低于35时，骨盐的形成受阻，将妨碍骨组织钙化，甚至使骨盐再溶解，影响成骨作用，引起佝偻病或软骨病。当乘积高于40时，骨盐的沉积速度加快，所以当骨骼生成时（如幼畜生长期），乘积常较高。

血钙和血磷含量虽少，但与骨骼中的钙、磷保持动态平衡，所以它们的含量变化，常能反映出骨组织的代谢情况，因此测定血钙、血磷的含量，可为一些疾病的诊断提供依据。

（六）铁和微量元素的代谢

1. 铁的代谢

（1）分布和功能：机体内铁的含量很少，但具有重要的生理功能。它是血红蛋白、肌红蛋白、细胞色素以及其他呼吸酶类（细胞色素氧化酶、过氧化氢酶、过氧化物酶）的必需组成成分，主要功能是参与氧的转运和电子的转运。

正常成年动物含铁总量为3～5 g，其中60%～70%以血红蛋白的形式存在于红细胞内，约3%的铁以肌红蛋白的形式存在于肌细胞中，约1%存在于细胞色素和其他一些氧化酶中，其余以铁蛋白或铁血黄素的形式存在于肝、脾、骨髓及肠黏膜中。

（2）吸收和排泄：动物体内的铁主要来自饲料，还有一部分来自血红蛋白的分解。与其他电解质不同，动物体内铁的含量不是通过排出调节，而是通过吸收进行调节。机体能把体内的铁有效地保存起来，且可以在体内反复利用。正常情况下，机体内的铁极少被排出，家畜粪便中的铁绝大部分是饲料中未被吸收的铁，只有极少量是随胆汁及肠黏膜细胞脱落而由体内排出，尿中的排铁量更少，此外，通过出汗、毛发脱落以及皮肤脱落等也丢失少量的铁，母畜泌乳也排出少量的铁。动物主要是在

失血时丢失较多的铁。铁主要以 Fe^{2+} 在十二指肠中被吸收，一般无机铁比有机铁易于吸收，低价铁（Fe^{2+}）比高价铁（Fe^{3+}）易于吸收。胃酸、谷胱甘肽和维生素 C 等能将 Fe^{3+} 还原为 Fe^{2+}，可促进铁的吸收。铁的吸收量取决于机体的需要，需要多少则吸收多少，多余的则拒绝吸收。

2. 微量元素的代谢

微量元素是一些在机体内含量不足体重万分之一的元素，有必需微量元素、非必需微量元素和有害微量元素三大类。目前动物体内已知的微量元素多达 50 多种，其中动物必需的微量元素有铁、铜、锌、锰、钴、碘、钼、硒、铬、镍、锡、硅、氟、钒 14 种。那些生理功能还不明确又没有发现其明显毒性的元素，称为非必需微量元素。一些重金属元素如铅、镉、汞和非金属砷等是有害微量元素。需注意的是，生物体内必需微量元素过量时也会造成危害，有害微量元素的浓度很低或形成特殊的化合态时不会产生毒性作用，例如氧化砷有剧毒，海带中的砷却无毒。实验证明，微量砷还具有某些生理功能。尽管微量元素在机体内含量很少，但却起着非常重要的作用。

（1）分布：微量元素在动物体内的分布极不均匀，许多元素都有其特定的集中存在的部位。例如氟、锶、铅、钡有 90%以上集中在骨骼，锌、溴、锂、汞有 50%以上集中在肌肉，碘有 85%以上集中在甲状腺，钒有 90%以上集中在脂肪组织，铜大部分集中在肝脏。微量元素在体内的存在方式也是多种多样，有些以离子形式存在，有些与蛋白质紧密结合，有的形成有机物等。元素的存在形式往往与它们的生理功能、运输或储存有关，例如碘以甲状腺素的形式存在，钴以维生素 B_{12} 的形式存在。

（2）吸收和排泄：大多数微量元素是随饲料和饮水，经消化道吸收进入体内的。微量元素的排出途径有随粪便、尿液排出以及由汗腺、皮肤、毛发等排出，不同元素的排出途径差异很大。

（3）必需微量元素的生理功能：①作为酶的重要组成成分，促进机体的生长发育，微量元素与酶有非常密切的关系。一方面，某些微量元素参与构成酶的结构成分、活性中心；另一方面，某些微量元素离子作为激活剂影响酶的活性，如锰和锌等都具有激活酶的作用。②作为激素的重要组成成分，促进机体的生长发育。微量元素可以在激素的分泌、活性调节以及与组织的结合等多个环节上影响激素。例如，锌与生长激素相结合，可使之更稳定，不易失活。③作为某些生物活性物质的成分，起抗氧化、抗衰老和免疫促进等作用。例如动物缺锌或缺硒时，体液免疫和细胞免疫皆受明显影响，适量补充锌或硒可显著增强免疫应答。此外，有些微量元素有特殊的生理功能，例如氟对牙齿有保护作用等。

常见必需元素的主要作用有以下几种。

①锌参与多种酶的组成，为酶活性所必需。微量元素中锌与酶的关系较为密切，它可作为许多酶的活性中心，起结构作用、催化作用或调节作用，有 200 多种酶与锌有关。例如，碳酸酐酶（参与肺组织内 CO_2 交换、调节酸碱平衡）、碱性磷酸酶（促进骨代谢）、DNA 聚合酶、RNA 聚合酶（参与蛋白质代谢）、乳酸脱氢酶、苹果酸脱氢酶（参与糖代谢）等。锌还与促进生长发育和提高免疫力等作用有关。幼小动物缺锌，常出现生长迟缓、贫血、食欲减退、免疫力低下等症状。动物实验显示，缺锌可引起胸腺、脾脏、淋巴结功能不全甚至萎缩，但补锌后能够恢复。

②铜是细胞色素氧化酶、过氧化氢酶、抗坏血酸氧化酶等的组成成分。当机体缺铜时，酶的活性明显下降，氧化磷酸化受阻，ATP 生成减少，许多合成机能降低。

③碘是合成甲状腺素的原料，食物中缺碘将引起甲状腺素的不足，导致地方性甲状腺肿大和地方性克汀病。

④微量的硒对动物是有益的，在体机内它参与辅酶 Q 和谷胱甘肽过氧化物酶的合成，有抗氧化、抗癌和提高机体免疫力等作用。但当硒的质量分数达到 8×10^{-6} 时，则对动物有害，摄入过量时，可出现硒中毒。

⑤铬可作为多种酶的激活剂发挥生理功能，还可使胰岛素活性增加。此外核酸和核蛋白中含铬很多。缺铬时易患糖尿病、高脂血症、动脉粥样硬化等。

⑥氟是骨骼和牙齿的组成成分，在骨骼和牙齿的生长与形成过程中十分重要，但是食物或饮水中含氟量过高，会引起慢性氟中毒。

锰是体内多种酶的活性基团或辅助因子，又是某些酶的激活剂，参与体内多种物质代谢，具有重要的生理作用。动物缺锰时，可出现骨骼发育不良、畸形，性欲丧失，性腺退化，性激素合成降低。

锡主要的生理功能表现在抗肿瘤方面，另外，锡还可促进蛋白质和核酸的合成，并且组成多种酶以及参与黄素酶的生物反应，能够增强体内环境的稳定性等。

钼是黄嘌呤氧化酶、醛氧化酶、亚硫酸氧化酶的辅助因子，钼酸盐可以保护类固醇激素受体。研究表明，钼还具有抑制肿瘤、预防龋齿等作用。

钴主要以维生素 B_{12} 和辅酶的形式发挥生理功能，缺钴易引起巨幼细胞贫血。

钒具有抑制胆固醇的合成并加速其分解，预防龋齿、糖尿病和动脉粥样硬化等作用。

锡具有促进核酸及蛋白质合成、促进生长和抗肿瘤等作用。动物实验证实，缺锡可使动物生长出现障碍，补锡后可加速其生长。

镍大量存在于DNA和RNA中，其作用可能是通过与DNA中的磷酸酯结合，使DNA结构处于稳定状态，影响DNA、RNA的复制和蛋白质合成。镍还可作为酶的激活剂参与多种酶蛋白组成而发挥生理功能等。

四、体液的酸碱平衡

动物体内各种体液必须具有适宜的酸碱度，这是维持正常生理活动的重要条件之一。组织细胞在代谢过程中不断产生酸性和碱性物质，还有一定数量的酸性和碱性物质随食物摄入进入体内。机体可通过一系列的调节作用，最后将多余的酸性或碱性物质排出体外，达到酸碱平衡。

（一）体内酸碱性物质的来源

（1）酸性物质的来源包括内源性酸和外源性酸。内源性酸分为挥发酸和非挥发性酸两类。糖、脂肪、蛋白质彻底氧化产生的 CO_2 进入血液与水结合形成碳酸，碳酸又在肺部变成 CO_2 呼出体外，所以称为挥发性酸。它是动物体内产生最多的挥发性酸。此外，糖、脂肪、蛋白质和核酸在分解代谢中还会产生一些无机酸（如磷酸）和有机酸（丙酮酸、乳酸、α-酮戊二酸等），这些酸不能由肺呼出，过量时必须由肾脏排出体外，故称为非挥发性酸或固定酸。外源性酸主要来自饲料和药物，如柠檬酸、乙酸、阿司匹林等。

（2）碱性物质的来源包括内源性碱和外源性碱。内源性碱主要来自体内物质代谢产生的，比如氨基酸分解代谢产生的氨，外源性碱主要来自饲料和药物。

（二）酸碱平衡的调节

正常情况下，体液特别是血液的酸碱度是相对恒定的。动物细胞外液的 pH 一般为 7.24～7.54。动物体内具有完备而有效的调节体液酸碱平衡的机制，机体在正常的生命活动中，会将肠道吸收和物质代谢产生的一些酸碱物质进行有效的调节，从而使体液 pH 维持相对恒定，这一过程称为酸碱平衡，主要包括血液的缓冲作用、肺和肾脏的调节。

1. 血液的缓冲作用

血液是由多种缓冲对组成的缓冲溶液。血液中的缓冲体系均为弱酸和其盐的组合，主要有碳酸氢盐缓冲体系（H_2CO_3-$NaHCO_3$/$KHCO_3$）、磷酸氢盐缓冲体系（血浆：NaH_2PO_4/Na_2HPO_4，红细胞：KH_2PO_4-K_2HPO_4）、血红蛋白体系（血红蛋白缓冲体系 KHb/HHb 和氧合血红蛋白缓冲体系 $KHbO_2$/$HHbO_2$）和血浆蛋白体系（Na-蛋白质/H-蛋白质）。

其中，血浆中的缓冲体系有 H_2CO_3/$NaHCO_3$、NaH_2PO_4/Na_2HPO_4 和 Na-蛋白质/H-蛋白质缓冲体系；红细胞中的缓冲体系有 H_2CO_3/$KHCO_3$、KH_2PO_4/K_2HPO_4、KHb/HHb 和 $KHbO_2$/$HHbO_2$。

各缓冲体系的缓冲能力是不同的，其中，血浆中以碳酸氢盐缓冲体系（H_2CO_3/$NaHCO_3$）为主，红细胞中以血红蛋白缓冲体系（KHb/HHb 和 $KHbO_2$/$HHbO_2$）为主。在机体酸碱平衡中以 H_2CO_3/$NaHCO_3$ 缓冲体系最为重要，其含量最多，缓冲能力最大。

血液对固定酸和碱的缓冲作用主要通过 H_2CO_3/$NaHCO_3$ 缓冲体系来完成（图 5-4）。当血液中

加入固定酸后，H_2CO_3浓度增大，$NaHCO_3$浓度减小，促使 H_2CO_3分解成 CO_2和 H_2O，产生的 CO_2通过呼吸作用排出。当血液中加入碱性物质后，碱性物质与 H^+ 结合生成水，促使 H_2CO_3电离来补充消耗的 H^+，H_2CO_3浓度减小，$NaHCO_3$浓度增大，过多的 $NaHCO_3$由肾脏排出。对挥发性酸的缓冲作用主要依靠红细胞中的 KHb/HHb 和 $KHbO_2/HHbO_2$缓冲体系来完成。缓冲体系防止体液 pH 发生较大改变的作用迅速但又有一定的局限性。

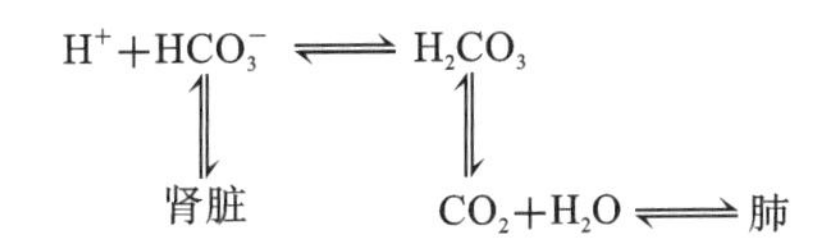

图 5-4　血液中 $H_2CO_3/NaHCO_3$缓冲体系的缓冲原理

机体为了维持体液 pH 的恒定，必须有随时调整血浆中$[HCO_3^-]/[H_2CO_3]$的值和维持两者绝对浓度的机制，即必须经常保持一定量的 HCO_3^- 以便随时中和进入血液的酸。血浆中所含 HCO_3^- 的量称为碱储，即中和酸的碱储备，它一定程度上代表了血浆对固定酸的缓冲能力。

2. 肺呼吸对血浆中碳酸浓度的调节

体液缓冲系统最终需依赖肺呼出 CO_2或肾排出某些酸性物质(固定酸)以维持酸碱平衡。肺对血浆 pH 的调节机能在于加强或减弱 CO_2的呼出，从而调节血浆和体液中 H_2CO_3的浓度，使血浆中$[HCO_3^-]/[H_2CO_3]$的值趋于正常，从而使血浆的 pH 趋于正常。例如，当酸进入血液时，$[HCO_3^-]/[H_2CO_3]$的值下降，血液偏酸，呼吸中枢兴奋，肺呼吸加强，呼出 CO_2增加，使 H_2CO_3浓度减小，从而使$[HCO_3^-]/[H_2CO_3]$的值和 pH 趋于正常，所以肺功能在调节酸碱平衡上是很重要的。

3. 肾脏的调节作用

肾脏是调节机体酸碱平衡的重要器官。它主要通过排出过多的酸或碱来调节血浆中 $NaHCO_3$的正常含量，以维持 H_2CO_3和 $NaHCO_3$浓度的正常比值，其调节作用主要是通过肾小管上皮细胞的泌氢、排钾和泌氨作用来实现。

(1)肾小管的泌氢作用和 $NaHCO_3$的再吸收(H^+-Na^+交换作用)：肾小管上皮细胞有分泌 H^+ 的能力，这种作用是和 Na^+ 的重吸收同时进行的，又称 H^+-Na^+ 交换作用(图 5-5)。正常情况下，血液中的 $NaHCO_3$经肾小球滤出，在肾小管再吸收。$NaHCO_3$的再吸收是通过 Na^+ 与 H^+ 的交换进行的。肾小管的上皮细胞内，自血液弥散进入的 CO_2经碳酸酐酶(CA)的作用与 H_2O 结合成 H_2CO_3，解离后(产物 H^+、HCO_3^-)产生 H^+ 与肾小管中的 Na^+ 交换。

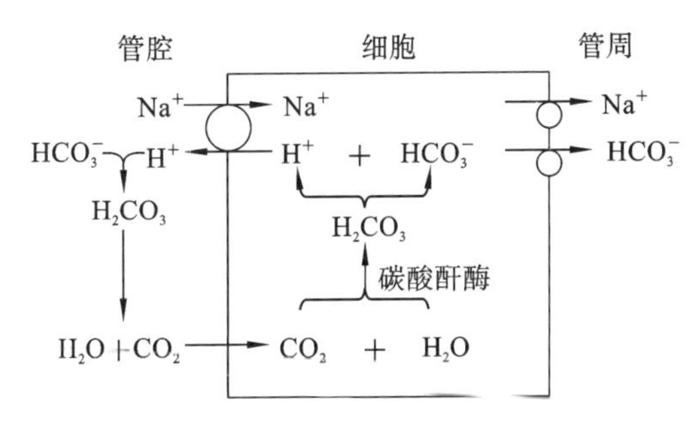

图 5-5　H^+-Na^+ 交换作用

此外，肾远曲小管有酸化尿的功能。肾小管原尿内 Na_2HPO_4解离出的 Na^+ 也可通过与 H^+ 的交换作用使 Na_2HPO_4转变成 NaH_2PO_4，随尿液排出，其结果是使尿液酸化。

(2)氨的分泌和铵盐的生成：肾远曲小管细胞能产生氨(NH_3)，生成的氨弥散到肾小管滤液中与 H^+ 结合成 NH_4^+，再与滤液中的酸基结合成酸性铵盐(NH_4Cl，$NH_4H_2PO_4$，$(NH_4)_2SO_4$等)排出体外(图 5-6)。肾脏通过这个机制来排出强酸基，起到了调节血液酸碱度的作用。氨的排泌率与尿中 H^+ 浓度成正比。NH_4^+ 与酸基结合成酸性的铵盐时，滤液中的 Na^+、K^+ 等离子则被代替，与肾小管中的 HCO_3^- 结合成 $NaHCO_3$、$KHCO_3$等被回收至血液中。每排泌一个 NH_3，就带走滤液中的一个

H^+，这样就可以促使肾小管细胞排泌 H^+，也就增加了 Na^+、K^+ 等的回收率。

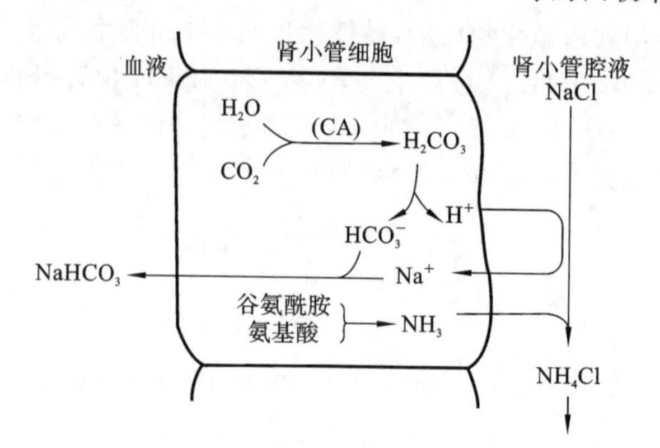

图 5-6　氨的分泌和铵盐的生成

(3)K^+ 的排泄与 K^+-Na^+ 交换：肾远曲小管同时排泌 H^+ 和 K^+，K^+ 和 H^+ 竞争性与 Na^+ 交换，如 K^+ 排泌增加，H^+ 的排泌就减少，反之，若 K^+ 排泌减少，H^+ 排泌就增加，肾脏通过这一交换机制来保持体液酸碱的平衡。

体内酸碱平衡的调节，以体液缓冲系统的反应最迅速，几乎立即起反应。将强酸、强碱迅速转变为弱酸、弱碱，但只能短暂地起调节作用。肺的调节略缓慢，其反应较体液缓冲系统慢 10～30 min。离子交换再慢些，于 2～4 h 始起作用。肾脏的调节开始最迟，往往需 5～6 h 以后，可是最持久(可达数天)，作用亦最强。肺的调节作用亦能维持较长时间。

必须指出，机体对酸碱平衡的调节能力是有一定限度的。如果体内酸、碱性物质产生或丢失过多，超出机体的调节能力，或肺、肾功能出现障碍，均可导致酸碱平衡紊乱，出现酸中毒或碱中毒。

(三)酸碱平衡的紊乱

如果体液中酸碱平衡调节均失效，就会发生酸碱平衡紊乱。其中 pH 低于 7.24 称为酸中毒，pH 高于 7.54 称为碱中毒。酸碱平衡紊乱一共分为四种，即呼吸性酸中毒、呼吸性碱中毒、代谢性酸中毒和代谢性碱中毒。无论是酸中毒还是碱中毒，机体均可以通过肺或肾脏进行调整，使体液的 pH 趋于正常，机体的这种调节作用称为代偿作用。

1. 呼吸性酸中毒

呼吸性酸中毒是由于肺的通气或肺循环障碍、CO_2 不能畅通地排出而引起的。呼吸性酸中毒的确诊需通过血液化学分析。发生呼吸性酸中毒时，血液中 P_{CO_2}(CO_2 的分压)常升高，$[NaHCO_3]/[H_2CO_3]$的值下降，pH 降低。这时代偿功能主要是肾脏的排 H^+ 增加，HCO_3^- 的重吸收增强。因而血浆中 $NaHCO_3$ 的浓度也升高。如代偿完全，血液 pH 接近正常或稍偏低。

2. 呼吸性碱中毒

呼吸性碱中毒是由于换气过度、肺排出 CO_2 过多引起的。发生呼吸性碱中毒时，血液中 P_{CO_2} 降低，$[NaHCO_3]/[H_2CO_3]$的值升高。这时代偿作用与呼吸性酸中毒相反，肾小管的排 H^+ 减少，HCO_3^- 的重吸收减少，$NaHCO_3$ 的排出增加，血浆中 $NaHCO_3$ 的浓度降低。

3. 代谢性酸中毒

代谢性酸中毒是临床上最常见和最重要的一种酸碱平衡紊乱，产生的原因主要有体内产酸过多或丢失大量碱性物质，从而引起血浆中 $NaHCO_3$ 减少，$[NaHCO_3]/[H_2CO_3]$的值下降，使血液 pH 下降。发生代谢性酸中毒的代偿功能主要是增加肺换气率(呼吸加深加快)，加快 CO_2 的排出，降低血中 P_{CO_2}，使$[NaHCO_3]/[H_2CO_3]$的值趋于正常。肾小管功能正常时，肾小管增加 H^+ 的排出，同时增加碳酸氢盐的重吸收，使$[NaHCO_3]/[H_2CO_3]$的值趋于正常。

4. 代谢性碱中毒

代谢性碱中毒主要表现为细胞外液中的 $NaHCO_3$ 浓度增高，血液 pH 增大，产生的原因主要是体内失酸过多或偶然得碱过多。机体的代偿作用由呼吸中枢受抑制，肺呼吸变浅变慢，换气减少，血

中 CO_2 保留较多，$[NaHCO_3]/[H_2CO_3]$ 的值和血液 pH 趋于正常。常见的动物病例中，犬连续呕吐易发生代谢性碱中毒，牛的皱胃变位和十二指肠的阻塞式弛缓也常导致牛的代谢性碱中毒。两者的机制相似，都是由于皱胃分泌的大量盐酸不能进入肠道被重吸收，而使大量酸性胃液潴留在胃中，造成盐酸大量丢失。

模块小结

水和无机盐是机体维持生命活动的重要物质。动物体内的水和溶解于水中的无机盐、小分子有机物、蛋白质等共同构成体液。体液是机体物质代谢所必需的环境，它包括细胞外液和细胞内液，二者中的电解质分布差异很大。细胞外液的阳离子以 Na^+ 为主，阴离子以 Cl^- 及 HCO_3^- 为主，细胞内液的阳离子以 K^+ 为主，阴离子以蛋白质和磷酸根为主。体液中的成分必须穿过毛细血管壁和细胞膜进行交流。

水是机体含量最多的成分。动物的各种生命活动离不开水的存在。钠、钾、氯是体液中主要的电解质，机体通过它们的吸收与排出，使其与外界达到平衡。Na^+、K^+、Cl^- 等离子在维持体液渗透压平衡和酸碱平衡等过程中都起着非常重要的作用。

钙、磷是体内含量最高的无机元素。它们在体内主要参与骨骼和牙齿的构成。游离于体液中的钙、磷还具有许多其他重要的生理功能。

链接与拓展

研究表明铁代谢可能是衰老的关键

通过对基因的分析来进行衰老和健康的预测已经成为生命科学领域的研究热点。发表在 *Nature Communications* 上的一项大型研究中，来自英国爱丁堡大学和德国马克斯普朗克衰老研究所的国际研究团队发现，维持血液中铁的健康水平可能是改善衰老和延长寿命的关键，文章题目为“Multivariate genomic scan implicates novel loci and haem metabolism in human ageing”。

研究人员分析超过 100 万人的遗传信息，发现大约 10 个基因座与长寿和健康有关，并且在这些基因座中均发现和血液中铁元素代谢相关的基因。结果表明血液中的铁水平过高似乎会增加早死的风险。这也能够解释为何饮食中高铁含量的红肉与衰老相关的疾病（如心脏病）有关。

研究人员表示，虽然目前对于铁代谢与衰老和健康相关的研究还处于早期阶段，但随着时间的推移，这将会促进旨在降低血铁水平的药物开发，有可能会延长我们的寿命。

复习思考题

一、选择题

参考答案

1. 维持细胞外液晶体渗透压的主要离子是（　　）。

A. H^+　　B. K^+　　C. Na^+　　D. Mg^{2+}　　E. Ca^{2+}

2. 下列不属于水的生理功能的是（　　）。

A. 运输物质　　B. 代谢反应的介质

C. 调节体温　　D. 维持组织正常兴奋性

3. 分布于细胞外液的主要离子是（　　）。

A. Na^+　　B. K^+　　C. Ca^{2+}　　D. Mg^{2+}　　E. Fe^{2+}

4. 分布于细胞内液的主要离子是（　　）。

A. Na^{+}　B. K^{+}　C. Ca^{2+}　D. Mg^{2+}　E. Fe^{2+}

5. 对维持细胞内液的渗透压、酸碱平衡以及神经肌肉兴奋性都有重要作用的元素是（　）。

A. 钠　B. 钾　C. 钙　D. 磷　E. 碳

6. 大部分存在于骨骼中，并且又是核酸的组成成分，还积极参与细胞中物质代谢的元素是（　）。

A. 钠　B. 钾　C. 钙　D. 磷　E. 碳

7. 影响水在细胞内、外扩散的主要因素是（　）。

A. 缓冲力　B. 扩散力　C. 静水压　D. 晶体渗透压　E. 胶体渗透压

8. 细胞间液与血液的主要差异是（　）。

A. Na^{+}含量　B. K^{+}含量　C. 蛋白质含量　D. HCO_3^{-}含量

9. 下列关于肾脏对钾盐排泄的描述中错误的是（　）。

A. 多吃多排　B. 少吃少排　C. 不吃也排　D. 不吃不排

10. 高钾血症和低钾血症均可引起（　）。

A. 代谢性酸中毒　B. 代谢性碱中毒

C. 肾小管泌氢增加　D. 心律失常

11. 大量饮水后（　）。

A. 细胞外液渗透压降低，细胞内液渗透压不变

B. 细胞外液渗透压不变，细胞内液渗透压降低

C. 细胞内液渗透压升高，细胞外液渗透压降低

D. 细胞外液渗透压降低，细胞内液渗透压降低

12. 刺激肾上腺皮质分泌醛固酮的直接因子为（　）。

A 促肾上腺皮质激素　B. 肾素

C. 血管紧张素Ⅱ　D. 血管紧张素原

13. 维持血浆渗透压的主要物质为（　）。

A. 蛋白质　B. HPO_4^{2-}　C. 尿素　D. Na^{+}和Cl^{-}

14. 下列哪种溶液为等渗溶液？（　）

A. 0.5%葡萄糖溶液　B. 10%葡萄糖溶液

C. 0.9%氯化钠溶液　D. 5%葡萄糖盐水

15. 脱水时（　）。

A. 血浆Na^{+}浓度增高　B. 血浆Na^{+}浓度降低

C. 血浆Na^{+}浓度不变　D. 体液异常丢失可引起脱水

16. 下列哪种液体属于细胞外液？（　）

A. 消化液　B. 血液　C. 泪液　D. 淋巴液

17. 某患畜口渴，尿少，尿中钠高，血清钠浓度大于 145 mmol/L，其水与电解质平衡紊乱的类型是（　）。

A. 等渗性脱水　B. 水中毒　C. 高渗性脱水　D. 水肿　E. 低渗性脱水

18. 下列抑制 ADH 分泌的因素是（　）。

A. 大量饮水　B. 血压下降

C. 血液渗透压升高　D. 血容量减少

19. 体液的含量约占体重的（　）。

A. 60%　B. 15%　C. 8%　D. 10%　E. 5%

20. 下列哪一类水及电解质代谢紊乱早期易发生休克？（　）

A. 低渗性脱水　B. 高渗性脱水　C. 水中毒　D. 低钾血症　E. 高钾血症

Note

二、判断题

1. 细胞外液包括淋巴液、脑脊液、血液。（ ）
2. 抗利尿激素由垂体分泌，主要作用是促进肾远曲小管和肾小管对水的重吸收。（ ）
3. Cl^-虽然是细胞外液中的主要阴离子，但在细胞内液中几乎不存在。（ ）
4. 肺在调节体液酸碱平衡中主要是调节血浆中的 $NaHCO_3$浓度。（ ）
5. 1 mol 氯化钠与 2 mol 葡萄糖具有相同的渗透压。（ ）
6. 红细胞内的磷酸盐缓冲体系主要由磷酸二氢钠和磷酸氢二钠组成。（ ）
7. 当机体出现呼吸性碱中毒时，血钙含量降低，血钾含量升高。（ ）
8. 肾脏对水盐代谢的调节，主要是通过盐皮质激素和抗利尿激素。（ ）
9. 必需微量元素有铁、锌、铜、碘、锰、钼、钴、硒、铬、镍、锡、硅、氟和钒。（ ）
10. 铁与其他电解质不同，动物体内铁的含量是通过吸收调节的。（ ）

三、查阅文献资料，完成下表

无机盐	主要功能	缺乏所引起的症状
镁		
铁		
铜		
锌		
锰		
钴		

（张朝辉）

下篇
动态生物化学

主要讲述核酸、蛋白质、糖、脂类在生物体内的分解与合成过程，以及生物体内能量的转化与利用过程。

模块六　生物氧化

课件 PPT

模块导入

人和动物的心脏为何会持续而有力的跳动？为什么冬眠动物能存活？为什么吃了糖、脂肪和蛋白质，人和动物就会不饿了？生物体内的能量是怎么产生的？是从哪里来的？糖、脂类和蛋白质在人和动物体内的氧化与它们在体外（有机化学）氧化是一样的吗？上述这些问题就涉及本模块的具体内容。下面就让我们开启这个模块的知识之旅！

模块目标

▲知识目标

掌握生物氧化的概念、呼吸链和能量代谢；熟悉生物氧化过程中水和二氧化碳的生成方式，重点是水的生成；了解非线粒体氧化体系的意义。

▲能力目标

培养学生应用生物氧化的调节机制分析动物疾病的发生本质；培养学生分析问题、解决问题的能力。

▲素质与思政目标

培养学生认真观察，大胆假设，小心求证的科学精神，培养不唯书、不唯上、只唯实的科学态度。

一、生物氧化概述

（一）生物氧化的概念

动物在其生长、发育、繁殖等生命活动过程中都需要消耗能量，比如体内物质的合成和分解、物质的转运、肌肉的收缩及神经传导等都伴随着能量的变化，并且能量变化过程都要遵循化学、热力学一般规律。对于动物体，只能通过摄取糖、脂肪和蛋白质等有机物在体内氧化分解而获得能量。通常将糖、脂类和蛋白质等有机物在生物体内氧化分解为二氧化碳和水，并释放能量的过程称为生物氧化。由于动物体主要通过呼吸器官进行呼吸，吸入氧气，排出二氧化碳，吸入的氧气用以氧化摄入体内的营养物质（糖、脂类和蛋白质等）获得能量，故生物氧化又称呼吸作用。又因为生物氧化主要在组织细胞中进行，并与组织细胞的呼吸有关，所以又称组织氧化、细胞氧化、组织呼吸或细胞呼吸。

（二）生物氧化的特点

生物氧化的化学本质与物质在体外的燃烧是相同的，都要遵循能量守恒定律，即耗氧量、最终产物和释放的能量是相同的，但两者在表现形式上却有很大差异。体外氧化需要点燃等剧烈条件，同时氧化过程中能量会骤然释放，并产生大量的热和光。而生物氧化则不同，主要有如下特点。

（1）生物氧化是在细胞内进行的，即在酶的催化下，在体温（37 ℃）和 pH 接近中性的有水环境中缓慢进行的。

Note

(2)生物氧化过程是逐步进行的。主要是代谢物脱氢和电子转移反应，脱下的氢或电子经一系列传递才与氧结合成水，这样逐步释放的能量不会使体温升高，并可使能量得到有效地利用。

(3)生物氧化过程中释放的能量，其中一部分以热能的形式散失，另一部分储存在一些特殊的高能化合物(如 ATP)中。

(4)在真核生物细胞内，生物氧化主要在线粒体内进行。在不含线粒体的原核生物(如细菌)内，生物氧化在细胞膜上进行。

(三)生物氧化的方式

生物体内的物质氧化方式即为有机物在动物体细胞中的一系列氧化还原反应，氧化还原的方式有加氧、脱氢、失电子等类型，其中以脱氢反应为主。

1. 失电子反应

反应过程中底物失去电子，化合价升高的反应。

$$Fe^{2+} + Cu^{2+} \rightleftharpoons Fe^{3+} + Cu^{+}$$

2. 加氧氧化

底物分子中直接加入氧原子或氧分子，使底物发生氧化的反应。

$$C_6H_5\text{—}H_2C\text{—}CH(NH_2)\text{—}COOH + \frac{1}{2}O_2 \longrightarrow HO\text{—}C_6H_4\text{—}H_2C\text{—}CH(NH_2)\text{—}COOH$$

苯丙氨酸　　　　酪氨酸

3. 脱氢反应

底物分子在酶的作用下脱氢的氧化反应，是生物体内最常见的氧化方式。

$$^{-}OOC\text{—}CH_2\text{—}CH(OH)\text{—}COO^{-} + NAD^{+} \underset{\text{苹果酸脱氢酶}}{\rightleftharpoons} {^{-}OOC}\text{—}CH_2\text{—}C(=O)\text{—}COO^{-} + NADH + H^{+}$$

苹果酸　　　　草酰乙酸

$$CH_2\text{—}O\text{—}Ⓟ\text{—}CHOH\text{—}CH_2OH + NAD^{+} \xrightarrow{\alpha\text{-磷酸甘油脱氢酶}} CH_2O\text{—}Ⓟ\text{—}C{=}O\text{—}CH_2OH + NADH + H^{+}$$

α-磷酸甘油　　　　磷酸二羟丙酮

(四)生物氧化两大体系

生物氧化体系主要有线粒体氧化体系和非线粒体氧化体系两大类。

1. 线粒体生物氧化体系

线粒体是生物氧化的主要场所，其中含有许多与生物氧化有关的酶类。线粒体生物氧化体系的主要功能是为机体提供能量，包括热能、ATP 等。在线粒体内，糖、脂肪、蛋白质等营养物质在酶的作用下主要发生脱氢反应，脱下的氢原子经过一系列的传递体的传递，最终传递给氧分子而化合产生水，并释放能量。

2. 非线粒体生物氧化体系

非线粒体生物氧化体系指存在于线粒体以外，如微粒体与过氧化物体中，代谢底物脱下的氢，在一些酶(需氧脱氢酶、过氧化物酶、过氧化氢酶、超氧化物歧化酶等)作用下直接与氧化合成水，一般不能产生 ATP。这是一类简单的生物氧化体系，主要存在于动物的肝脏等组织细胞中，参与非营养物质如药物、毒物、激素等物质的生物转化过程。

二、生物氧化中二氧化碳的生成

动物体内的糖、脂肪和蛋白质等营养物质氧化分解时，碳原子是以二氧化碳的形式释放。但二氧化碳的生成并不是碳原子和氧原子的直接结合的结果，而是来源于被氧化物质转变为有机酸后，有机酸脱羧产生的。常根据脱羧反应的性质和脱去二氧化碳的羧基在有机酸分子中的位置进行分类。

(一)直接脱羧

在脱羧反应中不伴有氧化的为直接脱羧，也称为单纯脱羧。根据脱羧的位置可分为单纯 α-脱羧反应和单纯 β-脱羧反应两种类型。

1. 单纯 α-脱羧反应

单纯 α-脱羧反应是指 α-位置的羧基直接脱去，并无伴随的氧化反应发生。如氨基酸的脱羧反应：

$$H_2N{-}\underset{}{\overset{R}{\overset{|}{C}}}H{-}COOH \xrightarrow{\text{氨基酸脱羧酶}} \overset{R}{\overset{|}{C}}H_2{-}NH_2 + CO_2$$

2. 单纯 β-脱羧反应

单纯 β-脱羧反应是指 β-位置的羧基直接脱去，并无伴随的氧化反应发生。如草酰乙酸的脱羧反应：

$$\underset{\text{草酰乙酸}}{HOOC{-}CO{-}CH_2{-}COOH} \xrightarrow{\text{丙酮酸羧化酶}} \underset{\text{丙酮酸}}{HOOC{-}CO{-}CH_3} + CO_2$$

(二)氧化脱羧

在脱羧反应过程中伴有氧化的反应称为氧化脱羧。根据脱羧的位置可分为 α-氧化脱羧反应和 β-氧化脱羧反应两种类型。

1. α-氧化脱羧反应

α-氧化脱羧反应是指 α-位置的羧基直接脱去，并且伴随有脱氢过程，即同时有氧化反应发生。如丙酮酸的脱羧反应：

$$\underset{\text{丙酮酸}}{CH_3{-}\overset{O}{\overset{\|}{C}}{-}COOH} \xrightarrow[\text{CoASH}\quad NAD^+ \to NADH+H^+]{\text{丙酮酸脱氢酶系}} \underset{\text{乙酰辅酶A}}{CH_3COSCoA} + CO_2$$

2. β-氧化脱羧反应

β-氧化脱羧反应是指 β-位置的羧基直接脱去，并且伴随有脱氢过程，即同时有氧化反应发生。如苹果酸的脱羧反应：

$$\underset{\text{苹果酸}}{HOOC{-}CH_2{-}\overset{OH}{\overset{|}{C}}H{-}COOH} \xrightarrow[NADP^+ \to NADPH+H^+]{\text{苹果酸酶}} \underset{\text{丙酮酸}}{HOOC{-}\overset{O}{\overset{\|}{C}}{-}CH_3} + CO_2$$

三、生物氧化中水的生成

生物体中的生物氧化作用主要是通过脱氢反应来实现的。生物氧化中所生成的水是代谢物脱下的氢，经过生物氧化作用和吸入的氧结合而生成的。

糖、脂肪、蛋白质等代谢物所含的氢，在一般情况下是不活泼的，必须通过相应的脱氢酶催化才能脱下来。而进入生物体的氧也必须经过氧化酶的作用才能变为活性很高的氧化剂。但一般情况下，被激活的氧尚不能直接氧化由脱氢酶作用而脱落的氢，两者之间需要特殊的氢和电子传递体把氢质子和电子传递给氧结合生成水。所以生物体主要是以脱氢酶、氢和电子传递体即氧化酶组成的生物氧化体系来催化水的生成。

此外，在物质代谢过程中，有时也可以从底物上直接脱水。如在脂肪酸的分解代谢中，β-羟脂酰ACP在β-羟脂酰ACP脱水酶的催化下，直接发生脱水反应，生成α,β-烯脂酰ACP。不过，这不是生成水的主要方式。

$$\underset{\beta\text{-羟脂酰ACP}}{R—\overset{OH}{\overset{|}{C}H}—CH_2—\overset{O}{\overset{\|}{C}}\sim SACP} \xrightarrow{\beta\text{-羟脂酰 ACP 脱水酶}} \underset{\alpha,\beta\text{-烯脂酰ACP}}{R—CH=CH—\overset{O}{\overset{\|}{C}}\sim SACP} + H_2O$$

（一）呼吸链及其组成

视频：呼吸链

1. 呼吸链的概念

呼吸链是指由一系列的酶和辅酶组成的递氢体和递电子体按照一定的顺序排列在线粒体内膜上，可以将底物脱下的氢（$2H^+ + 2e$）逐步传递给分子氧（O_2）生成水，同时释放出能量（ATP）的传递体系。由于这种传递体系与细胞的呼吸有关，所以称为呼吸链，也称为电子传递链或生物氧化链。

视频：电子传递复合物

2. 呼吸链的组成

呼吸链位于线粒体内膜上，主要由4种氧化还原酶复合体及辅酶Q(CoQ)和细胞色素c两个独立成分组成。4种氧化还原酶分别是复合体Ⅰ即NADH-Q还原酶，又称NADH脱氢酶；复合体Ⅱ即琥珀酸-Q还原酶，又称琥珀酸脱氢酶；复合体Ⅲ即Q-细胞色素c还原酶；复合体Ⅳ即细胞色素c氧化酶，其组成见表6-1。

视频：呼吸链的组成

表6-1 呼吸链的组成

组分名称	酶名称	相对分子质量（$\times 10^3$）	辅酶
Ⅰ	NADH-Q还原酶	85	FMN，Fe-S
Ⅱ	琥珀酸-Q还原酶	97	FAD，Fe-S
Ⅲ	Q-细胞色素c还原酶	280	铁卟啉，Fe-S
Ⅳ	细胞色素c氧化酶	200	铁卟啉，Cu^{2+}
辅酶Q	辅酶Q	脂溶性小分子	
细胞色素c	细胞色素c	13	

（二）呼吸链各组成的作用机理

1. 烟酰胺脱氢酶类

在动物机体内，许多底物的脱氢都是通过烟酰胺脱氢酶类的作用，这些不同的烟酰胺脱氢酶都是以NAD^+（烟酰胺腺嘌呤二核苷酸，辅酶Ⅰ）或$NADP^+$（烟酰胺腺嘌呤二核苷酸磷酸，辅酶Ⅱ）作为辅酶。这类酶在起催化作用时，NAD^+或$NADP^+$与底物脱下来的氢结合而还原成NADH或NADPH，每分子的NAD^+或$NADP^+$每次只能接受一个H^+和两个电子，另外一个H^+只能游离在溶液中。催化机制如下：

$$\text{还原性底物} + NAD^+ \rightleftharpoons \text{氧化型底物} + NADH + H^+$$

$$\text{还原性底物} + NADP^+ \rightleftharpoons \text{氧化型底物} + NADPH + H^+$$

以NAD^+为辅酶的脱氢酶类主要是参与呼吸作用，即参与从底物到氧的氢和电子传递作用；而以$NADP^+$为辅酶的脱氢酶类，主要是将分解代谢中间产物上的氢和电子转移到生物合成反应中需

要氢和电子的中间产物上，即 NADPH 主要用于合成代谢。

2. NADH-Q 还原酶(NADH 脱氢酶)

NADH 脱氢酶是与黄素相关的脱氢酶，或者说是一种黄素蛋白，主要作用是催化 NADH 氧化为 NAD^+，该酶的辅基之一为黄素单核苷酸(FMN)。FMN 可接受 $NADH+H^+$ 的 2 个氢质子和 2 个电子生成 $FMNH_2$，然后再把两个电子传递给铁硫蛋白(Fe-S 蛋白)，而把两个氢质子释放到溶液中。其反应如下：

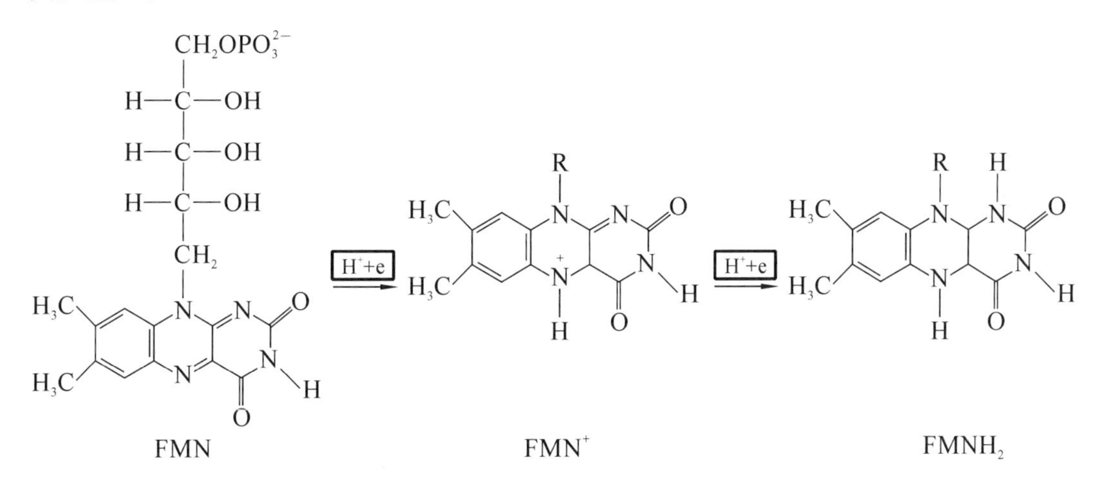

铁硫蛋白是 NADH 脱氢酶的另一辅基，因其分子中含有非血红素铁和对酸不稳定的硫而得名。因其活性部分含有两个活泼的硫原子和两个铁原子，又称铁硫中心，其作用是借铁的化合价互变进行电子的传递。

$$Fe^{3+}+e \rightleftharpoons Fe^{2+}$$

铁硫蛋白有多种，概括为 3 类，第一类是单个铁原子与蛋白质中的半胱氨酸的硫络合(FeS)(图 6-1(a))；第二类是含有 2 个铁原子与 2 个无机硫原子及 4 个半胱氨酸(Fe_2S_2)(图 6-1(b))；第三类是含有 4 个铁原子与 4 个无机硫原子及 4 个半胱氨酸(Fe_4S_4)(图 6-1(c))。但铁硫蛋白无论以何种形式连接，分子中只有一个作为电子载体，因此是一种单电子传递体(图 6-1)。

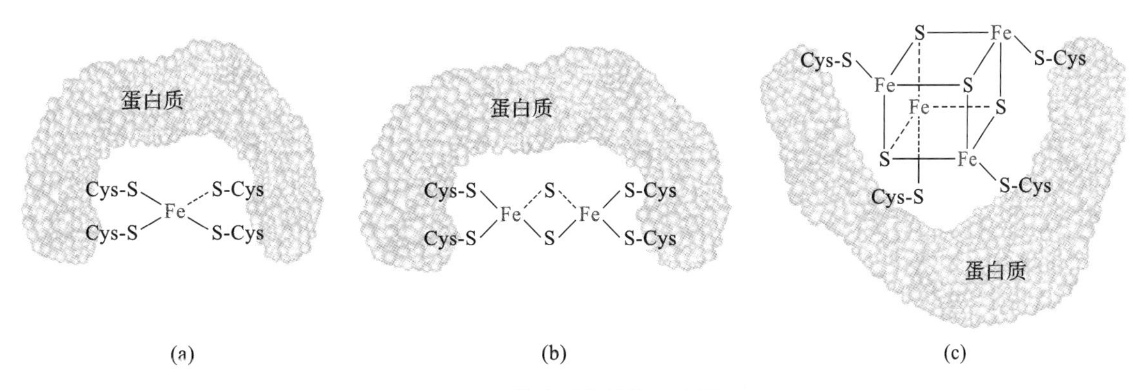

图 6-1　铁硫蛋白结构示意图

3. 辅酶 Q

辅酶 Q 是一种脂溶性的醌类化合物，因其广泛存在于生物细胞中，又称泛醌。它是一个带有长的异戊二烯侧链的醌类化合物。哺乳动物细胞内的辅酶 Q 含有 10 个异戊二烯单位，所以又称为辅酶 Q_{10}，其他细胞有的含有 6 个，有的含有 8 个异戊二烯单位。辅酶 Q 分子中的苯醌结构可接受两个氢质子和两个电子，被还原成对苯二氢泛醌，然后两个氢质子释放入线粒体基质中，两个电子传递给细胞色素，因此辅酶 Q 是双电子传递体。辅酶 Q 传递电子的过程如下：

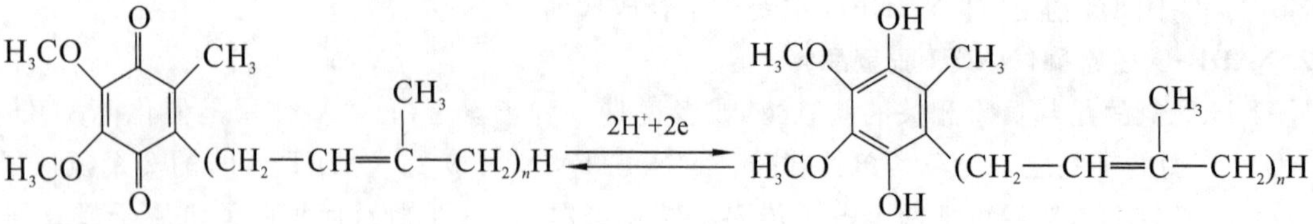

$$\text{泛醌} \underset{}{\overset{2H^+ + 2e}{\rightleftharpoons}} \text{二氢泛醌}$$

泛醌
（醌型或氧化型）

二氢泛醌
（氢醌型或还原型）

传递氢机制　$CoQ \underset{-2H}{\overset{+2H}{\rightleftharpoons}} CoQH_2$

此外，在线粒体中辅酶Q是唯一不与蛋白质结合的电子载体，它可以在呼吸链的不同复合物之间自由移动。

4. 琥珀酸-Q还原酶(琥珀酸脱氢酶)

琥珀酸脱氢酶与NADH一样，也是一种与黄素相关的脱氢酶，主要作用是催化琥珀酸发生脱氢反应。该酶的辅基之一为黄素腺嘌呤二核苷酸(FAD)。FAD可接受琥珀酸的两个氢质子和两个电子生成$FADH_2$，然后再把两个电子传递给铁硫蛋白(Fe-S蛋白)，而把两个氢质子释放到溶液中。其反应如下：

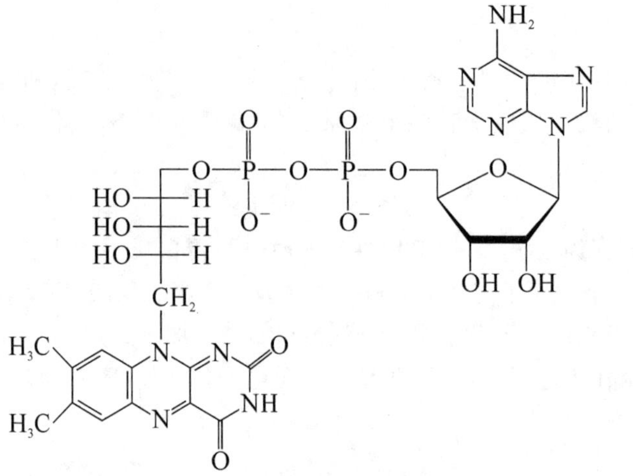

FAD

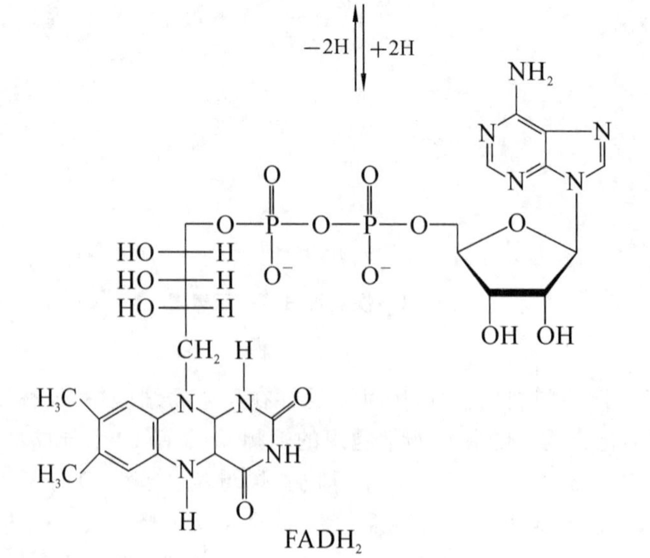

$$\text{FAD} \underset{-2H}{\overset{+2H}{\rightleftharpoons}} \text{FADH}_2$$

$FADH_2$

琥珀酸脱氢酶的另一辅基是铁硫蛋白，其结构和功能同上述。

视频：呼吸链复合物Ⅲ

5. Q-细胞色素 c 还原酶

Q-细胞色素 c 还原酶的主要作用是催化电子从辅酶 Q 传给细胞色素 c，其辅基除了铁硫蛋白（如前述）外，都是细胞色素类，主要包括细胞色素 b（b_{562}、b_{566}）和细胞色素 c_1。它们是一类电子传递蛋白质，都含有一个血红素辅基，通过铁原子的还原型（Fe^{2+}）和氧化型（Fe^{3+}）之间的互变而传递电子，所以细胞色素 b 和细胞色素 c_1 都是单电子传递体。细胞色素 b 和细胞色素 c_1 在分子结构上的差别，在于铁卟啉辅基的侧链基团不同，和铁卟啉与蛋白质的连接方式不同。它们的基本结构如图 6-2 所示。

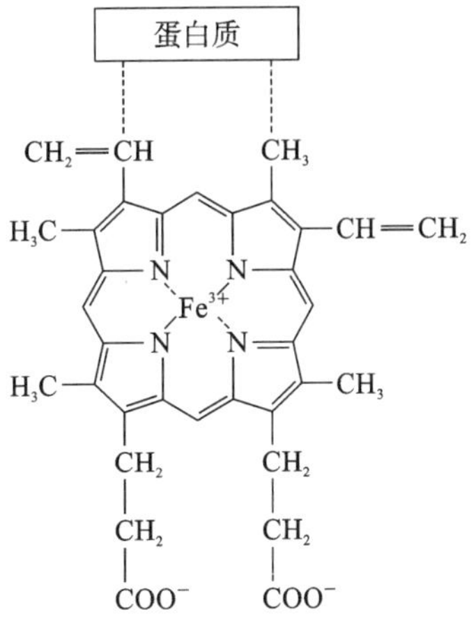

图 6-2　细胞色素 b、c_1 基本结构示意图

当还原型的辅酶 Q 进行氧化时，细胞色素 b 的 Fe^{3+} 接受从泛醌传来的电子转变为 Fe^{2+}，然后再将其传递给细胞色素 c_1，Fe^{2+} 失去电子又变为 Fe^{3+}，细胞色素 c_1 再将电子传递给细胞色素 c，在此传递过程中还有铁硫蛋白的参与作用。它们在呼吸链中传递电子的顺序为 CoQ→Cytb→Fe-S→$Cytc_1$→Cytc，其传递电子的机制可表示如下：

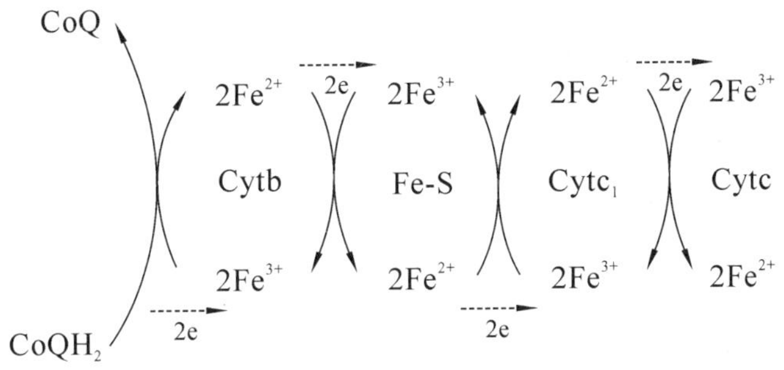

6. 细胞色素 c

细胞色素 c 的作用是接受来自细胞色素 c_1 的电子，并将电子继续向下传递，其与细胞色素 b、细胞色素 c_1 一样同属于细胞色素类物质，是含有血红素的一类蛋白质（图 6-3），也是通过其铁原子的还原型（Fe^{2+}）和氧化型（Fe^{3+}）之间的互变而传递电子，所以同样是一种单电子传递体。细胞色素 c 结构与细胞色素 b、细胞色素 c_1 基本相似，不同点在于其血红素辅基与蛋白质以硫醚键共价结合，而细胞色素 b、细胞色素 c_1 均以非共价键连接。细胞色素 c 是唯一可溶性的细胞色素，容易分离提纯，是当前研究最清楚的细胞色素蛋白，是呼吸链中的一个独立成分。

7. 细胞色素 c 氧化酶（末端氧化酶）

细胞色素 c 氧化酶的作用是将细胞色素 c 接受的电子传递给分子氧，是呼吸链中的最后一个电子传递体，其辅基主要包括细胞色素 a、细胞色素 a_3 和 Cu^{2+}。细胞色素 a、细胞色素 a_3 与前述的细胞色素 b、细胞色素 c_1、细胞色素 c 一样同属于细胞色素类物质，也是含有血红素的一类蛋白质。细胞色素 a、细胞色素 a_3 各结合一个血红素 A 辅基和一个铜原子，血红素 A 辅基与蛋白质的结合同细胞色素 b、细胞色素 c_1 一样都以非共价键结合（图 6-4）。

由于细胞色素 a、细胞色素 a_3 常结合成一个紧密的大分子寡聚体，用一般的分离方法不能将它们分开，所以常表示为细胞色素 aa_3。细胞色素 a 的 Fe^{3+} 从细胞色素 c 接受电子变为 Fe^{2+}，然后把电子传递给细胞色素 a_3 的 Fe^{3+}，再继续传递给细胞色素 a_3 的辅基 Cu^{2+}，Cu^{2+} 接受电子变为 Cu^{+}，最后把电子传递给氧。氧分子接受电子被激活为 O^{2-}，与基质中的 2 个氢质子结合生成水，其传递电子的机制可表示如下：

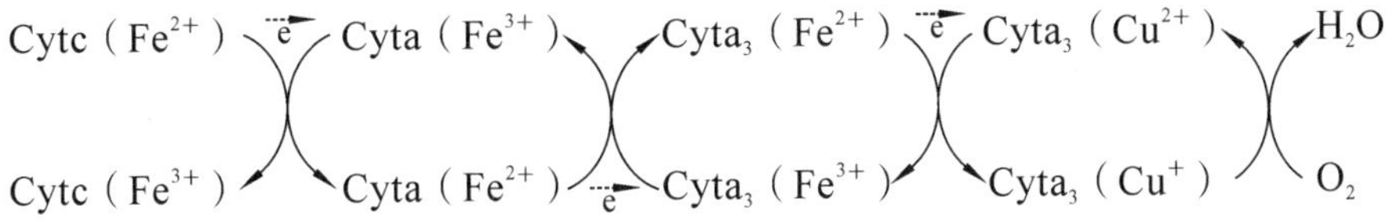

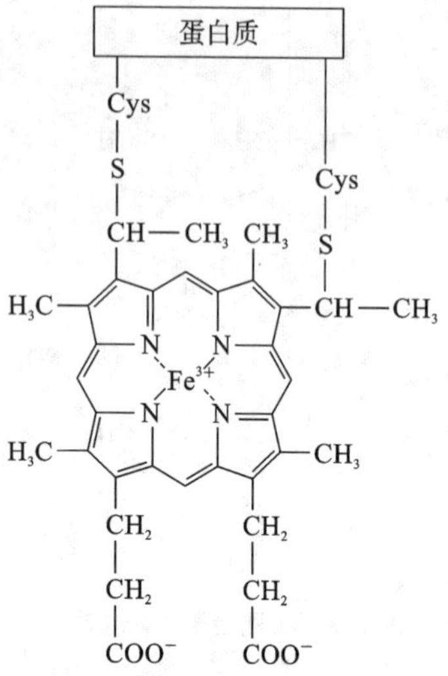

图 6-3　细胞色素 c 基本结构示意图

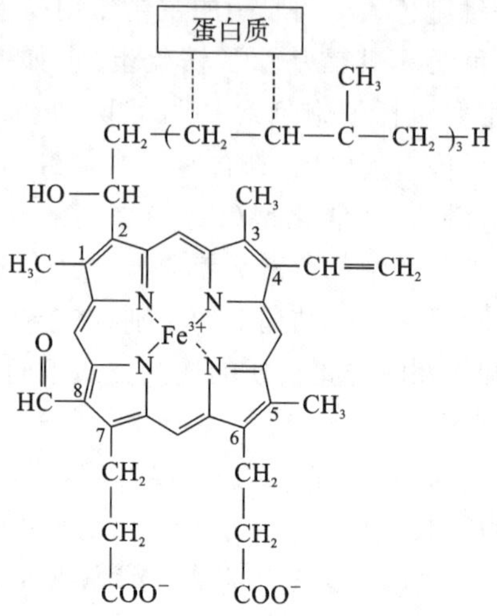

图 6-4　细胞色素 a 基本结构示意图

（三）线粒体内主要的呼吸链

研究表明，分布在线粒体内膜上的 4 种复合物与 2 个独立成分（辅酶 Q 和细胞色素 c）相连，组成了两条既有联系又独立的呼吸链，即 NADH 呼吸链和 $FADH_2$ 呼吸链。

1. NADH 呼吸链

NADH 呼吸链，又称长呼吸链，由复合体Ⅰ、复合体Ⅲ、复合体Ⅳ、CoQ 和 Cytc 组成。它们的排列顺序如下：

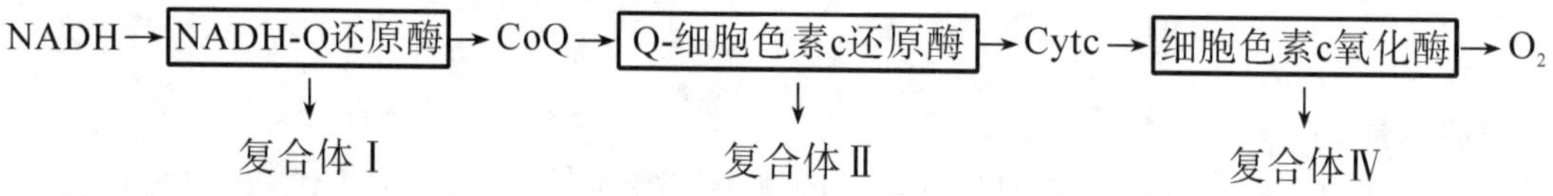

NADH→［NADH-Q还原酶］→CoQ→［Q-细胞色素c还原酶］→Cytc→［细胞色素c氧化酶］→O_2

NADH-Q还原酶↓复合体Ⅰ；Q-细胞色素c还原酶↓复合体Ⅱ；细胞色素c氧化酶↓复合体Ⅳ

在糖、脂肪、蛋白质的许多代谢反应中，当 NAD^+ 从底物接受两个氢原子生成 $NADH+H^+$ 后，就通过复合体Ⅰ把两个氢质子传给 CoQ，生成 $CoQH_2$，然后 $CoQH_2$ 把两个氢质子释放到基质中，而将两个电子依次通过复合体Ⅲ、Cytc、复合体Ⅳ传递给氧，并激活氧成为氧离子（O^{2-}），最后 O^{2-} 与基质中的 2 个 H^+ 结合生成水。

由于电子的传递是由各个复合体的辅基完成的，其具体传递过程如下：

$$NAD^+ \rightarrow FMN \rightarrow Fe\text{-}S \rightarrow CoQ \rightarrow Cytb \rightarrow Fe\text{-}S \rightarrow Cytc_1 \rightarrow Cytc \rightarrow Cytaa_3 \rightarrow O_2$$

2. $FADH_2$ 呼吸链

$FADH_2$ 呼吸链，又称短呼吸链或琥珀酸呼吸链，是由复合体Ⅱ、复合体Ⅲ、复合体Ⅳ、CoQ 和 Cytc组成。它们的排列顺序和具体电子传递过程如下：

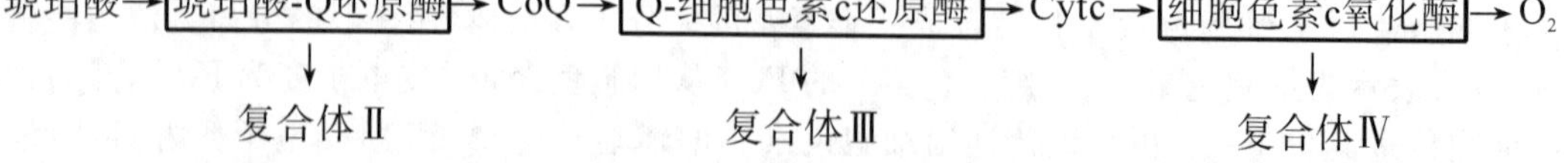

琥珀酸→［琥珀酸-Q还原酶］→CoQ→［Q-细胞色素c还原酶］→Cytc→［细胞色素c氧化酶］→O_2

琥珀酸-Q还原酶↓复合体Ⅱ；Q-细胞色素c还原酶↓复合体Ⅲ；细胞色素c氧化酶↓复合体Ⅳ

$$琥珀酸 \rightarrow FAD \rightarrow Fe\text{-}S \rightarrow CoQ \rightarrow Cytb \rightarrow Fe\text{-}S \rightarrow Cytc_1 \rightarrow Cytc \rightarrow Cytaa_3 \rightarrow O_2$$

$FADH_2$ 呼吸链与 NADH 呼吸链的区别：在代谢过程中底物先转化成琥珀酸，然后再进行脱氢，脱下来的氢不经过 NAD^+ 这个环节，直接传递给 FAD 生成 $FADH_2$，而以下的氧化过程与 NADH 呼吸链相同。具体区别与联系如下：

$$
\begin{array}{c}
\text{琥珀酸}\\
\downarrow\\
\text{FAD}\\
\downarrow\\
\text{Fe-S}\\
\downarrow\\
NAD^+ \rightarrow FMN \rightarrow Fe\text{-}S \rightarrow CoQ \rightarrow Cytb \rightarrow Fe\text{-}S \rightarrow Cytc_1 \rightarrow Cytc \rightarrow Cytaa_3 \rightarrow O_2
\end{array}
$$

3. 呼吸链的抑制作用

呼吸链是由各种递氢体和递电子体按一定的顺序所组成的电子传递链，因此只要某一个传递体受到抑制，将阻断整个呼吸链，这就是呼吸链的抑制作用。常见的呼吸链抑制剂：①鱼藤酮、安密妥和粉蝶菌素 A，可抑制 FMN→CoQ 的氢和电子传递；②抗霉素 A，抑制 Cytb→$Cytc_1$ 的电子传递，干扰细胞色素还原酶的作用；③氰化物（氰化钾、氰化钠）、叠氮化物和一氧化碳等，抑制 $Cytaa_3 \rightarrow O_2$ 的电子传递。电子传递抑制剂对呼吸链的抑制部位如下：

$$
NADH \rightarrow \boxed{FMN \rightarrow Fe\text{-}S \rightarrow CoQ} \rightarrow \boxed{Cytb \rightarrow Fe\text{-}S \rightarrow Cytc_1} \rightarrow Cytc \rightarrow \boxed{Cytaa_3 \rightarrow O_2}
$$

↑⊗ 鱼藤酮、安密妥、粉蝶菌素A（作用于 FMN→Fe-S→CoQ）

↑⊗ 抗菌素 A（作用于 Cytb→Fe-S→$Cytc_1$）

↑⊗ 氰化物、叠氮化物、一氧化碳（作用于 $Cytaa_3 \rightarrow O_2$）

（四）胞质中 NADH 的氧化

底物在线粒体内脱氢生成的 NADH 可直接进入呼吸链进行氧化，而底物在胞质中脱氢生成的 NADH 必须进入线粒体内才能进入呼吸链氧化。但胞质中的 NADH 不能自由地通过线粒体膜，而需要通过线粒体内膜上存在的特殊穿梭系统才能将 NADH 转入线粒体内。目前已发现的穿梭作用有两类：一类是在肝脏和心肌等组织中的苹果酸穿梭作用，另一类是在某些肌肉组织和大脑组织中的磷酸甘油穿梭作用。

1. 苹果酸穿梭作用

视频：
苹果酸穿梭

胞质中的 NADH 在苹果酸脱氢酶的催化下使草酰乙酸变成苹果酸，NADH 则变成 NAD^+。苹果酸可以进入线粒体内，并受线粒体内苹果酸脱氢酶的作用，重新形成草酰乙酸和 NADH，NADH 可进入呼吸链氧化。但同时生成的草酰乙酸不能穿出线粒体，它需经谷草转氨酶（GOT）的作用生成天冬氨酸，然后穿出线粒体进入胞质，胞质中的天冬氨酸再经 GOT 的作用，重新生成草酰乙酸，并继续参加穿梭作用（图 6-5）。

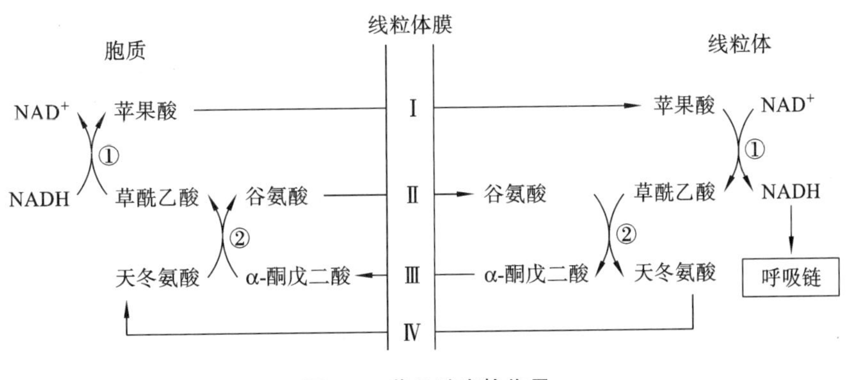

图 6-5　苹果酸穿梭作用

①苹果酸脱氢酶；②谷草转氨酶

2. 磷酸甘油穿梭作用

胞质中的 NADH 可在胞质中 α-磷酸甘油脱氢酶的催化下，使磷酸二羟丙酮还原成 α-磷酸甘油

Note

视频：
磷酸甘油
穿梭

(3-磷酸甘油)，NADH 则变成 NAD^+。生成的 α-磷酸甘油可扩散到线粒体内，再经线粒体内 α-磷酸甘油脱氢酶催化脱氢，重新生成磷酸二羟丙酮，同时使 FAD 还原成 $FADH_2$。这样胞质中的 NADH 就间接地转变成线粒体中的 $FADH_2$，$FADH_2$ 进入呼吸链进行氧化(图 6-6)。

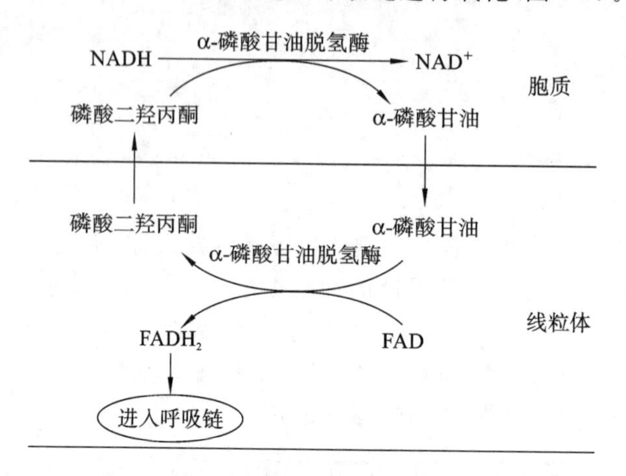

图 6-6　磷酸甘油穿梭作用

四、生物氧化中能量的生成与利用

（一）高能键与高能化合物

生物氧化所释放出的能量，除一部分用于维持体温或以热的形式散发外，其余部分则转化成化学能，储存于某些化合物分子的高能键中。高能键是指随着水解反应或基团转移反应可释放出大量自由能的化学键，即所释放的能量一般大于 21 kJ/mol，常用"～"来表示。凡是含有高能键的化合物都称为高能化合物。目前生物体内高能化合物中常见的高能键主要有两类，即高能磷酸键和高能硫酯键。

1. 含有高能磷酸键的化合物

含有高能磷酸键的物质：磷酸烯醇式丙酮酸、氨甲酰磷酸、磷酸肌酸、1，3-二磷酸甘油酸、乙酰基磷酸、焦磷酸、ATP 等。

磷酸烯醇式丙酮酸
（61.69 kJ/mol）

氨甲酰磷酸
（50.50 kJ/mol）

磷酸肌酸
（43.12 kJ/mol）

1,3-二磷酸甘油酸
（49.56 kJ/mol）

焦磷酸
（33.49 kJ/mol）

ATP
（30.54 kJ/mol）

2. 含有高能硫酯键的化合物

含有高能硫酯键的化合物主要有乙酰 CoA、琥珀酰 CoA 等。

$$CH_3—\overset{\overset{\large O}{\|}}{C}\sim SCoA \qquad HOOC—CH_2—CH_2—\overset{\overset{\large O}{\|}}{C}\sim SCoA$$

乙酰CoA　　　　琥珀酰CoA

(二)ATP 的生成及意义

动物体内的各种形式的化学能都必须转化为 ATP 才能被机体利用，ATP 是机体直接用以做功的形式。生物体的 ATP 是通过 ADP 磷酸化作用生成的，生成方式主要有两种，即底物水平磷酸化和氧化磷酸化，其中氧化磷酸化是 ATP 生成的主要方式。

1. 底物水平磷酸化

当底物发生脱氢、脱水、分子重排或烯醇化反应时，会生成高能磷酸基团或高能键，随后直接将高能磷酸基团转移给 ADP 生成 ATP；或将水解高能键释放的能量直接用于 ADP 与无机磷酸反应，生成 ATP，这样生成 ATP 的方式称为底物水平磷酸化。例如糖代谢中 3-磷酸甘油醛脱氢生成 3-磷酸甘油酸反应，琥珀酰 CoA 转化成琥珀酸反应。

3-磷酸甘油醛（$HC(=O)—CHOH—CH_2OPO_3^{2-}$）$\xrightarrow[\text{3-磷酸甘油醛脱氢酶}]{NAD^+,\ Pi\ \rightarrow\ NADH+H^+}$ 1,3-二磷酸甘油酸（$O=C(—O\sim Ⓟ)—CHOH—CH_2OPO_3^{2-}$）$\xrightarrow[\text{磷酸甘油酸激酶}]{ADP\ \rightarrow\ ATP}$ 3-磷酸甘油酸（$O=C(—O^-)—CHOH—CH_2OPO_3^{2-}$）

琥珀酰CoA（$CO\sim SCoA—CH_2—CH_2—COOH$）$\xrightarrow[\text{琥珀酰CoA合成酶}]{GDP+Pi\ \rightarrow\ GTP+HSCoA}$ 琥珀酸（$COOH—CH_2—CH_2—COOH$）

底物水平磷酸化生成的 ATP 不需要呼吸链的传递过程，也不需要消耗氧气，也不利用线粒体的 ATP 酶系统，因此生成 ATP 的速度快，但生成量不多。在机体缺氧或无氧的条件下，底物水平磷酸化无疑是一种生成 ATP 的快捷和便利的方式，例如葡萄糖的无氧分解过程中就有两处反应是以底物水平磷酸化的方式产生 ATP 的。

2. 氧化磷酸化

机体内营养物质的氧化分解，多数情况下是在氧气充足的条件下进行的。因此，氧化磷酸化便是产生 ATP 的主要方式。底物脱下的氢经过呼吸链的依次传递，最终与氧结合生成 H_2O，这个过程所释放的能量用于 ADP 的磷酸化反应（ADP＋Pi）生成 ATP，底物的氧化作用与 ADP 的磷酸化作用通过能量相偶联，这种生成 ATP 的方式称为氧化磷酸化，或称氧化磷酸化偶联。氧化磷酸化在线粒体中进行，是需氧生物体中 ATP 的主要来源。

视频：质子推动 ATP 生成

(1)P/O 的值与偶联次数。当底物脱下来的一对氢原子经过呼吸链进行传递时，伴随着能量的逐级释放过程，最终与 1 个氧原子结合生成 1 分子水。此过程生成 ATP 的数量，可以通过测定 P/O 的值来确定。P/O 的值是指底物进行氧化时，每消耗 1 mol 氧原子时所消耗的用于 ADP 磷酸化的无机磷酸中磷原子的物质的量，即每消耗 1 mol 氧原子时生成的 ATP 的物质的量。因此 P/O 的值是确定氧化磷酸化偶联次数的重要指标。

实验表明，NADH 在传递 H 原子时的 P/O 的值约等于 3，即生成 3 分子 ATP；$FADH_2$ 呼吸链氧化的 P/O 的值约等于 2，即生成 2 分子 ATP。

（2）偶联部位。生物氧化的特点之一是在营养物质的氧化过程中，能量是逐步释放的。当底物脱下的氢沿呼吸链传递时，自由能由高到低逐渐降低，释放的总自由能为 −220.23 kJ/mol，其中，每一个步骤释放的自由能不相等。其中有 3 处释放的自由能较多，足以供 ADP 与无机磷酸作用生成 ATP 反应所需要的能量（$\Delta G = -30.54$ kJ/mol）。在这些步骤上，就可能发生氧化与 ADP 磷酸化的偶联，生成 ATP。根据研究，这些偶联部位分别位于传递体复合物Ⅰ、Ⅲ和Ⅳ，而复合物Ⅱ上没有。这个结论同两个呼吸链 P/O 的值大致吻合。因此，可以得出不同的呼吸链的偶联部位（图 6-7）。

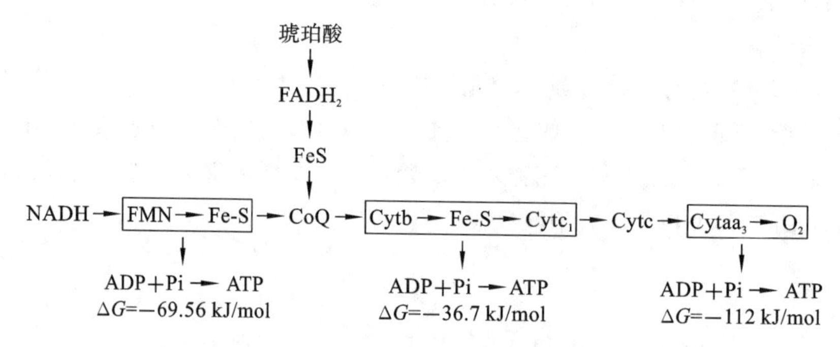

图 6-7　氧化磷酸化偶联部位

（3）偶联机制。关于代谢底物脱氢氧化在传递电子的过程中释放的能量如何伴随 ADP 磷酸化生成 ATP 的问题，曾有不少学说，目前普遍接受的是化学渗透学说。化学渗透学说是 1961 年，英国学者 Peter Mitchell 提出的，此学说认为，呼吸链各组分在线粒体内膜中是不对称分布的，并发挥了质子泵的作用。当电子沿其传递时，H^+ 从线粒体的基质穿过内膜泵到线粒体内膜和外膜之间的膜间隙中，因而使膜间隙中的 H^+ 浓度高于基质中的，线粒体内膜的外侧形成正电性，内侧为负电性，即质子（H^+）跨越线粒体内膜运动时，已形成贮藏能量的电化学梯度（膜电势）（图 6-8(a)）。在这个电化学梯度驱使下，又使 H^+ 从膜间隙穿过位于线粒体内膜上的 ATP 合酶返回到基质中，此时发生 ATP 酶催化 ADP 磷酸化生成 ATP 的反应，最终使电化学梯度中蕴藏的能量储存到了 ATP 的高能磷酸键中。研究发现，ATP 合酶是由 F_1 和 F_0 两部分组成，F_1 的作用是催化 ATP 的合成；F_0 主要是形成 ATP 合酶的质子通道，质子（H^+）就通过 F_0 通道从膜间隙返回基质中，并在 F_1 处合成 ATP（图 6-8(b)）。

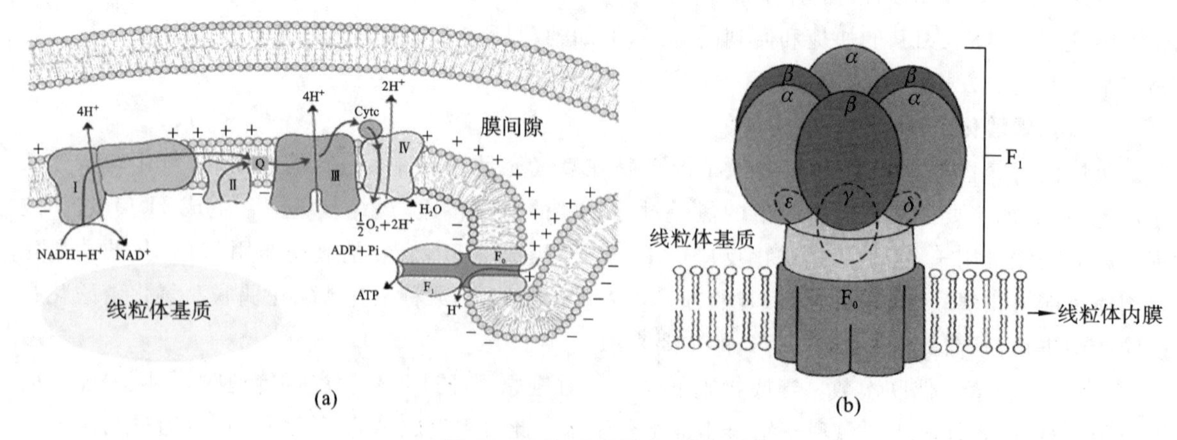

图 6-8　氧化磷酸化偶联机制

（a）化学渗透学说；（b）ATP 合酶结构示意图

（4）解偶联作用。某些物质能使呼吸链的电子继续传递，而抑制由 ADP 形成 ATP 的磷酸化过程，从而阻断 ATP 的产生，此过程称为解偶联作用，这些物质称为解偶联剂，例如 2,4-二硝基酚或酸性芳香族化合物。解偶联剂可以增加线粒体膜对 H^+ 的通透性或增加偶联因子渗漏 H^+ 的能力，从而消除了跨膜的 H^+ 电化学梯度，电子传递仍可进行，甚至速度更快，但磷酸化作用不再进行。

人或动物的感冒发烧，即由于某些细菌或病毒产生某种解偶联剂，影响氧化磷酸化作用的正常进行，导致较多能量转变为热能，使体温升高。

（三）高能磷酸键的转移、储存和利用

1. 高能磷酸键的转移

高能磷酸键的转移主要包括：三磷酸核苷之间的转移，ADP 和 ATP 之间的转移，一般的高能磷酸化合物和 ATP 之间的转移，共 3 种方式。

生物体内除 ATP 外，还有 UTP、GTP、CTP 等高能磷酸化合物，这些三磷酸核苷酸的生成都依赖于 ATP。一磷酸核苷(NMP)在一磷酸核苷激酶的催化下，生成二磷酸核苷(NDP)，二磷酸核苷(NDP)在二磷酸核苷激酶的作用下，生成相应的三磷酸核苷(NTP)。

$$\mathrm{NMP+ATP}\xrightarrow{\text{一磷酸核苷激酶}}\mathrm{NDP+ADP}$$

$$\mathrm{NDP+ATP}\xrightarrow{\text{二磷酸核苷激酶}}\mathrm{NTP+ADP}$$

（N 代表 G、C、U）

当机体内储存的能量不能满足机体需要时，两个 ADP 可在腺苷酸激酶的作用下，转变成 ATP 和 AMP。

$$\mathrm{ADP+ADP}\xrightarrow{\text{腺苷酸激酶}}\mathrm{ATP+AMP}$$

2. 高能键的储存

ATP 是食物分解释放的能量载体，它是动物体能量的直接供应者，但是 ATP 在动物体内不储存能量，磷酸肌酸才是能量的储存形式。当体内产生的 ATP 增多时，ATP 所携带的高能磷酸基团转移给肌酸，生成磷酸肌酸，以高能键的形式将能量储存起来。当机体需要能量时，磷酸肌酸又将高能磷酸基团转移给 ADP 生成 ATP，供机体利用(图 6-9)。

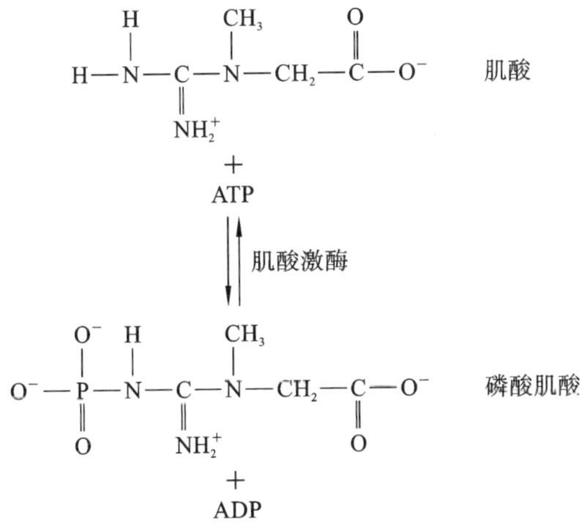

$$\mathrm{H{-}NH{-}C({=}NH_2^+){-}N(CH_3){-}CH_2{-}C({=}O){-}O^-}\quad\text{肌酸}$$

$$+\ \mathrm{ATP}$$

$$\Big\updownarrow\ \text{肌酸激酶}$$

$$\mathrm{O^-{-}P({=}O)(O^-){-}NH{-}C({=}NH_2^+){-}N(CH_3){-}CH_2{-}C({=}O){-}O^-}\quad\text{磷酸肌酸}$$

$$+\ \mathrm{ADP}$$

图 6-9 ATP 与磷酸肌酸相互转化

3. 高能磷酸化合物的利用

高能磷酸化合物主要通过水解，释放出无机磷酸和能量，供机体利用，如合成代谢、神经传导、肌肉收缩、离子转运、维持体温、排泄等(图 6-10)。

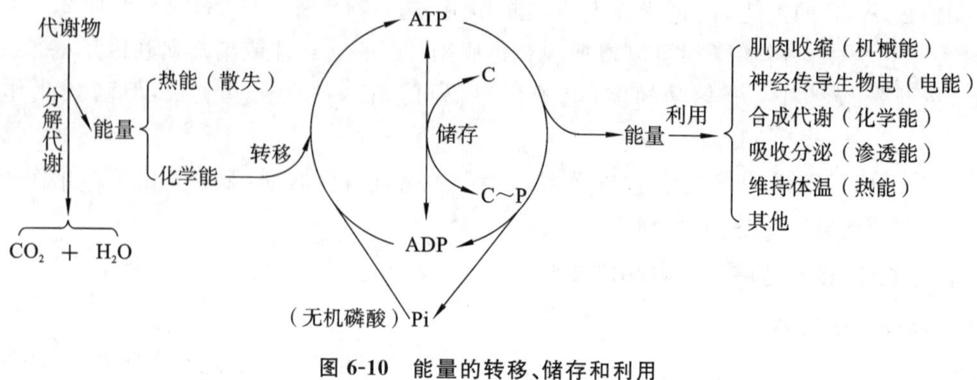

图 6-10 能量的转移、储存和利用

C:肌酸;C～P:磷酸肌酸

模块小结

生物氧化是指有机物(糖、脂类和蛋白质)在生物体细胞内进行氧化分解生成二氧化碳和水并释放能量的过程,又称为呼吸作用。生物氧化的方式主要有加氧氧化、失电子氧化和脱氢氧化 3 种形式,其中脱氢氧化是生物氧化的最主要方式。生物氧化中二氧化碳是通过脱羧反应生成的。生物氧化中水的生成方式主要有底物直接脱水和呼吸链生成水两种形式,其中呼吸链生成水是生物氧化生成水的主要方式。呼吸链是由一系列的酶和辅酶在线粒体内膜上按照一定顺序组成的递氢或递电子体系,它可将底物脱下的氢($2H^{+}+2e$)逐步传递给氧气(O_2)生成水并释放能量(ATP),这一传递链称为呼吸链(电子传递链)。生物体内的呼吸链主要有两条,即 NADH 呼吸链和 $FADH_2$ 呼吸链(琥珀酸呼吸链),二者并存于线粒体中。生物氧化中生成的能量主要储存在高能化合物中,其中 ATP 是生物体内能量的直接供给者。ATP 的生成方式有底物水平磷酸化和氧化磷酸化两种,其中氧化磷酸化是生成 ATP 的主要方式。胞质中生成的 NADH 主要通过苹果酸穿梭作用和磷酸甘油穿梭作用进入线粒体,然后进入两条呼吸链氧化分解生成水和 ATP。目前解释氧化磷酸化生成 ATP 的机制主要是化学渗透学说,催化 ATP 合成的酶是 ATP 合酶。

链接与拓展

动物氰化物中毒的解救机制

氰化物在高粱、玉米的幼苗、木薯、亚麻叶、三叶草、苏丹草以及蔷薇科植物如杏、桃、枇杷等果实中含量较高。而上述植物在生长发育不良或生长速度过快时,幼苗或叶子中都会含有大量氰化物(如氰化钾)。当动物大量采食含有上述植物成分的饲料时就会造成氰化物中毒。中毒的动物一般出现兴奋、呼吸困难并立即转入脉搏徐缓,瞳孔扩大、眼球震颤、肌肉痉挛和惊厥等症状。

氰化物具有毒性是因为它在细胞内阻断了呼吸链,氰化物中的 N 原子含有孤对电子,能够与呼吸链中的细胞色素 aa_3 的氧化形式以配位键结合,从而阻止了电子传递给 O_2。临床上常使用亚硝酸盐来解毒,亚硝酸在体内可以将血红蛋白的血红素辅基上的 Fe^{2+} 氧化为 Fe^{3+}。当血红蛋白血红素辅基上的 Fe^{2+} 转变为 Fe^{3+} 以后,它也可以和氰化钾结合,这就竞争性抑制了氰化物与细胞色素 aa_3 的结合。如果在服用亚硝酸盐的同时服用硫代硫酸钠,则 CN^- 可被转变为无毒的 SCN^-。

科学研究需要不唯书、不唯上、只唯实——以清华大学教授杨茂君团队获得高等生物 ATP 合酶的完整结构的故事为例。

生物体内的呼吸作用主要由位于线粒体内膜上的呼吸链超级复合物完成,而 ATP 合酶是线粒体内最重要的分子机器。它将营养物质中的能量转化成机体细胞所能利用的能

量并储存于ATP分子中。人和动物机体95%的ATP由ATP合酶合成。结构生物学家John Walker因解析这一蛋白复合物头部催化结构域的分子结构而获得1997年诺贝尔化学奖。在近六十年的研究过程中，科学家们初步揭开了这一重要分子机器的神秘面纱，普遍认为此类分子机器可以在线粒体内膜形成的嵴上以多聚二聚体的形式呈现双排线状排布。

清华大学教授杨茂君却提出ATP合酶应该是一个稳定的四聚体结构，该研究成果与前人提出的理论存在巨大差异，因此国内外很多科学家对其结果持有怀疑态度。但杨茂君教授却没有放弃，一直坚持自己的研究，他说："在漫长的研究过程中，我们每天面对的不是成功的喜悦，而是各种失败，但正是在失败的基础上逐渐发现真相的过程，才最让人兴奋。"为研究清楚ATP合酶分子机器的作用机制，杨茂君教授让其团队做了大量研究。最后其团队借助两台高端300 kV冷冻电镜采集到了四万多张电镜图片，初步筛选后得到了大量ATP合酶四聚体的原始数据。

ATP合酶四聚体的发现过程是偶然中的必然，是长期在这一重要研究领域内深耕细作的必然结果，该工作的完成与完备的实验规划、统筹安排及人员的合理分配密切相关。该事例也进一步说明，敏锐的洞察力、丰富的想象力和强大的执行力，以及不唯书、不唯上、只唯实，孜孜以求、深耕细作的科研精神是取得重大进展的基本保障。

复习思考题

参考答案

一、名词解释

1. 生物氧化
2. 呼吸链
3. 底物水平磷酸化
4. 氧化磷酸化
5. P/O的值
6. 高能化合物
7. 解偶联剂
8. ATP合酶
9. 递氢体
10. 电子传递体

二、判断题

1. 呼吸链中的递氢体本质上都是递电子体。（ ）
2. 胞质中的NADH通过苹果酸穿梭作用进入线粒体，其P/O的值约为2。（ ）
3. 物质在空气中燃烧和在体内的生物氧化的化学本质是完全相同的，但所经历的路径不同。（ ）
4. ATP在高能化合物中占有特殊的地位，它起着共同中间体的作用。（ ）
5. 所有生物体呼吸作用的电子受体一定是氧。（ ）
6. 生物体内，所有高能化合物都含有磷酸基团。（ ）
7. 细胞内的NADH可自由穿过线粒体内膜。（ ）
8. ATP分子中含有3个高能磷酸键。（ ）
9. 氧化磷酸化是体内产生ATP的主要途径。（ ）
10. 在常温下，电子总是从低氧化还原电位向高氧化还原电位方向移动。（ ）

Note

11. 生物氧化中的高能磷酸键是指 P—O 键断裂时需提供大量的能量。（ ）
12. 化学渗透学说认为 ATP 合成的能量来自线粒体内膜两侧的质子梯度。（ ）
13. 热力学上一个不利的反应可以被一个热力学有利的反应所推动。（ ）
14. 氧化磷酸化是生物体内的糖、脂类、蛋白质氧化分解合成 ATP 的主要方式。（ ）
15. 动物体内物质氧化的方式主要是脱氢氧化。（ ）

三、填空题

1. 胞质中的 NADH + H^+ 通过________与________两种穿梭机制进入线粒体，并可进入________氧化呼吸链或________氧化呼吸链，可分别产生________分子 ATP 或________分子 ATP。

2. ATP 生成的主要方式有________与________。

3. 呼吸链中含有铜原子的细胞色素是________。

4. 生物体内 CO_2 的生成不是碳与氧的直接结合，而是通过________生成的。

5. 细胞内代谢物上脱下来的氢如果直接与氧气结合则可形成________。

6. 鱼藤酮抑制电子由________向________的传递。

7. 抗毒素 A 抑制电子由________向________的传递。

8. 氰化物、CO 抑制电子由________向________的传递。

9. 合成代谢中一般是________能量的，而分解代谢一般是________能量的。

10. 生物氧化中，体内 CO_2 的形成是有机物脱羧产生的，而脱羧方式有两种，即________和________。

11. 原核生物中电子传递和氧化磷酸化是在________上进行的，真核生物的电子传递和氧化磷酸化是在________中进行。

12. 在呼吸链上细胞色素 c_1 的前一个成分是________，后一个成分是________。

13. 生物体中生成水的方式有________和________。

14. 除了含有 Fe 以外，复合体Ⅳ还含有金属离子________。

15. SOD 即是________，它的生理功能是________。

四、单选题

1. ATP 含有几个高能磷酸键？（ ）
A. 1 个　B. 2 个　C. 3 个　D. 4 个

2. 体内 CO_2 直接来自（ ）。
A. 碳原子被氧原子氧化　B. 呼吸链的氧化还原过程
C. 糖原分解　D. 有机酸的脱羧

3. 在生物氧化中 NAD^+ 的作用是（ ）。
A. 加氧　B. 脱羧　C. 递电子　D. 递氢

4. 呼吸链存在于（ ）。
A. 胞质　B. 线粒体外膜　C. 线粒体内膜　D. 线粒体基质

5. 生物体内 ATP 的生成方式有（ ）。
A. 1 种　B. 2 种　C. 3 种　D. 4 种

6. 铁硫蛋白中的铁能可逆地进行氧化还原反应，每次可传递多少个电子？（ ）
A. 4　B. 3　C. 2　D. 1

7. 关于苹果酸穿梭系统的叙述，错误的是（ ）。
A. 胞质中生成的 NADH＋H^+ 经苹果酸穿梭进入线粒体彻底氧化可生成 2 分子 ATP
B. 线粒体内的草酰乙酸先生成天冬氨酸，再穿过线粒体膜进入胞质
C. 胞质中的 NADH＋H^+ 使草酰乙酸还原生成苹果酸后被转运入线粒体
D. 经过此种机制，1 分子葡萄糖彻底氧化可生成 38 分子 ATP

8. 在肌肉、神经组织等中的糖有氧氧化过程中，由3-磷酸甘油醛脱氢产生的NADH通过3-磷酸甘油穿梭进入线粒体经呼吸链氧化，此时1分子葡萄糖彻底氧化可生成(　　)分子ATP。

A. 34　　B. 38　　C. 36　　D. 40

9. 体内80%的ATP是通过下列(　　)方式生成的。

A. 糖酵解　　B. 底物水平磷酸化

C. 氧化磷酸化　　D. 有机酸脱羧

10. 生物体可以直接利用的能量物质是(　　)。

A. ATP　　B. 磷酸肌酸　　C. ADP　　D. FAD

11. 抑制NADH的氧化而不抑制$FADH_2$氧化的抑制剂是(　　)。

A. 甲状腺素　　B. 2,4-二硝基苯酚

C. 氰化物　　D. 鱼藤酮

12. 可被2,4-二硝基苯酚抑制的代谢过程是(　　)。

A. 糖酵解　　B. 氧化磷酸化　　C. 糖原合成　　D. 底物水平磷酸化

13. 下列代谢途径不是在线粒体中进行的是(　　)。

A. 糖酵解　　B. 三羧酸循环　　C. 电子传递　　D. 氧化磷酸化

14. 感冒或某些传染性疾病使体温升高，可能是由于病毒或细菌产生(　　)。

A. 促甲状腺激素　　B. 促肾上腺激素

C. 某种解偶联剂　　D. 细胞色素氧化酶抑制剂

15. 不在线粒体内传递电子的是(　　)。

A. 细胞色素b　　B. 细胞色素c　　C. 细胞色素a_3　　D. 细胞色素P450E

五、多选题

1. 下列物质中哪些是高能化合物？(　　)

A. 乙酰辅酶A　　B. ATP

C. 琥珀酰辅酶A　　D. 磷酸甘油

2. 胞质中NADH以何种途径进入线粒体？(　　)

A. 3-磷酸甘油-磷酸二羟丙酮穿梭作用　　B. 柠檬酸-丙酮酸穿梭作用

C. 苹果酸-天冬氨酸穿梭作用　　D. 草酰乙酸-丙酮酸穿梭作用

3. 下列有关NADH的叙述哪些是正确的？(　　)

A. 可在线粒体中形成　　B. 可在胞质中形成

C. 在线粒体中氧化并产生ATP　　D. 在胞质中氧化并产生ATP

4. 同时传递电子和氢原子的辅酶有(　　)。

A. CoQ　　B. FMN　　C. NAD^+　　D. CoA

5. 下列物质中哪些是呼吸链抑制剂？(　　)

A. 抗霉素A　　B. 鱼藤酮　　C. 氰化物　　D. 一氧化碳

6. 能穿过线粒体膜的物质是(　　)。

A. 苹果酸　　B. NADH　　C. 天冬氨酸　　D. 草酰乙酸

7. 高能磷酸键存在于哪些分子中？(　　)

A. 磷酸烯醇式丙酮酸　　B. ATP

C. 磷酸肌酸　　D. ADP

8. 呼吸链中未参与形成复合体的两种游离成分是(　　)。

A. CoQ　　B. 细胞色素c　　C. 细胞色素b　　D. Fe-S

9. 动物体内物质氧化方式有哪些？(　　)

A. 脱氢氧化　　B. 加氧氧化　　C. 脱电子氧化　　D. 加氢氧化

10. 铁硫蛋白的性质包括(　　)。

Note

A. 以与 CoQ 形成复合体的形式存在　　B. 铁的氧化还原是可逆的
C. 每次传递一个电子　　D. 由 Fe-S 构成活性中心

11. 能直接将电子传递给氧的细胞色素是(　　)。
A. 细胞色素 aa_3　B. 细胞色素 b　C. 细胞色素 c_1　D. FAD

12. 下列哪些是呼吸链的成员？(　　)
A. CoQ　B. FAD　C. 生物素　D. 细胞色素 c

13. 下列哪些叙述是生物氧化的特点？(　　)
A. 逐步氧化　　B. 能量同时释放
C. 生物氧化的方式为脱氢反应　　D. 必须有水参加

14. 把细胞质生成的 $NADH+H^+$ 送入呼吸链的载体是(　　)。
A. 肉毒碱　B. 苹果酸　C. 天冬氨酸　D. 3-磷酸甘油

15. 下列属于 NADH 呼吸链的成分有(　　)。
A. FAD　B. FMN　C. CoQ　D. 细胞色素 b

六、简答题

1. 什么是生物氧化？有何特点？与体外氧化有何异同？
2. 生物体内主要有几条呼吸链？它们主要由哪些复合物组成？
3. 胞质中产生的 NADH 是如何进入呼吸链进行氧化的？
4. 氰化物为什么能引起细胞窒息死亡？
5. 在动物体内 ATP 有哪些生物学功能？

(关立增)

模块七　糖的代谢

课件 PPT

模块导入

糖尿病的主要症状是“三多一少”。三多就是多饮、多尿、多食，多饮就是喝水比较多；多尿就是小便的次数和尿量比正常人多；多食就是吃的东西比正常人多，总有饥饿感，吃完又想吃。一少的表现是体重减轻，逐渐消瘦。这是糖尿病的典型表现。那么，吃得多，喝得多，但是体重却下降的原因是什么呢？接下来我们一起学习糖的代谢，揭开糖尿病神秘的面纱。

模块目标

▲**知识目标**

掌握糖分解代谢的三大途径：糖酵解、糖的有氧分解、磷酸戊糖途径。

熟悉糖原的合成与分解，糖异生作用。

▲**能力目标**

掌握血糖浓度的测定，掌握琥珀酸脱氢酶的定性实验及其竞争性抑制。

▲**素质与思政目标**

培养学生科学预防糖尿病，热爱科学、崇尚科学、团结协作的精神。

一、糖的分解代谢

糖是动物体内重要的供能物质，机体的所有组织都能有效地分解糖获得能量。糖分解代谢的主要途径有无氧分解（糖酵解）、有氧分解和磷酸戊糖途径。

（一）糖的无氧分解

1. 糖无氧分解的概念

视频：糖酵解

糖无氧分解是指细胞内的葡萄糖或糖原的葡萄糖单位在无氧或缺氧条件下，分解生成乳酸并释放少量能量的过程，又称糖酵解。糖酵解过程是 1940 年由 G. G. Embden、O. F. Meyerhof、J. K. Parnas 等人阐明的，所以也称为 EMP 途径。糖酵解的酶存在于胞质中，故糖酵解过程在胞质中进行。

2. 糖酵解过程

葡萄糖的糖酵解可分为 4 个阶段。

（1）由葡萄糖（G）生成 1，6-二磷酸果糖（F-1，6-2P）。

反应的第一步是葡萄糖的磷酸化，由葡萄糖激酶或己糖激酶催化，生成 6-磷酸葡萄糖（G-6-P）。由葡萄糖转化为 6-磷酸葡萄糖的过程不可逆。所谓激酶是指催化磷酰基从 ATP 转移到受体的酶。己糖激酶可被 6-磷酸葡萄糖抑制，从而调节葡萄糖的分解速度，所以此酶是限速酶。葡萄糖激酶主要在肝脏中，对葡萄糖具有专一性，并且不被 6-磷酸葡萄糖反馈抑制。此过程消耗 1 分子 ATP。

若是糖原降解，首先磷酸化生成 1-磷酸葡萄糖（G-1-P），肝脏中的 1-磷酸葡萄糖在磷酸葡萄糖变位酶的催化下，生成 6-磷酸葡萄糖。这个过程不需要消耗 ATP。

Note

反应的第二步是6-磷酸葡萄糖异构化为6-磷酸果糖(F-6-P),由磷酸己糖异构酶催化。

反应的第三步是6-磷酸果糖转变为1,6-二磷酸果糖,由磷酸果糖激酶催化,反应不可逆,并消耗1分子ATP。

在此阶段中,己糖激酶和磷酸果糖激酶催化的反应均是不可逆反应,两种酶均属于变构酶类,Mg^{2+}存在时,激酶才表现出活性。可以通过调节这两种激酶的活性来控制糖酵解过程的反应速度,因此它们也是限速酶。

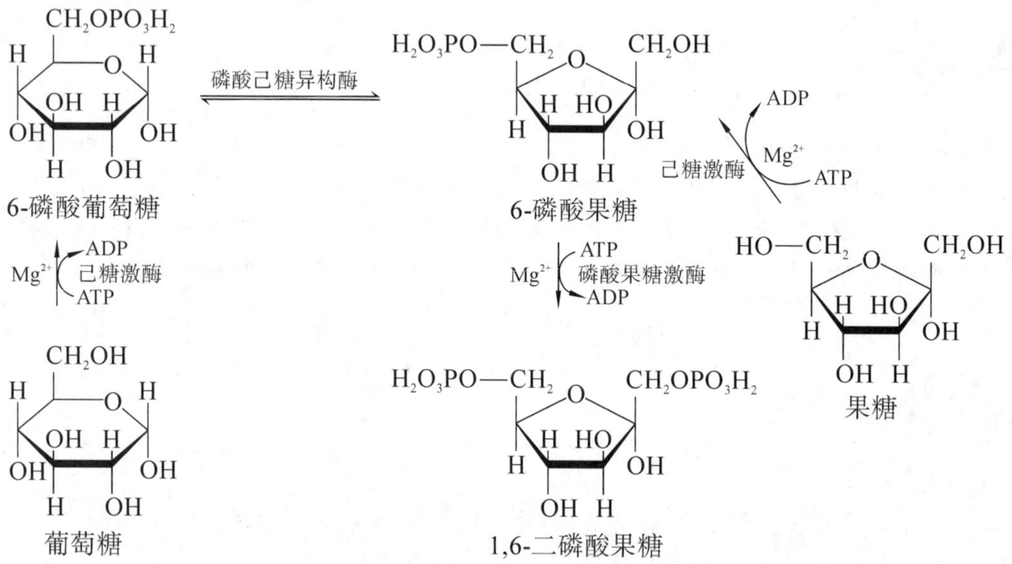

6-磷酸葡萄糖 ⇌(磷酸己糖异构酶) 6-磷酸果糖

葡萄糖 →(己糖激酶,Mg^{2+},ATP→ADP) 6-磷酸葡萄糖

果糖 →(己糖激酶,Mg^{2+},ATP→ADP) 6-磷酸果糖

6-磷酸果糖 →(磷酸果糖激酶,Mg^{2+},ATP→ADP) 1,6-二磷酸果糖

(2)1,6-二磷酸果糖裂解为2分子三碳单位。

1,6-二磷酸果糖在醛缩酶的作用下,裂解为磷酸二羟丙酮和3-磷酸甘油醛,两者在磷酸丙糖异构酶的作用下可以互变。由于3-磷酸甘油醛不断地被氧化成1,3-二磷酸甘油酸,磷酸二羟丙酮也就不断地转化为3-磷酸甘油醛,故认为1分子葡萄糖可转变为2分子3-磷酸甘油醛。

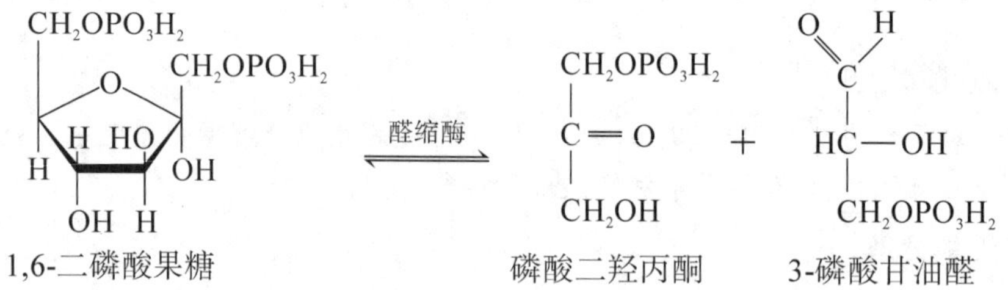

1,6-二磷酸果糖 ⇌(醛缩酶) 磷酸二羟丙酮 + 3-磷酸甘油醛

(3)丙酮酸的生成。

从3-磷酸甘油醛转变为丙酮酸是糖酵解途径释放能量的过程。3-磷酸甘油醛脱氢和磷酸化生成1,3-二磷酸甘油酸,催化此反应的酶是3-磷酸甘油醛脱氢酶,脱下的氢由NAD^+接受形成$NADH+H^+$。在无氧条件下,$NADH+H^+$将用于丙酮酸的还原,在有氧条件下可进入呼吸链氧化。

反应中有能量产生,并吸收1分子无机磷酸生成1个高能磷酸键,随后在磷酸甘油酸激酶的催化下,1,3-二磷酸甘油酸将其带高能键的磷酸基转移给ADP生成ATP,而其本身则变为3-磷酸甘油酸。3-磷酸甘油酸再在磷酸甘油酸变位酶的催化下发生磷酸基移位形成2-磷酸甘油酸。

$$\underset{\text{1,3-二磷酸甘油酸}}{\begin{array}{l}O\\ \| \\ COPO_3H_2\\ | \\ CHOH\\ | \\ CH_2OPO_3H_2\end{array}} \underset{ADP\ \ Mg^{2+}\ \ ATP}{\overset{\text{磷酸甘油酸激酶}}{\rightleftharpoons}} \underset{\text{3-磷酸甘油酸}}{\begin{array}{l}O\\ \| \\ COH\\ | \\ CHOH\\ | \\ CH_2OPO_3H_2\end{array}}$$

1,3-二磷酸甘油酸 ⇅ 3-磷酸甘油醛脱氢酶（$NADH+H^+$ / NAD^+）

3-磷酸甘油酸 ⇅ 磷酸甘油酸变位酶

$$\underset{\text{3-磷酸甘油醛}}{\begin{array}{l}CHO\\ | \\ CHOH\\ | \\ CH_2OPO_3H_2\end{array}} \qquad \underset{\text{2-磷酸甘油酸}}{\begin{array}{l}O\\ \| \\ COH\\ | \\ CHOPO_3H_2\\ | \\ CH_2OH\end{array}}$$

这是糖酵解途径中第一个通过底物水平磷酸化产生 ATP 的步骤，第二个产生 ATP 的步骤是由2-磷酸甘油酸生成丙酮酸。2-磷酸甘油酸脱水形成含有 1 个高能磷酸键的磷酸烯醇式丙酮酸，此反应由烯醇化酶催化。然后在丙酮酸激酶的催化下，磷酸烯醇式丙酮酸将磷酸基转移至 ADP 生成 ATP。

$$\underset{\text{磷酸烯醇式丙酮酸}}{\begin{array}{l}O\\ \| \\ COH\\ | \\ C-OPO_3H_2\\ \| \\ CH_2\end{array}} \underset{ADP\ \ Mg^{2+}\ \ ATP}{\overset{\text{丙酮酸激酶}}{\longrightarrow}} \underset{\text{烯醇式丙酮酸}}{\begin{array}{l}O\\ \| \\ COH\\ | \\ COH\\ \| \\ CH_2\end{array}}$$

磷酸烯醇式丙酮酸 ⇅ 烯醇化酶（Mg^{2+}）　　烯醇式丙酮酸 ⇅

$$\underset{\text{2-磷酸甘油酸}}{\begin{array}{l}O\\ \| \\ COH\\ | \\ CHOPO_3H_2\\ | \\ CH_2OH\end{array}} \qquad \underset{\text{丙酮酸}}{\begin{array}{l}O\\ \| \\ COH\\ | \\ C=O\\ | \\ CH_3\end{array}}$$

至此，从 3-磷酸甘油醛至丙酮酸生成了 2 分子 ATP。因 1 分子葡萄糖生成 2 分子 3-磷酸甘油醛，所以 1 分子葡萄糖至丙酮酸共生成 4 分子 ATP。但先前在葡萄糖转变为 1,6-二磷酸果糖的反应中已消耗 2 分子 ATP，因此 1 分子葡萄糖至丙酮酸净生成 2 分子 ATP。

(4)丙酮酸还原为乳酸。

丙酮酸在无氧条件下，由乳酸脱氢酶催化，还原为乳酸，所需的 $NADH+H^+$ 是 3-磷酸甘油醛脱氢反应中产生的。这是一步可逆反应，当氧充足时，乳酸又可脱氢氧化为丙酮酸。乳酸是糖酵解途径的最终产物。

$$\underset{\text{丙酮酸}}{\begin{array}{l}COOH\\ | \\ C=O\\ | \\ CH_3\end{array}} + NADH + H^+ \overset{\text{乳酸脱氢酶}}{\rightleftharpoons} \underset{\text{乳酸}}{\begin{array}{l}COOH\\ | \\ HC-OH\\ | \\ CH_3\end{array}} + NAD^+$$

Note

糖酵解的反应概况如图 7-1 所示。

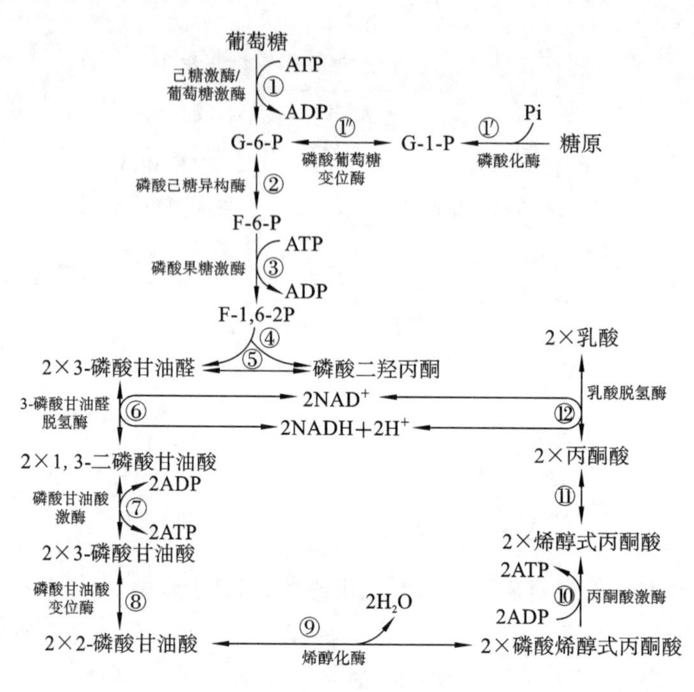

图 7-1　糖酵解的反应概况

3. 糖酵解的能量

从糖酵解的全部反应过程来看，由葡萄糖降解为丙酮酸有 3 步是不可逆反应，催化这 3 步反应的己糖激酶、磷酸果糖激酶和丙酮酸激酶，均是限速酶，可调控糖酵解的反应速度，其中磷酸果糖激酶是最关键的限速酶。

糖或糖原的一个葡萄糖单位，在糖酵解过程中可以生成 2 mol 的乳酸，因此，当动物机体剧烈活动(包括重度使役)时，肌肉和血液中的乳酸浓度会升高。

糖酵解过程中生成的能量较少，都是通过底物水平磷酸化产生 ATP。1 mol 葡萄糖生成 2 mol 乳酸的过程中，可产生 4 mol ATP。扣除第一阶段消耗的 2 mol ATP，糖酵解过程中 1 mol 葡萄糖分解可净生成 2 mol ATP。糖原的一个葡萄糖单位(1 mol)无氧分解生成乳酸，可净生成 3 mol ATP。糖酵解的能量生成过程见表 7-1。

表 7-1　1 mol 葡萄糖糖酵解生成 ATP 的物质的量

反应	ATP 的增减/mol	反应	ATP 的增减/mol
葡萄糖→6-磷酸葡萄糖	−1	2×磷酸烯醇式丙酮酸→2×烯醇式丙酮酸	1×2
6-磷酸果糖→1,6-二磷酸果糖	−1	1 mol 葡萄糖净增 ATP 物质的量	2
2×1,3-二磷酸甘油酸→2×3-磷酸甘油酸	1×2		

4. 糖酵解的生理意义

糖酵解最主要的生理意义在于为动物体迅速提供能量，这对肌肉收缩尤为重要。如机体缺氧或剧烈运动时，即使呼吸和循环加快，仍不足以满足体内糖完全氧化时对氧的大量需求，这时肌肉处于相对缺氧状态，糖酵解过程随之加强，以补充运动所需的能量，因此在激烈运动后，血中乳酸浓度会成倍地升高。

少数组织，即使在有氧情况下，也要进行糖无氧分解。例如，表皮中 50%～75%的葡萄糖经糖酵

解产生乳酸，视网膜、神经、睾丸、肾髓质等组织代谢活动极为活跃，即使不缺氧也常由糖酵解提供部分能量。成熟的红细胞由于没有线粒体而完全依赖糖酵解以获得能量。在某些病理情况下，例如严重贫血、大量失血、休克等，由于循环障碍造成组织供能不足，也会加强糖酵解，产生的乳酸过多时还会引起酸中毒。

但是，从糖酵解途径获得的能量有限，一般情况下，动物体大多数组织有充足供应的氧，主要进行的是糖的有氧分解供能。

知识链接

巴斯德效应

法国科学家巴斯德发现酵母菌在无氧时进行生醇发酵，将其转移至有氧环境，生醇发酵即被抑制，这种有氧氧化抑制生醇发酵的现象称为巴斯德效应，此效应也存在于人体组织(如肌肉组织)中。现在，人们将在厌氧型和需氧型能量代谢之间的转换过程总结为巴斯德效应。巴斯德效应可以用于指导乙醇发酵，在乙醇发酵初期，通氧使细胞生长，在发酵后期，转移至无氧环境下，使其糖酵解反应加快，发酵产物大量积累，从而使乙醇产量增高。

(二)糖的有氧分解

视频：糖的有氧分解

1. 糖有氧分解的概念

葡萄糖在有氧的条件下进行氧化分解，最后生成 CO_2 和 H_2O 及释放大量能量的过程，称为糖的有氧分解，又称有氧氧化。糖的有氧分解是机体获取能量的主要途径，也是糖在体内氧化的主要方式。

2. 糖有氧分解的过程

糖的有氧分解实际上是无氧分解的延续。无氧分解时丙酮酸最后被还原成乳酸，有氧分解时丙酮酸则进一步氧化为 CO_2 和 H_2O。由葡萄糖生成丙酮酸的过程仍然在胞质中进行，而丙酮酸进一步氧化则要在线粒体内进行。糖的有氧分解一共可划分为三个阶段：①葡萄糖氧化为丙酮酸(此阶段与糖酵解途径相同)；②丙酮酸氧化脱羧生成乙酰 CoA；③三羧酸循环。

糖酵解与糖的有氧分解途径比较如下：

$$\text{葡萄糖} \rightarrow \text{丙酮酸（细胞质中）} \begin{cases} \xrightarrow[\text{细胞质中}]{\text{无氧条件下}} \text{乳酸（糖酵解）} \\ \xrightarrow[\text{进入线粒体}]{\text{有氧条件下}} \text{乙酰CoA} \rightarrow \text{三羧酸循环（有氧分解）} \end{cases}$$

(1)葡萄糖或糖原转变为丙酮酸阶段。

这一阶段的反应过程和场所与糖酵解途径基本相同，只是3-磷酸甘油醛脱氢产生的 $NADH+H^+$ 不用于还原丙酮酸，而是经穿梭作用进入线粒体，经呼吸链氧化生成水，并产生 ATP。

(2)丙酮酸氧化脱羧生成乙酰 CoA。

丙酮酸在有氧条件下进入线粒体，由丙酮酸脱氢酶复合体催化，氧化脱羧生成乙酰 CoA，反应过程不可逆。

$$\underset{\text{丙酮酸}}{H_3C-\overset{\overset{\displaystyle O}{\|}}{C}-COOH} + HSCoA \xrightarrow[NAD^+ \quad NADH+H^+]{\text{丙酮酸脱氢酶复合体}} \underset{\text{乙酰CoA}}{H_3C-\overset{\overset{\displaystyle O}{\|}}{C}\sim SCoA} + CO_2$$

丙酮酸脱氢酶复合体，又称丙酮酸脱氢酶系，由3种酶和5种辅酶或辅基组成，它们分别是丙酮酸脱羧酶(辅酶是 TPP)、二氢硫辛酸乙酰转移酶(辅酶是硫辛酸和 CoA)、二氢硫辛酸脱氢酶(辅酶

Note

是 NAD^+，还有辅基 FAD）。多酶复合体的形成使其催化的反应效率及调控能力显著提高。催化过程如图 7-2 所示。

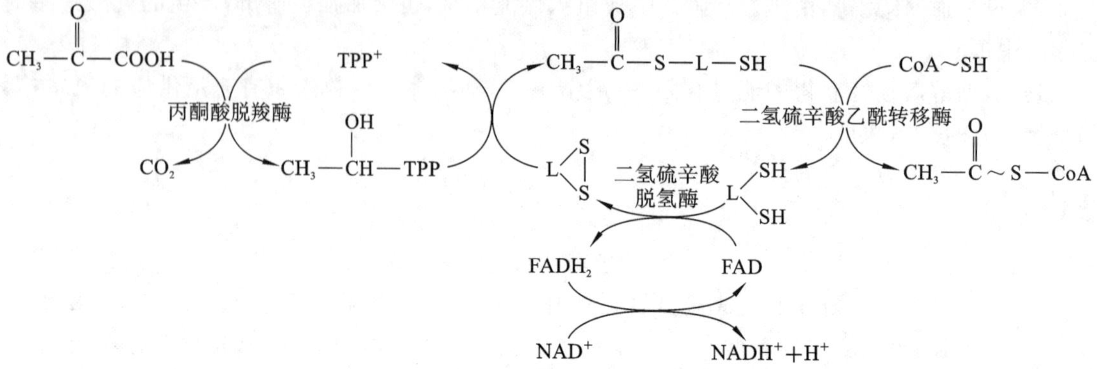

$CH_3-CO-COOH$ → 丙酮酸脱羧酶 → CO_2 + $CH_3-CH(OH)-TPP$ → TPP^+

$CH_3-CH(OH)-TPP$ + L(S-S) → $CH_3-CO-S-L-SH$

$CH_3-CO-S-L-SH$ + $CoA\sim SH$ → 二氢硫辛酸乙酰转移酶 → $CH_3-CO\sim S-CoA$ + $L(SH)_2$

$L(SH)_2$ → 二氢硫辛酸脱氢酶 → L(S-S)；FAD → $FADH_2$；NAD^+ → $NADH^+ + H^+$

图 7-2　丙酮酸脱氢酶复合体的催化过程

3. 三羧酸循环

三羧酸循环又称 TCA 循环。它是由 Krebs 提出的，又称 Krebs 循环。三羧酸循环在线粒体中进行，由乙酰 CoA 与草酰乙酸缩合生成含有 3 个羧基的柠檬酸开始，再经循环中 4 次脱氢和 2 次脱羧过程，最后重新生成草酰乙酸，每循环 1 次就有 1 个乙酰基被氧化分解，同时脱下的氢经呼吸链传递与氧结合生成 H_2O，并放出大量的能量。三羧酸循环是糖代谢重要的反应过程，也是联系脂类和蛋白质等物质代谢的枢纽，具体过程如下。

（1）乙酰 CoA 与草酰乙酸缩合生成柠檬酸。

催化此反应的酶是柠檬酸合酶。底物除乙酰 CoA 和草酰乙酸外，还要有水参加。反应所需能量由乙酰 CoA 中的高能硫酯键水解提供，反应不可逆。

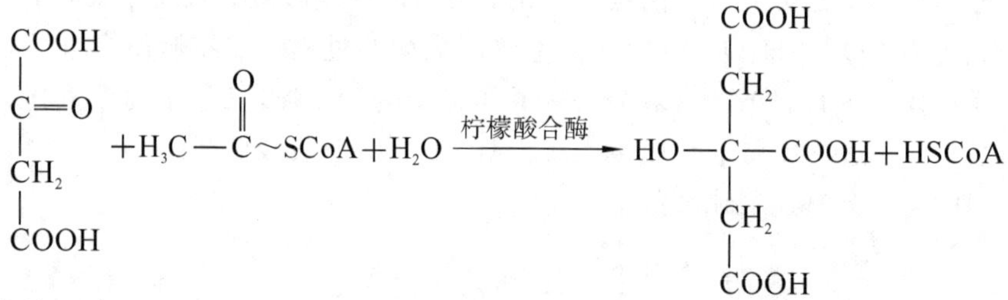

$$\underset{\text{草酰乙酸}}{HOOC-CO-CH_2-COOH} + H_3C-CO\sim SCoA + H_2O \xrightarrow{\text{柠檬酸合酶}} \underset{\text{柠檬酸}}{HOOC-CH_2-C(OH)(COOH)-CH_2-COOH} + HSCoA$$

（2）异柠檬酸的生成。

在顺乌头酸酶的催化下，经脱水、加水 2 步反应过程，使柠檬酸异构化，生成异柠檬酸。

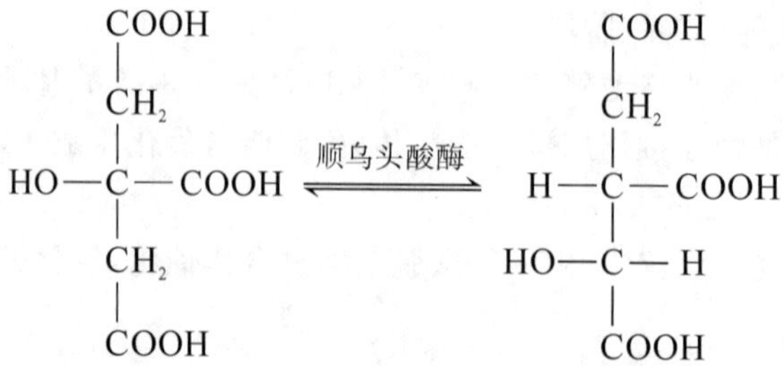

$$\underset{\text{柠檬酸}}{HOOC-CH_2-C(OH)(COOH)-CH_2-COOH} \underset{}{\xrightleftharpoons{\text{顺乌头酸酶}}} \underset{\text{异柠檬酸}}{HOOC-CH_2-CH(COOH)-CH(OH)-COOH}$$

（3）异柠檬酸氧化脱羧生成 α-酮戊二酸。

催化异柠檬酸脱氢、脱羧反应的酶是异柠檬酸脱氢酶。此步反应是三羧酸循环的第 1 次脱氢、脱羧反应。

$$\begin{array}{c} COOH \\ | \\ CH_2 \\ | \\ H-C-COOH \\ | \\ HO-C-H \\ | \\ COOH \end{array} + NAD^+ \xrightleftharpoons{\text{异柠檬酸脱氢酶}} \begin{array}{c} COOH \\ | \\ CH_2 \\ | \\ CH_2 \\ | \\ C=O \\ | \\ COOH \end{array} + NADH + H^+ + CO_2$$

异柠檬酸 α-酮戊二酸

(4)α-酮戊二酸氧化脱羧生成琥珀酰 CoA。

α-酮戊二酸在α-酮戊二酸脱氢酶复合体的催化下，生成含有高能硫酯键的琥珀酰 CoA。这是三羧酸循环中的第 2 次脱氢、脱羧反应，反应不可逆。至此，进入三羧酸循环的乙酰基中的 2 个碳已全部被氧化成 CO_2。

$$\begin{array}{c} COOH \\ | \\ CH_2 \\ | \\ CH_2 \\ | \\ C=O \\ | \\ COOH \end{array} + NAD^+ + HSCoA \xrightarrow{\text{α-酮戊二酸脱氢酶复合体}} \begin{array}{c} O \\ \| \\ C\sim SCoA \\ | \\ CH_2 \\ | \\ CH_2 \\ | \\ COOH \end{array} + NADH + H^+ + CO_2$$

α-酮戊二酸 琥珀酰CoA

(5)琥珀酰 CoA 生成琥珀酸。

琥珀酰 CoA 在α-琥珀酸硫激酶的催化下，分子中的高能硫酯键断开，使 GDP 磷酸化生成 GTP，同时生成琥珀酸。GTP 中的能量可以直接被利用，也可以转移给 ADP 生成 ATP。此反应是三羧酸循环中唯一的底物水平磷酸化反应。

$$\begin{array}{c} O \\ \| \\ C\sim SCoA \\ | \\ CH_2 \\ | \\ CH_2 \\ | \\ COOH \end{array} + GDP + Pi \xrightarrow{\text{α-琥珀酸硫激酶}} \begin{array}{c} COOH \\ | \\ CH_2 \\ | \\ CH_2 \\ | \\ COOH \end{array} + GTP + HSCoA$$

琥珀酰CoA 琥珀酸

$$GTP + ADP \xrightarrow{\text{核苷二磷酸激酶}} GDP + ATP$$

(6)琥珀酸氧化生成延胡索酸。

催化该反应的酶是琥珀酸脱氢酶，其辅基是 FAD。这是三羧酸循环中的第 3 次脱氢过程。

$$\begin{array}{c} COOH \\ | \\ CH_2 \\ | \\ CH_2 \\ | \\ COOH \end{array} \xrightarrow[\text{FAD} \curvearrowright \text{FADH}_2]{\text{琥珀酸脱氢酶}} \begin{array}{c} COOH \\ | \\ CH \\ \| \\ HC \\ | \\ COOH \end{array}$$

琥珀酸 延胡索酸

(7)延胡索酸加水生成苹果酸。

催化此反应的酶是延胡索酸酶。

$$\begin{array}{c} COOH \\ | \\ CH \\ \| \\ HC \\ | \\ COOH \end{array} + H_2O \underset{}{\overset{延胡索酸酶}{\rightleftharpoons}} \begin{array}{c} COOH \\ | \\ HO-C-H \\ | \\ CH_2 \\ | \\ COOH \end{array}$$

延胡索酸　　　　　苹果酸

(8)苹果酸脱氢生成草酰乙酸。

苹果酸在苹果酸脱氢酶的催化下，脱氢氧化生成草酰乙酸。这是三羧酸循环中的第 4 次脱氢，辅酶为 NAD^+。生成的草酰乙酸可参加下一轮的三羧酸循环。

$$\begin{array}{c} COOH \\ | \\ HO-C-H \\ | \\ CH_2 \\ | \\ COOH \end{array} + NAD^+ \underset{}{\overset{苹果酸脱氢酶}{\rightleftharpoons}} \begin{array}{c} COOH \\ | \\ O=C \\ | \\ CH_2 \\ | \\ COOH \end{array} + NADH + H^+$$

苹果酸　　　　　草酰乙酸

三羧酸循环反应及其过程分别见表 7-2 和图 7-3。

表 7-2　三羧酸循环反应

步骤	反应	酶	辅助因子
1	乙酰 CoA＋草酰乙酸＋H_2O ⟶ 柠檬酸＋HSCoA	柠檬酸合酶	HSCoA
2	柠檬酸 ⇌ 顺乌头酸＋H_2O	顺乌头酸酶	Fe^{2+}
	顺乌头酸＋H_2O ⇌ 异柠檬酸	顺乌头酸酶	Fe^{2+}
3	异柠檬酸＋NAD^+ ⇌ α-酮戊二酸＋CO_2＋NADH＋H^+	异柠檬酸脱氢酶	NAD^+
4	α-酮戊二酸＋NAD^+＋HSCoA ⇌ 琥珀酰 CoA＋CO_2＋NADH＋H^+	α-酮戊二酸脱氢酶复合体	NAD^+、HSCoA、TPP、硫辛酸、FAD
5	琥珀酰 CoA＋Pi＋GDP ⇌ 琥珀酸＋GTP＋HSCoA	α-琥珀酸硫激酶	HSCoA
6	琥珀酸＋FAD ⇌ 延胡索酸＋$FADH_2$	琥珀酸脱氢酶	FAD
7	延胡索酸＋H_2O ⇌ 苹果酸	延胡索酸酶	
8	苹果酸＋NAD^+ ⇌ 草酰乙酸＋NADH＋H^+	苹果酸脱氢酶	NAD^+

三羧酸循环的特点如下。

①三羧酸循环的反应是在线粒体间质中进行的。乙酰 CoA 是胞质中糖酵解与三羧酸循环之间的纽带。

②循环中消耗了 2 分子 H_2O，1 分子用于柠檬酰 CoA 水解生成柠檬酸，另 1 分子用于延胡索酸的水合作用。

③循环中共有 4 对氢离开循环，其中 3 对氢经 NADH 呼吸链传递，1 对氢经 $FADH_2$ 呼吸链传递。每对氢经 NADH 呼吸链传递产生 3 mol ATP，经 $FADH_2$ 呼吸链传递产生 2 mol ATP。所以 1 mol乙酰 CoA 经三羧酸循环脱氢氧化共生成 11 mol ATP。再加上琥珀酰 CoA 经底物水平磷酸化直接生成 1 mol ATP (GTP)，因此整个循环共生成 12 mol ATP。

④三羧酸循环不仅是葡萄糖生成 ATP 的主要途径，也是脂类、氨基酸等最终氧化分解产生能量的共同途径。

⑤循环中的许多成分可以转变成其他物质。如琥珀酰 CoA 是卟啉分子中碳原子的主要来源，α-酮戊二酸和草酰乙酸可以氨基化为谷氨酸和天冬氨酸，这些氨基酸脱氨后也可生成循环中的成

分。草酰乙酸还可以通过糖异生作用生成糖。丙酸等低级脂肪酸可经琥珀酰 CoA、草酰乙酸等途径异生成糖。三羧酸循环不仅是糖、脂类、蛋白质及其他有机物最终氧化分解的途径，也是这些物质相互转变、相互联系的枢纽。

⑥三羧酸循环中虽然许多反应是可逆的，但少数反应不可逆，故三羧酸循环只能单方向进行。

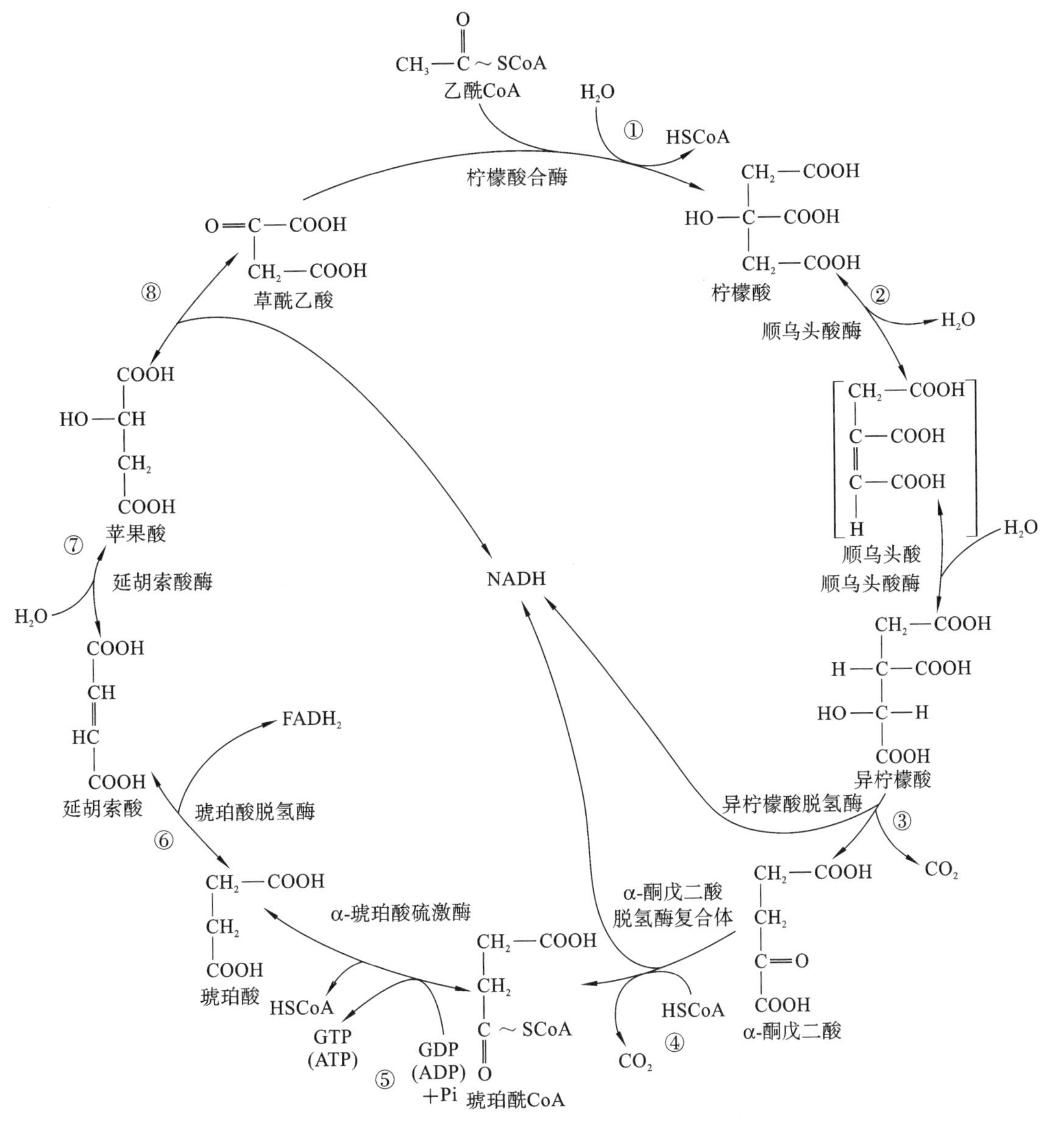

图 7-3　三羧酸循环的反应过程

4. 糖有氧分解的能量

1 mol 葡萄糖彻底氧化分解所释放的能量见表 7-3。

表 7-3　1 mol 葡萄糖彻底氧化分解所释放的能量

反应阶段	反应	ATP 的消耗与合成/mol			
		消耗	合成		净得
			底物水平磷酸化	氧化磷酸化	
糖酵解	葡萄糖→6-磷酸葡萄糖	1			−1
	6-磷酸果糖→1,6-二磷酸果糖	1			−1
	3-磷酸甘油醛→1,3-二磷酸甘油酸			2×2 或(2×3)	4 或 6
	1,3-二磷酸甘油酸→3-磷酸甘油酸		1×2		2
	磷酸烯醇式丙酮酸→烯醇式丙酮酸		1×2		2

续表

反应阶段	反应	ATP的消耗与合成/mol			
		消耗	合成		净得
			底物水平磷酸化	氧化磷酸化	
丙酮酸氧化脱羧	丙酮酸→乙酰 CoA			2×3	6
三羧酸循环	异柠檬酸→α-酮戊二酸			2×3	6
	α-酮戊二酸→琥珀酰 CoA			2×3	6
	琥珀酰 CoA→琥珀酸		1×2		2
	琥珀酸→延胡索酸			2×2	4
	苹果酸→草酰乙酸			2×3	6
总计					36 或 38

由表 7-3 可见，1 mol 葡萄糖彻底氧化成 H_2O 和 CO_2 时，净生成 36 mol 或 38 mol ATP。这与糖酵解只生成 2 mol ATP 相比，是其 18 或 19 倍。因此，在一般情况下，动物体内各组织细胞（除红细胞外）主要由糖的有氧分解获得能量。

5. 糖有氧分解的生理意义

三羧酸循环是糖、脂类、蛋白质及其他有机物代谢的联系枢纽。糖有氧分解过程中产生的 α-酮戊二酸和草酰乙酸可以氨基化转变为谷氨酸和天冬氨酸，这些氨基酸脱去氨基又可转变成相应的酮酸进入糖的有氧分解途径。此外，琥珀酰 CoA 可用来与甘氨酸合成血红素，丙酸等低级脂肪酸可经琥珀酰 CoA、草酰乙酸等途径异生成糖。因而，三羧酸循环将各种营养物质的相互转变联系在一起，在提供生物合成前体的代谢中起重要作用。三羧酸循环是三大营养物质分解代谢共同的最终途径。乙酰 CoA 不仅是糖有氧分解的产物，同时也是脂肪酸和氨基酸代谢的产物，因此三羧酸循环是三大营养物质的最终代谢通路。据估计，人体内 2/3 的有机物通过三羧酸循环被分解，三羧酸循环作为三大营养物质分解代谢的共同归宿，具有重要的生理意义。

（三）磷酸戊糖途径

视频：磷酸戊糖途径 1

糖酵解和有氧分解是生物体内糖分解代谢的主要途径，但不是只有这两条途径。磷酸戊糖途径是 6 个 C 的葡萄糖直接氧化为 5 个 C 的核糖，并且释放出 1 分子 CO_2 的途径。这个途径从 1931 年瓦尔堡（Otto Warburg）发现 6-磷酸葡萄糖脱氢酶开始被研究并逐步阐明，有时也称磷酸戊糖支路或旁路，简称 HMP 途径。

视频：磷酸戊糖途径 2

1. 磷酸戊糖途径的反应过程

磷酸戊糖途径是在细胞质中进行的，可以分为氧化和非氧化两个阶段。

(1)氧化阶段。

在此阶段，从 6-磷酸葡萄糖开始，在 6-磷酸葡萄糖脱氢酶和 6-磷酸葡萄糖酸脱氢酶的催化下，经过 2 次脱氢氧化，生成磷酸戊糖、$NADPH+H^+$ 和 CO_2。具体过程如下。

①6-磷酸葡萄糖脱氢氧化：催化此反应的酶是 6-磷酸葡萄糖脱氢酶，辅酶是 $NADP^+$，产物是 6-磷酸葡萄糖酸内酯和 $NADPH+H^+$。

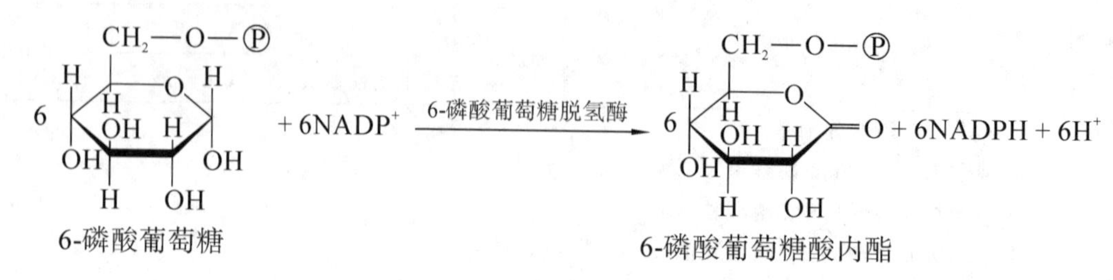

②6-磷酸葡萄糖酸内酯水解：催化此反应的酶是6-磷酸葡萄糖酸内酯酶，产物是6-磷酸葡萄糖酸。

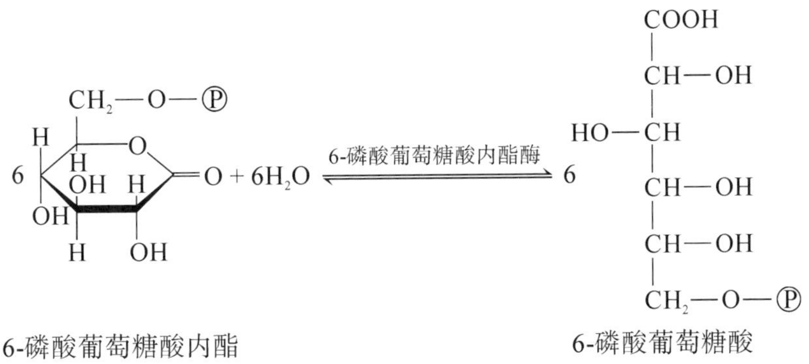

$$6\ \text{6-磷酸葡萄糖酸内酯} + 6H_2O \xrightleftharpoons{\text{6-磷酸葡萄糖酸内酯酶}} 6\ \text{6-磷酸葡萄糖酸}$$

6-磷酸葡萄糖酸内酯　　6-磷酸葡萄糖酸

③6-磷酸葡萄糖酸氧化脱羧：6-磷酸葡萄糖酸在6-磷酸葡萄糖酸脱氢酶的催化下，脱氢、脱羧生成5-磷酸核酮糖、$NADPH+H^+$和CO_2。

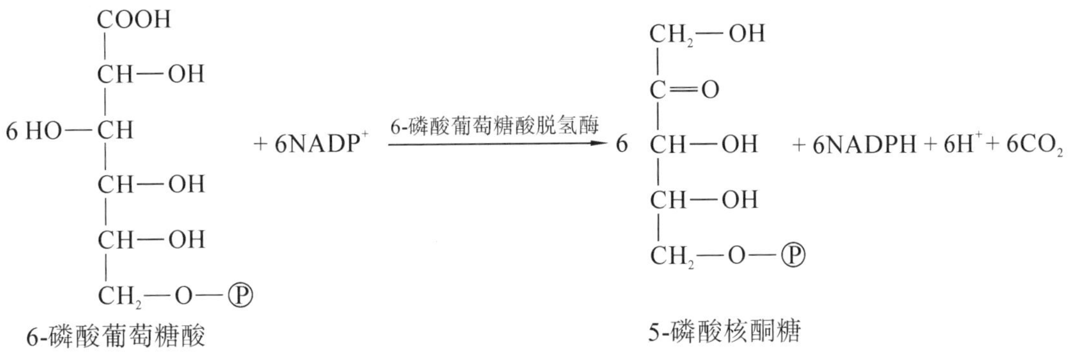

$$6\ \text{6-磷酸葡萄糖酸} + 6NADP^+ \xrightarrow{\text{6-磷酸葡萄糖酸脱氢酶}} 6\ \text{5-磷酸核酮糖} + 6NADPH + 6H^+ + 6CO_2$$

6-磷酸葡萄糖酸　　5-磷酸核酮糖

(2)非氧化阶段。

此阶段反应的实质是基团的转移。反应由五碳糖开始，先后经过二碳酮醇基、三碳醛醇基、二碳酮醇基转移(简称二三二转移)，使磷酸戊糖重排，最后又重新生成6-磷酸果糖。

①磷酸戊糖之间的异构化：5-磷酸核酮糖异构化生成两种异构体，即5-磷酸木酮糖和5-磷酸核糖。

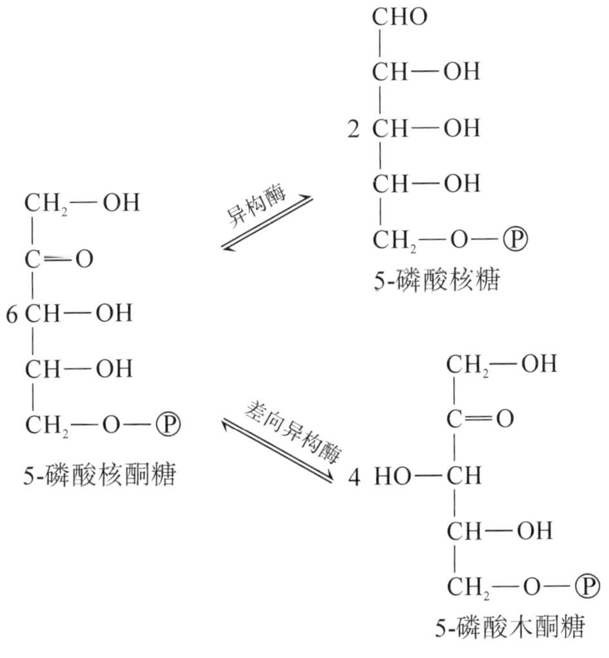

$$6\ \text{5-磷酸核酮糖} \xrightleftharpoons{\text{异构酶}} 2\ \text{5-磷酸核糖}$$

$$6\ \text{5-磷酸核酮糖} \xrightleftharpoons{\text{差向异构酶}} 4\ \text{5-磷酸木酮糖}$$

5-磷酸核酮糖　　5-磷酸核糖　　5-磷酸木酮糖

②二碳基团的转移：5-磷酸木酮糖在转酮醇酶的催化下，将分子中的二碳基团转移给 5-磷酸核糖，生成 7-磷酸景天庚酮糖和 3-磷酸甘油醛。

$$2\ \begin{matrix}CH_2-OH\\ |\\ C=O\\ |\\ HO-CH\\ |\\ CH-OH\\ |\\ CH_2-O-Ⓟ\end{matrix} + 2\ \begin{matrix}CHO\\ |\\ CH-OH\\ |\\ CH-OH\\ |\\ CH-OH\\ |\\ CH_2-O-Ⓟ\end{matrix} \xrightleftharpoons{\text{转酮醇酶}} 2\ \begin{matrix}CHO\\ |\\ CH-OH\\ |\\ CH_2-O-Ⓟ\end{matrix} + 2\ \begin{matrix}CH_2-OH\\ |\\ C=O\\ |\\ HO-CH\\ |\\ CH-OH\\ |\\ CH-OH\\ |\\ CH-OH\\ |\\ CH_2-O-Ⓟ\end{matrix}$$

5-磷酸木酮糖　　5-磷酸核糖　　3-磷酸甘油醛　　7-磷酸景天庚酮糖

③三碳基团的转移：7-磷酸景天庚酮糖在转醛醇酶的催化下，将其分子中的三碳基团转移给 3-磷酸甘油醛，生成 4-磷酸赤藓糖和 6-磷酸果糖。

$$2\ \begin{matrix}CH_2-OH\\ |\\ C=O\\ |\\ HO-CH\\ |\\ CH-OH\\ |\\ CH-OH\\ |\\ CH-OH\\ |\\ CH_2-O-Ⓟ\end{matrix} + 2\ \begin{matrix}CHO\\ |\\ CH-OH\\ |\\ CH_2-O-Ⓟ\end{matrix} \xrightleftharpoons{\text{转醛醇酶}} 2\ \begin{matrix}CHO\\ |\\ CH-OH\\ |\\ CH-OH\\ |\\ CH_2-O-Ⓟ\end{matrix} + 2\ \begin{matrix}CH_2-OH\\ |\\ C=O\\ |\\ HO-CH\\ |\\ CH-OH\\ |\\ CH-OH\\ |\\ CH_2-O-Ⓟ\end{matrix}$$

7-磷酸景天庚酮糖　　3-磷酸甘油醛　　4-磷酸赤藓糖　　6-磷酸果糖

④二碳基团的转移：以上未参加反应的 5-磷酸木酮糖在转酮醇酶的催化下，将分子中的二碳基团转移给 4-磷酸赤藓糖，生成 3-磷酸甘油醛和 6-磷酸果糖。

$$2\ \begin{matrix}CH_2-OH\\ |\\ C=O\\ |\\ HO-CH\\ |\\ CH-OH\\ |\\ CH_2-O-Ⓟ\end{matrix} + 2\ \begin{matrix}CHO\\ |\\ CH-OH\\ |\\ CH-OH\\ |\\ CH_2-O-Ⓟ\end{matrix} \xrightleftharpoons{\text{转酮醇酶}} 2\ \begin{matrix}CHO\\ |\\ CH-OH\\ |\\ CH_2-O-Ⓟ\end{matrix} + 2\ \begin{matrix}CH_2-OH\\ |\\ C=O\\ |\\ HO-CH\\ |\\ CH-OH\\ |\\ CH-OH\\ |\\ CH_2-O-Ⓟ\end{matrix}$$

5-磷酸木酮糖　　4-磷酸赤藓糖　　3-磷酸甘油醛　　6-磷酸果糖

⑤2 个三碳糖的缩合：以上反应过程除生成 6-磷酸果糖外，还生成了 3-磷酸甘油醛，1 分子的 3-磷酸甘油醛可以转变成磷酸二羟丙酮，磷酸二羟丙酮再与另 1 分子的 3-磷酸甘油醛在醛缩酶的作用下生成 1,6-二磷酸果糖，进而转变为 6-磷酸果糖。

$$\underset{\text{3-磷酸甘油醛}}{\begin{array}{l}CHO\\ |\\ CH-OH\\ |\\ CH_2-O-Ⓟ\end{array}} + \underset{\text{磷酸二羟丙酮}}{\begin{array}{l}CH_2-OH\\ |\\ C=O\\ |\\ CH_2-O-Ⓟ\end{array}} \xrightleftharpoons{\text{醛缩酶}} \underset{\text{1,6-二磷酸果糖}}{\begin{array}{l}CH_2-O-Ⓟ\\ |\\ C=O\\ |\\ HO-CH\\ |\\ CH-OH\\ |\\ CH-OH\\ |\\ CH_2-O-Ⓟ\end{array}} \xrightarrow[H_2O \quad H_3PO_4]{\text{1,6-二磷酸果糖酶}} \underset{\text{6-磷酸果糖}}{\begin{array}{l}CH_2-OH\\ |\\ C=O\\ |\\ HO-CH\\ |\\ CH-OH\\ |\\ CH-OH\\ |\\ CH_2-O-Ⓟ\end{array}}$$

反应总过程如图 7-4 所示。

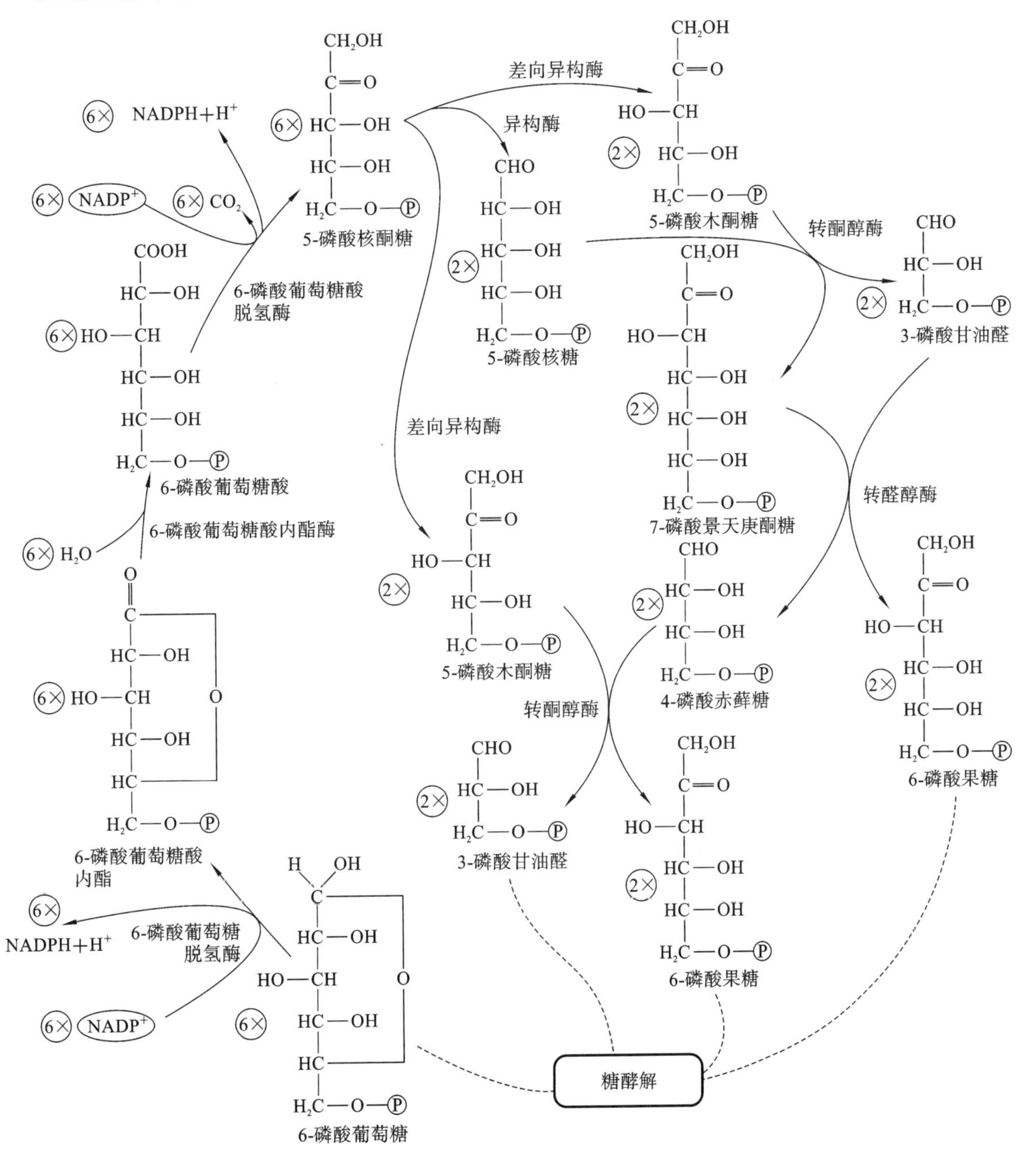

图 7-4 磷酸戊糖途径的反应总过程

2. 磷酸戊糖途径的调节

6-磷酸葡萄糖脱氢酶是磷酸戊糖途径的第一个酶，因而其活性决定了6-磷酸葡萄糖进入此途径的量。摄取高糖食物，尤其在饥饿后重饲时，肝内此酶含量明显增高，以适应脂肪酸合成的需要，但是NADPH能强烈抑制6-磷酸葡萄糖脱氢酶的活性，所以磷酸戊糖途径的调节主要受NADPH/$NADP^+$值的影响。NADPH/$NADP^+$值升高时磷酸戊糖途径被抑制，比值降低时激活，因此，磷酸戊糖途径的流量取决于动物机体对NADPH的需求。

3. 磷酸戊糖途径的生理意义

(1)途径中产生的NADPH+H^+是生物合成反应的供氢体。

合成脂肪、胆固醇、类固醇激素等都需要大量的NADPH+H^+提供氢，所以在脂类合成旺盛的脂肪组织、哺乳期乳腺、肾上腺皮质、睾丸等组织中，磷酸戊糖途径比较活跃。

NADPH+H^+是谷胱甘肽还原酶的辅酶，对维持还原型谷胱甘肽(GSH)的正常含量具有重要作用，它能使氧化型谷胱甘肽(GSSG)变为还原型，而后者能保护巯基酶活性，并对维持红细胞的完整性具有重要作用。

$$GSSG + NADPH + H^+ \longrightarrow 2GSH + NADP^+$$

(2)葡萄糖在体内可由此途径生成5-磷酸核糖。

5-磷酸核糖是合成核酸和核苷酸的原料，又由于核酸参与蛋白质的生物合成，所以在损伤后修补、再生的组织中，此途径进行得比较活跃。

4. 磷酸戊糖途径与糖有氧分解及糖酵解的相互联系

在此途径中，最后生成的6-磷酸果糖与3-磷酸甘油醛都是糖有氧分解(或糖酵解)的中间产物，它们可进入糖的有氧分解(或糖酵解)途径进一步进行代谢。

视频：
糖异生途径

二、糖异生作用

(一)糖异生作用的概念

由非糖物质生成糖的过程，称为糖异生作用。其发生部位主要在肝脏，占90%，其次是肾，约占10%，脑、骨骼肌或心肌中极少发生糖异生作用。广义的糖异生包括所有的非糖物质，而生物体内发生糖异生作用的主要物质为甘油、乳酸和三羧酸循环的中间产物等，它们本身是糖代谢的中间产物，也可以转变为糖代谢的其他中间产物。

(二)糖异生作用的途径

以乳酸为例介绍糖异生的反应途径。糖酵解过程是将葡萄糖转变为乳酸，而糖异生作用是将乳酸转变为葡萄糖，然而乳酸进行糖异生反应的过程并非完全是糖酵解的逆行，因为糖酵解过程虽然大部分反应是可逆的，但仍有3个不可逆反应，糖异生作用必须绕过这3个不可逆反应。糖酵解过程中这3个不可逆反应如下。

$$\text{葡萄糖} + ATP \longrightarrow \text{6-磷酸葡萄糖} + ADP$$

$$\text{6-磷酸葡萄糖} + ATP \longrightarrow \text{1,6-二磷酸果糖} + ADP$$

$$\text{磷酸烯醇式丙酮酸} + ADP \longrightarrow \text{丙酮酸} + ATP$$

1. 丙酮酸转化为磷酸烯醇式丙酮酸(PEP)

丙酮酸进入线粒体消耗1分子ATP被羧化为草酰乙酸，再由草酰乙酸消耗高能磷酸键脱羧并磷酸化生成磷酸烯醇式丙酮酸。

催化第一个反应的酶是丙酮酸羧化酶，它存在于线粒体内，而糖异生作用的其他酶则存在于胞质中，所以胞质中的丙酮酸必须先进入线粒体，在消耗ATP的情况下，被羧化成草酰乙酸。

$$\text{丙酮酸} + CO_2 + ATP + H_2O \xrightarrow{\text{丙酮酸羧化酶}} \text{草酰乙酸} + ADP + Pi + 2H^+$$

生成的草酰乙酸不能直接通过线粒体膜，需要被苹果酸脱氢酶还原为苹果酸，苹果酸被载体运输通过线粒体膜进入胞质。苹果酸在胞质中经苹果酸脱氢酶催化再生成草酰乙酸，草酰乙酸消耗高能磷酸键脱羧并磷酸化生成磷酸烯醇式丙酮酸。

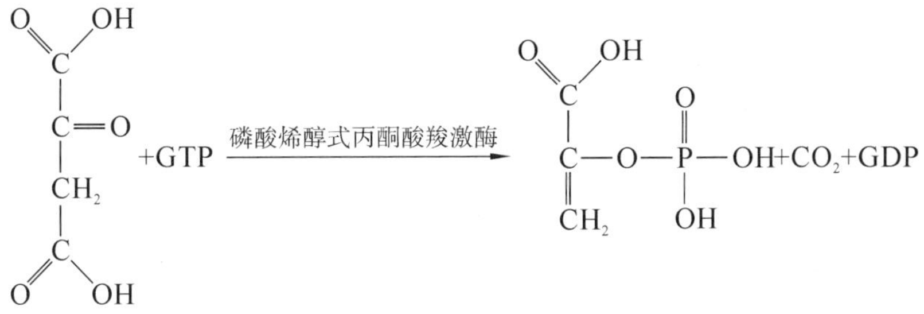

$$\text{HOOC—CO—CH}_2\text{—COOH} + GTP \xrightarrow{\text{磷酸烯醇式丙酮酸羧激酶}} \text{CH}_2\text{=C(O—PO(OH)—OH)—COOH} + CO_2 + GDP$$

草酰乙酸　　　　　　　　　　　　磷酸烯醇式丙酮酸

上述反应的总和如图 7-5 所示。

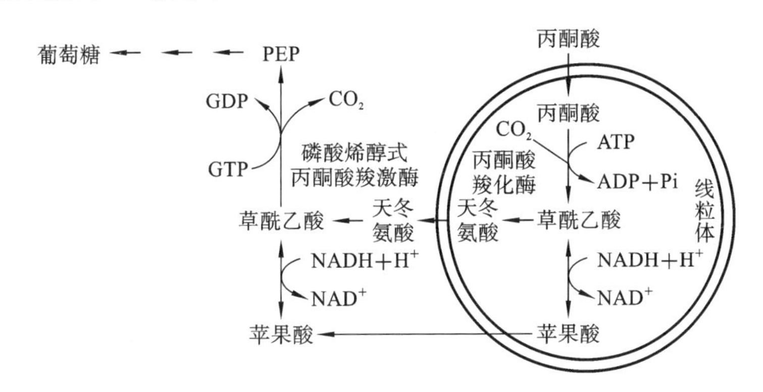

图 7-5　丙酮酸羧化过程

2. 1,6-二磷酸果糖水解成 6-磷酸果糖

催化此反应的酶是 1,6-二磷酸果糖酶。

$$1,6\text{-二磷酸果糖} + H_2O \xrightarrow{1,6\text{-二磷酸果糖酶}} 6\text{-磷酸葡萄糖} + Pi$$

3. 6-磷酸葡萄糖水解成葡萄糖

催化此反应的酶是 6-磷酸葡萄糖酶。

$$6\text{-磷酸葡萄糖} + H_2O \xrightarrow{6\text{-磷酸葡萄糖酶}} \text{葡萄糖} + Pi$$

上述 3 步由不同酶催化的逆向反应，绕过了糖酵解中的 3 步不可逆反应，解决了糖异生作用的途径问题。糖异生作用的全过程如图 7-6 所示。

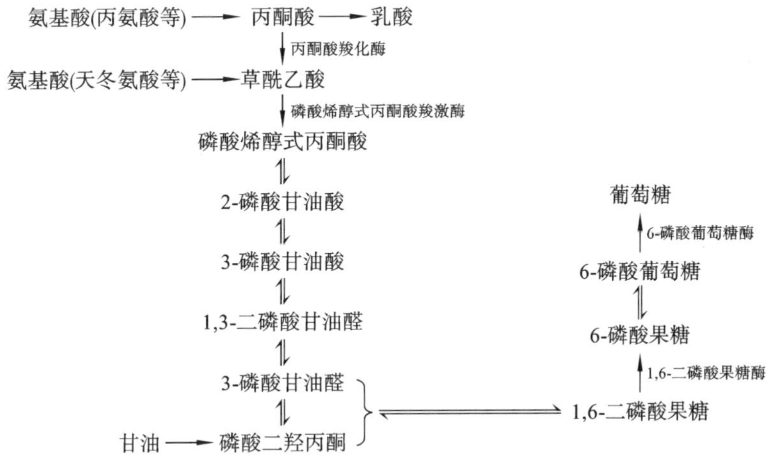

氨基酸(丙氨酸等) → 丙酮酸 → 乳酸
丙酮酸 ↓ 丙酮酸羧化酶
氨基酸(天冬氨酸等) → 草酰乙酸
草酰乙酸 ↓ 磷酸烯醇式丙酮酸羧激酶
磷酸烯醇式丙酮酸
⇅
2-磷酸甘油酸
⇅
3-磷酸甘油酸
⇅
1,3-二磷酸甘油醛
⇅
3-磷酸甘油醛
⇅
甘油 → 磷酸二羟丙酮

3-磷酸甘油醛、磷酸二羟丙酮 ⇌ 1,6-二磷酸果糖
1,6-二磷酸果糖 ↑ 1,6-二磷酸果糖酶
6-磷酸果糖
⇅
6-磷酸葡萄糖
↑ 6-磷酸葡萄糖酶
葡萄糖

图 7-6　糖异生作用途径

（三）糖异生作用的生理意义

1. 由非糖物质合成糖以保持血糖浓度的相对恒定

这种功能可从两方面来理解。一方面，当动物处在空腹或饥饿情况下时，依靠糖异生作用生成糖，维持血糖的正常浓度，保证动物体细胞从血中获取必要的糖；另一方面，草食动物体内的糖主要靠糖异生作用而来（特别是丙酸的生糖作用）。若用质量低下的饲料喂养乳牛，由于糖异生作用的前体物质缺乏，糖异生作用将迅速下降，不但影响牛乳的产量，有时还会引起酮病。

2. 糖异生作用有利于乳酸的利用

动物在安静状态下并且乳酸产生甚少时，这种作用表现不太明显。但在某些生理或病理情况下，例如家畜在重役（或剧烈运动）时，肌肉中糖酵解加剧，引起肌糖原大量分解为乳酸，乳酸通过血液循环到达肝，经糖异生作用转变成糖原和葡萄糖，生成的葡萄糖又可进入血液，以补充血糖，可见糖异生作用对于清除体内多余的乳酸使其被再利用，防止发生由乳酸引起的酸中毒，保证肝糖原的生成，补充肌肉消耗的糖都有一定的作用。

3. 通过糖异生作用可协助氨基酸代谢转变为糖

实验证明，进食蛋白质后，肝中糖原含量增高。在禁食、营养低下的情况下，由于组织蛋白分解加强，血浆氨基酸增多，糖异生作用活跃。

三、糖原及其代谢

糖原是由葡萄糖残基构成的含许多分支的大分子高聚物，其颗粒直径为 100～400 μm，主要储存在肝脏和骨骼肌的细胞质中，其结构如图 7-7 所示。肝脏中糖原浓度最高，而骨骼肌因肌肉数量大，因此，糖原储存最多。糖原是在机体的葡萄糖供应充足的情况下，一种极易被动员的储存形式。

糖原是由 α-葡萄糖组成的一种多糖，在其分子结构中，绝大多数葡萄糖单体通过 α-1，4-糖苷键相连，如图 7-8 所示。但在糖原分子分支的节点处，一个葡萄糖单体除了以 α-1，4-糖苷键与前后的葡萄糖单体连接外，还以 α-1，6-糖苷键与第三个葡萄糖单体连接，从而形成分支结构，如图 7-9 所示。

图 7-7　糖原的结构

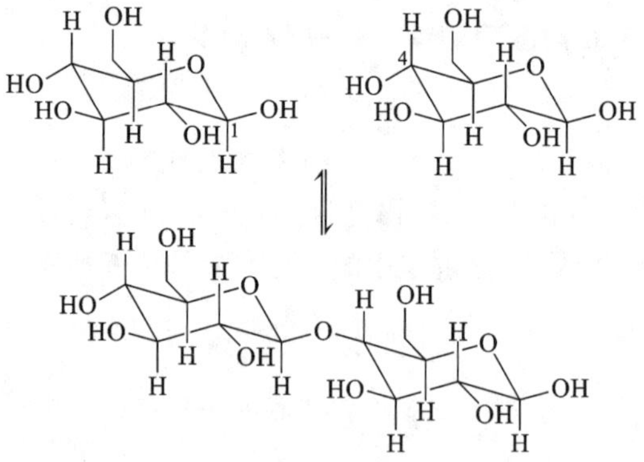

图 7-8　α-1，4-糖苷键

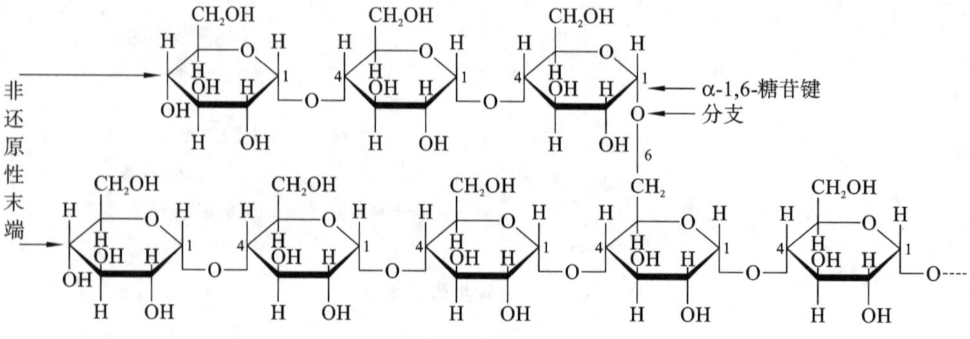

图 7-9　α-1，6-糖苷键和糖原的分支结构

（一）糖原的合成

糖原合成不仅有利于葡萄糖的储存，而且还可调节血糖浓度。糖原的合成过程是在细胞质中进行的，需要5种酶的催化：己糖激酶、磷酸葡萄糖变位酶、UDP-葡萄糖焦磷酸化酶、糖原合酶和糖原分支酶。具体反应如下。

1. 6-磷酸葡萄糖的生成

葡萄糖在ATP和Mg^{2+}存在下，经葡萄糖激酶或己糖激酶催化，生成6-磷酸葡萄糖。

$$\text{葡萄糖}+\text{ATP}\xrightarrow[Mg^{2+}]{\text{葡萄糖激酶或己糖激酶}}\text{6-磷酸葡萄糖}+\text{ADP}$$

肝细胞中存在着上述两种酶来催化同一反应。这是因为己糖激酶受产物6-磷酸葡萄糖的反馈抑制，即过多的6-磷酸葡萄糖将降低己糖激酶的活性，所以依靠己糖激酶不可能储存很多糖原，而葡萄糖激酶不受产物的反馈抑制，当外源葡萄糖大量涌入肝细胞，己糖激酶已被自身催化生成的6-磷酸葡萄糖抑制时，高浓度的葡萄糖启动了葡萄糖激酶，于是大量葡萄糖仍转化为6-磷酸葡萄糖，这样就促进了肝糖原的大量合成。肌细胞中缺乏葡萄糖激酶，所以肌肉储存糖原量较肝有限。

2. 1-磷酸葡萄糖的生成

在磷酸葡萄糖变位酶的催化下，6-磷酸葡萄糖转变成1-磷酸葡萄糖。此步反应可逆，还需Mg^{2+}参加。

$$\text{6-磷酸葡萄糖}\ (\text{C}_6\text{位}: CH_2OPO_3H_2)\ \underset{Mg^{2+}}{\overset{\text{磷酸葡萄糖变位酶}}{\rightleftharpoons}}\ \text{1-磷酸葡萄糖}\ (\text{C}_1\text{位}: OPO_3H_2)$$

6-磷酸葡萄糖　　　　1-磷酸葡萄糖

3. UDP-葡萄糖的生成

1-磷酸葡萄糖在UDP-葡萄糖焦磷酸化酶的催化下与尿苷三磷酸（UTP）合成UDP-葡萄糖，同时释放焦磷酸（PPi），PPi迅速被无机焦磷酸酶水解为无机磷酸分子。这个释放能量的过程使整个反应不可逆，形成的UDP-葡萄糖可看作“活性葡萄糖”，在体内作为糖原合成的葡萄糖供体。

$$\text{1-磷酸葡萄糖}+\text{UTP}\xrightarrow{\text{UDP-葡萄糖焦磷酸化酶}}\text{UDP-葡萄糖}+\text{PPi}$$

4. α-1,4-糖苷键连接的葡萄糖聚合物的生成

UDP-葡萄糖在糖原合酶的催化下将葡萄糖残基转移到细胞内原有的糖原引物末端第4位碳原子的羟基上，形成α-1,4-糖苷键，使原有的糖原增加一个葡萄糖残基。所谓糖原引物是指至少含有4个葡萄糖残基的多糖链。

$$\text{UDP-葡萄糖}+\text{糖原}(G_n)\xrightarrow{\text{糖原合酶}}\text{UDP}+\text{糖原}(G_{n+1})$$

重复上述反应，使糖原分子以α-1,4-糖苷键相连的分支逐渐延长。

5. 糖原的生成

糖原合酶只能催化α-1,4-糖苷键的形成，形成的产物也只能是直链的形式，使直链形成多分支的多聚糖必须有糖原分支酶的协同作用。糖原分支酶的作用包括断开α-1,4-糖苷键和形成α-1,6-糖苷键。糖原分支酶将处于直链状态的糖原分子的非还原性末端约7个葡萄糖残基的片段在α-1,4-糖苷键处切断，然后转移到同一个或其他糖原分子比较靠内部的某个葡萄糖残基的第6位碳原子的羟基上形成α-1,6-糖苷键，该酶所转移的7个葡萄糖残基的片段是从至少已经有11个葡萄糖残基的直链上断下来的，而此片段被转移到的位置即形成新的分支点。此分支点必须与其他分支点至少有4个葡萄糖残基的距离，如图7-10所示。

糖原的高度分支一方面可增加分子的溶解度，另一方面将形成更多的非还原性末端，它们是糖原磷酸化酶和糖原合酶的作用位点。所以，分支大大提高了糖原的分解与合成效率。糖原合成的总

反应如图 7-11 所示。

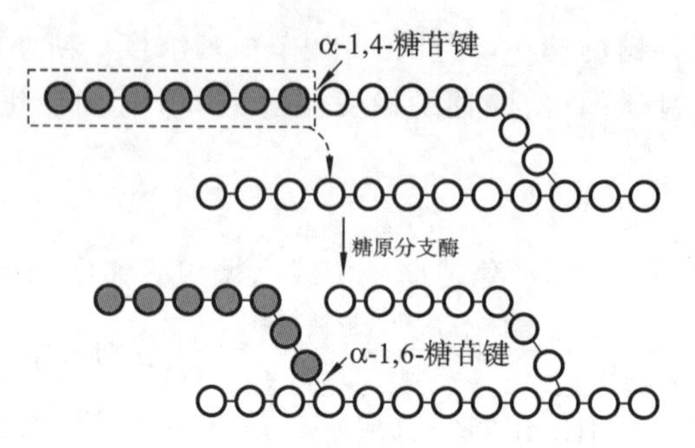

图 7-10　糖原分支的形成

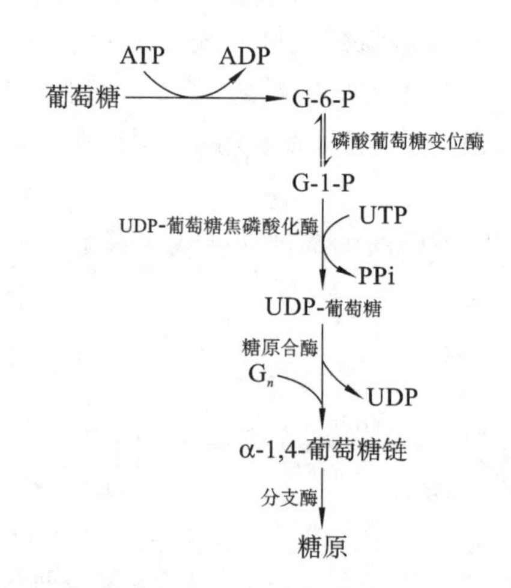

图 7-11　糖原合成的总反应

（二）糖原的分解

糖原的分解途径不同于合成途径。糖原分解的关键酶是糖原磷酸化酶，它能作用于糖原的 α-1,4-糖苷键，使糖原分子从非还原性末端按顺序逐个移去葡萄糖残基，当分解到达距分支点 4 个葡萄糖残基时，糖原磷酸化酶不再催化此处的 α-1,4-糖苷键断开。

此后，在寡聚葡萄糖转移酶的作用下，剩下的 4 个葡萄糖残基中末端的 3 个相连的葡萄糖残基被转移到另一条链的非还原性末端使其延长，原来的支链上只剩下 1 个以 α-1,6-糖苷键连接的葡萄糖残基，再在脱支酶的作用下使剩下的 1 个葡萄糖残基水解生成游离的葡萄糖。由于糖原磷酸化酶、转移酶和脱支酶的协同作用，糖原分子逐渐缩小，分支也逐渐减少，最终糖原被分解成 1-磷酸葡萄糖和少量游离的葡萄糖。

上述生成的 1-磷酸葡萄糖，在磷酸葡萄糖变位酶的催化下转变为 6-磷酸葡萄糖。6-磷酸葡萄糖不能透过细胞膜，因此肝脏中的 6-磷酸葡萄糖在 6-磷酸葡萄糖酶的催化下，水解生成葡萄糖和磷酸，葡萄糖通过细胞膜进入血液，保证血糖浓度的相对恒定。在肌肉中，肌糖原分解产生的 6-磷酸葡萄糖不能转变成葡萄糖，这是由于肌肉中缺乏 6-磷酸葡萄糖酶，所以 6-磷酸葡萄糖被降解，直接供给肌肉收缩与舒张所需的能量，或生成乳酸再经糖异生作用生成葡萄糖。

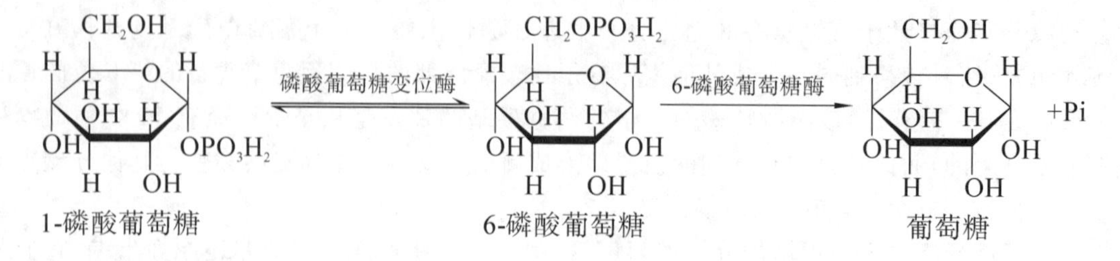

糖原的分解过程如图 7-12 所示。

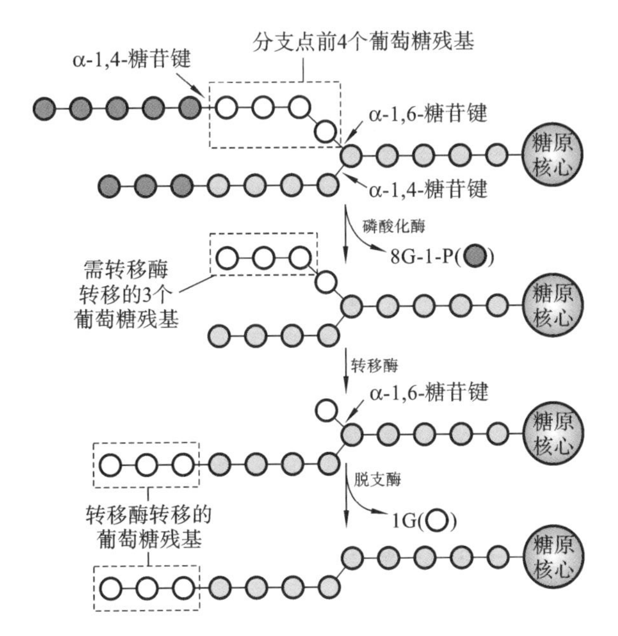

图 7-12　糖原的分解过程

模块小结

糖是动物体最重要的能源和碳源物质。糖经过消化系统进入肝脏，再通过血液循环运输到各器官和组织中去利用。机体内糖的代谢途径主要有葡萄糖的无氧分解、有氧分解、磷酸戊糖途径，以及糖原合成与糖原分解、糖异生等。

糖酵解是指细胞内的葡萄糖在无氧或缺氧条件下，分解生成乳酸并释放少量能量的过程，此过程在胞质中进行，1 mol 葡萄糖分解可净生成 2 mol ATP。

葡萄糖在有氧的条件下进行氧化分解，最后生成 CO_2、H_2O 及释放大量能量的过程，称为糖的有氧分解。

糖的有氧分解一般可划分为三个阶段，其中三羧酸循环不仅是葡萄糖生成 ATP 的主要途径，也是脂类、氨基酸等最终氧化分解产生能量的共同途径。1 mol 葡萄糖彻底氧化净生成 36 mol ATP 或 38 mol ATP。

磷酸戊糖途径就是 6 个 C 的葡萄糖直接氧化为 5 个 C 的核糖，并且释放出 1 分子 CO_2 的途径。

糖原是由葡萄糖组成的一种多糖，糖原的合成和分解是多步酶促反应，对维持血糖浓度的相对恒定具有重要作用。

由非糖物质生成糖的过程，称为糖异生作用。糖异生的反应过程并非完全是糖酵解的逆过程，糖异生作用必须绕过糖酵解过程的 3 个不可逆反应。糖异生作用主要用来维持血糖浓度的相对恒定和清除产生的大量乳酸。

链接与拓展

母犬低血糖症

母犬低血糖症主要发生在妊娠母犬分娩前后，是血糖浓度降低到一定程度而发生的综合征。临床上主要表现为神经症状。

1. 病因

引起母犬血糖浓度降低的主要原因是胎仔数过多，胎儿迅速发育或分娩后初生仔犬大量哺乳造成营养消耗过高，同时机体对糖代谢的调节功能下降而致病。

Note

2. 症状

发病一般较突然，患犬表现为体温升高，达 41～42 ℃，呼吸加快，脉搏增速。全身呈强直性或间歇性抽搐，四肢肌肉痉挛，造成不能运动或运动共济失调，反射功能亢进。尿液有酮臭味，酮体反应呈强阳性。

3. 诊断

通过检测，血糖浓度在 400 mg/L 以下，血液酮体浓度在 300 mg/L 以上，结合症状即可确诊。

本病与母犬产后癫痫（产后子痫、产后抽搐症）的症状相似，但后者血钙浓度明显低于正常值，而血糖和血酮体正常，且本病多见于分娩前后 1 周左右的母犬，产后癫痫多发生于产后 1～3 周。

4. 治疗

补糖：20%葡萄糖溶液按 1.5 mL/kg 的剂量静脉滴注，或 5%葡萄糖氯化钠注射液 250～500 mL、地塞米松 2～4 mL，静脉注射，注射 3～4 h，再按 250 mg/kg 的剂量口服葡萄糖粉。

按上述方法每日处置 1 次至病症消失。

5. 预防

升糖：胰高血糖素 0.3～1 mg，皮下注射。分娩前后要注意增强营养，喂饲成分以碳水化合物为主的食物。

复习思考题

参考答案

一、选择题

1. 在厌氧条件下，下列哪一种化合物会在哺乳动物肌肉组织中积累？（　　）

A. 丙酮酸　　B. 乙醇　　C. 乳酸　　D. CO_2

2. 磷酸戊糖途径的真正意义在于产生（　　）的同时产生许多中间物如核糖等。

A. $NADPH+H^+$　　B. NAD^+

C. ADP　　D. HSCoA

3. 磷酸戊糖途径中需要的酶有（　　）。

A. 异柠檬酸脱氢酶　　B. 6-磷酸果糖激酶

C. 6-磷酸葡萄糖脱氢酶　　D. 转氨酶

4. 下面哪种酶既在糖酵解又在糖异生作用中起作用？（　　）

A. 丙酮酸激酶　　B. 3-磷酸甘油醛脱氢酶

C. 1,6-二磷酸果糖激酶　　D. 己糖激酶

5. 生物体内 ATP 最主要的来源是（　　）。

A. 糖酵解　　B. 三羧酸循环

C. 磷酸戊糖途径　　D. 氧化磷酸化作用

6. 在三羧酸循环中，下列哪一个阶段发生了底物水平磷酸化？（　　）

A. 柠檬酸→α-酮戊二酸　　B. α-酮戊二酸→琥珀酸

C. 琥珀酸→延胡索酸　　D. 延胡索酸→苹果酸

7. 丙酮酸脱氢酶复合体需要下列哪些因子作为辅酶？（　　）

A. NAD^+　　B. $NADP^+$　　C. FMN　　D. CoA

8. 下列化合物中哪一种是琥珀酸脱氢酶的辅酶？（　　）

A. 生物素　　B. FAD　　C. $NADP^+$　　D. NAD^+

9. 在三羧酸循环中，由 α-酮戊二酸脱氢酶复合体所催化的反应需要（　　）。

A. NAD^+　　B. $NADP^+$　　C. HSCoA　　D. ATP

10. 草酰乙酸经转氨酶催化可转变成为（　　）。

A. 苯丙氨酸　　B. 天冬氨酸　　C. 谷氨酸　　D. 丙氨酸

11. 糖酵解是在细胞的什么部位进行的？（　　）

A. 线粒体基质　　B. 胞质中　　C. 内质网膜上　　D. 细胞核内

12. 糖异生途径中哪一种酶代替糖酵解的己糖激酶？（　　）

A. 丙酮酸羧化酶　　B. 磷酸烯醇式丙酮酸羧激酶

C. 6-磷酸葡萄糖酶　　D 糖原磷酸化酶

13. 糖原分解过程中糖原磷酸化酶催化磷酸解的键是（　　）。

A. α-1,6-糖苷键　　B. β-1,6-糖苷键

C. α-1,4-糖苷键　　D. β-1,4-糖苷键

14. 丙酮酸脱氢酶复合体中最终接受底物脱下的 2H 的辅助因子是（　　）。

A. FAD　　B. CoA　　C. NAD^+　　D. TPP

15. 有关葡萄糖酵解的描述，下列哪项错误？（　　）

A. 1 分子葡萄糖净生成 2 分子 ATP　　B. ATP 的生成部位在胞质

C. ATP 是通过底物水平磷酸化生成的　　D. ATP 是通过氢在呼吸链中传递生成的

E. ATP 的生成不耗氧

二、判断题

1. 每分子葡萄糖经三羧酸循环产生的 ATP 分子数比糖酵解时产生的 ATP 多 1 倍。（　　）

2. 哺乳动物无氧条件下不能存活，因为葡萄糖的糖酵解不能合成 ATP。（　　）

3. 6-磷酸葡萄糖转变 1,6-二磷酸果糖，需要磷酸己糖异构酶及磷酸果糖激酶催化。（　　）

4. 葡萄糖是生命活动的主要能源之一，糖酵解途径和三羧酸循环都是在线粒体内进行的。（　　）

5. 糖酵解反应有氧或无氧均能进行。（　　）

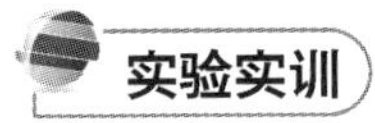

实验实训

实训 1　血糖浓度的测定

【实训目的】

（1）了解糖的还原性及测定血糖浓度的原理。

（2）学会血糖浓度测定的方法及操作。

【实验原理】 血液中的葡萄糖简称血糖，是一种多羟基醛，具有还原性，与碱性铜试剂混合加热时，葡萄糖分子中的醛基被氧化成羧基，铜试剂中的 Cu^{2+} 被还原成砖红色（反应速度快时，生成的 Cu_2O 呈黄绿色；反应速度慢时，生成的 Cu_2O 颗粒较大而呈红色）的 Cu_2O 沉淀。Cu_2O 与磷钼酸反应生成钼蓝，溶液呈蓝色，蓝色的深浅与葡萄糖浓度成正比，可用分光光度法测定波长 420 nm 处的吸光度，从而计算血糖的浓度。

【器材与试剂】

1. 器材

分光光度计、容量瓶、烧杯、刻度吸量管、血糖管。

2. 试剂

（1）0.333 mol/L 硫酸溶液。量取浓硫酸 1 mL 加入 53 mL 蒸馏水中，用 0.1 mol/L 氢氧化钠溶

Note

液标定硫酸溶液至 0.333 mol/L。

(2)10%钨酸钠溶液。称取二水合钨酸钠($NaWO_4 \cdot 2H_2O$)10 g,用水溶解后定容至 100 mL。

(3)碱性铜试剂。称取无水碳酸钠 40 g、酒石酸 7.5 g、结晶硫酸铜 4.5 g 分别加热溶于 400 mL、300 mL、200 mL 蒸馏水中,然后先将冷却后的酒石酸溶液倒入碳酸钠溶液中混匀,转移到 1000 mL 容量瓶中,再将硫酸铜溶液倒入并用水定容至刻度,储存在棕色瓶中,备用。

(4)磷钼酸试剂。称取钼酸 35 g 和二水合钨酸钠 10 g,加入 400 mL 10%氢氧化钠溶液中,再加入蒸馏水 400 mL,混合后煮沸 2~40 min,以除去钼酸中存在的氨(至无氨味),冷却后加入 80%磷酸溶液 25 mL,混匀,转移到 1000 mL 容量瓶中,用水定容至刻度。

(5)0.25%苯甲酸溶液。取苯甲酸 2.5 g 加水煮沸溶解,用水定容至 1000 mL。

(6)葡萄糖储存标准液(10 mg/mL)。准确称取置于硫酸干燥器内过夜的无水葡萄糖 1.000 g,用 0.25%苯甲酸溶液溶解,转移到 100 mL 容量瓶中,以 0.25%苯甲酸溶液定容至刻度,置冰箱可长期保存。

(7)葡萄糖使用标准液(0.1 mg/mL)。准确吸取葡萄糖储存标准液 1.0 mL 至 100 mL 容量瓶中,用 0.25%苯甲酸溶液定容至刻度。

(8)1∶4 磷钼酸稀释液。量取磷钼酸试剂 1 份,加蒸馏水 4 份混匀即可。

【方法与步骤】

1. 抗凝血的制备

(1)草酸钾-氯化钠抗凝法。称取草酸钾 6 g、氯化钠 3 g,用蒸馏水溶解后定容于 100 mL,每支试管加 0.25 mL 此溶液,转动试管使溶液散布于管壁上,80 ℃烘干。每管可抗凝 5 mL 血液。

(2)乙二胺四乙酸二钠(EDTA-2Na)抗凝法。配制 4% EDTA-2Na 溶液,每管加 0.1 mL 此溶液,转动试管并于 80 ℃烘干。每管可抗凝 5 mL 血液。

(3)肝素抗凝法。配制 10 mg/mL 的肝素溶液,每管加 0.1 mL,于 37~56 ℃烘干,可抗凝 5~10 mL血液。

2. 无蛋白血滤液制备

(1)取 20 mL 锥形瓶一个,加蒸馏水 7 mL,用奥氏吸量管吸取抗凝血 1 mL,缓缓加入锥形瓶中,用吸量管吸取上清液反复洗 2~3 次,混匀。

(2)加 0.333 mol/L 硫酸溶液 1 mL,随加随摇,摇匀后放置 5~10 min,使之酸化完全。

(3)加 10%钨酸钠溶液 1 mL,再加 0.333 mol/L 硫酸溶液 1 mL,随加随摇,摇匀后放置 5~15 min,至沉淀由鲜红色变为暗棕色。

(4)过滤或离心除去沉淀,即得无蛋白血滤液(每毫升相当于 1/10 mL 全血)。

3. 血糖浓度测定

取 4 支血糖管,按表 7-4 所示操作。

表 7-4 血糖浓度测定操作

试剂及操作	空白管	低浓度标准管	高浓度标准管	测定管
无蛋白血滤液/mL	—	—	—	1.0
水/mL	2.0	1.0	—	1.0
葡萄糖使用标准液/mL	—	1.0	2.0	—
碱性铜试剂/mL	2.0	2.0	2.0	2.0
葡萄糖含量/mg	0	0.1	0.2	—
混匀,置沸水浴中 8 min,取出,自来水中冷却 3 min(切勿摇动血糖管)				
磷钼酸试剂/mL	2.0	2.0	2.0	2.0
混匀后放置 2 min(使 CO_2 气体逸出)				
1∶4 磷钼酸稀释液加至/mL	25			

用胶塞塞紧管口，颠倒混匀，用空白管调零，在 420 nm 波长处测定吸光度。

【结果计算】

高浓度标准管：

葡萄糖(mg/100 mL)=(测定管吸光度/高浓度标准管吸光度)×0.2×(100/0.1)

=(测定管吸光度/高浓度标准管吸光度)×200

低浓度标准管：

葡萄糖(mg/100 mL)=(测定管吸光度/低浓度标准管吸光度)×0.1×(100/0.1)

=(测定管吸光度/低浓度标准管吸光度)×100

【注意事项】

(1)本法所测得的血糖浓度并不完全是真实的血糖浓度，因滤液中尚有其他还原性物质的干扰(约占 10%)，故结果偏高。

(2)血糖浓度测定应在取血后 2 h 内完成，放置过久糖易分解，致结果偏低。

(3)磷钼酸试剂应储存于棕色瓶中，如出现蓝色，表明试剂本身已被还原，不能再用。

(4)碱性铜试剂中有氧化亚铜沉淀，也不能用。取碱性铜试剂 1 mL，加磷钼酸试剂 1 mL，如蓝色消失，表明此试剂无氧化亚铜，可用。

【思考题】

(1)血糖的来源和去路有哪些?

(2)简述测定血糖浓度在临床上的意义。

实训 2　琥珀酸脱氢酶的定性实验及其竞争性抑制

【实训目的】

(1)学会定性测定琥珀酸脱氢酶活性的简易方法并了解其原理。

(2)理解丙二酸对琥珀酸脱氢酶的竞争性抑制作用。

【实训原理】 琥珀酸脱氢酶是三羧酸循环过程中的一个重要酶，测定细胞中有无琥珀酸脱氢酶可以间接鉴定三羧酸循环途径是否存在。琥珀酸脱氢酶能使琥珀酸脱氢生成延胡索酸，并将脱下的氢交给受氢体。用甲烯蓝(又称亚甲蓝)作受氢体时，蓝色甲烯蓝被还原生成无色的甲烯白，其反应如下：

$$\begin{array}{c}CH_2COOH\\|\\CH_2COOH\\\text{琥珀酸}\end{array}+\text{甲烯蓝}\xrightleftharpoons{\text{琥珀酸脱氢酶}}\begin{array}{c}CHCOOH\\\|\\CHCOOH\\\text{延胡索酸}\end{array}+\text{甲烯白}$$

丙二酸与琥珀酸结构相似，是琥珀酸脱氢酶的竞争性抑制剂，可使其活性降低而不能催化琥珀酸脱氢。本实验中甲烯蓝为受氢体，蓝色甲烯蓝受氢后被还原生成无色的甲烯白，根据甲烯蓝的颜色的变化情况，观察琥珀酸脱氢酶的活性及丙二酸对酶的抑制作用。

【器材与试剂】

1. 器材

试管、恒温水浴锅、研钵或匀浆器、滴管、剪刀、容量瓶。

2. 试剂及材料

(1)动物肌肉或肝脏、心脏。

(2)1/15 mol/L Na_2HPO_4缓冲液(pH 7.0)。称取 $Na_2HPO_4 \cdot 2H_2O$ 11.87 g，加水溶解并稀释至 1000 mL。

(3)1.5%琥珀酸钠溶液。取琥珀酸钠 1.5 g，用蒸馏水溶解并定容到 100 mL。

(4)1%丙二酸钠溶液。取丙二酸钠 1 g，用蒸馏水溶解并定容到 100 mL。

Note

(5)0.02%甲烯蓝溶液。

(6)液体石蜡。

【方法与步骤】

(1)组织匀浆制备。取肌肉或肝脏 5 g,在研钵中研成浆,加磷酸盐缓冲液 10 mL,研磨均匀,或在匀浆器中制成20%的匀浆液。

(2)取 4 支试管编号,按表 7-5 所示加入各种试剂。

表 7-5　试剂加入量

单位:滴

试剂	1	2	3	4
匀浆液	5	5	5(煮沸)	5
1.5%琥珀酸钠溶液	5	5	5	10
1%丙二酸钠溶液	0	0	5	5
蒸馏水	10	10	5	0
0.02%甲烯蓝溶液	2	2	2	2
现象				

将各管混匀后,在各管中立即加入 0.5～1 mL 液体石蜡,覆盖于液面上使试样与空气隔绝。然后放在 37 ℃恒温水浴中保温 10 min,从加入液体石蜡开始记录各管甲烯蓝变白所需时间。待 1 号管褪色后再用力振荡,观察有何变化。

【注意事项】

(1)由于甲烯蓝容易被空气中的氧所氧化,所以实验需在无氧条件下进行。常用邓氏管抽去空气进行反应,也可简化为用液体石蜡(或冻结琼脂)封闭反应液,以隔绝空气,这样可不用抽真空设备。

(2)第 3 管加入的匀浆液需预先在 100 ℃恒温水浴中保温 5 min,以杀灭酶活性作为对照管。

(3)观察变色情况时不要振动试管,以免氧气进入管内影响变色。

【思考题】

(1)对酶的抑制作用的分类及其特点有哪些?

(2)本实验中液体石蜡起什么作用?

(3)各管中的反应体系配好后为什么不能再振动试管?

(4)制备肝匀浆时用磷酸盐缓冲液,可否换用蒸馏水?为什么?

(张　静)

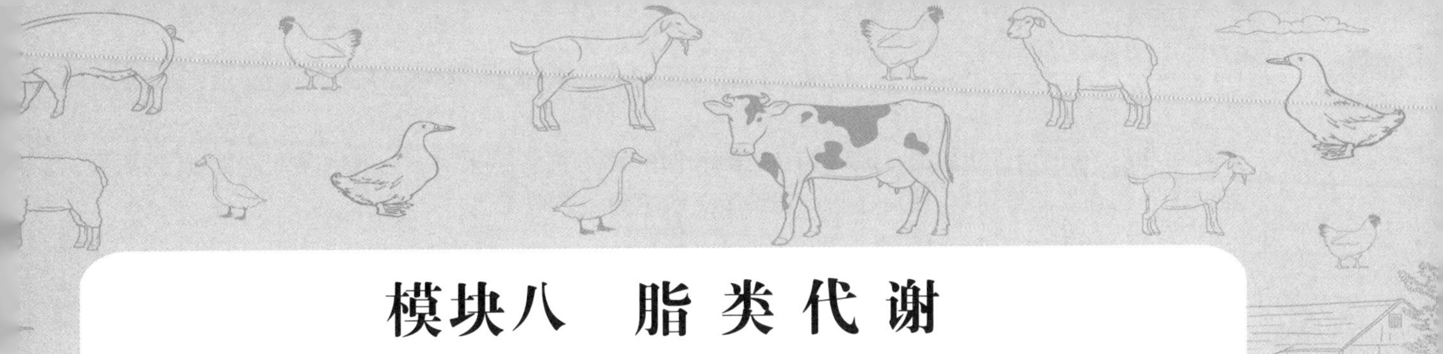

模块八　脂类代谢

课件 PPT

模块导入

常言糖吃多了会发胖，即糖在动物体内能转变成脂肪。那么糖究竟是怎样转变成脂肪的？追求健与美的你是不是很关心脂肪在体内是怎样燃烧的？脂类的分解和合成及转化的过程其实并不神秘，让我们开启这个模块的知识之旅。

模块目标

▲知识目标

掌握脂肪酸的β-氧化，掌握酮体的概念，掌握脂肪合成的原料及合成的基本过程。

了解脂肪动员的激素调节过程，了解酮体生成的过程及生理意义，了解磷脂及胆固醇等类脂代谢转变的基本过程。

▲能力目标

掌握生物体正常脂类代谢过程，为后续饲料配制及营养代谢类疾病的预防和治疗奠定基础；掌握脂类的化学检测及含量测定技术；掌握酮体的测定方法。

▲素质与思政目标

根据脂类在动物体内的正常代谢过程及代谢异常所引起的疾病原理，使学生树立辩证唯物主义观点，有破有立、对立统一存在于万事万物中。

一、脂肪的分解代谢

（一）脂肪的水解

无论是从食物中摄取的脂肪还是储存在脂肪细胞里的脂肪，都可在脂肪酶的催化作用下水解成甘油和脂肪酸。脂肪水解的过程：首先在甘油三酯脂肪酶的作用下水解为甘油二酯，然后在甘油二酯脂肪酶的作用下水解生成甘油一酯，最后在甘油一酯脂肪酶的作用下水解生成甘油和脂肪酸。脂肪的水解过程如图 8-1 所示。

动物体内的储存脂肪在脂肪酶催化下水解，产生的甘油和脂肪酸被释放到血液中输送给其他组织利用，这个过程称为脂肪动员。

甘油分子小，易溶于水，直接由血液运送至心、肾、肌肉等组织氧化利用。脂肪酸分子大，不易溶于水，需与血浆中的清蛋白结合，形成可溶性脂肪酸-清蛋白复合体，才能在血液中运输，每分子清蛋白可结合 10 分子游离脂肪酸。脂肪酸-清蛋白复合体随血液到达其他组织后，脂溶性的脂肪酸能通过扩散进入细胞内，扩散速度随其在血液中浓度的增大而加快。

脂肪动员中甘油三酯脂肪酶是限速酶，因其活性受激素调节。在某些生理或病理条件（如兴奋、应激、饥饿、糖尿病）下，肾上腺素、去甲肾上腺素和胰高血糖素分泌增加，它们与脂肪细胞膜上的受体结合，再通过 cAMP 的放大作用，使激素敏感性脂肪酶磷酸化而被激活，促进脂肪水解。所以，肾上腺素、去甲肾上腺素和胰高血糖素等可加速脂解作用，称为脂解激素；胰岛素、前列腺素 E_1、烟酸

Note

等作用相反，它们促进脂肪的合成，具有抗脂解作用，称为抗脂解激素。一般情况下，机体通过两类激素的作用调控脂解速度，使储存脂也就不断更新达到动态平衡。

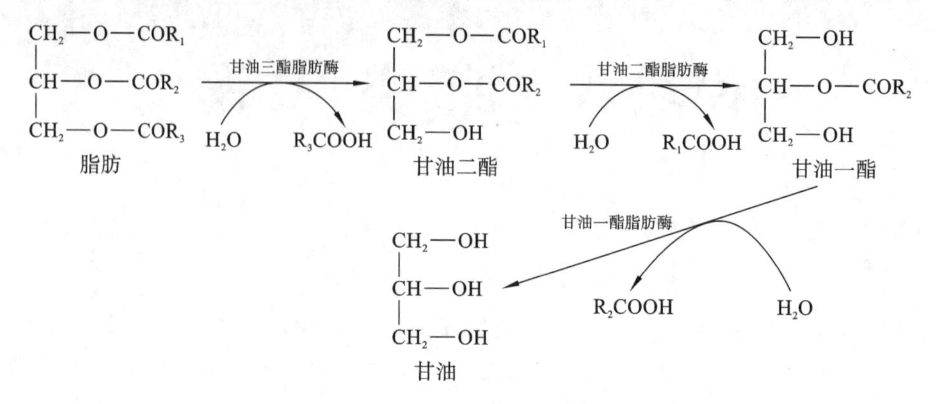

图 8-1　脂肪的水解

（二）甘油的分解

动物的脂肪组织缺乏甘油分解的关键酶——甘油激酶，所以甘油不能被脂肪组织细胞所利用。甘油经血液运输到肝、肾等其他组织后，先在甘油激酶的作用下消耗 1 分子 ATP，生成 α-磷酸甘油。α-磷酸甘油再在磷酸甘油脱氢酶（辅酶为 NAD^+）的作用下脱去两个氢，生成磷酸二羟丙酮。磷酸二羟丙酮可以有三种去路：一是沿着糖酵解途径氧化生成乳酸；二是沿着糖的有氧分解途径彻底氧化成二氧化碳和水并释放能量，1 分子甘油可以生成 22 或 20 分子 ATP；三是沿着糖异生作用异生为葡萄糖（图 8-2）。

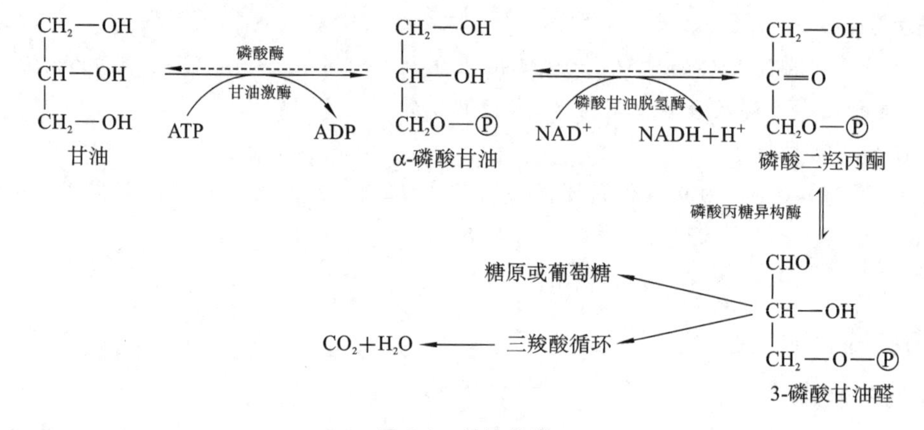

图 8-2　甘油代谢

注：虚线为甘油的合成过程。

（三）脂肪酸的分解代谢

脂肪是动物体内重要的能量物质，脂肪氧化分解释放出大量能量主要是依靠脂肪酸氧化分解来实现的。除脑组织和成熟红细胞外，脂肪酸的氧化分解在各组织细胞中均能进行，尤其在肝脏和肌肉组织中活跃。在供氧充足的条件下，脂肪酸可彻底氧化成 CO_2 和 H_2O，并释放出大量能量供机体利用。在动物体内，饱和脂肪酸占绝对优势，其氧化方式有多种，如 β-氧化、α-氧化和 ω-氧化等，其中最主要的氧化方式是 β-氧化。脂肪酸的 β-氧化是指其氧化过程从羧基端 β-碳原子开始，碳链逐次被切断，每次生成一个二碳化合物，即乙酰 CoA，所以 β-氧化的产物主要是乙酰 CoA、$NADH+H^+$ 和 $FADH_2$，其中乙酰 CoA 再进入三羧酸循环氧化成 CO_2 和 H_2O。

脂肪酸的氧化分解包括四个阶段：一是脂肪酸活化成脂酰 CoA；二是脂酰 CoA 进入线粒体；三是脂酰 CoA 在线粒体内经 β-氧化生成数个乙酰 CoA；四是乙酰 CoA 进入三羧酸循环氧化分解。

1. 脂肪酸的活化

脂肪酸氧化分解释放能量，首先使脂肪酸吸收能量由常态分子变成活化分子，也即脂肪酸在脂酰 CoA 合成酶的催化下消耗 ATP 分子中的两个高能磷酸键，生成脂酰 CoA。脂酰 CoA 就是脂肪酸的活化形式，这一反应在胞质中进行。

$$\text{R—COOH+ATP+HSCoA} \xrightarrow[\text{Mg}^{2+}]{\text{脂酰 CoA 合成酶}} \text{R—CO}\sim\text{SCoA+AMP+PPi}$$

脂酰 CoA 合成酶在内质网或线粒体外膜上，在有 HSCoA、ATP 和 Mg^{2+} 存在的情况下，使脂肪酸活化成脂酰 CoA。虽然反应是可以双向进行的，但是通常反应生成的焦磷酸(PPi)立即被焦磷酸酶水解，阻止反应逆向进行。AMP 会和 ATP 反应生成 2 分子的 ADP。脂肪酸活化的意义有两点：一是生成的脂酰 CoA 具有高能硫酯键，增加了水溶性，提高了脂肪酸的代谢活性；二是长链脂酰 CoA 在细胞质中能抑制己糖激酶活性，从而抑制糖的分解以节约糖。在饥饿状态下可以优先利用脂肪酸分解提供能量，这对于维持血糖浓度的相对恒定具有重要意义。

2. 脂酰 CoA 进入线粒体

脂肪酸的β-氧化通常在线粒体基质中进行。无论是长链脂肪酸还是脂酰 CoA 都不能自由穿过线粒体内膜，中、短链脂肪酸(10 个碳原子以下)可直接穿过线粒体内膜。长链脂肪酸则需活化为脂酰 CoA 后依靠肉毒碱的携带，以脂酰肉毒碱的形式穿过线粒体内膜进入线粒体基质。

肉毒碱是由赖氨酸衍生而来的一种小分子的脂酰基载体，广泛分布于动植物体内。已知在线粒体膜两侧存在肉毒碱脂酰转移酶Ⅰ和肉毒碱脂酰转移酶Ⅱ，它们是同工酶，催化脂酰基在肉毒碱和 CoA 之间的转移反应。肉毒碱脂酰转移酶Ⅰ在线粒体膜外侧催化肉毒碱与脂酰 CoA 结合生成脂酰肉毒碱，脂酰肉毒碱通过内膜上的肉毒碱载体蛋白进入线粒体基质，再在内膜上的肉毒碱脂酰转移酶Ⅱ的催化下，使脂酰肉毒碱的脂酰基与线粒体基质中的 CoA 结合，重新生成脂酰 CoA，释放肉毒碱。肉毒碱则经移位酶协助回到细胞质中进行下一轮转运(图 8-3)。

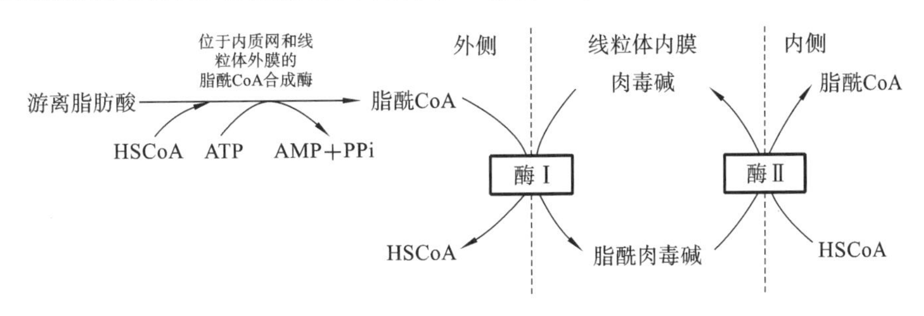

图 8-3 在肉毒碱参与下脂肪酸转入线粒体的过程

脂酰 CoA 进入线粒体是脂肪酸β-氧化的主要限速步骤，肉毒碱脂酰转移酶Ⅰ是其限速酶。当机体需要脂肪酸分解供能时，肉毒碱脂酰转移酶Ⅰ的活性增强，脂肪酸氧化速度加快。脂肪合成时，丙二酸单酰 CoA 的增加则抑制该酶的活性。

3. 脂肪酸β-氧化过程

视频：脂肪酸β-氧化过程

这一过程包括四步连续的酶促反应，即脱氢、加水、再脱氢和硫解，经过四步反应，生成 1 分子的乙酰 CoA 和 1 个比原来少 2 个碳原子的脂酰 CoA，反应过程如下。

(1)脱氢：在脂酰 CoA 脱氢酶的催化下，脂酰 CoA 的α-、β-碳原子上各脱去 1 个氢原子，生成反Δ^2-烯脂酰 CoA，脱下的 2 个氢原子交给该酶的辅基 FAD 生成 $FADH_2$。

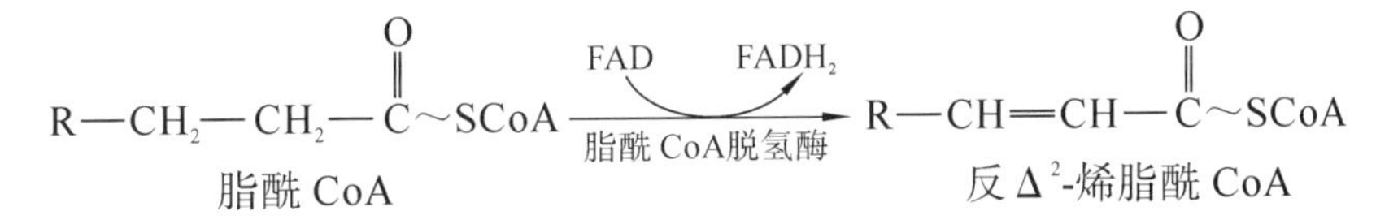

(2)加水：反Δ^2-烯脂酰 CoA 在Δ^2-烯脂酰 CoA 水化酶的催化下，消耗 1 分子水，生成β-羟脂酰 CoA。

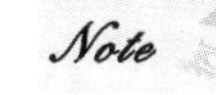

$$\mathrm{R{-}CH{=}CH{-}\overset{\overset{\displaystyle O}{\|}}{C}{\sim}SCoA + H_2O \xrightarrow{\Delta^2\text{-烯脂酰 CoA水化酶}} R{-}\overset{\overset{\displaystyle OH}{|}}{C}H{-}CH_2{-}\overset{\overset{\displaystyle O}{\|}}{C}{\sim}SCoA}$$

反 Δ^2-烯脂酰 CoA　　　　β-羟脂酰 CoA

(3)再脱氢：β-羟脂酰 CoA 在 β-羟脂酰 CoA 脱氢酶的催化下，脱去 2 个氢原子生成 β-酮脂酰 CoA。β-碳原子被氧化成酮基，这是 β-氧化的实质。脱下的 2 个氢原子交给 NAD^+，使其转变成 $NADH+H^+$。

$$\mathrm{R{-}\overset{\overset{\displaystyle OH}{|}}{C}H{-}CH_2{-}\overset{\overset{\displaystyle O}{\|}}{C}{\sim}SCoA \xrightarrow[\beta\text{-羟脂酰 CoA脱氢酶}]{NAD^+\ \ \ NADH+H^+} R{-}\overset{\overset{\displaystyle O}{\|}}{C}{-}CH_2{-}\overset{\overset{\displaystyle O}{\|}}{C}{\sim}SCoA}$$

β-羟脂酰 CoA　　　　β-酮脂酰 CoA

(4)硫解：β-酮脂酰 CoA 在 β-酮脂酰 CoA 硫解酶的催化下，加 HSCoA 分解，α-、β-碳原子间化学键断裂，生成 1 分子的乙酰 CoA 和比原来少 2 个碳原子的脂酰 CoA。

$$\mathrm{R{-}\overset{\overset{\displaystyle O}{\|}}{C}{-}CH_2{-}\overset{\overset{\displaystyle O}{\|}}{C}{\sim}SCoA + HSCoA \xrightarrow{\beta\text{-酮脂酰 CoA硫解酶}} R{-}\overset{\overset{\displaystyle O}{\|}}{C}{\sim}SCoA + CH_3{-}\overset{\overset{\displaystyle O}{\|}}{C}{\sim}SCoA}$$

β-酮脂酰 CoA　　　　脂酰 CoA($n-2$)　　乙酰 CoA

以上生成的比原来少 2 个碳原子的脂酰 CoA 可再进行脱氢、加水、再脱氢和硫解的反应，如此反复，一个偶数碳原子的饱和脂肪酸，经过 β-氧化，最终全部分解为乙酰 CoA，然后乙酰 CoA 再进入三羧酸循环进一步氧化分解。脂肪酸的 β-氧化途径见图 8-4。

视频：脂肪酸 β-氧化及产能

4. 能量释放

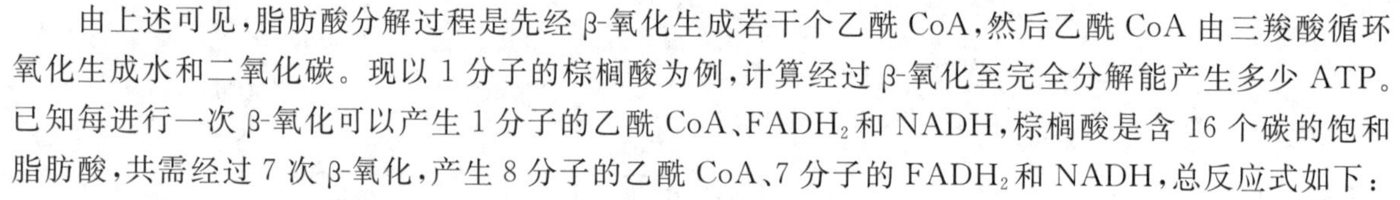

由上述可见，脂肪酸分解过程是先经 β-氧化生成若干个乙酰 CoA，然后乙酰 CoA 由三羧酸循环氧化生成水和二氧化碳。现以 1 分子的棕榈酸为例，计算经过 β-氧化至完全分解能产生多少 ATP。已知每进行一次 β-氧化可以产生 1 分子的乙酰 CoA、$FADH_2$ 和 NADH，棕榈酸是含 16 个碳的饱和脂肪酸，共需经过 7 次 β-氧化，产生 8 分子的乙酰 CoA、7 分子的 $FADH_2$ 和 NADH，总反应式如下：

棕榈酰～SCoA＋7HSCoA＋7FAD＋7NAD^+＋7H_2O ⟶ 8 乙酰 CoA＋7$FADH_2$＋7NADH

7 分子的 $FADH_2$ 和 NADH 经过各自的呼吸链产生的 ATP 分子数是 $7\times(2+3)=35$，8 分子的乙酰 CoA 经三羧酸循环氧化可产生的 ATP 分子数是 $8\times12=96$，脂肪酸在活化时消耗 2 个高能键，所以再减去 2 个 ATP。故 1 分子棕榈酸彻底氧化产生 ATP 的分子总数为 $35+96-2=129$。

(四)酮体的生成与利用

一般情况下，脂肪酸在骨骼肌、心肌、肾脏等肝外组织中能彻底氧化成二氧化碳和水，但在肝细胞中则不能彻底氧化。肝细胞中具有活性较强的合成酮体的酶系，可以使 β-氧化反应产生的乙酰 CoA 转变为乙酰乙酸、β-羟丁酸和丙酮，这三种中间产物统称为酮体。酮体分子小，易于运输，可以透过血脑屏障供脑组织利用。肝脏缺乏利用酮体的酶，其生成的酮体要运到肝外组织中利用。

1. 酮体的生成

酮体生成的部位在肝细胞线粒体内。除肝脏外，肾脏也能生成少量的酮体。酮体合成的原料为脂肪酸 β-氧化生成的大量乙酰 CoA。其合成过程为 2 分子乙酰 CoA 在乙酰乙酰 CoA 硫解酶的催化下缩合成 1 分子乙酰乙酰 CoA；乙酰乙酰 CoA 再与 1 分子乙酰 CoA 缩合成羟甲基戊二酸单酰 CoA(HMG-CoA)，催化这一反应的酶为 HMG-CoA 合成酶(此酶为限速酶)；HMG-CoA 再经 HMG-CoA 裂解酶催化分解成乙酰乙酸和乙酰 CoA；乙酰乙酸在 β-羟丁酸还原酶的催化下加氢还原成 β-羟丁酸，或自发脱羧生成丙酮(图 8-5)。

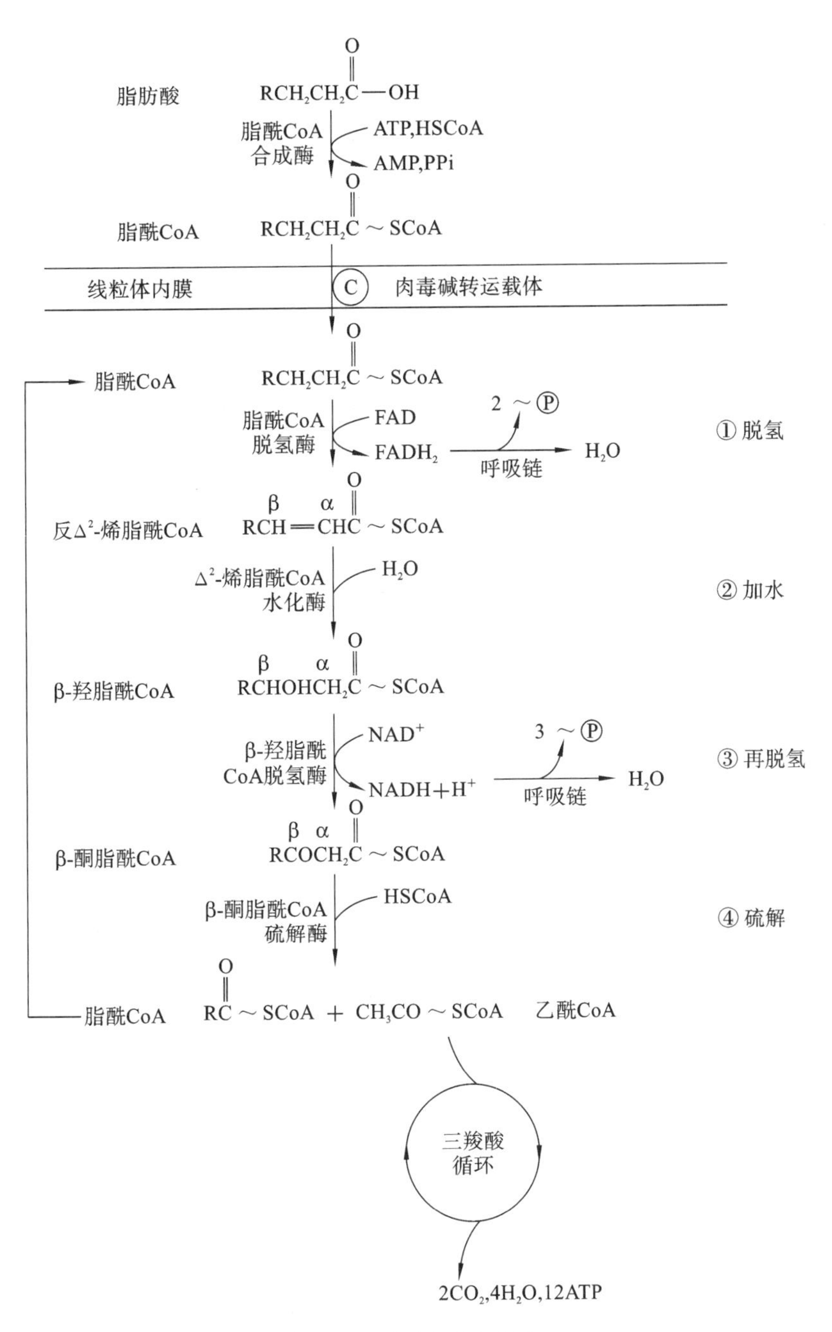

图 8-4　脂肪酸的 β-氧化

2. 酮体的利用

肝脏中有活力很强的生成酮体的酶，但缺少利用酮体的酶。酮体在肝内线粒体基质中生成后可迅速渗透入血液循环输送到肝外组织。肝外组织有活性很强的利用酮体的酶，能够氧化酮体供能。在肾脏、心肌、骨骼肌等组织中起主要作用的酶是乙酰乙酸-琥珀酰 CoA 转硫酶，在脑组织中利用酮体的酶主要是乙酰乙酸硫激酶。在脑组织中，乙酰乙酸在乙酰乙酸硫激酶的作用下消耗 2 个高能键把乙酰乙酸激活成乙酰乙酰 CoA。而在骨骼肌等组织中，乙酰乙酸-琥珀酰 CoA 转硫酶催化乙酰乙酸与琥珀酰 CoA 反应生成乙酰乙酰 CoA，这步反应不消耗能量。乙酰乙酰 CoA 在硫解酶的作用下生成 2 分子乙酰 CoA，然后进入三羧酸循环彻底氧化成二氧化碳和水，并释放出能量(图 8-6)。β-羟丁酸由 β-羟丁酸脱氢酶(辅酶为 NAD^+)催化，生成乙酰乙酸，再沿上述途径氧化。少量丙酮可以转变为丙酮酸或乳酸后再进一步代谢，正常情况下丙酮含量很少，可以随尿液排出。丙酮具有挥发性，当血液中酮体含量急剧升高时，可以从肺中直接呼出。

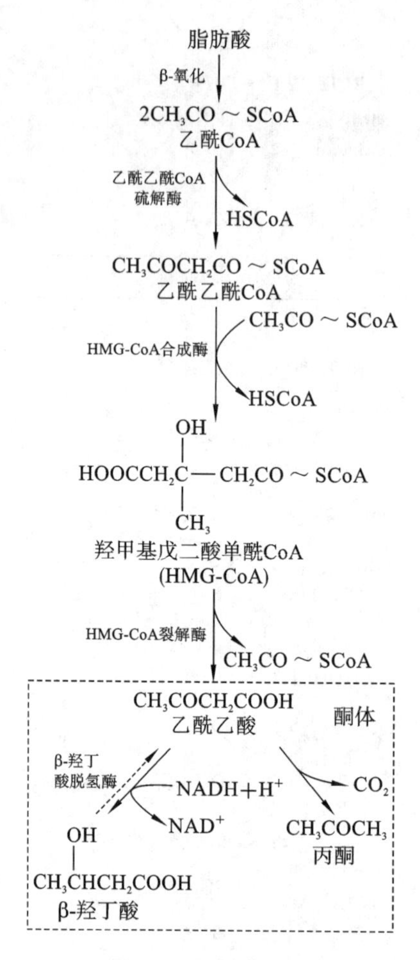

图 8-5　酮体的生成

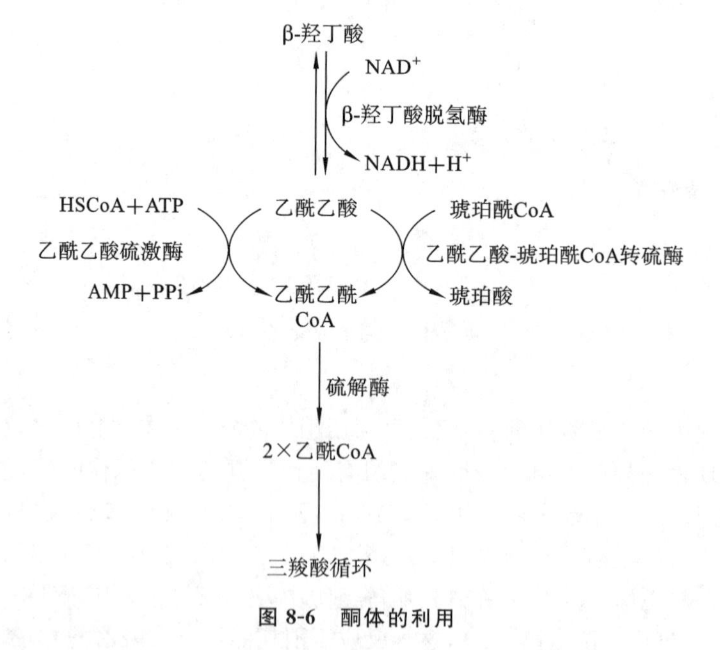

图 8-6　酮体的利用

3. 酮体的生理意义

酮体是脂肪酸在肝脏组织中代谢的正常中间产物，是肝脏输出能源的一种形式。当机体缺少葡萄糖时，动员脂肪供应能量，但肌肉组织对脂肪酸的利用能力有限，脂肪酸分子大，不易透过血脑屏障，大脑也不能利用。而酮体是小分子且溶于水，能通过肌肉毛细血管壁和血脑屏障，因此是适合肌肉和脑组织利用的能源物质。故与脂肪酸相比，酮体能更有效地代替葡萄糖。特别在饥饿时，人的大脑可利用酮体代替其所需葡萄糖量的25%左右。机体的这种安排只是把脂肪酸的氧化集中在肝脏进行，充分利用肝脏对脂肪酸的强氧化能力，在那里把它先"消化"成为酮体，再输出，以利于其他组织利用。

4. 酮病

在正常情况下，血液中酮体含量很低。肝脏中产生酮体的速度和肝外组织分解酮体的速度处于动态平衡中。人血浆中酮体的正常含量是每 100 mL 含 0.3～5 mg，其中乙酰乙酸占 30%、β-羟丁酸占 70%，反刍动物血液中酮体的正常含量也是这个水平。但在某些情况下，如在高产乳牛开始泌乳后，以及绵羊（尤其是双胎绵羊）的妊娠后期，由于泌乳和胎儿的需要，其体内葡萄糖的消耗量很大，造成体内糖与脂类代谢的紊乱。肝脏中酮体的产生量多于肝外组织的消耗量，因而酮体容易在体内积存引起酮病。动物患酮病时，每 100 mL 血液中酮体含量常可超过 20 mg。此时，不仅血中酮体含量升高，酮体还可随乳汁、尿液排出体外，分别称为酮血症、酮乳症和酮尿症。由于酮体的主要成分是酸性物质，其大量积存常导致动物酸碱平衡失调，引起酸中毒。

（五）丙酸的代谢

动物体内的脂肪酸绝大多数含有偶数个碳原子，但也有含奇数个碳原子的脂肪酸。许多植物及一些海洋生物体内有一定量的含奇数个碳原子的脂肪酸。纤维素在反刍动物瘤胃中发酵产生挥发性低级脂肪酸，主要是乙酸（70%），其次是丙酸（20%）和丁酸（10%），其中丙酸是含奇数个碳原子的脂肪酸。此外，许多氨基酸脱氨后也生成含奇数个碳原子的脂肪酸。长链奇数个碳原子的脂肪酸在开始分解时也和偶数个碳原子脂肪酸一样，每经过一次 β-氧化切下来 2 个碳原子，当分解到只剩下末端 3 个碳原子，即丙酰 CoA 时，就不再进行 β-氧化。在含有生物素辅基的丙酰 CoA 羧化酶的作用下被羧化成甲基丙二酸单酰 CoA，然后在变位酶的作用下转变成琥珀酰 CoA，可进入三羧酸循环继续进行分解代谢，也可通过糖异生作用异生为糖。丙酸的代谢对于牛、羊等反刍动物非常重要。现已知反刍动物体内的葡萄糖约有 50%来自丙酸的糖异生作用。丙酸的代谢过程如图 8-7 所示。

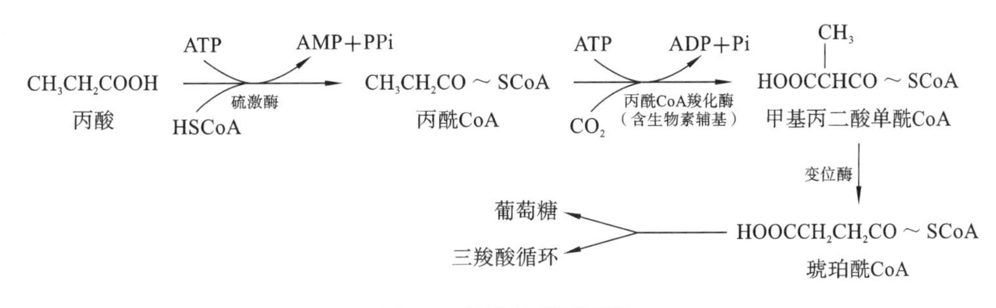

图 8-7 丙酸的代谢过程

二、脂肪的合成代谢

动物体内的脂肪在分解供能的同时也在不断地合成，特别是家畜的育肥阶段，体内脂肪的合成代谢比较旺盛。动物的许多组织都能利用甘油和脂肪酸合成脂肪，主要的合成部位是肝脏和脂肪组织，其中肝脏的合成能力最强，在肝脏合成的脂肪运输到脂肪组织储存。高等动物合成脂肪所需要的前体是 α-磷酸甘油和脂酰 CoA。它们主要由糖分解的中间产物乙酰 CoA 和磷酸二羟丙酮转化而来，所以糖能转化为脂肪。同时，蛋白质中的大多数氨基酸也可以转化为脂肪。

（一）α-磷酸甘油的合成

α-磷酸甘油有两个来源：一是由糖酵解途径的中间物磷酸二羟丙酮在 α-磷酸甘油脱氢酶的催化下还原生成，这是 α-磷酸甘油的主要来源；二是食物消化吸收的甘油或脂肪组织分解产生的甘油，在甘油激酶（肝）的催化下消耗 ATP，可转变为 α-磷酸甘油。在肝、肾、哺乳期乳腺及小肠黏膜细胞内的甘油激酶活性比较高，而肌肉和脂肪组织细胞内这种激酶的活性很低，因而不能利用游离的甘油合成脂肪。

（二）脂肪酸的合成

视频：
脂肪酸的从头合成

机体内的脂肪酸一是来源于食物，二是自身合成。脂肪酸合成酶系存在于肝、肾、脑、肺、乳腺和脂肪组织中。动物合成脂肪酸的主要场所是肝细胞，其次是脂肪细胞。脂肪组织除了能够以自身葡萄糖为原料合成脂肪酸和脂肪以外，还主要摄取来自小肠和肝合成的脂肪酸，然后合成脂肪，成为储存脂肪的仓库。

脂肪酸合成的原料包括乙酰 CoA 和还原型辅酶Ⅱ（$NADPH+H^+$），乙酰 CoA 提供碳源，还原型辅酶Ⅱ（$NADPH+H^+$）提供氢源，还要有 ATP 提供能量。在胞质中，经脂肪酸合成酶系催化，最长能合成含 16 个碳的软脂酸（又称棕榈酸），它再经进一步的加工可生成碳链更长的脂肪酸或不饱和脂肪酸。

1. 乙酰 CoA 的转运

脂肪酸合成所需的碳源主要来自糖氧化分解、脂肪酸 β-氧化和氨基酸氧化分解产生的乙酰 CoA，它们都存在于线粒体中。脂肪酸的从头合成是在细胞质中进行的，反刍动物吸收的乙酸可以直接进入细胞质转变成乙酰 CoA。对于非反刍动物来说，乙酰 CoA 须穿过线粒体膜进入细胞质中才能被利用，而线粒体膜并不允许 CoA 的衍生物自由通过，所以乙酰 CoA 必须经由一个称为柠檬酸-丙酮酸循环的转运途径（图 8-8）实现上述转移。

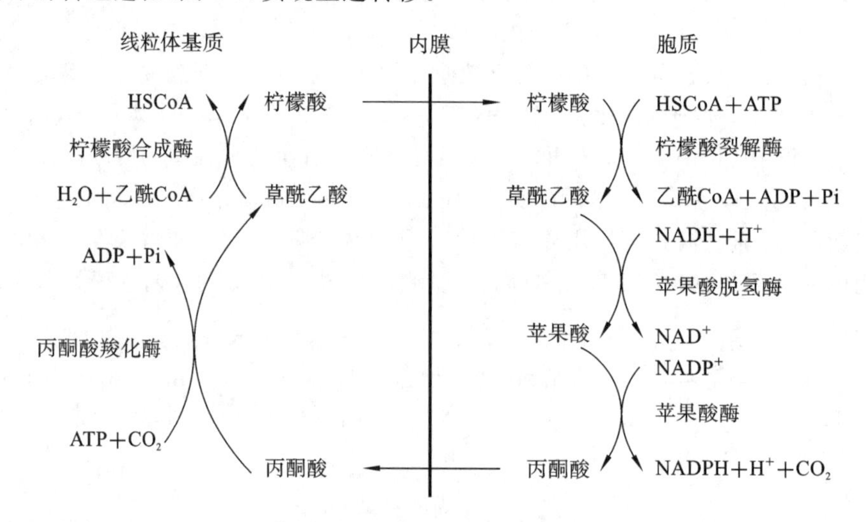

图 8-8　柠檬酸-丙酮酸循环的转运途径

乙酰 CoA 在线粒体内首先与草酰乙酸缩合生成柠檬酸，然后柠檬酸穿过线粒体膜进入胞质，在柠檬酸裂解酶的催化下，裂解成乙酰 CoA 和草酰乙酸。进入胞质的乙酰 CoA 即可用于脂肪酸的合成，而草酰乙酸必须再回到线粒体内，继续转运乙酰 CoA。但是草酰乙酸也不能自由穿过线粒体膜，它首先还原成苹果酸。苹果酸再脱氢、脱羧转变为丙酮酸转入线粒体，在线粒体中丙酮酸再羧化成为草酰乙酸，参与下一分子的乙酰 CoA 转运。每次循环还伴有转氢作用，即把 1 分子的 NADH 转变为 1 分子的 NADPH。而 NADPH 可在脂肪酸的合成反应中提供氢源，不足的部分由磷酸戊糖途径产生的 NADPH 提供。

2. 丙二酸单酰 CoA 的合成

以乙酰 CoA 为原料合成脂肪酸时，并不是这些二碳单位的简单缩合，除了起始的 1 分子乙酰 CoA 外，其他的乙酰 CoA 必须先羧化成丙二酸单酰 CoA，丙二酸单酰 CoA 相当于乙酰 CoA 的活化形式。

$$CH_3CO\sim SCoA+CO_2+H_2O+ATP\xrightarrow[\text{生物素}]{\text{乙酰 CoA 羧化酶}}HOOCCH_2CO\sim SCoA+ADP+Pi$$

此步反应不可逆，乙酰 CoA 羧化酶是脂肪酸合成的限速酶，存在于胞质中，生物素是其辅基，柠檬酸是其激活剂。乙酰 CoA 羧化酶是一种变构酶，有两种形式，一种是无活性的单体形式，另一种是有活性的聚合体形式。单体酶三维空间上具有 HCO_3^-、乙酰 CoA 和柠檬酸的结合部位，柠檬酸在

其无活性和有活性的两种形式间起着调节作用，并有利于其向有活性形式转变。棕榈酰 CoA 的作用相反，它使乙酰 CoA 羧化酶变成无活性的单体，从而抑制脂肪酸的合成。

3. 脂肪酸生物合成过程

参与脂肪酸生物合成的酶有 7 种，并以无酶活性的脂酰基载体蛋白（ACP）为中心，构成一个多酶复合体系。在脂肪酸生物合成过程中，酶反应生成的各种中间物在大多数情况下与 ACP 相连，以保证合成过程的定向进行。不同来源的 ACP 的氨基酸组成十分相似。大肠杆菌的 ACP 由 77 个氨基酸构成，其丝氨酸残基上的羟基与辅基 4′-磷酸泛酰巯基乙胺上的磷酸基团相连。这个结构也是 CoA 的组成部分，所以 ACP 的作用和 CoA 的作用类似，在脂肪酸合成中作为酰基的载体。虽然 7 种酶组成一个多酶复合体系，简单地说，这个体系里有两个活性巯基结合部位，一个是 ACP-SH，另一个是缩合酶-SH，酰基在这两个活性巯基结合部位间进行转移、缩合、还原、脱水、再还原循环，完成脂肪酸的合成，具体过程如下。

（1）合成的起始：乙酰 CoA 的乙酰基首先与 ACP 的巯基相连，生成乙酰载体蛋白，即乙酰-S-ACP。催化此反应的酶是乙酰 CoA-ACP 酰基转移酶，简称乙酰转移酶。但乙酰基并不停留在 ACP 的巯基上，而是很快转移到另一个酶，即 β-酮脂酰-ACP 合成酶（简称缩合酶）的活性中心巯基上，成为乙酰-S-缩合酶，ACP 的巯基则空出来。

$$\text{乙酰 CoA} + \text{ACP-SH} \rightleftharpoons \text{乙酰-S-ACP} + \text{HSCoA}$$

$$\text{乙酰-S-ACP} + \text{缩合酶-SH} \rightleftharpoons \text{乙酰-S-缩合酶} + \text{ACP-SH}$$

（2）丙二酸单酰基转移反应：在 ACP-丙二酸单酰 CoA 转移酶的催化下，丙二酸单酰基脱离 CoA 转移到已空出的 ACP 巯基上，形成丙二酸单酰-S-ACP。至此两个活性巯基上都结合有酰基，一个是含 2 个碳原子的乙酰基，另一个是含 3 个碳原子的丙二酸单酰基，为下一步缩合反应做好准备。

$$\text{丙二酸单酰 CoA} + \text{ACP-SH} \rightleftharpoons \text{丙二酸单酰-S-ACP} + \text{HSCoA}$$

（3）缩合反应：此步反应由 β-酮脂酰-ACP 缩合酶催化。其酶分子的半胱氨酸上结合的乙酰基转移到与 ACP 巯基相连的丙二酸单酰基的第二个碳原子上，形成乙酰乙酰-S-ACP，同时使丙二酸单酰基上的羧基以 CO_2 的形式脱去。这时缩合酶的巯基是空载的，后面的反应都是在 ACP 的巯基上进行的。

$$CH_3CO\text{-S-缩合酶} + HOOCCH_2CO\text{-S-ACP} \longrightarrow \underset{\text{乙酰乙酰-S-ACP}}{CH_3COCH_2CO\text{-S-ACP}} + CO_2 + \text{缩合酶-SH}$$

实际上，反应中所释放出的 CO_2 来自乙酰 CoA 羧化形成丙二酸单酰 CoA 时所利用的 CO_2，就像催化剂一样，其碳原子并未掺入正在合成的脂肪酸中去。脂肪酸合成过程中，先把二碳的乙酰 CoA 羧化成三碳的丙二酸单酰 CoA，是因为羧化反应利用了 ATP 供给的能量并储存在丙二酸单酰 CoA 分子中，当缩合反应发生时，丙二酸单酰 CoA 的脱羧又可释放出能量来利用，使反应容易进行。

（4）还原反应：乙酰乙酰-S-ACP 由 β-酮脂酰-ACP 还原酶催化，由 NADPH 还原形成 β-羟丁酰-S-ACP。

$$CH_3COCH_2CO\text{-S-ACP} + NADPH + H^+ \rightleftharpoons \underset{\beta\text{-羟丁酰-S-ACP}}{CH_3CHOHCH_2CO\text{-S-ACP}} + NADP^+$$

加氢后生成的 β-羟丁酰-S-ACP 是 D 型结构，与脂肪酸氧化分解时生成的羟脂酰 CoA 不同，后者是 L 型的。

（5）脱水反应：D 型的 β-羟丁酰-S-ACP 的 α-，β-碳原子之间脱水生成 α，β-反式烯丁酰-S-ACP，催化这一反应的酶是羟脂酰-ACP 脱水酶。

$$CH_3CHOHCH_2CO\text{-S-ACP} \rightleftharpoons \underset{\alpha,\beta\text{-反式烯丁酰-S-ACP}}{CH_3CH{=}CHCO\text{-S-ACP}} + H_2O$$

（6）第二次还原反应：在烯脂酰-ACP 还原酶的催化下，α，β-反式烯丁酰-S-ACP 被 NADPH 再一次还原成为丁酰-S-ACP。

$$CH_3CH{=}CHCO\text{-S-ACP} + NADPH + H^+ \rightleftharpoons \underset{\text{丁酰-S-ACP}}{CH_3CH_2CH_2CO\text{-S-ACP}} + NADP^+$$

至此，脂肪酸的合成在乙酰基的基础上实现了2个碳原子的延长，完成了脂肪酸合成的第一轮反应。生成的丁酰-S-ACP中的丁酰基从ACP的巯基上再转移到缩合酶的半胱氨酸巯基上，把ACP上的巯基空出来，ACP又可以接受下一个丙二酸单酰基。连接在缩合酶巯基上的丁酰基再与连接在ACP巯基上的丙二酸单酰基缩合，形成含6个碳原子的脂酰-S-ACP衍生物，同时释放出CO_2。每次循环都要经过脂酰基的转移、缩合、还原、脱水和再还原。对于合成16个碳原子的棕榈酸来说，须经过上述7次循环反应。经7次循环以后，形成最终产物棕榈酰-S-ACP。

4. 水解或硫解反应

生成的棕榈酰-S-ACP可以在硫酯酶的作用下水解释放出棕榈酸，或由硫解酶催化将棕榈酰基从ACP上转移到CoA上，生成棕榈酰CoA。

$$\text{棕榈酰-S-ACP} + H_2O \rightleftharpoons \text{棕榈酸} + \text{HS-ACP}$$

$$\text{棕榈酰-S-ACP} + \text{HSCoA} \rightleftharpoons \text{棕榈酰-SCoA} + \text{HS-ACP}$$

对于绝大多数生物来说，脂肪酸的合成终止于产生棕榈酸（16个碳），这与β-酮脂酰-ACP合成酶对脂肪酸碳链长度的专一性有关。脂肪酸碳链的继续延伸通常由脂肪酸延长的酶系催化。

棕榈酸生物合成的总反应可归纳如下：

$$8\text{乙酰 CoA} + 14\text{NADPH} + 7\text{ATP} + H_2O \longrightarrow \text{棕榈酸} + 8\text{HSCoA} + 14\text{NADP}^+ + 7\text{ADP} + 7\text{Pi}$$

需要特别指出的是：①棕榈酸合成中所需的氢原子须由还原型辅酶Ⅱ（NADPH）提供。从总反应式可见，每生成1分子棕榈酸需要14分子NADPH。在乙酰CoA从线粒体转运至胞质内的过程中，每转运1分子的乙酰CoA，能将1分子NADH转变为1分子NADPH。生成1分子棕榈酸须转运8分子乙酰CoA，从而有8分子可供脂肪酸合成利用的NADPH生成，其余的6分子NADPH则由磷酸戊糖途径提供。由此可见，糖代谢为脂肪酸的合成提供了包括乙酰CoA和NADPH等的全部原料，所以糖很容易转变成脂肪。②脂肪酸合成酶系合成的终产物为16个碳的棕榈酸，碳链要进一步延长和添加双键（只能合成带一个双键的脂肪酸），则由存在于线粒体和微粒体内的酶系催化完成。棕榈酸合成过程如图8-9所示。

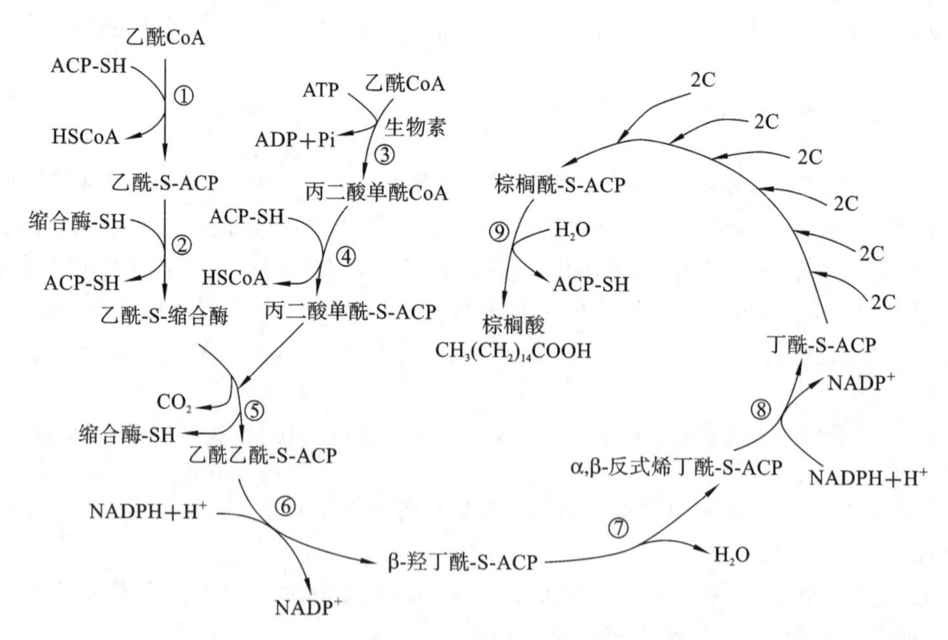

图8-9 棕榈酸合成过程

注：①乙酰CoA-ACP酰基转移酶；②乙酰-S-ACP转移酶；③乙酰CoA羧化酶；④ACP-丙二酸单酰CoA转移酶；⑤β-酮脂酰-ACP缩合酶；⑥β-酮脂酰-ACP还原酶；⑦羟脂酰-ACP脱水酶；⑧烯脂酰-ACP还原酶；⑨硫酯酶。

5. 脂肪酸的碳链延长和脱饱和

生物体内的脂肪酸类型很多，或是碳链长短不同，或是饱和度不同。在人及动物肝细胞的线粒体和内质网内，以16个碳的软脂酸为母体，通过碳链的延长、缩短以及脱饱和作用，生成碳链长度不

同、饱和度亦不同的脂肪酸。

(1)脂肪酸碳链的延长:碳链加长可以在内质网和线粒体中进行。线粒体中的脂肪酸延长酶系能催化乙酰 CoA 的乙酰基和软脂酰 CoA 缩合,产生 β-酮硬脂酰 CoA,后者通过还原、脱水、再还原形成硬脂酰 CoA,这一过程基本上是β-氧化的逆过程。每循环一次可加入 2 个碳原子,一般可延长到 24～26 个碳的碳链长度。内质网中的酶系是利用丙二酸单酰 CoA 作为原料来延长软脂酰 CoA 的碳链,其反应过程与软脂酸合成酶催化的过程相似。脂肪酸碳链的缩短可通过β-氧化来实现。

(2)脂肪酸的脱饱和:动物机体中所含的不饱和脂肪酸有软油酸(16∶1,Δ^{9})、油酸(18∶1,Δ^{9})、亚油酸(18∶2,$\Delta^{9,12}$)、亚麻酸(18∶3,$\Delta^{9,12,15}$)及花生四烯酸(20∶4,$\Delta^{5,8,11,14}$)等。动物机体通过脱饱和作用可使硬脂酸转变为油酸,软脂酸转变为软油酸。脱饱和作用主要在肝细胞微粒体内由 Δ^{9} 脱饱和酶催化完成。亚油酸、亚麻酸及花生四烯酸不能在人和动物体内合成,必须由食物获得,是必需脂肪酸。这些脂肪酸碳链上有多个双键,称多烯脂肪酸或多不饱和脂肪酸。

6. 脂肪酸合成的调节

动物有着复杂多变的体内外环境(饱食、饥饿、糖代谢失调等),体内的脂肪酸及脂肪的储量处于动态变化中,所以脂肪酸的合成受机体严格的调节控制。乙酰 CoA 羧化酶是脂肪酸合成的限速酶,很多因素都可影响此酶活性,从而使脂肪酸合成速度改变。脂肪酸合成过程中的其他酶,如脂肪酸合成酶、柠檬酸裂解酶等亦可被调节。

(1)代谢物的调节:在高脂膳食后,或因饥饿导致脂肪动员加强时,细胞内软脂酰 CoA 增多,可反馈抑制乙酰 CoA 羧化酶,从而抑制体内脂肪酸合成。而糖代谢加强时,由糖氧化分解及磷酸戊糖途径提供的乙酰 CoA 和 NADPH 增多,这些合成脂肪酸原料的增多可促进脂肪酸的合成。另外,糖氧化分解加强会使细胞内 ATP 增多,进而抑制异柠檬酸脱氢酶,造成异柠檬酸及柠檬酸堆积,在线粒体内膜的相应载体协助下,由线粒体转入胞质,可以变构激活乙酰 CoA 羧化酶,同时本身也可裂解释放乙酰 CoA,增加脂肪酸合成的原料,使脂肪酸合成加快。

(2)激素的调节:胰岛素、胰高血糖素、肾上腺素及生长素等均参与脂肪酸合成的调节。胰岛素能诱导乙酰 CoA 羧化酶、脂肪酸合成酶及柠檬酸裂解酶的合成,从而促进脂肪酸的合成。此外,它还可通过促进乙酰 CoA 羧化酶的去磷酸化而使酶活性增强,从而使脂肪酸合成加速。胰高血糖素、肾上腺素等可通过 cAMP,使乙酰 CoA 羧化酶磷酸化而降低活性,从而抑制脂肪酸的合成。而且,胰高血糖素还能抑制甘油三酯合成,从而增加长链脂酰 CoA 对乙酰 CoA 羧化酶的反馈抑制,亦使脂肪酸合成被抑制。

(三)脂肪的合成

动物的肝脏和脂肪组织是合成脂肪较活跃的组织。脂肪合成的原料是 α-磷酸甘油和脂酰 CoA,合成的部位在细胞内质网,合成途径有 2 条。

1. 甘油磷酸二酯途径

此途径是肝细胞和脂肪组织合成脂肪的重要途径。其中 α-磷酸甘油转酰基酶是脂肪合成的关键酶。此外,动物体的转酰基酶对十六碳和十八碳的脂酰 CoA 的催化活力较强,所以脂肪中十六碳和十八碳脂肪酸的含量较多,其过程如图 8-10 所示。

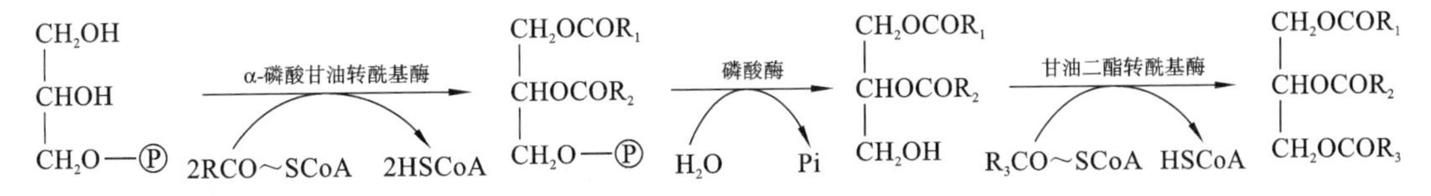

图 8-10 脂肪合成的甘油磷酸二酯途径

2. 甘油一酯途径

在小肠黏膜上皮细胞内,消化吸收的甘油一酯可作为合成脂肪的前体来合成脂肪,其过程如图 8-11 所示。

Note

CH₂OH
CHOCOR₂
CH₂OH
甘油一酯转酰基酶
R₁CO~SCoA
HSCoA
CH₂OCOR₁
CHOCOR₂
CH₂OH
甘油二酯转酰基酶
R₃CO~SCoA
HSCoA
CH₂OCOR₁
CHOCOR₂
CH₂OCOR₃

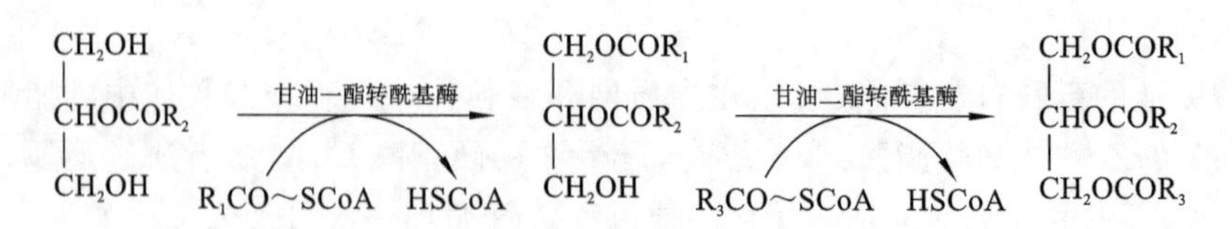

图 8-11　脂肪合成的甘油一酯途径

三、类脂代谢

类脂的种类很多，有磷脂、糖脂和胆固醇等，其代谢各不相同。以下着重讨论有代表性的磷脂和胆固醇的代谢。

（一）磷脂的代谢

含磷酸的类脂称为磷脂。动物体内有甘油磷脂和鞘磷脂两种，由甘油构成的磷脂称为甘油磷脂，由神经鞘氨醇构成的磷脂称为鞘磷脂。甘油磷脂的含量最多、分布最广，如卵磷脂和脑磷脂是细胞结构的重要成分，也是血浆脂蛋白的组成部分。其结构特点如下：具有由磷酸相连的取代基团（含氨碱或醇类）构成的亲水头和由脂肪酸链构成的疏水尾。这使磷脂在水和非极性溶剂中都有很大的溶解度，能同时与极性或非极性物质结合，最适合作为水溶性蛋白质和非极性脂类之间的结合桥梁。以下以卵磷脂和脑磷脂为例讨论甘油磷脂的代谢。

1. 甘油磷脂的种类

甘油磷脂的核心结构是甘油-3-磷酸，甘油分子中 C_1 位和 C_2 位上的两个—OH 都被脂肪酸酯化，C_3 位的磷酸基团被各种结构不同的取代基团（X）酯化，形成各种甘油磷脂，其中磷脂酰胆碱（卵磷脂）在体内含量最多，在许多组织中可占磷脂总量的 50%。甘油磷脂的结构通式如图 8-12 所示。

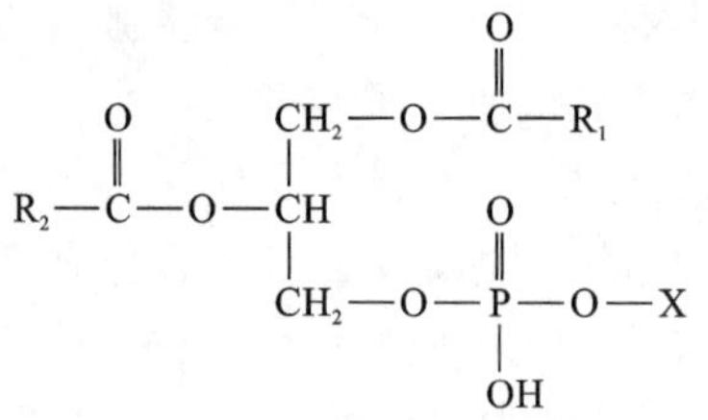

O
CH₂—O—C—R₁
O
R₂—C—O—CH
O
CH₂—O—P—O—X
OH

图 8-12　甘油磷脂的结构通式

甘油磷脂由于取代基团不同又可以分为许多类，其中重要的如下：

乙醇胺＋磷脂酸→磷脂酰乙醇胺（又称脑磷脂）

胆碱＋磷脂酸→磷脂酰胆碱（又称卵磷脂）

丝氨酸＋磷脂酸→磷脂酰丝氨酸

甘油＋磷脂酸→磷脂酰甘油

肌醇＋磷脂酸→磷脂酰肌醇

此外，还有唯一具有抗原性的磷脂分子——心磷脂。心磷脂是线粒体内膜和细菌膜的重要成分，是由甘油的 C_1 位—OH 和 C_3 位—OH 与两分子磷脂酸结合而成的。

2. 甘油磷脂的生理功能

（1）甘油磷脂是生物膜的主要结构成分：甘油磷脂是生物膜中含量最高的脂类成分。磷脂（还包括糖脂、胆固醇）双分子层是生物膜的基本结构，亲水头部朝向膜两侧表面，疏水尾部朝向膜的内侧。含胆碱的磷脂如磷脂酰胆碱主要分布在膜的外侧面，而含氨基的磷脂如磷脂酰丝氨酸和磷脂酰乙醇胺主要分布于膜内侧面。它们组成了不连续的流动双分子层作为镶嵌膜蛋白的基本骨架，为各种大小不同的分子提供进出膜的通透性屏障。不同的组织细胞和细胞器膜的磷脂组分不同，这与它们的生物学功能有密切关系。

（2）甘油磷脂是血浆脂蛋白的重要组分：血浆脂蛋白是运输非极性的脂类的载体。甘油磷脂和蛋白质均位于脂蛋白的表面，以其亲水的部分朝向表面，把疏水的脂肪、胆固醇酯等包裹在颗粒的核

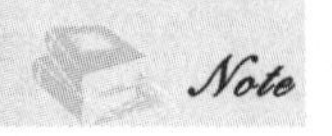

心部分。肝、肠等是合成甘油磷脂的活跃组织，产生脂蛋白 CM 和 VLDL，对运输外源性和内源性脂肪和胆固醇起着重要作用。

(3)甘油磷脂是必需脂肪酸的储存库：甘油磷脂分子上 C_2 位的脂酰基多为不饱和脂肪酸，其中亚油酸、亚麻酸和花生四烯酸为必需脂肪酸。这些必需脂肪酸一般储存在磷脂膜中，如花生四烯酸是合成前列腺素等的前体物质，其生物合成首先靠磷脂酶 A_2 的作用将花生四烯酸从磷脂膜上水解下来。

(4)二软脂酰磷脂酰胆碱是肺表面活性物质：肺组织能合成和分泌一种特殊的磷脂酰胆碱，其 C_1 和 C_3 位均是饱和软脂酰基，此物质是用软脂酰基取代磷脂酰胆碱 C_2 位的不饱和脂酰基而生成的。它是肺表面活性物质的主要成分(占 50%～60%)，在肺泡里保持表面张力，可防止气体呼出时肺泡塌陷。这种磷脂在新生儿和动物分娩前不久合成，早产时可由于这种肺表面活性物质合成和分泌的缺乏而患呼吸困难综合征。

(5)一种特殊的磷脂酰胆碱是血小板的激活因子：其甘油的 C_1 位以醚键连接一个 18 个碳原子的烷基，C_2 位连接一个乙酰基。它是一种具有极强生物活性的激素，对肝、平滑肌、心、子宫及肺有多种作用，可以显著地降低血压。另外，它在炎症和变态反应的发生过程中也起着重要的作用。

3. 甘油磷脂的合成

动物机体各组织均可合成甘油磷脂，但合成较为活跃是肝、肾、肠组织。合成甘油磷脂的酶系存在于各组织细胞的内质网中，合成的原料是甘油二酯、胆碱、乙醇胺、丝氨酸等，还需要 ATP 和 CTP 提供能量。甘油二酯的合成与脂肪相似，胆碱和丝氨酸可由食物提供，而胆碱也可以丝氨酸及甲硫氨酸为原料在体内合成。乙醇胺可由丝氨酸脱羧基生成，乙醇胺在酶的作用下由 S-腺苷甲硫氨酸获得 3 个甲基(甲基转移反应中需要叶酸和维生素 B_{12} 参加)即可生成胆碱。不管是乙醇胺或是胆碱，在掺入脑磷脂或卵磷脂分子中之前，都须进一步活化，生成 CDP-乙醇胺和 CDP-胆碱。然后，CDP-乙醇胺和 CDP-胆碱再与甘油二酯反应，生成磷脂酰乙醇胺(脑磷脂)和磷脂酰胆碱(卵磷脂)，或由磷脂酰乙醇胺甲基化而生成磷脂酰胆碱。几种甘油磷脂的合成过程相似，脑磷脂和卵磷脂的合成过程如图8-13所示。

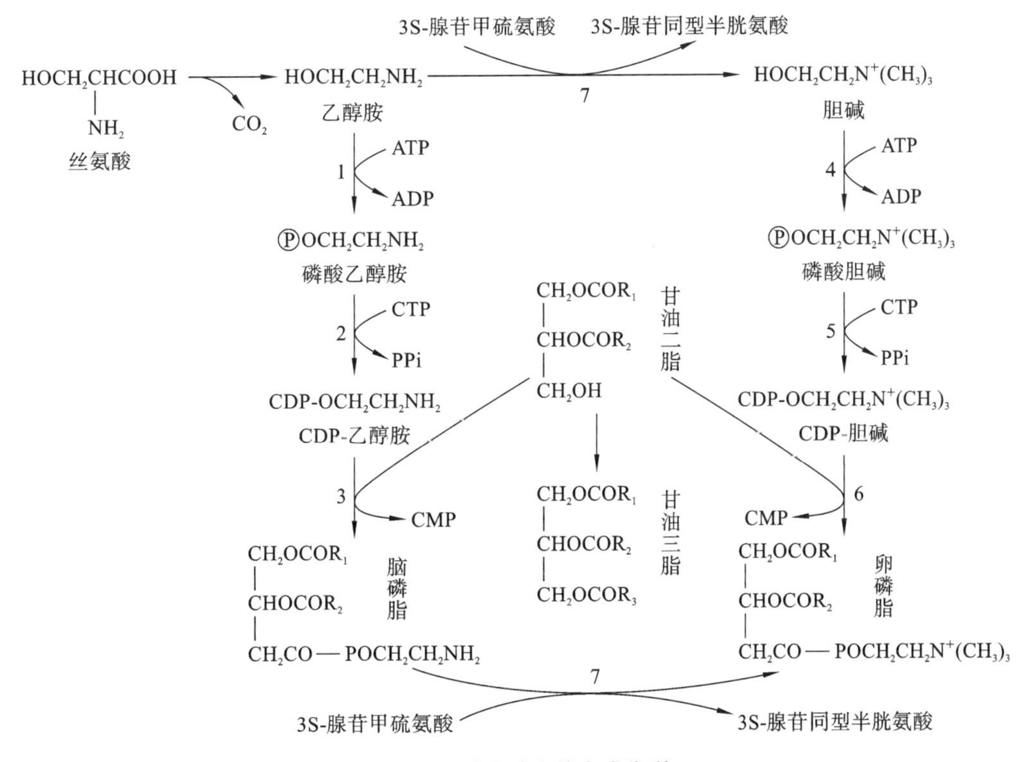

图 8-13 甘油磷脂的合成代谢

Note

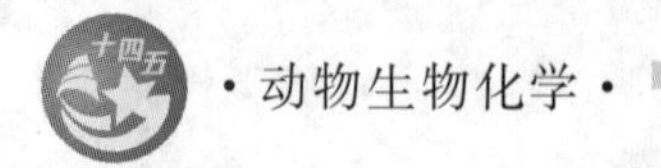

4. 甘油磷脂的分解

水解甘油磷脂的酶类称为磷脂酶，主要有磷脂酶 A_1、磷脂酶 A_2、磷脂酶 B、磷脂酶 C 和磷脂酶 D，它们作用于甘油磷脂分子中不同的酯键。磷脂酶 A_1、磷脂酶 A_2 分别作用于甘油磷脂的第 1、2 位酯键，分别产生溶血磷脂 2 和溶血磷脂 1。溶血磷脂是甘油磷脂的 1 或 2 位脱去脂酰基后生成的化合物，具有强表面活性，能使红细胞膜或其他细胞膜破坏引起溶血或细胞坏死。溶血磷脂 2 和溶血磷脂 1 又可分别在磷脂酶 B_2（即溶血磷脂酶 2）和磷脂酶 B_1（即溶血磷脂酶 1）的作用下，水解脱去脂酰基生成不具有溶血性的甘油磷酸-X。磷脂酶 C 可以特异地水解甘油磷酸-X 中甘油的第 3 位磷酸酯键，产物是甘油二酯和磷酸胆胺或磷酸胆碱。磷酸与其取代基 X 之间的酯键可由磷脂酶 D 催化水解（图8-14）。

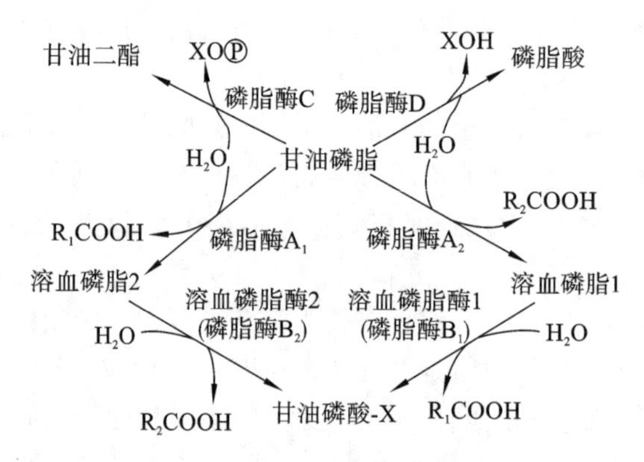

图 8-14　甘油磷脂的分解代谢过程

磷脂酶 A_1 广泛分布于动物细胞的溶酶体中，蛇毒及某些微生物中也有。磷脂酶 A_2 存在于蝎毒、蛇毒、蜂毒中，也常以酶原形式存在于动物的胰腺内。磷脂酶 A_1 和 A_2 催化的产物都是溶血磷脂，故被毒蛇或毒蜂咬伤后可引起溶血。不过被毒蛇咬伤致命并非由于溶血，主要是蛇毒中含有多种使神经麻痹的蛇毒蛋白。磷脂酶 A_2 在胰腺细胞中以酶原形式存在，可保护胰腺细胞内磷脂不被降解。急性胰腺炎的发生是由于消化液反流入胰腺后，磷脂酶 A_2 被激活（正常情况下只有进入消化道后才激活）生成溶血磷脂，从而导致胰腺细胞膜破坏，引起组织坏死。

甘油磷脂的水解产物甘油和脂肪酸可进一步被氧化，磷酸和各种氨基醇可参加磷脂的再合成，胆碱还可通过转甲基作用变为其他物质。

有些组织细胞的溶酶体中存在神经鞘磷脂酶，它属于磷脂酶 C，能使鞘磷脂第 3 位磷酸酯键水解，产物为磷酸胆碱和 N-脂酰鞘氨醇（神经酰胺）。先天性缺乏此酶的患者，鞘磷脂不能降解而在细胞中积累，因此出现肝、脾肿大和痴呆等鞘磷脂沉积症状。

磷脂酶使磷脂分解，促使细胞膜不断更新，并且清除由于磷脂中不饱和脂肪酸氧化产生的毒性磷脂。磷脂酶起作用后细胞膜中产生溶血磷脂高集区，使细胞膜磷脂双分子层局部松弛和破损，有利于生物大分子跨膜转运或穿过膜屏障。

（二）胆固醇的合成代谢及转化

胆固醇是人及动物机体中一种以环戊烷多氢菲为母核的固醇类化合物，最早从动物胆石中分离得到，故得此名。胆固醇分子中 27 个碳原子构成的烃核及侧链都是非极性的，但 C_3 位上的羟基是极性的，故仍具有两性分子的特点和性质。它是细胞膜的重要组分之一，又是动物合成胆汁酸、类固醇激素和维生素 D_3 等生理活性物质的前体。

1. 胆固醇的合成

机体的各种组织都能合成胆固醇，其中以肝脏和小肠合成作用较强，其他组织如皮肤、肾上腺、脾脏、肠黏膜，乃至动脉管壁也有合成胆固醇的能力。食物中的胆固醇主要来自动物内脏、蛋黄、奶油及肉类。植物性食品不含胆固醇，但植物含麦角固醇，不易吸收。胆固醇合成酶系存在于胞质的内质网膜上，乙酰 CoA 是其合成原料，NADPH 提供还原氢，ATP 提供能量。合成 1 个含有 27 个碳

原子的胆固醇分子，需要 18 分子的乙酰 CoA、10 分子的 NADPH＋H^+，并消耗 36 分子的 ATP。胆固醇的生物合成途径比较复杂，包括近 30 步的酶促反应，可概括为以下三个阶段。

（1）甲羟戊酸的生成：2 分子乙酰 CoA 在胞质的硫解酶作用下，缩合成乙酰乙酰 CoA，然后在羟甲基戊二酸单酰 CoA（HMG-CoA）合成酶的催化下，再与 1 分子乙酰 CoA 缩合成 HMG-CoA。HMG-CoA 是合成胆固醇和酮体共同的中间产物，它在肝细胞线粒体中裂解生成酮体，但在细胞质中，在 HMG-CoA 还原酶的催化下，由 NADPH＋H^+ 供氢，还原生成甲羟戊酸（MVA）。HMG-CoA 还原酶是胆固醇生物合成的限速酶，它的活性和合成受到多种因子的严格调控。

（2）鲨烯的生成：6 个碳的 MVA 在 ATP 供能及一系列酶的作用下，进行焦磷酸化、脱羧，转变成 5 个碳的异戊烯焦磷酸（IPP）。异戊烯焦磷酸可以异构化成二甲丙烯焦磷酸（DPP）。然后由 3 分子上述 5 个碳的焦磷酸化合物（2 分子 IPP 和 1 分子 DPP）缩合成 15 个碳的焦磷酸法尼酯（FPP）。2 分子 15 个碳的焦磷酸法尼酯再经缩合和还原，转变成 30 个碳的鲨烯。鲨烯是一个多烯烃，具有与胆固醇母核相近似的结构。

（3）胆固醇的生成：鲨烯进入内质网，经单加氧酶、环化酶作用，转变成羊毛固醇，后者再经一系列的氧化、脱羧、还原等反应，生成 27 个碳的胆固醇（图 8-15）。

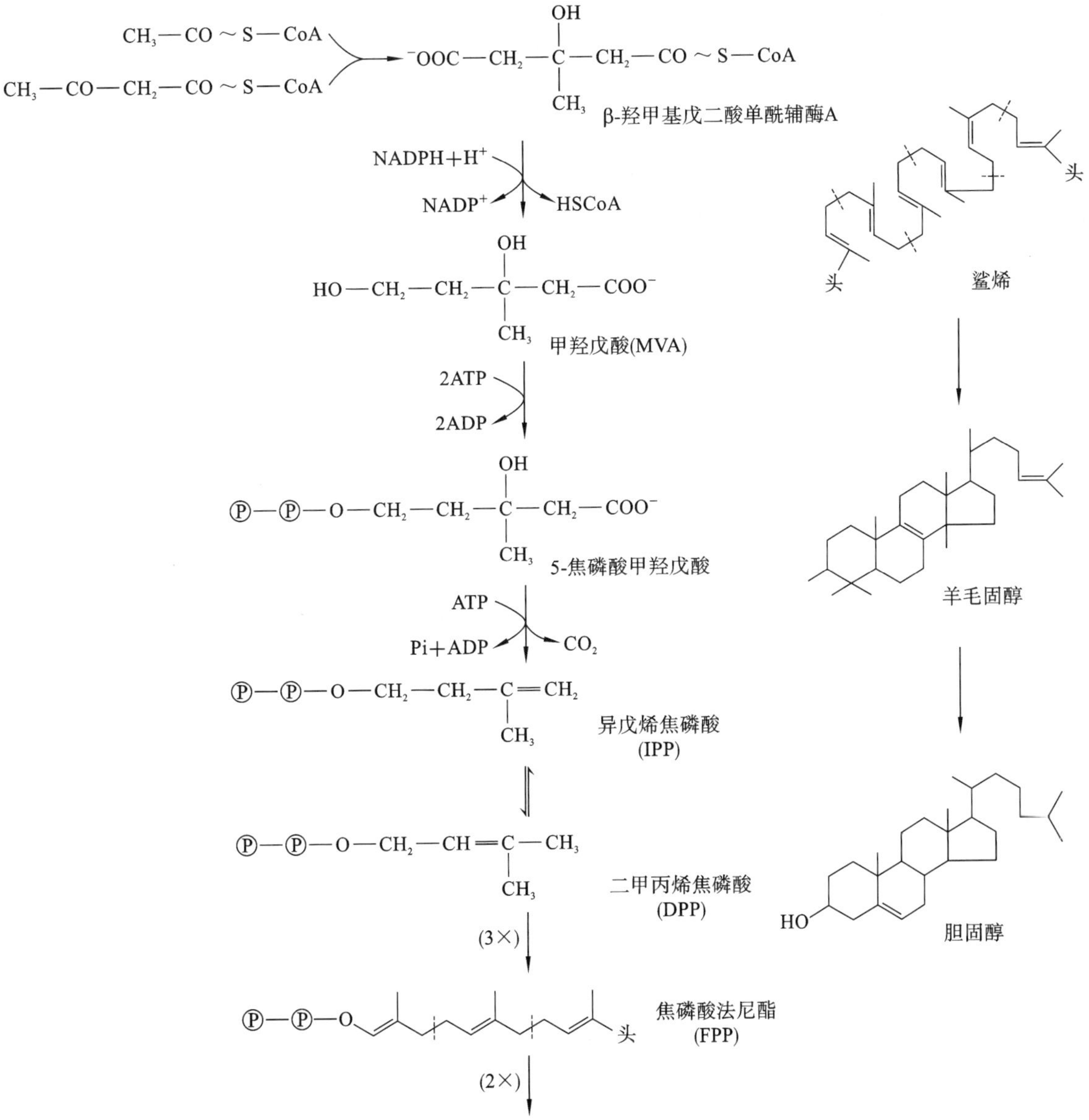

图 8-15 胆固醇的生物合成

(4)胆固醇生物合成的调控:HMG-CoA 还原酶是胆固醇生物合成的限速酶,高糖、高饱和脂肪饮食能诱导肝 HMG-CoA 还原酶合成。糖及脂类代谢产生的乙酰 CoA、ATP、$NADPH+H^+$ 等增多,摄入过多的蛋白质,因丙氨酸及丝氨酸等代谢提供了原料乙酰 CoA,这些都能促进胆固醇的合成。饥饿和禁食时则相反。食物胆固醇可以反馈抑制 HMG-CoA 还原酶合成,无胆固醇摄入时,则这种抑制作用解除。此外,激素也有一定的影响,如胰高血糖素抑制胆固醇的合成,胰岛素作用则相反。

2. 胆固醇的生物转化

机体能够进行胆固醇的合成代谢,但胆固醇不是能量物质,机体不能将胆固醇彻底氧化分解为 CO_2 和 H_2O 来提供能量,而只能将胆固醇转变为其他含环戊烷多氢菲母核的化合物。胆固醇通过生物转变,发挥着重要的生理功能。但是有近一半的胆固醇不经变化,直接被排出体外。胆固醇的生物转变有以下四个方向。

(1)胆固醇经血液运送到组织细胞,转变成细胞膜的组成成分。

(2)胆固醇在动物体内可以转化成维生素 D_3。胆固醇在酶的作用下转变为 7-脱氢胆固醇,后者经紫外线照射,在人及动物皮下转变为维生素 D_3,所以适当晒晒太阳可以补钙。植物和酵母中含有的麦角固醇也有类似的性质,经紫外线照射可以转变为维生素 D_2。故家畜放牧接受日光浴和饲喂干草都可以获得维生素 D。

(3)约有 2/5 的胆固醇在肝细胞中经羟化酶作用可被氧化为胆酸和脱氧胆酸,二者再与甘氨酸、牛磺酸等结合形成甘氨胆酸、牛磺胆酸、甘氨鹅脱氧胆酸及牛磺鹅脱氧胆酸。它们以胆汁酸盐的形式随胆汁由胆道排入小肠。由于其分子结构的特点,胆汁酸盐是一种强表面活性剂,可促进脂类和脂溶性维生素在消化道中的吸收。大部分胆汁酸又可被肠壁细胞重吸收,经过肝门静脉返回肝组织,形成肠肝循环,使胆汁酸再次被利用。据测定,肝排入肠腔的胆汁酸有 95%以上被重吸收再利用。

(4)胆固醇是肾上腺皮质、睾丸和卵巢等内分泌腺合成类固醇激素的原料。胆固醇在肾上腺皮质细胞线粒体中可转变成肾上腺皮质激素,在睾丸间质细胞内可以直接以血浆胆固醇为原料合成睾酮等雄激素,在卵巢的卵泡内膜细胞及黄体内是分泌腺合成孕酮和雌二醇等类固醇激素的原料。如图 8-16 所示。

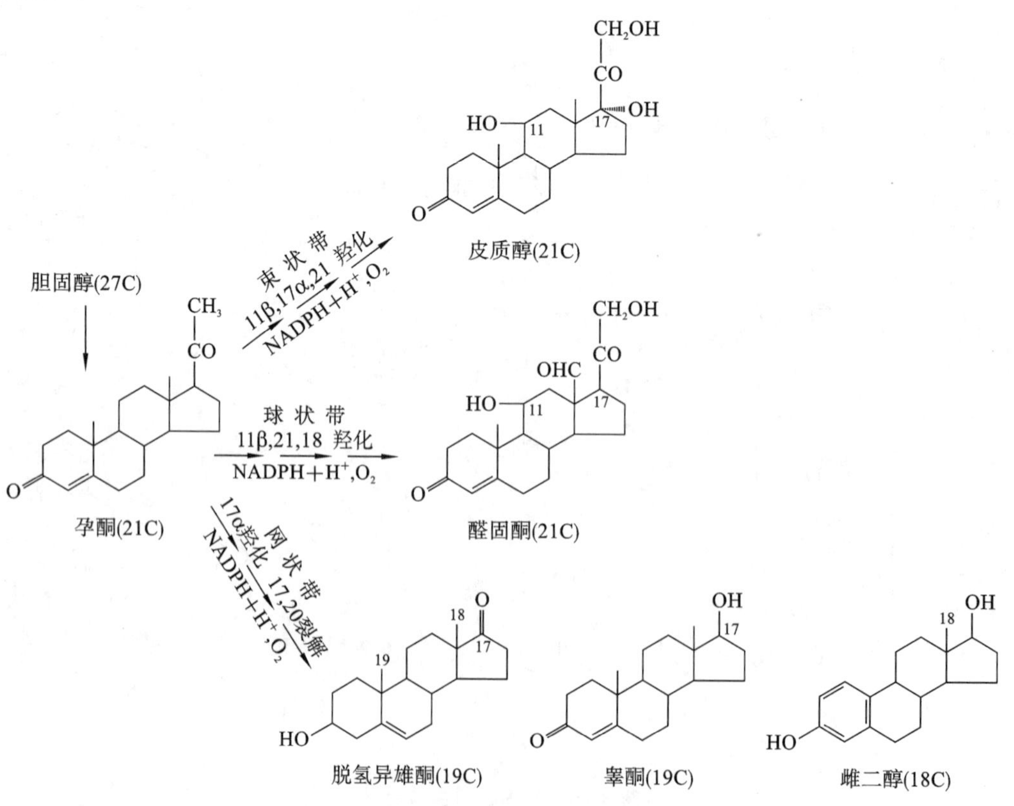

图 8-16 胆固醇的生物转变

3. 胆固醇的排泄

动物体内大部分胆固醇在肝内转变为胆汁酸，以胆汁酸盐的形式随胆汁排出，这是胆固醇排泄的主要途径。还有一部分胆固醇可在胆汁酸盐的作用下形成混合微团而“溶”于胆汁内，直接随胆汁排入肠道。进入肠道的胆固醇可随同食物被吸收，未被吸收的胆固醇可以原形或经肠菌还原为粪固醇后随粪便排出。过多的胆固醇会引起动物动脉硬化，已成为导致动物心血管疾病的重要因素。某些药物（如考来烯胺）和纤维素含量多的食物有利于胆汁酸的排出，减少胆汁酸经肠肝循环的重吸收，加速胆固醇在肝中转化为胆汁酸，从而降低血清胆固醇的水平。胆固醇在体内的转运如图 8-17 所示。

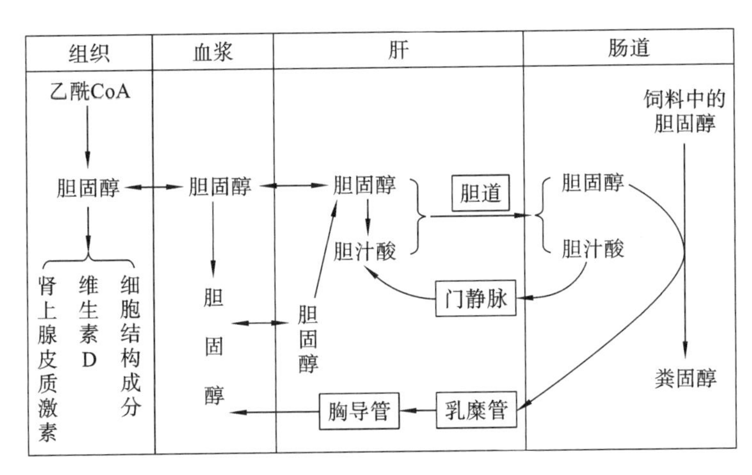

图 8-17 胆固醇在体内的转运

模块小结

当机体需要脂肪提供能量时，脂库中的脂肪被水解为甘油和脂肪酸，称为脂肪动员。甘油转变为 α-磷酸甘油，然后脱氢生成磷酸二羟丙酮，可以沿糖分解途径进一步分解，或经糖异生途径转变为葡萄糖或糖原。脂肪酸活化为脂酰 CoA 后，在肉毒碱携带下进入线粒体，经多次 β-氧化，全部转变为乙酰 CoA（奇数个碳原子脂肪酸还包括 1 分子丙酰 CoA）。在肌肉等组织中，乙酰 CoA 经三羧酸循环彻底氧化分解为 CO_2 和 H_2O，并释放出能量；在肝脏中乙酰 CoA 则转变为酮体，HMG-CoA 合成酶是此反应的限速酶。肝脏中产生的酮体必须运到肝外组织中利用，如果酮体的产生量大于消耗量，就会产生酮病。

脂肪合成的直接原料是 α-磷酸甘油和脂肪酸。α-磷酸甘油可来自糖代谢的中间产物磷酸二羟丙酮；脂肪酸合成是以乙酰 CoA 为原料，NADPH＋H^+ 供氢。乙酰 CoA 羧化酶是脂肪酸合成的限速酶。

甘油磷脂在合成时需要甘油、脂肪酸（包括必需脂肪酸）、磷酸盐、胆碱或胆胺、ATP 和 CTP 等。甘油二酯是脑磷脂、卵磷脂和甘油三酯共同的中间产物。胆固醇合成的原料是乙酰 CoA，经复杂反应生成胆固醇，HMG-CoA 还原酶是该反应的限速酶。

链接与拓展

奶牛酮病

酮体包括丙酮、乙酰乙酸和 β-羟丁酸，它们是动物机体脂肪代谢的中间产物。所谓酮血病主要是由于奶牛饲料中糖和生糖物质不足，导致脂肪代谢障碍，体内产生大量酮体，引起营养代谢障碍的疾病。

Note

1. 发病原因

本病一般发生在产犊后早期泌乳阶段。由于高产奶牛消耗较多的能量和矿物质，若生糖物质不足或饲料中糖供给不足，将导致葡萄糖代谢的负平衡而发生本病。本病多由饲料质量不佳（特别是糖和蛋白质含量不足，脂肪含量过高），饲料变质、发霉或腐败，过多喂给富含脂肪的油粕精料，饲料矿物质及微量元素不足或缺乏，机体内分泌功能障碍（如垂体-肾上腺皮质系统功能障碍或甲状腺功能不全等）及肝脏或瘤胃发生疾病等引起。另外，运动不足、前胃弛缓、创伤性网胃炎、真胃炎、骨软症、生产瘫痪及各种慢性消化障碍等均可继发本病。

2. 表现症状

早期可出现行为异常和敏感，病牛口腔、呼出气、乳汁、尿液或阴道分泌物散发出一种轻微的、带有芳香而甜腻的酮味，类似烂苹果味。但这种情况常不被人们重视，随后症状逐渐明显。在临床上，本病大致可分为 3 种类型，但相互间界限并不明显，而且时常混合发生。

（1）生产瘫痪型：症状与生产瘫痪无太大差异，除瘫痪外，若有脑症状，如目凶视、肌肉颤搐、横冲直撞、皮肤感觉过敏及倒下不能起立等，可疑为本病；如用治疗生产瘫痪的方法处理不见效或复发，更可疑为本病。

（2）消化系统混合症状型：多在产后发生，病初病牛食欲降低，迅速消瘦，泌乳量也很快减少。病牛头下垂，眼半闭及眼睑常有颤搐。站立时，背常弓起。体温正常或稍低，病初间有达 39.5 ℃的。脉搏不整，极少超过 100 次/分。呼吸有较快或较慢的，个别病例出现呼吸困难。瘤胃先是饱满，后变空虚，蠕动无力。异嗜癖，异常咀嚼运动，常有流涎。排粪减少，也常出现腹泻。虽有轻度瘫痪出现，但知觉似无紊乱。病牛常无目的地在牧场行走，有时蹒跚、跌倒。肌肉有时颤搐。

（3）脑神经型：症状较前两型重，常有食欲废绝及泌乳停止。病牛横冲直撞，状态凶野，眼球突出且凶视。刺激紊乱显著，呈各式的运动刺激，如舐舌、眼球震颤、咀嚼动作、颈或背部肌肉痉挛、绕圈行走、以蹄踏地向前猛冲、作猫扑鼠状。皮肤感觉过敏、紧张、弹性减弱，沿脊椎的皮肤敏感性增强，叩击皮肤，病牛哞叫不安；用手指轻刺皮肤，背腰迅速凹陷；若将皮肤捏成皱襞，常就地卧下。常有麻痹症状出现，如蹒跚、体躯往物体上靠、流涎及不能起立等。

病牛尿液呈浅黄色水样，容易形成泡沫，有特异的酮味。每 100 mL 尿液中酮体含量增高至 200～1000 mg，若超过 20 mg 即可疑为本病。乳静脉血酮浓度显著增高，每 100 mL 血液含乙酰乙酸21 mg（正常为 3～10 mg）。乳汁略带酸性，味苦涩，酮体增多，煮沸加热时有酮味。

3. 防治方法

（1）预防：母牛特别是高产奶牛产犊前后，不要养得过肥和经常过饱。在泌乳初期和治疗后，应保证足够的糖类。但在高产牛群的日粮中，糖类的含量不宜过高，否则会引起食物性瘤胃酸中毒。蛋白质的含量也不宜过高，否则易导致营养性酮病。舍饲母牛每天应给予适当运动和日光照射，一到春天，应放出到牧场上去。保证日粮中含有适量的钴、磷和碘。对经常发病的牛群，应给予大量青贮料，在开始饲喂时，量不宜过大，应逐渐增加。

（2）治疗：①补糖：葡萄糖、安钠咖、氢化可的松混合，静脉滴注；或醋酸可的松，肌内注射，同时内服红糖。②补钙：葡萄糖酸钙，加温后静脉注射，注射速度要缓慢。③促进糖原生成：葡萄糖溶液、胰岛素，混合后静脉注射。病牛酸中毒、昏迷时使用。④解除酸中毒：可静脉注射 5%碳酸氢钠溶液，或内服碳酸氢钠、龙胆根末、红糖。⑤镇静：可将水合氯醛用水溶解后，与适量淀粉糊混合，灌入直肠。

复习思考题

选择题

1. 脂肪酸 β-氧化的酶促反应顺序为(　　)。

A. 脱氢、脱水、加水、硫解　　B. 脱氢、加水、再脱氢、硫解

C. 脱氢、脱水、再脱氢、硫解　　D. 加水、脱氢、硫解、再脱氢

2. 脂肪大量动员，在肝脏内生成的乙酰 CoA 主要转变为(　　)。

A. 葡萄糖　　B. 酮体　　C. 胆固醇　　D. 草酰乙酸

3. 脂肪酸合成需要的 NADPH＋H^+ 可以由(　　)来提供。

A. 三羧酸循环　　B. β-氧化

C. 磷酸戊糖途径　　D. 以上都不是

4. 将胆固醇运送至肝脏进行代谢的脂蛋白是(　　)。

A. 乳糜微粒　　B. 极低密度脂蛋白

C. 低密度脂蛋白　　D. 高密度脂蛋白

5. 卵磷脂中含有的含氮化合物是(　　)。

A. 磷酸吡哆醛　　B. 胆胺　　C. 胆碱　　D. 谷氨酰胺

6. 脂肪酸从头合成的限速酶是(　　)。

A. 乙酰 CoA 羧化酶　　B. 缩合酶

C. β-酮脂酰-ACP 还原酶　　D. β-羟脂酰-ACP 脱水酶

7. 1 分子软脂酰 CoA 在 β-氧化第一次循环中及生成的二碳代谢物彻底氧化时，ATP 的总量是(　　)。

A. 3 分子　　B. 13 分子　　C. 14 分子　　D. 17 分子

8. 下述酶中哪个是多酶复合体？(　　)

A. ACP 转酰基酶　　B. 丙二酸单酰 CoA-ACP 转酰基酶

C. β-酮脂酰-ACP 还原酶　　D. 脂肪酸合成酶

9. 由 3-磷酸甘油和酰基 CoA 合成甘油三酯的过程中，生成的第一个中间产物是下列哪种？(　　)

A. 2-甘油一酯　　B. 甘油二酯

C. 溶血磷脂酸　　D. 磷脂酸

10. 下述哪种说法准确地描述了肉毒碱的功能？(　　)

A. 运输中链脂肪酸进入肠上皮细胞　　B. 运输中链脂肪酸越过线粒体内膜

C. 参与转移酶催化的酰基反应　　D. 脂肪酸合成代谢中需要的一种辅酶

11. 为了使长链脂酰基从胞质转运到线粒体内进行脂肪酸的 β-氧化，所需要的载体为(　　)。

A. 柠檬酸　　B. 肉毒碱

C. 酰基载体蛋白　　D. α-磷酸甘油

12. 下列化合物中除哪个外都能随着脂肪酸 β-氧化的不断进行而产生？(　　)

A. H_2O　　B. 乙酰 CoA　　C. 脂酰 CoA　　D. NADH＋H^+

13. 在长链脂肪酸的代谢中，脂肪酸 β-氧化循环与下列哪个酶无关？(　　)

A. 硫激酶　　B. β-羟脂酰 CoA 脱氢酶

C. 烯脂酰 CoA 水化酶　　D. β-酮硫解酶

14. 下列关于脂肪酸 β-氧化作用的叙述，哪个是错误的？(　　)

A. 脂肪酸仅需一次活化，消耗 ATP 分子的两个高能键

B. 除硫激酶外，其余所有的酶都属于线粒体酶

C. β-氧化包括脱氢、加水、再脱氢和硫解等重复步骤

D. 该过程涉及 $NADP^+$ 的还原

15. 脂肪酸的合成通常称为还原性合成，下列哪个化合物是该途径中的还原剂？（　　）

A. $NADP^+$　　B. NADH　　C. $FADH_2$　　D. NADPH

16. 在脂肪酸生物合成中，将乙酰基从线粒体内转移到胞质中的化合物是（　　）。

A. 乙酰 CoA　　B. 乙酰肉毒碱　　C. 琥珀酸　　D. 柠檬酸

17. 肝脏中乙酰 CoA 合成乙酰乙酸的途径中，乙酰乙酸的直接前体是（　　）。

A. 乙酰乙酰 CoA　　B. 3-羟基丁酰 CoA

C. 甲羟戊酸　　D. β-羟甲基戊二酸单酰 CoA

18. 甘油二酯＋NDP-胆碱⟶NMP＋磷脂酰胆碱，此反应中 NMP 代表什么？（　　）

A. AMP　　B. CMP　　C. GMP　　D. TMP

19. 胆固醇是下列哪种化合物的前体分子？（　　）

A. CoA　　B. 泛醌　　C. 维生素 A　　D. 维生素 D

20. 甘油磷脂合成过程中需哪一种核苷酸参与？（　　）

A. ATP　　B. CTP　　C. TTP　　D. UTP

21. 脂肪酸 β-氧化的逆反应可见于（　　）。

A. 胞质中脂肪酸的合成　　B. 胞质中胆固醇的合成

C. 线粒体中脂肪酸的延长　　D. 内质网中脂肪酸的延长

22. 缺乏维生素 B_2 时，β-氧化过程中哪一个中间产物的合成受到障碍？（　　）

A. 脂酰 CoA　　B. β-酮脂酰 CoA

C. α，β-烯脂酰 CoA　　D. β-羟脂酰 CoA

实训 1　酮体的测定

【实训目的】 通过酮体的生成和利用实验，了解生成酮体的原料与酮体生成和利用的部位，掌握测定酮体生成与利用的方法。

【实训原理】 酮体生成的原料是脂肪酸氧化后生成的乙酰 CoA，催化酮体生成的酶系存在于肝细胞线粒体中。因此将脂肪酸作为底物，与肝匀浆保温后可生成酮体。乙酰 CoA 缩合成乙酰乙酸，而乙酰乙酸既可脱羧生成丙酮，又可经 β-羟丁酸脱氢酶作用还原成 β-羟丁酸。酮体在肝脏中生成后被运往肝外组织（心肌、肾脏、脑和骨骼肌）才能被利用。

本实验用丁酸作为底物，与新鲜的肝匀浆一起保温后，再测定其中酮体的生成量。因为在碱性溶液中可以将丙酮氧化为碘仿（CHI_3），通过硫代硫酸钠（$Na_2S_2O_3$）滴定反应中剩余的碘就可以计算出所消耗的碘量。由于消耗的碘量与丙酮的量成一定的比例关系，故可以求出以丙酮为代表的酮体的含量。有关的反应式如下。

$$CH_3COCH_3+4NaOH+3I_2 \longrightarrow CHI_3+CH_3COONa+3NaI+3H_2O$$

$$I_2+2Na_2S_2O_3 \longrightarrow Na_2S_4O_6+2NaI$$

根据滴定样品中与滴定对照中所消耗的硫代硫酸钠溶液体积之差，可以计算出由丁酸氧化生成丙酮的量。

【器材与试剂】

1. 器材

研钵、匀浆器（或搅拌机）、碘量瓶、锥形瓶、恒温水浴锅、漏斗、刻度吸管、铁架台、滴定管等。

2. 试剂及材料

(1)淀粉溶液(0.1%)。称取 0.1 g 可溶性淀粉，置于研钵中，加入少量预冷的蒸馏水，将淀粉调成糊状，再慢慢倒入 90 mL 煮沸的蒸馏水中，搅匀后再用蒸馏水定容至 100 mL。

(2)碘溶液(0.1 mol/L)。称取 13 g 碘和约 40 g 碘化钾，置于研钵中加入少量蒸馏水后，将之研磨至溶解。用蒸馏水定容到 1000 mL，于棕色瓶中保存。此时可用标准硫代硫酸钠溶液标定其浓度。

(3)碘酸钾(KIO_3)溶液(0.1 mol/L)。称取 0.8918 g 干燥的碘酸钾，用少量蒸馏水将之溶解，最后定容至 250 mL。

(4)正丁酸溶液。取 5 mL 正丁酸，用 0.5 mol/L 氢氧化钠溶液 100 mL 溶解。

(5)硫代硫酸钠($Na_2S_2O_3$)溶液(0.1 mol/L)。称取 24.82 g 五水合硫代硫酸钠，溶解于适量煮沸的蒸馏水中，并继续煮沸 5 min。冷却后，用冷却的已煮沸过的蒸馏水定容到 1000 mL。用 0.1 mol/L 碘酸钾溶液标定其浓度，临用前将已标定的硫代硫酸钠溶液稀释 0.02 mol/L。

(6)盐酸溶液(10%)。取 10 mL 盐酸，用蒸馏水稀释到 100 mL。

(7)氢氧化钠溶液(10%)。称取 10 g 氢氧化钠，在烧杯中用少量蒸馏水将之溶解后，定容至 100 mL。

(8)氯化钠溶液(0.9%)。

(9)磷酸盐缓冲液(1/15 mol/L，pH 7.7)。①A 液(1/15 mol/L Na_2HPO_4 溶液)：称取 $Na_2HPO_4 \cdot 2H_2O$ 1.187 g，溶解于 100 mL 蒸馏水中即成。②B 液(1/15 mol/L KH_2PO_4 溶液)：称取 KH_2PO_4 0.9078 g，溶解于 100 mL 蒸馏水中。取 A 液 90 mL、B 液 10 mL，将两者混合(用酸度计检测至 pH 7.7)。

(10)三氯乙酸溶液(20%)。称取 20 g 三氯乙酸，在烧杯中用少量的蒸馏水溶解，最后定容至 100 mL。

【方法与步骤】

1. 标本的制备

将动物(如兔、大白鼠、豚鼠等)放血处死，取出肝脏。用 0.9%氯化钠溶液洗去肝脏上的污血，然后用滤纸吸去表面的水分。称取 5 g 肝组织，置玻璃皿上剪碎，倒入匀浆器中制成匀浆，加 0.9%氯化钠溶液至总体积为 10 mL。另取后腿肌肉组织 5 g，按上述方法和比例，制成肌肉组织匀浆。

2. 保温生酮和去除蛋白质

取 3 支试管，依次编号 A、B、C，按表 8-1 所示操作。

表 8-1 保温生酮和去除蛋白质操作　　单位：mL

试剂	试管 A	试管 B	试管 C
肝组织匀浆	—	2.0	2.0
预先煮沸的肝组织匀浆	2.0	—	—
磷酸盐缓冲液	4.0	4.0	4.0
正丁酸溶液	2.0	2.0	2.0
摇匀，43 ℃水浴保温 60 min			
肌肉组织匀浆	—	4.0	—
预先煮沸的肌肉组织匀浆	4.0	—	4.0
摇匀，43 ℃水浴保温 60 min			
20%三氯乙酸溶液	3.0	3.0	3.0

摇匀后过滤去掉蛋白质，将无蛋白滤液分别收集在标注有 A、B、C 的试管中。

3. 酮体的测定

(1)取碘量瓶3个,按表8-2所示顺序操作。

表8-2 酮体的测定操作

单位:mL

试剂	样品A	样品B	样品C
无蛋白滤液	5.0	5.0	5.0
0.1 mol/L 碘溶液	3.0	3.0	3.0
10% NaOH 溶液	3.0	3.0	3.0

加入试剂后摇匀,室温静置10 min。

(2)向各碘量瓶中加入10% HCl溶液,使各瓶中的溶液呈中性或弱酸性(可用pH试纸进行检测)。

(3)当用0.02 mol/L硫代硫酸钠溶液滴定到量瓶中的溶液呈浅黄色时,往瓶中滴加数滴0.1%淀粉溶液,使瓶中溶液呈蓝色。

(4)继续用0.02 mol/L硫代硫酸钠溶液滴定到碘量瓶中溶液的蓝色消失为止。

(5)记录滴定时所用的硫代硫酸钠溶液体积,计算样品中丙酮的生成量。

4. 结果与计算

根据滴定样品与对照品所消耗的硫代硫酸钠溶液体积之差,计算由丁酸氧化生成丙酮的量。

(1)肝生成酮体的量(mmol/g)$=(V_C-V_A)\times n_{Na_2S_2O_3}\times(1/6)$

(2)肌肉利用酮体的量(mmol/g)$=(V_C-V_B)\times n_{Na_2S_2O_3}\times(1/6)$

式中,V_A为滴定样品A消耗的$Na_2S_2O_3$体积(mL);V_B为滴定样品B消耗的$Na_2S_2O_3$体积(mL);V_C为滴定样品C消耗的$Na_2S_2O_3$体积(mL)。

【注意事项】

(1)肝匀浆必须新鲜,放置过久则失去氧化脂肪酸的能力。

(2)实验加入三氯乙酸是使肝匀浆的蛋白质、酶变性,发生沉淀。

(3)在酮体的测定中使用碘量瓶是防止碘液挥发,不能用锥形瓶代替。

【思考题】 为什么肝脏只能生成酮体而不能利用酮体?

实训2 胆固醇的提取及鉴定

【实训目的】 通过实训使学生掌握胆固醇的提取及鉴定方法,了解脂类的生物学作用。

【实训原理】 胆固醇易溶于非极性的有机溶剂,如丙酮、氯仿、石油醚等。向胆固醇的氯仿溶液中加入浓硫酸和乙酸酐,溶液会出现颜色的渐变,先是出现红色,再变为紫红色,最后变为蓝绿色。溶液颜色的变化与胆固醇的含量有关。当胆固醇含量少时,立即出现绿色;当胆固醇含量多时,首先出现红色,最终变为蓝绿色。此反应由李特曼-布哈特发现,故也称为李特曼-布哈特反应。

胆固醇与浓硫酸反应直接出现红色,此反应称为沙考斯基反应。这些反应的机制尚不清楚,可能涉及胆固醇在浓酸存在下的脱水,脱水胆固醇聚合形成二胆固醇缩合物,后者与浓硫酸反应形成有色化合物。

【器材与试剂】

1. 器材

4~6 cm玻璃漏斗、2 mL吸量管、试管及试管架、小刀、研钵、8 cm×10 cm玻璃板、干燥箱、50 mL锥形瓶等。

2. 试剂及材料

猪的大脑、氯仿(分析纯)、浓硫酸、乙酸酐、石膏粉。

【方法与步骤】

1. 胆固醇的提取

(1)称取 5 g 猪的大脑、10 g 石膏粉，放入研钵中研磨 20 min 左右，使研磨物呈糊状。

(2)将研磨好的猪脑糊状物在玻璃板上涂成一薄层。把玻璃板放入 80～100 ℃的干燥箱中烘干。

(3)将烘干好的样品刮入 50 mL 的锥形瓶内，加入 20 mL 氯仿，旋即用称量纸盖住瓶口振荡提取 15～20 min。

(4)将提取物分别过滤到 2 支试管中，每管大约 2 mL 滤液。

2. 胆固醇的鉴定

(1)李特曼-布哈特反应：取 1 支已加入 2 mL 滤液的试管，沿试管壁缓慢加入 10 滴乙酸酐和 2～3 滴浓硫酸，轻微混合，观察界面最初形成的淡紫红色，不久便转为蓝色，最终成为稳定的蓝绿色。如果胆固醇的含量少，则只出现绿色。

(2)沙考斯基反应：取 1 支已加入 2 mL 滤液的试管，倾斜试管，沿试管壁缓慢加入大约 2 mL 浓硫酸，使胆固醇溶液的下面形成硫酸层。不要混合两层溶液，在两液面交界处会形成红色的环。轻轻旋转试管，界面上部也变为红色。

【注意事项】 为获得好的胆固醇提取效果，石膏与组织样品的比例以及研磨的时间需要凭实践经验而定。

【思考题】 为什么脑组织内胆固醇的含量比较高?

(张书汁)

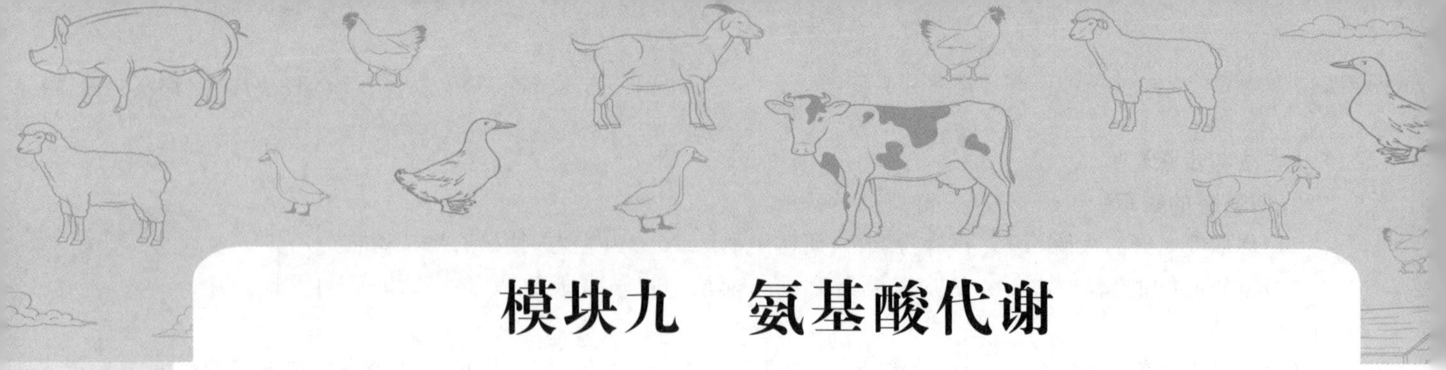

模块九　氨基酸代谢

课件 PPT

模块导入

蛋白质是人和动物生命活动中不可或缺的重要的生物大分子；氨基酸是组成蛋白质的基本单位；氨基酸不但是合成蛋白质的原材料，还是蛋白质的降解产物，所以，氨基酸代谢在蛋白质代谢中处于中心位置。那么，蛋白质是怎样被分解代谢的？蛋白质代谢后生成的氨基酸及部分寡肽又是怎样在动物细胞内代谢的？氨基酸及其代谢产物在动物体内的功能是什么？医药上为什么将色氨酸用作抗闷剂、抗痉挛剂、胃分泌调节剂及强抗昏迷剂？让我们带着问题来学习本模块，去探索氨基酸代谢及其在医药方面应用的生化机制吧！

模块目标

▲知识目标

掌握氨基酸的一般分解代谢过程，掌握鸟氨酸循环及氨的一般代谢去路，掌握氨基酸的脱羧基作用。

熟悉蛋白质的酶促降解过程，熟悉蛋白质的消化与吸收。

了解一些重要胺类物质的生理功能，了解其他重要氨基酸的代谢及非必需氨基酸的合成代谢。

▲能力目标

掌握血清转氨酶活性测定技术。

▲素质与思政目标

培养学生热爱科学、崇尚科学及团结协作的精神。

一、概述

（一）蛋白质的酶促降解

1. 蛋白质水解酶

无论是动物从饲料中摄取的蛋白质，还是动植物组织中已经老化的蛋白质，蛋白质在更新过程中必须先降解为小分子的氨基酸才能被重新利用。蛋白质的酶促降解就是指蛋白质在酶的作用下，多肽链的肽键水解断开，最后生成 α-氨基酸的过程。

在动物消化道内存在着大量水解蛋白质的酶，动物从食物中所摄取的蛋白质首先被消化系统中的蛋白质水解酶降解，而真核细胞中水解蛋白质的酶类主要存在于溶酶体内。

将能催化蛋白质分子肽键水解的酶称为蛋白质水解酶。根据酶所作用的底物特性及其作用方式不同，蛋白质水解酶可分为蛋白酶和外肽酶两大类。

（1）蛋白酶：作用于多肽链内部的肽键，将蛋白质或高级多肽水解为小分子多肽的酶，又称多肽链内切酶或内肽酶，例如动物消化道中的胃蛋白酶、胰蛋白酶、糜蛋白酶和弹性蛋白酶等。这些酶对

蛋白质的类型没有专一性，所有蛋白质都可以被种类不多的多肽链内切酶水解，从而生成大小不等

的多肽片段，但是，它们都不能水解分子末端的肽键。

蛋白酶的种类有很多，目前蛋白酶被广泛应用于皮革、医药、酿造、肉类嫩化、新药开发及蚕丝脱胶等方面。在兽医临床治疗中，可以用胃蛋白酶治疗各种动物的消化不良，用胰蛋白酶及胰凝乳蛋白酶进行外科化脓性创口的清创净化，用酸性蛋白酶辅助治疗支气管炎，用弹性蛋白酶治疗脉管炎等。在洗化行业，根据酶的特性生产出含碱性蛋白酶的加酶洗衣粉，这种新型洗涤剂可以除去粘在衣物上的蛋白质污渍和血渍，但使用时注意不能接触皮肤，以免损伤皮肤表面蛋白质而造成湿疹、皮疹等皮肤过敏反应。

(2)外肽酶：能从多肽链的一端水解肽键，每次切下一个氨基酸或一个二肽的酶，又称多肽链端切酶。

根据酶作用的专一性不同，这类酶又可分为不同类型，其中只能从多肽链的游离氨基末端(N端)连续水解切下单个氨基酸或二肽的酶称氨肽酶，在许多生物中都发现了各种性质的此类酶，具有代表性的氨肽酶是亮氨酸氨肽酶；只能从多肽链的游离羧基末端(C端)连续水解切下单个氨基酸或二肽的酶称为羧肽酶，以酶原的形式存在于生物体内；只能把二肽水解为氨基酸的酶称为二肽酶。外肽酶具有专一性。

外肽酶最早用于奶酪的制作及凝乳中，以此提高奶酪及宠物食品的风味。外肽酶也用于生物洗涤剂和镜头清洁剂；在医药领域，外肽酶可用于驱除胃肠道寄生虫、清创及治疗椎间盘突出(化学溶核术)等；在实验室，外肽酶也被广泛应用，如可以用作蛋白抑制剂处理重组融合蛋白。总之，外肽酶在食品、皮革、医学领域及生物技术领域是非常重要的一种酶。

2. 蛋白质的酶促降解

在上述蛋白酶(多肽链内切酶)、外肽酶(多肽链端切酶)的相互协调及反复作用下，蛋白质或多肽最终被水解为各种氨基酸的混合物。蛋白质酶促降解的大致过程见图 9-1。

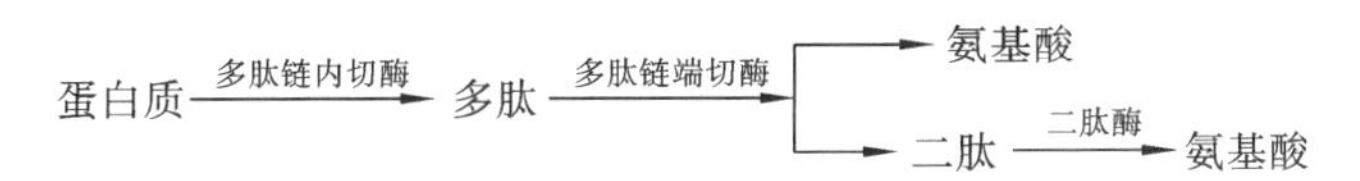

图 9-1 蛋白质酶促降解简图

(二)蛋白质的消化和吸收

饲料中蛋白质的消化和吸收是动物机体氨基酸的主要来源。不能利用无机氮源的动物，每天必须从饲料中获取一定数量的蛋白质，用来满足动物机体对氮素的需要，这些蛋白质在消化道内被消化水解成氨基酸后才能被动物吸收利用。

蛋白质的消化始于胃，首先在胃蛋白酶的作用下，初步水解为脲和胨，以及少量氨基酸。这些脲、胨和未被水解的蛋白质进入小肠，小肠中蛋白质的消化主要靠胰蛋白酶来完成。蛋白质在胰液中的多肽链内切酶(胰蛋白酶、糜蛋白酶及弹性蛋白酶等)和多肽链端切酶(羧肽酶 A、羧肽酶 B 等)的作用下，被逐步水解为氨基酸和寡肽。寡肽的水解在小肠黏膜细胞内进行，在氨肽酶和羧肽酶的作用下分解为氨基酸和二肽，二肽再被二肽酶最终分解为氨基酸。氨基酸的吸收主要在小肠中进行，是主动转运过程，需要消耗能量，属于逆浓度梯度转运，需要氨基酸载体和钠泵参与。吸收后的氨基酸经门静脉进入肝脏，再通过血液循环运送到全身组织进行代谢。

另外，在消化过程中，总有一小部分蛋白质和多肽未被消化。这些物质在大肠内被腐败细菌分解，产生胺、酚、吲哚及硫化氢等有毒物质，还会产生一些低级脂肪酸、维生素等有用物质。一般情况下，腐败产物大部分随粪便排出体外，只有少量可被肠黏膜吸收后经肝脏解毒。当临床上出现严重胃肠疾病如肠梗阻时，由于肠道阻塞，肠内容物在肠道滞留时间过长，导致腐败产物增多，大量的腐败产物被机体吸收，在肝内解毒不完全，则引起机体中毒。

(三)氮平衡

为了维持动物的正常生长和发育，必须从饲料中获得足够量的蛋白质。要想了解动物从饲料中

摄入的蛋白质是否能满足机体生理活动的需要，须进行氮平衡测定。氮平衡反映了动物摄入氮和排出氮之间的关系，以此来衡量机体蛋白质代谢概况。测定动物机体每日摄入饲料的含氮量和每日排出体外的尿和粪，以及泌乳、产蛋等的含氮量，并比较摄入氮和排出氮的平衡情况，称为氮平衡测定。一般蛋白质的含氮量平均在16%左右，因此测得样品的含氮量乘6.25（或除以16%），可以反映饲料中蛋白质的大致含量。动物主要以尿和粪排出含氮物质。尿中的排氮量代表体内蛋白质的分解量，而粪中的排氮量代表未被吸收的蛋白质量。测定氮平衡的结果可有以下三种情况。

1. 氮总平衡

摄入的氮量与排出的氮量相等。这表明动物合成蛋白质的量与分解的量相等，体内蛋白质维持相对平衡。多见于正常成年动物（不包括妊娠母畜）。

2. 氮的正平衡

摄入的氮量多于排出的氮量。这意味着动物体内蛋白质的合成量多于分解量，称为蛋白质（氮）在体内沉积，多见于幼畜和妊娠母畜。此外，疾病恢复期和伤口愈合期的动物也属于此种情况。

3. 氮的负平衡

排出的氮量多于摄入的氮量。这表示动物体内蛋白质的分解量多于合成量，体内蛋白质的总量在减少，此种情况见于疾病、饥饿和营养不良等，说明动物由饲料摄入的蛋白质不足。

由于蛋白质饲料的价格通常较高，在动物生产实践中，从经济效益出发，为了既满足动物正常生长和生产需要，又不浪费饲料，人们要考虑给动物饲喂蛋白质的最低需求量。对于成年动物来说，在糖和脂肪这类能源物质充分供应的情况下，为了维持其氮的总平衡，必须摄入蛋白质的量，称为蛋白质的最低需求量。氮平衡是制定机体对蛋白质最低需求量的依据。对成年动物，蛋白质摄入量至少应维持氮总平衡；对幼畜、妊娠母畜则应维持氮的正平衡。为了保证畜禽的健康，一般日粮中蛋白质的含量都应比最低需求量稍高一些。

二、氨基酸的一般分解代谢

20种组成蛋白质的氨基酸虽然化学结构和代谢途径存在差异，但是它们都含有α-氨基和羧基，因此在代谢上有着共同之处。氨基酸的一般分解代谢指的就是这种具有共性的分解代谢途径，主要是脱氨基作用，其次是脱羧基作用。

（一）氨基酸的脱氨基作用

脱氨基作用是指在酶的催化下，氨基酸脱掉氨基生成氨和α-酮酸的过程。动物的脱氨基作用主要在肝和肾中进行，其主要方式有氧化脱氨基作用、转氨基作用和联合脱氨基作用等。多数氨基酸以联合脱氨基作用的方式脱去氨基。

1. 氧化脱氨基作用

氧化脱氨基作用是指氨基酸在酶的作用下，先脱氢形成亚氨基酸，进而与水作用生成α-酮酸和氨的过程，反应式如图9-2所示。

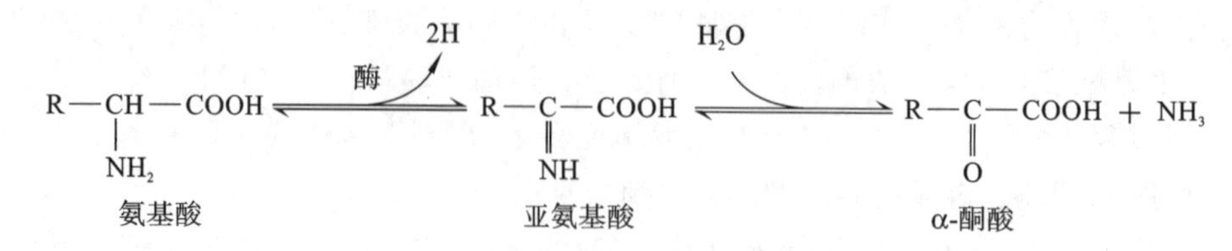

图9-2　氧化脱氨基作用反应式

已知在动物体内，催化氨基酸发生氧化脱氨基反应的酶有L-氨基酸氧化酶、D-氨基酸氧化酶和L-谷氨酸脱氢酶等。L-氨基酸氧化酶的辅基是FMN，催化L-氨基酸的氧化脱氨基作用，但在动物体内分布不广泛，活性不强；D-氨基酸氧化酶以FAD为辅基，在动物体内分布广泛，活性也强，但动物体内的氨基酸绝大多数是L型的，D型的很少，故这两类氨基酸氧化酶在氨基酸代谢中的作用都不大。L-谷氨酸脱氢酶广泛存在于肝、肾和脑等组织中，是一种不需氧的脱氢酶，有较强

的活性，催化 L-谷氨酸氧化脱氨生成 α-酮戊二酸，其辅酶是 NAD^+ 或 $NADP^+$，反应式如图 9-3 所示。

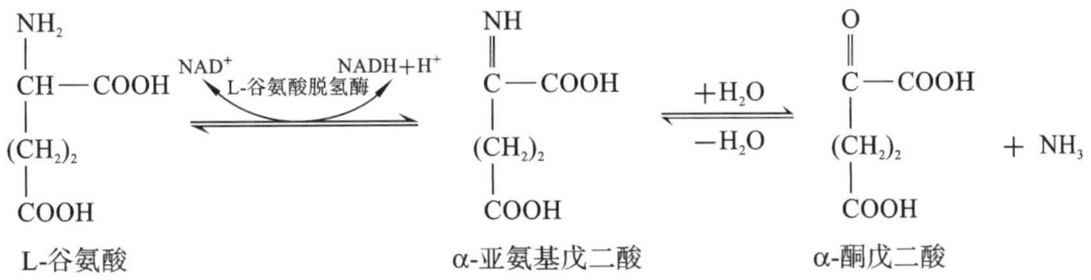

$$\underset{\text{L-谷氨酸}}{HOOC-(CH_2)_2-CH(NH_2)-COOH} \xrightleftharpoons[\text{L-谷氨酸脱氢酶}]{NAD^+ \quad NADH+H^+} \underset{\alpha\text{-亚氨基戊二酸}}{HOOC-(CH_2)_2-C(=NH)-COOH} \xrightleftharpoons[-H_2O]{+H_2O} \underset{\alpha\text{-酮戊二酸}}{HOOC-(CH_2)_2-C(=O)-COOH} + NH_3$$

图 9-3　L-谷氨酸氧化脱氨基反应

以上反应是可逆的，在体内，一般情况下倾向于谷氨酸的合成，因为高浓度氨对机体有害，此反应平衡点有利于保持较低的氨浓度。当谷氨酸浓度高而氨浓度低时，反应有利于α-酮戊二酸的生成。但是，L-谷氨酸脱氢酶具有很高的专一性，只能催化 L-谷氨酸氧化脱氨基作用。所以，单靠此酶不能满足体内大多数氨基酸脱氨基的需求。

2. 转氨基作用

转氨基作用是指在转氨酶催化下，将某一 α-氨基酸的氨基转移到另一个 α-酮酸的酮基位置上，生成相应的 α-酮酸和一种新的 α-氨基酸的过程。

体内绝大多数氨基酸可以通过转氨基作用脱氨。参与蛋白质合成的 20 种 α-氨基酸中，除赖氨酸、脯氨酸、苏氨酸和甘氨酸不参加转氨基作用外，其余均可由特异的转氨酶催化参与转氨基作用。在各种转氨酶中，L-谷氨酸和 α-酮酸的转氨酶最为重要。转氨基作用最重要的氨基受体是 α-酮戊二酸，产生的 L-谷氨酸作为新生成的氨基酸，而对作为氨基供体的氨基酸要求并不严格，反应通式如图 9-4 所示。

$$R_1-CH(NH_2)-COOH + R_2-C(=O)-COOH \xrightleftharpoons{\text{转氨酶}} R_1-C(=O)-COOH + R_2-CH(NH_2)-COOH$$

图 9-4　氨基酸的转氨基作用

上述转氨基反应是可逆的，因此转氨基作用也是体内某些氨基酸（非必需氨基酸）合成的重要途径。所有转氨酶的辅酶都是磷酸吡哆醛和磷酸吡哆胺。动物体内存在多种转氨酶，但大多数转氨酶需要以 α-酮戊二酸为特异的氨基受体，如两种重要的转氨酶——天冬氨酸转氨酶（AST）和丙氨酸转氨酶（ALT）催化的氨基酸的转氨基反应。

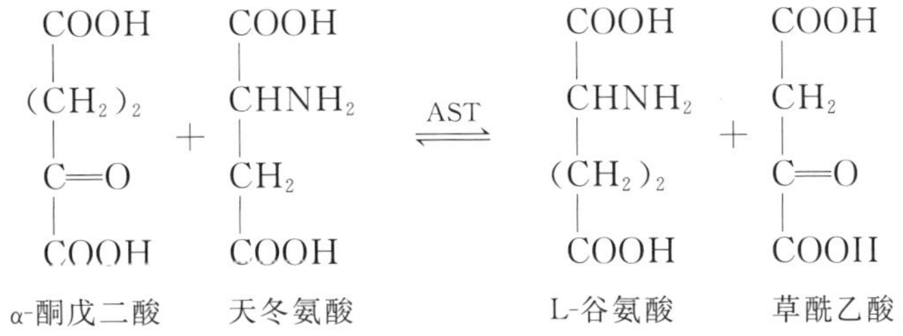

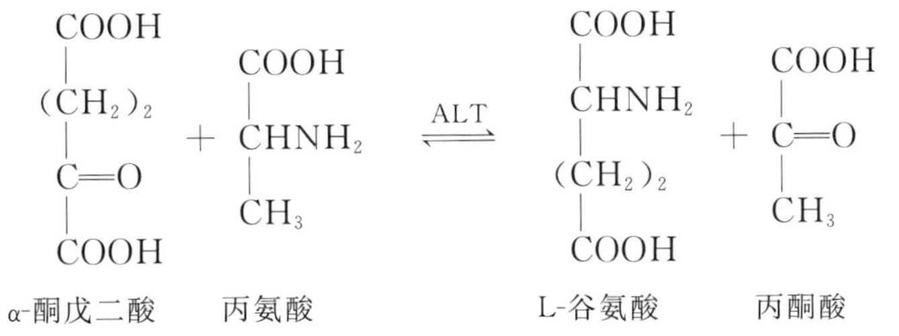

$$\underset{\alpha\text{-酮戊二酸}}{HOOC-(CH_2)_2-C(=O)-COOH} + \underset{\text{天冬氨酸}}{HOOC-CH_2-CHNH_2-COOH} \xrightleftharpoons{AST} \underset{\text{L-谷氨酸}}{HOOC-(CH_2)_2-CHNH_2-COOH} + \underset{\text{草酰乙酸}}{HOOC-CH_2-C(=O)-COOH}$$

$$\underset{\alpha\text{-酮戊二酸}}{HOOC-(CH_2)_2-C(=O)-COOH} + \underset{\text{丙氨酸}}{CH_3-CHNH_2-COOH} \xrightleftharpoons{ALT} \underset{\text{L-谷氨酸}}{HOOC-(CH_2)_2-CHNH_2-COOH} + \underset{\text{丙酮酸}}{CH_3-C(=O)-COOH}$$

习惯上依据其可逆反应分别称这两个酶为谷草转氨酶（GOT）和谷丙转氨酶（GPT）。在正常情况下，上述转氨酶主要存在于细胞中，而在血清中的活性很低，在各组织器官中，又以心脏和肝脏中

的活性较高。当这些组织细胞受损或细胞膜破裂时，可有大量的转氨酶进入血液，于是血清中的转氨酶活性升高。因此可根据血清中转氨酶的活性变化判断这些组织器官的功能状况。例如，GPT在肝脏中活性较高，在急性肝炎时，可引起血清中GPT活性明显升高；GOT在心肌中活性较高，当心肌梗死时，可引起血清中GOT活性明显上升，因此，临床上可通过检测血清中GPT和GOT的活性，作为诊断和预防急性肝炎和心肌梗死的指标之一。

转氨基作用的生理意义十分重要。通过转氨基作用可以调节体内非必需氨基酸的种类和数量，以满足体内蛋白质合成时对非必需氨基酸的需求。另外，转氨基作用还是联合脱氨基作用的重要组成部分，从而加速了体内氨的转变和运输，加强了机体的糖代谢、脂类代谢和氨基酸代谢的互相联系。

3. 联合脱氨基作用

转氨基作用虽然在体内普遍进行着，但仅仅是氨基的转移，并未彻底脱去氨基。氧化脱氨基作用虽然能把氨基酸的氨基真正脱掉，但又只有L-谷氨酸脱氢酶活跃，即只能催化L-谷氨酸氧化脱氨基，这两者都不能满足机体脱氨基的需要。体内大多数的氨基酸通过联合脱氨基作用脱去氨基。联合脱氨基作用是指通过转氨基作用和氧化脱氨基作用两种方式联合起来进行的脱氨基作用。联合脱氨基作用主要有两大反应途径。

(1)由L-谷氨酸脱氢酶和转氨酶联合催化的脱氨基作用：各种氨基酸先与α-酮戊二酸进行转氨基反应，将其氨基转移给α-酮戊二酸生成L-谷氨酸，其本身转变为相应的α-酮酸。然后L-谷氨酸在L-谷氨酸脱氢酶的催化下，脱掉氨基，生成氨和α-酮戊二酸。其总的结果是氨基酸脱去了氨基转变为相应的α-酮酸，并释放出氨，而α-酮戊二酸没有被消耗，可继续参与转氨基作用。其反应过程如图9-5所示。

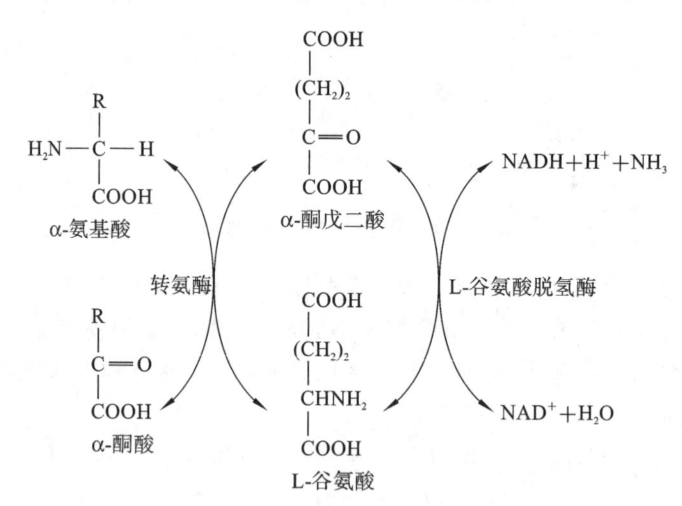

图9-5 L-谷氨酸脱氢酶和转氨酶联合催化的脱氨基作用

上述联合脱氨基作用是可逆的，是氨基酸脱氨基的主要方式，也是体内合成非必需氨基酸的重要途径，主要在肝、肾等组织中进行。

视频：嘌呤核苷酸循环

(2)嘌呤核苷酸循环与转氨基作用联合进行的脱氨基作用：在骨骼肌和心肌中，还存在另一种形式的脱氨基作用，称为嘌呤核苷酸循环。骨骼肌和心肌组织中L-谷氨酸脱氢酶的活性很低，因而不能通过上述形式的联合脱氨基反应脱氨。但骨骼肌和心肌中含丰富的腺苷酸脱氨酶，能催化腺苷酸加水、脱氨生成次黄嘌呤核苷酸(IMP)。氨基酸经过两次转氨基作用，可将α-氨基转移至草酰乙酸生成天冬氨酸。天冬氨酸又可将此氨基转移到次黄嘌呤核苷酸上生成腺嘌呤核苷酸(通过中间化合物腺苷酸代琥珀酸)。腺嘌呤核苷酸又可被脱氨酶水解再转变为次黄嘌呤核苷酸并脱去氨基。其大致途径如图9-6所示。

这种形式的联合脱氨基作用是不可逆的，因而不能通过其逆过程合成非必需氨基酸。这一代谢途径不仅把氨基酸代谢与糖代谢、脂类代谢联系起来，而且也把氨基酸代谢与核苷酸代谢联系起来。

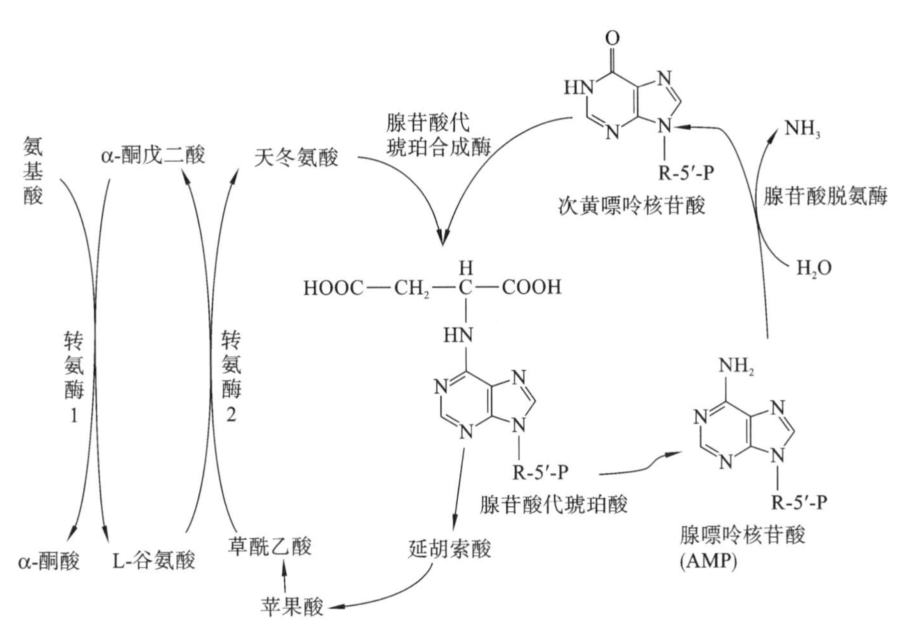

图 9-6 嘌呤核苷酸循环与转氨基作用联合进行的脱氨基作用

(二)氨的代谢

1. 动物体内氨的来源与去路

无论是动物体内脱氨基作用产生的氨还是由消化道吸收的氨,对机体都是一种有毒物质,特别是脑组织对氨尤为敏感,血氨浓度的升高,可能引起脑功能紊乱,血液中 1%的氨就可引起中枢神经系统中毒。正常情况下,机体是不会发生氨堆积现象的,这是因为体内有一整套除去氨的代谢通路,使血液中氨的来源和去路保持恒定。

(1)氨的来源:氨的来源有以下 5 种路径。①在畜禽体内氨的主要来源是氨基酸的脱氨基作用。②胺类、嘌呤及嘧啶的分解也生成少量的氨。③在肌肉和中枢神经组织中,有相当数量的氨是由腺苷酸脱氨基产生的。④从消化道吸收的氨,有的是在消化道细菌作用下,由未被吸收的氨基酸经脱氨基作用产生的,有的来源于饲料如氨化秸秆和尿素(可被消化道中细菌脲酶分解后释放出氨)。⑤血液中的谷氨酰胺流经肾脏时,可被肾小管上皮细胞中的谷氨酰胺酶分解生成谷氨酸和氨,这部分氨主要在肾小管中与 H^+ 结合生成 NH_4^+ 并与钠离子交换,用以调节体内酸碱平衡,最后以铵盐的形式排出体外。

(2)氨的去路:①在肝脏合成尿素,随尿液排出体外。②合成尿酸排出体外(家禽类及部分昆虫类动物的主要去路)。③通过脱氨基过程的逆反应与 α-酮酸再形成氨基酸,还可以参与嘌呤、嘧啶等重要含氮化合物的合成。④在动物体内形成无毒的谷氨酰胺,它既是合成蛋白质所需的氨基酸,又是体内运输氨和储存氨的方式。⑤直接随尿液排出体外。

氨的来源与去路如图 9-7 所示。

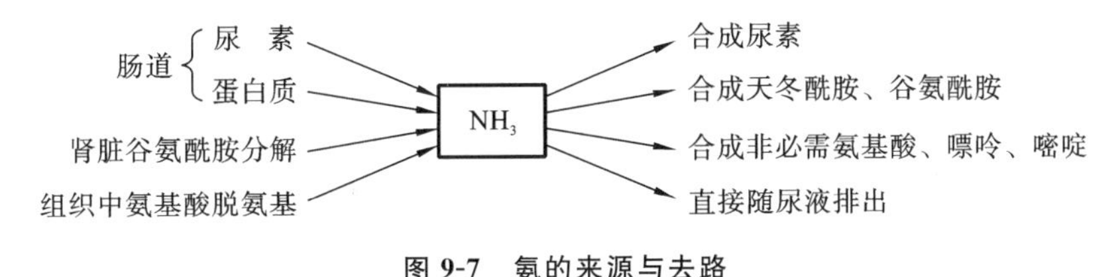

图 9-7 氨的来源与去路

2. 尿素的合成

在哺乳动物体内氨的主要去路是合成尿素排出体外,肝脏是哺乳动物合成尿素的主要器官。其他组织如肾、脑等也能合成尿素,但合成的能力都很弱。肾脏是尿素排泄的主要器官。氨转变为尿

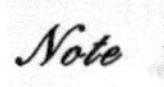

素是一个循环反应过程，这个过程从鸟氨酸开始，中间生成瓜氨酸、精氨酸，最后精氨酸水解生成尿素和鸟氨酸，形成一个循环，这一过程称为鸟氨酸循环，又称尿素循环。现将尿素在肝脏中合成的循环反应过程叙述如下。

视频：
鸟氨酸循环

（1）氨甲酰磷酸的合成：在 Mg^{2+}、N-乙酰谷氨酸（AGA）存在时，氨、二氧化碳、水和 ATP 在氨甲酰磷酸合成酶Ⅰ（存在于肝细胞线粒体内）的催化下，生成氨甲酰磷酸（图 9-8）。

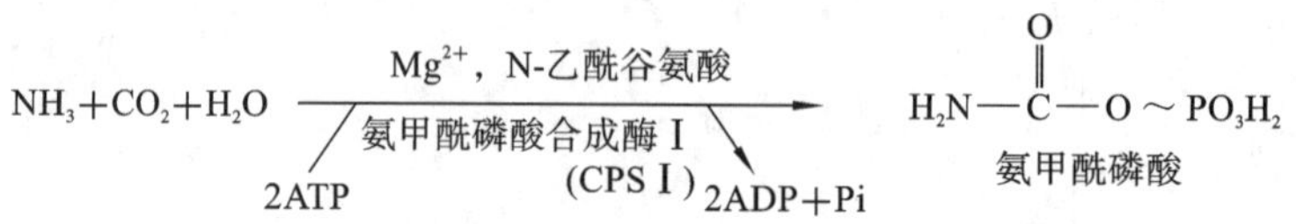

$$NH_3+CO_2+H_2O \xrightarrow[\text{氨甲酰磷酸合成酶 I (CPS I)}; \ 2ATP \to 2ADP+Pi]{Mg^{2+},\ \text{N-乙酰谷氨酸}} H_2N—\overset{O}{\overset{\|}{C}}—O \sim PO_3H_2$$

氨甲酰磷酸

图 9-8　氨甲酰磷酸的合成

（2）瓜氨酸的合成：在线粒体内，由鸟氨酸氨甲酰转移酶催化，氨甲酰磷酸将其氨甲酰基转移给鸟氨酸，释放出磷酸，生成瓜氨酸，瓜氨酸生成后进入细胞质中（图 9-9）。

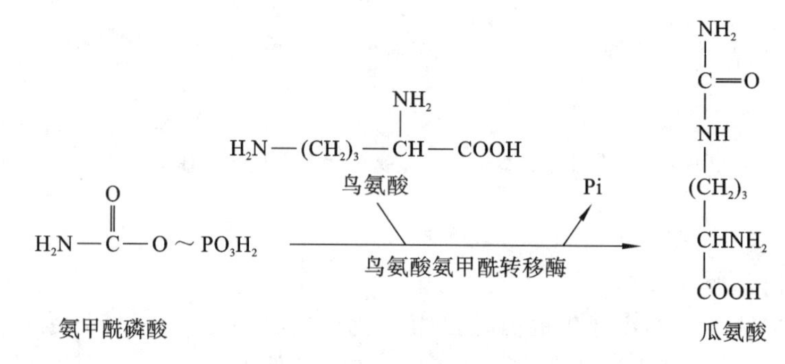

图 9-9　瓜氨酸的合成

反应中的鸟氨酸是在胞质中生成的，通过线粒体膜上特异的转运系统转移至线粒体内。

（3）精氨酸的合成：生成的瓜氨酸从线粒体内转入细胞质中，由精氨酸代琥珀酸合成酶催化，瓜氨酸的脲基与天冬氨酸的氨基缩合形成精氨酸代琥珀酸（图 9-10）。该酶需要 ATP 提供能量（消耗两个高能磷酸键）及 Mg^{2+} 的参与。

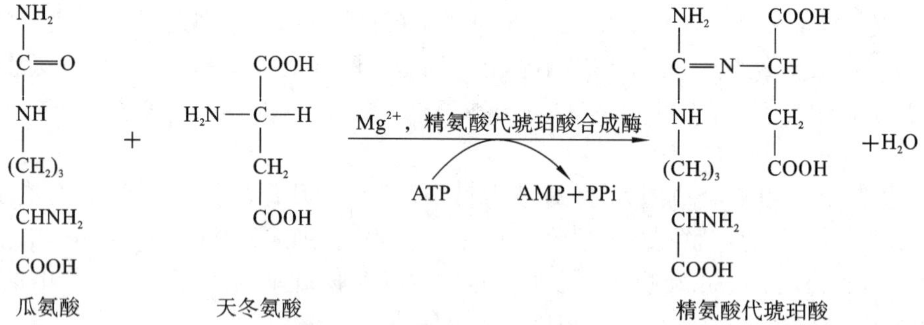

$NH_2—C(=O)—NH—(CH_2)_3—CHNH_2—COOH$（瓜氨酸） + $H_2N—CH(COOH)—CH_2—COOH$（天冬氨酸） $\xrightarrow[ATP \to AMP+PPi]{Mg^{2+},\ \text{精氨酸代琥珀酸合成酶}}$ $NH_2—C(=N—CH(COOH)—CH_2—COOH)—NH—(CH_2)_3—CHNH_2—COOH$（精氨酸代琥珀酸） $+H_2O$

图 9-10　精氨酸代琥珀酸的合成

然后，精氨酸代琥珀酸在精氨酸代琥珀酸裂解酶的催化下分解为精氨酸及延胡索酸（图 9-11）。

（4）精氨酸的水解：在精氨酸酶的催化下，精氨酸水解生成尿素和鸟氨酸。精氨酸酶存在于哺乳动物体内，尤其在肝脏中有很高的活性。尿素可以经过血液运送至肾脏，再随尿液排出体外，鸟氨酸则可经特异的转运系统进入线粒体，再与氨甲酰磷酸反应合成瓜氨酸，重复上述循环过程。精氨酸的水解反应如图 9-12 所示。

从以上几个反应过程可见，形成 1 分子尿素，实际上可以清除 2 分子氨和 1 分子二氧化碳。其中 1 分子是游离的氨，另 1 分子氨是由天冬氨酸提供的。天冬氨酸可由草酰乙酸与谷氨酸经转氨基作用生成，而谷氨酸又是通过其他氨基酸把氨基转移给 α-酮戊二酸而生成的。所以其他氨基酸脱下的氨基可以通过谷氨酸、天冬氨酸等中间产物最终合成尿素。上述反应中的延胡索酸可以经过三羧

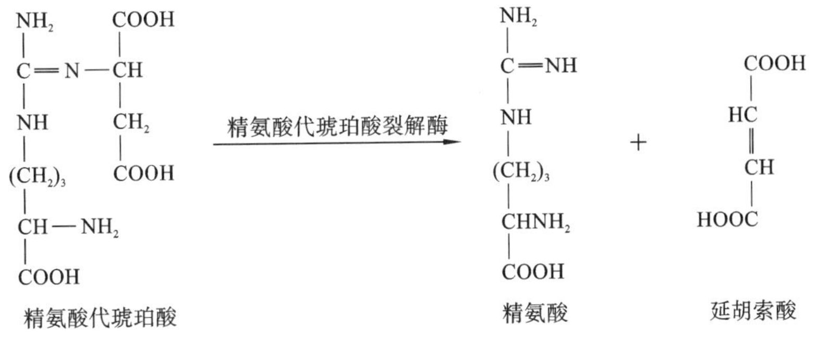

$$\underset{\text{精氨酸代琥珀酸}}{NH_2-C(=N-CH(COOH)-CH_2-COOH)-NH-(CH_2)_3-CH(NH_2)-COOH} \xrightarrow{\text{精氨酸代琥珀酸裂解酶}} \underset{\text{精氨酸}}{NH_2-C(=NH)-NH-(CH_2)_3-CHNH_2-COOH} + \underset{\text{延胡索酸}}{HOOC-CH=CH-COOH}$$

图 9-11　精氨酸代琥珀酸的分解

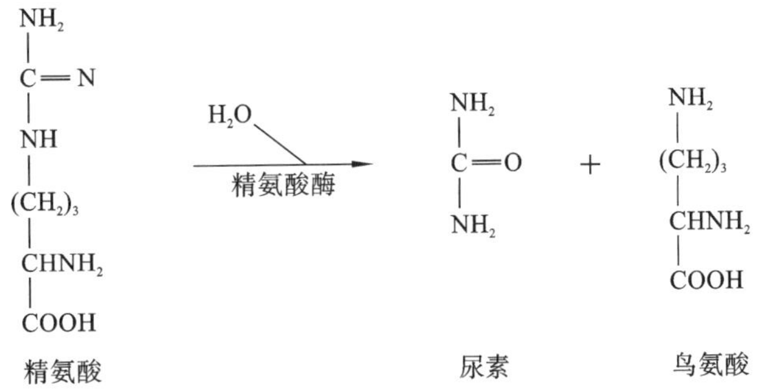

$$\underset{\text{精氨酸}}{NH_2-C(=N)-NH-(CH_2)_3-CHNH_2-COOH} \xrightarrow[\text{精氨酸酶}]{H_2O} \underset{\text{尿素}}{NH_2-C(=O)-NH_2} + \underset{\text{鸟氨酸}}{NH_2-(CH_2)_3-CHNH_2-COOH}$$

图 9-12　精氨酸的水解反应

酸循环的中间步骤转变成草酰乙酸，草酰乙酸再与谷氨酸进行转氨基作用，重新生成天冬氨酸。由此将尿素循环和三羧酸循环密切联系在一起。

尿素循环是一个消耗能量的过程，每生成 1 分子尿素会消耗 3 分子 ATP 中的 4 个高能磷酸键。尿素循环的总途径如图 9-13 所示。

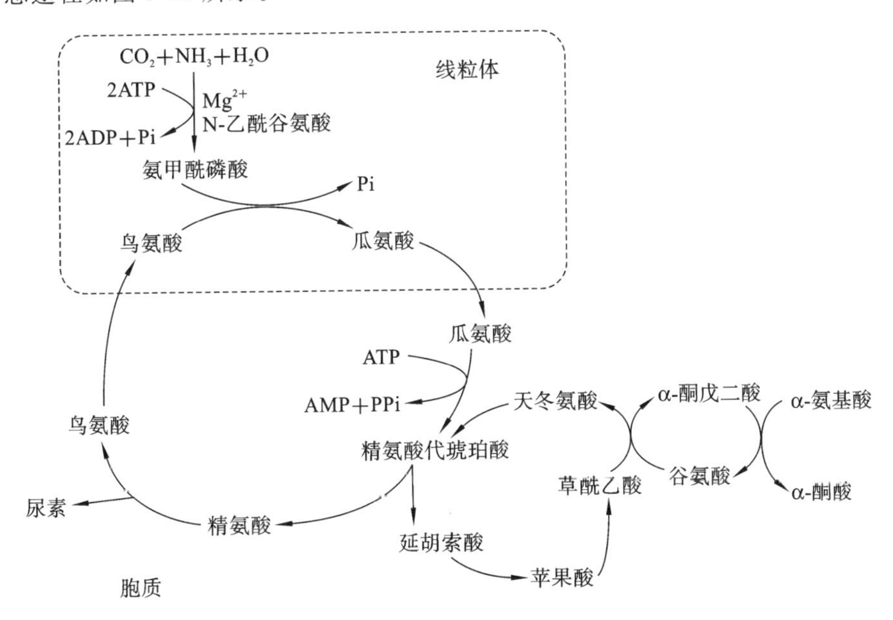

图 9-13　尿素循环示意图

3. 尿酸的生成及排出

家禽体内氨的主要去路是合成尿酸排出体外，并不合成尿素。排尿酸的动物包括鸟类、陆生爬行动物。尿酸在水中的溶解度很低，常以白色尿酸盐的形式从尿中析出。例如家禽痛风症又称尿酸盐沉积症，该病是由于蛋白质代谢障碍而引起的尿酸盐血症。家禽尿酸排泄障碍或产生过多导致血液中尿酸含量显著增高，从而使尿酸以尿酸盐的形式沉积在关节、体腔和各脏器的表面及其他间质

组织。临床解剖发现，大量白色尿酸盐沉积在痛风症家禽关节、软骨、胸腔、腹腔及其他组织器官中，造成家禽输尿管肿大发白、花斑肾。病禽由于腿及翅关节肿大而行动迟缓或跛行，同时排出白色稀粪，泄殖腔周围羽毛黏附有白色尿酸盐。

（三）α-酮酸的代谢

氨基酸经联合脱氨基作用或其他脱氨基作用之后，生成相应的 α-酮酸。这些 α-酮酸的代谢途径虽各不相同，但不外乎以下 3 种去路（图 9-14）。

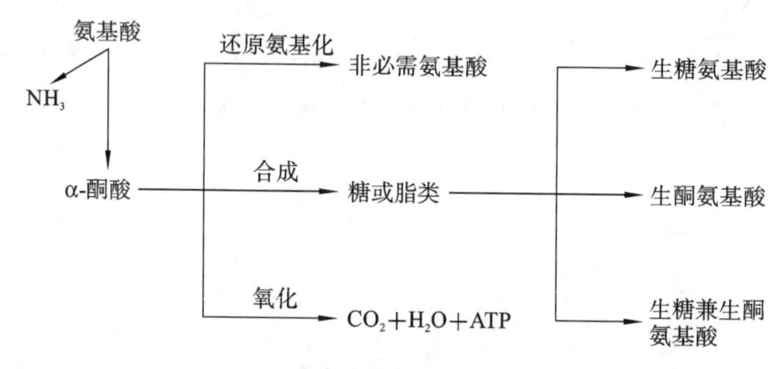

图 9-14　α-酮酸的代谢简图

1. 生成非必需氨基酸

α-酮酸可以通过转氨基作用和联合脱氨基作用的可逆过程生成相应的氨基酸，该过程可称为还原氨基化。这也是动物体内非必需氨基酸的主要生成方式。而与必需氨基酸相对应的 α-酮酸不能在体内合成，所以必需氨基酸依赖于食物的供应。

当体内氨基酸过剩时，脱氨基作用会相应地加强；反之，当体内需要氨基酸时，合成反应会加强。

2. 转变为糖和脂类

在动物体内，α-酮酸可以转变成糖和脂类。这是利用不同的氨基酸饲养人工诱发糖尿病的动物所得出的结论。绝大多数氨基酸可以使受试动物尿中的葡萄糖浓度增高，少数使尿中葡萄糖和酮体浓度增高，只有亮氨酸和赖氨酸仅使尿中的酮体浓度增高。由此，将在动物体内可以转变成葡萄糖的氨基酸称为生糖氨基酸，包括丙氨酸、丝氨酸、甘氨酸、半胱氨酸、苏氨酸、天冬氨酸、天冬酰胺、甲硫氨酸、谷氨酸、谷氨酰胺、缬氨酸、精氨酸、脯氨酸和组氨酸。能转变成酮体的称为生酮氨基酸，包括亮氨酸和赖氨酸。既能转变成葡萄糖，又能转变成酮体的氨基酸称为生糖兼生酮氨基酸，包括色氨酸、苯丙氨酸、酪氨酸和异亮氨酸。生糖或生酮的氨基酸分类见表 9-1。

表 9-1　氨基酸分类

分类	氨基酸
生糖氨基酸	丙氨酸、丝氨酸、甘氨酸、半胱氨酸、苏氨酸、天冬氨酸、天冬酰胺、甲硫氨酸、谷氨酸、谷氨酰胺、缬氨酸、精氨酸、脯氨酸和组氨酸
生酮氨基酸	亮氨酸和赖氨酸
生糖兼生酮氨基酸	色氨酸、苯丙氨酸、酪氨酸和异亮氨酸

3. 生成二氧化碳和水

氨基酸脱氨基后生成的 α-酮酸，可以沿一定的途径转变为糖代谢的中间产物，其中有的转变为丙酮酸，有的转变为乙酰 CoA，也有的转变为三羧酸循环的中间产物，最终都能通过三羧酸循环彻底氧化成二氧化碳和水，并提供能量。这是 α-酮酸的重要代谢去路。

（四）氨基酸的脱羧基作用

氨基酸可在脱羧酶的催化下，脱去羧基生成二氧化碳和相应的胺，这一过程称为氨基酸的脱羧基作用。脱羧酶的辅酶也是磷酸吡哆醛，其主要反应过程如下：

$$\underset{\text{氨基酸}}{H-\underset{COOH}{\overset{R}{C}}-NH_2} \xrightarrow[\text{磷酸吡哆醛}]{\text{脱羧酶}} \underset{\text{胺类}}{RCH_2NH_2 + CO_2}$$

氨基酸的脱羧基作用在其分解代谢中不是主要的途径，在畜禽体内只有很少量的氨基酸首先通过脱羧基作用进行分解代谢，产生的胺可生成一些具有重要的生理活性的胺类物质。重要的胺类物质有以下几种。

1. γ-氨基丁酸（GABA）

GABA 由谷氨酸脱羧基生成，催化此反应的酶是 L-谷氨酸脱羧酶。此酶在脑、肾组织中活性很高，所以脑中 GABA 含量较高。GABA 是一种仅见于中枢神经系统的抑制性神经递质，对中枢神经元有普遍性抑制作用。在脊髓，GABA 作用于突触前神经末梢，减少兴奋性神经递质的释放，从而引起突触前抑制，在脑则引起突触后抑制。临床上对于惊厥和妊娠呕吐的患者常常使用维生素 B_6 治疗，其机制就在于提高脑组织内谷氨酸脱羧酶的活性，使 GABA 生成增多，增强中枢抑制作用。

2. 组胺

组胺是由组氨酸脱羧生成的。组胺主要由肥大细胞产生并储存，在肝、肺、乳腺、肌肉及胃黏膜中含量较高。组胺是一种强烈的血管舒张剂，能增强毛细血管的通透性，还可引起血压下降和局部水肿。组胺的释放与过敏反应症状密切相关。组胺可刺激胃蛋白酶和胃酸的分泌，所以常用它进行胃分泌功能的研究。

3. 5-羟色胺

色氨酸在脑中首先由色氨酸羟化酶催化生成 5-羟色氨酸，再经脱羧酶作用生成 5-羟色胺。5-羟色胺在神经组织中有重要的功能，目前已肯定中枢神经系统有 5-羟色胺神经元。5-羟色胺可使大部分交感神经节前神经元兴奋，而使副交感节前神经元抑制。其他组织如小肠、血小板、乳腺细胞中也有 5-羟色胺，其具有强烈的促进血管收缩作用。

4. 牛磺酸

动物体内牛磺酸主要由半胱氨酸脱羧生成。半胱氨酸先氧化生成磺酸丙氨酸，再由磺酸丙氨酸脱羧酶催化脱去羧基，生成牛磺酸。牛磺酸是结合胆汁酸的重要组成成分。

5. 多胺

鸟氨酸在鸟氨酸脱羧酶的催化下可生成腐胺，S-腺苷甲硫氨酸（SAM）在 SAM 脱羧酶的催化下脱羧生成 S-腺苷-3-甲硫基丙胺。在精脒合成酶的催化下将 S-腺苷-3-甲硫基丙胺的丙氨基转移到腐胺分子上合成精脒，再在精胺合成酶的催化下，将另一分子 S-腺苷-3-甲硫基丙胺的丙氨基转移到精脒分子上，最终合成了精胺。腐胺、精脒和精胺总称为多胺或聚胺。

多胺存在于精液及细胞核糖体中，是调节细胞生长的重要物质。多胺分子带有较多的正电荷，能与带负电荷的 DNA 及 RNA 结合，稳定其结构，促进核酸及蛋白质的合成。在生长旺盛的组织如胚胎、再生肝及癌组织中，多胺含量升高。所以可将血液或尿液中多胺含量作为肿瘤诊断的辅助指标。

以上胺类物质的来源及功能见表 9-2。

表 9-2 重要胺类物质的来源及功能

胺类物质	来源	功能
γ-氨基丁酸（GABA）	谷氨酸	中枢神经系统的抑制性神经递质
组胺	组氨酸	血管舒张剂并促进胃液分泌
5-羟色胺	色氨酸	抑制性神经递质，可收缩血管
牛磺酸	半胱氨酸	可形成胆汁，促进脂类消化
多胺（精胺、腐胺等）	鸟氨酸	具有促进细胞增殖等作用

Note

三、个别氨基酸的代谢

前面所述的是氨基酸在动物体内的一般代谢过程，事实上，许多氨基酸还有其特殊的代谢途径，并在其代谢途径之间及与其他代谢产物之间有着紧密的联系。以下简要介绍一些在动物体内有着重要生理意义的氨基酸的代谢。

（一）提供一碳基团的氨基酸代谢

1. 一碳基团的概念

某些氨基酸在分解代谢过程中能产生含有一个碳原子的有机基团，即一碳基团，也可称为一碳单位。这些一碳基团可经过转移参与生物合成过程，具有重要的生理功能。常见的一碳基团有甲基（$—CH_3$）、亚甲基（$—CH_2—$）、甲酰基（—CHO）、亚氨甲基（—CH ═NH）、甲炔基（—CH ═）等，然而，羧基（—COOH）不列入一碳基团。

2. 一碳基团的来源及相互转变

一碳基团并不是游离存在的，而是被一碳基团转移酶的辅酶四氢叶酸（FH_4）携带进行代谢和转运。一碳基团往往与四氢叶酸分子中 N^5、N^{10} 位相连，并可以通过氧化还原反应过程相互转变（图 9-15）。

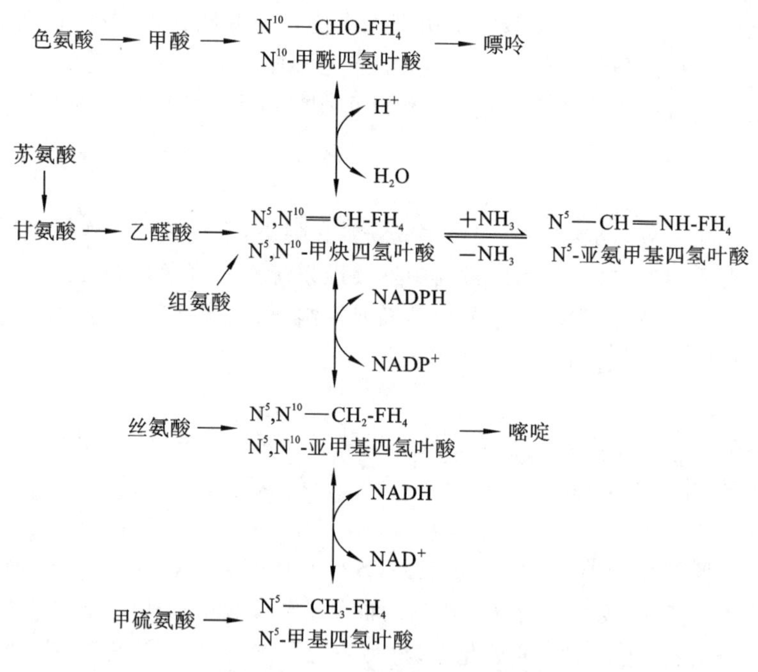

图 9-15　一碳基团的相互转变

一碳基团的生理功能主要有以下两个方面：一方面，合成的重要含氮物质是联系氨基酸代谢与核苷酸代谢的枢纽。一碳基团是合成嘌呤和嘧啶的原料，在核酸的生物合成过程中有重要作用，如 N^5，N^{10}═CH-FH_4 直接提供甲基用于脱氧核苷酸 dUMP 向 dTMP 的转化。因为一碳基团是合成核酸的原料，所以一碳基团的代谢与细胞的增殖、组织生长和机体发育等重要过程密切相关。如果一碳基团代谢障碍，在人体会引起巨幼细胞贫血。某些药物如甲氨蝶呤（抗癌药物）和磺胺类药物均能通过干扰一碳基团的正常转运来抑制核酸的合成，从而达到抑制细菌和肿瘤细胞的代谢活动来发挥其药理作用的目的。另一方面，作为甲基的供体，一碳基团参与 S-腺苷甲硫氨酸的合成。体内许多具有重要生理功能的化合物如肾上腺素、胆碱、胆酸等的合成都需要甲基化反应，可由 S-腺苷甲硫氨酸（S-腺苷蛋氨酸）提供甲基；而 N^5-甲基四氢叶酸充当甲基的间接供体，以供重新生成甲硫氨酸（蛋氨酸）。

（二）含硫氨基酸的代谢

动物体内含硫氨基酸有甲硫氨酸（蛋氨酸）、半胱氨酸和胱氨酸 3 种，这 3 种氨基酸的代谢是相互联系的，甲硫氨酸可以转变为半胱氨酸和胱氨酸，半胱氨酸和胱氨酸也可以相互转变，但在体内，后两者都不能转变成甲硫氨酸，所以甲硫氨酸是必需氨基酸。

1. 半胱氨酸和胱氨酸代谢

（1）半胱氨酸和胱氨酸的相互转变：胱氨酸不参与蛋白质的合成，它没有遗传密码子，蛋白质中的胱氨酸由半胱氨酸残基氧化脱氢而来。在蛋白质分子中 2 个半胱氨酸残基间所形成的二硫键对维持蛋白质分子的构象起着重要作用，而蛋白质分子中半胱氨酸的巯基（—SH）是许多蛋白质或酶的活性基团。

$$2\,\underset{\text{半胱氨酸}}{\mathrm{HS{-}CH_2{-}CH(NH_2){-}COOH}} \underset{+2H}{\overset{-2H}{\rightleftharpoons}} \underset{\text{胱氨酸}}{\mathrm{HOOC{-}CH(NH_2){-}CH_2{-}S{-}S{-}CH_2{-}CH(NH_2){-}COOH}}$$

（2）半胱氨酸氧化分解为活性硫酸：半胱氨酸在体内分解为丙酮酸的途径有两个：一是在双氧化酶的催化下直接氧化，称为半胱亚磺酸途径；二是通过转氨的 3-巯基丙酮酸途径。

半胱氨酸的巯基可经半胱亚磺酸途径氧化生成硫酸。其中一部分硫酸以无机盐形式随尿液排出，另一部分可活化生成 3′-磷酸腺苷-5′-磷酸硫酸（PAPS），即活性硫酸根（图 9-16）。

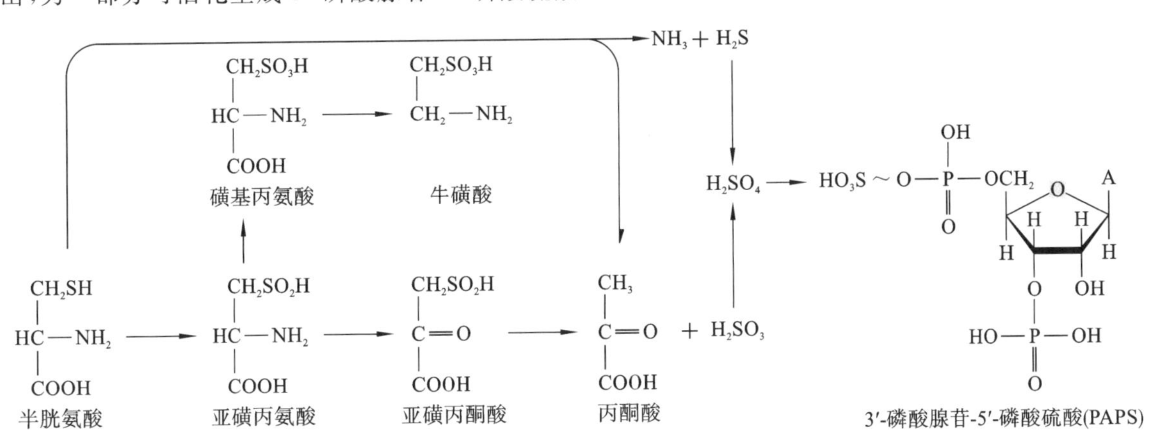

图 9-16 半胱氨酸氧化分解为活性硫酸根

PAPS 的性质活泼，在肝脏的生物转化中具有重要作用。如类固醇激素可与 PAPS 结合成硫酸酯而被灭活，一些外源性酚类亦可与其合成硫酸酯而增加溶解性，从而有利于随尿液排出体外。此外，PAPS 也可参与硫酸角质素及硫酸软骨素等分子中硫酸化氨基多糖的合成。

（3）谷胱甘肽的合成：半胱氨酸还可在体内参与谷胱甘肽的合成。谷胱甘肽是由谷氨酸的 γ-羧基与半胱氨酸、甘氨酸合成的三肽，其活性基团是其分子中半胱氨酸残基上的巯基。谷胱甘肽的简写式为 GSH，它是机体重要的含巯基化合物，有氧化型和还原型两种形式，彼此可以相互转化。

$$2\mathrm{GSH}\,(\text{还原型}) \underset{+2H}{\overset{-2H}{\rightleftharpoons}} \mathrm{GSSG}\,(\text{氧化型})$$

GSH 在肝脏中活性高，其主要功能有两个：一是解毒功能，在肝脏中 GSH 可与某些非营养物质如药物、毒物等结合，以利于这类物质的生物转化；二是还原功能，还原型谷胱甘肽可与过氧化物及氧自由基反应，从而保护膜上含巯基的蛋白质及含巯基的酶等物质不被氧化，保持红细胞膜的完整性，防止亚铁血红蛋白氧化成高铁血红蛋白而失去携带氧气的功能。

总之，半胱氨酸和胱氨酸在动物体内可以相互转变，可以氧化脱羧生成牛磺酸，可以氧化脱氨生

成丙酮酸及活性硫酸根，还可以合成谷胱甘肽。其生成的活性物质参与机体代谢，例如活性硫酸根可参与硫酸软骨素、硫酸角质素等物质的合成及参与肝脏的生物转化；谷胱甘肽可以保护巯基蛋白（酶）不被氧化，阻断外源性毒物与核酸、蛋白质结合等。

视频：
甲硫氨酸
循环

2. 甲硫氨酸代谢

甲硫氨酸的代谢主要是转甲基作用与甲硫氨酸循环。

（1）转甲基作用：甲硫氨酸是动物体的必需氨基酸，其分子中有甲硫基；甲硫氨酸是动物体中重要的甲基直接供给体之一，可参与多种转甲基的反应，生成多种含甲基的生理活性物质，如参与肌酸、肾上腺素、胆碱、肉毒碱的合成及核酸甲基化过程。但是，其在转甲基之前必须腺苷化成 S-腺苷甲硫氨酸（SAM）。SAM 中的甲基是被活化的，称为活性甲基，因此 SAM 又称为活性甲硫氨酸（图 9-17）。

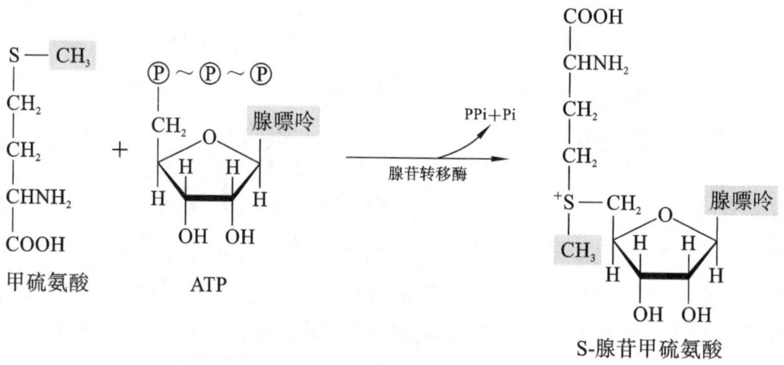

图 9-17　S-腺苷甲硫氨酸生成简图

SAM 分子中的甲基只有在甲基转移酶的作用下才可以转移给某个甲基受体而使其甲基化，而 SAM 本身则转变为 S-腺苷同型半胱氨酸，经过进一步脱腺苷作用，最终生成比半胱氨酸多一个—CH_2—的同型半胱氨酸（图 9-18）。

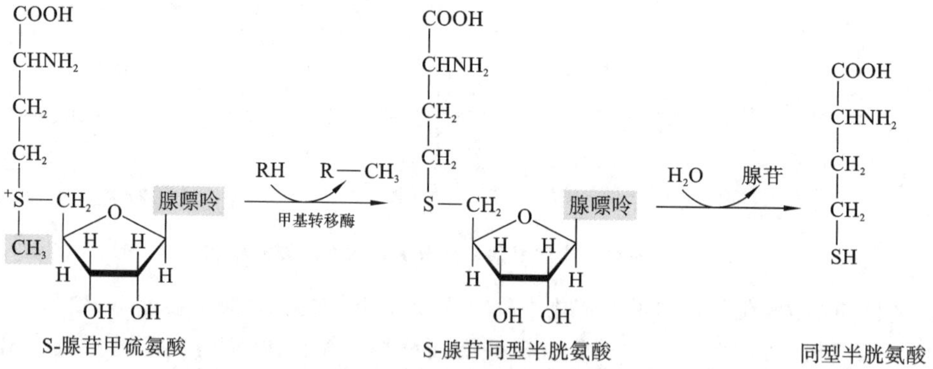

图 9-18　同型半胱氨酸的生成

（2）甲硫氨酸的循环（图 9-19）：甲硫氨酸通过上述转甲基作用提供甲基是其在体内最主要的分解代谢途径，同时，SAM 在甲基转移酶的催化下，将甲基转移给某化合物（RH）生成甲基化合物（RCH_3）后，水解除去腺苷生成同型半胱氨酸，后者在甲硫氨酸合成酶（又称 N^5-甲基四氢叶酸转甲基酶，辅酶为维生素 B_{12}）的作用下，从 N^5-甲基四氢叶酸处获得甲基再合成甲硫氨酸，形成一个循环过程，称为甲硫氨酸循环。

这个循环的生理意义是由 N^5-甲基四氢叶酸提供甲基合成甲硫氨酸，再通过此循环的 SAM 提供甲基以进行体内广泛存在的甲基化反应。N^5-甲基四氢叶酸是体内甲基的间接供体。

上述循环虽然可以生成甲硫氨酸，但是，动物体内却不能合成同型半胱氨酸，只能由甲硫氨酸转变而来，实际上动物体内仍然不能合成甲硫氨酸，必须由食物提供。

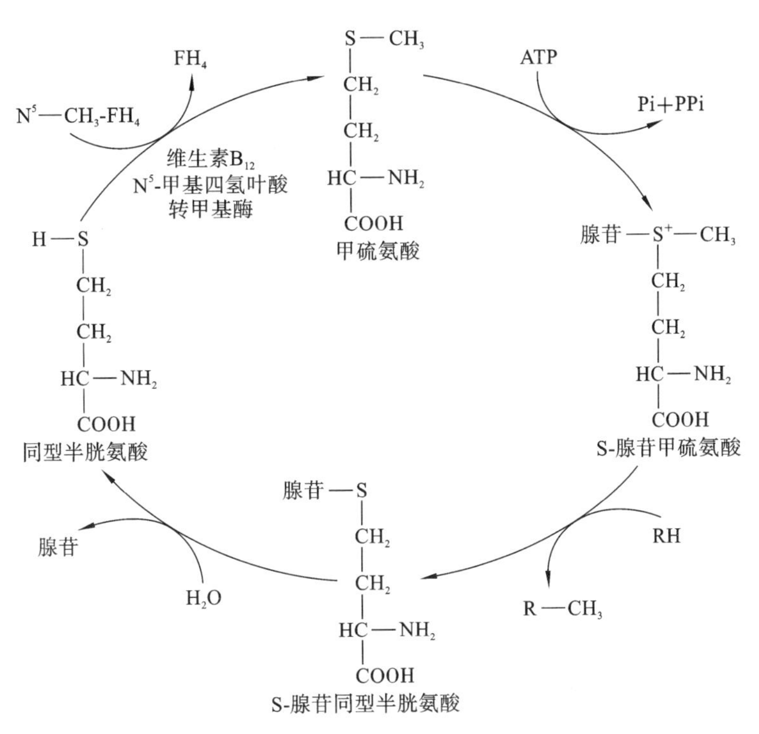

图 9-19 甲硫氨酸的循环

（三）芳香族氨基酸的代谢转变

芳香族氨基酸包括苯丙氨酸、酪氨酸和色氨酸，它们的代谢转变对动物机体的健康与代谢活动非常重要。

1. 苯丙氨酸转变为酪氨酸

苯丙氨酸在体内可由苯丙氨酸羟化酶催化，羟化为酪氨酸后再进一步代谢，但酪氨酸不能转变为苯丙氨酸。苯丙氨酸羟化酶是一种加氧酶，其辅酶为四氢生物蝶呤，催化反应不可逆（图 9-20）。正常情况下，苯丙氨酸经由此反应转变。

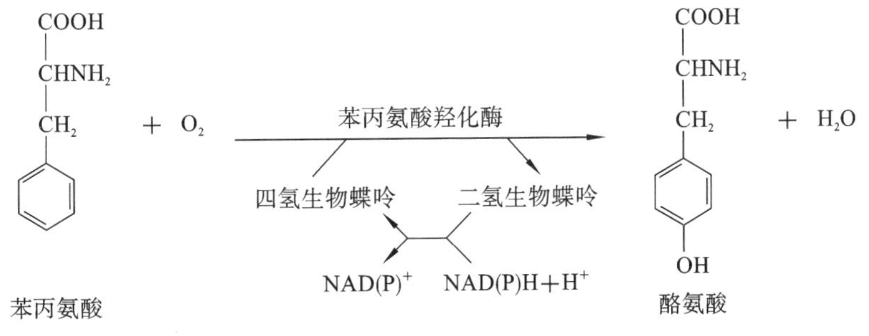

苯丙氨酸 + O_2 —(苯丙氨酸羟化酶；四氢生物蝶呤 → 二氢生物蝶呤；$NAD(P)H+H^+$ → $NAD(P)^+$)→ 酪氨酸 + H_2O

图 9-20 苯丙氨酸转变为酪氨酸

当人类先天缺乏苯丙氨酸羟化酶时，患儿体内累积的苯丙氨酸可经转氨基作用生成大量的苯丙酮酸及苯乙酸等代谢衍生物，苯丙酮酸在尿中大量出现可引起苯丙酮尿症（PKU）。苯丙酮酸的堆积可严重损害神经系统，造成患儿智力发育障碍（图 9-21）。

通常情况下，PUK 患者智力低下，60％的患儿有脑电图异常，头发细黄，皮肤色淡和虹膜呈淡黄色，易惊厥且尿有“发霉”臭味或鼠尿味。

2. 酪氨酸的代谢

酪氨酸在体内可进一步代谢转化成许多重要的生理活性物质，如多巴胺、去甲肾上腺素、肾上腺素、甲状腺素及黑色素等。

（1）转变为儿茶酚胺：酪氨酸经酪氨酸羟化酶的作用，生成 3，4-二羟基苯丙氨酸（DOPA，多巴）。

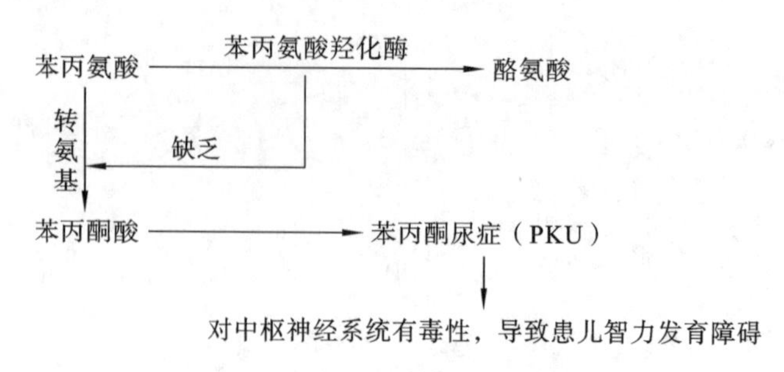

图 9-21 苯丙酮尿症简图

多巴是酪氨酸代谢的一个十分重要的中间产物，它可以进一步在多巴脱羧酶的催化下，转变为多巴胺。多巴胺是一种中枢神经递质，当多巴胺合成不足时就会导致帕金森病（图 9-22）。在肾上腺髓质中，多巴胺的β-碳原子羟化，生成去甲肾上腺素，进而在甲基转移酶的作用下，由 S-腺苷甲硫氨酸提供甲基转变为肾上腺素。多巴胺、去甲肾上腺素、肾上腺素都是具有儿茶酚结构的胺类物质，所以统称为儿茶酚胺，它们都是重要的小分子含氮激素。

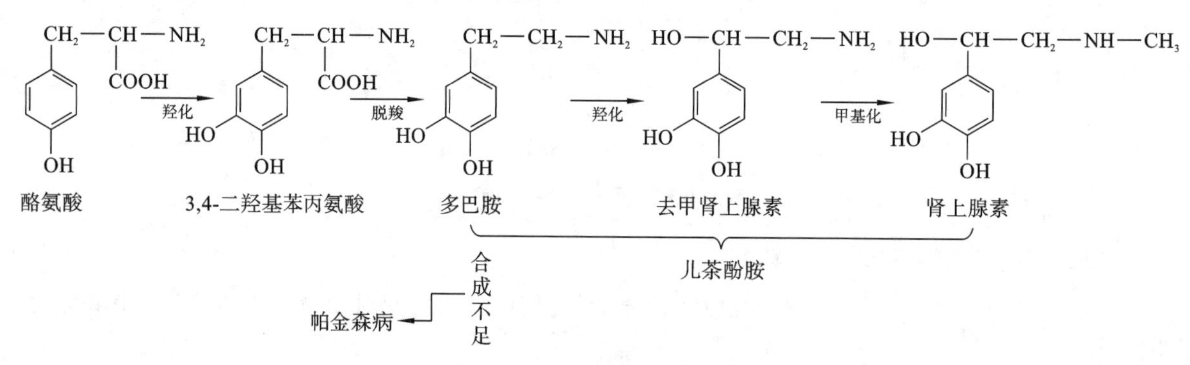

图 9-22 酪氨酸转变为儿茶酚胺

（2）合成黑色素：合成黑色素是酪氨酸代谢的另一条途径。酪氨酸在黑色素细胞中经过酪氨酸酶的催化羟化成多巴，多巴经过氧化、脱羧等反应转变成吲哚-5，6-醌，吲哚-5，6-醌的聚合物就是皮肤黑色素。如在近亲结婚的后代中，较常见到由先天性遗传引起的酪氨酸酶基因缺陷造成的黑色素合成障碍，皮肤、毛发等变为白色，称为白化病（图 9-23）。但是，该病一般不影响患者的智力和日常生活。

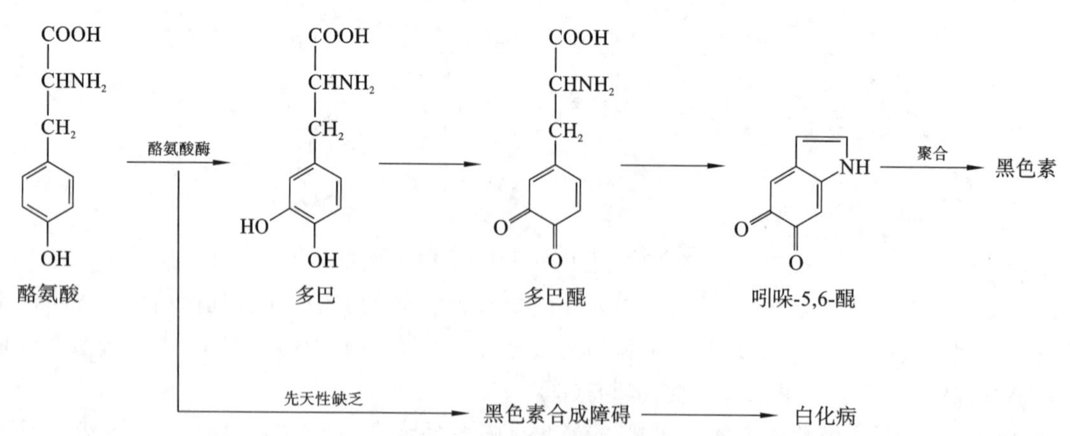

图 9-23 酪氨酸合成黑色素

（3）合成甲状腺激素（T_3和 T_4）：酪氨酸还是机体合成甲状腺激素（T_3和 T_4）的原料（图 9-24），而甲状腺激素对维持机体的正常代谢、促进生长发育非常重要，机体幼年甲状腺激素的缺乏可导致呆小症。

（4）分解成延胡索酸及乙酰乙酸进一步代谢：酪氨酸经转氨基作用，转化为对羟基苯丙酮酸，接

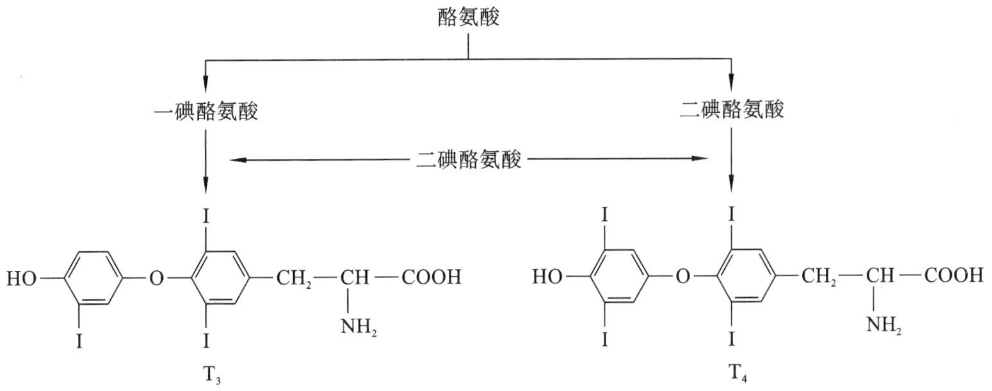

图 9-24　酪氨酸合成甲状腺激素

着进一步氧化脱羧生成尿黑酸。尿黑酸经尿黑酸氧化酶作用可再转变为延胡索酸和乙酰乙酸(图 9-25)。延胡索酸可进入三羧酸循环参与糖代谢生成糖，乙酰乙酸可进入脂类代谢途径生成酮。因此，苯丙氨酸和酪氨酸是生糖兼生酮氨基酸。当机体尿黑酸氧化酶缺陷时，尿黑酸的进一步分解代谢受阻，可出现尿黑酸症，也是一种遗传病。

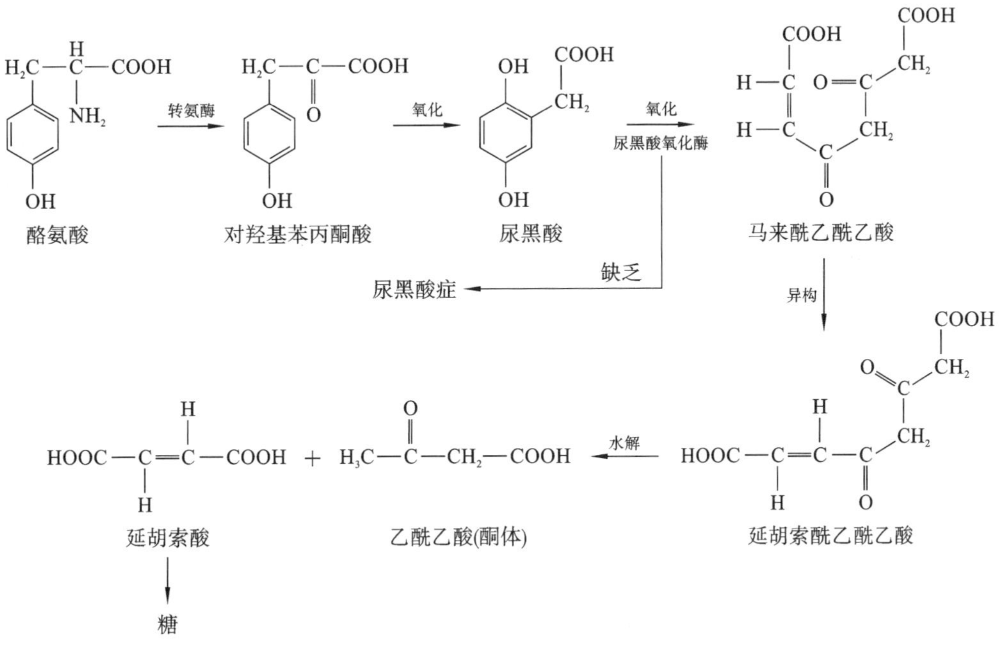

图 9-25　酪氨酸分解成延胡索酸及乙酰乙酸

3. 色氨酸代谢

色氨酸不但可以脱羧转变为 5-羟色胺，还可以在色氨酸加氧酶的作用下生成一碳基团。除此之外，色氨酸还可分解转变为丙酮酸和乙酰乙酸，所以色氨酸也是生糖兼生酮氨基酸。色氨酸还能用于少量烟酸的合成，但是由于量太少，远远不能满足动物机体的需要。

模块小结

动物饲料中的蛋白质经消化水解为各种氨基酸而被吸收，动物体内的蛋白质酶促降解为氨基酸，外源性氨基酸与内源性氨基酸共同构成“氨基酸代谢库”，参与体内代谢。氨基酸具有重要的生理功能，除主要作为合成蛋白质的原料外，还可转变为核苷酸、某些激素及神经递质等含氮物质。动物体内氨基酸主要来自饲料蛋白质的消化吸收。

氨基酸经脱氨基作用生成氨及相应的 α-酮酸，这是氨基酸的主要分解途径。氨基酸的脱氨基作

用主要有3种方式，即氧化脱氨基作用、转氨基作用和联合脱氨基作用，其中由L-谷氨酸脱氢酶和转氨酶联合催化的脱氨基作用，是体内大多数氨基酸脱氨的主要方式。由于这个过程可逆，因此其也是体内合成非必需氨基酸的重要途径。

氨是有毒物质，体内的氨可以通过丙氨酸、谷氨酰胺等形式转运到肝脏，大部分经鸟氨酸循环合成尿素排出体外。尿素合成是一个重要的代谢过程，并受到多种因素的调节，肝脏是合成尿素的主要场所。肝功能严重损伤时，可产生高氨血症和肝性脑病。体内小部分氨在肾脏以铵盐形式随尿液排出。

α-酮酸是氨基酸的碳骨架，是氨基酸脱去氨之后生成的。α-酮酸既可用于氨基酸的合成，也可经过不同的代谢途径转变或氧化分解。机体内大部分的氨基酸是生糖氨基酸，小部分是生糖兼生酮氨基酸，只有亮氨酸和赖氨酸是生酮氨基酸。此外，氨基酸也可经脱羧基作用生成 CO_2 和相应的胺。有些胺在体内是重要的生理活性物质。

动物体内有些氨基酸可提供代谢所需的一碳基团，一碳基团的代谢与细胞增殖、组织生长及机体发育等重要过程密切相关；精氨酸、甘氨酸和甲硫氨酸可以合成肌酸；谷氨酸、甘氨酸及半胱氨酸是合成谷胱甘肽的原料；苯丙氨酸和酪氨酸能转变为黑色素、儿茶酚胺和甲状腺激素；色氨酸和谷氨酸能转变为神经递质等多种生理活性物质。

链接与拓展

高氨血症发生的原因、发生机制及注意事项

高氨血症发生的主要原因是肝功能受损严重而导致尿素合成障碍。发生机制主要是由于脑中氨浓度升高后消耗α-酮戊二酸，使其转变为谷氨酸而导致三羧酸循环减弱，ATP合成减少而引起大脑功能障碍，严重时可使机体昏迷。应对措施可以采用限制蛋白质摄入量，使用肠道抑菌药物，给予谷氨酸使其与氨结合成为谷氨酰胺以降低血氨浓度。

注意：高氨血症的患畜禁止使用碱性肥皂水灌肠，而肝硬化的患畜不宜使用碱性利尿剂。

复习思考题

参考答案

一、选择题

1. 氨基酸代谢过程中产生的α-酮酸的去路不包括（　　）。

A. 氨基酸化生成非必需氨基酸　　B. 转化为糖和脂肪

C. 生成二氧化碳和水　　D. 氨基化生成必需氨基酸

2. 生物体内大多数氨基酸脱去氨基生成α-酮酸是通过下面哪种作用完成的？（　　）

A. 氧化脱氨基　B. 还原脱氨基　C. 联合脱氨基　D. 转氨基

3. 陆生哺乳动物的氨基酸经脱氨基作用产生的氨最后通过生成（　　）排出体外。

A. 尿酸　B. 尿素　C. 氨　D. 谷氨酰胺

4. 鸟氨酸循环中，最后水解生成尿素的氨基酸是（　　）。

A. 鸟氨酸　B. 精氨酸　C. 天冬氨酸　D. 瓜氨酸

5. 下列不属于必需氨基酸的是（　　）。

A. 亮氨酸　B. 甲硫氨酸　C. 赖氨酸　D. 丙氨酸

6. 动物体内氨基酸分解产生的氨基，其运输和储存的形式是（　　）。

A. 尿素　B. 天冬氨酸　C. 谷氨酰胺　D. 氨甲酰磷酸

7. 转氨酶的辅酶是（　　）。

A. NAD^+　B. $NADP^+$　C. FAD　D. 磷酸吡哆醛

Note

8. 参与尿素循环的氨基酸是(　　)。

A. 组氨酸　　B. 鸟氨酸　　C. 甲硫氨酸　　D. 赖氨酸

9. 人类和灵长类动物嘌呤代谢的终产物是(　　)。

A. 尿酸　　B. 尿囊素　　C. 尿囊酸　　D. 尿素

10. 必需氨基酸是对(　　)而言的。

A. 植物　　B. 动物　　C. 动物和植物　　D. 人和动物

11. 组氨酸生成组胺需要下列哪种作用?(　　)

A. 还原作用　　B. 羟化作用　　C. 转氨基作用　　D. 脱羧基作用

12. 下列氨基酸中哪一种是非必需氨基酸?(　　)

A 亮氨酸　　B. 酪氨酸　　C. 赖氨酸　　D. 甲硫氨酸

二、判断题

1. 蛋白质的营养价值主要取决于氨基酸的组成和比例。(　　)
2. 谷氨酸在转氨基作用和再利用游离氨方面都是重要分子。(　　)
3. 氨甲酰磷酸可以合成尿素和嘌呤。(　　)
4. 半胱氨酸和甲硫氨酸都是体内硫酸根的主要供体。(　　)
5. 磷酸吡哆醛只作为转氨酶的辅酶。(　　)
6. 在动物体内,酪氨酸可经羟化作用产生去甲肾上腺素和肾上腺素。(　　)
7. 家禽体内的氨不能合成尿素而是通过合成尿酸排出体外。(　　)

实验实训

实训　血清转氨酶活性的测定

【实训目的】 了解血清转氨酶在机体代谢过程中的重要作用及其在临床诊断中的意义;掌握血清转氨酶活性测定的原理和方法;熟悉分光光度计的使用。

【实训原理】 酶活性即酶的催化效能,在一定条件下,酶活性的高低代表酶含量的多少,因此酶活性的测定也就相当于酶含量的测定。酶活性的测定通常是在一定时间内,一定条件(如最适温度、最适 pH 及必要的激动剂等)下,测定该酶所催化的反应系统中底物消耗量或产物生成量,以此确定酶活性。

转氨酶种类很多,最适 pH 约为 7.4,其中以谷草转氨酶(GOT)和谷丙转氨酶(GPT)的活性较强。它们分别以天冬氨酸和 α-酮戊二酸及丙氨酸和 α-酮戊二酸为底物,催化底物进行如下反应:

$$\alpha\text{-酮戊二酸}+\text{天冬氨酸}\xrightleftharpoons{\text{GOT}}\text{谷氨酸}+\text{草酰乙酸}$$

$$\alpha\text{-酮戊二酸}+\text{丙氨酸}\xrightleftharpoons{\text{GPT}}\text{谷氨酸}+\text{丙酮酸}$$

在 GOT 的催化下,生成的草酰乙酸又可在 β-脱羧酶和枸橼酸苯胺的作用下脱羧生成丙酮酸,然后,丙酮酸可与 2,4-二硝基苯肼作用生成丙酮酸 2,4-二硝基苯腙,后者可在碱性溶液中呈现棕色。在 520 nm 波长处比色时,α-酮戊二酸二硝基苯腙对光的吸收远远低于丙酮酸 2,4-二硝基苯腙对光的吸收。在反应后,α-酮戊二酸减少而丙酮酸增多,因此在 520 nm 波长处,吸光度的增加程度与反应体系中丙酮酸及 α-酮戊二酸之间的分子比例呈线性关系。

临床上用于测定 GPT 及 GOT 活性的方法有穆氏法、金氏法和赖氏法三种。目前我国常采用赖氏法进行 GPT 及 GOT 活性测定。本实验亦采用此法进行。

赖氏法本身并未对转氨酶活性单位提出规定,它是用卡门法来定单位的一种测定方法。所谓卡门法是指在分光光度计中用 1 mL 血清(反应溶液总量为 3 mL),在 340 nm 波长下,用内径为 1.0 cm 的比色皿比色,该反应液在 25 ℃、1 min 内所产生的丙酮酸在乳酸脱氢酶作用下,使 NADH 变成

Note

NAD^+而引起吸光度下降，每下降0.001为1个转氨酶活性单位。赖氏法就是用卡门法所测出的单位数即相当于赖氏法所产生的丙酮酸量的相关系数，套用卡门法的单位而得来的。由此可见，同一份血清用不同的方法进行转氨酶活性测定时，其测定结果是不一样的。因而，它们的正常范围也可有显著差异。例如：改良穆氏法测定值为GPT 2～40 U（单位）、GOT 4～50 U；金氏法测定值为GPT (91.0±35.8) U、GOT (83.0±23.8) U；赖氏法测定值为GPT与GOT的正常值均在40 U以下。以上均以每100 mL血清中的含量计。

【器材与试剂】 分光光度计、0.1 mol/L磷酸盐缓冲液(pH 7.4)、GPT底物、GOT底物、枸橼酸苯胺溶液、2,4-二硝基苯肼溶液、0.4 mol/L NaOH溶液、丙酮酸标准溶液(1 mL含2 μg分子)

【方法与步骤】

1. 标准曲线的绘制

取6支试管，分别标上0、1、2、3、4、5，然后按照表9-3所列的顺序添加各试剂。

表9-3 标准曲线绘制参照表

试剂	试管号					
	0	1	2	3	4	5
丙酮酸标准溶液(2 μg/mL)/mL	—	0.05	0.10	0.15	0.20	0.25
GPT或GOT底物/mL	0.50	0.45	0.40	0.35	0.30	0.25
磷酸盐缓冲液(0.1 mol/L,pH 7.4)/mL	0.1	0.1	0.1	0.1	0.1	0.1
相当于GPT单位	—	28	57	97	150	200
相当于GOT单位	—	24	61	114	190	—

置于水浴锅中37 ℃水浴30 min，各管加入2,4-二硝基苯肼溶液0.5 mL，混匀，再在37 ℃水浴中放置20 min，各管加入0.4 mol/L NaOH溶液5 mL，混匀。10 min后，从水浴锅中取出，用蒸馏水调零后，在520 nm波长处比色测定各管的吸光度。然后以吸光度为纵坐标，各管相应的转氨酶单位为横坐标，绘制标准曲线。为了方便，可列出各吸光度相当于转氨酶单位的表格。

2. 转氨酶活性的测定

取4支试管并注明测定管及对照管。按表9-4所示赖氏法测定转氨酶活性的步骤操作。

表9-4 转氨酶活性测定参照表

单位：mL

试剂	测定管(A)	标准管(S)	对照管(B)	空白管
血清	0.1	0.1(丙酮酸)	0.1	0.1(水)
GPT或GOT底物	0.5	0.5	—	—
37 ℃水浴30 min(GOT为37 ℃水浴60 min，然后加入枸橼酸苯胺1滴)				
2,4-二硝基苯肼溶液	0.5	0.5	0.5	0.5
混匀后，37 ℃水浴20 min				
GPT或GOT底物	—	—	0.5	0.5
0.4 mol/L NaOH溶液	5.0	5.0	5.0	5.0
混匀后静置10 min				

10 min后，在520 nm波长处比色，以蒸馏水调零后，读取各管吸光度，用测定管吸光度减去对照管吸光度，由标准曲线可以查知转氨酶活性单位。

【参考范围】 GPT≤40 U、GOT≤50 U(以每100 mL血清中的含量计)。

【注意事项】

(1)本实验所用丙氨酸为DL-丙氨酸，如改用L型丙氨酸则量可减半(因为转氨酶只作用于L型丙氨酸)。

(2)基质液中的α-酮戊二酸和显色剂2,4-二硝基苯肼均为呈色物质,称量必须准确。另外,在加入2,4-二硝基苯肼溶液后,应充分混匀,使反应完全,否则会引起吸光度的改变。

(3)每批试剂的空白管吸光度上下波动均不应超过0.015,如超出此范围则应检查试剂及仪器等是否存在问题。

(4)血清的保存及使用:血清中GPT或GOT的活性,在室温(25 ℃)可以保存2天,在4 ℃冰箱中可保存1周,在−25 ℃可保存1个月,最好当天检测。一般血清标本中内源性酮酸含量很少,血清对照管吸光度与试剂空白管接近(以蒸馏水代替血清,其他与对照管同样操作)。所以,成批标本测定时,一般情况下不需要每份标本都做自身血清对照管,以试剂空白管代替即可,但对超过正常值的血清标本应进行复查。

如果血清出现严重的脂血、黄疸及溶血,均可引起测定的吸光度增高;糖尿病、酮症及酸中毒的患者或患畜,因血液中含有大量酮体,酮体能和2,4-二硝基苯肼作用而呈现颜色,因此也会引起测定管吸光度增加。所以检测此类标本时,应做血清标本对照管。

(5)赖氏法的特点:赖氏法考虑到底物浓度不足,酶作用所产生的丙酮酸量不能与酶活性成正比,因此没有定义自身单位,而是以实验数据套用速度法的卡门单位。赖氏法校正曲线所定的单位是用比色法的实验结果和卡门法的实验结果做对比后求得的,以卡门单位报告结果。卡门法是早期的酶偶联速度测定法,卡门单位是分光光度单位。

赖氏比色法由于受底物α-酮戊二酸浓度和2,4-二硝基苯肼浓度的不足以及反应产物丙酮酸的反馈抑制等因素影响,标准曲线不能延长至200卡门单位。当血清标本酶活性超过150卡门单位时,应将血清用0.145 mol/L NaCl溶液稀释后重新测定,其结果乘以稀释倍数。

(6)酶的活性测定受温度及时间影响较大,因此反应应严格控制温度和注意掌握时间。

(7)显色后30 min内进行比色,误差最小。

【思考题】

(1)血清中GPT及GOT活性测定时,为什么对照管也加入了相应体积的血清?

(2)血清中GPT及GOT活性测定有何临床意义?

(李伟娟)

模块十　遗传信息的传递与表达

课件 PPT

模块导入

你想知道俗话说的“龙生龙，凤生凤，老鼠的孩子会打洞”“种瓜得瓜，种豆得豆”“母猪好好一窝，公猪好好一坡”“龙生九子各不同”等谚语背后蕴含着怎样的科学道理吗？你想知道端粒与衰老及癌症之间的关系吗？你想知道蛋白质生物合成的调节在动物养殖及健康方面的应用吗？让我们带着问题来学习本模块，揭示表象背后所隐藏的生化机制吧！

模块目标

▲知识目标

掌握 DNA 复制的特点及体系，RNA 转录的特点及体系，逆转录的概念，蛋白质翻译过程中三类 RNA 的作用。

熟悉 DNA 复制过程、DNA 的损伤与修复及 RNA 转录终止方式。

了解 RNA 转录过程、逆转录酶及蛋白质翻译后的加工过程。

▲能力目标

熟悉聚合酶链反应（PCR）的实验原理，掌握引物设计的基本原则，掌握 PCR 实验操作技术。

▲素质与思政目标

培养学生热爱科学、勇于探索及团结协作的精神；增强学生的专业认同感，使专业课充满人文关怀，做到显性教育与隐性教育融会贯通。

生物体生命中重要的物质基础是核酸和蛋白质，这两者的生物合成紧密相关。绝大多数生物体的遗传信息在 DNA 分子上，储存在核苷酸的排列顺序中。在细胞分裂时通过 DNA 的复制将遗传信息由亲代传递给子代；在后代个体的发育过程中，遗传信息从 DNA 转录给 RNA 再指导蛋白质的合成，从而执行各种生物学功能，使后代表现出与亲代相似的遗传性状。20 世纪 70 年代，科学家们从 RNA 病毒中发现了遗传信息也可以存在于 RNA 分子中，RNA 不仅能以自身为模板复制出新的病毒 RNA，还可以 RNA 为模板合成 DNA，从而将遗传信息传递给 DNA，该过程称为逆转录。逆转录的发现是对中心法则的重要修正和补充，表明 RNA 同样具有遗传信息的储存、传递和表达功能。生物遗传信息的流动规律可用中心法则来概括，其过程如图 10-1 所示。

中心法则总结了生物遗传信息的流动规律，揭示了遗传的分子基础。其不但让人们对细胞的生长、发育、遗传及变异等生命现象有了更为深刻的认识，而且以此为基础发展了基因工程，给人类的生产和生活带来了深远的影响。

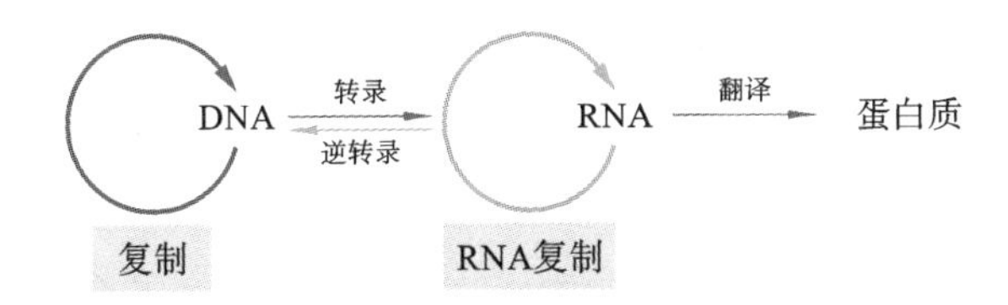

图 10-1　中心法则

一、DNA 的生物合成

（一）DNA 的半保留复制

早在 1953 年，Watson 和 Crick 在提出 DNA 双螺旋模型的同时就提出了 DNA 是半保留复制。即 DNA 在复制的过程中，首先是双链解开为两条单链，然后以每条 DNA 单链为模板，以脱氧核苷酸（dNTPs，N 代表 A、T、G、C 4 种碱基）为原料，按照碱基配对原则合成互补链，形成的 2 个子代 DNA 分子与原来亲代 DNA 分子的核苷酸序列完全相同。因此每个子代 DNA 分子的双链中一条链来自亲代 DNA 分子，另外一条链为新合成的，这种复制方式称为半保留复制，如图 10-2 所示。DNA 分子这种特定的复制方式，保证了生物遗传信息由亲代向子代传递的高度保真性和稳定性。

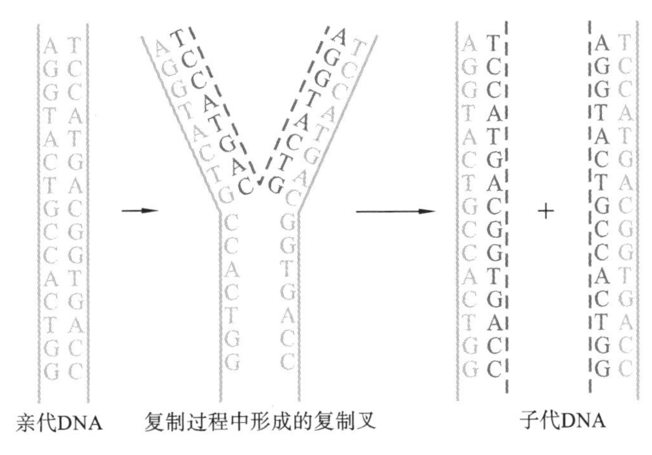

图 10-2　DNA 的半保留复制

（二）DNA 复制的规律

1. 复制的相关概念

在 DNA 半保留复制的过程中，原核生物和真核生物的 DNA 复制大都是起始于特定位点的双向复制，该位点称为起始位点。所谓双向复制是指复制时，DNA 从起始位点向两个方向解链，形成两个延伸方向相反的复制叉。原核生物只有一个复制起始位点及单个复制子（图 10-3），真核生物染色体 DNA 有多个复制起始位点、复制子和复制叉（复制单位），两个起始位点之间的 DNA 片段称为复制子（图 10-4）。复制时亲代 DNA 解旋后，DNA 新链合成的部位很像一个“叉子”，称为复制叉（图 10-5）。

2. 复制的半不连续性

日本学者冈崎令治等人为了解释复制过程中的等速复制现象，提出了 DNA 半不连续复制模型。DNA 的两条模板链是反向平行的，而核酸链（脱氧核糖核酸和核糖核酸）都是沿着 $5'\rightarrow3'$ 方向合成的。在复制叉中，一条子链合成的方向与复制叉的移动方向（即解链方向）一致，且其合成是连续的，该子链被称为前导链或领头链；而另一条子链的合成则不同，其合成方向与复制叉移动方向相反，但也是沿着 $5'\rightarrow3'$ 方向聚合形成的，而且是解链一段合成一段，所以这条链是一段一段合成的，最后被连接在一起，该子链称为滞后链（又称随从链或后随链）。由于该现象是由科学家冈崎令治及其同事在 1996 年研究大肠杆菌噬菌体 DNA 复制的情形时发现的，所以后人将 DNA 复制过程中滞后链上新合成的 DNA 片段称为冈崎片段。冈崎片段是不连续的 DNA 片段。以上这种领头链连续复制而

滞后链不连续复制的特性被称为复制的半不连续性(图 10-6)。

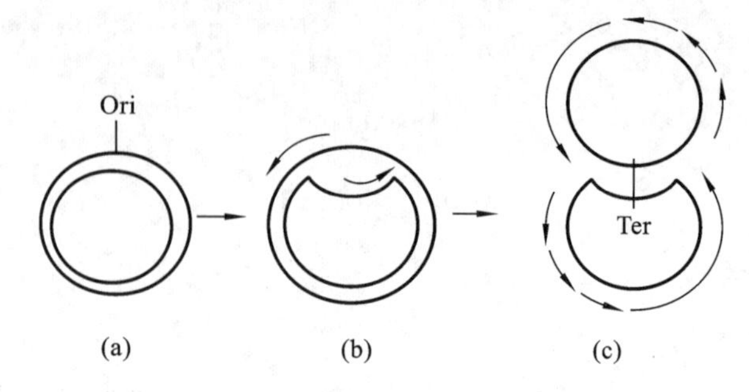

图 10-3　原核生物的复制特点

(a)环状双链 DNA 及复制起始位点;(b)复制中的两个复制叉;(c)复制接近终止位点(termination,Ter)

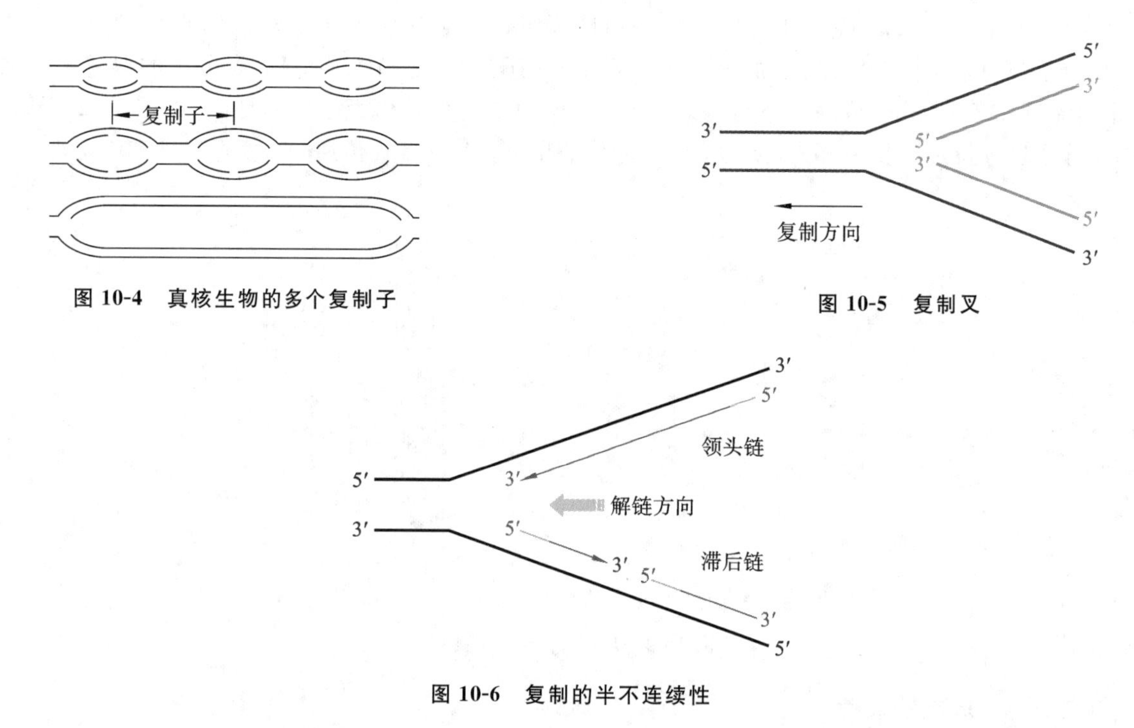

图 10-4　真核生物的多个复制子

图 10-5　复制叉

图 10-6　复制的半不连续性

研究证实,细菌的冈崎片段长度为 1000～2000 个碱基,真核生物的冈崎片段长度为 100～200 个碱基,相邻冈崎片段之间间隔着约 10 个碱基的 RNA 引物,该引物被酶切除后,DNA 聚合酶就会通过延伸下一个冈崎片段的 3′-末端,将引物切除后的缺口补齐,最后由 DNA 连接酶将相邻 DNA 片段连接起来。

3. DNA 复制的引发

DNA 的复制都是从特定的起始位点开始的,然而,DNA 聚合酶却不能从头合成 DNA 链。那么是如何开始新链合成的呢?大量的实验研究表明,DNA 的复制是先由 RNA 聚合酶在 DNA 模板上合成一段 RNA 引物,再由 DNA 聚合酶催化 RNA 引物的 3′-末端,开始合成新的 DNA 链。这一引发过程对于前导链来说是比较简单的,只需要合成一段 RNA 引物,DNA 聚合酶就能以此为起点,一直催化 DNA 链合成下去。但是,滞后链的引发过程就较为复杂,该过程需要多种蛋白质和酶的参与。研究发现,滞后链的引发过程是由引发体完成的,引发体由 6 种蛋白质构成,它就像火车头一样,在滞后链分叉的方向前进,并在模板上断断续续地引发生成滞后链的引物 RNA,再由 DNA 聚合酶Ⅲ催化合成 DNA,直到遇到下一个冈崎片段或引物为止。

4. DNA 复制中的基本化学反应

DNA 复制是在相关酶的催化下进行的,是核苷酸的聚合反应,该聚合反应不能从头开始,必须要有一段引物。在生物体内,DNA 复制所需要的引物为 RNA 序列。DNA 复制过程的基本化学反

应如下(图 10-7):核酸链的 3′-末端的游离羟基与脱氧核糖核苷酸 5′-末端的磷酸基团之间形成 3′,5′-磷酸二酯键。该反应的底物(原料)为 4 种三磷酸脱氧核苷酸(dNTPs),但参与组成新链的是一磷酸脱氧核苷酸(dNMPs),每聚合成一个核苷酸残基会形成一个焦磷酸分子,焦磷酸分子随后在酶的催化下水解释放能量,释放的能量用于驱动 DNA 链的合成。具体聚合反应如下:

$$(dNMP)_n + dNTP \rightarrow (dNMP)_{n+1} + PPi$$

$$PPi + H_2O \rightarrow 2Pi$$

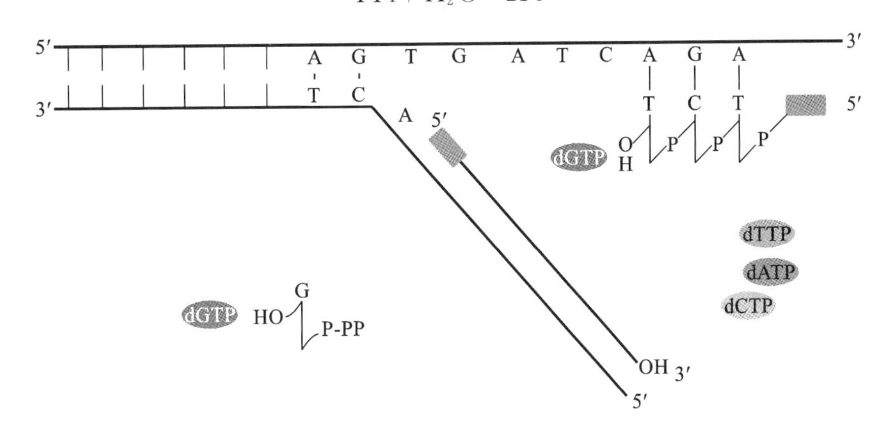

图 10-7 DNA 复制中的化学反应

(三)参与 DNA 复制的主要物质

1. 底物与模板

DNA 合成的底物为 4 种三磷酸脱氧核苷酸,即 dATP、dCTP、dTTP 和 dGTP。模板为亲代 DNA 分子。

2. DNA 聚合酶

(1)原核生物的 DNA 聚合酶:来源于细胞或病毒的一类聚合酶,催化脱氧核苷酸合成 DNA 分子。DNA 聚合酶在 DNA 的复制、修复、遗传重组及逆转录等过程中均发挥着重要的作用。由于模板不同,可以将 DNA 聚合酶分为两类,即依赖 DNA 的 DNA 聚合酶和依赖 RNA 的 DNA 聚合酶。DNA 聚合酶的共同特点如下:需要提供合成的模板;必须有引物提供 3′-OH;不能从头合成 DNA 链,DNA 链的合成方向都是 5′→3′方向;除聚合核苷酸外还具有其他功能。

目前在大肠杆菌中已发现 5 种 DNA 聚合酶,根据发现的先后顺序分别命名为 DNA 聚合酶Ⅰ、DNA 聚合酶Ⅱ、DNA 聚合酶Ⅲ、DNA 聚合酶Ⅳ和 DNA 聚合酶Ⅴ。

DNA 聚合酶Ⅰ(PolⅠ)由美国生物学家 Arthur Kornberg 于 1956 年最先发现。该酶是单亚基多肽,属于原核生物的家族 A 聚合酶。PolⅠ具有 3′→5′和 5′→3′核酸外切酶活性,主要功能是参与基因修复及滞后链合成过程中冈崎片段的加工,包括 RNA 引物的去除及缺口处核苷酸的聚合。PolⅠ是大肠杆菌细胞中含量最高的 DNA 聚合酶,不是 DNA 复制过程中的主要聚合酶。研究发现,细胞中没有该酶时,该酶的活性可以被其他 DNA 聚合酶取代。

DNA 聚合酶Ⅱ(PolⅡ)是家族 B 聚合酶,由 Pol B 基因编码。PolⅡ具有 3′→5′核酸外切酶活性,但无 5′→3′核酸外切酶活性,主要参与 DNA 损伤后的修复。聚合速度为每秒 40~50 个核苷酸。PolⅡ可以与 DNA 聚合酶Ⅲ的全酶相互作用,保证聚合酶Ⅲ具有高的持续合成能力。有研究认为,PolⅡ的主要功能为辅助复制叉处聚合酶的活性,并帮助阻滞的 Pol Ⅲ绕过末端的错配碱基序列。

DNA 聚合酶Ⅲ(Pol Ⅲ)具有 α、ε 和 θ 等多个亚基,该酶含量不高,但却是 DNA 复制过程中催化 DNA 链延长的主要聚合酶。与 PolⅠ和 PolⅡ相比,该酶具有极高的聚合速度和持续合成能力,聚合速度为每秒 250~1000 个核苷酸。Pol Ⅲ是复制叉处 DNA 复制体的一个组成部分,其全酶形式具有校读功能,即能够利用其 3′→5′核酸外切酶活性来更正复制时的错配碱基。所以大肠杆菌 DNA 复制时碱基错配率很低,为 $1/10^{10}$~$1/10^{9}$。大肠杆菌的三种 DNA 聚合酶见表 10-1。

表 10-1　大肠杆菌的三种 DNA 聚合酶

特点	DNA 聚合酶Ⅰ	DNA 聚合酶Ⅱ	DNA 聚合酶Ⅲ
不同种类亚基数目	1	≥7	≥10
5′→3′核酸聚合酶活性	+	+	+
3′→5′核酸外切酶活性	+	+	+
5′→3′核酸外切酶活性	+	−	−
聚合速度(个核苷酸/分)	1000～1200	2400～3000	15000～60000
持续合成能力	3～200	1500	≥500000
功能	切除引物、修复	修复	复制兼校读

1999 年科学家们发现了大肠杆菌中的 DNAPolⅣ和 PolⅤ，两者都属于 Y 聚合酶家族，PolⅤ参与 SOS 应答反应及跨损伤 DNA 合成等修复机制。PolⅤ由 dinB 基因编码，不具有 3′→5′核酸外切酶活性，故很容易导致错配。

(2)真核生物的 DNA 聚合酶：目前已发现的真核生物 DNA 聚合酶也有 5 种，分别命名为 DNA 聚合酶 α、DNA 聚合酶 β、DNA 聚合酶 γ、DNA 聚合酶 δ 和 DNA 聚合酶 ε，每种聚合酶都有着特殊功能。DNA 聚合酶 α 的主要功能是引发复制的起始，负责合成引物 RNA；DNA 聚合酶 β 则参与修复损伤的 DNA；DNA 聚合酶 γ 催化线粒体 DNA 的复制；DNA 聚合酶 δ 则负责复制时的聚合反应，是复制时的主要聚合酶；DNA 聚合酶 ε 与原核生物的 DNA 聚合酶Ⅰ相似，在复制时除去引物和填补缺口，参与 DNA 损伤修复和 DNA 重组。另外，这五种聚合酶都具有 5′→3′核酸外切酶活性。

3. 其他酶及蛋白

(1)DnaA、DnaB 及 DnaC：DnaA 是一种 ATP 结合蛋白，是复制起始因子，其作用是可识别并复制起始位点的特殊序列，使复制起始位点的 DNA 解链，从而激活原核生物 DNA 复制的起始过程。

DnaB 是一种 DNA 解旋酶，其作用是使 DNA 的两条互补链解链，该过程通过水解 ATP 获得能量以解开双链 DNA。DNA 解旋酶分解 ATP 的活性依赖于单链 DNA 的存在，如果在双链 DNA 中存在单链末端或切口，DNA 解旋酶可首先同这部分结合，然后逐步向双链方向移动。复制时，大部分 DNA 解旋酶可沿滞后链模板的 5′→3′方向并随着复制叉的前进而移动，只有个别的 DNA 解旋酶如 Rep 蛋白沿着 3′→5′方向移动，故推测 Rep 蛋白和特定 DNA 解旋酶分别是在 DNA 的两条母链上协同作用以解开双链 DNA。

DnaC 的作用是协助 DnaB 结合到复制起始位点并打开 DNA 双链。一旦 DnaB 结合到复制起始位点后，DnaC 就被释放出来，离开复制起始位点。

(2)DNA 拓扑异构酶：该酶的作用是除去 DNA 分子的超螺旋，以克服在 DNA 双链解旋过程中形成的紧密扭结现象。拓扑异构酶既可以水解 DNA 分子又可以连接 3′,5′-磷酸二酯键。

(3)单链 DNA 结合蛋白(SSB 蛋白)：该蛋白可以较牢固地结合在 DNA 单链上，其作用是稳定 DNA 单链，防止已解链的两条链在复制前重新结合在一起。SSB 蛋白只保持单链的存在却没有解旋作用。该蛋白是以四聚体的形式存在于复制叉处，只有单链复制后才脱离单链。

(4)引物酶：DNA 聚合酶不能催化 DNA 链的从头合成，复制开始时需要一段 RNA 引物，这段引物是由引物酶催化合成的。

(5)DNA 滑动钳：该蛋白使 DNA 聚合酶稳定在模板链上，保证 DNA 分子的持续合成能力。

(6)RNase H：该酶的作用是水解前导链及冈崎片段起始部位的 RNA 引物。

(7)DNA 连接酶：该酶既可连接相邻冈崎片段间的缺口而形成 3′,5′-磷酸二酯键，也可参与 DNA 修复和重组过程中 3′,5′-磷酸二酯键的形成，为耗能过程(图 10-8)。

(8)复制蛋白 A(RP-A)：该蛋白是真核生物的单链 DNA 结合蛋白，其作用与原核生物的 SSB 蛋白类似。

(9)复制因子 C(RF-C)：它是夹子装置，相当于原核生物 DNA PolⅢ中的 γ 复合物，它控制着滞

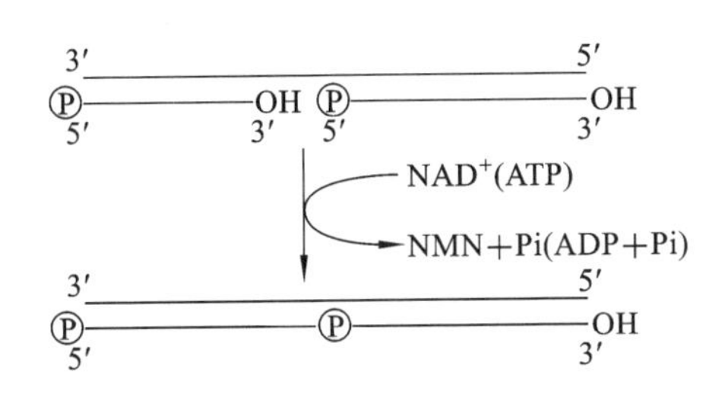

图 10-8 DNA 连接酶的耗能过程

后链上酶的结合和脱离。

(10)端粒酶:端粒是真核生物线性染色体末端的特殊结构,其功能是稳定染色体末端结构,防止染色体间末端连接,并且补偿滞后链 5′-末端在消除 RNA 引物后造成的空缺。端粒的 5′-末端随着复制会缩短,而端粒酶的作用则是通过外加重复单元到 5′-末端上,使端粒维持一定的长度。

(四)DNA 的复制过程

无论是原核生物还是真核生物,基因组 DNA 的复制都可分为三个阶段,即起始、延伸和终止阶段,在每个阶段都有许多酶及其他蛋白质的参与。

1. 大肠杆菌基因组 DNA 的复制过程

(1)复制的起始。

①复制的起始位点:原核生物只有一个复制起始位点。大肠杆菌的复制起始位点称为 OriC(图 10-9),长度为 245 bp。OriC 序列包含 3 组 13 bp 串联重复序列和 4 组 9 bp 串联重复序列,前者是复制泡中心,富含 AT 碱基,因此容易解链,后者是模板上被 DnaA 识别并结合的位点。

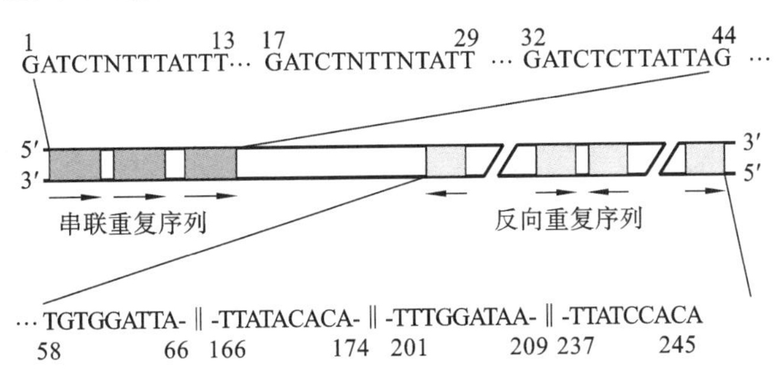

图 10-9 大肠杆菌复制起始位点 OriC

②复制的起始及 DNA 双链解链:复制的起始是复制过程中较为复杂的环节,相关蛋白结合到复制起始位点,使该部位 DNA 解链并形成复制叉。大肠杆菌 DNA 复制的起始是在 DnaA、DnaB 和 DnaC 三种蛋白的参与下完成的。首先是 DnaA 结合至 OriC 的 9 bp 串联重复序列,使 13 bp 串联重复序列解链,2 个解旋酶(DnaB)在 DnaC 的协助下,反向结合到两条单链 DNA 上,并沿解链方向移动,催化双链解开足够的复制长度,然后逐步置换出 DnaA。

DNA 双链解链后就结合 SSB 蛋白,形成复制叉。随后每个解旋酶结合一个引物,形成引发体(图 10-10),引发体分别由引物酶、DNA 解旋酶和 DNA 复制起始位点等组成。以解链的单链 DNA 为模板,合成 RNA 引物(图 10-11)。引物合成后被 DNA Pol Ⅲ识别,并从 DNA 引物 3′-末端开始合成新的 DNA 链,前导链开始合成。解链至 1 kb 左右,2 条滞后链(每个复制叉均有 1 条滞后链)的模板指导合成引物,滞后链开始合成。

(2)复制的延伸:在 DNA Pol Ⅲ的催化下,dNTPs 以 dNMPs 的方式逐个聚合到引物或延伸中的 DNA 子链的过程(图 10-12)。在复制叉处,延伸来的子链与母链碱基互补。由于前导链合成方向与复制叉处 DNA 的解链方向相同,因此,前导链的合成是边解链边聚合(图 10-13)。滞后链的合成是不连续的,每解链一段就重新合成 1 条引物,然后在 DNA Pol Ⅲ的催化下合成冈崎片段,最后在 RNase H 和 DNA Pol Ⅰ的作用下切除 RNA 引物,并在 DNA Pol Ⅰ的催化下聚合脱氧核苷酸,填补引物切除后的缺口。DNA Pol Ⅰ聚合脱氧核苷酸时缺口沿滞后链移动的过程为缺口平移。相邻冈

Note

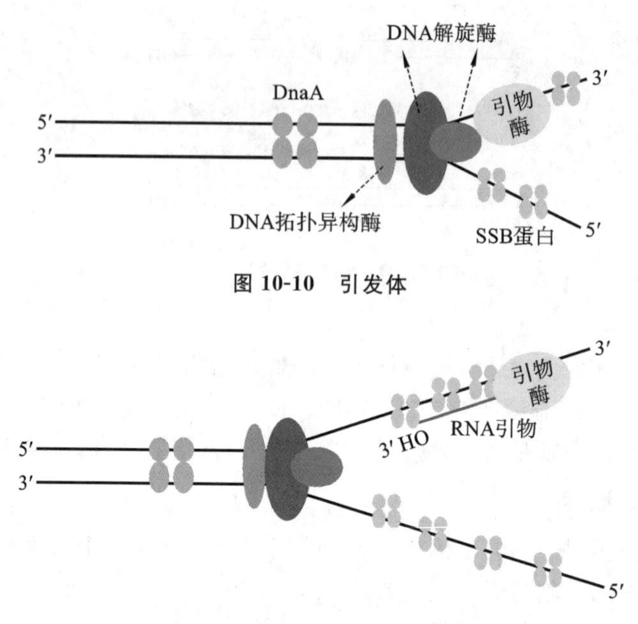

图 10-10 引发体

图 10-11 RNA 引物

崎片段分别含有 3′-OH 和 5′-p，它们在 DNA 连接酶的催化下形成 3′，5′-磷酸二酯键。综上所述，滞后链是一段一段合成的，每合成一段冈崎片段都要从头合成一段 RNA 引物，所有 RNA 引物在合成结束前都要被分解除去，RNase H 负责降解 RNA 引物。RNA 切除后留下的缺口由 DNA Pol Ⅰ 补齐，再由 DNA 连接酶将两个相邻的冈崎片段连在一起形成大分子 DNA(图 10-14)。

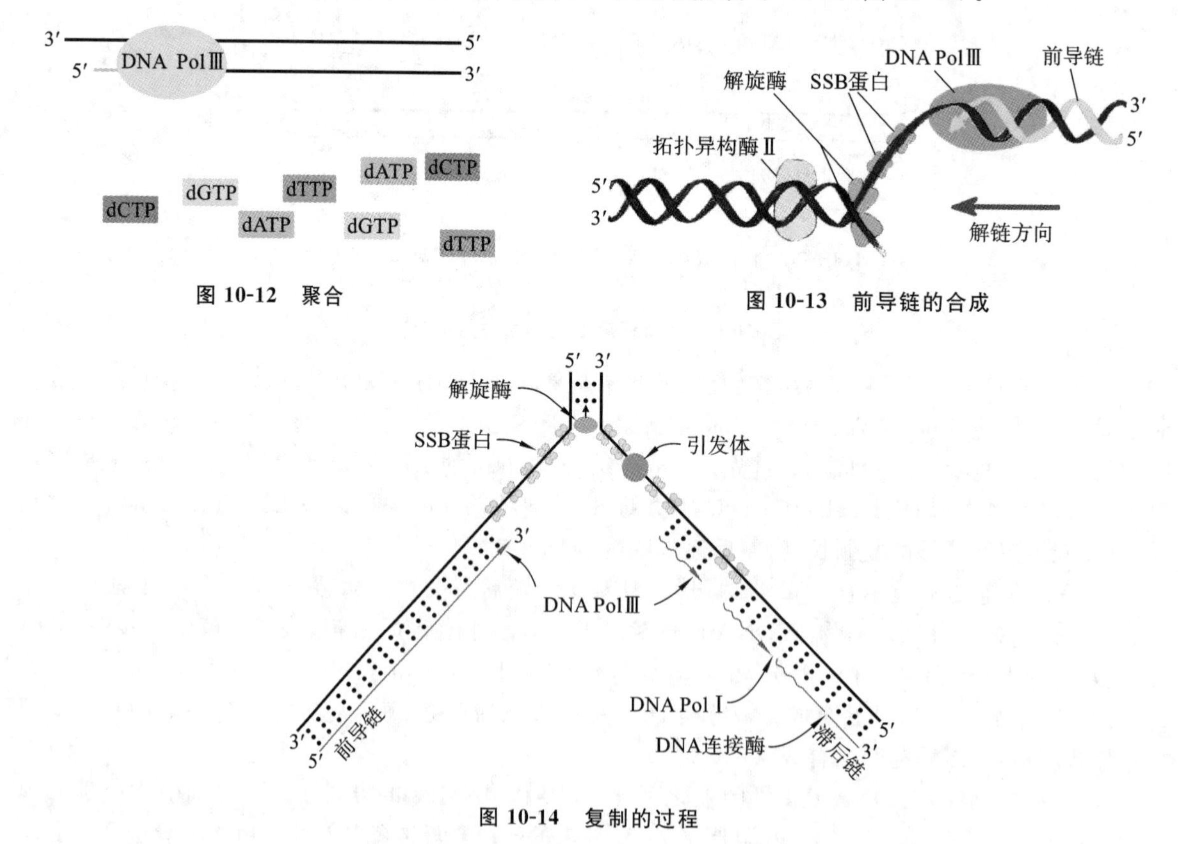

图 10-12 聚合

图 10-13 前导链的合成

图 10-14 复制的过程

(3)复制的终止：原核生物为单复制子。复制起始后在复制起始位点形成方向相反的两个复制叉，而且原核生物基因组为双链环状 DNA，要保证复制一次两个复制叉最后应该在某一位置相遇，并且相遇后立即停止复制。原核生物复制有特殊的终止机制，该机制包括基因组中特殊的终止区(Ter)以及细胞内特殊蛋白即终止利用物质(Tus)的参与。

大肠杆菌终止区全长约为 600 bp，位于基因组的 32 位点，由顺时针复制叉陷阱和逆时针复制叉陷阱组成，即顺时针复制叉（复制叉 1）和逆时针复制叉（复制叉 2）均有自己的特定终止区，并且顺时针复制叉陷阱靠近逆时针复制叉一侧，逆时针复制叉陷阱则靠近顺时针复制叉一侧。复制叉一旦进入自己的终止区，便形成 Tus-Ter 复合物，阻止解旋，使该复制叉不能继续前行，但不影响另一个复制叉的延伸。而且，不管哪个复制叉先进入自己的陷阱，只要两个复制叉相遇就会停止延伸（图 10-15）。这种机制保证在复制过程中，环形 DNA 分子正好完整地复制一圈。

（4）两个子代 DNA 分子的分离：由于原核基因组为闭合的环形结构，两个复制叉延伸结束时，两个子链分子会铰链在一起，需要 DNA 拓扑异构酶Ⅳ的作用，两个子链分子才能分开（图 10-16）。该酶能够断裂一个双链 DNA，使另一个 DNA 分子脱离出来，并且将断裂的 DNA 链重新连接起来。

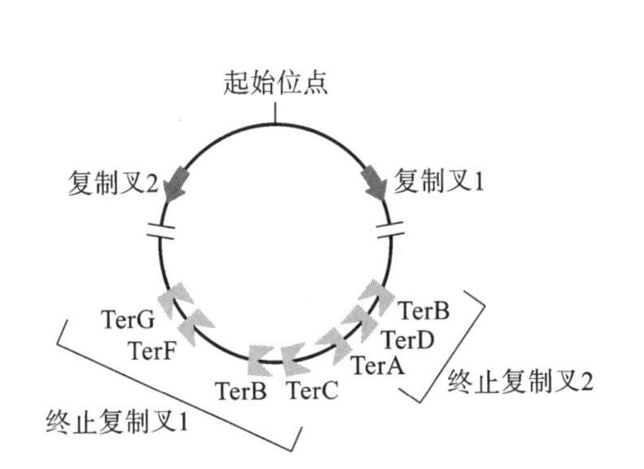

图 10-15 细菌复制的终止

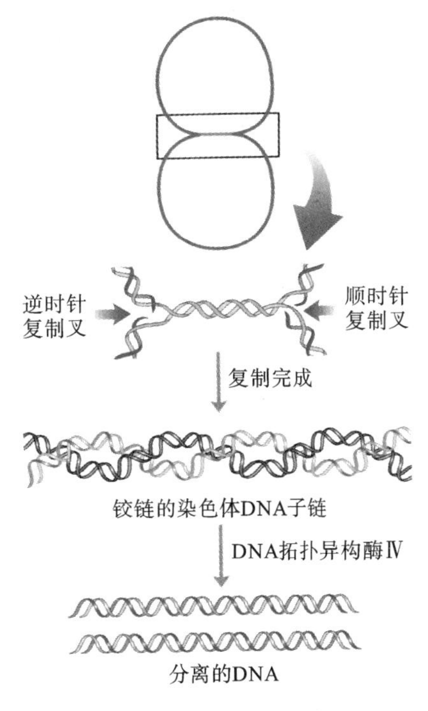

图 10-16 子链的分离

2. 真核生物 DNA 的复制

真核生物和原核生物 DNA 复制的基本过程存在相似性，但是，两者的基因组存在着较大区别，前者基因组更大，常常具有多条染色体，DNA 分子为线性分子，因此，在复制过程中，真核生物的一些环节与原核生物存在区别。

（1）复制起始的区别：真核生物基因组的复制同原核生物一样起始于特定位点，但是，与原核生物不同的是，真核生物 DNA 有多个复制起始位点，例如酵母 *S. cererisiae* 的 17 号染色体大约有 400 个复制起始位点。因此，尽管真核生物 DNA 复制的速度（60 个核苷酸/秒）比原核生物（大肠杆菌为 1700 个核苷酸/秒）慢得多，但全基因组 DNA 的复制也只需要几分钟的时间。真核生物基因组 DNA 复制起始位点与原核生物的另一个区别是，真核生物在细胞周期的 G_1 期形成前复合物（pre-RCs），但该复合物只有在 S 期才能被激活，然后启动复制过程，即 pre-RCs 在 S 期由细胞周期蛋白依赖激酶（CDK）磷酸化修饰后，激活或抑制各种复制因子而实施调控作用，结合 DNA 聚合酶等，然后才开始复制（形成复制叉、引发体和合成引物）。

（2）复制延伸的区别：真核生物 DNA 的复制延伸过程（图 10-17）与原核生物基本相同。在真核生物 DNA 复制叉处需要两种不同的酶，即 DNA 聚合酶 α 和 DNA 聚合酶 δ。DNA 聚合酶 α 和引物酶紧密结合，在 DNA 模板上先合成 RNA 引物，再由 DNA 聚合酶 α 延长 DNA 链，这种活性还需要复制因子 C 参与。同时，结合在引物模板上的增殖细胞核抗原（PCNA）释放 DNA 聚合酶 α，然后由 DNA 聚合酶 δ 结合到生长链 3′-末端，并与 PCNA 结合，继续合成前导链。而滞后链的合成靠 DNA

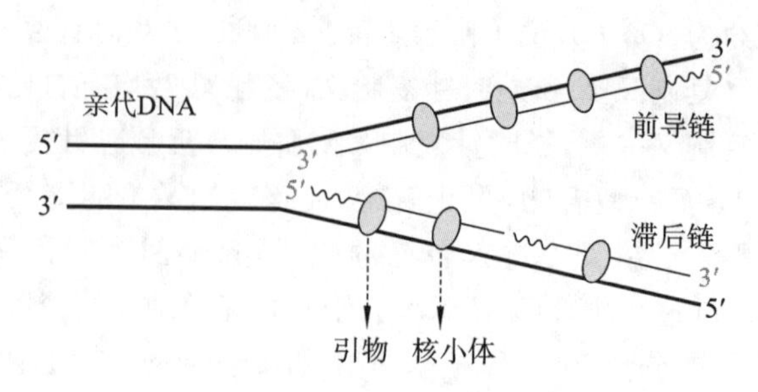

图 10-17　真核生物复制的延伸

聚合酶 α 与引物酶紧密结合，并在复制因子 D 帮助下，合成冈崎片段。

(3)复制终止阶段的区别：真核生物染色体中 DNA 分子呈线性，其复制的终止机制同原核生物的环形双链 DNA 分子存在很大区别。

①端粒：端粒指的是真核生物染色体线性 DNA 分子两个末端结构。端粒由末端单链 DNA 序列和蛋白质构成，末端 DNA 序列是多次重复的富含 G、C 碱基的单链短序列。染色体端粒的作用至少有两个，一是保护染色体末端免受损伤，维护染色体的稳定性，二是与核纤层相连使染色体得以定位。

②真核生物末端复制问题：20 世纪 70 年代，科学家针对真核生物 DNA 复制时滞后链 5′-末端的 RNA 引物被切除后的缺口如何被填补提出了疑问。假如不进行填补，DNA 每复制一次就会缩短一段。例如滞后链复制过程中，当 RNA 引物被切除后，首先是冈崎片段之间由 DNA 聚合酶Ⅰ催化合成的 DNA 进行填补，然后由 DNA 连接酶将它们连接成一条完整的链。但是，最后一个冈崎片段的 RNA 引物被切除后将无法填补，于是染色体就会短一段。如果真核生物没有解决该问题的特殊机制，那么真核生物 DNA 复制后将产生 5′-末端隐缩，即 DNA 分子一代比一代短，该问题即为真核生物 DNA 末端复制问题。

③端粒酶：实际上，真核生物并没有出现 DNA 分子一代比一代短的现象，这是因为真核生物体内都存在着端粒酶，它是一种特殊的逆转录酶，由蛋白质和 RNA 两部分组成，蛋白质具有逆转录活性，而 RNA 的一段序列能与端粒末端重复序列互补。在滞后链最后一个 RNA 引物被切除后，端粒酶的 RNA 与复制后端粒末端的短单链序列部分互补，并且在滞后链模板 DNA 的 3′-末端延长 DNA，再以这种延长的 DNA 为模板，填补滞后链最后一个引物切除后留下的缺口。所以，端粒酶是一种含有特殊 RNA 的逆转录酶，它的作用是合成端粒 DNA，维持端粒的长度(图 10-18)。

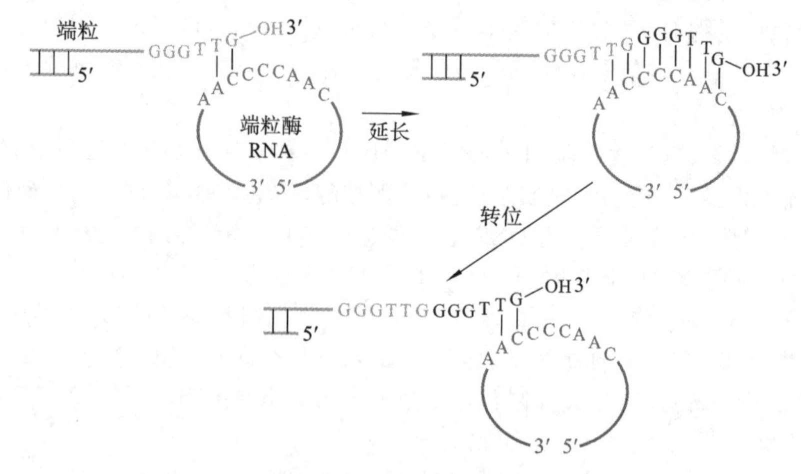

图 10-18　端粒的爬行模式

(五)逆转录及其他形式的 DNA 复制

大多数生物的遗传物质是 DNA，但某些病毒的遗传物质是 RNA。真核生物的遗传物质除了细胞核 DNA 外，还有线粒体 DNA 和叶绿体 DNA，后两者均为环形 DNA，它们的复制方式既不同于原

核生物 DNA 的复制，也不同于真核生物核 DNA 的复制。

视频：
逆转录 1

视频：
逆转录 2

1. 逆转录

遗传物质为 RNA 的病毒称为 RNA 病毒，它们的遗传物质由核糖核酸组成，该类病毒的 RNA 通常是单链 RNA(ssRNA)，也有的是双链 RNA(dsRNA)。

单链 RNA 病毒的复制过程包括三个步骤：首先形成 RNA-DNA 杂化链，该过程是在逆转录酶的催化下，以病毒 RNA 为模板合成与之互补的 DNA 单链。然后杂化链中的 RNA 被逆转录酶水解或被感染宿主细胞中的 RNase H 水解。RNA 水解后，再在逆转录酶的催化下，以单链 DNA 为模板合成互补 DNA 链而形成 DNA 双链分子，从而完成由 RNA 指导的 DNA 合成过程。由于该过程是 RNA 指导下的 DNA 合成过程，与转录(DNA 到 RNA)过程的遗传信息流动方向相反，因此被称为逆转录(图 10-19)。

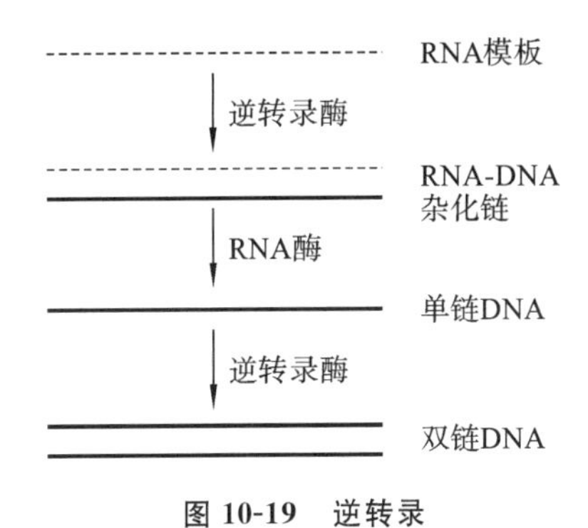

图 10-19　逆转录

逆转录酶是指依赖 RNA 的 DNA 聚合酶。该酶具有三种活性，即具有以 RNA 为模板聚合 dNTPs 的活性，以 DNA 为模板聚合 dNTPs 的活性和 RNA 酶的活性。最后在整合酶的作用下，合成的双链 DNA 整合到宿主细胞的基因组中，再通过转录方式形成大量的病毒 RNA。

逆转录现象的发现是分子生物学研究中的重大发现，是对中心法则的重要修正与补充。例如人类免疫缺陷病毒(HIV)是一种攻击人类免疫系统细胞的慢病毒，该病毒属于逆转录病毒的一种。人类免疫缺陷病毒在感染人体后会整合到宿主细胞的基因组中，然而，目前的抗病毒治疗药物并不能将病毒根除。

2. D 环复制

在研究真核生物线粒体 DNA 的复制时，科学家们发现了遗传物质的另一种复制形式，即 D 环(D-loop)复制。在某些生物的叶绿体和线粒体中，遗传物质为双链环形 DNA，其中一条链含较高的 A、G 碱基，称为重链(H 链)，另一条含较低的 A、G 碱基，称为轻链(L 链)。D 环复制的主要特点是两条链的复制起始位点不在同一位置，故两条子链的合成并不是同步的。线粒体环形双链 DNA 的复制是从 H 链的复制起始位点开始的，以 L 链为模板从该起始位点处先合成一条 RNA 引物，然后，在 DNA 聚合酶 γ 的催化下合成一条长 500～600 bp 的子代 H 链片段。该片段以氢键和 L 链结合置换出亲代的 H 链，此时复制的中间产物呈字母"D"形，故称为 D 环复制。当 H 链复制到 L 链的复制起始位点，大约离 H 链合成起点 60%基因组的位置时，开始以被置换下来的亲代的 H 链为模板合成子代 L 链的 DNA。同样，子代 L 链在复制起始时也需要先合成一条 RNA 引物链。除此之外，与细菌基因组 DNA 复制不同的是，环形线粒体 DNA 的两条链(H 链和 L 链)的复制均为单向复制。H 链先开始复制，所以 H 链的合成提前完成。线粒体 DNA 合成的速度很慢，大约为每秒 10 个核苷酸，整个复制过程约需要 1 h。而且刚合成的线粒体 DNA 为松弛型结构，大概 40 min 后才被转变为超螺旋结构。

3. 滚环复制

滚环复制是噬菌体 DNA 复制的常见方式，也是许多 DNA 病毒的复制方式，还是质粒和 F 因子在接合转移时 DNA 的复制方式，以及许多基因扩增时的复制方式。

所谓滚环复制，是指在复制过程中，亲代双链 DNA 的其中一条链在 DNA 复制的起始位点处被切开，使其 5′-末端游离出来，此时 DNA 聚合酶Ⅲ便可将脱氧核苷酸聚合在 3′-末端。复制一旦向前进行，在亲代双链 DNA 上被切断的 5′-末端就可继续游离下来并且很快会被 SSB 蛋白结合。因为 5′-末端从环上向下解链的同时，环状双链 DNA 会环绕其轴不断旋转，而且，以 3′-末端为引物的 DNA 生长链会不断地以另一条环状 DNA 链为模板向前延伸，故而将此种复制方式称为滚环复制(图 10-20)。

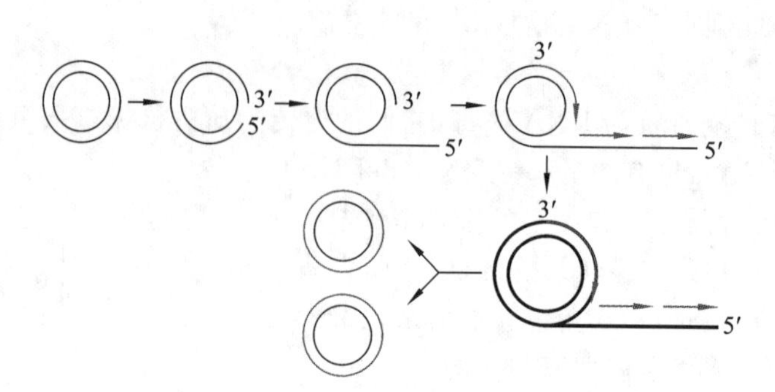

图 10-20　滚环复制

(六)DNA 的损伤与修复

1. DNA 的损伤

能够造成 DNA 损伤的原因有很多,可能是 DNA 复制过程出现错配,也可能是由于某些理化因素如电离辐射、紫外线及化学诱变剂等,又或是生物因素如 DNA 重组及病毒整合等,以上原因使细胞内 DNA 分子的碱基配对发生错误及局部结构遭到破坏,复制、转录及表达功能受阻,该现象称为 DNA 的损伤。DNA 损伤会导致基因突变、生物疾病甚至死亡。

DNA 复制过程具有很高的保真性,而逆转录酶在合成 DNA 时保真性较差,所以 RNA 病毒具有很高的自发突变率。DNA 损伤常见的四种形式:①碱基错配(点突变),包括转换和颠换,转换发生在同型碱基之间,即一种嘌呤代替另一种嘌呤,或一种嘧啶代替另一种嘧啶;颠换发生在异型碱基之间,即嘌呤变嘧啶或嘧啶变嘌呤。虽然 DNA 在复制过程中高度保真,但仍有 $10^{-10}\sim10^{-9}$ 的概率发生碱基错配而没有被修复。②缺失,即 DNA 分子中丢失一对或一段碱基序列。③插入,即一个原来不存在的碱基或一段核苷酸插入 DNA 分子中。④多核酸链的断裂或交联,比如形成胸腺嘧啶二聚体。电离辐射和紫外线可诱导胸腺嘧啶二聚体的形成,使 DNA 结构发生改变。环境中的细菌毒素和化学药剂如亚硝酸类脱氨剂、烷化剂和黄曲霉毒素等都可引起 DNA 的损伤。

2. DNA 损伤的修复

DNA 分子的完整性对生物体的生存至关重要。生物体在长期进化过程中获得了对 DNA 分子损伤的修复能力,该能力是生物保持遗传稳定性的重要原因。生物修复 DNA 损伤是通过一系列酶进行的,这些酶可以修复 DNA 的损伤,恢复 DNA 的正常结构和功能。修复途径分为光诱导修复(光复活)和不依赖光的修复(暗修复)。暗修复根据修复机制不同又可分为切除、重组和诱导修复。

(1)光复活:光复活也称为光修复(图 10-21),光修复是一种高度专一的直接修复方式。修复机制是由可见光(300～400 nm)激活细胞中的光复活酶,切除由于紫外线照射而形成的胸腺嘧啶二聚体之间的共价键,重新形成正常的单体嘧啶碱基,使 DNA 结构恢复正常。光复活酶在生物界分布非常广泛,几乎所有原核及真核生物细胞中都存在光复活酶。光修复更多发生于植物中,对于高等动物而言更重要的是暗修复。

UV

光修复酶

正常单体嘧啶碱基　　　　胸腺嘧啶二聚体

图 10-21　光修复

（2）暗修复。

①切除修复：切除修复是一种较为普遍的修复机制，是指在一系列酶的作用下，切除DNA分子中受损伤的部分，在切口处以另一条完整的链为模板合成切去的部分，从而使DNA分子结构恢复正常。该修复机制对多种损伤都可以起到修复作用。切除修复包括对错配碱基及核苷酸的切除修复，该修复过程为先切断损伤位置的DNA单链，再将损伤片段切除，再在DNA聚合酶作用下以另一条完整的DNA链为模板进行修复合成，最后用DNA连接酶将新合成的DNA链与原来的链连接起来，形成正常的DNA大分子，使DNA恢复正常。

②重组修复：重组修复又称为复制后修复（图10-22），是指对尚未修复的损伤DNA进行先复制再修复。当损伤的DNA还没有来得及完成修复就进行复制时，在损伤部位复制出来的子链会产生缺口，然后在重组修复酶的作用下，将另一条亲链上相对应的核苷酸片段移到缺口处，使之形成完整的分子，然后以子链为模板补上亲链的空缺，这一过程称为重组修复。

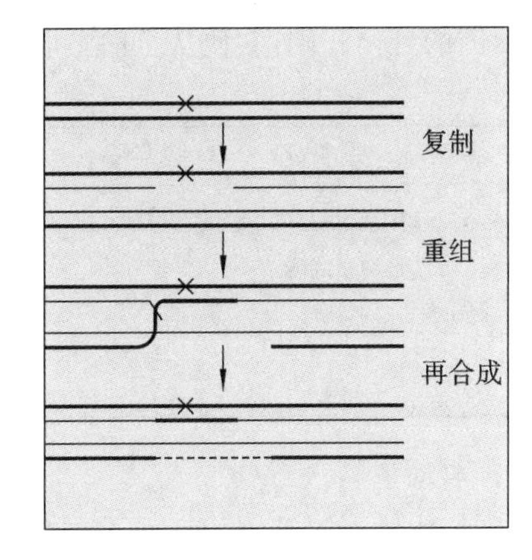

图10-22　重组修复

③诱导修复：诱导修复又称SOS修复，是指由于细胞DNA受到严重损伤或细胞处于危机状态下所引起的一系列应急反应，故也称为应急反应。该反应包括DNA的修复和导致变异两个方面。应急反应可诱导切除修复和重组修复中某些关键酶的产生，使其修复能力加强，同时还能诱导产生DNA聚合酶，使对DNA损伤部位的修复能力增强；但是，由于应急反应是一种在DNA受到严重损伤或复制系统受到抑制后的紧急情况下，生物为求得生存而出现的应急修复能力，所以此种修复容易出现差错而导致较高的变异率。

应急反应是生物体在不利的环境下求得生存的一种本能，该反应广泛存在于原核和真核生物中。得到修复的DNA只是保持了基因组的完整性，但保真度极大地降低，因而错误率非常高，这种情况下大部分生物会死亡，但总有个别生物在这种恶劣的状态下存活，存活下来的生物即发生了基因突变。这种突变有利于生物生存，因此应急反应可能在生物进化过程中起着重要作用。

DNA的修复能力可能与生物的衰老、年龄、突变、肿瘤的发生、电离辐射及某些毒物的作用有着非常密切的关系。例如细胞DNA修复能力缺陷可能与衰老及某些疾病有关。实际生产中，老年动物DNA修复能力较差，可能是机体衰老的分子机制之一。另外，细胞DNA修复能力降低还表现在对致癌剂及辐射的敏感性增强。例如，着色性干皮症患者的皮肤及眼睛对日光或紫外线十分敏感，暴露在外的皮肤变得干燥脱屑且色素沉积，皮肤易发生癌变，原因就是此类患者的皮肤细胞中由于DNA修复缺陷，导致对紫外线引起的皮肤细胞的DNA损伤无法修复，故而细胞发生癌变。

二、RNA的生物合成

在RNA聚合酶（或转录酶）的催化下，以DNA分子中的其中一条链为模板合成RNA的过程称为转录。转录是生物界RNA合成的主要方式，也是遗传信息由DNA传递给RNA的过程，是生物体基因表达的重要中间环节。此外，某些RNA病毒中的RNA既是遗传物质，又是指导蛋白质合成的直接模板，当其感染宿主细胞后便能以RNA为模板指导合成RNA新链，该过程称为RNA的复制。生物界中另一种合成RNA的方式是RNA先逆转录成DNA，然后DNA再指导合成RNA，该方式即是前述逆转录RNA病毒的基因复制方式。综上所述，生物界合成RNA的方式可以分为三种，第一种为在DNA指导下合成RNA，即转录；第二种为某些RNA病毒中的RNA直接指导合成RNA，即RNA的复制；第三种为RNA先逆转录成DNA，DNA再指导合成RNA，即逆转录病毒基因复制方式。

原核生物和真核生物虽然在基因结构和RNA聚合酶等方面存在很大差异，但二者也有许多的共同点。下面介绍原核生物和真核生物的转录过程，最后讲述某些RNA病毒指导的RNA的复制。

(一)原核生物的转录

1. 原核生物的 RNA 聚合酶

RNA 聚合酶又称为转录酶,该酶是一种由多个亚基构成的结构较为复杂的蛋白质复合体。大肠杆菌中只发现了一种由 DNA 指导的 RNA 聚合酶,其活性型称为全酶。该酶由 4 种亚基(α_2,β,β',σ)构成,它们都通过共价键聚合在一起,见表 10-2。其中 2 个 α 亚基负责亚基之间的装配和参与启动子的识别,决定哪些基因被转录;β、β′亚基构成催化中心,主要功能是催化 RNA 的合成;σ 亚基又称为 σ 因子,它的功能是识别 DNA 模板上的转录起始位点,由于它在全酶上结合不太牢固,一旦 RNA 链的延伸开始,它便从全酶上脱落并被释放出来,剩余部分被称为核心酶。

表 10-2 原核生物 RNA 聚合酶的亚基

亚基	分子量	数目	组分	可能的功能
α	36512	2	核心酶	亚基之间的装配,参与启动子识别,决定哪些基因被转录
β	150618	1	核心酶	催化功能,结合底物
β′	155613	1	核心酶	开链功能,结合模板
σ	70263	1	σ 因子	识别模板链,与启动子结合

2. 启动子

原核生物不同基因的启动子在结构上虽然存在一定差异,但却具有明显的共同特征,如都含有 RNA 聚合酶的识别、结合及起始位点;都在基因的 5′-末端直接与 RNA 聚合酶结合,从而控制转录的起始和方向;都含有保守序列且其位置固定,如－35 序列、－10 序列等等(图 10-23)。大多数启动子在其上游的－35 序列附近含有一段共同序列(TTGACA),RNA 聚合酶的 σ 因子能识别该序列以使核心酶与启动子结合,因此,－35 序列被称为 RNA 聚合酶的识别位点;－10 序列(Pribnow 盒)的共有序列为 TATAAT,RNA 聚合酶与该序列结合并将 DNA 双链打开,形成所谓的开放性启动子复合物,故该部位为结合位点。

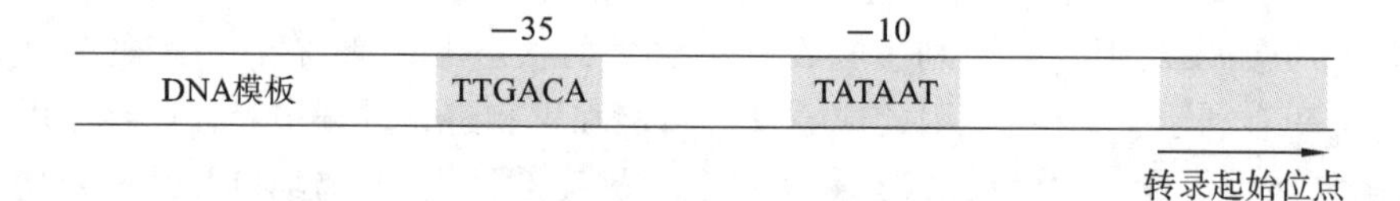

图 10-23 原核生物启动子结构示意图

3. 转录过程

视频:转录

视频:转录和翻译

原核生物转录的主要过程可分为转录的识别与起始、RNA 链的延伸和转录的终止 3 个阶段。

(1)转录的识别与起始:首先,在 σ 因子的帮助下,RNA 聚合酶识别 DNA 模板的启动子,核心酶便与启动子结合形成开放性启动子复合物,使 DNA 分子的局部构象发生改变,结构变松弛而解开一小段 DNA 双链(10 多个碱基对),DNA 模板被暴露出来,以 NTPs(ATP、GTP、CTP、UTP)为原料,然后按照 5′→3′的方向合成 RNA,合成的第一个核苷酸总是 GMP 或 AMP,以 GMP 为常见。转录不需要引物引导,在起始阶段 RNA 的转录还不够稳定,最初的几个核苷酸往往容易脱落而需要重新开始,直到连接上约 9 个核苷酸时才稳定。

(2)RNA 链的延伸:当第一个磷酸二酯键生成后,σ 因子即从全酶上解离释放出来,释放出来的 σ 因子可与另一个核心酶结合成全酶而被反复利用。核心酶沿着 DNA 模板链滑动,按照 A 和 U、G 和 C、T 和 A 配对,每滑动一个脱氧核苷酸距离就有一个与 DNA 链互补的核苷酸进入,依次连接上核苷酸链,核心酶沿着 DNA 模板从 3′→5′方向移动,DNA 双链不断解旋打开,与模板上碱基配对的核苷酸不断进入,新生成的 RNA 链就按照 5′→3′方向不断地延伸。新生成的 RNA 链与 DNA 模板链形成 RNA-DNA 杂交链,该链不稳定,当核心酶移动过后,新生成的 RNA 链不断脱离模板,留下来的模板链和编码链就恢复成原来的双螺旋结构(图 10-24)。

(3)转录的终止:在 DNA 分子的末端有终止转录的特殊的碱基序列,称为终止子,终止子具有使

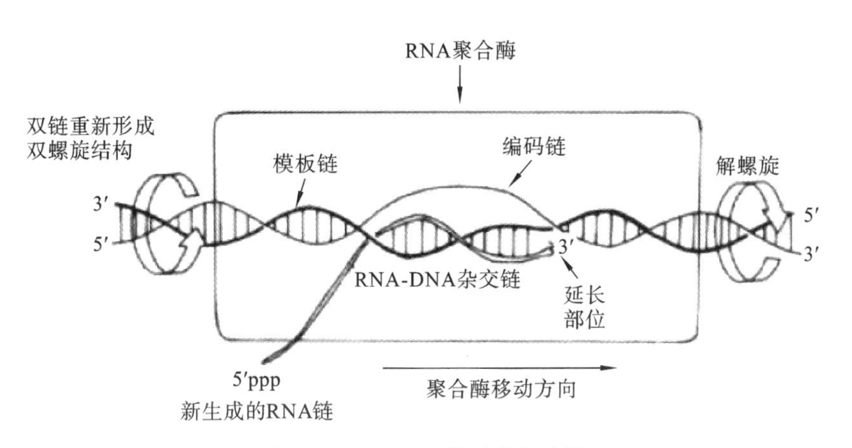

图 10-24 RNA 链的延伸示意图

RNA 聚合酶停止合成 RNA 及释放新生 RNA 链的作用。ρ 因子又称为终止因子。原核生物基因的转录终止有两种方式，即不依赖 ρ 因子的终止和依赖 ρ 因子的终止。不依赖 ρ 因子的终止是指有些模板链上的终止序列(如寡聚 UTP)能被 RNA 聚合酶直接识别而停止转录；依赖 ρ 因子的终止是指转录终止需要 ρ 因子的帮助，当 ρ 因子与 RNA 聚合酶结合时，RNA 聚合酶停止向前移动而导致转录终止。转录终止后，新生 RNA 链及 RNA 聚合酶从 DNA 模板链上脱落(图 10-25)。

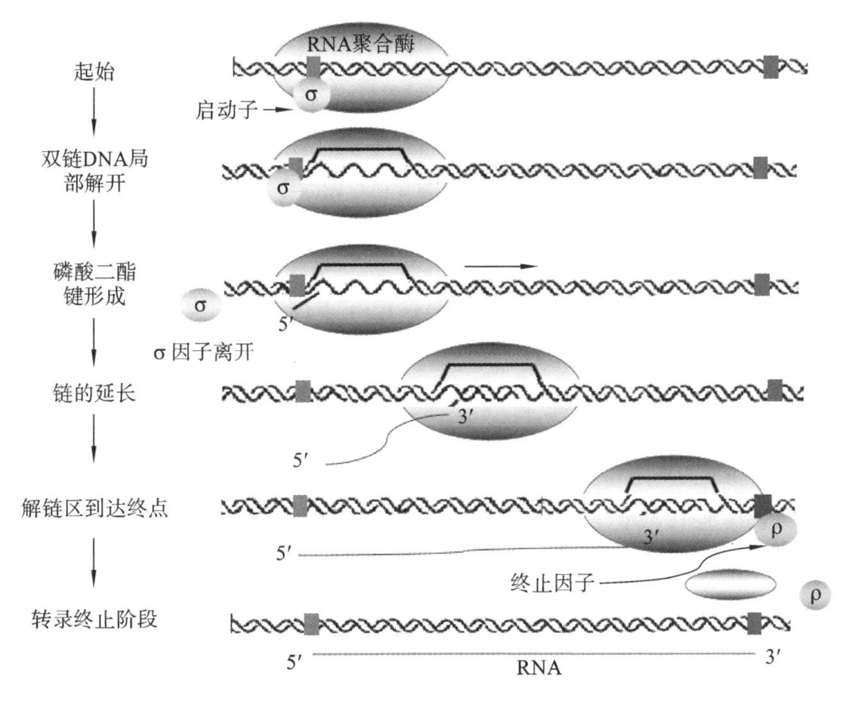

图 10-25 RNA 的合成过程

4. 原核生物的 RNA 转录后加工

刚转录合成的 RNA 大都是无生物活性的 RNA 前体分子，需要进行加工修饰才能转变成有生物活性的成熟 RNA 分子，该过程称为转录后加工。

(1)mRNA 的加工：在原核生物中，mRNA 基本上不需要经过加工即可直接作为模板去翻译各个基因所编码的蛋白质，因此可以说原核生物的转录和翻译是同时进行的。

(2)tRNA 的加工：无论是原核生物还是真核生物，刚转录生成的 tRNA 都是没有生物活性的 tRNA 前体。首先，tRNA 前体需要在 tRNA 剪切酶的作用下切成小的单个的 tRNA 分子，然后从 5′-末端切去前导序列，从 3′-末端切去附加序列，最后在拼接酶的作用下将成熟的 tRNA 分子所需的片段拼接起来。此外，tRNA 中还含有大量修饰碱基，要通过各种不同的修饰酶进行修饰后才能成为成熟的 tRNA 分子。

(3)rRNA 的加工:rRNA 的加工过程是以核糖体颗粒的形式来进行的,首先 rRNA 前体与蛋白质结合形成新生核糖体颗粒,然后经过一系列加工过程生成有功能的成熟的核糖体。

(二)真核生物基因的转录特点

1. 真核生物的 RNA 聚合酶

真核生物中存在 3 种 RNA 聚合酶,分别是 RNA 聚合酶Ⅰ(RNA PolⅠ)、RNA 聚合酶Ⅱ(RNA PolⅡ)、RNA 聚合酶Ⅲ(RNA PolⅢ)。真核生物的 RNA 聚合酶结构较为复杂,都含有多个亚基,每个亚基的功能目前尚不清楚。真核生物同原核生物一样,不同种类的基因也需要不同的蛋白辅助因子,协助 RNA 聚合酶进行工作。真核生物 RNA 聚合酶的特点及功能见表 10-3。

表 10-3　真核生物 RNA 聚合酶的特点及功能

聚合酶种类	在细胞中的位置	负责合成 RNA 的种类
RNA 聚合酶Ⅰ	核仁中	rRNA 前体,45S rRNA
RNA 聚合酶Ⅱ	核质中	mRNA 前体,小 RNA
RNA 聚合酶Ⅲ	核质中	tRNA,5S rRNA

2. 真核生物基因的启动子

真核生物的 3 种 RNA 聚合酶分别负责不同 RNA 的合成,每种 RNA 聚合酶有着各自的启动子。以 RNA 聚合酶Ⅱ的启动子为例,RNA 聚合酶Ⅱ的启动子有多种元件,包括 TATA 盒(序列为 TATAAA)、CAAT 盒(序列 CCNCAATCT)、GC 盒(富集 GC 序列)以及位于下游的起始元件;结构不够恒定,有的启动子有多种盒(如组蛋白 H2B),有的只有 TATA 盒和 GC 盒(如 SV40 早期转录蛋白);不同启动子中各种盒的序列、位置、距离和方向几乎完全不同,有的盒还有远距离调控元件如增强子,用来选择起始位点及控制转录效率;有的启动子不直接与 RNA 聚合酶结合,而是先结合到其他转录因子上。

3. 真核生物的 RNA 转录后加工

真核生物的基因很大部分是不连续的,即在编码序列中间存在着不编码的插入序列,这种基因称为断裂基因。其中编码的序列称为外显子,不编码的序列称为内含子。在加工过程中,真核细胞核内会形成许多长度不一的 RNA,称为不均一核 RNA 或核不均 RNA(hnRNA)。初始转录产物中包含外显子和内显子的 RNA 称为 mRNA 前体,必须对转录产生的 mRNA 前体进行加工及修饰才能变成有生物活性的成熟 mRNA(图 10-26)。因此,mRNA 前体比加工后成熟的 mRNA 要大很多。其加工过程如下:5′-末端加上 7-甲基鸟苷酸“帽”状结构,3′-末端加上多聚腺苷酸(polyA 尾)“尾”;然后由相应的酶剪去转录的内含子,再将外显子连接起来;最后经过甲基化等过程进行修饰,mRNA 前体才能成为有功能的成熟的 mRNA 分子。

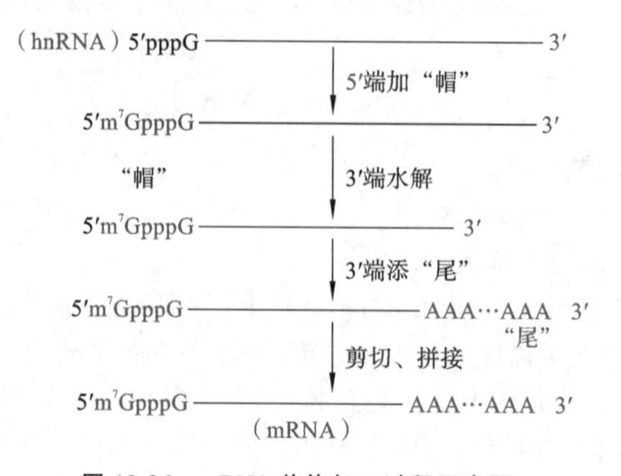

图 10-26　mRNA 前体加工过程示意图

(1)mRNA 前体的转录后加工。

① mRNA“首”和“尾”的修饰:真核生物 mRNA 的 5′-末端在转录合成不久后即被修饰,此过程

为5′-末端加“帽”。所有“帽”的结构都含有7-甲基鸟苷酸，通过焦磷酸连接在5′-末端。mRNA 5′-末端“帽”是mRNA翻译起始的必要结构，为核糖体识别mRNA提供信号并协助核糖体与mRNA结合，使翻译从起始密码子AUG开始并保护mRNA不受到5′→3′核酸外切酶的攻击，增加mRNA的稳定性。

mRNA尾端(3′-末端)的修饰是指3′-末端加polyA的过程，它是在转录后，在RNA末端腺苷酸转移酶的催化下一个一个加上去的。该加工过程可能与mRNA合成的终止过程相关联。已知polyA与翻译起始因子相结合可能会增加mRNA的稳定性，因此polyA越长，mRNA的稳定性越好。

②真核生物mRNA的剪接：真核基因为断裂基因，绝大部分基因的外显子被不同大小的内含子隔开，内含子在RNA转录后的加工过程中要被剪切去除，同时相邻外显子会通过3′,5′-磷酸二酯键连接起来形成成熟的mRNA分子，该过程称为剪接。剪接是绝大多数真核RNA在转录后加工中必须进行的一个重要步骤。剪接是在细胞核中进行的，剪接用到的核酸内切酶及连接酶可能处在同一剪接复合体上，以便剪接时协调进行。一般认为，在内含子的上游和下游各含有一个剪接位点，5′-剪接点(左剪接点)及3′-剪接点(右剪接点)。A. Klessing提出：内含子要弯曲成套索状，在剪接时外显子互相靠近，经过两次转酯反应会有两个磷酸二酯键被破坏，同时形成一个新的磷酸二酯键而连接形成成熟的mRNA。例如，鸡卵清蛋白基因的转录及转录后加工就属于该机制(图10-27)。

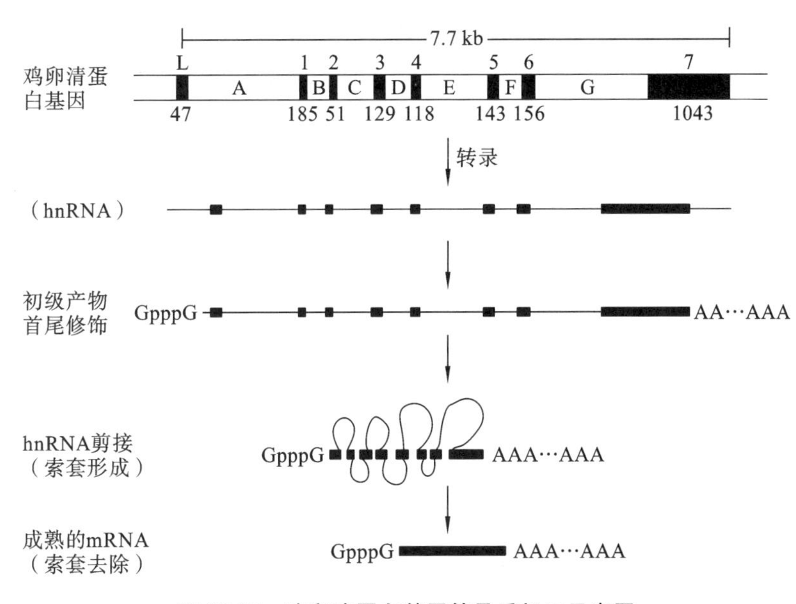

图10-27 鸡卵清蛋白基因转录后加工示意图

(2)tRNA前体的转录后加工：真核生物tRNA前体的加工与原核生物类似，目前分离得到的真核生物tRNA前体中含有内含子序列，转录后加工过程包括内含子的剪切，而在原核生物tRNA前体中不含有内含子序列，这是原核生物与真核生物的一个重要区别。真核生物tRNA前体的加工方式如下：首先在tRNA剪切酶的作用下切除tRNA前体两端的多余序列，将其切成一定大小的tRNA分子；然后特异核酸酶催化内含子的切除，再在拼接酶作用下将成熟的tRNA分子的外显子拼接起来；最后进行tRNA碱基修饰，主要为甲基化修饰，还有一些如碱基置换或转换等修饰。

(3)rRNA前体的转录后加工：真核生物的rRNA前体比原核生物大，其中哺乳动物的初级转录产物是45S rRNA，而低等真核生物的rRNA前体则为38S rRNA。rRNA的合成是在核仁中进行的。45S rRNA前体被甲基化并剪接为41S rRNA前体，然后41S rRNA前体再被剪接为28S、18S和5.8S rRNA，而5S rRNA则由tRNA聚合酶Ⅲ作用产生，处在另一个转录单位中。综上所述，真核生物细胞有4种rRNA，分别是28S、18S、5.8S和5S rRNA，这些成熟的rRNA可与多种蛋白质组装成核糖体的大小亚基。

4. 核酶及其功能

核酶是切赫(T. Cech)和阿尔特曼(S. Altman)在研究 RNA 的剪接机制时意外发现的,为此他们获得了1989年的诺贝尔化学奖。相关实验表明,RNA 分子能自我剪接并且具有高度的催化活性,于是将这种具有催化活性的 RNA 分子命名为核酶。核酶的发现向"酶的化学本质是蛋白质"的传统概念提出了挑战。

科学家在对 RNA 自我剪接过程的研究中发现,该过程不需要 ATP 或 GTP 提供能量,只需要 GTP 作为辅助因子,甚至是含有 G 的鸟苷、GMP、GDP 中的任何一种都可以,用 G 代表它们,经过两次转酯反应将两个外显子连接起来并将内含子释放出去。研究表明,RNA 分子和蛋白质一样,也能够作为有效的催化剂,而且 RNA 分子也可以形成精确的三维结构并结合特异底物,从而形成稳定的过渡态复合物。但是 RNA 和蛋白质的不同之处在于,RNA 仅由 4 种结构元件组成,而蛋白质却由 20 种氨基酸组成,故 RNA 在结构的多样性上远不如蛋白质,因此自然界中大多数酶是蛋白质而非 RNA。

核酶的发现打破了人们对生命起源是 DNA 或蛋白质的认识。该发现让人们对生命的起源有了新推断:生命的最初形式可能是 RNA,因为 RNA 不但可作为模板进行复制,而且还具有蛋白质的催化功能,即 RNA 具有 DNA 和蛋白质两者的功能。在生物进化过程中,作为遗传模板的 RNA 没有双链 DNA 稳定,作为催化剂又不具备蛋白质催化剂的多样性,因此,RNA 携带遗传信息的作用被 DNA 取代,作为催化剂的作用逐渐被蛋白质取代,目前 RNA 仅保留了作为信使及部分催化功能等。该推断是否正确还有待研究证明。核酶的发现使其在应用方面也得到研究,例如科学家正在设计合成特异的切割病毒 RNA 或其他 RNA 的核酶,已用于对艾滋病、癌症等疾病的治疗,虽然目前没有成功的报道,但是具有良好的前景。

(三)原核生物和真核生物转录的共同点

两者都以 DNA 为模板,在酶的催化下合成 RNA,参与 RNA 生物合成过程的酶是 RNA 聚合酶。作为模板的 DNA 既可以是单链又可以是双链,当 DNA 为单链时,能转录一股与其互补的 RNA 链,并可分离获得 RNA-DNA 杂交链;当 DNA 为双链时,双链 DNA 先小段解链并以其中一条链为模板,在 RNA 聚合酶的作用下合成 RNA,合成的 RNA 迅速脱离 DNA 模板,分开的两股 DNA 链重新结合在一起,故不能分离出 RNA-DNA 杂交链。由于细胞中的 RNA 不是自我复制合成的,尽管其自我复制过程也很精确,但精确度却不及 DNA 复制,所以会产生非遗传上的差错。实验证明,双链 DNA 只有一条链作为模板被转录,在双链 DNA 中作为模板转录 RNA 的链称为模板链,另一条链称为编码链。两者的转录都是按 $5' \rightarrow 3'$ 方向进行的,而且转录起始都不需要引物且不存在校正,这是由 RNA 聚合酶的性质和作用决定的。

(四)RNA 指导下的 RNA 复制

生物的遗传信息多储藏在 DNA 中,并按照中心法则由 DNA 转录成 RNA,再由 RNA 翻译成蛋白质。但是,某些 RNA 病毒可以 RNA 为模板,复制出 RNA 分子,被该病毒感染的宿主细胞中含有 RNA 复制酶,能在病毒 RNA 指导下合成新的 RNA,这个过程称为 RNA 的复制。RNA 复制酶具有高度专一性,不能识别宿主细胞或其他病毒的 RNA,仅仅识别病毒自身的 RNA。

在 RNA 复制过程中把具有 mRNA 功能的链称为正链,与其互补的链称为负链。RNA 病毒的复制有 4 种方式。

1. 正链 RNA 病毒的复制

正链 RNA 病毒如脊髓灰质炎病毒、大肠杆菌 Qβ 噬菌体等,进入宿主细胞后,以其单链 RNA 作为 mRNA,并利用宿主细胞的核糖体合成病毒的外壳蛋白和复制酶,然后,以该正链 RNA 为模板,经 RNA 复制酶作用合成负链 RNA,正链与负链是互补的,再以此负链为模板合成正链 RNA,正链 RNA 与外壳蛋白组装成病毒颗粒。

2. 负链 RNA 病毒的复制

含有负链 RNA 的病毒如狂犬病毒等,此类病毒侵入宿主细胞后,借助病毒自身带入的 RNA 复

制酶合成正链 RNA，再以此正链 RNA 合成病毒复制酶及外壳蛋白，最后组装成新的病毒颗粒。

3. 双链 RNA 病毒的复制

双链 RNA 病毒如呼肠孤病毒等进入宿主细胞后，在病毒复制酶的作用下，先以双链为模板合成正链 RNA，再以正链 RNA 为模板合成负链 RNA，从而形成病毒分子的双链 RNA，同时，由正链翻译出复制酶和壳蛋白而组装成病毒颗粒。

4. 逆转录病毒的复制

在本模块 DNA 的生物合成中"逆转录及其他形式的 DNA 复制"部分已经讲述，此处不再赘述。

三、蛋白质的生物合成

视频：

蛋白质的

生物合成

视频：

翻译

蛋白质是生物体生命活动的物质基础，生物体的一切生命活动如生长、发育、繁殖、衰老及死亡等都离不开蛋白质。

蛋白质的生物合成是指在细胞质中，以 mRNA 为模板，在多种蛋白质因子、核糖体、酶类及 tRNA 等物质的共同作用下，把 mRNA 中由核苷酸序列决定的遗传信息转变成由 20 种氨基酸组成的蛋白质的过程。该过程类似电报的翻译过程，故又将蛋白质的生物合成称为翻译。

（一）蛋白质生物合成体系的重要组分及其功能

蛋白质的翻译系统除了需要 20 种氨基酸外，还需要 mRNA、tRNA、核糖体及氨酰-tRNA 合成酶和多种翻译因子的参与，例如起始因子（IF）、延伸因子（EF）和释放因子（RF）等。

1. mRNA 的结构及功能

中心法则告诉我们，DNA 转录出的遗传信息传递给 mRNA，mRNA 通过翻译将遗传信息传递给蛋白质，故 mRNA 是蛋白质生物合成的模板。mRNA 是由 A、U、C、G 4 种核苷酸组成的多核苷酸序列，在蛋白质生物合成的过程中起到模板的作用，即 mRNA 上核苷酸的排列顺序决定着蛋白质中氨基酸的排列顺序。那么问题就来了，mRNA 的核苷酸排列顺序是如何决定蛋白质中氨基酸排列顺序的？要弄清楚该问题，首先要了解一下遗传密码。

（1）遗传密码：遗传密码的发现和全部解读是近代分子生物学中伟大的成就之一。所谓遗传密码，指的是 mRNA 中核苷酸（碱基）序列与蛋白质中氨基酸序列之间的对应关系。组成 mRNA 的核苷酸有 4 种而组成蛋白质的氨基酸有 20 种。在 mRNA 链上从 $5' \rightarrow 3'$ 方向，相邻的 3 个核苷酸组成的三联体称为密码子，可以编码多肽链上的一种氨基酸，故 4 种核苷酸共可以组成 64 个密码子。现已查明，64 个密码子中有 61 个均可编码一种氨基酸，其中，AUG 既是起始密码子，也是甲硫氨酸的密码子。另外还有 3 个不编码任何氨基酸，它们是多肽链合成的终止信号，称为终止密码子，它们分别是 UAA、UAG 和 UGA。在原核生物中，AUG 编码的起始氨基酸为 N-甲酰甲硫氨酸（N-甲酰蛋氨酸），其作为多肽链合成的起始密码子，而 GUG 有时也能被 fMet-tRNA 辨认而成为起始密码子，因此，在原核生物中 AUG/GUG 都可作为起始密码子。进一步实验还表明各密码子同氨基酸之间的对应关系，各密码子所代表的氨基酸见表 10-4。由于 M. Nirenberg 和 H. Khorana 对破译遗传密码的创造性成果，他们于 1968 年共同获得了诺贝尔生理学或医学奖。

表 10-4　通用遗传密码表

密码子第一位 5′-末端碱基	密码子第二位碱基（中间碱基）				密码子第三位 3′-末端碱基
	U	C	A	G	
U	UUU 苯丙	UCU 丝	UAU 酪	UGU 半胱	U
	UUC 苯丙	UCC 丝	UAC 酪	UGC 半胱	C
	UUA 亮	UCA 丝	UAA 终止	UGA 终止	A
	UUG 亮	UCG 丝	UAG 终止	UGG 色	G
C	CUU 亮	CCU 脯	CAU 组	CGU 精	U
	CUC 亮	CCC 脯	CAC 组	CGC 精	C
	CUA 亮	CCA 脯	CAA 谷酰	CGA 精	A

Note

续表

密码子第一位 5′-末端碱基	密码子第二位碱基(中间碱基)				密码子第三位 3′-末端碱基
	U	C	A	G	
	CUG 亮	CCG 脯	CAG 谷酰	CGG 精	G
A	AUU 异亮	ACU 苏	AAU 天酰	AGU 丝	U
	AUC 异亮	ACC 苏	AAC 天酰	AGC 丝	C
	AUA 异亮	ACA 苏	AAA 赖	AGA 精	A
	AUG 甲硫(起始)	ACG 苏	AAG 赖	AGG 精	G
G	GUU 缬	GCU 丙	GAU 天冬	GGU 甘	U
	GUC 缬	GCC 丙	GAC 天冬	GGC 甘	C
	GUA 缬	GCA 丙	GAA 谷	GGA 甘	A
	GUG 缬	GCG 丙	GAG 谷	GGG 甘	G

(2)遗传密码的特点:密码子具有简并性、通用性、非重叠性、偏好性、兼职性及摆动性的共同特点。

①简并性:密码子的简并性是指一种氨基酸可以由几种不同的密码子编码。在 64 种密码子中,除了 UAA、UAG 和 UGA 3 种密码子不编码氨基酸外,其余 61 种密码子负责编码 20 种氨基酸,因此必然会有多种密码子编码同一种氨基酸的现象,即密码子的简并性。其中负责编码同一种氨基酸的一组密码子称为同义密码子。从表 10-4 可以看出,除了色氨酸和甲硫氨酸只由 1 种密码子编码外,其他 18 个氨基酸都至少由 2 种密码子编码,而丝氨酸、精氨酸和亮氨酸由多达 6 种密码子编码。简并性在生物物种稳定性中具有重要的意义,它可以使 DNA 的碱基组成在有较大变化余地的同时仍能保持多肽链氨基酸序列不改变,从而减少由于基因突变带来的有害反应。例如,亮氨酸的密码子 CUA 中的 C 突变成 U 时,密码子 UUA 仍然编码亮氨酸。

②通用性:实验证明,表 10-4 中的密码子是通用的,即从病毒、细菌到高等动植物都使用同一套遗传密码表,这说明生物起源于共同的祖先,这也是当代基因工程中能将一种生物的基因转移到另一种生物中表达的基础。

③非重叠性:在绝大多数生物中,密码子的阅读是不重叠且连续的,即同一个密码子的核苷酸不会被重复阅读。密码子的阅读从起始密码子开始按照 5′→3′方向进行,三联体密码子一个接一个被阅读,直到终止密码子为止。鉴于此,如果在 mRNA 中插入或删除一个核苷酸,就会引起插入或删除位点以后的所有密码子发生错读,该现象称为移码。但是,在某些病毒基因组中,由于基因的重叠会使密码子出现重叠性。

④偏好性:在基因表达过程中不同生物对遗传密码具有明显的选择性。研究发现,在一些低等生物及细胞器基因组中同义密码子优先选择 A、T;在高等生物核基因组中同义密码子优先考虑 C、G。基因表达过程中遗传密码的选择还与环境等因素有关系。

⑤兼职性:具有两种功能的密码子称为密码子的兼职性。如在 61 种密码子中,GUG 和 AUG 除作为多肽链合成起始信号外,它们还分别负责编码缬氨酸和甲硫氨酸。

⑥摆动性:多数情况下,同义密码子的第 1、2 位碱基相同,第 3 位碱基不同。这说明密码子的专一性主要由第 1、2 位碱基决定,而第 3 位碱基具有较大的灵活性,F. Crick 将第 3 位碱基的这种特性称为摆动性,现已被证实。

2. tRNA 的结构及功能

tRNA 在蛋白质翻译过程中起转运氨基酸的作用,是蛋白质翻译过程中的氨基酸“搬运工”。已经测定的 tRNA 结构都是单链分子,其二级结构为“三叶草”形,有“四环一臂”结构,即由 4 个环和 1 个臂组成。tRNA 的三级结构为一个紧密的倒“L”形,核苷酸残基之间通过氢键及疏水键维持其结构的稳定(图 10-28)。

Note

tRNA 的主要功能是识别 mRNA 上的密码子及携带与密码子相对应的氨基酸,并活化和转运

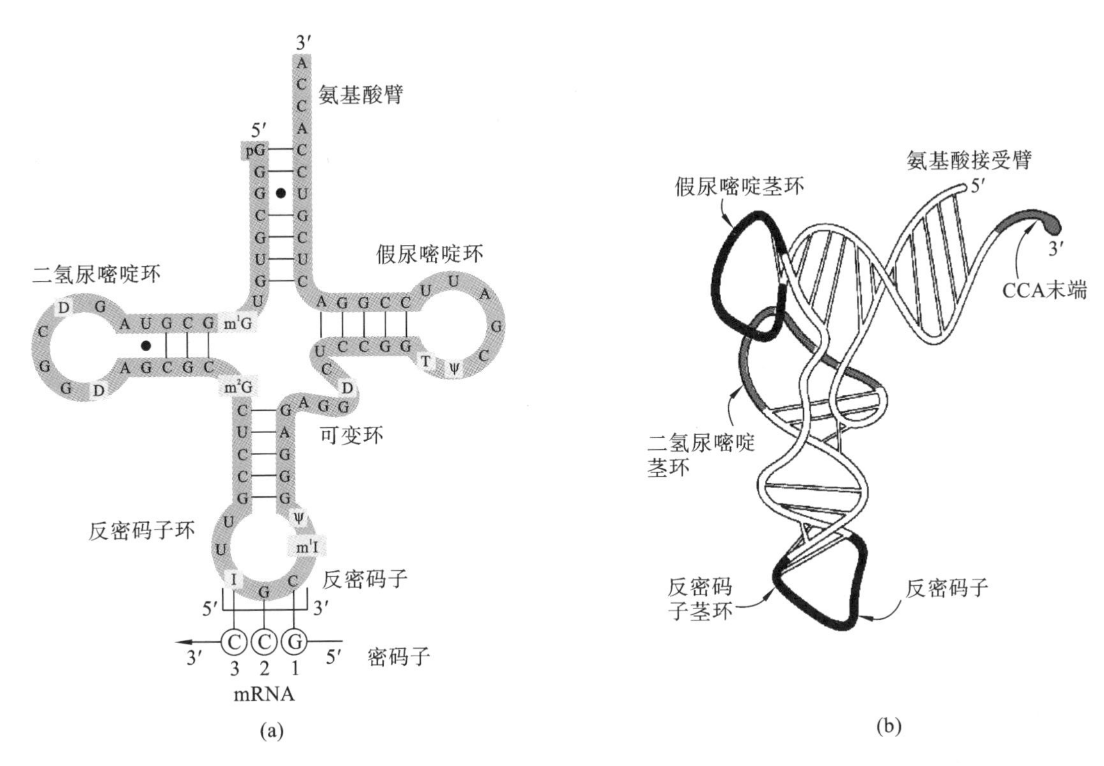

图 10-28　tRNA 的二级结构(a)与三级结构(b)

氨基酸到核糖体中以合成蛋白质。在 tRNA 分子的反密码子环上也有 3 个碱基组成的 1 个三联体(IGC),在蛋白质的翻译过程中,它能以互补配对的方式识别 mRNA 上相应的密码子,因此称为反密码子。反密码子也是按照 5′→3′方向进行阅读,与密码子结合时方向相反,即反密码子的第 1、2、3 位碱基分别与密码子的第 3、2、1 位碱基配对(图 10-28(a))。在 tRNA 氨基酸臂的 3′-末端可以携带相应的氨基酸。

3. rRNA 及核糖体

(1)rRNA:rRNA 是在核仁中合成的,它与蛋白质结合成核糖核蛋白体即核糖体,故 rRNA 是核糖体的重要组成部分,实验表明,rRNA 在蛋白质合成中起着决定性的作用。

(2)核糖体:核糖体是生物合成蛋白质的场所,被称为蛋白质"装配机"。在核糖体中蛋白质约占 40%、rRNA 约占 60%。无论是原核生物还是真核生物,核糖体的结构都很复杂,由大小两个亚基构成。其中,小亚基有可以让 mRNA 附着的部位,可以容纳两个密码子的位置。大亚基有可以供 tRNA 结合的两个位点,一个称为 P 位点,该位点是 tRNA 携带多肽链占据的位点,又称为肽酰基位点;另一个位点称为 A 位点,该位点是 tRNA 携带氨基酸占据的位点,又称为氨酰基位点(图 10-29)。

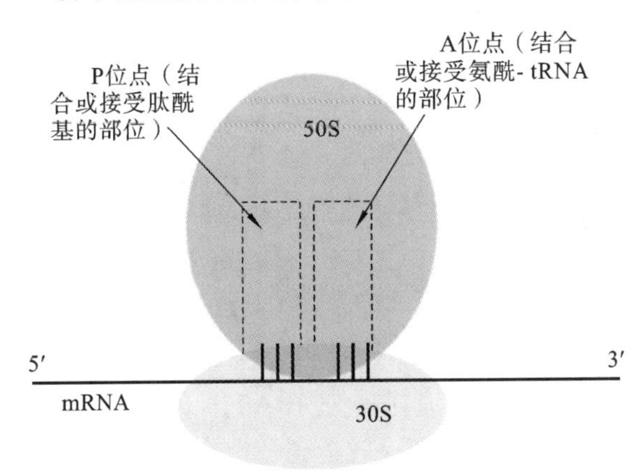

图 10-29　原核细胞 70S 核糖体 A 位点、P 位点及 mRNA 结合部位示意图

原核生物和真核生物的核糖体都有两个亚基，即大亚基和小亚基，但是它们却有着明显的区别，两种生物核糖体大小亚基的组成见表 10-5。

表 10-5　原核生物和真核生物核糖体大小亚基的组成

生物种类	核糖体	分子质量/kD	亚基	rRNA	蛋白质种类
原核	70S	2.5×10^3	50S	23S 5S	34
			30S	16S	21
真核	80S	4.2×10^3	60S	28S 5.8S 5S	49
			40S	18S	33

(3)多聚核糖体：无论是原核生物还是真核生物，都可以分离出 3 种类型的核糖体即核糖体、核糖体亚基和多聚核糖体。在蛋白质生物合成过程中，核糖体与 mRNA 上的起始信号处结合，然后按照 5′→3′方向沿着 mRNA 移动，边移动边翻译直至遇到终止信号才能完成一条多肽链的合成。而多聚核糖体是指多个核糖体同时与一个 mRNA 分子进行结合，可以同时合成几条多肽链，显著提高了蛋白质的合成速度。在多聚核糖体中，一条 mRNA 链上能结合核糖体的数目是与 mRNA 的长度成正比的，最大的结合密度为每隔 80 个核苷酸结合 1 个核糖体，且每个核糖体都独立地进行翻译而各自合成完整的多肽链。在电子显微镜下可以看到在一条 mRNA 链上许多核糖体正在工作的情景。与 mRNA 5′-末端离得最近的核糖体上的多肽链最短，而与 3′-末端离得最近的多肽链则接近完成。

生物体细胞内蛋白质的合成正是通过这些核糖体循环进行的，在细胞质中只有少数的核糖体与 mRNA 结合形成多聚核糖体，而其他大多数的核糖体以非活性的稳定状态单独存在。

（二）蛋白质的生物合成过程

1. 原核生物蛋白质的合成过程

蛋白质的生物合成(翻译)过程远比复制和转录复杂。蛋白质的生物合成就是按照 mRNA 链上密码子的排列顺序，将对应的氨基酸以肽键相连，从氨基端向羧基端(从 5′→3′方向)逐渐延伸合成多肽链的过程，该过程可以分为氨基酸的活化、多肽链合成的起始、多肽链的延伸及多肽链合成的终止 4 个阶段。

(1)氨基酸的活化：氨基酸本身并不能辨别其在 mRNA 链上所对应的密码子，必须与其各自特异的 tRNA 结合后才能被带到核糖体中，并且依靠 tRNA 来辨认密码子。能催化氨基酸活化的酶称为氨酰-tRNA 合成酶，不同氨基酸分别由不同的酶进行催化才能活化，氨基酸的活化必须在特异的氨酰-tRNA 合成酶的催化下进行。

氨酰-tRNA 合成酶是一类具有高度专一性及特异性的酶，这一点保证了蛋白质翻译的准确性。该酶既能识别特异氨基酸又能辨认携带该氨酰的一组 tRNA 分子，每活化 1 分子的氨基酸需要消耗 2 分子的 ATP。氨酰-AMP-酶复合物再将氨酰基转移到相应的 tRNA 3′-末端生成氨酰-tRNA。以上反应过程表达式如下：

$$\text{氨基酸}+\text{ATP}\xrightarrow{\text{氨酰-tRNA 合成酶}}\text{氨酰-AMP-酶}+\text{PPi}$$

$$\text{氨酰-AMP-酶}+\text{tRNA}\longrightarrow\text{氨酰-tRNA}+\text{AMP}+\text{酶}$$

以上反应每活化 1 分子氨基酸需要消耗 2 分子 ATP，因此反应不可逆。活化后的氨基酸由 tRNA 携带，按照 mRNA 链密码子指导的顺序转运到核糖体上参与多肽链的合成。

(2)多肽链合成的起始：多肽链合成的起始包括 mRNA、核糖体及氨酰-tRNA 结合生成起始复合物，该过程需要多种起始因子(IF-1、IF-2、IF-3)和赋能物质 GTP 的参与(图 10-30)。在原核细胞如大肠杆菌中，第一步是由 IF-3、mRNA 和小亚基形成一个三元复合体，与此同时，IF-2、起始甲酰甲硫氨酰-tRNA 和 GTP 结合形成一个复合体；第二步是以上两种复合体在 IF-1 的作用下形成由 mRNA、小亚基和甲酰甲硫氨酰-tRNA 组成的复合体，该复合体包括 3 种起始因子及 GTP；最后，在 GTP 酶的催化下，GTP 水解为 GDP 和磷酸，大亚基和小亚基结合形成 70S 起始复合体，各种起始因子同时被释放出来。甲酰甲硫氨酰-tRNA 通过反密码子互补结合在核糖体的 P 位点，而核糖体 A 位点空着，空着的 A 位点准备接受能与第二个密码子配对的氨酰-tRNA，为多肽链的延伸做准备。

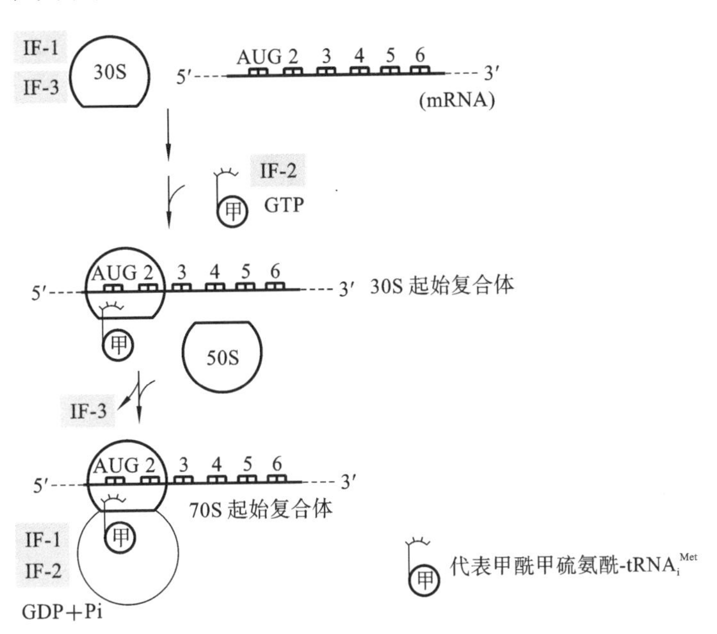

图 10-30 原核生物蛋白质合成的起始

IF-1、IF-2、IF-3 为三种不同的起始因子

(3)多肽链的延伸：延伸反应是指从 70S 复合体形成到多肽链终止之前的过程。该反应包括氨酰-tRNA 的进位(进入 A 位点)、肽键的形成及移位 3 步反应。以上反应过程需要 70S 起始复合体、氨酰-tRNA、3 种延伸因子(EF-Tu，EF-Ts，EF-G)、GTP 及 Mg^{2+} 等参与。

①氨酰-tRNA 的进位：一个新的氨酰-tRNA 与 EF-Tu-GTP 结合后，按照碱基配对原则，通过氨酰-tRNA 的反密码子与 A 位点上的 mRNA 的密码子配对，进入 70S 核糖体的 A 位点即氨酰-tRNA 接受部位，而何种氨酰-tRNA 进位则是由 mRNA 的密码子决定的。进位过程需要 GTP 水解提供能量，同时 EF-Tu-GTP 分解为 EF-Tu-GDP 释放出来，再与 EF-Ts 和 GTP 反应重新生成 EF-Tu-GTP 参与下一轮反应(图 10-31)。

②肽键的形成(图 10-32)：在转肽酶的作用下，当氨酰-tRNA 占据 A 位点后，把结合在 P 位点的甲酰甲硫氨酰基(肽基)从 P 位点转移到 A 位点的氨酰-tRNA 的氨基上，以肽键将两个氨基酸连接起来形成二肽酰-tRNA。经转肽反应后，原来结合在 P 位点的氨酰-tRNA 就成为无负载 tRNA，而结合在 A 位点的则成为二肽酰 tRNA，形成第一个肽键(一个新肽键)，反应进入移位阶段。

③移位(图 10-33)：核糖体沿着 mRNA 链的 5′→3′方向移动一个密码子(3 个核苷酸)的位置。移位后，二肽酰-tRNA 从 A 位点移到 P 位点，下一个密码子进入核糖体 A 位点，以便为下一个进入的氨酰-tRNA 所阅读，tRNA 因此也脱落并移出核糖体。移位过程需要 GTP 提供能量，EF-G 从核糖体上解离下来参与下一次移位。移位后 A 位点空出，可以继续结合一个氨酰-tRNA 并重复以上过程，从而使多肽链从氨基端(N 端)向着羧基端(C 端)不断延伸，多肽链延伸过程每重复一次，多肽链就增加一个氨基酸残基。

(4)多肽链合成的终止：多肽链合成终止需要两个条件，一是应存在能特异性地使多肽链延伸停止的信号；二是有能阅读链终止信号的蛋白质释放因子(RF)。在原核生物如大肠杆菌中，释放因子有 3 种：RF-1、RF-2 和 RF-3。当 mRNA 链上的任何一个终止密码子(UAA、UAG 或 UGA)进入核

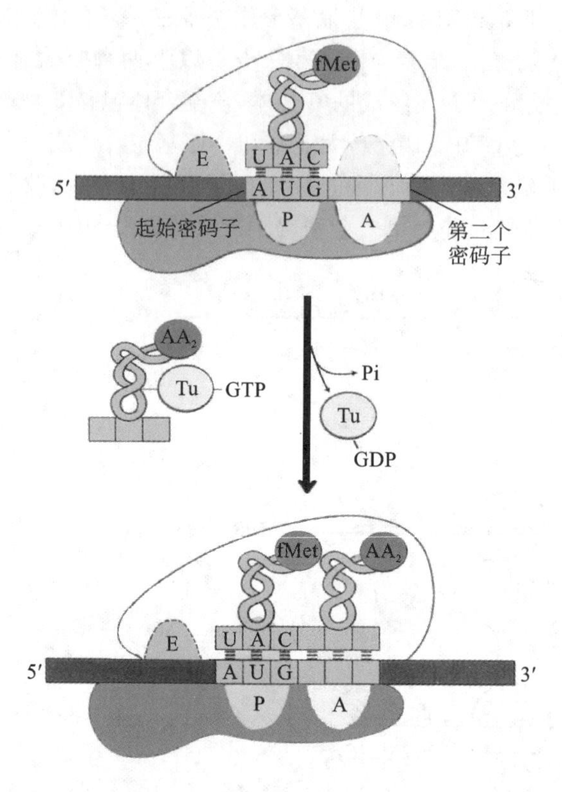

图 10-31 氨酰-tRNA 的进位

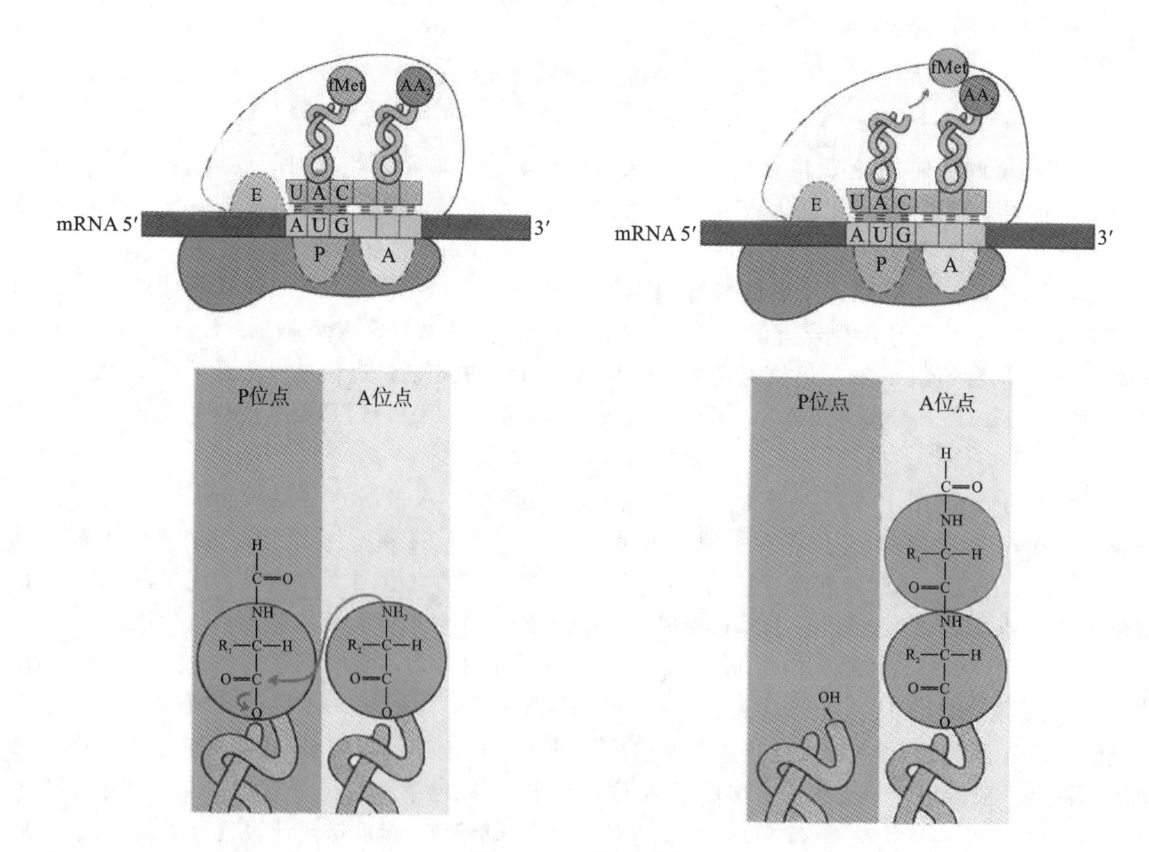

图 10-32 肽键的形成

糖体 A 位点时，由于它们不编码任何氨基酸，也不被任何氨酰-tRNA 识别，因此没有氨酰-tRNA 进入 A 位点与之结合，但是，释放因子中的 RF-1 和 RF-2 可以识别 mRNA 上的终止密码子并与之结合，RF-1 识别并结合 UAG 和 UAA，RF-2 识别并结合 UAA 和 UGA，RF-3 不能识别终止密码子，

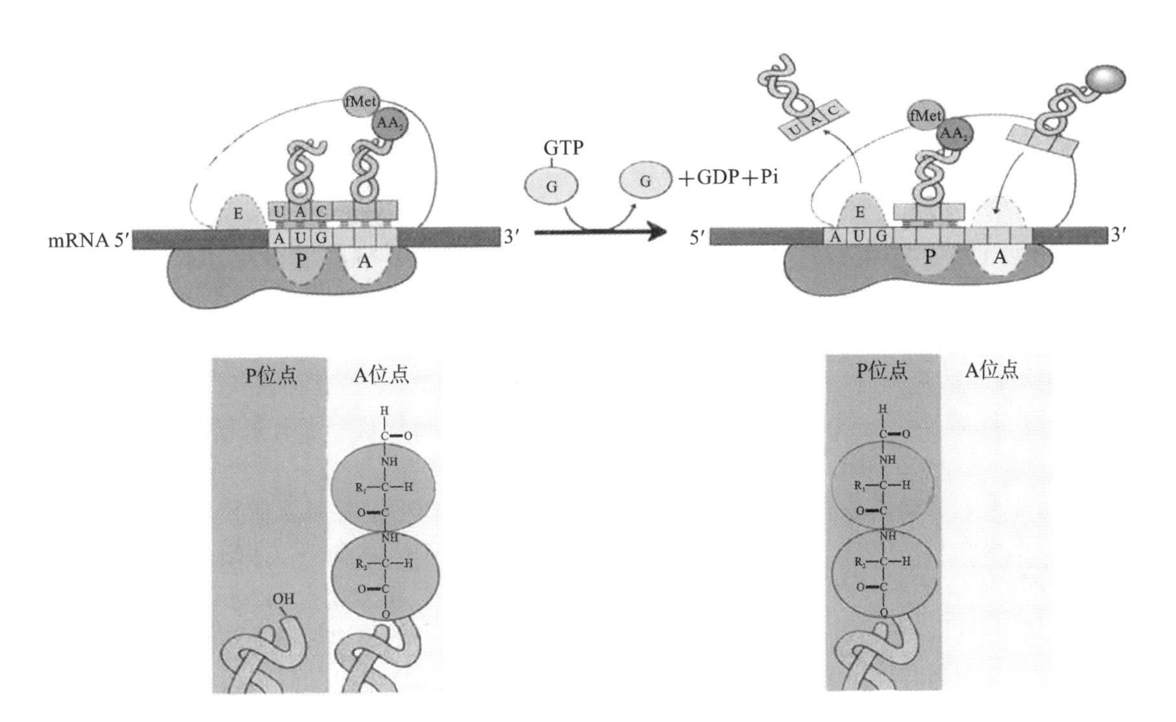

图 10-33 移位

但可以增加 RF-1 和 RF-2 的识别活性。这种结合使已合成完毕的肽酰-tRNA 从 70S 核糖体复合物上水解脱落，70S 核糖体解离为 50S 和 30S 亚基并与 mRNA 分离，自由的大小亚基可以参与新的多肽链的翻译，也可以聚合成稳定无活性的单核糖体(图 10-34)。

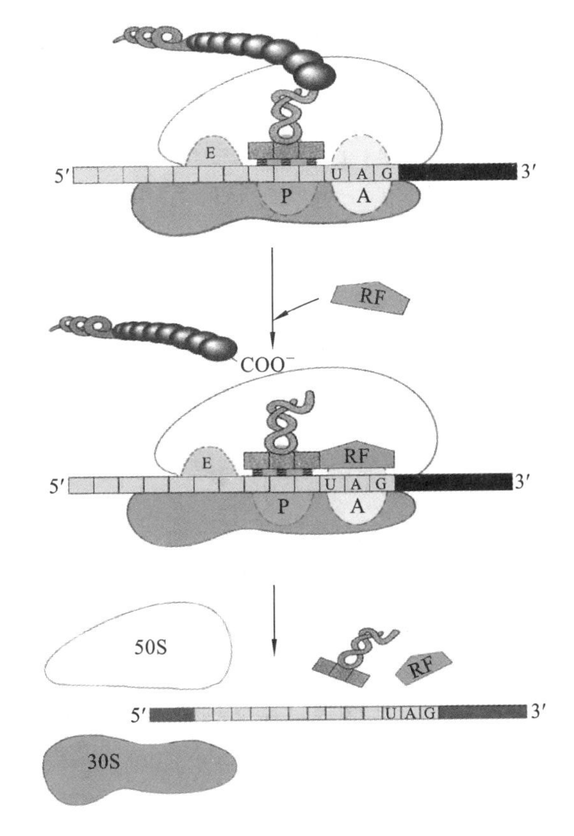

图 10-34 多肽链合成的终止

2. 真核生物蛋白质合成的特点

真核生物蛋白质的合成机制与原核生物十分相似，但过程更为复杂，参与的蛋白质因子也更多。

真核生物蛋白质总的合成途径也包括三个阶段，即起始、延伸及终止阶段，尤其在起始阶段，与原核生物存在着较大的差异。

(1)真核生物多肽链合成的起始：真核生物的翻译过程与原核生物相似，但顺序不同，所需的成分也有区别。与原核生物不同的是，真核生物翻译起始时使用一种特殊的 tRNA 直接携带甲硫氨酸，称为 $tRNA_i^{Met}$，核糖体为 80S，需要更多的真核起始因子(eIF)参与，并且在真核生物中成熟的 mRNA 分子内部没有核糖体结合位点，但 5′-末端有帽子、3′-末端有 poly 尾结构。小亚基先识别并结合 mRNA 的 5′-帽子，再移向起始位点并与大亚基结合。前面已提到，真核生物 mRNA 的 5′-末端的帽子(m^7GpppN)结构和 3′-末端的 polyA 尾结构，对于自身的稳定性和翻译效率有调节作用。

(2)多肽链的延伸：真核生物多肽链的延伸和原核生物相似，只是延伸因子不同，原核生物的 EF-Tu 和 EF-Ts 被 eEF-1 代替，而 EF-G 被 eEF-2 代替。在真菌中还要求有第三种因子，即 eEF-3 的参与，其在翻译的校正阅读方面起着重要作用。

许多抗生素直接妨碍多肽链的延伸以阻止蛋白质的合成。例如，链霉素能和 30S 小亚基结合，形成一种效率很低并且很不稳定的起始复合物，其能改变氨酰-tRNA 在 A 位点上与其对应的密码子的精确配对，很容易解离而终止翻译。另外，四环素可以阻断氨酰-tRNA 进入 A 位点而抑制多肽链的延伸；氯霉素可以抑制核糖体 50S 亚基的肽酰基转移酶的活性，从而抑制多肽链的延伸；红霉素也可以与 50S 亚基结合抑制肽酰基转移酶，妨碍移位，从而将肽酰-tRNA“冻结”在 A 位点上。

(3)多肽链合成的终止：真核生物多肽链合成的终止仅仅涉及一个释放因子 eRF。它可以识别 3 种终止密码子 UAA、UAG、UGA。eRF 在活化肽酰基转移酶释放出新生的多肽链以后，便从核糖体上解离。解离过程由于需要水解 GTP，故终止多肽链的合成是耗能的。

许多抗生素和毒素能够直接妨碍翻译的进行从而抑制蛋白质的合成。如嘌呤霉素的结构与氨酰-tRNA 很类似，因此能和氨酰-tRNA 竞争，作为转肽反应中氨酰的异常复合物(肽酰嘌呤霉素复合物)，从而阻断蛋白质的合成。当生长着的肽链(或甲酰甲硫氨酸)被转移到嘌呤霉素的氨基上时，新生成的肽酰-嘌呤霉素就会从核糖体上脱落下来，从而阻止蛋白质的翻译，导致多肽链合成的过早终止，而且，在脱落的多肽链羧基端有 1 分子的嘌呤霉素。

在哺乳类动物等真核生物的线粒体中，存在着由 DNA 到 RNA 以及各种与蛋白质合成系统相关的因子，用以合成线粒体本身的某些多肽。真核生物的该体系与原核生物的合成体系相似，而与细胞质中一般蛋白质的合成体系不同，故抑制原核生物合成的某些抗生素也可以抑制哺乳动物线粒体的核糖体循环，这可能是某些抗生素产生副作用的原因。因此，蛋白质生物合成的调节在动物养殖和动物健康方面都有着一定的应用。

（三）多肽链合成后的加工修饰

以 mRNA 为模板在核糖体上翻译得到的多肽链多数没有生物活性，只是初级产物，只有经过翻译后加工才能转变成有活性的终产物即蛋白质分子。概括地讲，加工包括折叠和修饰两个部分。

1. 多肽链的折叠

多肽链序列形成具有正确的三维空间结构的过程。一般情况下，蛋白质的空间结构是由一级结构中的各个氨基酸侧链基团通过非共价键的作用共同决定的，有了一定的一级结构后，多肽链便能自然折叠形成一定的空间结构。多肽链正确地折叠形成特定的空间结构才是蛋白质发挥生物学功能的关键。如 1965 年我国首次人工合成了第一个蛋白质牛胰岛素，当其一级结构合成后，多肽链便自行折叠盘曲，形成具有一定空间结构和生物活性的胰岛素分子。实际上，多肽链的折叠并不是在多肽链合成后才开始的，而是一边合成一边折叠。细胞中至少有两类蛋白质参与多肽链在体内的折叠过程，称为助折叠蛋白。

所谓助折叠蛋白，一类是酶，包括二硫键异构酶(PDI)和肽酰脯氨酰顺反异构酶(PPI)，其与新生多肽链的正确折叠密切相关，并能加速蛋白质的折叠过程。另一类为分子伴侣，其能够帮助新生多肽链正确地折叠和组装，但却不是最终功能蛋白质分子的组成成分。分子伴侣促进一个反应的进行但却不出现在最终产物中，此特性同酶类似但又有很大差异。分子伴侣专一性不高，同一个分子

伴侣可以促进多种氨基酸序列折叠成完全不同的空间结构，形成性质及功能都不同的蛋白质。研究表明，分子伴侣“催化”效率不如酶，有时只是阻止多肽链的错误折叠而不是促进其正确折叠。假如多肽链折叠发生错误，则会使蛋白质功能受到影响或丧失，甚至引起疾病。

目前，已经鉴定出很多分子伴侣蛋白，研究较多的是胁迫-70家族和伴侣素家族两个蛋白质家族。胁迫-70家族中最重要的成员是热休克蛋白70（Hsp70）。分子伴侣除了参与蛋白质的折叠外，还在蛋白质的组装、跨膜、分泌及降解等过程中具有重要作用。

2. 蛋白质的修饰

由核糖体合成的多肽链除了需要正确折叠形成特定的空间结构外，还必须进行化学修饰后才能成为具有功能的蛋白质。修饰可以发生在多肽链折叠前或是折叠期间或是折叠后，也可以发生在多肽链延伸期间或终止之后。有些修饰不但对多肽链的正确折叠起重要作用，而且与蛋白质在生物体内的转移或分泌有关。

（1）氨基末端的脱甲酰化及多余氨基酸的切除：按照蛋白质合成的机制，所有新合成的多肽链N端的第一个氨基酸（起始氨基酸）总是甲酰甲硫氨酸残基（原核生物）或甲硫氨酸残基（真核生物），在翻译后，原核生物的甲酰基被去甲酰酶除去，真核生物的甲硫氨酸残基通常也会被氨肽酶切除，该过程一般在多肽链延伸至约40个氨基酸长度时就开始了。

（2）切除多肽链的非必需肽段：有些激素及酶等必须经此种加工才有活性。如胰岛素的初级翻译产物为前胰岛素原，经过两次切除。首先切除N端的信号肽序列变成胰岛素原，胰岛素原再由多肽链内切酶在两处切去两对碱性氨基酸，再由多肽链外切酶切去中间部位的多肽链（C肽）才能变成有功能的胰岛素分子。一些消化酶如胃蛋白酶、胰蛋白酶等初合成的产物是没有活性的酶原，它们需要在一定条件下水解除去一段肽后才能变成有活性的酶。

（3）二硫键的形成：蛋白质分子中通常含有多个二硫键，这是在特定的部位，两个半胱氨酸侧链上的巯基在专一氧化酶的作用下形成的。

（4）蛋白质内部的某些氨基酸的修饰：氨基酸被修饰的方式是多种多样的。例如，组蛋白中某些氨基酸被乙酰化；胶原蛋白中一些脯氨酸、赖氨酸被羟化成羟脯氨酸和羟赖氨酸；细胞色素c中一些氨基酸被甲基化；糖蛋白中有些氨基酸被糖基化。被修饰的部位往往是丝氨酸或苏氨酸侧链上的羟基、天冬氨酸和谷氨酸侧链上的羧基、天冬氨酸侧链上的酰胺基、精氨酸和赖氨酸侧链上的氨基等，这些修饰都是在专一的修饰酶的催化下完成的。

（四）蛋白质合成后的转位

在核糖体上合成的蛋白质，要被送往细胞的各个部位发挥生理作用，这一过程称为蛋白质的转位。在原核细胞中是没有细胞核和内质网等众多细胞器的，新合成蛋白质的去路有3条：留在胞质中，用于组装质膜或分泌到细胞外。真核细胞的结构就要复杂得多，因此新合成的蛋白质有更多的去路，除了和原核细胞中相同的去路外，还分别转位到细胞核、线粒体、内质网及溶酶体等细胞结构中。

研究表明，留在胞质中的蛋白质及进入线粒体、细胞核等细胞结构的蛋白质是在胞质中游离的核糖体上合成的；进入溶酶体、分泌到胞外的蛋白质和组建内质网、高尔基体和质膜的蛋白质是在与内质网结合的核糖体上合成的。蛋白质合成后的转位信息是由蛋白质自身特定的氨基酸序列决定的，也就是说每种新合成的蛋白质都带有能决定自身最终去向的信号。例如，与内质网结合的核糖体原来也是游离在胞质中的，由于合成的多肽链N端含有特殊的氨基酸序列（信号肽），信号肽可被信号肽识别颗粒识别，识别颗粒由一个含300个核苷酸残基的RNA分子和6种蛋白质组成。信号肽被识别后将此多肽链连同合成它的核糖体一起带到内质网膜上，随后合成的多肽链进入内质网腔，信号肽即被切除。

四、分子生物技术简介

分子生物学是研究核酸、蛋白质等生物大分子的形态结构及其规律和相互关系的一门学科，它

是人类从分子水平真正揭开生物世界的奥秘，由以往被动地适应自然环境转向主动地改造和重组自然环境的基础学科。从人们意识到生物体自身所携带的遗传物质决定了同一生物不同世代之间的连续性的那一刻起，科学家就一直致力于遗传密码的研究。

直到20世纪中叶，分子生物学的研究才开始得到高速发展，究其原因，就是现代分子生物学研究方法得到飞速的发展，特别是基因操作和基因工程的进步，如DNA、RNA及蛋白质操作技术的进步；基因功能研究技术的飞速发展，如基因表达研究技术、基因敲除技术、蛋白质及RNA相互作用技术、基因芯片及数据分析技术等的发展，让人们对生物体的认识又向前迈进一大步。下面从四个方面进行阐述。

（一）DNA、RNA体外操作技术及蛋白质组学技术

20世纪，分子生物学研究取得了前所未有的进展，概括来讲主要有三大成就：第一，40年代时确定了遗传信息的携带者即基因的分子载体是DNA而不是蛋白质，解决了遗传的物质基础问题；第二，50年代时提出了DNA分子的双螺旋结构模型及半保留复制特点；第三，50年代末至60年代，科学家们相继提出了"中心法则"和操纵子学说，成功破译了遗传密码并阐明了遗传信息的流动及表达机制。由于当时技术受限，科学家们无法对遗传物质进行生物化学分析，而限制性内切酶、DNA连接酶及其他工具酶的发现和应用是重组DNA技术得以建立的关键，重组DNA技术是核酸化学、蛋白质化学、遗传学、酶工程及微生物学、细胞学等基础学科长期深入研究成果的结晶。

1. 重组DNA技术

重组DNA技术又称为基因工程，是20世纪70年代初兴起的技术科学，其目的是将不同核酸分子（DNA片段），如某个基因或基因的一部分，按照人们的实验设计，在体外插入病毒、质粒或其他的载体分子中，构成遗传物质的新组合，使之与载体同时复制并得到表达，从而产生新的遗传性状。因此，基因工程实际上是核酸操作技术的一部分，不同之处在于基因工程跨越了天然的物种屏障，具有把来自任何生物的基因插入毫无亲缘关系的新的宿主生物细胞之中进行表达的能力，这种能力可能使生物细胞基因组结构得到改造。

重组DNA技术是在以下各种基因操作技术发展的基础上进行推动和发展的，主要包括DNA基本操作技术、RNA基本操作技术、基因定点突变技术及基因克隆技术等，它们是分子生物学研究的核心技术。

（1）DNA基本操作技术：该技术包括核酸凝胶电泳技术、细菌转化与目标DNA分子增殖技术、聚合酶链反应（PCR）技术（实时定量PCR）、基因组DNA文库的构建。

①核酸凝胶电泳技术：自从琼脂糖和聚丙烯酰胺凝胶被科学家引入核酸研究以来，按照DNA相对分子质量大小来分离DNA的凝胶电泳技术，目前已发展成为一种分析鉴定重组DNA分子及蛋白质与核酸相互作用的重要实验手段，也是目前许多分子生物学研究通用的方法，如DNA分型、DNA核苷酸测序及序列分析、限制性内切酶片段分析及限制性酶切作图等技术的基础方法，受到科学家的高度重视。

②细菌转化与目标DNA分子增殖技术：细菌转化指的是一种细菌菌株由于捕获了来自供体菌株的DNA而导致性状特征发生遗传性改变的过程。在基因克隆过程中，通常要通过细菌转化将体外构建好的杂种DNA分子导入宿主细胞中，外来的杂种DNA通过自身载体上的复制起始位点进行复制增殖，使外源DNA能够在宿主细胞中保持下来，并且能够很容易地从细胞中以完整的形式被分离纯化出来，以此用于克隆载体基因文库的构建。

③PCR技术：PCR技术可能是体外快速扩增特定基因组或DNA序列时最常用的技术，该技术是凯利·穆利斯在20世纪80年代发明的。由于PCR技术具有极高的敏感性，扩增产物的变异系数高达10%～30%，因此，科学家们普遍认为应用简单方法对PCR扩增产物进行最终定量是不可靠的。随着技术的进步，20世纪90年代末出现了实时定量PCR技术，消除了PCR产物最终测定时的变异系数较大的问题。除了基础研究，该技术目前在临床医学疾病诊断中也有着重要作用。

④基因组DNA文库的构建：将某种生物基因组DNA切成适当大小后分别与载体组合，导入微

生物细胞形成克隆。这种汇聚了基因组中所有DNA序列的克隆，理论上每个序列至少有一份代表，这些克隆片段的总和称为基因组DNA文库。该文库用途十分广泛，可用于分离特定的基因片段、分析特定的基因结构、研究基因的表达调控，也可用于全基因组物理图谱构建和全基因组序列测定等。

(2)RNA基本操作技术：真核生物基因组DNA信息非常庞大且含有大量重复序列，无论是利用电泳分离技术，还是利用杂交法都很难分离到靶基因片段。cDNA则来自逆转录的mRNA，不含多余的序列，通过特异性探针筛选cDNA文库可较快分离到靶基因。由于RNA分子在环境中易被降解而难以扩增，为了研究mRNA所包含的功能基因信息，一般情况先把RNA逆转录成DNA(cDNA)后再插入可以自我复制的载体中。一个高质量的cDNA文库代表了生物体的某一器官或组织mRNA中所包含的全部或绝大部分遗传信息。

该技术包括总RNA提取、mRNA纯化、cDNA合成及cDNA文库构建和筛选。一旦cDNA文库构建成功，就可用于筛选目的基因、大规模测序、基因芯片杂交等功能基因组学研究。

(3)基因克隆技术：在当今生命科学的各个研究领域中，“克隆”一词已被广泛使用，在分子生物学研究中，人们通常把将外源DNA插入具有复制能力的载体DNA分子中，使该DNA可以永久复制和保存的过程称为克隆，如1997年英国爱丁堡罗斯林研究所获得的克隆羊就曾经轰动世界。

2. 蛋白质组与蛋白质组学技术

澳大利亚的科学家在1995年首次在电泳杂志上发表了关于蛋白质组学概念的论文。蛋白质组学是蛋白质和基因组研究在形式和内容上的完美组合。该技术主要研究某一物种、个体、器官、组织或细胞在特定条件、特定时间所表达的全部蛋白质图谱。蛋白质组与基因组既相互对应又有着显著不同，因为基因组是确定的，组成某个个体所有细胞的基因组是固定的，而各个基因的表达调控及表达程度却能因为环境条件、不同的时间和空间存在着显著的变化，因此，虽然某个体基因组固定，但其不同器官、组织或细胞内的蛋白质组却不同。由于基因组学研究和生物信息学的交叉渗透，也由于蛋白质分离技术及鉴定技术的快速发展，蛋白质组学研究在近年来获得了长足的进展。蛋白质分离技术包括改进后的双向电泳技术和高效液相色谱技术，蛋白质鉴定技术为现代质谱分析技术。

（二）基因功能研究技术

随着酵母、水稻、小鼠、人类等基因组序列相继被测序完成，人们对生物体的认识又前进了一大步，但大量的基因序列信息也向我们提出了新挑战。怎样通过基因功能研究技术利用这些序列信息，研究生物体生长发育的调节机制，各种动植物疾病的发生、发展过程是新时期生物学所面临的主要问题。基因表达系列分析技术、原位杂交技术、基因芯片技术、基因定点突变技术、基因敲除技术及RNA干扰(RNAi)技术可以全部或部分抑制基因的表达，可以为对动植物生长发育和疾病预防、治疗等提供支持。例如，人类基因组全序列的测定就为研究人类生长发育及疾病的预防、治疗提供了前所未有的大舞台。

虽然完成某一种生物的基因组序列测定就意味着人类掌握了该物种所有的遗传密码，但是测序工作只是第一步，如何利用基因序列去研究该基因组所编码的蛋白质的功能与活性，从而准确利用这些基因产物即蛋白质才是科学家要研究的内容。于是，科学家们在基因组计划的基础上提出了“蛋白质组计划”，又称为“后基因组计划”或“功能基因组计划”。

（三）分子生物技术的应用

从20世纪中期至今，分子生物学正在各学科之间广泛渗透，互相促进，朝着深度和广度方向发展，出现了许多交叉学科，尤其分子生物技术的发展最为迅猛。分子生物技术作为一种新型技术越来越广泛地应用于医药、畜牧兽医、农业、轻工食品业、环境保护及可再生生物能源等许多领域，有着明显的知识经济和循环经济的特征。

1. 分子生物技术在生物制药领域的应用

21世纪医学发展的主要特点之一是对生命现象和疾病本质的认识逐渐向分子水平深入。最近二十年来，分子生物技术已成为医学领域极其有力的研究工具，该内容包括基因工程技术、人类基因

Note

组计划与核酸序列测定技术、基因诊断与基因体外扩增技术、生物芯片技术、分子纳米技术，在医学研究中和药物研制与开发中都得到广泛应用，使得分子生物医学技术取得了突破性进展，也给医学开拓了崭新的局面，分子生物技术已经成为现代医学的前沿和热点。其重点是攻克癌症、艾滋病、阿尔茨海默病、帕金森病、心脏病及糖尿病等危害人类健康的顽固性疾病。

例如，基因工程胰岛素的生产。众所周知胰岛素是治疗糖尿病的特效药，长期以来只能依靠从动物如牛、猪的胰腺中提取，而 100 kg 胰腺只能提取胰岛素 4～5 g，其产量低、价格高是不争的事实。然而将合成胰岛素的基因导入大肠杆菌中，每 2000 L 培养液就能生产 100 g 的胰岛素，经过大规模产业化生产，很好地解决了胰岛素产量低、价格昂贵的问题。

其他如干扰素、人造血液、白细胞介素、乙肝疫苗等均通过基因工程实现了产业化生产，尤其是干扰素的生产，过去 300 L 人血才能提取 1 mg 干扰素，基因工程人干扰素 α-2b(安达芬)是我国第一个产业化生产的基因工程干扰素，因具有抗病毒、抑制肿瘤细胞增生及调节人体免疫功能的作用而被广泛应用于病毒性疾病的治疗及肿瘤生物治疗的过程中。

诊断试剂的发展依赖于分子生物技术整体水平的发展，且经历了放射免疫诊断试剂、单克隆抗体试剂及 PCR 诊断试剂等阶段。

基因疗法是利用健康基因替代基因疾病中的某些病变基因，其中对人体无害的逆转录病毒就成了正常基因插入的载体以取代病变基因。2004 年 1 月，由深圳市赛百诺基因技术有限公司生产的第一个基因治疗产品重组人 p53 腺病毒注射液正式推向市场，此举在全世界引起了巨大反响，这是世界基因治疗研究及产业化发展的里程碑事件。

以上基因工程药物及诊断试剂均为解除人类的病痛、提高人类健康水平做出了重大的贡献。

2. 分子生物技术在畜牧兽医领域的应用

(1)分子生物技术在畜牧领域的应用：分子生物技术在畜牧领域的应用包括保护畜禽优良品种资源，即利用分子生物技术可以进行动物育种改造，如采用重组 DNA 技术、克隆技术及胚胎移植技术等对畜禽种群进行升级改造，并采用分子生物技术对改造后的种群进行检测和诊断以确保遗传改造达到预期目标，从而保证育种过程的正确性，提升畜牧业的生产能力。此外，分子生物技术可用来开发新型饲料资源，在全世界范围内蛋白质饲料紧缺的情况下，利用分子生物技术发酵饲料能很好地解决饲料中蛋白质不足的问题。

(2)分子生物技术在兽医领域的应用：分子生物技术在预防兽医、临床兽医及兽医制药方面都有着广泛的应用。

①分子生物技术在预防兽医中的应用：在研究致病机制方面，生物学精细化研究过程非常重要，包括基因组学、蛋白质组学如蛋白质样品的制备、蛋白质浓度的测定、质谱分析及肽质量图谱检索等工作，能够对生物信息进行精确化鉴定，对蛋白质表达图谱进行全方位分析，提高工作效率。此外，基因工程疫苗如利用重组 DNA 技术开发的重组禽流感基因工程疫苗、猪伪狂犬基因缺失苗及各种病毒病细胞苗等，为兽医疾病预防工作提供了很大的保障。近年来，分子生物技术在保障食品安全性检测及寄生虫感染快速高效检测中提供了重要技术支持。

②分子生物技术在临床兽医中的应用：在临床兽医中分子生物技术主要用于疾病的诊断及基因治疗。疾病诊断技术是兽医临床领域中非常重要的应用，例如，PCR、RT-PCR、DNA 微阵列及核酸分子杂交等技术在兽医临床疾病诊断中做出了重大贡献。基因治疗是指在分子水平对细胞个体进行基因修饰，从而使性状表达向着改良方向进行，进而达到治愈疾病的目的。

③分子生物技术在兽医制药方面的发展：利用重组 DNA 技术生产很多特定的蛋白质及细胞生长因子，它们是重要的药物成分，还可利用靶向制剂技术进行治疗。重组 DNA 技术为兽医疫苗的研发及疾病诊疗工作提供了广阔的应用前景。

目前利用分子生物技术，我国已培育出转基因猪、牛、羊及鱼等多种动物并先后成功克隆出羊、牛等动物。

3. 分子生物技术在农业领域的应用

分子生物技术尤其是重组 DNA 技术在农业生物技术领域得到了广泛的使用。由于发现了根癌农杆菌而发明了植物基因的轰击转化法；利用转基因技术大规模改良农作物，使其在抗病、抗逆及抗虫性等方面得到了改良。例如，在植物抗盐、抗旱基因工程方面，我们已经取得了重大进展；利用分子生物技术培育出的抗逆植物可以加速恢复植被，从而有效遏制水土流失，并在防治沙化中发挥了不可替代作用；在盐碱地种植耐盐碱植物以改良土壤。以上种种必将带来巨大的社会和环保效益。

4. 分子生物技术在食品工业中的应用

分子生物技术在食品工业中的应用主要表现在转基因食品及保健食品行业。

5. 分子生物技术在环境工程中的应用

分子生物技术在环境工程中的应用重点是清除危险废弃物，主要应用内容有四个方面：第一是降解污染物的工程菌和抗污染型转基因植物的相关研究。例如，有一种含有分解各种石油成分的重组 DNA 的超级细菌，能快速分解石油以恢复被石油污染的海域或土壤。第二是环境友好型材料生物合成技术的相关研究。第三是危险性化合物的降解及污染场地的生物补救研究。第四是废物强化处理技术的研究。应用分子生物技术处理污染物时，最终产物都是无毒无害且稳定的物质，避免产生二次或多次污染。

（四）分子生物技术的发展趋势

从人类发现 DNA 的双螺旋结构到今天经历了半个多世纪的时间，但分子生物技术的发展却是日新月异的。目前分子生物技术正逐渐成为科技革命的主体或代表。许多国家或地区把生物产业作为研究和开发的重点，以期占领生物领域的制高点，例如美国、欧盟等拿出将近 50%的研究经费用于生物技术及其相关领域的研究。

随着分子生物技术及信息化的发展，生物技术的产业化发展必将全球化，竞争日益剧烈；而生物技术产业与信息产业的结合速度必将加快，从而促进分子生物技术产业特别是生物芯片产业的大规模发展，尤以纳米生物技术为研究开发的热点。

随着功能基因组学与蛋白质组学技术的发展，人们将开发出更多以蛋白质为基础的诊断试剂及治疗药物；生物技术制药也将成为药物研究的热点；另外，以分子生物技术生产出的新的天然药物、营养类食品及功能性食品的需求量也将不断增加。

随着现代分子生物技术在农业中的使用，例如基因工程选育技术在农作物新品种育种中的应用、转基因作物品种培育及转基因作物产品安全性评价、生物农药的研发等，分子生物技术必将成为农业生物技术产业发展的技术支持。

随着现代分子生物技术的发展，传统生物技术产业将得到改造升级，使生物技术产业向着优质、高产、低耗、少污染的环保产业发展。

随着现代分子生物技术的发展，例如以分子生物技术为主导的基因工程技术在环境污染的诊断、监测、控制和污染后生态的修复等方面的应用，其将成为当代环境生物技术研究的热点。

分子生物技术的发展是突飞猛进的。虽然其在发展过程中会面临各种问题，但这是历史的选择，分子生物技术的发展及其产业化必将改变世界的面貌，造福全人类。

模块小结

遗传信息的传递依据是中心法则。遗传信息以亲本 DNA 链为模板复制后完整而准确地传递给子代，DNA 的复制具有半保留性。DNA 复制时有多种酶及蛋白质因子参与其中，包括 DNA 聚合酶、DNA 拓扑异构酶、解旋酶、引物酶及 DNA 连接酶等。原核生物中主要的复制酶是 DNA 聚合酶Ⅲ；真核生物中 DNA 聚合酶有 5 种，分别复制核 DNA 及线粒体 DNA；真核生物还具有端粒酶，其作用是防止复制后子代线性化基因组 DNA 缩短。DNA 复制都是从特定的复制起始位点开始，原核生物只有一个起始位点，真核生物则有多个起始位点。复制起始时需要引物。此外，人们还发现了逆

Note

转录现象，即由逆转录酶催化的以RNA为模板合成DNA的现象，逆转录主要存在于某些RNA病毒体内。其他类型的复制方式还有D环复制和滚环复制。复制的差错及某些理化因素可导致DNA受到损伤，损伤后的DNA修复方式主要有光复活、切除修复、重组修复及SOS修复。

转录是在RNA聚合酶催化下以DNA为模板合成RNA的过程。转录是基因表达的第一步，也是非常关键的一步。在双链DNA中作为模板参与转录的链为模板链，与模板链互补的链为编码链，转录具有不对称性且不需要引物。基因转录时首先是RNA聚合酶识别并结合启动子。原核生物的启动子有两个重要序列（-10及-35序列），以$5'\rightarrow3'$方向进行合成。原核生物转录的终止有两种方式，依赖ρ因子和不依赖ρ因子。真核生物的RNA聚合酶有3种，作用分别是转录rRNA、mRNA和5S rRNA及转录tRNA。真核生物的启动子结构多样且转录起始机制也更加复杂。转录后得到的RNA前体一般需要经过加工修饰才具有生物活性。几乎所有的真核生物mRNA的5′-末端都具有帽子结构，3′-末端具有polyA尾。真核生物基因组大多是不连续的，转录产物中编码的外显子被内含子隔开，必须经过剪接切除内含子及拼接外显子后才能成为成熟的mRNA。科学家在研究过程中还发现了具有催化活性的RNA即核酶。

蛋白质的翻译系统包括20种氨基酸原料、tRNA、mRNA、核糖体及各种氨酰-tRNA合成酶等。tRNA分子都具有相似结构，即三叶草形和“四环一臂”结构。mRNA中的遗传信息通过遗传密码翻译成蛋白质，遗传密码指的是mRNA中的碱基与其所编码的蛋白质多肽链中氨基酸顺序之间的对应关系。密码子是三联体，每3个碱基编码1个氨基酸。无论是原核生物还是真核生物，核糖体都由大小两个亚基组成；它们的翻译过程都主要包括4个阶段：氨基酸的活化，多肽链的起始、延伸及终止。真核生物与原核生物相比，除了在多肽链起始时更加复杂及参与因子更多外，翻译过程大致相同。新合成的多肽链必须经过翻译后加工才能形成具有生物活性的蛋白质。

DNA、RNA体外操作技术及蛋白质组学技术已成为当今分子生物技术的主体。尤其是重组DNA技术，可以在细胞外将某种外源DNA与载体DNA重新组合连接，形成重组DNA，继而将重组DNA转入宿主细胞，使外源DNA在宿主细胞内表达，最终获得目的基因表达产物，改变原有生物的遗传性状。重组DNA技术是目前应用最广泛的核酸技术。蛋白质组学技术及基因功能学技术，例如原位杂交技术、基因芯片技术、基因定点突变技术及基因敲除技术等均广泛应用于生命科学研究、生物制药、动植物遗传育种、动物疾病诊疗、工业生产及环境工程保护等。

链接与拓展

端粒、端粒酶与细胞衰老及癌症的关系

“端粒及端粒酶的研究历程就像不断伸缩的端粒本身，变幻无穷，并且不时带给人们某些惊讶。”从20世纪30年代端粒概念的首次提出，到今天活跃在癌细胞中的端粒酶研究热潮的兴起，在人们眼中，端粒及端粒酶已经不仅限于它们所形成的染色体的“保护帽”，它还表现出更令人意外的内涵。

人体正常细胞在经过有限的分裂次数后，即进入了衰老阶段，停止增殖而最终走向死亡。然而呈恶性增殖的癌细胞似乎摆脱了正常细胞衰老过程的约束，在“无拘无束”中高速生殖而获得“永生”。衰老和肿瘤相互对立却又同是人类的“天敌”，一直以来都被人们关注着。

端粒由250～1500个TTAGGG序列组成，存在于真核生物线性染色体的末端，具有维持染色体结构完整性和解决其末端复制问题的作用。随着对端粒的研究，端粒维持染色体完整性的功能不再是一个笼统的概念。承担延续生命重任的染色体DNA处在一个“危机四伏”的环境中，对外要抵御如核酸酶等各种因素的袭击，对内则要面临所谓的“末端复制问题”。端粒就像一名恪尽职守的“生命卫士”，不但避免了DNA外界环境因素的入侵，而且在复制过程中始终把基因组DNA序列包裹在内，以“牺牲”自身的方式避免染色体DNA一代代缩短而导致遗传信息的丢失甚至细胞消亡，从而维护染色体结构及功

能的完整性。

端粒酶是一种逆转录酶，由RNA和蛋白质组成，它以自身RNA为模板，合成端粒重复序列，加到新合成的DNA链末端，从而催化端粒不断延长，抵消因染色体复制导致的DNA缩短现象，使染色体DNA完好无损。人体细胞中端粒酶合成和延长端粒的作用是在胚胎细胞中完成的，一旦胚胎发育完成，端粒酶活性就被抑制。也就是说在胚胎发育期获得的端粒应该足够维持人体整个生命过程中因细胞分裂所致的端粒缩短现象，故而端粒就像"生命之钟"，细胞每有丝分裂一次，就有一段端粒序列丢失，当端粒长度缩短到一定程度时，就会使细胞停止分裂，导致人体衰老与死亡。由此，人们萌生了开发端粒酶重新引入技术以抵抗细胞的衰老和死亡而使细胞年轻化的想法。

端粒酶在正常的人体细胞中是没有活性的，在生殖细胞和约85%的癌细胞中都被检测到具有活性，尤其是在癌细胞中，具有活性的端粒酶使癌细胞不断分裂增殖，从而为癌变前的细胞或癌细胞提供时间，增强它们的复制、侵入和最终转移的能力。由此，人们萌生了开发端粒酶抑制剂的念头，即通过抑制癌细胞中端粒酶活性而达到治疗癌症的目的的靶向药物。

复习思考题

参考答案

一、选择题

1. 下列关于DNA复制特点的叙述，哪一项是错误的？（　　）

A. RNA与DNA链共价相连

B. 新生DNA链沿5′→3′方向合成

C. DNA链的合成是不连续的

D. DNA在一条母链上沿5′→3′方向合成，而在另一条母链上则沿3′→5′方向合成

2. 大肠杆菌有三种DNA聚合酶，其中参与DNA损伤修复的是（　　）。

A. DNA聚合酶Ⅰ　　B. DNA聚合酶Ⅱ

C. DNA聚合酶Ⅲ　　D. 以上三种都参与

3. 参与DNA复制的酶包括：①DNA聚合酶Ⅲ；②解链酶；③DNA聚合酶Ⅰ；④RNA聚合酶(引物酶)；⑤DNA连接酶。其作用顺序是（　　）。

A. ④③①②⑤　B. ②③④①⑤　C. ④②①③⑤　D. ②④①③⑤

4. 下列有关大肠杆菌DNA聚合酶Ⅰ的描述，哪一项是不正确的？（　　）

A. 其功能之一是切掉RNA引物，并填补其留下的空隙

B. 具有3′→5′核酸外切酶活性

C. 唯一参与大肠杆菌DNA复制的聚合酶

D. 具有5′→3′核酸外切酶活性

5. Meselson和Stahl利用^{15}N标记大肠杆菌DNA的实验首先证明了下列哪一种机制？（　　）

A. DNA能被复制　　B. DNA可以被转录为mRNA

C. DNA的半保留复制机制　　D. DNA的全保留复制机制

6. 从正在进行DNA复制的细胞中分离出的短链核酸——冈崎片段具有下列哪项特性？（　　）

A. 它们是双链的　　B. 它们是一组短的单链DNA片段

C. 它们是DNA-RNA杂化链　　D. 它们被核酸酶活性切除

7. 下列关于真核细胞DNA复制的叙述，哪一项是错误的？（　　）

A. 半保留复制，有多个复制叉　　B. 有几种不同的DNA聚合酶

C. 两子链复制方向都是解链方向　　D. DNA聚合酶不表现核酸酶活性

Note

8. 下列关于大肠杆菌DNA连接酶的叙述，哪一项是正确的？（　　）

A. 催化两段冈崎片段间形成磷酸二酯键

B. 产物中不含AMP

C. 催化两条游离的单链DNA分子间形成磷酸二酯键

D. 需要ATP作为能源

9. 逆转录酶是一类（　　）。

A. DNA指导的DNA聚合酶　　B. DNA指导的RNA聚合酶

C. RNA指导的DNA聚合酶　　D. RNA指导的RNA聚合酶

10. 需要以RNA为引物的过程是（　　）。

A. 复制　　B. 转录　　C. 逆转录　　D. 翻译

11. 切除修复可以纠正下列哪一项引起的DNA损伤？（　　）

A. 碱基缺失　　B. 碱基插入

C. 碱基甲基化　　D. 胸腺嘧啶二聚体形成

12. 下列关于RNA和DNA聚合酶的叙述，哪一项是正确的？（　　）

A. RNA聚合酶用二磷酸核苷合成多核苷酸链

B. RNA聚合酶需要引物，并在延长链的5′-末端加接碱基

C. DNA聚合酶可在链的两端加接核苷酸

D. DNA聚合酶仅能以RNA为模板合成DNA

E. 所有RNA聚合酶和DNA聚合酶只能在生长中的多核苷酸链的3′-末端加接核苷酸

13. 镰状细胞贫血是由血红蛋白p-链变异造成的，这种变异的方式为（　　）。

A. 交换　　B. 插入　　C. 缺失　　D. 点突变

14. 参与转录的酶是（　　）。

A. 依赖DNA的RNA聚合酶　　B. 依赖DNA的DNA聚合酶

C. 依赖RNA的DNA聚合酶　　D. 依赖RNA的RNA聚合酶

15. 绝大多数真核生物mRNA 5′-末端有（　　）

A. polyA尾　　B. 帽子结构

C. 起始密码　　D. 终止密码

16. 下列叙述中，哪一项是错误的？（　　）

A. 在原核细胞中，RNA聚合酶存在于细胞质中

B. 在真核细胞中，转录是在细胞核中进行的

C. 合成mRNA和tRNA的酶位于核质中

D. 线粒体和叶绿体内也可进行转录

17. 原核细胞中新生多肽链的N端氨基酸是（　　）。

A. 甲硫氨酸　　B. 甲酰甲硫氨酸

C. 缬氨酸　　D. 任何氨基酸

18. tRNA的作用是（　　）。

A. 把一个氨基酸连到另一个氨基酸上　　B. 将mRNA连到rRNA上

C. 增加氨基酸的有效浓度　　D. 把氨基酸带到mRNA的特定位置上

19. 蛋白质生物合成中多肽链的氨基酸排列顺序取决于（　　）。

A. 相应tRNA的专一性　　B. 相应氨酰-tRNA合成酶的专一性

C. 相应mRNA中核苷酸排列顺序　　D. 相应tRNA上的反密码子

20. 蛋白质生物合成的方向是（　　）。

A. 从C端到N端　　B. 从N端到C端

C. 定点双向进行　　D. 从C端和N端同时进行

21. 蛋白质合成的终止信号由(　　)。

A. tRNA 识别　　B. 转肽酶识别

C. 延长因子识别　　D. 以上都不能识别

二、判断题

1. 原核生物 DNA 的复制只有一个复制起始位点，真核生物有多个复制起始位点。(　　)
2. 中心法则概括了生物遗传信息在世代传递中的规律。(　　)
3. 以 DNA 为模板合成 DNA 的酶，称为 DNA 聚合酶。(　　)
4. DNA 半不连续复制是指复制时一条链的合成方向是 $5'\rightarrow3'$，而另一条链的合成方向是 $3'\rightarrow5'$。(　　)
5. 原核细胞的 DNA 聚合酶一般不具有核酸外切酶的活性。(　　)
6. 端粒酶是一种具有逆转录活性的蛋白质。(　　)
7. DNA 的生物合成都是通过复制的方式完成的。(　　)
8. 依赖 RNA 的 DNA 聚合酶即逆转录酶。(　　)
9. 重组修复可把 DNA 损伤部位彻底修复。(　　)
10. 在转录过程中，只有一条链作为模板链，又称有意义链。(　　)
11. mRNA 通常处在核糖体内，而不以游离状态存在。(　　)
12. 细菌的 RNA 聚合酶全酶由核心酶和 P 因子组成。(　　)
13. 生物遗传密码具有通用性，即不论是病毒、原核生物还是真核生物都用同一套密码。(　　)
14. 由于遗传密码的通用性，真核细胞的 mRNA 可在原核翻译系统中得到正常的翻译。(　　)
15. 根据 DNA 分子的三联体密码子可以毫不怀疑地推断出某一多肽链的氨基酸序列，但根据氨基酸序列并不能准确地推导出相应基因的核苷酸序列。(　　)

实验实训

实训　聚合酶链反应(PCR)实验

【实训目的】 学习 PCR 的基本原理及实验技术，掌握移液枪和 PCR 仪器的基本操作技术，了解引物设计的一般要求。

【实训原理】 PCR 是体外酶促合成 DNA 片段的一种技术。利用该技术可在数小时内大量扩增目的基因或 DNA 片段，以用于基因工程的各种操作。

1. PCR 的基本条件

(1)DNA 模板(在 RT-PCR 中的模板是 RNA)。

(2)dNTPs(dATP、dTTP、dGTP、dCTP)。

(3)引物。

(4)*Taq* DNA 聚合酶。

2. PCR 循环的步骤

PCR 循环由三个步骤组成：一是变性，作用是使模板 DNA 解离成单链，以便与引物结合，为下一步反应做准备；二是退火(复性)，作用是使变性后解离成单链的模板 DNA，在温度降到 55 ℃左右时，与引物结合；三是延伸，是指 DNA 聚合酶利用 dNTPs 合成与模板的碱基序列互补的 DNA 链。每个循环的产物可作为下一个循环的模板，经过 30 个左右的循环后，目的基因 DNA 片段的扩增可达到 10^6 倍。

3. 引物设计

设计的引物要保证 PCR 的准确性及特异性，有效地对目的基因 DNA 片段进行扩增。通常引物设计要遵守以下原则。

Note

(1)引物的长度：15～25 个核苷酸。

(2)CG 含量为 40%～60%。

(3)T_m 值为 55 ℃(按 $T_m=(C+G)+2\times(A+T)$计算)。

(4)引物与非特异配对位点的配对率要低于 70%。

(5)引物自身配对形成的茎环结构中茎的碱基对要小于 3。

(6)两条引物间配对碱基数应小于 5 个。

因为影响引物设计成功的因素比较多，故常利用计算机进行辅助设计。

【器材与试剂】

1. 器材

PCR 扩增仪、台式离心机、恒温水浴锅、移液枪、凝胶成像系统及电泳仪等。

2. 试剂

Taq DNA 聚合酶、10×反应缓冲液(含 25 mol $MgCl_2$)、dNTPs、引物、10 mg/mL 溴化乙锭染色液(EB)、10×点样缓冲液等。

注意：溴化乙锭具有致癌的作用，用时要小心。

【方法与步骤】

1. PCR 扩增

依次加入下列试剂并小心混匀；配制成 20 μL 反应体系：模板 DNA 2 μL、引物 1 1 μL、引物 2 1 μL、dNTPs 1.5 μL、10×反应缓冲液 2 μL、10×点样缓冲液 2 μL、ddH_2O 10 μL、*Taq* DNA 聚合酶0.5 μL。

2. PCR 程序的设置

94 ℃	180 s	
94 ℃	45 s	35 个循环
55 ℃	45 s	
72 ℃	60 s	
72 ℃	600 s	

将离心管放入 PCR 仪器中开始扩增。

3. PCR 产物的鉴定

反应结束后即取 20 μL 产物进行 1.2%琼脂糖电泳分析。

【注意事项】

(1)在 PCR 整个反应体系中样品及各种试剂的用量都极少，因此加样时必须保证吸样量的准确，确保全部放入反应体系中。

(2)为避免污染，PCR 反应中用到的所有物品如枪头、离心管等都要进行灭菌消毒；注意每吸取一种试剂必须更换枪头。

(3)加试剂时先加灭菌 ddH_2O，最后加模板 DNA 及 *Taq* DNA 聚合酶。

(4)在放入 PCR 仪器前一定要确保离心管盖子已盖紧，防止液体蒸发而影响 PCR 实验结果。

(5)引物要求必须与模板 DNA 的序列紧密互补，避免引物之间形成稳定二聚体或发夹结构，此外，引物不能在模板的非目的位点引发错配。

【思考题】

影响 PCR 效率的因素有哪些？

(李伟娟)

模块十一　物质代谢的相互关系与代谢的调节

课件 PPT

模块导入

消费者对膳食中脂肪的含量越来越关注，畜牧生产者不得不生产瘦肉率更高的产品，以满足消费者的需要。那么，在动物生长过程中如何提高饲料转化率和瘦肉率？如何防止动物生长后期脂肪在体内的迅速沉积？动物体内各种营养成分的代谢之间存在什么联系？它们之间又是如何进行相互转化的呢？带着这些疑问，让我们开启本模块的学习之旅。

模块目标

▲知识目标

了解糖、脂类、蛋白质与核酸等物质代谢之间的相互联系；了解代谢调控对生物体的意义和主要的调节方式。

▲能力目标

能用思维导图的方式画出糖、脂类、蛋白质与核酸等物质代谢之间的相互转化关系；能结合前面所学知识举例说明酶对物质代谢的调控。培养学生的思维能力和总结归纳的能力；培养学生融会贯通和学以致用的能力。

▲素质与思政目标

培养学生辩证唯物主义的方法论和世界观；通过对物质代谢相互联系的学习，让学生明白动物体内脂肪的转化是比较困难的，健康饮食对维持身体健康非常重要，从而引导学生培养健康生活的习惯。

前几个模块已分别讨论了糖、脂类、蛋白质与核酸等物质的代谢，但物质代谢的各条途径不是孤立和分隔的，而是相互联系的。动物机体的代谢是一个完整而统一的过程，机体中各种物质的代谢活动高度协调，通过一些共同的代谢中间物把许多代谢途径连接起来，交织在一起形成一个复杂的代谢网络。同时，机体同一组织细胞内的各种代谢受到机体的精确调节和控制，从而保证生命活动的正常有序进行。

一、物质代谢的相互联系

新陈代谢的目的是维持生命过程。动物机体物质代谢的基本目的是产生 ATP、还原性辅酶($NADPH+H^+$)和为生物合成准备所需的小分子前体，从而满足生长、发育和繁殖等基本的生理功能的需要。总结归纳糖、脂类和蛋白质的分解代谢，大致分成三个阶段：第一阶段是分解得到单体的过程，即多糖分解成葡萄糖、脂肪分解成甘油和脂肪酸、蛋白质分解成氨基酸；第二阶段转变成三碳和二碳物质（乙酰辅酶 A）；第三阶段是乙酰辅酶 A 通过三羧酸循环彻底氧化，并经生物氧化和氧化磷酸化，最终生成 CO_2 和水，并释放出能量。其中，三羧酸循环、生物氧化和氧化磷酸化是所有产能物质在体内最终的共有途径，大大节约了酶的种类、数量。动物代谢的第一个步骤即食物的消化，是糖、脂类、蛋白质在消化道中同时进行分解的过程。在组织内，糖、脂类、蛋白质与核酸在中间代谢过

Note

程中的变化也是密切相关的，如蛋白质代谢的最后一个步骤——合成尿素所需的能量由糖代谢来供给。由此可见，糖、脂类、蛋白质与核酸等物质的代谢是相互依存、相互制约的。下面分别叙述它们之间的相互关系。

（一）糖代谢与脂类代谢的联系

糖与脂类的联系最为密切。糖是生物体重要的碳源和能源，可通过下述途径转变成脂类：葡萄糖经氧化分解生成磷酸二羟丙酮及丙酮酸等中间产物；磷酸二羟丙酮可以还原成 α-磷酸甘油，丙酮酸可以氧化脱羧转变为乙酰 CoA，由线粒体转入胞质，再由脂肪酸合成酶系催化合成脂酰 CoA；α-磷酸甘油与脂酰 CoA 再用来合成甘油三酯。此外，乙酰 CoA 也是合成胆固醇及其衍生物的原料。在糖转变成脂类的过程中，磷酸戊糖途径还为脂肪酸、胆固醇合成提供了大量所需的还原性辅酶 $NADPH+H^+$。

脂肪转化成糖由于生物种类不同而有所区别。在动物体内，脂肪转变成葡萄糖是有限度的。脂肪的分解产物包括甘油和脂肪酸。其中，甘油可由肝脏中的甘油激酶催化转变为 α-磷酸甘油，再脱氢生成磷酸二羟丙酮，然后沿糖异生途径转变为葡萄糖或糖原。因此，甘油是一种生糖物质。对奇数个碳原子脂肪酸来说，它经 β-氧化之后，有丙酰 CoA 产生。丙酸是反刍动物瘤胃微生物消化纤维素的产物，丙酸也可以转变成丙酰 CoA。丙酰 CoA 经甲基丙二酸单酰 CoA 途径转变成琥珀酸，然后进入糖异生过程生成葡萄糖。对偶数个碳原子脂肪酸来说，由于丙酮酸生成乙酰 CoA 的反应不可逆，乙酰 CoA 需要在有其他来源的中间代谢物回补时才可转变为草酰乙酸，再经糖异生作用转变为糖，所以偶数个碳原子脂肪酸不能净合成糖。动物体内大多数脂肪酸为偶数个碳原子脂肪酸，而甘油只占脂肪的一小部分，所以动物体内脂肪转化成糖是很有限的。

在糖和脂类代谢中，脂肪酸代谢旺盛时，产生的 ATP 增多，可变构抑制糖分解代谢中的限速酶 6-磷酸果糖激酶，从而抑制糖的分解代谢。从能量代谢的角度看，三大营养素可互相替代，并相互制约。一般情况下，体内供能物质以糖（50％～70％）和脂类（10％～40％）为主，尽量减少蛋白质的消耗。三羧酸循环不仅是糖、脂类和蛋白质分解代谢的最终共同途径，三羧酸循环中的许多中间产物还可以分别转化成糖、脂类和蛋白质，所以，三羧酸循环也是联系糖、脂类和蛋白质代谢的纽带。例如，当机体大量摄入糖而超过了机体内能量消耗所需时，其所生成的柠檬酸增多，变构激活乙酰 CoA 羧化酶，使由糖代谢而来的大量的乙酰 CoA 羧化成丙二酸单酰 CoA，以合成脂肪的方式储存起来，这就是不含油脂的高糖膳食同样可以使人肥胖的原因。

（二）糖代谢与蛋白质代谢的联系

糖可转变成各种氨基酸的碳架结构。糖代谢的分解产物，特别是 α-酮酸可以作为“碳架”通过转氨基或氨基化作用转变为构成蛋白质的非必需氨基酸。大部分的氨基酸（生糖的或生糖兼生酮的氨基酸）又可以通过脱氨基作用直接或间接转变成糖异生途径中的某种中间产物，再沿糖异生途径合成糖和糖原。此外，糖分解过程中产生的 ATP，还可为氨基酸和蛋白质的合成提供能量。

（三）脂类代谢与蛋白质代谢的联系

在动物体内，蛋白质可以转变为脂类。所有的氨基酸，无论是生糖的、生酮的，还是生糖兼生酮的氨基酸都可以在动物体内转变成脂肪。生酮氨基酸可以通过解酮作用转变成乙酰 CoA，再合成脂肪酸。生糖氨基酸能通过糖异生作用生成糖之后，再由糖转变成脂肪。此外，某些氨基酸如丝氨酸、甲硫氨酸是合成磷脂的原料。丝氨酸脱去羧基之后形成的胆胺是脑磷脂的组成成分，胆胺在接受由甲硫氨酸（以 SAM 形式）给出的甲基之后，形成胆碱，而胆碱是卵磷脂的组成成分。

在动物体内，脂肪合成蛋白质是有限的。脂肪分解产生的甘油可以转变成用以合成非必需氨基酸的碳骨架，如羟基丙酮酸，由此再直接合成丝氨酸等。但是在动物体内脂肪酸很难合成氨基酸，因为脂肪酸分解产生的乙酰 CoA 虽然可以进入三羧酸循环产生 α-酮戊二酸，α-酮戊二酸再经氨基化或转氨基作用生成谷氨酸。但由脂肪酸转变成氨基酸，实际仅限于谷氨酸，并且必须有草酰乙酸的参与，而草酰乙酸只能由糖和甘油生成。

（四）核酸代谢与其他物质代谢之间的联系

核酸及其衍生物与多种物质代谢有关。许多核酸及其衍生物在调节代谢中起着重要作用。例如，ATP是通用能量“货币”和转移磷酸基团的重要物质，UTP参与单糖的转变和糖原的合成，CTP参与磷脂的合成，而GTP为蛋白质多肽链的生物合成所必需。此外，许多重要的辅酶和辅基，如CoA、烟酰胺核苷酸（NAD^+和$NADP^+$）和黄素核苷酸（FMN和FAD）都是腺嘌呤核苷酸衍生物，参与酶的催化作用。环核苷酸（如cAMP、cGMP）作为胞内信号分子（第二信使）参与细胞信号的转导。

核酸本身的合成也与糖、脂类和蛋白质的代谢密切相关，糖代谢为核酸合成提供了磷酸核糖（及脱氧核糖）和还原性辅酶$NADPH+H^+$。甘氨酸、天冬氨酸、谷氨酰胺等作为原料参与嘌呤环和嘧啶环的合成。多种酶和蛋白质因子参与核酸的生物合成（复制和转录），糖、脂类等营养物质为核酸生物学功能的实现提供了能量保证（图11-1）。

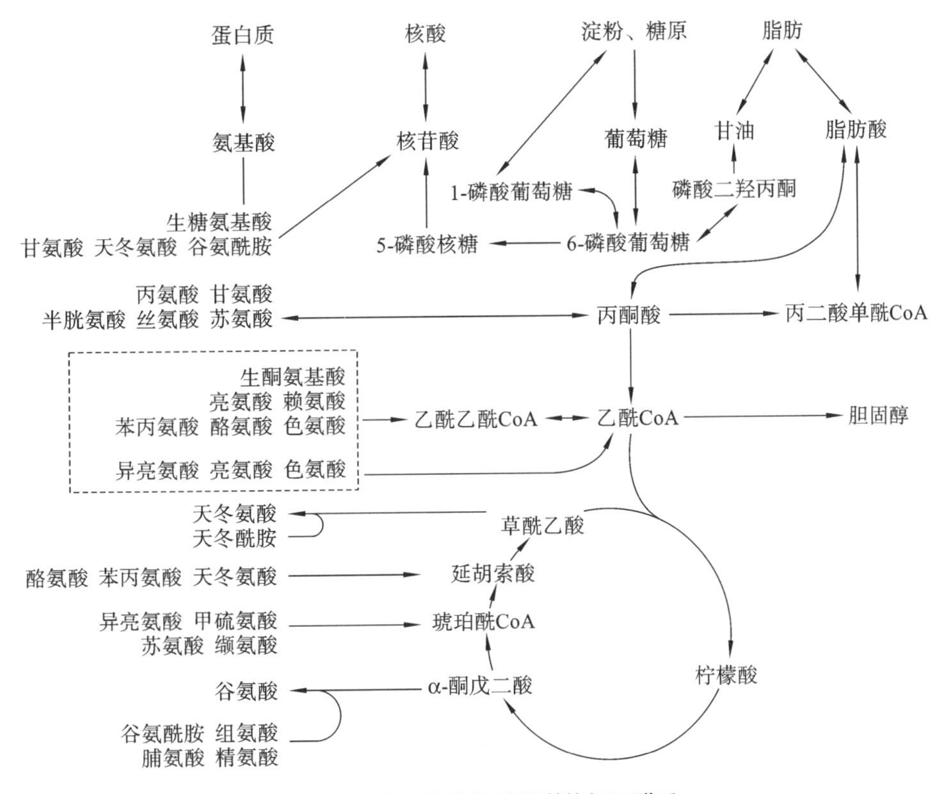

图11-1 主要营养物质代谢的相互联系

综上所述，糖、脂类和蛋白质代谢之间的相互影响是多方面的，但主要表现在分解功能上。在一般情况下，动物生理活动所需要的能量主要靠糖和脂类分解供给，而蛋白质则主要用于合成体蛋白和某些生理活性物质，从而满足动物生长、发育和组织更新修补的需要。所以在动物饲养过程中，当饲料中糖供应充足时，机体脂肪分解减少，蛋白质也主要用于合成代谢；若饲料中糖供应超过机体需要量，而机体储存的糖原量很少，说明多余的糖转化为脂肪储存；饲料中糖缺乏时，机体就会动用脂肪分解供能，同时，酮体生成量增加，甚至造成酮中毒。另外，糖异生的主要原料为氨基酸。为了维持机体含糖量，氨基酸分解加强，甚至动用体蛋白。由此可知，动物食用富含供能物质的饲料很重要。

二、物质代谢的调节

动物机体是一个有机整体，各种物质的代谢能按照一定的规律有条不紊地进行是因为物质代谢受到一整套复杂而又精确的调节机制所控制。代谢调节是指细胞内的代谢按照生物的需要而改变的一种生理作用，是生物在长期进化过程中逐步形成的一种适应能力。

不同生物物质代谢调节的机制是不一样的。进化程度越高的生物，其调节机制越复杂。其中，

单细胞生物仅能通过细胞内代谢物浓度的改变来影响酶活性和控制酶含量，调节酶促反应的速度，称为原始调节或细胞水平调节。随着单细胞生物进化成高等生物，细胞水平的调节发展得更为精细复杂，出现了专司调节功能的内分泌细胞及内分泌器官，它所分泌的激素通过血液循环运送至靶细胞，以其所携带的信息经特定方式影响靶细胞的代谢与功能，称为激素水平调节。高等动物不仅有完整的内分泌系统，而且有功能复杂的神经系统，可控制激素的分泌，对物质代谢进行综合性调节，此种神经-体液因素的调节称为整体水平调节。细胞水平调节、激素水平调节和整体水平调节构成三个层次的代谢调节，其中，细胞水平调节是其他形式调节的基础。

高等生物机体内都存在着精细的代谢调节机制，能使错综复杂的代谢反应按一定规律进行。如果代谢调节机制失灵，就会妨碍代谢的正常运转，导致代谢混乱，引起疾病甚至死亡，所以代谢调节对生命的影响极大。但无论调节的形式和机制多么复杂多样，代谢调节的本质都是细胞对酶的调节，对酶活性和酶量进行的调节，激素水平和整体水平对代谢的调节最终都是通过细胞水平调节实现的。

（一）细胞水平调节

细胞是生命的基本单位。细胞水平调节是从单细胞生物到高等动物都有的一种最基本的调节方式，主要通过细胞内代谢物质浓度的改变来调节某些酶促反应的速度，以满足机体的需要，所以细胞水平调节也称为酶水平调节或分子水平调节。细胞水平调节主要包括酶的定位调节、酶含量的调节和酶活性的调节三种方式（图 11-2），其中以酶活性的调节最为重要。

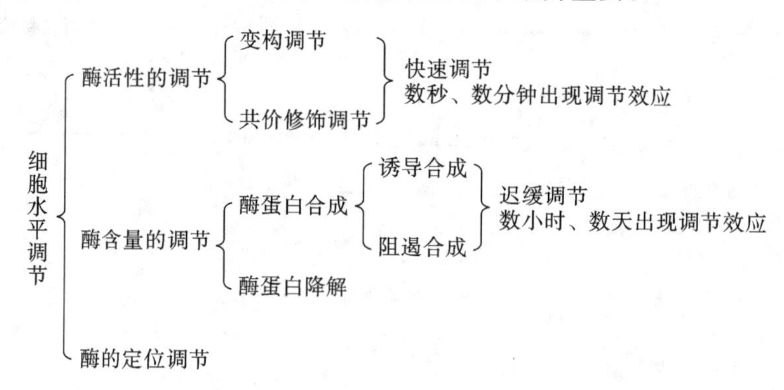

图 11-2　细胞水平调节

1. 酶的定位调节

各种代谢途径都是由一系列酶催化的连续反应。原核生物各种代谢所需要的酶连接在细胞膜上，例如参加呼吸链、氧化磷酸化的各种酶类。真核生物形成了更为精细的结构，动物细胞被膜结构分隔成不同的细胞器，每种酶固定在细胞内一定的位置，使酶形成高度区域化分布。酶类区域化是实现代谢调控的一个原始方式，它既保证了不同代谢途径在细胞内不同部位定向和有序进行，也使合成途径和分解途径彼此独立、分开进行，而不致造成混乱。例如糖、脂类的氧化分解都发生在线粒体内，而脂肪酸的合成、磷酸戊糖途径则在细胞质中进行。同时，酶的高度区域化分布，能够使酶、辅助因子和底物在细胞器内高度浓缩，从而加快代谢反应的速度。此外，绝大多数代谢物不能自由通过细胞膜，必须由膜上专门的转运系统才能从膜一侧转移到另一侧，因此，膜运输系统的活性也是可调节的，通过膜的转运功能，细胞能有选择性地与环境进行物质交换，并根据机体所需把调节物从一个区域转运至另一个区域，以发挥其调节作用。如钠离子、葡萄糖转运体，内质网膜上的钙通道，脂酰肉毒碱酰基转移酶等。一些代谢途径及主要酶在细胞内的区域化分布如表 11-1 所示。

表 11-1　一些代谢途径及主要酶在细胞内的区域化分布

细胞定位	代谢途径	主要酶
细胞质	糖酵解、磷酸戊糖途径、糖原分解、脂肪酸合成、嘌呤和嘧啶的降解、氨基酸合成等	肽酶、转氨酶、胺酰合成酶

续表

细胞定位	代谢途径	主要酶
线粒体	三羧酸循环、脂肪酸 β-氧化、氨基酸氧化、脂肪酸链的延长、尿素形成、氧化磷酸化等	脂酰肉毒碱酰基转移酶
内质网	蛋白质合成、磷脂及甘油三酯合成、类固醇合成等	NADH 及 NADPH、细胞色素 c 还原酶、多功能氧化酶、6-磷酸葡萄糖脱氧酶、脂肪酶
细胞核	DNA 与 RNA 的合成等	DNA 聚合酶、解旋酶、DNA 连接酶

2. 酶活性的调节

酶活性的调节是细胞中最快速、最经济的调节方式。在生物体内，通过对酶活性进行调节和控制，既可以防止某些代谢产物的不足或积累，又不会造成某些底物的缺乏或过剩，使得各种代谢产物的含量保持着动态平衡。凡是能导致酶结构改变的因素都可影响酶的活性，酶的活性由底物浓度、辅助因子、温度、pH 等因素直接调节，也可由代谢产物或小分子核苷酸类物质进行间接调节。

酶活性的调节主要通过代谢途径中某些关键酶或限速酶活性的改变来实现，主要代谢途径的限速酶见表 11-2。限速酶活性的改变不但可以影响酶体系催化反应的总速度，甚至还可以改变代谢反应的方向。例如，细胞中 ATP 与 ADP 的比值增加，可以抑制磷酸果糖激酶而促进糖异生。可见，通过调节限速酶的活性而改变代谢途径的速度与方向是体内快速调节代谢的重要方式，其调节途径有多种，其中，酶的变构调节和共价修饰调节是关键酶活性调节的两种主要方式。

表 11-2　主要代谢途径的限速酶

代谢途径	限速酶
糖酵解	己糖激酶、磷酸果糖激酶、丙酮酸激酶
磷酸戊糖途径	6-磷酸葡萄糖脱氢酶
三羧酸循环	柠檬酸合成酶、异柠檬酸脱氢酶、酮戊二酸脱氢酶复合体
糖异生	丙酮酸羧化酶、磷酸烯醇式丙酮酸羧激酶、1,6-二磷酸果糖酶、6-磷酸葡萄糖酶

(1)变构调节：变构酶是指具有变构效应的酶。变构效应是指变构酶通过构象变化而产生活性变化的效应，也叫协同效应。变构效应是由效应物(调节物)与酶分子的调节部位或一个亚基的活性部位结合之后产生的。导致变构效应的代谢物称为变构效应剂或变构剂。变构剂往往是代谢途径终产物或者是代谢中间物，其浓度微小的变化可以通过变构作用迅速影响酶的活性。因此变构作用是迅速、灵敏地调节代谢速度、方向乃至能量代谢平衡的有效方式。凡是提高酶活性的变构效应称为变构激活；凡是降低酶活性的变构效应称为变构抑制。凡是与调节部位或活性部位结合后能提高酶活性的效应物称为变构激活剂，反之称为变构抑制剂。

变构调节一般通过反馈调节来控制酶活性。代谢途径的底物或终产物常影响催化该途径起始反应的酶活性，此调节方式称为反馈调节，它存在于所有的生物体中，是调节酶活性较为精巧的方式之一。反馈调节分为正反馈和负反馈两种情况。如果终产物的积累抑制初始步骤的酶活性，使得反应减慢或停止，此种反馈称为负反馈或反馈抑制。负反馈既可使代谢产物的生成不至于过多，又可防止由中间产物积累所造成的原料和能源的浪费。相反，如果代谢反应的产物使代谢过程加快，此种反馈称为正反馈或反馈激活。例如，6-磷酸葡萄糖抑制糖原磷酸化酶，从而阻断糖酵解及糖的氧化，使 ATP 不至于产生过多，同时 6-磷酸葡萄糖又激活糖原合酶，使多余的磷酸葡萄糖合成糖原，能量得以有效储存。又如，乙酰 CoA 对丙酮酸羧化酶有反馈激活作用，在糖分解代谢中，当丙酮酸不能顺利通过乙酰 CoA 转变成柠檬酸进入三羧酸循环时，丙酮酸即可在丙酮酸羧化酶的催化下直接转变成草酰乙酸。

(2)共价修饰调节：有些酶分子多肽链上的某些氨基酸残基的基团在其他酶的催化下发生可逆的共价修饰，或通过可逆的氧化还原互变使酶分子的局部结构或构象发生改变，从而引起酶活性的

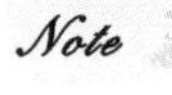

变化，这种修饰调节称为共价修饰调节，被修饰的酶称为共价调节酶。共价修饰的方式主要有磷酸化与去磷酸化、腺苷酰化与去腺苷酰化、乙酰化与去乙酰化、尿苷酰化与去尿苷酰化、甲基化与去甲基化、—SH与—S—S—互变等，其中较为常见的是磷酸化与去磷酸化，这也是真核生物酶共价修饰调节的主要形式。例如，动物细胞中的糖原磷酸化酶的调节。该酶有2种形式，即有活性的磷酸化的a型和无活性的去磷酸化的b型。在糖原磷酸化酶b激酶的催化下，糖原磷酸化酶b接受ATP上的磷酸基转变成高活性的糖原磷酸化酶a；在糖原磷酸化酶a磷酸酶的催化下，糖原磷酸化酶a的磷酸基被水解脱去，从而转变成无活性的糖原磷酸化酶b。表11-3列举了一些酶的共价修饰调节。

表11-3　共价修饰对酶活性的调节

酶类	反应类型	修饰前后活性的变化
糖原磷酸化酶	磷酸化与去磷酸化	增高/降低
糖原磷酸化酶b激酶	磷酸化与去磷酸化	增高/降低
糖原合酶	磷酸化与去磷酸化	降低/增高
丙酮酸脱氢酶	磷酸化与去磷酸化	降低/增高
激素敏感的脂肪酶	磷酸化与去磷酸化	增高/降低
谷氨酰胺合成酶	腺苷酰化与去腺苷酰化	降低/增高

共价修饰也称化学修饰。共价修饰调节和变构调节不同，能引起酶分子共价键的变化，且因其是酶促反应，故对调节信号有放大效应。只要催化量的调节因素存在，就可通过加速这种酶促反应，使大量的另一种酶发生化学修饰，因此其调节效率比变构调节高。例如肾上腺素和胰高血糖素对糖原磷酸化酶b的激活就属于这种类型。只要有极微量的肾上腺素或胰高血糖素到达靶细胞，就会使细胞内cAMP含量升高，然后通过级联放大，最终使无活性的糖原磷酸化酶b转变为有活性的糖原磷酸化酶a。

3. 酶含量的调节

通过改变酶的合成或降解速度，来调节细胞内酶的含量，进而影响代谢速度的调控方式称为酶含量的调节。细胞内的酶活性一般与其含量呈正相关。酶的合成和降解的相对速度控制着细胞内酶的含量。由于酶蛋白的合成与降解调节需要消耗能量，所需时间和持续时间都较长，故酶的含量调节属迟缓调节。酶的含量调节分为酶蛋白的合成调节和酶蛋白的降解调节两个方面。

①酶蛋白的合成调节：细胞内通过酶的底物、产物、药物以及激素等来影响酶蛋白合成的调节称为酶蛋白的合成调节。一般将增加酶蛋白合成的化合物称为诱导剂，减少酶蛋白合成的化合物称为阻遏剂。诱导剂和阻遏剂影响酶蛋白合成可发生在转录水平或翻译水平，以转录水平较常见。这种调节作用需要通过蛋白质生物合成的各个环节，故需一定时间才出现相应效应。但一旦酶蛋白被诱导合成，即使除去诱导剂，酶仍能保持活性，直至酶蛋白被完全分解。

②酶蛋白的降解调节：改变酶蛋白的降解速度也能调节细胞内酶的含量，从而达到调节酶活性的目的。溶酶体的蛋白水解酶可催化酶蛋白的降解。因此，凡能改变蛋白水解酶活性或蛋白水解酶在溶酶体内的分布的因素，都可间接影响酶蛋白的降解速度。除溶酶体外，细胞内还存在蛋白酶体，由多种蛋白水解酶组成，当待降解的酶蛋白与泛肽结合时，泛肽化的蛋白质即被迅速降解。例如，蛋白质的寿命与其成熟的N端的氨基酸有关，当N端为甲硫氨酸、丝氨酸、丙氨酸、异亮氨酸、缬氨酸和甘氨酸时，成为稳定的长寿蛋白质，而N端为精氨酸和天冬氨酸时，则很不稳定。改变N端氨基酸可以明显改变其降解半衰期。目前认为，通过酶蛋白的降解来调节酶含量远不如酶蛋白合成的诱导和阻遏重要。此外，由于酶蛋白在体内的降解速度可能不仅与酶蛋白的专一性有关，而且与环境中特异代谢物的浓度以及酶蛋白本身的结构有关，其降解调节机制还有待深入研究。

（二）激素水平调节

激素是由多细胞生物的特殊组织细胞所合成的，并经体液运输到作用部位的具有特殊生理活性

的微量化学物质。激素对代谢起着强大的调节作用,体内的一种代谢过程常可受多种激素影响,一种激素也可影响多种代谢过程。

细胞与细胞之间,甚至各远隔器官之间,可以通过分泌各种激素相互影响,以调节其代谢与功能。激素的作用特点如下:①浓度低;②半衰期较短,通常为几秒至几小时不等,有利于随时适应环境的变化;③只有具有该激素特异受体的靶细胞才能做出反应,其反应也因不同组织而异。

激素向相应靶细胞传递信息的方式有以下几种:①细胞分泌的激素进入血液,通过血液循环到达靶器官或靶细胞发挥生理调节功能的方式,称为远距分泌,即经典的内分泌;②细胞分泌的激素到达细胞间液,通过扩散作用于邻近的局部组织,称为旁分泌,如多种生长因子、白细胞介素等的作用方式;③有些细胞分泌的激素到达细胞间液,然后通过其细胞膜上的受体调节该细胞本身的代谢和生理活动,称为自分泌;④由神经细胞分泌的激素,通过血液循环到达靶器官或靶细胞发挥调节作用,称为神经内分泌。

动物有合成各种激素的专一组织和腺体,哺乳动物的激素依其化学本质可分为四类:氨基酸及其衍生物(如甲状腺素)、肽及蛋白质(如生长激素、抗利尿激素、胰岛素、胰高血糖素等)、固醇类(如皮质酮、皮质醇、醛固酮、睾酮等)、脂肪酸衍生物(如前列腺素等)。

1. 激素的作用机制

可分为作用于细胞膜受体和作用于细胞内受体两类。

(1)激素通过细胞膜受体的调节:膜受体激素主要包括蛋白质和肽类激素,如胰岛素、甲状旁腺素等蛋白质类激素、生长因子等肽类激素及肾上腺素等儿茶酚胺类激素。这些激素都是亲水性的,难以直接穿过由磷脂双分子层构成的细胞膜。激素通过细胞膜受体的调节通常通过靶细胞膜上的特异性 G 蛋白受体起作用,即激素到达靶细胞后,先与细胞膜上的特异性受体结合,激活 G 蛋白,G 蛋白再激活细胞内膜的腺苷酸环化酶,活化后的腺苷酸环化酶可催化 ATP 转化为 cAMP,cAMP 作为激素的“第二信使”,再激活胞内的蛋白激酶 A(PKA),产生一系列的生理效应。这样,激素的信号通过一个酶促的酶活性的级联放大系统逐级放大,使细胞在短时间内做出快速应答反应。例如,肾上腺素作用于肌细胞受体导致肌糖原分解的过程,通过共价修饰,PKA 使糖原磷酸化酶 b 激酶磷酸化激活,后者又使糖原磷酸化酶 b 磷酸化激活成为糖原磷酸化酶 a,最后导致肌糖原迅速分解,以适应应激状态下能量的需求。蛋白质和肽类激素的细胞膜受体作用示意图见图 11-3。

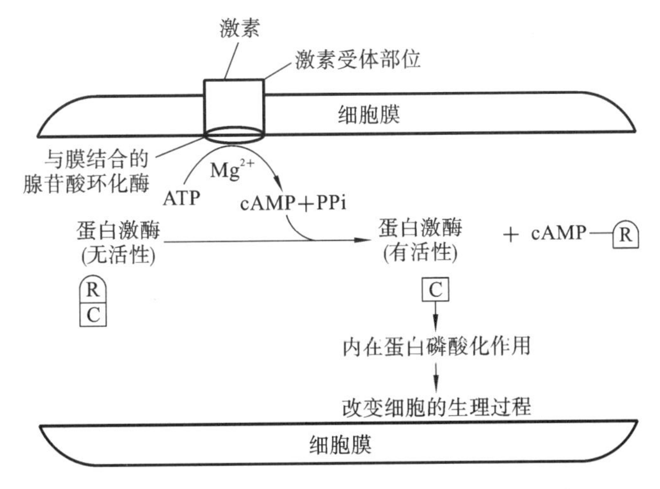

图 11-3 蛋白质和肽类激素的细胞膜受体作用示意图

(2)激素通过细胞内受体的调节:非膜受体激素主要包括固醇类激素、前列腺素、甲状腺素等脂溶性激素,这些激素可以自由透过细胞膜。目前研究确定的是糖皮质激素和盐皮质激素受体分布于细胞内,维生素 D_3 受体在核内。这些激素可透过细胞膜进入细胞,与其细胞质内或核内受体结合。一般来说,激素进入细胞后,可与特异性受体以非共价键进行可逆结合,引起受体的构象变化,形成激素-受体复合物,使受体活化。活化后的受体再与 DNA 片段中特定的核苷酸序列结合,使邻近基

因易于(或难于)被RNA聚合酶转录,以促进(或阻止)这些基因的mRNA合成。受该激素调节的基因产物(酶或蛋白质)的合成因而增多(或减少),随着酶的诱导合成(或阻遏),产生一系列的调节效应。这类信号分子的生物学效应一般在数小时甚至几天后才表现出来,因此这类激素通常有着较长的生物学效应。固醇类激素细胞内受体作用示意图见图11-4。

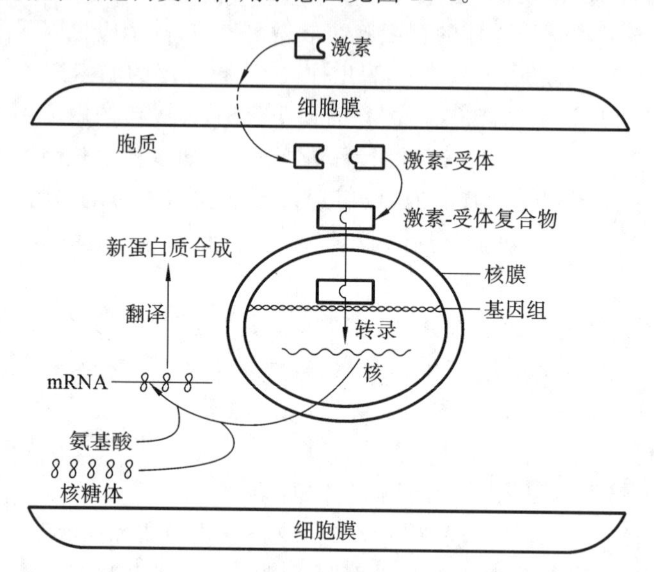

图11-4　固醇类激素细胞内受体作用示意图

在此类激素调节中,激素仍然是“第一信使”,而细胞内的激素-受体复合物相当于“第二信使”。

然而,激素的两类作用机制也不能绝对分开。如胰岛素除作用于细胞膜上的受体外,还能进入细胞与细胞核内受体结合起作用。

2. 激素水平调节作用方式

激素调节代谢反应的作用是通过对酶活性的控制和对酶及其他生化物质合成的诱导作用来完成的。要达到这两种目的,机体需要经常保持一定的激素水平。激素属于刺激性因素,是联系、协调和控制代谢的物质。机体内各种激素的含量需要保持在一定的范围,过多或过少都会使代谢发生紊乱。利用激素进行代谢调节,主要从以下三个方面进行。

(1)通过控制激素的生物合成调节代谢:利用激素调节代谢,首先应控制激素的生物合成。激素的产生是受层层控制的。腺体激素的合成和分泌受到脑垂体激素(又称促腺泌激素)的控制,垂体激素的分泌又受到下丘脑的神经激素(又称释放激素)的控制。下丘脑还要受大脑皮质协调中枢的控制。当血液中的某种激素含量偏高时,相关激素由于反馈抑制效应即对脑垂体激素和下丘脑释放激素的分泌起抑制作用,减慢其合成速度;当激素含量偏低时,又促进其作用,加速其合成速度。通过这些控制机制的相互制约,机体的激素水平维持正常而保证代谢的正常运转。

(2)通过激素对酶活性的影响调节代谢:激素对酶活性影响的代谢调节主要通过cAMP的调节来完成。细胞膜上有各种激素受体,激素与膜上的专一性受体结合所形成的结合物能活化膜上的腺苷酸环化酶。活化后的腺苷酸环化酶能使ATP环化形成cAMP。cAMP在代谢调节中非常重要,已知有多种激素是通过cAMP对它们的靶细胞起作用的。因为cAMP能将激素从神经、底物等得来的各种刺激信息传递到酶反应中,故称cAMP为“第二信使”。例如胰高血糖素、肾上腺素、甲状旁腺素、促黄体生成素、促甲状腺素、抗利尿激素、去甲肾上腺素、促黑激素等都是以cAMP为信使对靶细胞发生作用的。

激素通过cAMP对细胞的多种代谢途径进行调节,糖原的分解、合成,脂质的分解,酶的产生等都受cAMP的影响(表11-4)。cAMP调节代谢的作用机制是它能使参加有关代谢反应的蛋白激酶(例如糖原合酶激酶、糖原磷酸化酶激酶等)活化。

表 11-4　cAMP 对代谢的影响的举例

代谢作用	cAMP 对代谢反应速度的影响	代谢作用	cAMP 对代谢反应速度的影响
糖分解	增快	凝乳酶产生	增快
糖原合成	减慢	淀粉酶产生	增快
脂质分解	增快	胰岛素释放	增快

(3)通过激素对酶合成的诱导作用调节代谢：激素是高等动物体内影响酶合成最重要的调节因素。有些激素对酶的合成有诱导作用。这类激素与细胞内的受体蛋白结合后即转移到细胞核内，影响 DNA，促进 mRNA 的合成，从而促进酶的合成。例如，糖皮质激素能诱导一些氨基酸分解代谢中起催化起始反应作用的酶和糖异生途径中关键酶的合成，而胰岛素能诱导糖酵解和脂肪酸合成途径中关键酶的合成。与代谢调节有关的激素见表 11-5。

表 11-5　与代谢调节有关的激素

激素	对代谢的调节作用
胰岛素	促进糖降解 促进肝及肌肉的糖原合成 促进蛋白质及脂肪酸的生物合成 抑制肝的糖异生作用 抑制细胞内蛋白质降解
胰高血糖素	促进肝糖原分解，升高血糖浓度 促进糖异生作用 促进甘油三酯分解 抑制糖原合成 抑制脂肪酸合成
肾上腺素	促进肝糖原及肌糖原分解，升高血糖浓度 促进胰高血糖素分泌，抑制胰岛素分泌 促进甘油三酯分解 抑制肌肉摄取葡萄糖
肾上腺皮质激素	皮质醇的主要功能是促进肝糖原储藏 皮质醛和皮质酮的主要功能为促进 Na^{+} 保留
甲状腺素	促进基础代谢
生长激素	促进蛋白质的生物合成

（三）整体水平调节

高等动物有着极其复杂和完善的神经和内分泌系统。整体水平调节是指在中枢神经系统控制下，通过神经-体液活动的改变进行的综合调节。当内、外环境变化时，动物接受相应刺激后，传递到中枢神经系统将其转换成各种信息，通过神经-体液途径对代谢过程进行适当调整，以保持内环境的相对恒定。

在整体水平调节中，神经系统起主导作用，神经系统可通过协调各内分泌腺的功能状态间接或直接影响器官、组织的代谢。饥饿和应激是生物体神经水平调节的常见条件。下面以饱食和饥饿两种状态为例简要说明动物机体在整体水平的代谢调节。

在饱食情况下，血糖浓度升高，刺激胰岛素分泌增加，胰岛素促进肝合成糖原和将糖转变为脂肪，抑制糖异生；胰岛素还提高了肌肉和脂肪组织的细胞膜对葡萄糖的通透性，使血糖容易进入细胞，并被氧化利用，从而使血糖浓度回落。过低的血糖浓度又可刺激间脑的糖中枢，通过交感神经刺激肾上腺素分泌，使血糖浓度有所回升。这样，在神经系统的协调下，通过激素的交互作用，达到血

Note

糖浓度的相对恒定。

在饥饿的情况下,早期饥饿时,血糖浓度有下降趋势,这时肾上腺素和胰高血糖素的调节占优势,促进肝糖原分解和糖异生作用,在短期内维持血糖浓度的相对恒定,以满足脑组织和红细胞等重要组织对葡萄糖的需求。若饥饿时间继续延长,则肝糖原被消耗殆尽,这时糖皮质激素参与发挥调节作用,促进肝外组织中蛋白质分解为氨基酸、脂肪分解为甘油和脂肪酸,以及肝利用氨基酸、乳酸和甘油等物质生成葡萄糖,这在一定程度上维持了血糖浓度的相对恒定。

正常机体的代谢反应是十分有规律地进行的。中枢神经系统对代谢的调节作用可直接通过大脑进行,大脑接受刺激后直接对有关组织细胞或器官发出信息,使之兴奋或抑制以调节其代谢,也可通过控制激素的分泌实现对代谢和生理功能的调控。如肾上腺素和胰岛素对糖代谢的调节,固醇类激素对水、盐、糖、脂类、蛋白质等多种代谢反应的调节都受到中枢神经系统的间接控制。

模块小结

物质代谢是生命现象的基本特征,是生命活动的物质基础。动物体内糖、脂类、蛋白质和核酸等的物质代谢是由许多连续的和相关的代谢途径组成的,它们相互联系、相互制约而形成一个完整的统一体。在动物体内,糖代谢与脂类代谢的联系最为密切。糖和蛋白质可以转变为脂类,但脂类转化为糖和蛋白质是很有限的。糖的分解产物可转变成各种氨基酸的碳架结构,而蛋白质也可在体内转变成糖。蛋白质代谢或脂类代谢进行的强度取决于糖代谢进行的强度,反之亦如此。

机体同一组织细胞内的各种代谢有一整套复杂而又精确的调节机制,从而保证生命活动的正常进行。动物体内物质代谢调节包括细胞水平调节、激素水平调节和整体水平调节,构成三个层次的代谢调节,其中,细胞水平调节是其他形式调节的基础,激素水平和整体水平的调节最终都是通过细胞水平调节实现的。激素与酶直接或间接参与代谢反应,但整个机体内的代谢反应要受中枢神经系统的控制。中枢神经系统的代谢调节主要通过大脑的直接控制和激素的间接控制来完成。代谢调节的正常运转是维持正常生命活动的必需条件。

链接与拓展

克雷布斯发现的三羧酸循环至今没人能改动一笔

动物机体的代谢是一个完整而统一的过程,机体中各种物质的代谢活动高度协调。一些共同的代谢中间物通过分支点把许多代谢途径连接起来,形成一个复杂的代谢网络并交织在一起。三羧酸循环和鸟氨酸循环是这个代谢网络中极为重要的两个循环。其中,三羧酸循环处于中心的位置,它是各种物质分解代谢的共同归宿,也是它们之间相互联系和转换的共同枢纽。

值得一提的是,这两个循环的发现者是同一人,那就是英籍德裔生物化学家汉斯·阿道夫·克雷布斯(Hans Adolf Krebs),他因发现了三羧酸循环而获得1953年的诺贝尔生理学或医学奖,三羧酸循环还以他的名字命名为Krebs循环。

克雷布斯是伟大的,不仅因为他在32岁时发现了生成尿素的鸟氨酸循环,在37岁时又发现了重要的三羧酸循环,还因为他所发现的三羧酸循环已过了近1个世纪,至今在我们的教科书上还是他当时发现的那般模样,没有人能改动一笔,经得起岁月的考验。

他是如何发现三羧酸循环的呢?他的成就是继承了前人工作的结晶。早在1910年就有科学家利用组织匀浆对某些有机化合物的氧化进行了比较,发现乳酸、琥珀酸、苹果酸、顺乌头酸、柠檬酸等都能够迅速氧化。1937年有科学家发现由柠檬酸氧化可生成α-酮戊二酸,异柠檬酸、顺乌头酸则是其中间产物。在此基础上,Krebs发现柠檬酸可经过顺乌头酸、异柠檬酸、α-酮戊二酸而生成琥珀酸。因已知琥珀酸可经延胡索酸、苹果酸生成草酰乙酸,这样从柠檬酸→草酰乙酸间的关系已经清楚。之后,克雷布斯又发现了一

个极关键的反应，就是如果在肌肉中加入草酰乙酸，便会产生柠檬酸。这一发现使上述8个有机酸的代谢呈一个环状的关系。由于当时已知在无氧的条件下由葡萄糖可生成丙酮酸，所以克雷布斯当时认为，丙酮酸在体内可与少量存在的草酰乙酸缩合成柠檬酸，之后柠檬酸在生成CO_2和不断放出氢的同时经一系列变化生成草酰乙酸。由此便可完全解释体内有机化合物的氧化机制。在此同时，克雷布斯又证明了在体内，糖、脂肪及蛋白质等经氧化分解，在生成CO_2及水的同时释放出能量。至此，一个完整的三羧酸循环途径诞生，至今尚无人能改变这一代谢过程。人们在感叹之余不由得由衷地被他的洞察力所折服。

复习思考题

参考答案

一、选择题

1. 葡萄糖和脂肪酸分解进入三羧酸循环的共同中间代谢产物是（　　）。
A. 丙酸　B. 乙酰 CoA　C. 琥珀酰 CoA　D. α-磷酸甘油　E. 磷酸二羟丙酮
2. 所有氨基酸在动物体内最终都能转变为（　　）。
A. 必需脂肪酸　B. 磷脂　C. 脂肪　D. 核苷酸　E. 葡萄糖
3. 可为氨基酸的再合成提供“碳骨架”的是（　　）。
A. 尿素　B. 尿酸　C. α-酮酸　D. 二氧化碳　E. 一碳基团
4. 脱羧产物可作为磷脂合成原料的氨基酸是（　　）。
A. 半胱氨酸　B. 谷氨酸　C. 组氨酸　D. 色氨酸　E. 丝氨酸
5. 胞嘧啶核苷三磷酸（CTP）除了用于核酸合成外，还参与（　　）。
A. 磷脂合成　B. 糖原合成　C. 蛋白质合成　D. 脂肪合成　E. 胆固醇合成
6. 处于糖酵解、糖原合成、磷酸戊糖途径三者交汇点上的化合物是（　　）。
A. 1-磷酸葡萄糖　B. 6-磷酸葡萄糖
C. 6-磷酸果糖　D. 3-磷酸甘油醛
7. 糖、脂类、蛋白质分解代谢的共同中间代谢物是（　　）。
A. 乙酰 CoA　B. 丙酮酸　C. 草酰乙酸　D. ATP
8. 糖、脂类、蛋白质间相互转化的最主要枢纽是（　　）。
A. 5-磷酸核糖　B. 丙酮酸
C. 6-磷酸葡萄糖　D. 3-磷酸甘油醛
9. 下列不在胞质内进行的反应途径是（　　）。
A. 糖酵解　B. 糖原合成和分解
C. 脂肪酸的β-氧化　D. 磷酸戊糖途径
10. 乙酰 CoA 在糖、脂类代谢中非常重要，下列代谢反应中除哪个外，都与其有关？（　　）
A. 糖原的合成　B. 酮体的生成　C. 脂肪酸合成　D. 胆固醇合成

二、判断题

1. 动物利用偶数个碳原子脂肪酸经β-氧化产生的乙酰 CoA 不能异生成葡萄糖或糖原。（　　）
2. 所有的氨基酸都可以在动物体内转化为脂肪。（　　）
3. 三羧酸循环中的α-酮戊二酸，经氨基化作用可以转化为非必需氨基酸。（　　）
4. 只有胰岛素能降低血糖浓度，但有多种激素可以促进细胞对葡萄糖的利用。（　　）
5. 真核生物酶共价修饰调节的主要形式是磷酸化和去磷酸化。（　　）
6. 糖酵解途径的主要限速酶有己糖激酶、磷酸果糖激酶、磷酸烯醇式丙酮酸羧基酶。（　　）

Note

7. 细胞中 ADP 与 ATP 的比值增加，可以提高磷酸果糖激酶的活性。（ ）

8. G-6-P 是糖原合酶的变构激活剂。（ ）

9. 20 种氨基酸除亮氨酸和赖氨酸外，都可以生成糖。（ ）

10. 在高等动物和人体内都存在三级水平的代谢调节方式，即细胞水平调节、激素水平调节、整体水平调节。（ ）

三、简答题

1. 糖代谢是机体能量的主要来源，当动物机体长期葡萄糖获得不足时，代谢会发生哪些变化？

2. 体内脂肪酸可否转变为葡萄糖？请从能量角度，试述糖、脂类与蛋白质代谢的相互关系。

3. 变构调节和共价修饰调节是对关键酶活性调节的两种主要方式，阐述它们的定义并举例说明它们的作用。

（张朝辉）

模块十二　生物化学实验技术

模块导入

实践是探索真理必不可少的手段，生物化学实验技术则是我们学习动物生物化学的工具和方法。从宏观的生物材料到微观的生物分子，必须采取有效手段，将杂质及干扰因素去除，才能得到正确结果，为疾病诊断和治疗提供可靠依据。

模块目标

▲知识目标

掌握沉淀、过滤、离心、萃取、色谱法等分离技术的原理和基本过程；掌握分光光度计、生化分析仪等检测设备的原理和使用方法。

▲能力目标

能熟练使用各种生化实验仪器设备；能对样品进行有效的除杂和保护；能对实验结果进行分析和判断。

▲素质与思政目标

培养学生成为中国特色社会主义事业的建设者和接班人；培养学生严谨的科学素养和迎难而上的探索精神。

生物化学实验技术是生物化学实验中需要用到的各种技术手段，在普通化学技术的基础上，强调生物化学的制备、分离、分析技术。本模块主要介绍移液技术、分光光度分析技术、离心技术、电泳技术、色谱层析技术、试剂盒与生化分析仪等内容。

一、移液技术

移液是生物化学实验常用的操作之一，直接关系到结果准确与否。目前实验过程中常见的移液工具是移液管和移液枪。

（一）移液管规格

移液管是一种用于准确移取一定体积溶液的量出式量器。它分为分度吸量管和单标线吸量管两种，分度吸量管是具有刻度的直形玻璃管（图 12-1），单标线吸量管是中间有一膨大部分的细长玻璃管（图 12-2），其下端为尖嘴状，上端管颈处刻有一条标线，是所移取溶液的准确体积的标志。常用的移液管有 1 mL、2 mL、5 mL、10 mL、25 mL 等规格，移液管所移取的溶液体积通常可准确到0.01 mL。

（二）移液管的使用

使用移液管，首先要看一下移液管标记、准确度等级、刻度标线位置等。移液管购入后都要进行清洗，清洗后进行校准，校准合格后才能使用。使用移液管前，应先用铬酸洗液润洗，以除去管内壁的油污。然后用自来水冲洗残留的洗液，再用蒸馏水洗净。洗净后的移液管内壁应不挂水珠。移取

Note

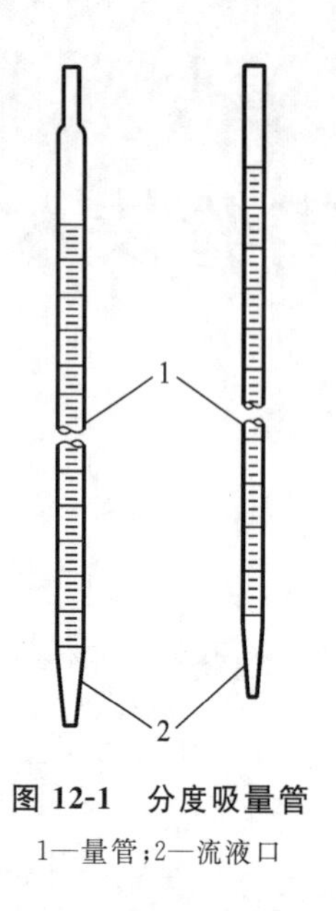

图 12-1　分度吸量管

1—量管;2—流液口

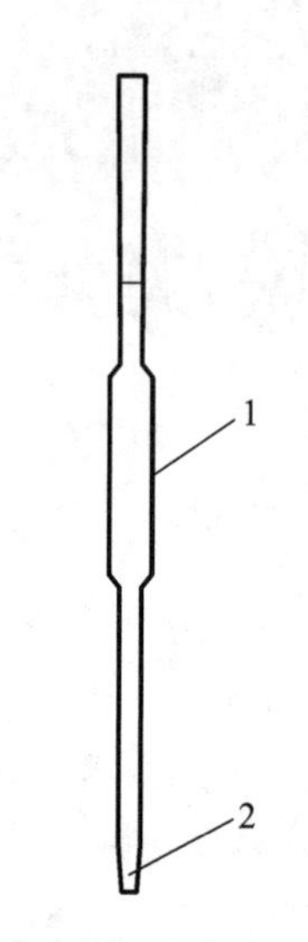

图 12-2　单标线吸量管

1—流液管;2—流液口

溶液前,应先用滤纸将移液管末端内外的水吸干,然后用欲移取的溶液润洗 2～3 次,以确保所移取溶液的浓度不变。

移液操作见图 12-3。吸液时,用右手的拇指和中指捏住移液管的上端,将移液管的尖端口部分插入欲吸取的溶液中,左手拿洗耳球,先把球中空气压出,再将球的尖嘴接在移液管上口,慢慢松开压扁的洗耳球使溶液吸入管内,先吸入该移液管容量的 1/3 左右,用右手的食指按住管口,取出移液管,横持,并转动移液管使溶液接触到刻度以上部位,以置换内壁的水分,然后将溶液从管的下口放出并弃去,如此反复洗 3 次后,即可吸取溶液至刻度以上,立即用右手的食指按住管口。调节移液管液面时,将移液管向上提升至离开溶液液面,移液管的末端仍靠在盛溶液器皿的内壁上,管身保持直立,略微放松食指(有时可微微转动吸管),使管内溶液慢慢从下口流出,直至溶液的弯月面底部与标线相切为止,立即用食指压紧管口。将尖端的液滴靠壁去掉,移出移液管,插入承接溶液的器皿中。放出溶液时,承接溶液的器皿若是锥形瓶,应使锥形瓶倾斜 30°,移液管直立,管下端紧靠锥形瓶内壁,稍松开食指,让溶液沿瓶壁慢慢流下,全部溶液流完后需等 15 s 再拿出移液管,以便使附着在管壁的部分溶液得以流出。如果移液管未标明“吹”字,则残留在管尖末端内的溶液不可吹出,因为移液管所标定的量出容积中并未包括这部分残留溶液。

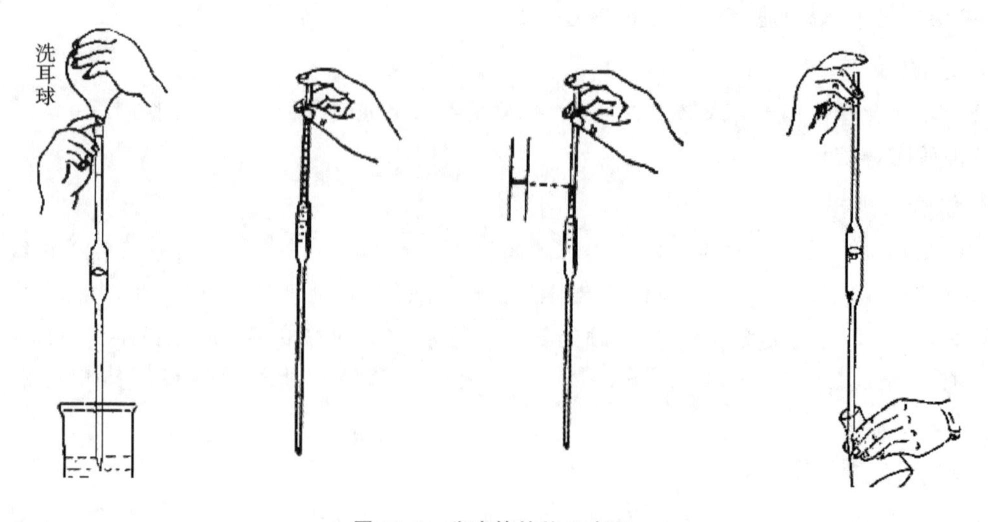

图 12-3　移液管的使用步骤

使用移液管时须注意，移液管提出液面后，应用滤纸将沾在移液管外壁的液体擦掉；看刻度时，应使移液管的刻度与眼睛平行，以溶液的弯月面底部为准。移液管、刻度吸管一般标有"快""A""B""吹"四种符号，写"快"或者"B"时表示：你看到液体放完，再等 3 s，转移的液体量就达到标明的液体体积了。与"快"相对的是写着"A"的移液管：这种移液管一般很贵，精确度更高，等看到液体放完之后，需要再等待 15 s 才能让移液管离开容器壁。"吹"字的意思是等放液结束，需要用洗耳球把移液管尖端残存的液柱吹到容器里，才算是达到目标体积。这段液柱一般可达 0.1～0.3 mL，不能不注意，不然体积误差会很大。"A"管甚少带有"吹"字，带"吹"的一般是标有"B"或"快"的移液管。

（三）移液枪规格

移液枪是移液器的一种，常用于实验室少量或微量液体的移取，尤其是试剂盒溶液的准确移取。移液枪分定量移液枪、可调移液枪和多道移液枪（图 12-4），移液体积范围是 0.01～10 mL，以可调移液枪和最大移取体积在 1 mL 以内的移液枪居多，不同规格的移液枪配套使用不同大小的枪头，不同生产厂家生产的形状也略有不同，但工作原理及操作方法基本一致。移液枪属精密仪器，使用及存放时均要小心谨慎，防止损坏，避免影响其量程。

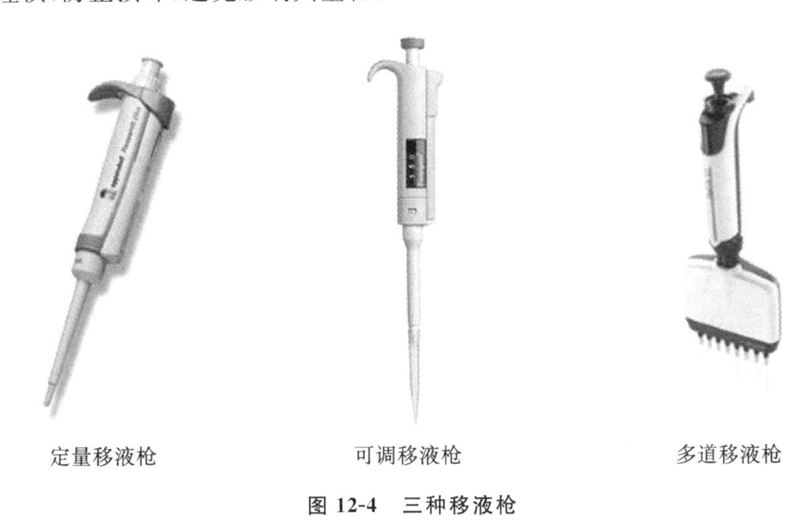

定量移液枪　　可调移液枪　　多道移液枪

图 12-4　三种移液枪

（四）移液枪的使用

移液枪在使用时，先安装枪头，调节量程，再吸排目标溶液。

（1）装枪头时，将移液器套柄用力下压，必要时可小幅度旋转。切勿用力敲击枪头，否则会使枪头损坏甚至移液器套柄磨损，从而影响其密封性。

（2）量程设定。操作前请先选择正确的移液器，移液器可在 10%～100%的量程范围内操作，但在 10%量程处操作对于移液技巧要求高，故推荐在 35%～100%量程范围内操作。当由小量程调节至大量程时，朝所需量程方向连贯旋转，旋转到超过所需量程 1/3 圈处再回调至所需量程。当由大量程调节至小量程时，直接连贯旋转至所需量程。

（3）吸液。先润洗，为以后每次吸液提供相同的接触面，保证操作的一致性，即用同一样品重复吸液排液 2～3 次。吸液时尽量保持垂直状态，倾斜角度不能超过 20°。用拇指压到第一段，吸头尖端接触溶液，吸头浸入深度为白色吸头浸到液面 1 mm 以下，黄色吸头 2～3 mm，蓝色吸头 2～4 mm，避免液压的影响造成的误差。移液之前，要保证移液器、枪头和液体处于相同温度，移液器不宜长时间握在手里，不用时最好将其挂在支架上或者挂在手上晾一下。高温或低温液体不能润洗。

（4）排液及吹液。先将活塞按至第一挡排液，略做停顿后按至第二挡进行吹液。匀速连贯移液，控制好移液速度，太快会造成喷液，导致液体或气雾冲入移液器内部，污染活塞等部件。

（5）使用完毕，可以将其竖直挂在移液枪架上，但要小心别掉下来。当移液器吸头内有液体时，切勿将移液器水平放置或倒置，以免液体倒流腐蚀活塞弹簧。

Note

二、分光光度分析技术

分光光度分析技术主要是利用物质特有的吸收光谱来对该物质进行定性和定量分析。分光光度法是比色法的发展，比色法只限于在可见光区，分光光度法则可以扩展到紫外光区和红外光区。在生物化学实验中常用的有可见分光光度法（光源波长为380～780 nm）和紫外分光光度法（光源波长为10～380 nm）。分光光度法的主要特点为灵敏度高，准确度高，重复性好，操作简便、快速，应用广泛。在生物化学实验中，分光光度法的使用非常普遍，常见的分光光度计有可见分光光度计和紫外-可见分光光度计（图12-5）。

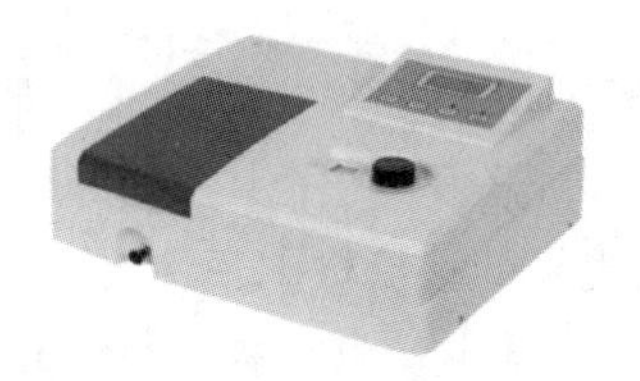

可见分光光度计

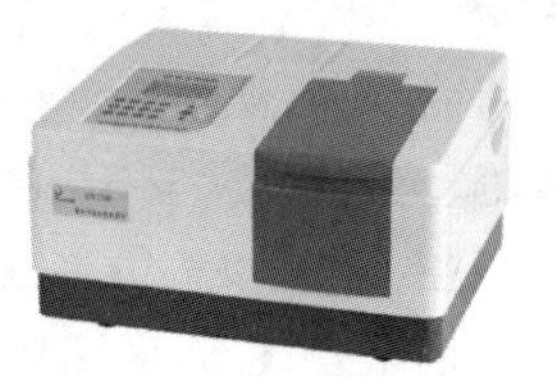

紫外-可见分光光度计

图 12-5　两种分光光度计

（一）分光光度法基本原理

根据朗伯-比尔定律，单色光穿过被测物质溶液时，被该物质吸收的量与该物质的浓度和溶液层的厚度（即光路长度）成正比。其关系式如下：

$$A=\varepsilon bc$$

式中，A 为吸光度；ε 为摩尔吸光系数；b 为液池厚度；c 为溶液浓度。

（二）分光光度法的定量测定方法

分光光度法既可用于定性分析，也可用于定量分析，常用分光光度法主要是标准曲线法和标准对照法。

1. 标准曲线法

标准曲线法是分光光度法中最常用的方法。其一般过程如下：称取标准品，配成不同浓度梯度的标准溶液，反应显色，在特定波长处（一般是在最大吸收峰处）测定相应的吸光度。以标准溶液的浓度为横坐标、相应的吸光度为纵坐标作图，绘制一条通过坐标原点的标准曲线。然后使待测样品在同等条件下反应显色，在同样的波长处测定吸光度，根据待测样品溶液的吸光度在标准曲线上查出其对应的浓度，这样就可换算出待测样品的含量。

2. 标准对照法

标准对照法为分光光度法定量测定方法之一。先配制一个与待测样品溶液浓度相近的对照样品溶液，对照样品溶液中所含被测成分的量应为待测样品溶液中被测成分量的100%±10%，如果实验后发现超过此范围，应重新测定，对照样品与待测样品的反应方法、条件和测定方法完全一致。在测定待测样品溶液和对照样品溶液的吸光度后，计算待测样品溶液的浓度（c_x）：

$$c_x=(A_x/A_y)c_y$$

式中，A_x和 A_y分别为待测样品溶液和对照样品溶液的吸光度；c_y为对照样品溶液的浓度。

（三）可见分光光度法

可见分光光度法是通过物质对可见光的选择性吸收来测定组分含量的方法，是生物化学实验中常用的检测手段之一。在实验设计中需要注意以下问题。

1. 显色剂的选择

可见分光光度法只能测定有色溶液，但大多数物质溶液的颜色很浅或无色，必须加入适当的试剂与之生成稳定的有色物质，再进行测定。这种帮助显色的试剂就称为显色剂。

进行显色反应的显色剂必须专一性强、灵敏度高，生成的有色化合物组成清晰且在此反应条件

下化学性质稳定。显色剂与有色化合物之间颜色差别要大，一般要求有色化合物的最大吸收波长与显色剂最大吸收波长之差在 60 nm 以上。

2. 波长的选择

入射光波长的选择非常重要，对测定的灵敏度和准确度影响很大。选择入射光波长时，应先做此有色化合物全可见光波段扫描，选择该有色化合物溶液的最大吸收波长的光作为入射光。如果待测液中其他组分在同样的波长处也有光吸收，对测定有干扰，可选灵敏度稍低且能避免干扰的入射光。

3. 显色反应条件的选择

在选择显色反应条件时，必须考虑到各种显色反应的速度，以及反应体系的温度、pH、溶液离子强度对显色反应的影响。必须通过实验选择适宜的反应时间、温度、pH、溶液离子强度。显色反应的条件不能过于苛刻，要易于控制，这样测定结果的重复性好。

4. 空白对照溶液的选择

空白对照溶液的正确选择非常重要，是实验设计时应着重考虑的一环。设计空白对照溶液的目的是消除反应体系中其他物质对有色化合物光吸收的干扰。在设计空白对照溶液时，有一个重要的原则：与待测溶液相比，基本所有试剂都有加入，但可通过改变反应条件或试剂加入顺序而使显色反应不能进行，只有这样才能排除其他物质光吸收的干扰。

（四）紫外分光光度法

有些物质虽然没有颜色，在可见光区无光吸收，但在紫外光区有特征吸收。紫外光区分两个区段，200 nm 以下为远紫外光区，200～380 nm 为近紫外光区，目前基本是在近紫外光区对有特征吸收的物质进行分析测定。由于紫外光不能透过玻璃，紫外分光光度计中的棱镜、透镜、比色皿等均用石英材料制成。石英比色皿一般带有字母“Q”。

紫外分光光度法的应用主要有以下 3 个方面。

1. 定性分析

根据化合物所具有的近紫外光区光谱吸收特征，如吸收峰的形状、位置和吸光系数等，对化合物进行定性鉴别。

2. 纯度鉴定

如果某化合物在紫外光区没有吸收峰，而其杂质有较强的吸收峰，就可通过紫外吸收值来判断是否有此杂质。如果某化合物与其杂质在紫外光区都有吸收峰，可根据不同物质具有不同的吸收峰来判断是否有此杂质。

3. 定量测定

在近紫外光区，光的吸收仍符合朗伯-比尔定律，所以紫外分光光度法在近紫外区可用于定量测定。其测定方法与可见分光光度法基本相同。在实验设计中，波长、空白对照溶液的选择也与可见分光光度法的要求基本相似。

三、离心技术

离心技术是指把待分离液装入离心管，并置于离心转子中，利用转子绕轴旋转产生的离心力，加快悬浮的微小颗粒的沉降速度，使微小颗粒因质量、密度、大小及形状等各不相同而分离开的方法。离心技术是生物大分子及细胞亚组分分离的常用方法之一，也是生物化学实验室中常用的分离、纯化或澄清的方法。

（一）离心分离的基本原理

当非均相体系围绕一中心轴做旋转运动时，运动物体会受到离心力的作用，旋转速度越快，运动物体所受到的离心力越大。在相同的转速下，容器中密度大小不同的物质会以不同的速度沉降。如果颗粒密度大于液体密度，则颗粒将沿离心力的方向逐渐远离中心轴。经过一段时间的离心操作，就可以实现不同密度物质的有效分离。颗粒在重力场作用下的沉降速度与颗粒的质量、大小、形状

Note

和密度有关，并且与重力场的强度及液体的黏度有关。此外，颗粒在介质中沉降时还伴随有扩散现象。扩散是无条件的、绝对的。扩散速度与颗粒的质量成反比，颗粒越小，扩散越严重。而沉降是相对的、有条件的，要受到外力才能进行沉降运动。

（二）离心设备

1. 离心机的类型

离心机基本上都是由离心主机（驱动、控制系统等）、离心转子、离心管及其附件等组成。离心机可分为工业用和实验用离心机，实验用离心机又分为制备性和分析性离心机。离心机按离心转子的额定最大转速可分为低速离心机、高速冷冻离心机和超速离心机 3 类（图 12-6）。

台式低速离心机

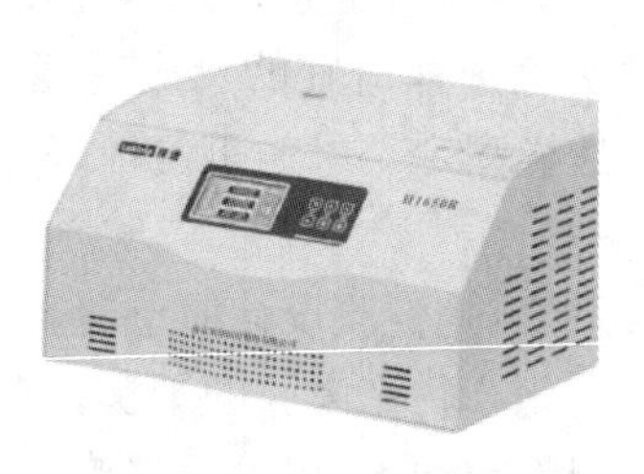

台式高速冷冻离心机

超速离心机

图 12-6　3 种类型的离心机

（1）低速离心机（或普通离心机）：最高转速不超过 6000 r/min，最大相对离心力接近 6000g。其转速不能严格控制，通常不带冷冻系统，于室温下操作。主要用于收集易沉降的大颗粒物质。普通离心机以交流电动机驱动，电机碳刷易磨损，利用电压调压器调节转速，起动电流大，速度升降不均匀，一般转头置于一个硬质钢轴上，因此必须进行精确平衡，以免损坏离心机。

（2）高速冷冻离心机：最高转速为 20000～25000 r/min，最大相对离心力为 89000g。主机一般都配有制冷系统，以消除高速旋转的转子与空气之间摩擦而产生的热量。转速、温度和时间都能严格准确地控制，面板上有指针或数字显示。离心腔内的温度通常控制在 4 ℃。配有一定类型及规格的转子，可根据需要选用。常用于微生物菌体、细胞碎片、大细胞器、硫酸铵沉淀和免疫沉淀物等的分离纯化工作，但不能有效地沉降病毒、小细胞器（如核蛋白体）或单个分子。

（3）超速离心机：转速可达 50000～80000 r/min，最大相对离心力可达 600000g。主要由驱动和速度控制、温度控制、真空系统（减少摩擦）和转子 4 部分组成。转速、温度和时间的控制更为精确。分离的形式是差速沉降分离和密度梯度区带分离。离心管平衡允许的误差小于 0.1 g。常用于分离亚细胞器、病毒、核酸、蛋白质和多糖等，也可用于测定蛋白质、核酸等的相对分子质量。根据功能不同，又可分为制备性超速离心机和分析性超速离心机。

制备性超速离心机主要用于分离各种生物材料和分子，分离的样品容量比较大。分析性超速离心机一般都带有光学系统，用于研究生物大分子和颗粒的理化性质。

2. 离心转子的类型

离心转子是离心机用于分离样品的核心部件，通常选用高强度的合金制成。不同离心机配备不一样的离心转子。离心转子一般可分为角式转子、水平式转子、垂直转子和连续流动转子等类别（图 12-7）。每个离心转子都有最高允许转速（或最大、最小相对离心力）、最大容量、最大半径、最小半径和 K 值（离心分离因数）等参数指标。离心转子在使用一段时间后，由于其密度有所变化而强度下降，安全系数降低，必须降速使用或更换。

（三）离心分离方法

1. 差速离心法

利用不同的粒子在离心力场中沉降的差别，即在同一离心条件下，沉降速度不同，通过不断增加相对离心力，使一个非均匀混合液内大小、形状不同的粒子分步沉淀。操作过程一般是在离心后用倾倒的办法把上清液与沉淀分开，然后将上清液加高转速再离心，分离出第二部分沉淀，如此往复提

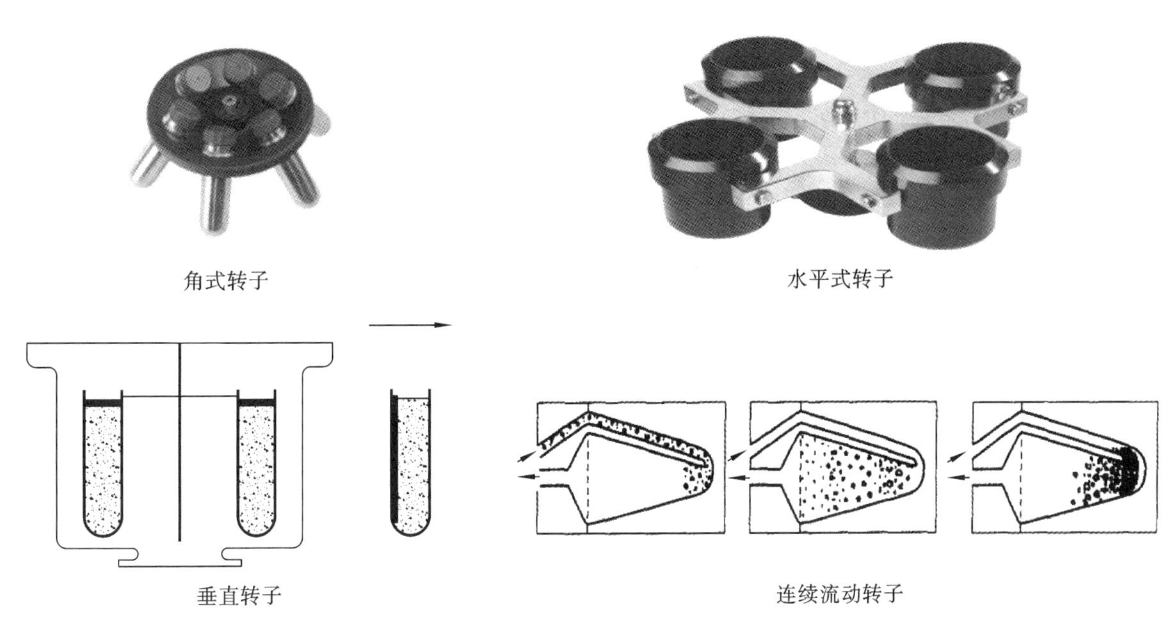

图 12-7 离心转子

高转速，逐级分离出所需要的物质。差速离心法的分辨率不高，沉淀系数在同一个数量级内的各种粒子不容易分开，常用于其他分离手段之前的粗制品提取。关键是选择适合各分离物的相对离心力。例如用差速离心法分离已破碎的细胞各组分。

2. 速率区带离心法

速率区带离心法是在离心前于离心管内先装入密度梯度液（如蔗糖、甘油、KBr、CsCl 等），待分离的样品铺在梯度液的顶部、离心管底部或梯度层中间，与梯度液一起离心。离心后在近旋转轴处的介质密度最小，离旋转轴最远处介质的密度最大；但介质最大密度必须小于样品中粒子的最小密度，即 $\rho_p > \rho_m$。这种方法根据分离的粒子在梯度液中沉降速度的不同，使具有不同沉降速度的粒子处于不同的密度梯度层内分成一系列区带，达到彼此分离的目的。

3. 等密度离心法

等密度离心法是在离心前预先配制介质的密度梯度液，此种密度梯度液包含了被分离样品中所有粒子的密度，待分离的样品铺在梯度液顶部或和梯度液混合。离心开始后，梯度液由于离心力的作用逐渐形成管底浓而管顶稀的密度梯度，与此同时原来分布均匀的粒子也发生重新分布。

（四）离心机操作的注意事项

高速冷冻离心机和超速离心机是生物化学实验教学和生物化学科研的重要精密设备，因其转速高，产生的离心力大，使用不当或缺乏定期的检修和保养都可能发生严重事故，因此使用离心机时必须严格遵守操作规程。操作离心机时应注意如下几点。

(1)使用各种离心机时，必须事先用天平精密地平衡离心管及其内容物，平衡时质量之差不得超过离心机说明书上所规定的范围，每个离心机不同的转子有各自的允许差值。转子中绝对不能装载单个离心管，当转子只是部分装载时，离心管必须互相对称地放在转子中，以便使负载均匀地分布在转子的周围。

(2)装载溶液时，要根据各种离心机的具体操作说明进行，根据待离心液体的性质及体积选用合适的离心管。有的离心管无盖，液体不得装得过多，以防离心时甩出，造成转子不平衡或被腐蚀，而制备性超速离心机的离心管则常常要求必须装满液体，以免离心时塑料离心管的上部凹陷变形。每次使用后，必须仔细检查转子，及时清洗、擦干。转子是离心机中须重点保护的部件，搬动时要小心，不能碰撞，避免造成伤痕。转子长时间不用时，要涂上一层光蜡保护。严禁使用显著变形、损伤或老化的离心管。

(3)若要在低于室温的温度下离心，则转子应在使用前牢固地安装在离心机的转轴上，启动离心

机进行预冷。

(4)离心过程中不得随意离开,应随时观察离心机上的仪表是否正常工作,如有异常的声音应立即停机检查,及时排除故障。

(5)每个转子各有其最高允许转速和累计运转时间,使用转子时要查阅说明书,不得过速使用。每个转子都要有一份使用档案,记录累计使用时间。若超过了该转子的累计运转时间,需更换新转子。

(6)离心时不能打开离心机盖,不能用手使转子运转停止。

(7)离心机使用后进行登记。

四、电泳技术

电泳(electrophoresis,EP)是指在直流电场中,带电颗粒向着与其电性相反的电极移动的现象。利用各种带电颗粒在电场中移动速度不同,对物质进行分离,然后对物质进行定性和定量分析的方法称为电泳分析法,也叫电泳技术。电泳已日益广泛地应用于分析化学、生物化学、临床化学、毒剂学、药理学、免疫学、微生物学、食品化学等各个领域。

(一)电泳技术的原理

蛋白质等大分子物质由于两性解离,在特定 pH 溶液中带不同的电荷,在电场作用下发生迁移,迁移的方向取决于它们的带电性质。如果在电场作用下迁移率为零,那么此时的 pH 即是该蛋白质的等电点(pI)。

迁移率(mobility)又称为泳动率,是带电颗粒在一定电场强度(E)下,单位时间(t)内在介质中的迁移距离。不同的带电颗粒在同一电场中迁移率不同。迁移率与样品分子所带的电荷密度、电场中的电压及电流成正比,与样品的分子大小、介质黏度及电阻成反比。不同大小的带电颗粒在电场中具有不同的迁移率,在不同的介质条件下又具有不同的分辨效率。

(二)电泳技术的分类和特点

1. 分类

电泳技术可分为下列几种。

(1)按有无支持物划分,无支持物的电泳为自由电泳,有支持物的电泳为区带电泳。

(2)按支持物种类划分,可分为纸电泳、醋酸纤维素薄膜电泳、淀粉电泳、琼脂糖凝胶电泳、聚丙烯酰胺凝胶电泳等。

(3)按支持物形状划分,可分为 U 形管电泳、薄层电泳、柱电泳(圆盘柱状电泳)、平板电泳(垂直板电泳、水平板电泳)、毛细管电泳等。

(4)按电泳形式划分,可分为单向电泳、双向电泳。

(5)按用途划分,可分为分析电泳、制备型电泳、定量免疫电泳等。

2. 特点

电泳技术的特点如下:凡是带电物质均可应用某一电泳技术进行分离,并可进行定性或定量分析;分辨率高;可在常温下进行;样品用量少;操作省时简便;设备简单。

(三)影响电泳的主要因素

1. 电泳介质的 pH

电泳介质的 pH 决定带电物质的解离程度,也决定物质所带净电荷的多少。对蛋白质、氨基酸等两性电解质,pH 离等电点越远,粒子所带电荷越多,泳动速度越快,反之越慢。因此,当分离某一种混合物时,应选择一个能扩大各种蛋白质所带电荷量差别的 pH,以利于各种蛋白质的有效分离。为了保证电泳过程中电泳介质 pH 的恒定,必须使用缓冲溶液。

2. 缓冲液的离子强度

溶液的离子强度是指溶液中各离子的摩尔浓度与离子价数平方的积的总和的 1/2,带电颗粒的迁移率与离子强度的平方根成反比。低离子强度时,迁移率快,但离子强度过低,缓冲液的缓冲容量

小,不易维持 pH 恒定;高离子强度时,迁移速度慢,但电泳谱带要比低离子强度时分辨率高。通常缓冲液的离子强度在 0.02～0.2 之间。

3. 电场强度

电场强度是指每厘米的电位降(电位差或电位梯度)。电场强度对电泳速度起着正向作用,电场强度越高,带电颗粒移动速度越快。根据实验的需要,电泳可分为两种:一种是高压电泳,所用电压为 500～1000 V 或更高。由于电压高,电泳时间短,适用于小分子化合物(如氨基酸、无机离子)的分离,以及部分聚焦电泳分离和序列电泳分离等。因电压高,产热量大,必须装有冷却装置,否则产生的热量可引起蛋白质等物质的变性而不能分离。另一种为常压电泳,产热量小,在室温(10～25 ℃)下分离,蛋白质标本不易被破坏,无需冷却装置,一般分离时间长。

4. 电渗现象

在电场中液体对一个固定相的相对移动称为电渗。在有载体的电泳中,影响电泳移动的一个重要因素是电渗。最常遇到的情况是 γ-球蛋白由原点向负极移动,这就是电渗作用所引起的倒移现象。产生电渗现象的原因是载体中常含有可电离的基团,如滤纸中含有羟基而带负电荷,与滤纸相接触的水溶液带正电荷,液体便向负极移动。琼脂中含有琼脂果胶,其中含有较多的硫酸根,所以在琼脂电泳中电渗现象很明显,许多球蛋白均向负极移动。将除去琼脂果胶的琼脂糖用于凝胶电泳时,电渗现象大为减弱。

(四)电泳装置

电泳装置主要用于进行电泳分析,主要由电泳槽和电泳仪两部分组成(图 12-8)。

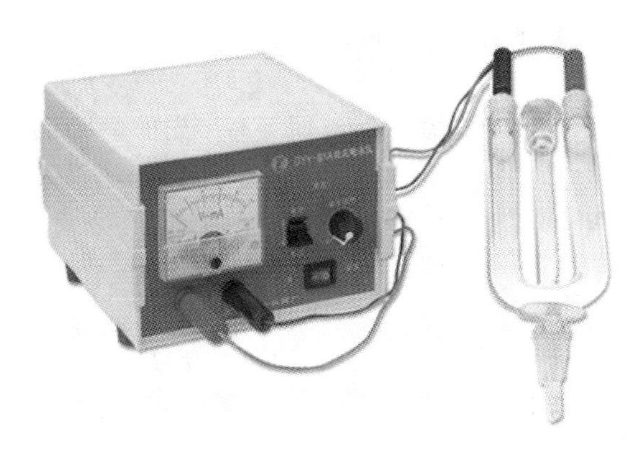

图 12-8 U 形管电泳装置

1. 电泳槽

电泳槽是电泳系统的核心部分,根据电泳的原理,电泳支持物都是放在两个缓冲液之间的,电场通过电泳支持物连接两个缓冲液。不同的电泳采用不同的电泳槽。常用的电泳槽有 3 种(图 12-9)。

圆盘电泳槽

垂直板电泳槽

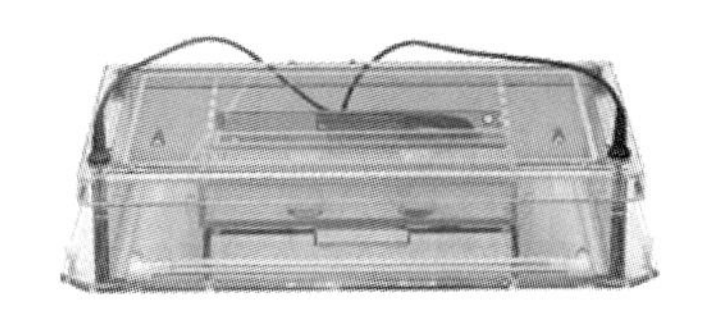

水平电泳槽

图 12-9 3 种类型电泳槽

(1)圆盘电泳槽:有上、下两个电泳槽和带有铂金电极的盖。上槽中具有若干孔,孔不用时,用硅橡皮塞塞住。要用的孔配以可插电泳管(玻璃管)的硅橡皮塞。早期的电泳管内径为 5～7 mm,为保

证冷却和微量化，现在内径越来越小。

(2)垂直板电泳槽：垂直板电泳槽的基本原理和结构与圆盘电泳槽基本相同。差别只在于制胶和电泳不在电泳管中，而是在两块垂直放置的平行玻璃板中间。

(3)水平电泳槽：水平电泳槽的形状各异，但结构大致相同。一般包括电泳槽基座、冷却板和电极。

2. 电泳仪

电泳仪是产生电泳电场的装置，常为可调式直流电源，一般用交流电源经过整流、滤波后获得，主要部分是整流器，可用晶体管、电子管或可控硅整流。多数装有稳压装置，用电压表和电流表指示输出电压及电流的大小。

(五)醋酸纤维素薄膜电泳

醋酸纤维素薄膜电泳是以醋酸纤维素薄膜作为支持物的一种区带电泳技术。醋酸纤维素薄膜是将纤维素的羟基乙酰化形成纤维素醋酸酯，然后将其溶于有机溶剂后涂抹成均匀的薄膜，干燥后就成为醋酸纤维素薄膜。该膜具有均一的泡沫状结构，厚度约为 120 μm，通透性好，对分子移动阻力少，是一种良好的电泳支持物。

醋酸纤维素薄膜电泳已广泛用于各种生物分子的分离分析中，如血红蛋白、血清蛋白、脂蛋白、糖蛋白、甲胎蛋白、同工酶及类固醇等的分离和测定。

醋酸纤维素薄膜电泳分离血脂蛋白的实验是生物化学常见的实验，其实验过程如下。

1. 薄膜准备

将醋酸纤维素薄膜切成 2 cm×8 cm 的小条；在薄膜粗面一端 1.5 cm 处用铅笔轻轻画一横线；在薄膜角上用铅笔做好标记；将醋酸纤维素薄膜浸泡于缓冲液中 20 min。

2. 电泳仪准备

在电泳槽内加入缓冲液，使两个电极槽内的液面等高。先剪裁尺寸合适的滤纸条，取双层滤纸条附着在电泳槽的支架上，使它的一端与支架的前沿对齐，而另一端浸入电极槽的缓冲液内；用缓冲液将滤纸全部润湿并驱除气泡，使滤纸紧贴在支架上，即为滤纸桥，它是联系醋酸纤维素薄膜和两极缓冲液的“桥梁”。

3. 点样

用镊子把薄膜从缓冲液中取出，夹在双层滤纸条中间，吸去多余的液体，然后平铺在玻璃板上(粗面朝上)，将点样器先在培养皿的血浆中蘸一下，再在薄膜点样线处轻轻地水平落下并随即提起，这样即在薄膜上点上了细条状的血浆样品。点样线尽量点得细窄而均匀，宁少勿多。

4. 上槽

待血浆吸入膜后，将薄膜粗面向下、点样端置阴极端，两端紧贴在滤纸盐桥上，薄膜应轻轻拉平，加盖，平衡约 5 min，使薄膜渗透的缓冲液达到平衡；切勿使点样处与电泳槽接触。

5. 电泳

检查电泳装置是否正确，开启电源，调节电压、电流，然后通电 40～60 min。电压：110～130 V(每 1 cm 膜长 10 V)，薄膜的有效长度是两电极缓冲液面之间滤纸盐桥和薄膜的长度之和。电流：0.4～0.6 mA(以 1 cm 膜宽计)，有数条膜便求数条膜宽的总和。

6. 染色和漂洗

电泳完毕后，关闭电源，将薄膜取出，直接浸于染色液中 5 min。取出薄膜，尽量沥净染色液，移入漂洗液中浸洗脱色(一般更换 2～3 次)，至背景颜色脱净为止，取出薄膜，用滤纸吸干即可。

7. 透明

薄膜完全干燥后，浸入透明液中 20 min 后，取出平贴在玻璃板上(不要留有气泡)，完全干燥后即成透明的薄膜图谱，用于扫描或照相，可长期保存。

(六)其他电泳技术的应用

聚丙烯酰胺凝胶电泳可用于蛋白质纯度的鉴定。聚丙烯酰胺凝胶电泳同时具有电荷效应和分

子筛效应，可以将分子大小相同而带不同数量电荷的物质分离开，并且还可以将带相同数量电荷而分子大小不同的物质分离开。其分辨率远远高于一般的色谱方法和电泳方法，可以检出 10^{-12}～10^{-9} g 的样品，且重复性好，无电渗作用。

SDS-聚丙烯酰胺凝胶电泳可测定蛋白质相对分子质量。其原理是带大量电荷的 SDS 结合到蛋白质分子上，克服了蛋白质分子原有电荷的影响而得到恒定的质荷比。SDS-聚丙烯酰胺凝胶电泳测定蛋白质相对分子质量已经比较成功，此法测定时间短、分辨率高、所需样品量极少（1～100 μg），但只适用于球形或基本上呈球形的蛋白质，某些蛋白质（如木瓜蛋白酶、核糖核酸酶等）不易与 SDS 结合，此时测定结果就不准确。

聚丙烯酰胺凝胶电泳可用于蛋白质定量。电泳后的凝胶经凝胶扫描仪扫描，从而给出定量的结果。凝胶扫描仪主要用于对样品单向电泳后的区带和双向电泳后的斑点进行扫描。

琼脂或琼脂糖凝胶免疫电泳可用于检查蛋白质制剂的纯度，分析蛋白质混合物的组分，研究抗血清制剂中是否具有抗某种已知抗原的抗体，检验两种抗原是否相同。

五、色谱技术

色谱法是利用不同物质理化性质的差异而建立起来的技术。所有的色谱系统都由两个相组成：一个是固定相，另一个是流动相。当待分离的混合物随流动相通过固定相时，由于各组分的理化性质存在差异，与两相发生相互作用（吸附、溶解、结合等）的能力不同，在两相中的分配（含量比）不同，且随流动相向前移动，各组分不断地在两相中进行再分配。分部收集流出液，可得到样品中所含的单一组分，从而达到将各组分分离的目的。色谱法按分离原理可分为吸附色谱、分配色谱、离子交换色谱、亲和色谱、凝胶过滤色谱等；按应用目的分为制备型色谱和分析型色谱两大类，最常用的制备型色谱是吸附色谱，最常用的分析型色谱是高效液相色谱（HPLC）。

（一）吸附色谱

吸附色谱是当多成分的溶液渗过装有多孔吸附剂的柱体时，由于吸附剂对各成分的吸附力不同，产生选择吸附，从而分离物质的一种方法。以适当淋洗液淋洗时，各成分在各层吸附剂与淋洗液之间不断重复吸附与解吸过程，使各成分逐步分离。分段收集溶液，就可以测定各成分的含量（图 12-10）。

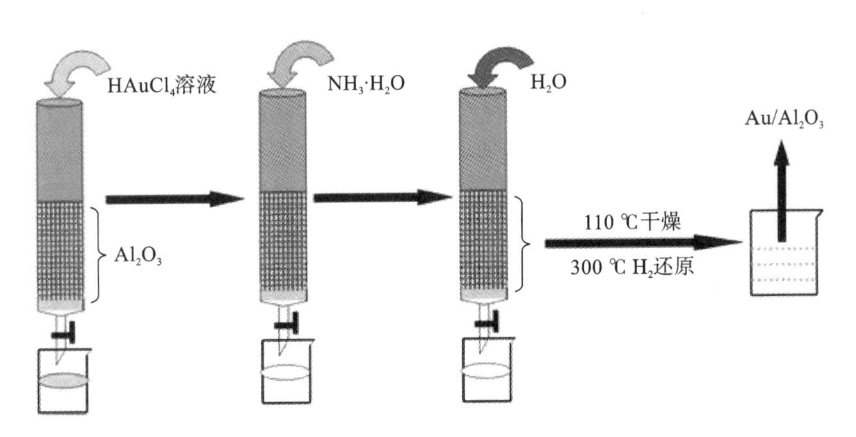

图 12-10 吸附色谱有效除氯合成金催化剂

吸附色谱操作过程通常包括待分离料液与吸附剂混合、吸附质被吸附到吸附剂表面、料液流出、吸附质解吸回收四个过程。吸附类型包括物理吸附和化学吸附。物理吸附作用力为分子间引力，无选择性、无需高活化能，吸附层可以是单层，也可以是多层，吸附和解吸速度通常较快；化学吸附作用力为化学键合力，需要高活化能，只能以单分子层吸附，选择性强，吸附和解吸速度较慢。

吸附剂通常应具备以下特征：对被分离的物质具有较强的吸附能力，有较高的吸附选择性，机械强度高，再生容易，性能稳定，价格低廉。常用吸附剂包括活性炭、硅胶、人造沸石、磷酸钙凝胶、氢氧化铝、硅藻土、聚酰胺粉、大孔吸附树脂等。

Note

吸附色谱在生物技术领域有比较广泛的应用，主要体现在对生物小分子物质的分离。生物小分子物质相对分子质量小，结构和性质比较稳定，操作条件要求不太苛刻，其中生物碱、萜类、苷类、色素等次生代谢小分子物质常采用吸附色谱或反相色谱进行分离。吸附色谱在天然药物的分离制备中也占有很大的比例。

（二）凝胶过滤色谱

凝胶过滤色谱是利用带孔凝胶颗粒作为基质，按照分子大小分离蛋白质等物质的色谱技术。当某混合物通过凝胶色谱柱时，小分子物质能进入凝胶颗粒内部，流过的路径长，流下来的速度慢，而大分子物质不能进入凝胶颗粒内部，流过的路径短，流下来的速度快，溶液中的物质就按不同流速而分开（图 12-11）。色谱柱中的带孔凝胶颗粒是惰性的、多孔的、交联的聚糖类物质（如葡聚糖或琼脂糖）。

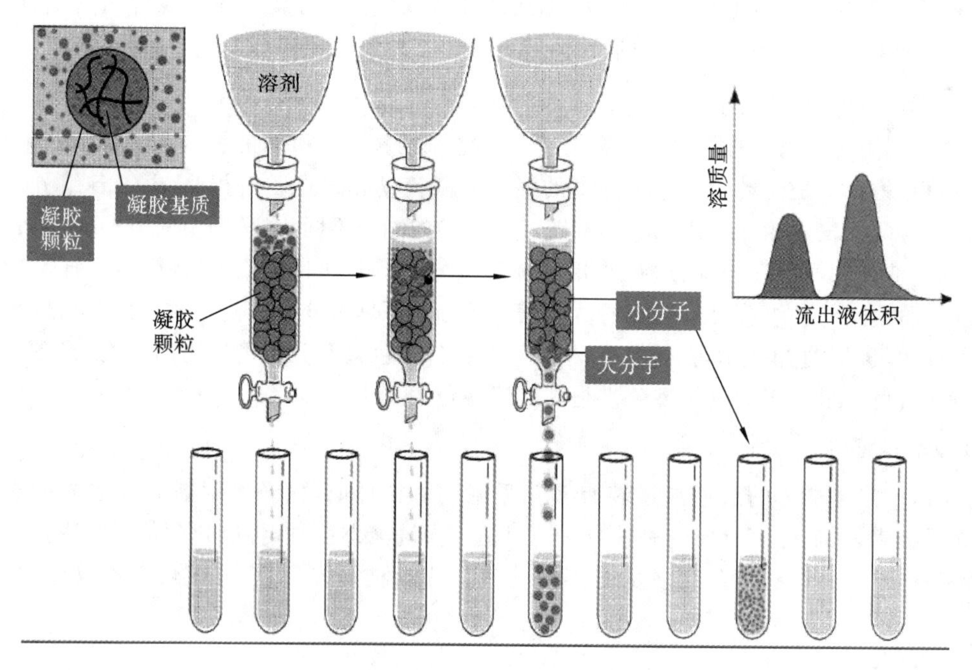

图 12-11　凝胶过滤色谱过程示意图

凝胶过滤色谱主要用于蛋白质的分离、相对分子质量测定、样品脱盐等方面。它的优点是分离效果好，操作条件温和，对被分离的成分理化性质影响小。

具体的操作方法如下。

1. 凝胶的选择

根据实验目的的不同选择不同型号的凝胶。凝胶的选择一般根据混合物中待分离物质的相对分子质量来决定。

2. 柱的直径与长度

大多采用 10～100 cm 长的色谱柱，对难以分离的混合物要选择长一些的色谱柱。其直径在 1～5 cm，小于 1 cm 产生管壁效应，大于 5 cm 则稀释现象严重。长度与直径的比值一般宜为 5～20。

3. 凝胶溶胀

凝胶型号选定后，将干胶颗粒浸泡于 5～10 倍体积的蒸馏水中，充分溶胀 1 天，或沸水浴中溶胀 3 h，这样可大大缩短溶胀时间，而且可以杀死细菌和霉菌，并可排出凝胶内气泡。溶胀之后将漂浮的小颗粒倾去。

4. 装柱与凝胶平衡

装柱前将凝胶上面的水溶液大部分倒出。将色谱柱垂直装好，关闭出水口，边搅拌边向柱内加入凝胶，自然沉降，待凝胶沉降后，打开柱的出水口，调节合适的流速，待凝胶继续沉积。不断缓慢加

入凝胶,待凝胶沉积面上升至离柱的顶端约 5 cm 处时停止,关闭出水口。装好的色谱柱中的凝胶要求连续、均匀、无气泡、无“纹路”。

利用恒流泵将 2～3 倍柱容积的洗脱液泵入色谱柱,使之平衡,然后在凝胶表面放一块圆形滤纸以防后续在加样时凝胶被冲起,并始终保持凝胶上端有一段液体。

5. 加样和洗脱

凝胶经过平衡后,使洗脱液液面与基本凝胶床表面相平,再用滴管加入样品。样品体积一般不超过凝胶总体积的 10%。样品加入后慢慢打开出水口,使样品渗入凝胶床内,当样品液面恰与凝胶床表面相平时,再加入数毫升洗脱液冲洗管壁,使样品液全部进入凝胶床后,将洗脱液连续泵入色谱柱,分部收集洗脱液,并对每一馏分做定性、定量测定。

6. 使用后凝胶的处理

凝胶用过后,应反复用蒸馏水清洗后保存,如果有颜色或比较脏,可用 0.5 mol/L 的 NaCl 溶液洗涤。短期可保存在水相中,加入防腐剂(0.02%的叠氮钠)或加热灭菌后于低温保存。长期保存则需在干燥状态下保存。

(三)离子交换色谱

离子交换色谱是根据要分离物质所带电荷数和性质的不同,从某一混合物中分离、纯化靶物质的一种固液色谱方法。它利用不同的生物大分子的带电基团与具有相反电荷的离子交换剂的吸附作用强弱不同,通过不同离子强度的洗脱剂进行洗脱,从而进行物质的分离(图 12-12)。离子交换色谱是目前在生物大分子分离纯化中应用最广泛的实验技术。

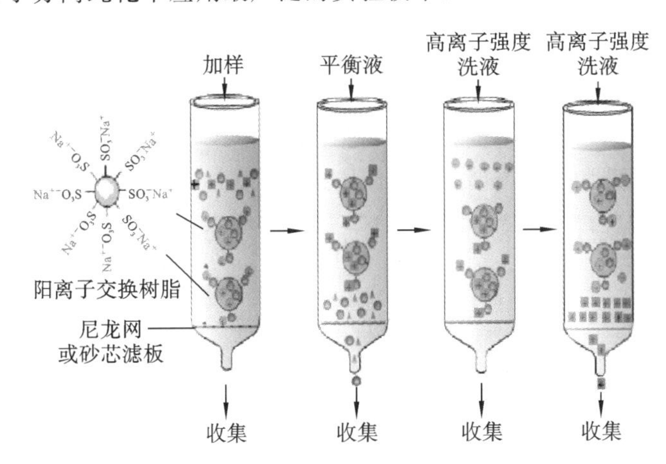

图 12-12 离子交换色谱原理示意图

1. 基本原理

离子交换是指液相中的离子与固相交换基团中的离子进行可逆反应。其液相是指要分离的蛋白质混合物;其固相是离子交换剂,它是一类不溶于水的惰性高分子聚合物(如琼脂糖、纤维素或凝胶等),通过一定的化学反应共价结合上特定的正电荷基团或负电荷基团而形成的特殊剂型。

将要分离的蛋白质混合物事先全部溶解于某一 pH 的溶液中,然后流经固相,使之与固相上的离子进行交换,并吸附于固相上。如:RA(固相)+B(液相)=RB+A。再根据混合物中各组分所带电荷的种类和数目不同,与离子交换剂的吸附作用的强弱不同,用不同离子强度或 pH 的溶液分别洗脱下来,从而将带不同电荷的组分分开,以达到分离混合物组分中靶蛋白的目的。

当增加洗脱液的离子强度时,即增加了它与生物大分子对交换基团竞争吸附的能力,从而把生物大分子置换下来。

当改变洗脱液的 pH 时,特别是当洗脱液的 pH 接近生物大分子的等电点时,生物大分子净电荷接近零,其与交换基团的结合能力大大减弱,从而被洗脱下来。

2. 离子交换剂的类型

离子交换剂由不溶性骨架(R)及结合在其上的交换基团(A),即与骨架所带电荷相反的化学物

质组成(RA)。不溶性骨架有树脂、纤维素、葡聚糖凝胶、聚丙烯酰胺凝胶和琼脂糖凝胶等。这些骨架在交换过程中不发生任何改变。

离子交换剂是借酯化、氧化或酰化等化学反应，在不溶性骨架(R)分子上引入阳离子或阴离子基团而得，故交换基团又有阳离子交换基团和阴离子交换基团之分。

3. 离子交换剂的选择

离子交换剂的选择主要根据待分离物质分子所带电荷性质和分子大小而定。若待分离物质带正电荷，应选用阳离子交换剂；若待分离物质带负电荷，应选用阴离子交换剂。如果某些待分离物质为两性离子，则一般应考虑在它稳定的 pH 范围内带有何种电荷，从而选择相应的离子交换剂。

选择阴离子交换剂时，洗脱液的 pH 要大于样品分子的 pI；相反，选择阳离子交换剂时，洗脱液的 pH 要小于样品分子的 pI。

4. 离子交换剂的预处理

纤维素离子交换剂一般含有色素和细小颗粒，故在使用前应当进行洗涤。

(1)阴离子交换剂的纤维素预处理：①取适量的粉剂；②加蒸馏水溶胀；③倾去细小颗粒；④改型，NaOH→HCl→NaOH(0.5 mol/L NaOH 溶液浸泡 40 min→dH_2O 清洗多次，至中性→0.5 mol/L HCl 溶液浸泡 30 min→dH_2O 清洗多次，至中性→0.5 mol/L NaOH 溶液浸泡 30 min→dH_2O 清洗多次，至中性→再用洗脱缓冲液平衡至洗脱液的 pH)；⑤装柱。也可以在柱上平衡。

(2)阳离子交换剂的纤维素预处理：与上述基本相同，只是改型进行相反处理。

葡聚糖凝胶离子交换剂的预处理一般不需要用酸和碱，其处理方法如下：①取适量的粉剂；②加蒸馏水浸泡使之完全溶胀(室温 1～2 天，沸水浴数小时)，不需要去除细小颗粒，避免剧烈搅拌；③用洗脱缓冲液平衡至洗脱液的 pH。

5. 洗脱

为了达到分离样品中的不同组分的目的，洗脱缓冲液应由不同离子强度和不同 pH 的缓冲液组成。选择阴离子交换剂的洗脱缓冲液时，其离子强度逐渐增加，pH 逐渐减小(或不变)；选择阳离子交换剂的洗脱缓冲液时，其离子强度逐渐增加，pH 亦逐渐增大(或不变)。增加离子强度的方法通常是加入中性盐(NaCl)，以增强离子的竞争能力。

洗脱方式有下述两种。

(1)阶段不连续洗脱：预先配制不同离子强度的洗脱液，分段换用离子强度由低到高、pH 相同或不同的洗脱液以洗脱生物大分子的各组分。这种方式一般是在没有梯度混合器等设备的情况下使用。

(2)梯度连续洗脱：通过梯度混合器使洗脱液的离子强度或 pH 逐渐变化，使结构相近的蛋白质分子较易分离，分离效果比阶段不连续洗脱好，且具有较好的重现性。

(四)亲和色谱

生物大分子之间具有许多特异性的结合，如酶与底物的结合、抗原与抗体的结合、激素与受体的结合等。这种结合往往是可逆的。这些特异性结合的生物大分子互称对方为配体或配基。亲和色谱(affinity chromatography)就是利用了生物大分子之间的这种特异的、可逆的亲和力，将其中的一方以共价键与惰性的载体(基质)相联结作为固定相，当流动相流过固定相时，混在流动相中的另一方会被固定相特异性地吸附，而没有被吸附的成分随流动相流出。然后通过改变流动相成分，结合的亲和物就会被洗脱下来，这样使目标产物得到了分离纯化(图 12-13)。亲和色谱法分离过程简单、快速、专一，而且分离效率高，可用于普通蛋白质、酶、抗体、核酸、激素等的分离纯化，特别适用于分离目标产物与杂质间溶解度、相对分子质量等理化性质差别较小及目标产物相对含量低且不稳定的活性物质。

亲和吸附剂的选择与制备是影响亲和色谱的关键因素之一。它包括基质和配体的选择、基质的活化、配体与基质的偶联等。基质构成了亲和色谱的惰性骨架。一个良好的基质应该具有多孔的网状结构，具有良好的理化稳定性，能够与配体稳定结合且不吸附样品中的其他组分。常用的基质是

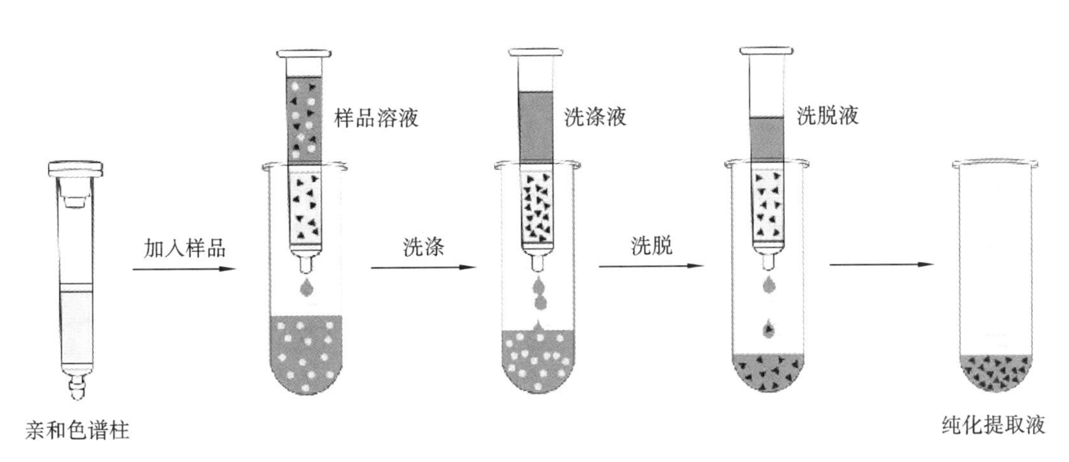

图 12-13 亲和色谱示意图

多孔玻璃珠和偶联凝胶，包括葡聚糖凝胶、聚丙烯酰胺凝胶、琼脂糖凝胶和纤维素载体等，其中以琼脂糖凝胶的应用最为广泛，如 Pharmacia 公司的 Sepharose-4B、Sepharose-6B 等。配体的选择对亲和色谱来说，是尤为关键的因素，因为只有合适的配体才能与配基具有足够强大的、特异性的结合力，而且该结合是可逆的。配体还应该具有足够的理化稳定性和合适的分子大小。载体是惰性的，往往需要活化后再与配体偶联，而不能直接与配体相连。载体活化的方法多种多样。

亲和色谱通常采用柱色谱的方法。色谱柱一般很短，通常为 10 cm 左右。亲和色谱的操作方法包括上样、清洗、洗脱和柱的再生等步骤。样品上样前要进行预处理，除去颗粒、细胞碎片等，并将样品浓缩及除去蛋白酶。在目标产物浓度很低的情况下，要将杂质尽量除去，少量杂质的非特异性吸附会极大地降低吸附剂的纯化效果。

在色谱过程中，溶液的 pH、离子强度通过影响配体和配基的电荷基团而影响两者的吸附与解吸过程，因此选择合适的 pH 和离子强度十分重要。此外，缓冲液种类、温度、柱长度和流速都是影响色谱效果的重要因素。选择的样品缓冲液要使待分离的配基与配体有较强的亲和力。通常亲和力随温度的升高而下降，所以在上样时可以适当选择较低的温度，以利于配体对配基的吸附；而在洗脱过程可以适当选择较高的温度，以利于配基从配体上的洗脱。上样时最好使用低流速，以保证样品和亲和吸附剂有充分的接触时间进行吸附，提高回收效率。清洗操作的目的是洗去非特异性吸附在载体介质内部及柱空隙中的杂质。清洗不充分会使杂质增多，回收的目标产物纯度降低。而清洗过度会导致目标产物的损失增多。洗脱操作就是要选择合适的条件使配基与配体分开而被洗脱出来。洗脱方法分为特异性洗脱和非特异性洗脱。特异性洗脱是指利用能够与配基或配体特异性结合的小分子化合物作为洗脱液，通过该化合物与配基或配体的竞争性结合，将待分离物质从亲和吸附剂上洗脱下来。特异性洗脱方法的优点是特异性强，产物纯度高，洗脱条件温和，有利于保护目标产物的生物活性。非特异性洗脱方法是指通过改变洗脱液的 pH、离子强度、温度等条件，降低配基与配体的亲和力而将待分离物质洗脱下来，是较常用的洗脱方法。

亲和色谱柱使用完毕后，一般用几倍体积的起始缓冲液进行再平衡，以使色谱柱再生。再生的色谱柱可以用于分离下一批样品。

（五）高效液相色谱

高效液相色谱（HPLC）利用颗粒小而均匀的填料，采用高压输送流动相，由于溶于流动相中的各组分经过固定相时，与固定相发生作用（亲和、吸附、离子吸引、分配等）的强弱不同，在固定相中滞留时间不同，从而先后从固定相中流出，达到分离和检测样品的目的。高效液相色谱具有分析速度快、分离效率高、检出极限低和操作自动化等优点。

高效液相色谱系统一般由高压泵、进样器、色谱柱、检测器、数据记录及处理装置等组成（图 12-14）。有的仪器还有梯度洗脱装置、在线脱气机、自动进样器、预柱或保护柱、柱温控制器、微机控制系统等。制备型 HPLC 仪还有自动馏分收集装置。

Note

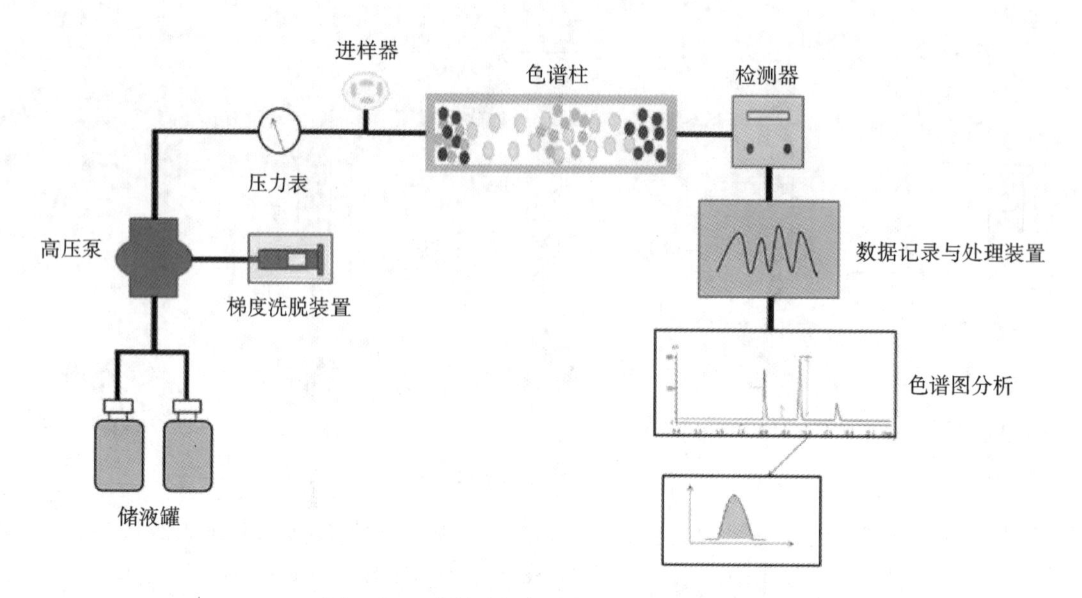

图 12-14　高效液相色谱的工作原理示意图

高效液相色谱法按分离机制的不同分为固液吸附色谱法、液液分配色谱法、离子交换色谱法及分子排阻色谱法。

1. 固液吸附色谱法

吸附剂为固定相，其分离机制是基于样品各组分与吸附剂表面活性中心的吸附能力的差异而进行混合物分离。分离过程是一个吸附-解吸的平衡过程，常用的吸附剂为氧化铝或硅胶。

2. 液液分配色谱法

液液分配色谱法根据样品各组分在两相间分配系数的差异而达到分离目的。常用化学键合的固定相，如 Cs 柱、C 柱、氨基柱、氰基柱和苯基柱。根据固定相和流动相的极性关系，液液分配色谱法可分为三种类型。

(1)正相(分配)色谱法：固定相的极性大于流动相的极性。分离时，溶质的保留值随分子极性增加而增加。正相色谱法适用于分离中等极性和极性较强的化合物(如酚类、胺类、羧基类及氨基酸类等)。

(2)反相(分配)色谱法：固定相的极性小于流动相的极性。反相色谱法分离的保留规律一般与正相色谱相反，流出顺序为先极性后非极性。这种方法适用于分离非极性和极性较弱的化合物。

(3)离子对(分配)色谱法：离子对(分配)色谱法是液液分配色谱法的一种特殊形式，又可分为正相离子对色谱法和反相离子对色谱法两种。所用固定相分别与正相色谱法和反相色谱法的固定相相同，但在色谱体系中要加入离子对试剂。该法主要用于分析离子强度大的酸性物质。

3. 离子交换色谱法

离子交换色谱法以离子交换剂为固定相，借助样品中电离组分对离子交换剂的亲和力的不同而使样品各组分彼此分离。亲和力强的，保留值大。在离子交换色谱中，常常由于非离子作用力使分离过程复杂化，因而分离机制非常复杂。该法主要用于分析有机酸、氨基酸、多肽及核酸等。

4. 分子排阻色谱法

固定相是有一定孔径的多孔性填料，流动相是可以溶解样品的溶剂。相对分子质量小的化合物可以进入孔中，滞留时间长；相对分子质量大的化合物不能进入孔中，直接随流动相流出。它利用分子筛对相对分子质量大小不同的各组分排阻能力的差异而完成分离。该法常用于分离高分子化合物，如组织提取物、多肽、蛋白质、核酸等。

六、试剂盒与生化分析仪

(一)试剂盒

随着动物生物化学的发展，试剂盒被广泛引入动物生物化学检测的各个项目中，特别是承接特

定动物样品检测任务的公司，需要利用试剂盒的方便、安全、准确、快速等特点，满足市场要求。所谓试剂盒，是把某一项临床生物化学分析测定项目的试剂及辅助用品配套组装在一起，各组分在较长的保存期内稳定，使用时按试剂盒中的说明书操作。

目前，多数生物化学实验室和检测机构均使用试剂盒。试剂盒种类已日渐丰富（图 12-15），新型冠状病毒核酸检测试剂盒、动植物疾病诊断试剂盒、宠物类检测试剂盒、食品安全检验试剂盒、肿瘤标志物检测试剂盒、特种蛋白检测试剂盒、传染病检测试剂盒等产品广泛应用于社会服务、科研、教学领域。

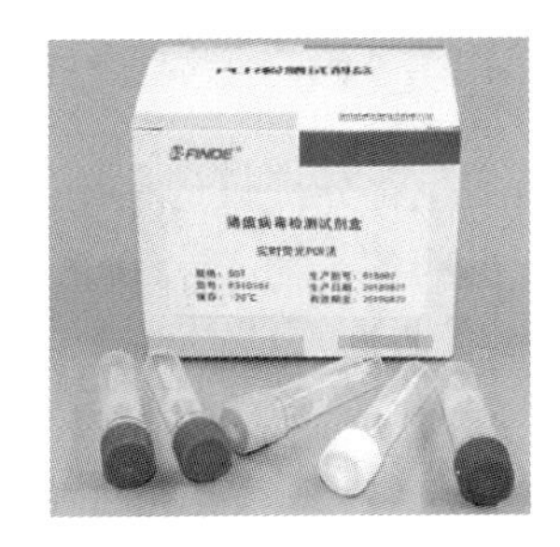

图 12-15　部分动物生物化学实验试剂盒

为进一步提高检测效率，与试剂盒使用相配套，全自动生化分析仪也成为生物化学实验室必备的高端设备。

（二）生化分析仪

1. 发展历程

生化分析仪的发展经历了三代，第一代为分光光度计，第二代为半自动生化分析仪，第三代为全自动生化分析仪。半自动生化分析仪指在分析过程中的部分操作，如加样、保温、吸入比色、结果记录等，需要手工完成，而另一部分操作则可由仪器自动完成。这类仪器的特点是体积小，结构简单，灵活性大，既可分开单独使用，又可与其他仪器配合使用，价格便宜。全自动生化分析仪，从加样至出结果的全过程完全由仪器自动完成。操作者只需把样品放在分析仪的特定位置上，选用程序启动仪器即可等待取检验报告。

自美国 Technicon 公司于 1957 年成功地生产出世界上第一台全自动生化分析仪后，各种型号和功能不同的全自动生化分析仪不断涌现，为医院临床生物化学检验的自动化迈出了十分重要的一步。自 20 世纪 50 年代 Skeggs 首次介绍一种临床生化分析仪的原理以来，随着科学技术尤其是医学科学的发展，各种自动生化分析仪和诊断试剂均有了很大发展。根据仪器的结构原理不同，其可分为连续流动式（管道式）、分立式、分离式和干片式四类。

2. 用途

生化分析仪是用于检测、分析生命化学物质的仪器，为临床上对疾病的诊断、治疗和预后及健康状态提供信息依据，可测定肝功能、肾功能、血脂、血糖等 40 余项指标。

3. 系统组成

全自动生化分析仪具备先进的光学系统和恒温系统，采用了先进的光学组件、恒温液循环间接加温干式浴以及光/数码信号直接转换技术，将电磁波对信号的干扰及信号传输过程中的衰减完全消除。同时，在信号传输过程中采用光导纤维，使信号几乎无衰减，测试精度提高近 100 倍。光路系统的封闭组合，又使得光路无需任何保养，且分光准确、寿命长。自动生化分析仪一般可由以下几个部分组成。

（1）样品器：放置待测样品、标准品、质控液、空白液和对照液等。

（2）取样装置：包括稀释器、取样探针和输送样品及试剂的管道等。

（3）反应池或反应管道：一般起比色皿（管）的作用。

（4）保温器：为化学反应提供恒定的温度。

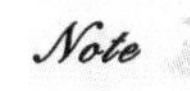

(5)检测器:如比色计、分光光度计、荧光分光光度计、火焰光度计、电化学测定仪等。不同仪器配备不同的检测器。

(6)微处理器:分析仪的计算机部分,又称为程序控制器。控制仪器所有的动作和功能,使用者可通过键盘与仪器"对话",同时计算机还能接受从各部件反馈来的信号,并做出相应的反应,对异常情况发出一定的指示信号。分析软件和分析结果一般存储在磁盘中,可供查询。

(7)打印机:可绘制反应动态曲线和打印检验报告单等。

(8)功能监测器:显示屏就是其中一部分,可查看反应状态、人机"对话"的情况、当前仪器工作状态、分析结果等。

4. 操作规程

全自动生化分析仪的使用应严格按照操作规程进行。具体操作规程如下。

1)开机准备

(1)检查蒸馏水是否充足,不够应重新加入。

(2)检查浓缩冲洗液(wash concentrater)和探针冲洗液(probe rinse solution)的量,并及时补充。

(3)打开显示屏检查试剂存量,不够应及时加足。

(4)检查液压系统的压力表指针,保持在绿色区域内。

(5)检查 CX3 部分的红色液体(CO_2 碱性缓冲液)和蓝色液体(电极参比液),应维持在最大与最小之间。

(6)冲洗电解质部分的管道 4~5 次,排去比例泵(ratio pump)及管道中的气泡。

2)定标　定标完成后,打印机会自动打印定标报告,操作人员应判断该定标是否正常,并对定标内容做书面记录。如果定标异常,应及时向设备负责人反映并做书面记录。

3)质控

(1)定标顺利完成后,就可以开始进行室内质控。

(2)如质控结果良好,就可以进行样品分析,如果出现失控的结果,应及时处理,并向设备负责人汇报,直到找到原因并解决后方可进行该项目的样品测定。

(3)在样品分析过半时,应再插入一质控品,以监测分析过程中出现的问题。

4)更换试剂　一般情况下,样品分析完成后应进行试剂更换。

5)仪器的简单保养及关机

(1)擦洗仪器表面。

(2)用 70%乙醇清洁两组探针和搅拌棒,然后按[home]键复位。

(3)清除当天数据并关闭显示屏。

(4)计算机必须先等工作结束后,才可关机。

5. 注意事项

(1)断电后,不能马上启动,必须等 5 min 后方可启动。

(2)装试剂前,必须先查看该试剂是否需要预处理、是否有气泡、装在哪个孔等。

(3)平时运行时,应尽量连续运行,不要间断,不能随意按紧急停机键。

(4)计算机关机前,一定要确认工作结束。

(黄通灵)

[1] 邹思湘.动物生物化学[M].5版.北京:中国农业出版社,2012.
[2] 王镜岩,朱圣庚,徐长法.生物化学:上册[M].3版.北京:高等教育出版社,2002.
[3] 李清秀,张霁.生物化学[M].北京:中国农业出版社,2013.
[4] 李留安,袁学军.动物生物化学实验指导[M].北京:清华大学出版社,2013.
[5] 刘维全.动物生物化学实验指导[M].4版.北京:中国农业出版社,2014.
[6] 纵伟.食品科学概论[M].北京:中国纺织出版社,2015.
[7] 来鲁华.蛋白质的结构预测与分子设计[M].北京:北京大学出版社,1993.
[8] 邓海游,贾亚,张阳.蛋白质结构预测[J].物理学报,2016,65(17):178701-1-1787-11
[9] 赵倩,王小平,胥冰,等.甲胎蛋白与肝癌免疫的研究进展[J].生物学杂志,2016,33(2):95-99.
[10] 龚放华,谢家兴.实用专科护士丛书:康复科分册[M].长沙:湖南科学技术出版社,2015.
[11] 汪玉松,邹思湘,张玉静,等.现代动物生物化学[M].3版.北京:高等教育出版社,2005.
[12] 周顺武.动物生物化学[M].3版.北京:中国农业出版社,1999.
[13] 李京杰.动物生物化学[M].3版.北京:中国农业出版社,2019.
[14] 田万强.动物生物化学[M].武汉:华中科技大学出版社,2019.
[15] 宁正祥,任娇艳.食品生物化学[M].4版.广州:华南理工大学出版社,2021.
[16] 赵丽,程丰,杨继远.动物生物化学 [M].3版.郑州:河南科技出版社,2016.
[17] 赵国芬,张红梅.生物化学[M].北京:中国农业大学出版社,2019.
[18] 赵春哲.生物化学[M].北京:中国轻工业出版社,2012.
[19] 夏未铭.动物生物化学[M].北京:中国农业出版社,2006.
[20] 肖卫苹,梁俊荣.动物生物化学[M].北京:化学工业出版社,2009.
[21] 罗纪盛,张丽苹,杨建雄,等.生物化学简明教程[M].3版.北京:高等教育出版社,1999.
[22] 李蓉,朱丽霞.动物医用化学[M].北京:化学工业出版社,2009.
[23] 赵玉娥,刘晓宇.生物化学[M].北京:化学工业出版社,2017.
[24] 张跃林,陶令霞.生物化学[M].北京:化学工业出版社,2007.
[25] 刘莉.动物生物化学[M].北京:中国农业出版社,2001.
[26] 陈钧辉,张冬梅.普通生物化学[M].5版.北京:高等教育出版社,2015.
[27] 陈钧辉,杨荣武,郑伟娟.生物化学习题解析[M].4版.北京:高等教育出版社,2015.
[28] 刘维全.动物生物化学:精要·题解·测试[M].北京:化学工业出版社,2006.
[29] 陆辉,左伟勇.动物生物化学[M].2版.北京:化学工业出版社,2015.
[30] 李生其,尚宝来.动物生物化学[M].北京:中国农业出版社,2010.
[31] 甘玲,罗献梅.动物生物化学[M].重庆:西南师范大学出版社,2015.
[32] 姜光丽.动物生物化学[M].2版.重庆:重庆大学出版社,2007.
[33] 朱玉贤,李毅,郑晓峰.现代分子生物学[M].5版.北京:高等教育出版社,2019.
[34] 王芳.畜牧兽医领域中生物技术的应用[J].农村科学实验,2019,14:71-72.

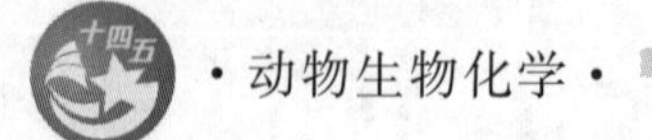

[35] 曹雨.现代分子生物学技术在环境微生物领域的应用[J].建筑与预算,2020(1):54-57.
[36] 翁延年,张树庸.国内外生物技术发展情况简介[J].生物工程进展,1998,18(5):5-10.
[37] 陈雪冬,张志勇,农清清.端粒、端粒酶与衰老[J].应用预防医学,2009,15(1):57-59.
[38] 李桂霞,王明艳,高书亮.抗衰老及抗肿瘤中药对端粒、端粒酶影响的研究进展[J].辽宁中医杂志,2011,38(11):2293-2295.
[39] 巫光宏,何平,黄卓烈.生物化学实验技术[M].2版.北京:中国农业出版社,2015.
[40] 杜翠红,邱晓燕.生化分离技术原理及应用[M].北京:化学工业出版社,2011.
[41] 晁相蓉,余少培,赵佳.生物化学[M].北京:中国科学技术出版社,2017.
[42] 余琼.生物制药工艺学[M].北京:高等教育出版社,2011.
[43] 陈电容,朱照静.生物制药工艺学[M].2版.北京:人民卫生出版社,2013.
[44] 吴梧桐.生物制药工艺学[M].3版.北京:中国医药科技出版社,2013.
[45] 陈毓荃.生物化学实验方法和技术[M].北京:科学出版社,2002.
[46] 蒋立科,杨婉身.现代生物化学实验技术[M].北京:中国农业出版社,2003.